林学基础研究系列

中国森林群落分类及其群落学特征

（第二版）

蒋有绪　郭泉水　马　娟等　著

科学出版社

北　京

内 容 简 介

本书是国家自然科学基金重大项目“中国森林生态系统结构与功能规律研究”的成果之一。本书全面系统地分析整理了我国主要森林群落的分类、分布、生态系列及生活型结构、物种多样性等群落学特征，并突破以往各大学派对我国复杂的天然林分类研究的局限性，采用具有指示意义的凸显亚建群层片和生态种组相结合的二元分类原则和方法，首次为我国提出了一个新的森林群落分类系统和分区系统。本书在大尺度范围提出了森林群落生活型结构和物种多样性随经度、纬度和海拔的变化规律，为我国森林群落学、森林地理学研究提出了不少新的论点和论述。

本书对林学、自然地理学、植物地理学、植物群落学和生态学的研究和教学具有重要参考意义，也可作为以上各种专业师生的基础参考书。

图书在版编目（CIP）数据

中国森林群落分类及其群落学特征/蒋有绪等著. —2 版. —北京：科学出版社, 2018.1

（林学基础研究系列）

ISBN 978-7-03-052776-9

Ⅰ. ①中… Ⅱ. ①蒋… Ⅲ. ①森林群落–研究–中国 Ⅳ. ①S718.54

中国版本图书馆 CIP 数据核字(2017)第 100409 号

责任编辑：王 静 付 聪 岳漫宇 / 责任校对：郑金红
责任印制：赵 博 / 封面设计：刘新新

科学出版社 出版
北京东黄城根北街 16 号
邮政编码：100717
http://www.sciencep.com
北京凌奇印刷有限责任公司印刷
科学出版社发行 各地新华书店经销
*
1998 年 10 月第 一 版 开本：787×1092 1/16
2018 年 1 月第 二 版 印张：26 1/2
2025 年 1 月第二次印刷 字数：628 000

定价：198.00 元

(如有印装质量问题，我社负责调换)

序

本书是国家自然科学基金重大项目“中国森林生态系统结构与功能规律研究”（项目编号 9390011）研究成果的系列专著之一。该项目的研究目标是在我国已有森林群落学调查研究和已有森林生态系统的长期生态定位研究站观测研究基础上，对我国森林生态系统的地理分布、群落的组成结构、生物生产力、养分循环利用、水文生态功能和能量利用等方面进行规律性分析。项目以两个层次的成果形式发表：一是参加项目的森林生态定位站各自的近年成果和由项目组编辑的期中研究论文集；二是项目 6 个专题组的专著所构成的 6 本项目专著。

参加项目的森林生态定位站有：

1. 东北林业大学老山生态定位站，温带长白落叶松人工林类型；
2. 中国科学院植物研究所北京生态定位站，暖温带落叶阔叶林类型；
3. 中国林业科学研究院森林生态环境研究所江西大岗山生态定位站，亚热带杉木、毛竹和常绿阔叶林类型；
4. 中国科学院昆明生态研究所哀牢山生态定位站，西部亚热带常绿阔叶林类型；
5. 浙江林业研究所午潮山生态定位站，亚热带常绿阔叶林类型；
6. 中国科学院华南植物研究所鼎湖山生态定位站，南亚热带季风常绿阔叶林类型；
7. 中国林业科学研究院热带林业研究所尖峰岭生态定位站，热带季雨林、山地雨林类型。

研究期间曾得到林业部和中国科学院以及它们所属的森林生态定位站的支持和参与，这些研究站是：

1. 内蒙古林学院根河生态定位站，寒温带兴安落叶松林类型；
2. 东北林业大学凉水生态定位站和帽儿山生态定位站，温带针阔叶混交林及次生林类型；
3. 中国科学院应用生态研究所长白山生态定位站，温带针阔叶混交林类型；
4. 甘肃祁连山水源林研究所大隆生态定位站，温带山地针叶林类型；
5. 北京林业大学山西太岳生态定位站，暖温带松栎林类型；
6. 西北林学院陕西火地塘生态定位站，秦岭松栎林类型；
7. 南京林业大学江苏下蜀生态定位站，亚热带常绿阔叶林类型；
8. 中南林学院湖南会同生态定位站，亚热带杉木林类型；

9. 四川林业科学研究院川西米亚罗、王朗生态定位站，亚热带亚高山森林类型；

10. 广西农业大学林学院生态定位站，亚热带常绿阔叶林类型；

11. 西藏生态研究所西藏林芝生态定位站，西藏高原高山森林类型。

项目的 6 个专题是：

1. 中国森林地理分布规律，由中国科学院植物研究所陈灵芝负责；

2. 中国森林群落特征规律，由中国林业科学研究院森林生态环境研究所蒋有绪负责；

3. 中国森林生态系统生物生产力规律，由中国科学院生态环境研究中心冯宗炜负责；

4. 中国森林生态系统养分循环规律，由中国科学院植物研究所陈灵芝负责；

5. 中国森林生态系统水文功能规律，由中国林业科学研究院森林生态环境研究所刘世荣负责；

6. 中国森林生态系统能量利用规律，由中国林业科学研究院森林生态环境研究所徐德应负责。

6 个专题的 6 本相应的研究专著从 1996 年起陆续问世。

鉴于我国地域广阔，自然条件复杂多样，森林生态系统的类型是十分丰富的，要分析总结我国森林生态系统的有关规律是件十分困难的事情，但考虑到我国在自然地理、森林植物群落、森林土壤、森林生产力等调查研究积累了大量的科学资料，一些在宏观尺度整理描绘我国自然地理和植被、土壤等分布规律和分区的大型著作，如《自然地理区划》、《中国植被》等也已相继出版，《中国森林》在各省、自治区的森林专著基础上也正在加紧编纂之中，即将问世。以上的大量的科学工作为本项研究奠定了很好的基础。应当特别强调的是，我国各个森林生态系统生态定位观测研究站也积累了几年、十几年的科研资料，这是本项研究能够得以立项的根本条件。如果说《中国植被》和即将出版的《中国森林》等巨著是以分布、分区、类型的规律性总结为主，那么，本项目成果的系列专著将力求着重于补充结构与功能的规律分析，这正是生态系统定位观测研究所探讨的。

本项目各专著作为我国森林群落和森林生态系统研究工作的一个初步归纳整理和总结，肯定是“粗线条”的，而且存在着不少疏漏和错误。我们所能收集到的调查研究的数据和资料，对于我国不同区域、不同森林类型是不平衡的，有些区域和类型的资料丰富且精细，有些则稀少、粗浅，有些则完全缺乏，这无疑给我们的工作增加了难度。再由于我们项目组的成员知识水平的限制，我们只祈求我们这个系列专著所提供的规律性分析，无论是文字的、图形的还是数学的模型描述，宁肯粗一些，但少一些错谬。我们还恳切盼望读者批评指正，并共同切磋，有机会对此总结加以修改、补充和完善。

本书以经典的分析归纳法和描述法，力求全面系统地分析整理了我国主要森林群落的分类、分布、生态系列及生活型，物种多样性等群落学特征，提出了一个我国林型学分类系统和森林群落的分区系统。在森林群落的分类原理上，森林群落类型与生境水热条件的关系、生活型和物种多样性随经度、纬度和垂直高度变化的规律等方面有不少新论点和新的论述，可供同行讨论。在我国天然林面积日益减小，森林群落类型日渐消失的今天，及时提出本书的成果还是有重要意义的，可以促进我国植物群落学、林型学的发展，而且对于天然森林认识其特征，加强其自然保护和经营管理也有很好的参考价值。

本书的出版得到林业部图书出版基金和国家自然科学基金委员会优秀研究成果专著出版基金的资助，特在此表示感谢。

“中国森林生态系统结构与功能规律研究”项目组负责人

蒋有绪

1996年6月于北京

群落的分类、分布，生态系列及生活型，物种多样性等群落学特征，提出了一个我国林型学分类系统和森林群落的分区系统。在森林群落的分类原理上，森林群落类型与主导环境条件的关系，生活型和物种多样性梯度，种类和植物区系变化的规律等方面有不少新的论点和新的论述，可供同行讨论。在我国天然林面积日益减小，森林群落类型日益消失的今天，及时提出本书的成果还是有重要意义的，可以促进我国植物群落学、林型学的发展，而且对于天然森林认识其特征，加强其自然保护和经营管理也有很好的参考价值。

本书的出版得到林业部图书出版基金和国家自然科学基金委员会优秀研究成果专著出版基金的资助，特在此表示感谢。

“中国森林生态系统结构与功能规律研究”项目负责人

蒋有绪

1996年6月于北京

第二版前言

本书主要内容包括中国森林植物区系地理特征及森林分区、中国森林群落分类特征及其生态系列、中国主要森林群落的生活型组成、层次及层片结构和中国森林群落物种多样性空间变化特征。

由于第一版印刷数量太少，网上也无电子版可阅，许多同行专家提出了再版要求，为了满足广大读者的期望，我们决定对本书再版。与第一版相比，第二版的内容除了遵照当前出版标准要求，修改了编排错误、计量单位和植物学名等，其他没有做任何改动。

本书有如下几点特色。①汲取世界各国植物群落学派、林型学派在群落分类或林型分类之所长，突破以往各大学派对我国复杂天然林分类的局限性，提出具有指示意义的凸显亚建群层片和生态种组相结合的二元分类原则和方法，首次建立了我国第一个新的森林群落分类系统和分区系统。其中，在温带、亚高山带发展了林下亚建群层片（“环”）指示的相对独立性的概念，并将这一理论从西南亚高山云杉、冷杉和落叶松林，扩展到温带及暖温带的松林、落叶栎林和小叶林；除温带、亚高山采用以亚建群种层片外，在亚热带和热带采用的是以生态种组为主的二元分类方法，较好地解决了我国复杂的森林群落分类问题。②首次提出了由亚热带常绿阔叶林至热带林构成生态种组的乔木、灌木、草本、苔藓、蕨类及藤本、附生植物依次出现对热量的指示性，以及它们的集合判别群落的基本类型性质的学术思想，丰富了世界森林群落学和林型学理论。③以统一格式总结了我国纷繁复杂的森林类型的生态系列和生活型谱格局，提出了植物生活型与地理因子和气候因子间的定量统计模型、物种多样性与我国经度、纬度和垂直高度变化的分析模型，揭示了各森林群落的生活型谱、层片及层次结构特征、物种多样性随三维地理空间的变化规律。

植被单元是结构与功能的统一体。森林群落分类是森林生态系统分类最好、最显而易见的途径。在我国天然林和森林群落类型日益减少的今天，对我国森林群落进行科学的分类，并揭示其典型森林群落的结构特征，不仅可以促进我国植物群落学、林型学的发展，而且对于天然森林功能的深入了解、加强天然森林保护和经营管理也具有重要的理论和实践意义。

在本书再版之际，感谢中国林业科学研究院森林生态环境与保护研究所对本书再版的资助；感谢所长肖文发研究员的大力支持；感谢张炜银博士在书稿编排方面付出的辛勤劳动；感谢为本书再版作出贡献的所有同行和学生。同时，欢迎同行专家和读者对再版著作中的不足和遗漏之处提出宝贵意见，以期为中国的森林群落分类、群落特征分析和分类系统的进一步完善作出新的贡献。

蒋有绪

2014年7月14日

第一版前言

本书是我国自然科学基金重大项目（编号 9390011）“中国森林生态系统结构与功能规律研究”的第二专题“中国森林群落特征规律”的研究成果。

植物群落的分类及其群落学调查，以形成学科而言，已有百余年的历史。由于森林群落是陆地上演化发育最高级、结构最复杂的生态系统类型，是研究植被分类和群落特征规律最好的研究对象，植物群落学或地植物学的许多专门术语、概念和研究方法都源于对森林的研究。世界上许多著名的植物群落学派、林型学派也大都是以研究森林群落而形成的。群落分类或林型分类在本世纪上半叶曾经处于非常活跃的学科发展时期，不同的学派纷纷而起，代表着不同的分类依据和原则。针对 19 世纪后期的某些以个别因子分类失败的教训，如 Schutze 以土壤养分分类，Falkenstein 以土壤腐殖质和含氮量分类，Koppen 以气候因子的分类尝试等，植物群落开始走上以综合因子，或反映综合因子影响和作用的植被自身的特征进行分类，逐渐形成了几个大学派，即苏联的生物地理群落学派（或称 Сукачёв 学派）、北欧的植物社会学派（或称 Uppsala 学派、斯堪的纳维亚学派、瑞典学派）、法国-瑞士的植物社会学派（或称 Zürich-Montpelier 学派、Braun-Blanquet 学派，这一学派与北欧学派后来因趋于大同小异，而合称为大陆学派）、英美的生态学派（或称 Clements 学派）。细分的学派则更多。从本世纪 60 年代起，英美开始出现以数理统计为手段的数量生态学派，如 Greig-Smith、Ashby、Goodall 等，后来，不少学派也在不同程度上都依靠数学手段来作为一种补充。到了 80 年代，各学派的争论似乎趋于平静。

Whittaker 的《植物群落分类》较详细地、但并不无缺陷地对世界各个学派的理论、原则、方法做了一个综合描述。自此专著后，很少再有这类专门评述各大学派的著作问世，可以说，Whittaker 的《植物群落分类》一书是对世界各大学派的一个总结性的论述。本世纪后期，植物群落学派或林型学派间的争论渐趋于平静，主要原因是各学派间的渗透交流加强，一些学派的论点也被他人逐步理解和接受，譬如，英美学派修改后的多元演替学说被更多的学者接受，如得到了 Cain、Good、Mason 等植物区系学的学者支持，也被苏联的学者如 В. Н. Сукачёв 等接受；在群落原则上更趋于综合指标而取得较大的共识，如大陆学派后来也倾向于区系分类结合生态及动态的原则；自 70 年代，英国 A. G. Tensley 所提出和后来得到发展的生态系统学说与苏联的生物地理群落学说在理论上已非常接近，而且把认识植被单元提高到功能性单位，是结构与功能的统一体，从而超越了群落学的概念，成为更有利于认识自然的基础。但是群落分类的重要性和实用性并不因此减弱，因为，许多学者承认，植被分类仍然是认识生态系统分类最好、最显而易见的途径。在世界日益开放交流的今天，各学派按其传统各行其是的局面也成了可以容忍的事实。

在我国，植被调查从本世纪 30 年代起即开展学术性的调查，如陈封怀（1930 年）、周映昌（1930年）、刘慎谔（1934年、1937年）、文焕然（1938年）等，在50年代，植物群落学（或地植物学）在我国兴起，苏联、法国-瑞士、北欧、英美学派的研究方法都有反映，也有不少研究已汇合各家的方法，但谈不上什么创新，也有不少学者提及要建立中国自己的群落学派等。总之，在中国这个广阔、复杂多样的群落学研究舞台上，仍然使学者大有用武之地。在毋须强调强求某一学派在中国是否最适用和须试图在中国建立自己有特色的学派的现实的今天，探讨一些实际的分类原则、方法还是必要的、有益的。《中国植被》已经有了很好的起步，本书只是想跟随这一起端，看能否根据林型学的特点，探讨一些对中国天然森林的自然分类原则、方法，给中国已有的森林群落调查记录以一个较统一的表述角度和表述途径，初步总结一下我国森林群落诸如生活型谱、物种多样性方面的特征，也尝试分析这些特征随纬度、经度、山地垂直高度的空间变化规律。总体上讲，资料应当说是极丰富的，研究方法是经典式描述，涉及类型力求全面一些，但绝非全部，算是一个“框架”。对于归纳分析中尽可能运用林下亚建群层片的指示意义，分析生态种组成分的构成，“环”的概念在沟通不同群系（林系）相互关系中的作用，较统一地表述的生态系列图，以及对群落生活型结构、物种多样性所作的努力，希望读者不嫌其粗糙乃至不乏错谬，只要觉得尚有补益，就足以慰藉本书作者的初衷了。恳切地期待着同行的批评指正。

本书的研究和撰写分工如下：

本书全面负责　蒋有绪

第一章、第二章　蒋有绪

第三章　郭泉水

第四章　马娟

生活型谱、区系结构谱等图形库研制　王兵、王丽丽、徐庆。

中国科学院国家计委自然资源综合考察委员会的江洪研究员参与了第三章中第七节的大量数学分析工作。

对参加和支持本书研究和出版的所有人员，特别是国家自然科学基金委员会生命科学部的领导和林业科学学科主任杜生明先生的具体指导和支持，在此表示衷心的谢意！

蒋有绪

1996年6月于北京

目　　录

第一章　中国森林植物区系地理特征及森林分区

中国森林区域主要集中于我国东部、东南部的季风区和西部内陆高原的山地。前者基本上是我国年降水量400mm等值线以东的广大区域，后者则作为西部内陆干旱区内因山体而呈岛状分布（如天山、祁连山等）的林区。总的来讲，我国森林类型的分布规律是由经度、纬度和海拔3个地理要素所影响的水热分配状况所决定的。经度除基本上决定了我国东部季风区与西部内陆干旱区两大自然地理区之外，在东部季风区范围内仍然左右着东西向的水量分配，使我国自东部沿海一线向内陆随经度减小而年降水量逐步减少、湿润度逐渐变小，影响着森林类型的组成和生长特征，但这种变化与差异往往是非地带性的。在东部季风区内最明显的变化是因热量差异而形成的森林类型的地带性规律变化，这主要是由南北纬度的水平地带性和山体的垂直地带性变化所构成。从我国宏观的森林分布格局来看，可以觉察出纬度和海拔两大自然要素影响我国森林分布的两条变化趋势：一是我国东部半壁，由北向南依次形成由大兴安岭山地的寒温带针叶林带，小兴安岭和长白山为代表的温带针阔叶混交林带，华北暖温带落叶阔叶林带，华中、华东的北亚热带落叶阔叶与常绿阔叶混交林带，中亚热带常绿阔叶林带，华南的南亚热带季雨常绿阔叶林带，至海南省、台湾省南部的热带山地雨林带的变化；二是由我国西南部青藏高原东南边缘向南，由横断山系往下直至滇南国境，随地貌海拔下降考察其基带植被类型，以看到由高山草甸、亚高山草甸灌丛、亚高山针叶林、中山针阔叶混交林、落叶阔叶林、常绿阔叶林到低山或沟谷热带季雨林或雨林等基本类型的规律变化。当然，山体的每个部分自下而上也存在着随海拔变化的不同的森林类型，这也是研究森林分布规律的重要内容。

由上可见，我国森林拥有了由寒带至热带的许多不同的类型，它们的组成、结构和功能也是不同的。本项目第一专题已对我国森林地理规律有专门的分析研究，本专著将重点阐述我国不同的主要森林群落的组成、结构和其他群落学特征。

第一节　中国森林植物区系地理特征

森林群落的植物组成，无论是乔木、灌木、草本植物，还是蕨类、苔藓类和其他层外植物，都是建立在该林区的植物区系基础上的，因此，认识全国森林植物区系地理格局对研究分析我国森林群落组成的变化是十分必要的。我国森林植物区系有以下两个重要特点。

（1）乔灌木树种十分丰富，森林植物的各区系地理成分复杂。与世界植物区系地理成分有广泛的联系。我国地域辽阔，自然地理条件复杂多样，植物种类十分丰富，全国已知的种子植物约有26 450种，属于339科3208属。其中，裸子植物有9科33属184

种，被子植物有140科1015属9232种。我国已知的乔木树种有2000余种，都有不同的经济价值和生态价值。裸子植物的松属（*Pinus*）、落叶松属（*Larix*）、云杉属（*Picea*）、冷杉属（*Abies*）都是重要的广泛分布的森林建群属。松属世界有100余种，中国有23种14变种，约占世界松属种数的30%；落叶松属世界有18种，中国有10种1变种；云杉属世界约40种，中国有16种9变种；冷杉属世界约有50种，中国有22种3变种。我国单子叶植物中竹类共30多属400多种80亚种，约占世界竹种总数的30%，有不少重要用材竹属，如毛竹属（*Phyllostachys*）、苦竹属（*Pleioblastus*）、慈竹属（*Sinocalamus*）、簕竹属（*Bambusa*）、牡竹属（*Dendrocalamus*）、单竹属（*Lingnania*）等；林下重要的下木层竹属有：箬叶竹属（*Indocalamus*）、箭竹属（*Sinarundinaria*）等。单子叶植物的棕榈科中乔木有：棕榈属（*Trachycarpus*）、椰子属（*Cocos*）、槟榔属（*Areca*）植物等。我国重要的经济藤本植物有：黄藤属（*Daemonorops*）、白藤属（*Calamus*）植物等。我国乔灌木树种中的用材树种、经济树种（干鲜果、栲胶、橡胶、油脂、香料、栓皮、纤维、药用等经济用途）至少在1000种以上，这是我国林业的重要树种资源。

（2）起源古老、珍稀、孑遗和特有木本属种繁多。由于我国植物演化历史悠久，据徐仁、李四英等研究概述，自晚白垩世始，我国土地上（当时大部分地面位于5°N～40°N）发育有北半球南方亚热带古地中海白垩纪植物区代表的樟科（Lauraceae）、壳斗科（Fagaceae）、棕榈科（Palmae）、桃金娘科（Myrtaceae）、冬青科（Aquifoliaceae）、山榄科（Sapotaceae）组成的常绿阔叶林。自上新世以来，我国幅员北移，西伯利亚反气旋作用加强，中国土地的大陆性也加强，寒温性针叶林进入我国北部，对我国古近纪北方植被发育有重要影响。银杏属（*Ginkgo*）、杉属（*Cunninghamia*）、三尖杉属（*Cephalotaxus*）、榧属（*Torreya*）、水杉属（*Metasequoia*）、水松属（*Glyptostrobus*）、红杉属（*Sequoia*）、落羽杉属（*Taxodium*）、云杉属（*Picea*）、松属（*Pinus*）、崖柏属（*Thuja*）、翠柏属（*Calocedrus*）等裸子植物树木发展，这些古老亚热带属中不少种在第四纪冰期向南迁移，并得以在南方山地避难所保存，形成我国的孑遗树种。此类古老的孑遗裸子植物属还有金钱松属（*Pseudolarix*）、白豆杉属（*Pseudotaxus*）、柳杉属（*Cathaya*）、台湾杉属（*Taiwania*）等。古老的被子植物属则有钟萼树属（*Bretschneidera*）、连香树属（*Cercidiphyllum*）、青钱柳属（*Cyclocarya*）、鹅掌楸属（*Liriodendron*）、珙桐属（*Davidia*）、杜仲属（*Eucommia*）、马尾树属（*Rhoiptelea*）、水青树属（*Tetracentron*）等，也都是以单种属被保存下来，现存于我国南方常绿阔叶林中。

晚白垩世北方植物区系发育的槭属（*Acer*）、桦属（*Betula*）、水青冈属（*Fagus*）、荚蒾属（*Viburnum*）、枣属（*Ziziphus*）、椴属（*Tilia*）、榛属（*Corylus*）、五味子属（*Schisandra*）、猕猴桃属（*Actinidia*）、南蛇藤属（*Celastrus*）、胡桃属（*Juglans*）、鹅耳枥属（*Carpinus*）、白蜡属（*Fraxinus*）、黄檗属（*Phellodendron*）等古老属，至今还是我国北方温带森林主要的或常见的成分。

我国现有特有植物属约321属，其中半特有属（即其分布稍超出其分布区界线的）约占30%。特有、半特有属中也不乏乔灌木属，如金缕梅科的牛鼻栓属（*Fortunearia*）、半枫荷属（*Semiliquidambar*）、山白树属（*Sinowilsonia*），茜草科的绣球茜属（*Dunnia*）、香果树属（*Emmenopterys*），无患子科的文冠果属（*Xanthoceras*）、茶条木属（*Delavaya*）、伞花树属（*Eurycorymbus*）、对掌树属（*Handeliodendron*），紫树科的喜树属（*Camptotheca*），槭树科的金钱槭属（*Dipteronia*），蜡梅科的蜡梅属（*Chimonanthus*），榆科的青檀属（*Pteroceltis*），省沽油科的瘿椒树属（*Tapiscia*），猕猴桃科的藤山柳属（*Clematoclethra*），五加科的通脱木属（*Tetrapanax*），野茉莉科的秤锤树属（*Sinojackia*），芸香科的枳属（*Poncirus*），山茶科的团籽荷属（*Apterosperma*）、猪血木属（*Euryodendron*）、多瓣核果茶属（*Parapyrenaria*），菊科的蚂蚱腿子属（*Myripnois*），椴树科的海南椴属（*Hainania*）、滇桐属（*Craigia*）等。

根据中国特有属的分布型，代表各分布型的木本特有属可举例如下。

属华南分布型的有：水松、四药门花（*Tetrathyrium*，金缕梅科）、树柃、多核果（*Pyrenocarpa*，桃金娘科）、山铜材（*Chunia*，金缕梅科）、海南椴、华参（*Sinopanax*，五加科）等。

属西南分布型的有：华盖木（*Manglietiastrum*，木兰科）、马尾树、茶条木、栌菊木（*Nouelia*，菊科）等。

属西南-东南分布型的有：银杉、建柏、台湾杉、仪花（*Lysidice*，云实亚科）、任豆属（*Zenia*，云实亚科）等。

属西南-华中分布型的有：珙桐、金钱槭等。

属西南-华中-华东分布型的有：虎榛、钟萼树、喜树、秤锤树、青钱柳、杜仲等。

属华中-华东分布型的有：银杏、水杉、红豆杉、金钱松、蜡梅、牛鼻栓等。

属华北分布型的有：文冠果、蚂蚱腿子等灌木种。

属西北分布型的有：四合木属（*Tetraena*，蒺藜科）、沙冬青（*Ammopiptanthus*，豆科）、绵刺（*Potaninia*，蔷薇科）等耐干旱小灌木种。

属青藏高原-喜马拉雅分布的有：藏豆（*Stracheya*，豆科）等小灌木种。

属东喜马拉雅-中国东部分布型的有：穗花杉、水青树、猫儿屎（*Decaisnea*，木通科）、黄花木（*Piptanthus*，豆科）等。

属中国东部广布型的有：侧柏、青檀等。

我国特有科中的木本科有银杏科、珙桐科、杜仲科，半特有科中的木本科有钟萼树科、大血藤科、马尾树科、水青树科等。

从以上中国古老、孑遗和特有的木本科属情况可以看出，中国木本植物特有的和丰富的资源在世界上具有特殊地位。

第二节　中国森林分区及其植物区系背景

中国森林的区划按中国森林立地区划研究成果可区划为两大森林区域，即东部季风森林区域和西部内陆干旱山地森林区域。东部季风森林区域可分为 9 个森林带、44 个森林区、107 个森林亚区；西部内陆干旱山地森林区域可分为 1 个森林带、5 个森林区或亚区。

中国森林区的具体区划如下。

东部季风森林区域

I 寒温带森林带

I_1 大兴安岭北部森林区

$I_{1(1)}$伊勒呼里山北坡东部森林亚区

$I_{1(2)}$伊勒呼里山北坡西部森林亚区

$I_{1(3)}$大兴安岭北部东坡森林亚区

$I_{1(4)}$大兴安岭北部西坡森林亚区

Ⅱ中温带森林带

$Ⅱ_1$大兴安岭南部森林区

$Ⅱ_2$小兴安岭森林区

$Ⅱ_{2(1)}$小兴安岭北坡森林亚区

$Ⅱ_{2(2)}$小兴安岭南坡森林亚区

$Ⅱ_3$长白山山地森林区

$Ⅱ_{3(1)}$长白山北部（完达山、老爷岭、张广才岭）森林亚区

$Ⅱ_{3(2)}$长白山南部（长白山、千山）森林亚区

$Ⅱ_4$三江平原森林区

$Ⅱ_{4(1)}$三江平原东部低湿地森林亚区

$Ⅱ_{4(2)}$三江平原西部森林亚区

$Ⅱ_{4(3)}$三江平原南部兴凯湖低地森林亚区

$Ⅱ_5$松辽平原森林区

$Ⅱ_{5(1)}$松嫩平原东部森林亚区

$Ⅱ_{5(2)}$松嫩平原西部森林亚区

$Ⅱ_{5(3)}$辽河平原北部森林亚区

Ⅲ暖温带森林带

$Ⅲ_1$辽东山东半岛森林区

$Ⅲ_{1(1)}$辽东半岛森林亚区

$Ⅲ_{1(2)}$胶东半岛森林亚区

$Ⅲ_{1(3)}$鲁中南山地森林亚区

$Ⅲ_2$黄淮海平原森林区

$Ⅲ_{2(1)}$辽河下游平原海河平原森林亚区

$Ⅲ_{2(2)}$黄泛平原森林亚区

$Ⅲ_{2(3)}$淮北平原森林亚区

$Ⅲ_3$华北山地森林区

$Ⅲ_{3(1)}$燕山山地森林亚区

$Ⅲ_{3(2)}$太行山北段山地森林亚区

$Ⅲ_{3(3)}$太行山南段山地森林亚区

$Ⅲ_{3(4)}$吕梁山森林亚区

$Ⅲ_{3(5)}$中条山森林亚区

$Ⅲ_{3(6)}$伏牛山北坡森林亚区

$Ⅲ_4$黄土高原森林区

$Ⅲ_{4(1)}$黄土高原东部森林亚区

$Ⅲ_{4(2)}$黄土高原西部森林亚区

$Ⅲ_{4(3)}$陇西黄土高原森林亚区

$Ⅲ_5$汾渭谷地森林区

$Ⅲ_{5(1)}$渭河谷地森林亚区

$Ⅲ_{5(2)}$汾河谷地森林亚区

$Ⅲ_6$秦岭北坡森林区

Ⅳ北亚热带森林带

$Ⅳ_1$江淮丘陵平原森林区

$Ⅳ_{1(1)}$江淮平原森林亚区

$Ⅳ_{1(2)}$江淮丘陵森林亚区

$Ⅳ_{1(3)}$沿江平原森林亚区

$Ⅳ_2$桐柏山大别山山地丘陵森林区

$Ⅳ_{2(1)}$大别山山地丘陵森林亚区

$Ⅳ_{2(2)}$桐柏山山地丘陵森林亚区

$Ⅳ_3$秦巴山地丘陵森林区

$Ⅳ_{3(1)}$伏牛山南坡中低山森林亚区

$Ⅳ_{3(2)}$秦岭南坡山地森林亚区

$Ⅳ_{3(3)}$武当山低山丘陵森林亚区

$Ⅳ_{3(4)}$汉江中上游谷地盆地森林亚区

$Ⅳ_{3(5)}$大巴山北坡中山森林亚区

Ⅴ中亚热带森林带

$Ⅴ_1$天目山黄山山地森林区

$Ⅴ_{1(1)}$杭嘉湖平原森林亚区

$Ⅴ_{1(2)}$天目山北部黄山北坡低山丘陵森林亚区

$Ⅴ_{1(3)}$天目山南部黄山南坡低山丘陵森林亚区

$Ⅴ_2$武夷山仙霞岭森林区

$Ⅴ_{2(1)}$浙江沿海丘陵低山森林亚区

$Ⅴ_{2(2)}$浙东南低山丘陵森林亚区

$Ⅴ_{2(3)}$金衢盆地森林亚区

$Ⅴ_{2(4)}$闽北浙西南中山森林亚区

$Ⅴ_3$武夷山戴云山森林区

$Ⅴ_{3(1)}$闽东沿海丘陵森林亚区

$Ⅴ_{3(2)}$闽中低山丘陵森林亚区

$Ⅴ_{3(3)}$闽西南低山丘陵森林亚区

$Ⅴ_4$两湖平原森林区

$Ⅴ_5$湘赣丘陵森林区

$Ⅴ_{5(1)}$幕阜山九岭山低山丘陵森林亚区

$Ⅴ_{5(2)}$于山低山丘陵森林亚区

$Ⅴ_{5(3)}$湘赣丘陵盆地（红岩盆地）森林亚区

$Ⅴ_{5(4)}$罗霄山武功山低山丘陵森林亚区

- V_{6} 南岭山地森林区
  - $V_{6(1)}$南岭山地北坡森林亚区
  - $V_{6(2)}$南岭山地南坡森林亚区
- V_{7} 三峡武陵山雪峰山森林区
  - $V_{7(1)}$川东鄂西中低山丘陵森林亚区
  - $V_{7(2)}$武陵山低山丘陵森林亚区
  - $V_{7(3)}$雪峰山北部低山丘陵森林亚区
  - $V_{7(4)}$雪峰山南部低山丘陵森林亚区
- V_{8} 三江流域低山丘陵森林区
  - $V_{8(1)}$三江流域北部中低山森林亚区
  - $V_{8(2)}$三江流域南部低山丘陵森林亚区
- V_{9} 四川盆地周围山地森林区
  - $V_{9(1)}$四川盆地北缘（大巴山南坡）山地森林亚区
  - $V_{9(2)}$四川盆地西缘（九顶山、峨眉山）山地森林亚区
- V_{10} 四川盆地森林区
  - $V_{10(1)}$四川盆地东部丘陵低山（平行岭谷）森林亚区
  - $V_{10(2)}$四川盆地中部丘陵森林亚区
  - $V_{10(3)}$成都平原森林亚区
- V_{11} 川滇黔山地森林区
  - $V_{11(1)}$川滇黔山地北部低山丘陵森林亚区
  - $V_{11(2)}$川滇黔山地南部中低山森林亚区
- V_{12} 贵州山原森林区
  - $V_{12(1)}$贵州山原北部（大娄山）低中山森林亚区
  - $V_{12(2)}$贵州山原中南部低中山森林亚区
- V_{13} 云南高原森林区
  - $V_{13(1)}$川滇金沙江峡谷森林亚区
  - $V_{13(2)}$滇中高原盆谷森林亚区
  - $V_{13(3)}$滇西高山纵谷森林亚区

Ⅵ南亚热带森林带

- VI_{1} 台北台中森林区
  - $VI_{1(1)}$台北台中山地森林亚区
  - $VI_{1(2)}$台北台中滨海低丘台地森林亚区
- VI_{2} 闽粤沿海台地丘陵森林区
- VI_{3} 粤桂丘陵山地森林区
  - $VI_{3(1)}$珠江三角洲森林亚区
  - $VI_{3(2)}$西江流域北部森林亚区
  - $VI_{3(3)}$西江流域南部森林亚区
- VI_{4} 黔桂石灰岩丘陵山地森林区
  - $VI_{4(1)}$桂中丘陵台地森林亚区

$Ⅵ_{4(2)}$黔南桂北丘陵山地森林亚区

$Ⅵ_{4(3)}$桂西北石灰岩丘陵山地森林亚区

$Ⅵ_{4(4)}$桂西北高原边缘森林亚区

$Ⅵ_5$ 滇南山原森林区

$Ⅵ_{5(1)}$桂西滇东南山原森林亚区

$Ⅵ_{5(2)}$滇西南山原森林亚区

$Ⅵ_6$ 滇中南中山峡谷森林区

Ⅶ北热带森林带

$Ⅶ_1$ 台南森林区

$Ⅶ_{1(1)}$台南森林亚区

$Ⅶ_{1(2)}$澎湖列岛森林亚区

$Ⅶ_2$ 粤东南滨海丘陵森林区

$Ⅶ_3$ 琼雷森林区

$Ⅶ_{3(1)}$雷州半岛丘陵台地森林亚区

$Ⅶ_{3(2)}$海南省北部沿海丘陵台地森林亚区

$Ⅶ_{3(3)}$海南省中部丘陵森林亚区

$Ⅶ_4$ 桂西南石灰岩丘陵山地森林区

$Ⅶ_{4(1)}$左江谷地以东丘陵森林亚区

$Ⅶ_{4(2)}$十万大山低山丘陵森林亚区

$Ⅶ_{4(3)}$左江谷地以西丘陵低山森林亚区

$Ⅶ_5$ 滇东南峡谷中山森林区

$Ⅶ_6$ 西双版纳山间盆地森林区

$Ⅶ_7$ 滇西南河谷山地森林区

$Ⅶ_8$ 东喜马拉雅山南翼河谷森林区

Ⅷ南热带森林带

$Ⅷ_1$ 琼南西沙中沙东沙群岛森林区

$Ⅷ_{1(1)}$琼东南丘陵台地森林亚区

$Ⅷ_{1(2)}$琼西台地森林亚区

$Ⅷ_{1(3)}$西沙中沙东沙群岛森林亚区

Ⅸ赤道热带森林带

$Ⅸ_1$ 南沙群岛森林区

西北干旱山地森林区域（非林区略）

Ⅹ干旱中温带

$Ⅹ_{2(3)}$阴山森林亚区

$Ⅹ_{3(2)}$贺兰山森林亚区

$Ⅹ_5$ 阿尔泰山准噶尔西部山地森林区

$Ⅹ_7$ 天山北坡森林区

$Ⅺ_4$ 祁连山森林区

青藏高原森林区（非林区略）

XIV$_{3}$藏南森林区

XV$_{1}$青藏高原东北缘林区

XV$_{1(1)}$洮河白龙江亚林区

XVI$_{1}$青藏高原亚热带林区

XVI$_{1(1)}$横断山脉北部亚林区

XVI$_{1(2)}$喜马拉雅山南侧察隅亚林区

如果把森林区区划与中国植物区系分区图叠加分析，即可看出我国森林区的主要植物区系背景格局（表 1-1，图 1-1）。

表 1-1　中国植物区系分区与森林分区的参照比较

植物区系分区	相应主要森林区
I 泛北极植物区	
A 欧亚森林植物亚区	
1. 阿尔泰地区	阿尔泰林区（X$_{5}$）
2. 大兴安岭地区	大兴安岭林区（I$_{1}$）
3. 天山地区	天山林区（XL$_{1}$）
E 中国-日本植物亚区	
10. 东北地区	小兴安岭林区（II$_{2}$）长白山林区（III$_{3}$）
11. 华北地区	华北山地林区（III$_{3}$）
	黄土高原林区（III$_{4}$）
	秦岭北坡林区（III$_{6}$）
12. 华东地区	江淮丘陵林区（IV$_{10}$）
	桐柏山大别山林区（IV$_{2}$）
	天目山黄山林区（V$_{1}$）
13. 华中地区	秦巴山地林区（IV$_{3}$）
	三峡武陵山林区（V$_{7}$）
14. 华南地区	武夷山戴云山林区（V$_{3}$）
	南岭山地林区（V$_{6}$）
15. 滇黔桂地区	三江流域低山丘陵林区（V$_{8}$）
	黔桂石灰岩丘陵山地林区（VI$_{4}$）
F 中国-喜马拉雅森林植物亚区	
16. 云南高原地区	川滇黔山地林区（V$_{11}$）
	贵州山原林区（V$_{12}$）
	云贵高原林区（V$_{13}$）
17. 横断山脉地区	四川盆地林区（V$_{9}$、V$_{10}$）
	川滇金沙江峡谷林区（V$_{13(1)}$）
	云贵高山纵谷林区（V$_{13(3)}$）
	洮河白龙江林区（XV$_{1(1)}$）
	横断山脉北部林区（XVI）
18. 东喜马拉雅地区	藏南林区（XIV$_{3}$）
II 古热带植物区	
G 马来西亚植物亚区	
19. 台湾地区	台湾林区（VI$_{1(1)}$、VI$_{1(2)}$、VII$_{1(1)}$）
20. 南海地区	粤东南滨海丘陵林区（VII$_{2}$）
	琼雷林区（VII$_{3}$）
21. 北部湾地区	桂西南石灰岩丘陵山地林区（VII$_{4}$）
22. 滇缅泰地区	滇东南峡谷中山林区（VII$_{5}$）
	西双版纳山间盆地林区（VII$_{6}$）
	滇西南河谷山地林区（VII$_{7}$）
23. 东喜马拉雅南翼地区	东喜马拉雅山南翼河谷林区（VII$_{8}$）

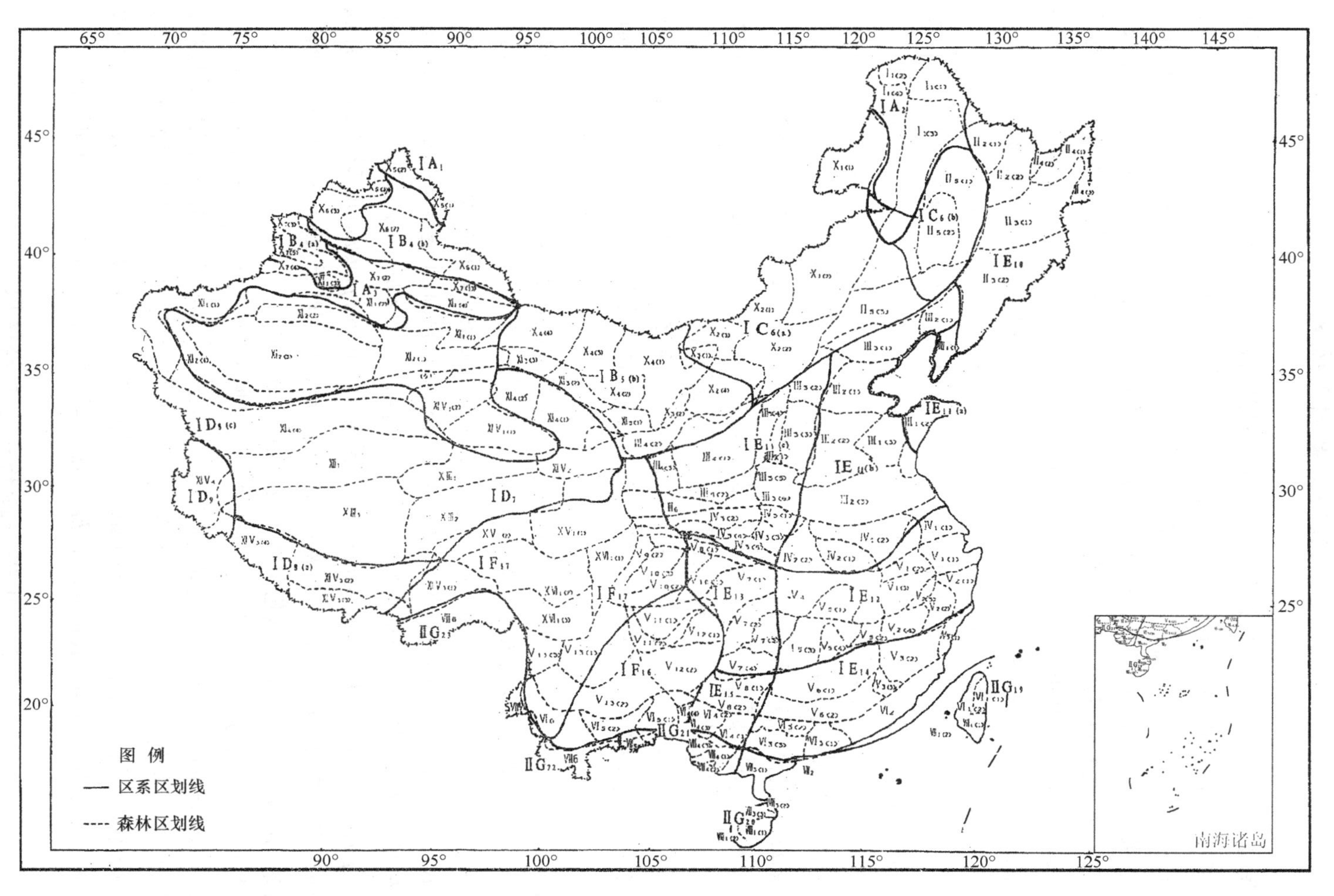

图 1-1　中国森林区划及植物区系地理区划比较示意图

现将我国主要林区的植物区系成分随区域的变化作一概述。

一、大兴安岭寒温带林区

我国东北隅的大兴安岭林区和西北隅的阿尔泰山林区都是西伯利亚泰加林向我国延伸的部分，都属欧洲-西伯利亚区系，但大兴安岭森林主要是南泰加的南延部分，带有明显的东西伯利亚-达乌尔成分，其森林组成与俄罗斯的后贝加尔-阿穆尔的森林几无二致，主要建群种为兴安落叶松（*Larix gmelinii*）、樟子松（*Pinus sylvestris* var. *mongolica*）、白桦（*Betula platyphylla*）、黑桦（*B. dahurica*）等，而森林植物组成中的冻原成分则几不见，阿尔泰林区是以欧洲-西西伯利亚成分的西伯利亚落叶松（新疆落叶松）（*Larix sibirica*）、西伯利亚红松（新疆五针松）（*Pinus sibirica*）、西伯利亚云杉（新疆云杉）（*Picea obovata*）、欧洲白桦（*Betula pendula*）为建群种，其他森林植物也有很多替代种，这点将在有关阿尔泰林区部分详述。但两林区森林都具有北方泰加林（boreal taiga forest）的特征。森林植物明显具有古温带植物属和泛北极-高山属组成，如槭属、桦属、柳属、杜鹃属、越橘属（*Vaccinium*）、杜香属（*Ledum*）、鹿蹄草属（*Pyrola*）、岩须属（*Cassiope*）、舞鹤草属（*Maianthemum*）、野青茅属（*Deyeuxia*）、铃兰属（*Convallaria*）、七瓣莲属（*Trientalis*）、岩高兰属（*Empetrum*）、红莓苔子属（*Oxycoccus*），以及苔藓类的皱蒴藓属（*Aulacomnium*）、曲尾藓属（*Dicranum*）、塔藓属（*Drapanocladus*）、泥炭藓属（*Sphagnum*）等。兴安落叶松由于能生长在永冻层靠近地表的生境而曾广泛分布于欧亚大陆东北部，在冰川后期由于没有更强的竞争对手，仍成为广泛分布在东西伯利亚至远东的建群树种；我国大兴安岭为其分布南端，但仍然可以从伴随的区系成分看出其北方针叶林的典型性。其明显的泛北极或极地成分有小果红莓苔子（*Oxycoccus microcarpa*）、岩高兰（*Empetrum nigrum*）、林奈草（*Linnaea borealis*）、杜香（*Ledum palustre*）、北极果（*Arctous alpinus*）、七瓣莲（*Trientalis europaea*）等；古北极成分则有小叶章（*Calamagrostis epigeios*）、鼠掌老鹳草（*Geranium sibiricum*）、欧山黧豆（*Lathyrus palustris*）、岩蕨（*Woodsia ilvensis*）、叉子圆柏（*Sabina vulgaris*）、黄花柳（*Salix caprea*）、高山露珠草（*Circaea alpina*）等；东部亚洲温热带广泛分布的东古北极成分有钻天柳（*Chosenia arbutifolia*）、偃松（*Pinus pumila*）、稠李（*Padus racemosa*）、垂果南芥（*Arabis pendula*）、球果堇菜（*Viola collina*）、歪头菜（*Vicia unijuga*）、野豌豆（*V. multicaulis*）、大叶章（*Deyeuxia langsdorffii*）、亚洲蓍（*Achillea asiatica*）、紫苞鸢尾（*Iris ruthenica*）等。

大兴安岭东麓与小兴安岭接壤，东亚成分可见增多，蒙古栎（*Quercus mongolica*）、毛榛（*Corylus mandshurica*）、二色胡枝子（*Lespedeza bicolor*）等在植被组成中见优势。大兴安岭向西向蒙古高原的森林草原和草原过渡，区系逐渐呈显著的蒙古-达乌尔成分，单种属的线叶菊（*Filifolium sibiricum*）、贝加尔针茅（*Stipa baicalensis*）、大针茅（*S. grandis*）、禾草羊草（*Aneurolepidium chinensis*）等成为优势的草甸、草原建群种。

二、小兴安岭长白山温带林区

由大兴安岭向东、东南则进入小兴安岭、长白山的温带山地针阔叶混交林区，属中国-日本植物区系的北部区。即以东亚-阿穆尔成分为主，与乌苏里、库页岛、锡霍特-阿林林区一起构成了亚洲东北部沿海中温带夏绿针阔叶混交林及阔叶林带。本林区东亚-阿穆尔代表性的主要建群树种为红松（*Pinus koraiensis*）、红皮云杉（*Picea koraiensis*）、黄花落叶松（*Larix olgensis* var. *changpaiensis*）、鱼鳞云杉（*Picea jezoensis*）、臭冷杉（*Abies nephrolepis*）、紫椴（*Tilia amurensis*）、毛榛（*Corylus mandshurica*）、春榆（*Ulmus davidiana* var. *japonica*）等，其余重要树种有东北赤杨（*Alnus mandshurica*）、大青杨（*Populus koreana*）、山杨（*P. davidiana*）、青楷槭（*Acer tegmentosum*）、色木槭（*A. mono*）、白桦（*Betula platyphylla*）、鹅耳枥（*Carpinus cordata*）、核桃楸（*Juglans mandshurica*）、水曲柳（*Fraxinus mandshurica*）、糠椴（*Tilia mandshurica*）、黄檗（*Phellodendron amurense*）、岳桦（*Betula ermanii*）、风桦（*B. costata*）、牛皮杜鹃（*Rhododendron aureum*）等，代表性的林下植物有乌苏里薹草（*Carex ussuriensis*）、龙常草（*Diarrhena mandshurica*）、乌头（*Aconitum armichaelii*）、兔耳伞（*Cacalia aconitifolia*）、乌苏里薹草、黑河鳞毛蕨（*Dryopteris amurensis*）等。但出现的一些林下攀援植物，如北五味子（*Schisandra chinensis*）、狗枣猕猴桃（*Actinidia kolomikta*）、三叶木通（*Akebia trifoliata*）等，反映了本区保存了第四纪初期遗留下来的吐加依（turgayen）成分，它们可一直分布至暖温带。本林区还可见到古近纪和新近纪古热带孑遗种如秃疮花（*Dicranostigma leptopodum*）等中国-喜马拉雅成分，反映了东北植物区系与热带的渊源和与喜马拉雅区系的联系。由于在本林区欧亚温带针叶林的常见属仍构成林下常见种类组成，因此，本区是由欧亚温带针叶林向东亚暖温带夏绿林的一个明显的过渡区，区系上具有明显的过渡性质。

三、华北山地暖温带落叶阔叶林区

由温带林区南进，则进入以华北为分布区的暖温带山地夏绿阔叶林区，即落叶阔叶林区，属中国-日本植物区系的北部区（南部区为亚热带常绿阔叶林区），以东亚区系成分为主。落叶阔叶林以落叶栎类、榆、槐、槭、枥、杨等为常见，由于松林是本林区的主要针叶林，因此，本林区也常称暖温带松栎林区。栎类除东北延伸至此的蒙古栎外，主要的还有槲栎（*Quercus dentata*）、栓皮栎（*Q. variabilis*）和麻栎（*Q. acutissima*）、辽东栎（*Q. liaotungensis*）和刺栎（*Q. spinosa*）等。松类有油松（*Pinus tabulaeformis*）广泛分布，辽东半岛有赤松（*P. densiflora*），此外还有白皮松（*P. bungeana*）等。本区常见的阔叶树种许多都是古近纪和新近纪的孑遗种，如臭椿（*Ailanthus chinensis*）、构树（*Broussonetia papyrifera*）、小叶朴（*Celtis bungeana*）、楸（*Catalpa bungei*）、梓（*C. ovata*）、灰楸（*C. fargesii*）、栾树（*Koelreuteria paniculata*）、香椿（*Toona sinensis*）、楝（*Melia azedarach*）等，其中苦木科的臭椿，楝科的楝、香椿，无患子科的栾树是南方古热带起源，其他代表性古热带起源的灌木树种有芸香科的臭檀（*Evodia deniellii*），无患子科的文冠果（*Xanthoceras sorbifolia* var. *cinerea*），漆树科的黄栌（*Cotinus coggygria*）、虎榛子（*Ostryopsis davidiana*）、荆条（*Vitex chinensis*）、臭牡丹（*Clerodendrum bungei*）等。

本区山地植被是以青杆（*Picea wilsonii*）、白杆（*P. meyeri*）、云杉、华北落叶松（*Larix principis-rupprechtii*）等为优势种组成的常绿或落叶针叶林，反映山地高海拔植被与我国亚高山植被的联系。原始森林除偏远山地有所保存外，基本上已消失，或林相残破，现已大多栽植华北落叶松、云杉、青杆、白杆等人工林。低山丘陵也以松、栎、杨等人工林为主或落叶阔叶次生林为主。乔木组成中偶见紫椴、核桃楸、色木、黄檗、大果榆等东北成分的渗入。本区森林群落结构相对比较简单，一般有灌木层发育，从林下有时出现的一些暖温性攀援灌木，如北五味子、猕猴桃、三叶木通等，反映了本区保存了第四纪初期遗留的吐加依成分，本区代表性的灌木主要是东西成分的三裂绣线菊（*Spiraea trilobata*）、东陵绣球（*Hydrangea bretschneideri*）、桃叶卫矛（*Euonymus bungeana*）、小花溲疏（*Deutzia parviflora*）、接骨木（*Sambucus williamsii*）、蒙古荚蒾（*Viburnum mongolicum*）、红花锦鸡儿（*Caragana rosea*）、小叶鼠李（*Rhamnus parviflora*）、酸枣（*Ziziphus jujuba*）、蚂蚱腿子（*Myripnois dioica*），上述的荆条、虎榛子等也是常见灌木种。这些灌木种经常形成森林植被破坏后的灌丛植被，它们反映了华北地区年降水量450～500mm 的半干旱气候下具有的耐旱性质。

本区山东半岛、胶东一带已有榔榆（*Ulmus parvifolia*）、糙叶树（*Aphananthe aspera*）、漆（*Toxicodendron vernicifluum*）、北枳椇（*Hovenia dulcis*）出现，逐渐向北亚热带植被过渡。本区向西北过渡至半干旱、干旱的黄土高原区。在阴山山地形成一个山地森林草原区，由少量的油松、杜松、辽东栎、紫椴等形成小片林分及白桦、山杨等次生林分。此区往南、东南即至我国华东华南地区的中国-日本植物区系地理的核心区。

四、华东华南亚热带常绿阔叶林区

本区是由华北山地落叶阔叶林区向南、东南经过胶东、苏北、豫南一带的过渡，落叶阔叶林内即出现常绿阔叶树种成分并逐渐增多，形成落叶与常绿阔叶混交林的类型，继而进入亚热带常绿阔叶林区。这里主要是中国-日本共同的属和众多的中国特有属树种为组成特征的森林植被，也有一定比例的东亚-北美成分。

本区裸子植物中中国-日本共同的木本属有：银杏科的银杏属（*Ginkgo*），三尖杉科的三尖杉属（*Cephalotaxus*），红豆杉科的穗花杉属（*Amentotaxus*）、白豆杉属（*Pseudotaxus*），松科的银杉属（*Cathaya*）、油杉属（*Keteleeria*）、金钱松属（*Pseudolarix*），杉科的柳杉属（*Cryptomeria*）、杉木属（*Cunninghamia*）、水杉属（*Metasequoia*）、金松属（*Sciadopitys*）、台湾杉属（*Taiwania*）、水松属（*Glyptostrobus*），柏科的福建柏属（*Fokienia*）、胡柏属（*Microbiota*）、侧柏属（*Platycladus*）、罗汉柏属（*Thujopsis*）等。其中，银杏（*Ginkgo biloba*）自第四纪只在中国才有存活，天然分布已几不见，可能西天目山尚有天然种群分布，水杉（*Metasequoia glyptostroboides*）自在湖北省利川天然分布发现后，人工栽植已渐普遍，杉木（*Cunninghamia lanceolata*）作为我国重要用材树种已有千年以上历史，天然分布几不存在。被子植物中中国-日本共有的木本属有：蔷薇科的枇杷属（*Eriobotrya*）、木瓜属（*Chaenomeles*）、棣棠属（*Kerria*）、石斑木属（*Rhaphiolepis*），金缕梅科的双花木属（*Disanthus*）（落叶），大风子科的山桐子属（*Idesia*）（落叶），小檗科的南天竹属（*Nandina*），芸香科的臭常山属（*Orixa*）（落叶灌木）、黄檗属，杜仲科的杜仲属（*Eucommia*），洪桐科的珙桐属，马鞭草科的钟萼树属，昆栏树科的昆栏树属（1 种），五加科的刺楸属（*Kalopanax*）（北方有分布），紫葳科的泡桐属（*Paulownia*）（暖温带有分布），桔梗科的桔梗属（*Platycodon*）等。单子叶植物中中国-

日本共有的属有：禾本科的唐竹属（*Sinobambusa*），卫矛科的台油木属（*Otherodendron*），忍冬科的锦带花属（*Weigela*）（落叶，北方有分布）、苦竹属（*Pleioblastus*）、赤竹属（*Sasa*）、假箬竹属（*Pseudosasa*）、华箬竹属（*Sasamorpha*）、业平竹属（*Semiarundinaria*）、倭竹（*Shibataea*）等。本区中国-日本共有属中大量分布的是草本属，这里不一一列举。

本区木本植物因富有古老科属和原始科属而成为中国之特有属种，这是中国林业极为珍贵的财富，如木兰科的华盖木属（*Manglietiastrum*）、拟单性木兰属（*Parakmeria*），蜡梅科的蜡梅属，木通科的木通属（*Akebia*）、猫儿屎属、八月瓜属（*Holboellia*），大血藤科的大血藤属（*Sargentodoxa*）、金缕梅科的蜡瓣花属（*Corylopsis*）、双花木属（*Disanthus*）、牛鼻栓属（*Fortunearia*）、檵木属（*Loropetalum*）、山白树属（*Sinowilsonia*），胡桃科的青钱柳属（*Cyclocarya*）、化香属（*Platycarya*），榆科的刺榆属（*Hemiptelea*）、翼朴属（*Pteroceltis*），山茶科的圆籽荷属（*Hemiptelea*）、石笔木属（*Tutcheria*），无患子科的茶条木属、伞花木属（*Eurycorymbus*）、掌叶木属（*Handeliodendron*）等。

由于本区在第四纪冰期受冰川影响较小而残存了许多孑遗树种，如杜仲、珙桐、钟萼树、水杉、银杉（*Cathaya argyrophylla*）、金钱松（*Pseudolarix amabilis*）、白豆杉（*Pseudotaxus chienii*）、粗榧（*Cephalotaxus sinensis*）、柳杉（*Cryptomeria fortunei*）、杉木、香果树（*Emmenopterys henryi*）、秤锤树（*Sinojackia xylocarpa*）、山白树、福建柏等。湘鄂西部、川东是我国孑遗植物的分布中心。

本区东亚-北美成分也占有一定比例，尤其在本区东部，这类木本属有山核桃属（*Carya*）、檫木属（*Sassafras*）、鹅掌楸属（*Liriodendron*）、金缕梅属（*Hamamelis*）、蓝果树属（*Nyssa*）、玉兰属（*Magnolia*）、银钟花属（*Halesia*）、梓树属、毛核木属（*Symphoricarpos*）、紫藤属（*Wisteria*）、八角属（*Illicium*）、勾儿茶属（*Berchemia*）、风箱果属（*Physocarpus*）等。

本区树种及森林植物种由北向南增多。

本区主要森林类型以常绿阔叶林和松、杉、柏类的针叶林及毛竹林等为主。常绿阔叶林则主要由壳斗科的常绿栎类（*Quercus*）、栲属（*Castanopsis*）、石栎属（*Lithocarpus*）、青冈属（*Cyclobalanopsis*），以及樟科、木兰科、山茶科、杜英科、冬青科、山矾科、大戟科、无患子科、楝科、漆树科、芸香科等热带科的常绿阔叶树种组成。在华南尤为明显。栎属、栲属、石栎属、柯属、樟属、楠属等在不同纬度、经度因水热条件不同其种类也往往相异。一般在淮南及长江中下游地区常见的种类有枹树（*Quercus serrata*）、茅栗（*Castanea seguinii*）、槲栎（*Q. aliena*）、栓皮栎（*Q. variabilis*）、锐齿槲栎（*Q. aliena* var. *acuteserrata*）、小叶栎（*Q. chenii*）、巴东栎（*Q. engleriana*）、茅栗（*Castanea mollissima*）、青冈（*Cyclobalanopsis glauca*）、苦槠（*Castanopsis sclerophylla*）、石栎（*Lithocarpus glabra*）、木姜子（*Litsea cubeba*）、钓樟（*Lindera chienii*）等；江南山地丘陵区则以米槠（*Castanopsis carlesii*）、刺栲（*C. hystrix*）、甜槠（*C. eyrei*）、钩栲（*C. tibetana*）、苦槠（*C. sclerophylla*）、石栎（*Lithocarpus glabra*）、棉石栎（*L.henryi*）、锥栗（*Castanea henryi*）常见，偶有麻栎，此外樟（*Cinnamomum camphora*）、天竺桂（*C. japonicum*）、宜昌润楠（*Machilus ichangensis*）、红楠（*M. thunbergii*）、白楠（*Phoebe neurantha*）等也常见；浙闽、南岭山地则以小叶栲、钩栲、南岭栲（*Castanopsis fordii*）、罴蒴栲（*C. fissa*）、厚皮栲（*C. chunii*）、罗浮栲（*C. fabri*）、青钩栲（*C. kawakamii*）、刺栲、青冈、

刺斗石栎（*Lithocarpus echinotholus*）、粤桂石栎（*L. calophyllus*）、硬斗石栎（*L. hancei*）、长果栎（*Q. flephyllus*）、楠木（*Phoebe zhennan*）、润楠（*Machilus chinensis*）、小果润楠（*M. microcarpa*）、广东含笑（*M. tsoi*）、黄樟（*Cinnamomum porrectum*）、桂南木莲（*Manglietia chingii*）等为常见，此外，木荷属、冬青属、女贞属植物种也常见。

本区松、杉类针叶林以马尾松（*Pinus massoniana*）林为最常见，但海拔600～1000m已逐渐由台湾松（黄山松）（*P. taiwanensis*）林所取代；杉木林以人工栽植大面积出现。其他针叶树种，如红豆杉（*Taxus chinensis*）、粗榧、香榧（*Torreya grandis*）、罗汉松（*Podocarpus macrophylla*）、竹柏（*P. nagi*）、江南油杉（*Keteleeria cyclolepis*）、银杉、长苞铁杉（*Tsuga longibracteata*）、南方铁杉（*T. hwangshanensis*）、白豆杉、金钱松（*Pseudolarix kaempferi*）、穗花杉（*Amentotaxus argotaenia*）等均混生于常绿阔叶林内，为极罕见优势种群。山地高海拔的落叶阔叶林则以温带渗入的水青冈、落叶栎类、桦、榛、鹅耳枥、槭、杨、椴、柳等为常见组分。高海拔除新近发现的百山祖冷杉（*Abies beshanzuensis*）可见分布于浙江百山祖山外，并无其他冷杉属、云杉属的树种出现。

五、热带林区

由上区向南则过渡至我国北热带地理区，此植物区系以古热带起源的热带植物区系为主，主要是以热带亚洲的马来西亚区系成分构成主体。但紧密反映出与全热带、旧热带，乃至热带非洲、热带大洋洲的联系。森林类型主要是热带季雨林、山地雨林，因具有明显干季气候而常有旱季落叶的树种，在海南省西南部甚至出现次生的热带稀树草原类型植被。

广东南部沿海与海南在第四纪前两者未脱开之前有着长期的亲缘关系，大陆的一些温带、亚热带成分，如杨属、槭属、桦属、石栎属、栎属、木兰属、桢楠属等的种，由大陆在此前进入了海南，成为现今海南山地植被的成分。由于海南脱离大陆较晚，海南的特有科属并不多，有茶科的多瓣核果属（*Parapyrenaria*）、桃金娘科的多核果属（*Pyrenocarpa*）、金缕梅科的陈木属（*Chunia*）等。就海南主体而言，在东南亚古近纪和新近纪古热带起源的背景上，反映出与中南半岛关系密切。在热带森林的科属组成上与中南半岛极为相似，如主要有桂木属（*Artocarpus*）、银柴属（*Aporosa*）、八角枫属（*Alangium*）、玉蕊属（*Barringtonia*）、木奶果属（*Baccaurea*）、红厚壳属（*Calophyllum*）、竹节树属（*Carallia*）、橄榄属（*Canarium*）、第伦桃属（*Dillenia*）、山竹子属（*Garcinia*）、白颜树属（*Gironniera*）、粘木属（*Ixonanthes*）、木姜子属（*Litsea*）、谷木属（*Memecylon*）、杧果属（*Mangifera*）、野桐属（*Mallotus*）、紫金牛属（*Ardisia*）、红胶木属（*Tristania*）、柿属（*Diospyros*）、厚皮香属（*Ternstroemia*）、李榄属（*Linociera*）、杜英属（*Elaeocarpus*）、黄肉楠属（*Actinodaphne*）等；裸子植物有陆均松属（*Dacrydium*）、罗汉松属（*Podocarpus*）等。但需要指出的是，海南森林中东南亚典型的龙脑香科的种类并不多，仅有青皮（*Vatica astrotricha*）、坡垒（*Hopea chinensis*、*H. hainanensis*）等2属3种；典型热带的猪笼草科、肉豆蔻科的种类在海南也不多，而壳斗科的栎属（*Quercus*）和石栎属（*Lithocarpus*）常成为山地雨林的主要组分。海南热带季雨林的主要属有杧果属、肉豆蔻属（*Myristica*）、鱼骨木属（*Canthium*）、紫荆属（*Madhuca*）、杨桐属（*Adinandra*）、闭花木属（*Cleistanthus*）、银柴属、野桐属、桂木属等；海南西南部旱季落叶的半季落叶季雨林的主要属有榄仁属（*Terminalia*）、厚皮树属、木棉属（*Bombax*）、合欢属（*Albizia*）、黄牛木属（*Cratoxylum*）、倒吊笔属（*Wrightia*）、槟榔青属（*Spondias*），以山毛榉科、樟科、槭科、灰木科、茶科的乔灌木为主，杜鹃属（*Rhododendron*）和越橘属（*Vaccinium*）的种反映了与大陆温带及亚热带山地植被的联系。我国台湾岛植物也属古热带东部植物区，与印度尼西亚、马来西亚关系密切，但由于受太平洋暖流影响较海南为深，且与大陆脱离较早，山地也较发达，因而，岛屿型与山地型植物区系发育良好，种子植物种类比海南多约 1 倍，170 科 1100 属 4300 种左右，其中特有属 10 个，如五加科的华参属（*Sinopanax*），唇形科的台钱草属（*Suzukia*），苦苣苔科的台地黄属（*Titanotrichum*），茜草科的棱萼茜属（*Hayataella*），爵床科的兰嵌马蓝属（*Parachampionella*）、银脉爵床属（*Kudoacanthus*），莎草科的蕊台属（*Diplocarex*）等。台湾的特有种约占种子植物总数的 42.9%，尤其海拔 300m 以上高山的特有种可占当地植物种的 95%，占全岛特有种总数的 43%。中国台湾的热带植物区系正处于与菲律宾北部的季风热带区与湿润热带区区系界线之北，其物种显著少于且有异于菲律宾，而仍反映了与大陆有较密切的联系。例如，山地针叶林常见杉木属、油杉属、台湾杉属、柳杉属、穗花杉属等，出现肉豆蔻科、无叶草科、霉草科、大花草科等纯热带分布科，但缺少如东南亚热带典型的龙脑香科和猪笼草科等。台湾南部湿润雨林由台湾肉豆蔻（*Myristica cagayanensis*）、台湾翅子树（*Pterospermum niveum*）、恒春莲叶桐（*Hernandia sonora*）、恒春山榄（*Planchonella duclitan*）、恒春楠木（*Machilus obovata*）、长叶桂木（*Artocarpus lanceolatus*）、多花樟（*Cinnamomum myrianthus*）、恒春石栎（*Lithocarpus shiusuiensis*）等组成；半常绿季雨林（或半落叶季雨林）以榕树（*Ficus microcarpa*）、厚壳桂属（*Cryptocarya*）、鹅掌柴（*Schefflera procera*）、南紫薇（*Lagerstroemia subcostata*）等为优势。落叶季雨林以木棉、黄豆树（*Albizia procera*）等干季落叶树种为常见。较高海拔的常绿阔叶林则以壳斗科种类为明显优势，如有青钩栲、小叶栲、三果石栎（*Lithocarpus ternaticupulus*）、杏叶石栎（*L. amygdalifolius*）、长果青冈（*Cyclobalanopsis longinux*）、金斗青冈（毛果青冈）（*C. pachyloma*）、岭南青冈（*C. championii*）等，此外还有沉水樟（*Cinnamomum micranthum*）、台楠（*Phoebe formosana*）、茸叶冬青（*Ilex cochinensis*）、柃木（*Eurya japonica*）、大头茶（*Gordonia axillaris*）、港口木荷（*Schima superba* var. *kankoensis*）等，其科属组成与大陆无异。再高海拔的落叶阔叶林树种则为槭类、台湾青冈（*Cyclobalanopsis morii*）、红桧（*Chamaecyparis formosensis*）等混生，亚高山针叶林为台湾云杉（*Picea morrisonicola*）、台湾冷杉（*Abies kawakamii*）、玉山桧（*Juniperus morrisonicola*）等。

台北中央山脉玉山山脉则以亚热带季风常绿阔叶林为主要地带性植被类型，由无柄小叶栲（*Castanopsis carlesii* var. *sessilis*）、青钩栲、厚壳桂、榕树、笔管榕（*Ficus superba* var. *japonica*）、樟、台湾黄杞（*Engelhardtia formosana*）、铁冬青（*Ilex rotunda*）、香叶树（*Lindera communis*）、薯豆（*Elaeocarpus japonicus*）等组成，中山带以红桧、台湾扁柏（*Chamaecyparis obtusa* var. *formosana*）为代表。亚高山带森林以台湾冷杉（*Abies kawakamii*）为优势。

我国热带林区还有桂南、滇南和东喜马拉雅南翼 3 块。桂南热带林区是以印度-马来西亚区系的北部湾（中越边界）共有种为重点，石灰岩山地季雨林的主要种类有龙脑香科的擎天树（*Parashorea chinensis* var. *kwangsiensis*）、金丝李（*Garcinia chevalieri*）、肥牛树（*Cephalomappa sinensis*）等；沟谷砖红壤土上的雨林则以青梅、狭叶坡垒、橄榄、亮叶杜英等组成。这里特有属种比较丰富而古老，有热带独特的喙核桃属（*Annamocarya*）、马尾树属、蝴蝶果属（*Cleidiocarpon*）、钟萼树属、大血藤属（*Sargentodoxa*）等。次生林以马尾松林、思茅松（*Pinus kesiya* var. *langbianensis*）林为主。

滇南热带林区与缅甸、泰国接壤，热带性较北部湾区更强，但古老性、复杂性不及前区。本区以典型东南亚热带种为代表，热带雨林以豆科、楝科、无患子科、肉豆蔻科、龙脑香科为主。龙脑香科有铼龙脑香（*Dipterocarpus tonkinensis*）、羯布罗香（*D. turbinatus*）、翅果龙脑香（*D. alatus*）、多毛坡垒（*Hopea mollissima*）、望天树（*Parashorea chinensis*）。此外，还有隐翼木（*Crypteronia paniculata*）、四数木（*Tetrameles nudiflora*）、见血封喉（*Antiaris toxicaria*）、龙果（*Pouteria grandifolia*）、番龙眼（*Pometia tomentosa*）等典型热带树种。本区由于地处热带北缘，且多干季，其龙脑香科种类虽较我国其他热带地区为多，但比起东南亚典型热带仍只是极少数。西藏东喜马拉雅南翼地区因印度洋西南季风带来暖湿气流，在此受喜马拉雅山阻挡而滞留形成高温多雨的湿热气候，低山河谷的雨林和季雨林发育，形成察隅、墨脱、亚东的热带林类型。这里，区系新老齐备、各方汇集，构成了中国-喜马拉雅植物区系亚区的重要特征。例如，热带与高山、北极成分在此地交汇；许多不同区系起源的科属都形成自己的特有种；冷杉、云杉、落叶松等亚高山温带属以此为重要的发生分化中心；起源于古地中海的硬叶栎类在本区形成了亚高山硬叶落叶栎类，如川滇高山栎（*Quercus aquifolioides*）、黄背栎（*Q. pannosa*）、帽斗栎（*Q. guyavaefolia*）、川西栎（*Q. gilliana*）、高山栎（*Q. semicarpifolia*）、长穗高山栎（*Q. longispica*）等，成为亚高山带阳坡的优势建群种。在干热河谷生境则有铁橡栎（*Q. cocciferoides*）、灰背栎（*Q. senescens*）、锥连栎（*Q. franchetii*）、光叶高山栎（*Q. rehderiana*）等。本区与中国-日本植物区系亚区形成了一列相同属的本区替代种（仅指群落学意义上，不指亲缘意义），见表 1-2。

表 1-2　中国-日本植物区系亚区东部和西部树种生态替代现象

中国-日本植物区系亚区 西部常绿阔叶林区	中国-日本植物区系亚区 东部常绿阔叶林区
Pinus yunnanensis	*P. massoniana*
Cyclobalanopsis glaucoides	*C. glauca*
C. delavayi	*C. gilva*
Lithocarpus dealbatus	*L. henryi*
L. chrysocomus	*L. echinotholus*
L. variolosus	*L. cleistacarpus*
Castanopsis orthacontha	*C. sclerophylla*
Keteleeria evelyniana	*K. davidiana*
Tsuga yunnanensis	*T. chinensis*
T. dumosa	*T. longibracteata*
Camellia pitardii	*C. cordifolia*
Machilus yunnanensis var. *qudouxii*	*M. chinensis*
Pistacia weinmannifolia	*P. chinensis*

中国-日本植物区系亚区 西部常绿阔叶林区	中国-日本植物区系亚区 东部常绿阔叶林区
Sapindus delavayi	*S. mukorossi*
Alnus ferdinandi-coburgii	*A. cremastogyne*
Albizia mollis	*A. julibissic*
Ehretia corylifolia	*E. dicksoni*
Camellia pitardii var. *yunnanensis*	*C. assimilis*
Magnolia delavayi	*M. albsericea*
Meliosma yunnanensis	*M. squamulata*
Michelia yunnanensis	*M. medioeris*
Ilex yunnanensis	*I. elmerrilliana*

关于本区冷杉属、云杉属、落叶松属、铁杉属、油杉属、黄杉属、松属、柏属、圆柏属、三尖杉属等的地理分布区图在《四川松杉植物地理》（管仲天，1982）中有很清楚的表达。

六、西南高山林区

我国西南高山林区主体的横断山区是世界冷杉属、云杉属、落叶松属及高山植物的分化中心，其在植物区系上的特殊意义已有较多文献探讨。这一区域主要在中国-喜马拉雅区系地理区的范围，可划分藏东南（IF17）、川西滇北（IF17）、云贵高原（IF16）3 个下级区，可以发现许多属种都有其自己的分布中心而呈 3 个区内的替代现象（表 1-3）。

表 1-3　川西滇北、云贵高原、藏东南 3 区树种替代分布关系

树种	藏东南	川西滇北	云贵高原
四川红杉（*Larix mastersiana*）		+	
红杉（*L. potaninii*）		+	
大果红杉（*L. potaninii* var. *macrocarpa*）	+	+	
西藏红杉（*L. griffithii*）	+		
喜马拉雅红杉（*L. himalaica*）	+		
怒江红杉（*L. speciosa*）	+		
鳞皮冷杉（*Abies squamata*）	+	+	
岷江冷杉（*A. faxoniana*）		+	
长苞冷杉（*A. georgei*）		+	+
急尖长苞冷杉（*A. georgei* var. *smithii*）	+		
川滇冷杉（*A. forestii*）		+	
峨眉冷杉（*A. fabri*）		+	
黄果冷杉（*A. ernestii*）	+	+	
紫果冷杉（*A. recurvata*）		+	
西藏冷杉（*A. spectabilis*）			

续表

树种	藏东南	川西滇北	云贵高原
墨脱冷杉（*A. delavayi* var. *motuoensis*）	+		
亚东冷杉（*A. densa*）	+		
察隅冷杉（*A. chayuensis*）	+		
苍山冷杉（*A. delavayi*）			+
滇黄果冷杉（*A. ernestii* var. *salouenensis*）	+		
冷杉（*A. fabri*）			+
中甸冷杉（*A. ferreana*）			+
怒江冷杉（*A. nukiangensis*）			+
紫果云杉（*Picea purpurea*）		+	
丽江云杉（*P. likiangensis*）		+	+
川西云杉（*P. likiangensis* var. *balfouriana*）	+	+	
粗枝云杉（*P. asperata*）		+	
麦吊云杉（*P. brachytyla*）		+	
林芝云杉（*P. likiangensis* var. *lizhiensis*）	+		
西藏云杉（*P. spinulosa*）	+		
长叶云杉（*P. smithiana*）	+		
康定云杉（*P. montigena*）		+	
鳞皮云杉（*P. retroflexa*）		+	
油麦吊杉（*P. brachytyla* var. *complanata*）		+	
白皮云杉（*P. aurantiaca*）		+	
云南铁杉（*Tsuga dumosa*）	+	+	+
铁杉（*T. chinensis*）	+	+	
丽江铁杉（*T. forrestii*）			+
巴山松（*Pinus henryi*）		+	
思茅松（*P. kesyia* var. *langbianensis*）			+
云南松（*P. yunnanensis*）	+	+	
高山松（*P. densata*）	+	+	
华山松（*P. armandii*）	+	+	
乔松（*P. griffithii*）	+		
西藏长叶松（*P. roxburghii*）	+		
岷江柏（*Cupressus chengiana*）		+（川西）	
干香柏（*C. duclouxiana*）		+（滇北）	
西藏柏（*C. torulosa*）	+		
巨柏（*C. gigantea*）	+		
密枝圆柏（*Sabina convalliam*）	+	+	
大果圆柏（*S. tibetica*）	+	+	
滇藏方枝柏（*S. wallichiana*）	+		
垂枝柏（*S. recurva*）	+	+	
方枝圆柏（*S. saltuaria*）	+	+	
塔枝圆柏（*S. komarovii*）		+（川西）	
松潘叉子圆柏（*S. vulgaris* var. *erectoptens*）		+（川西）	

续表

树种	藏东南	川西滇北	云贵高原
川滇杜鹃（*Rhododendron trailleanum*）		+	
大白杜鹃（*Rh. decorum*）	+	+	+
密枝杜鹃（*Rh. fastigiatum*）		+	
理塘杜鹃（*Rh. litangense*）		+（川西）	
毛蕊杜鹃（*Rh. websterianum*）		+（川西）	
陇蜀杜鹃（*Rh. przewalskii*）	+	+	+
凌毛杜鹃（*Rh. aggulinatum*）	+	+	
皱皮杜鹃（*Rh. wiltonii*）		+	
绒毛杜鹃（*Rh. lachytrichum*）		+	
假乳黄杜鹃（*Rh. fictolacteum*）		+	+
赞赏杜鹃（*Rh. admirabile*）		+	
短柱杜鹃（*Rh. bvevistylum*）		+	
红背杜鹃（*Rh. refescens*）		+	
亮叶杜鹃（*Rh. vernicosum*）	+	+	
黄杯杜鹃（*Rh. wardii*）	+	+	
圆叶杜鹃（*Rh. willamsianum*）	+	+	
毛喉杜鹃（*Rh. cephalatum*）	+	+	
弯果杜鹃（*Rh. campylocarpum*）	+		
钟花杜鹃（*Rh. campanulatum*）	+		
白毛杜鹃（*Rh. arboreum*）	+		
毛嘴杜鹃（*Rh. trichostomum*）	+		
山育杜鹃（*Rh. oreotrephes*）	+		
管花杜鹃（*Rh. teysii*）	+		
藏布杜鹃（*Rh. cheritopes* var. *tsangpoense*）	+		
箭竹（*Sinarundinaria nitida*）	+	+	+
大箭竹（*S. chungii*）		+	
短穗箭竹（*S. breoipaniculata*）		+	
冷箭竹（*S. fangiana*）		+	
拐棍竹（*Fargesia robusta*）		+	

七、西北干旱区山地林区

位于我国西北的阿尔泰林区是西西伯利亚泰加林伸入我国的一角，主要是以西西伯利亚成分为主体。其森林建群种是西伯利亚落叶松、西伯利亚云杉、西伯利亚冷杉、西伯利亚红松，林下优势植物也属北方寒带针叶林下的科属成分，有许多北方林下的共同种，如越橘（*Vaccinium vitis-idaea*）、黑果越橘（*V. myrtillus*）、刺玫果（*Rosa acicularis*）、红花鹿蹄草（*Pyrola incarnata*）等，以及一些苔藓，如毛梳藓（*Ptilium crista-castrensis*）、赤茎藓（*Pleurozium schreberi*）、塔藓（*Hylocomium proliferum*）、大金发藓（*Polytrichium commune*）等。但比较阿尔泰山西伯利亚落叶松林与大兴安岭的兴安落叶松林的森林植物组成，可发现许多群落替代种。

东西横亘的天山北坡林区是以西伯利亚云杉的衍生种雪岭云杉（*Picea schrenkiana*）为主要建群种，其东部与哈尔里克山有西伯利亚落叶松纯林分布。天山北坡垂直带的山地针叶林带以北温带欧亚温带的西伯利亚区系为主要成分，如伴生树种有欧洲山杨（*Populus tremula*）、几种桦木，灌木有花楸属、蔷薇属、栒子属、忍冬属等常见属，高山带（高山草甸）见环北极、北极-高山成分增多。山坡下部与草原交接，则以欧亚草原中亚和西伯利亚成分为主。

天山南坡可见圆柏[叉子圆柏（*Sabina semiglobosa*）、昆仑方枝柏（*S. centrasiatica*）]，生境干旱，林下植物以旱生-中旱生草类为主，如狐茅（*Festuca sulcata*）、（落）草（*Koeleria cristata*）等，已不见于北方泰加林区。

准噶尔盆地荒漠中沿塔里木河、叶尔羌河、和田河等沿岸可见胡杨（*Populus euphratica*）和灰胡杨（*P. pruinosa*）林，这是上新世河岸林的残余种，林相稀疏，林下有耐盐、旱生的尖果沙枣（*Elaeagnus oxycarpa*）、大果沙枣（*E. moorcroftii*）、柽柳（*Tamarix ramosissima*、*T. hispida*、*T. laxa*）、铃铛刺（*Halimodendron halodendron*）、黑果枸杞（*Lycium ruthenicum*）、小果白刺（*Nitraria sibirica*）等中亚成分，称"吐加依林"。现存新近纪温带落叶阔叶林孑遗成分的野生胡桃（*Juglans regia*）、新疆野苹果（*Malus sieversii*）、山杏（*Armeniaca sibirica*）在伊犁河谷、天山和巴尔鲁克山有小片林分布，是本区极为特殊的景观。伊犁河谷由于有较丰富的降水量（年降水量 600mm 以上）得以保存具海洋性特征的落叶阔叶林。

总结我国森林植物区系地理的格局与区系地理成分之间的关系，可以吴征镒（1983）在《中国自然地理·植物地理》（上册）中归纳的"中国种子植物属的分布区类型及其相互关系"一图来表示，有趣的是如果把此图上下左右相反设置，可以更符合我国所处北半球和东西经度走向的地理关系（图 1-2）。

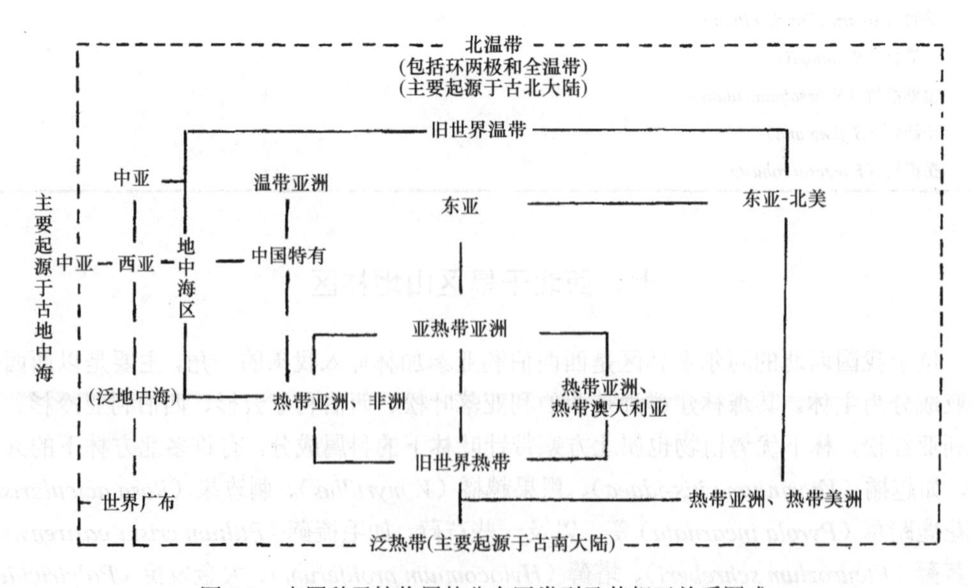

图 1-2　中国种子植物属的分布区类型及其相互关系图式

第二章　中国森林群落分类特征及其生态系列

第一节　关于中国森林群落分类的原则及分类系统

植物群落分类是依据植物群落的特征或属性对植物群落进行的分类。这些特征或属性不论是外形的还是内在的归根到底是植被与环境相互作用形成的，因此，无论是世界上何种学派的植物群落分类途径或分类方法，依据哪种特性［如外貌（含结构的）、种优势度、立地或综合性的］进行分类的结果都应当反映出群落间与环境相互作用上的差异，都有可能把这些不同类型的群落与生态环境的系列（如环境梯度）联系起来，构成一个生态系列的排序或分布格局，几乎对植物群落分类的任一级都可以这样做。Bear于1944年在发展了Tansley、Richards等外貌学派鼻祖的工作后，即提出以雨林为中心类型开始的5个群落系列，以反映对环境梯度的反应。Braun-Blanquet（1951）强调了群落分类的区系及其中有鉴别意义的特征种或区别种，都是与环境梯度（如温度系列）联系起来的。Cajander为首的以立地型为中心概念的芬兰学派及以后受其影响的北欧学派，更是强调群落的生态系列（即立地型系列）。苏俄学派由Морозов发展再由Сукачёв建立，强调了分类的综合途径（即生物-地理群落分类途径），实际上正是这一学派勾画了两维的生态系列图。近代的数值分类也往往在聚类与排序的基础上与环境梯度相联系，作出最终的描述。因此，植物群落分类（包含森林群落的分类）的任务不仅在于进行植物群落的分类，而且在于对群落分类的生态环境系列作出可信的描述。

关于世界植物群落分类的研究，各学派基本上都是以森林植被为主体出发的，如英美学派之于世界热带林和北美山地森林，苏俄学派之于西伯利亚与远东温带森林，北欧学派之于斯堪的纳维亚半岛的落叶阔叶林和灌丛，法瑞学派之于阿尔卑斯和南欧的森林与灌丛，这是由森林群落乃是外貌上、组成结构上发育最明显，反映生境幅度长宽等特点所决定的。有了对森林群落分类的成功，对于其他植被类型，如草原、草甸、沼泽、苔原等则相对简单，在分类原理上、方法上都可覆盖而无疑难之处。可以说，无论哪个学派，在其建立伊始，其分类原理和方法都受其调查研究对象的特点和条件，以及学者知识专长特点的影响。对于各学派，本研究不一一再作回顾与综述。可以强调的是，无论哪一学派，其分类途径在理论上都是依据森林群落属性和特征的一些方面，在方法上只作为不同手段发展着。对中国复杂的自然地理条件和森林植被情况来讲，目前尚无自己的学派，在研究历史上往往受世界不同主要学派的影响，都有代表不同学派的我国学者从事这方面的工作。其研究成果也往往有各家的特色，这对我国本来积累并不多的植物群落研究资料，带来了对比和整理上的困难。《中国植被》（吴征镒，1983）对全国群系以上的植被分类已有概括的阐述和描绘，但尚没有全国范围森林群落在生态系列上的归纳分析，本章将尝试在全国已有调查研究资料的基础上对森林群落单位进行随生态环境梯度或系列的相互关系的归纳，这里主要选择我国的主要属（如落叶松属、云杉属、冷杉属、松属等，植被分类上相当于《中国植被》的群系组），或分类上、群落学意义上相近的属（为落叶栎类林，常绿栎、栲、槠类林）构成的群落单元（也相当于《中国植被》的一些群系组）的生态系列分析。

进行这项工作的理论依据是许多学者曾明确指出的：群落内的层片（synusia，按Games 意指属于同一生活型的组分）的独立性；Du Rietz 的基群丛（association）的独立性；北欧学派的单优层［如石蕊层（cladonia）、帚石楠层（calluna）］在生态学上联结不同森林类型的意义；Braun-Blanquet 于 1964 年、1968 年也强调了层片独立的分类意义。苏俄学派 Сочава 于 1930 年还明确指出由于层片有相对独立性，可以发生“叠置”（incambation）或分离（decambation）现象，构成“叠置系列”，即可以由 A 层片、B 层片的叠置为特征构成某群落，B 层片、C 层片叠置构成另一群落，而有时 A、B 或 B、C 又可以分离，与其他层片构成另外的群落；С. Я. Соколов 在研究黑海地区山地森林群落时提出“环”（cycle）的概念，认为可以把不同树种的群落按具有相同的下木层、草本层或苔藓层结构连接成“林型环”。Н. Д. Дылъс 在中国川西滇西北亚高山林区考察时（1957～1959 年）也曾采用了“环”的概念。我国的一些研究（吴中伦等，1962；蒋有绪，1963）也在此区域应用了群丛环、林型环的概念来考虑生境上相同、具有相同林下层结构在群落发生上的关系。

本章研究是作者多年来在我国一些主要林区调查研究和综合分析整理我国已有森林植被调查研究资料的基础上的结果：相同或相似的林下层结构（后者如不同种的箭竹层、杜鹃层等）对生境的相对独立的指示性，或它们的形成对于生境的相对独立性可以适用于由同一属树种构成的群系组（如上述的落叶松群系组或落叶栎类群系组等）。应当说，这会适合一定的群系组，而不是所有的群系组，取决于该群系组群落的乔木建群种在不同种的发生亲缘关系基础上仍反映生态上的紧密联系。举例来说，落叶松属基本上仍然反映为北方寒温带和山地亚高山寒温带的树种，尽管不同的落叶松组或红杉组的树种在分布的山地海拔或纬度范围有差异，这种差异有时恰巧可以由不同的林下层特征结构表达出来。对于云杉属、冷杉属群落，也可以有相类似的体验，但对于自然气候带跨度较大的、种的起源关系上复杂的属，如松属，则要比较谨慎，或许整体上不适宜进行这类生态系列分析，或许可以按《中国植被》上区分温性、暖性、热性的办法，或许可以在二针、三针、五针的起源关系上探索。总之，这些都是需要研究的课题。但是，在高层次上探讨群落分类的生态系列，仍然是一个值得提出来的理论和实践问题，因为，至今世界上对于群落分类上高层次的生态规律的研究是一个十分薄弱的领域。高层次的生态系列规律有助于宏观上深入了解和认识天然林群落的若干规律，而在营林和管理等上可举一反三，宏观上运用有价值的技术和经验是十分有益的。在日常的学术和技术活动中，我们常有这样的体会，某一区域的热带森林专家或亚高山森林专家会在初次接触另一区域的热带林或亚高山森林后对其管理会有不少有价值的见解。本方向的研究正是在理性上探求和揭示其中的某些规律。支持这一研究方向的群落学理论的根据还在于以下几个方面。

（1）实际上，任一级的植物群落分类单元都在一定意义上反映与环境的关系，我们可以以植被分类各层次单元为例，如最高级的植被型——森林，也指示了生物温度平均值在 3～30℃，年总降水量在 250～800mm，潜在蒸发量在 0.125～800mm 的地理空间条件；植被型组北方落叶针叶林反映夏季短、冬季长，年平均降水量在 200～600mm，日平均温度≥10℃的持续期少于 120 天，寒冷季节长达 6 个月以上，土壤是具有明显淋溶和灰化过程的腐殖质灰化针叶林土的生态环境条件，即北纬 50°以上大陆性的寒温带气候的自然地理条件；就我国情况而言，如热带季雨林植被型反映了年平均气温在 20～25℃，年降水量一般在 1000～1800mm，局部偶然达 3000mm，降雨季节分配不均，干湿季交替明显的热带季风气候，土壤主要为砖红壤性土至红棕壤的自然地理环境，这就限于我国台湾南部，广东、海南、广西、云南南部、西藏南部等属于热带北缘的地区，其北界基本上在北回归线附近。我国山地雨林植被亚型反映我国季风热带的山地垂直带在热带雨林带以上，海拔 500～1500m，比热带雨林气候气温稍低，年变化较小，年降雨量分布较均匀，因云雾而相对湿度较大，土壤为砖红壤的生境条件，这样的条件只限于我国海南、滇南热带区的山地的一定海拔范围。我国落叶松群系组则明显是寒温带的或山地亚高山带寒冷但相对较干燥气候条件下的顶极植被类型，在相同的地带，若生境湿润或潮湿，则这类明亮针叶林将混生云杉、冷杉，或让位于暗针叶林。尽管不同落叶松之间有各自的分布区，生态习性也有差异，而且种群适应的具体生境很不相同，适应的水分、空气湿度条件等很宽，但落叶松林反映的大气候条件、大生境仍然是相近的，其群落结构、组成也是彼此很相似的。

（2）运用林下亚建群层（层片）或“环”的特征来沟通高层次植被分类单元间的生态联系是与低层次群落分类中运用“生态种组”的指示性是一致的。实际上，近于单优的层片只是在较寒冷、较极端生境，生物多样性较低地区的一种反应，同时运用这两种分类的原则（不如说是分类的技术）是不矛盾的。各学派尽管在发展初期、中期有着各自的传统和分类特色，但现在较普遍接受运用的“生态种组”则是北欧、苏俄学派和发展了的法瑞学派的联合运用。各学派在经过相互交流、渗透中，把具有相同生态位的生态种组作为“指示种组”，推向了各群落分类学派趋同的联结点。R. H. Whittaker 在《植物群落分类》（中译本，1985 年）中 20.77.1 中定义得很清楚：“植物种组应指示群落生境的特征和在这些群落生境中出现的特定群落单位。一些植物种由于它们对环境因子的反应表现成类似的分布，倾向于经常在一起出现，并指示群落生境的特性。”Duvigneaud（1949）、Ellenberg（1950，1952，1956）、Scamoni 和 Passarge（1959）、Gounot（1969）、Guillerm（1971）、Daget 等（1972）都相继发展了生态种组的含义。事实上，Lipmaa 对层片的解释“这些植物在长期自然选择过生长在一起的植物，它们在一定的环境关系条件下已经适应于共同的生境”，已经与 Ellenberg 的生态种组概念十分接近。Schvickerath 和 Oberdorfer 应用地理指示种组来表示替代植物群落的共同点，对我国西南亚高山区暗针叶林的替代群落的同属替代种组的运用已到了不点自通的地步。在北方和温带区采用具明显优势的林下亚建群落种作为群落分类原则和方法，实际只是作为可操作的技术，在理论上仍然是以生态种组采用多元的分类方法。为了简便，不妨把中国的森林群落区分为两大类：第一类可以根据林下（在建群树种分类的前提下）可识别的优势的亚建群种（1～2 种）的层片作为指示，以它作为群落分类和命名的依据，这基本上可以用于温带和北方、亚高山及暖温带，甚至亚热带条件下较极端生境下的森林群落；另一类是没有可以用以识别群落特征的林下优势亚建群种层，即没有少数种以足够的优势度来指示群落特征的差异，而是需要找出一个以若干种所构成的生态种组来加以应用，以亚热带、热带的森林群落为主。但这种情况并不是绝对的。在亚热带、热带较极端生境下可以有单优的林下植物层，而在北方和温带的局部水热条件很优越的情况下，也含有无明显优势种的林下植物层。因此，可以说，大体可以按上述两大类群落分别应用“亚建群种层片”或“生态种组”的不同方法，但严格讲，根据群落学特征判断应用何种方法简便准确，就采用哪种方法。一般讲，适合采用亚建群种层的分类方法的森林群落，在野外调查时，可以比较直观地以目测作出判断。

具体讲，在我国北方、温带和亚高山带，即张新时于 1993 年修正 Holdridge 的森林类型分类图解中，其 BT（生物温度）在 12℃以下，PER（可能蒸散率）0.7 以上的生物气候范围内，可以考虑采用林下亚建群种层片的指示性来分类与命名，在 BT 14℃以上、PER 0.7 以上的生物气候范围可以以林下生态种组来分类与命名，而 BT 12～14℃等于过渡范围，两种情况都可能出现和应用。在 BT 14℃以上而 PER 小于 0.7 的生物气候条件下（即气温较高，而偏于干旱）也会由于出现较极端的生长因子，如干旱因子，或者由于土壤的较极端的理化因子（盐渍化、沼泽化），而出现明显优势的单优层片，这种情况下，显然也可以采用亚建群种层片方法来分类与命名森林群落。以上所述归纳于图 2-1 中。

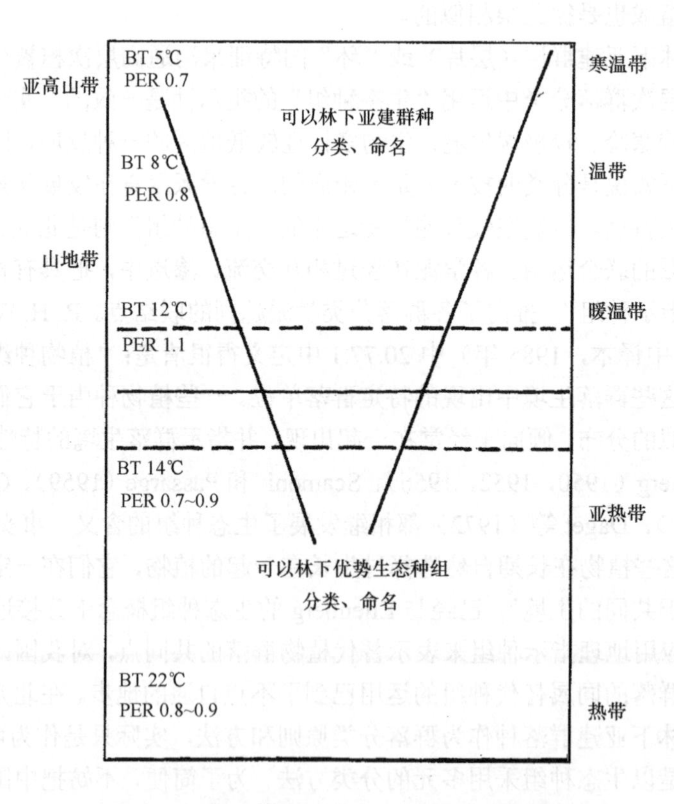

图 2-1　我国森林群落分类二元原则适用范围图解

许多情况下，林下亚建群种层片（synusia）在明显优势情况下相当于亚建群种的层

（layer）。这种层的指示生境的相对独立性，正如 Du Rietz 和 Lippmaa 所指出的，在北方（如温带、亚高山带范围）应当是适用的。

关于中国的森林群落分类系统问题，我们认为仍然可以采用《中国植被》已提出的植物群落分类系统，即植被型组：植被型（亚型）、群系组、群系（亚群系）、群丛组、群丛。关于它们的定义和内涵，可参考《中国植被》。但需要补充的是，由于林学的发展曾产生了林型分类学科，许多学者曾讨论过林型学科分类，即森林群落类型的林型分类与植物群落学分类在理论上、实践上的异同等，这里不可能再作详细介绍。为了使两个学派的分类能够参照对比，或者为它们建立起可以联系的桥梁，作者建议可以以 Сукачёв 的林型学概念为准，即林型（forest type）作为森林类型分类的基本单位，一般情况下相当于森林植被群落的基本单位即森林的群丛（association）。这样，我们在术语使用上，林型相当于群丛，林型组相当于群丛组，群丛组以上的单位，如群系、群系组、植被型（亚型）、植被型组也均与林型分类系统相当，使林型学和植物群落学的学者可以沟通。

在《江西森林》（林英主编，1986 年）中就采用了与群落学分类相应的林型学分类。

《中国植被》的植被系统：

植被型组 Vegetation Type Group

　植被型 Vegetation Type

　　植被亚型 Vegetation Subtype

　　　群系组 Formation Group

　　　　群系 Formation

　　　　　亚群系 Sub-Formation

　　　　　　群丛组 Association Group

　　　　　　　群丛 Association

相应的林型分类系统为（采用林英主编的《江西森林》中的分类系统）：

林纲组 Forest Class Group

　林纲 Forest Class

　　亚林纲 Forest Sub-Class

　　　林系组 Forest Formation Group

　　　　林系 Forest Formation

　　　　　亚林系 Forest Sub-Formation

　　　　　　林型组 Forest Type Group

　　　　　　　林型 Forest Type

本专著在此基础上，补充林型分类是系统外的辅助概念，即“林环”（cycle）（在群落学上称“群落环”）比群丛环更确切，它作为表明在分类系统上林系至林型等级单元上由相似亚建群层片所反映的群落学联系，也反映在群落发生学上曾经有过的相近的自然条件的群落发生的构建过程的联系。越是在林型一级的林环的联结，越是更多地反映现实上的相似生境的联系。而在高层次上环的联系，表明可能多地是群落发生历史上的联系。现引述《江西森林》所列出的对林型学分类系统各级术语概念的阐述（所举例基本上都以江西的林型资料为例并予以引述）。

林纲组　森林群落最高级单位。凡是建群种生活型相近，而且群落外貌相似的森林群落联合为林纲组，如针叶林、阔叶林、灌丛等。

林纲　森林群落最重要的高级单位。在林纲内，把建群种生活型相同的或近似的，同时对水热条件生态关系一致的森林群落联合为林纲，如喜暖针叶林、喜温针叶林、落叶阔叶林、常绿阔叶林等。

亚林纲　林纲的辅助或补充单位。在林纲内可根据优势层片或指示层片的差异，进一步划分出亚林纲。这种层片结构的差异性，一般是由气候亚带的差异或一定的地形、基质条件的差异引起的，如常绿阔叶林可以分出典型常绿阔叶林、季风常绿阔叶林、山地常绿阔苔藓林、山顶常绿阔叶矮曲林等。

林系组　在林纲或亚林纲范围内，可根据建群种亲缘关系相近（如同属或相近属）、生活型相近似或生境相近似而划分林系组，似划分同一林系组的各个林系，其生态特点一定是相似的，如典型常绿阔叶林可以分出栲类林、青冈林、石栎林、润楠林、木荷林等林系组。

林系　森林群落系统中最重要的中级分类单位，凡是建群种或者共建种相同的森林群落联合为林系，如苦槠豺皮樟石栎林、栲树罗浮栲林、甜槠木荷林、红楠林等林系。

亚林系　林系的辅助单位。在生态幅度比较广的林系内，根据次优势层涉及其所反映的生境条件的差异，这种差异性常常超出林系的范围，而划分出亚林系，如苦槠林系可以区分为酸性土亚林系的淡竹叶子、栀子、檵木的苦槠林，以及碱性石灰上亚林系的薹草、檵木的苦槠林。

林型组　凡森林群落中立木及下木层片结构相同，而且优势层片与次优势层片的优势种或共优势种相同的森林群落联合为林型组，如马尾松亚林系中有檵木马尾松林型组和岗松马尾松林型组等。在林型组内，所有群落的主要及次要层片结构相同，均具有常绿针叶乔木的优势种马尾松，次优势层片的优势种为常绿灌木的檵木或岗松。

林型　森林分类的基本单位。凡是森林群落中的立木、下木及草本层片结构相同，各层片的优势种或共优势种相同的群落联合为林型。也就是属于同一林型的森林群落应该具有共同的正常种类、相同的结构、相同的生态地理特征及相同的动态演替（包括相同的季节变化，处于相同的演替阶段等），如檵木马尾松林型组，包括野古草檵木马尾松林型和芒萁檵木马尾松林型等。

现再补充林环的概念。

林环　林环处在森林群落分类中跨林型、林型组、林系甚至在林系组之间具有相近似林下亚建群层片（可能是同种、同属，也可能是同类群，如竹类、苔藓类等），可以反映现实和历史上有相似生境条件的群落发生学联系的，可横向联合为林环，如竹类冷杉林环、竹类针叶林环（反映亚林纲的环）。

本研究所收集的资料，由于不同作者对群落分类划分的单位林型并不一致，有的可视为林型，有的可视为林型组。为方便起见，本研究都把所用资料调整到相当林型组水平进行研究分析，这样基本上可以满足分析需要，而避免了采用过细的单位发生的弊端。应当认为本研究因资料的限制，实际上是十分粗放的，但生态系列的总框架仍可一目了然，这是尚可庆幸的。

以下各节将列举本研究的若干分析。

第二节 落叶松林

本节对我国寒温带、亚高山带落叶松（*Lariceta*）林的分类及生态系列进行分析。

落叶松林（落叶松林系组）在我国主要由兴安落叶松林、西伯利亚落叶松林、长白落叶松林、华北落叶松林、太白红杉林、大果红杉林、红杉林、四川红杉林、西藏红杉林 9 个林系构成。各种落叶松林在我国的地理垂直分布可见图 2-2。

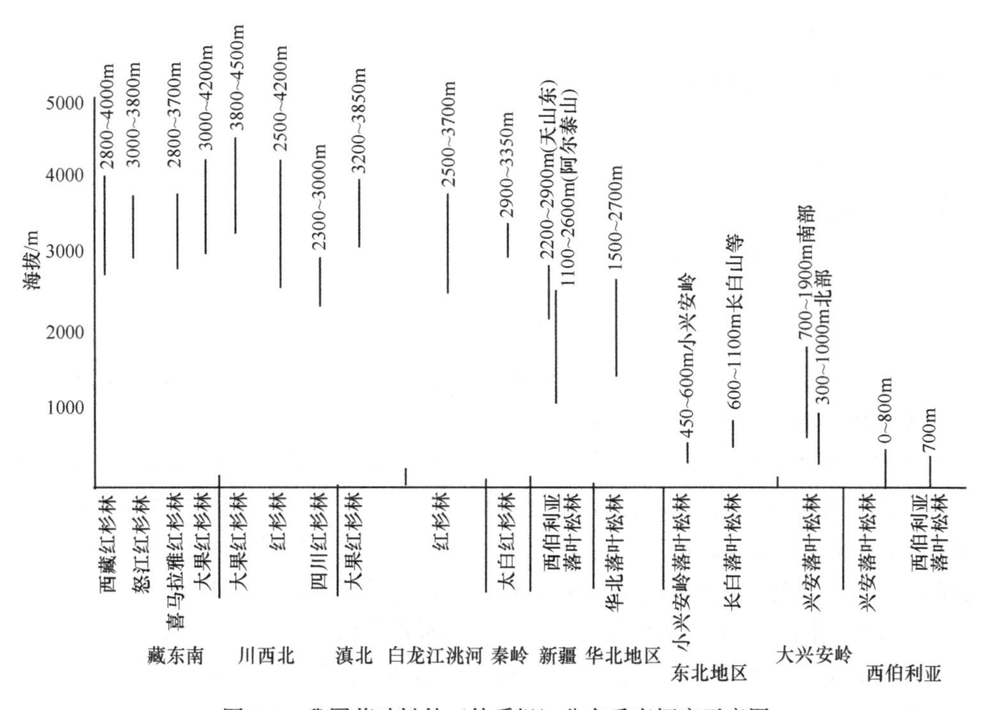

图 2-2 我国落叶松林（林系组）分布垂直幅度示意图

一、落叶松林的基本生境条件与群落学特征

落叶松林属寒温带地带性顶极群落类型，山地亚高寒温带类型，适应寒冷和相对干燥的气候，对土壤肥力和温度适应性广，在沼泽性、石质性和石灰性土壤上均可生长，但以分布在典型的山地棕色森林土为主。土壤具季节性冻层或永冻层。生产力特征：立木生长缓慢，林分蓄积量一般在 100～200m^3/hm^2，高可达 300m^3/hm^2，纯林多见，少见混交林；外貌冬季落叶，夏季林冠色绿而不浓。林冠较稀疏、整齐（由此落叶松林带称明亮针叶林）；层次结构简单，通常为乔木、下木、草本、苔藓（地衣）4 个基本层，层外植物一般不发育；多同龄林，少见二三世代，天然更新良好。主要伴生树种有云杉、冷杉、桦、山杨（*Populus davidiana*）。主要灌木属成分有忍冬、花楸、茶藨子、柳、绣线菊、杜鹃、蔷薇、越橘、桤木等。主要草本属成分有林奈草、七瓣莲、鹿蹄草、草莓、薹草、野青茅、山黧豆、野豌豆（*Vicia*）等。主要苔藓属成分有拟垂枝藓（*Rhytdiadolphus*）、塔藓（*Hylocomium*）、羽藓（*Thuidium*）、泥炭藓（*Sphanum*）、皱蒴藓（*Aulacomium*）、

提灯藓（*Mnium*）、曲尾藓（*Dicranum*）、毛梳藓、赤茎藓等。主要地衣属成分有石蕊（*Cladonia*）。

落叶松林在我国可见 11 个基本的林环：

杜香落叶松环

（低位）泥炭藓落叶松环

杜鹃落叶松环

箭竹落叶松环

藓类落叶松环

草类（薹草）落叶松环

灌木（溪旁）落叶松环

柏类落叶松环

偃松落叶松环

胡枝子（蒙古栎或称柞）落叶松环

石蕊落叶松环

从沟通不同落叶松林系的生态层片的角度看，可认为落叶松林系组具有群落学的 11 个环，即杜香环、（低位）泥炭藓环、杜鹃环、箭竹环、藓类环、草类环、灌木环、柏类环、偃松环、石蕊环和胡枝子（柞）环。

这些群丛组在各地分布格局见图 2-3，大兴安岭是兴安落叶松分布的适生区，十分典型地代表了落叶松属的生境特点，落叶松林是这里的优势植被类型，大兴安岭除了没有箭竹环以外，其他环都有。在大兴安岭、东北山地（小兴安岭、长白山等），由于有较发育的低位沼泽化，因而有泥炭藓环、杜香环，这是其他较干旱的华北山地、西北山地或西南亚高山因地形条件和树种分布的错位，落叶松林缺乏低位沼泽化而不具有的两个环（有时泥炭类藓在藓类环的群落中具有很大的多度，但仍属于藓类环）。大兴安岭、西南高山由于冰碛石所形成的特殊的石质骨骼土生境及严寒的极地-高山区系发育，偃松环成为两个区域特有的环。杜鹃环反映了高寒的杜鹃类生境，华北的杜鹃一般偏喜暖而不能与落叶松共生，华北山地、新疆山地是群落类型（即环）最不发育的地区，如缺少高寒阴湿生境的环。胡枝子（柞）环（含蒙古栎落叶松林）在东北有广泛分布，与胡

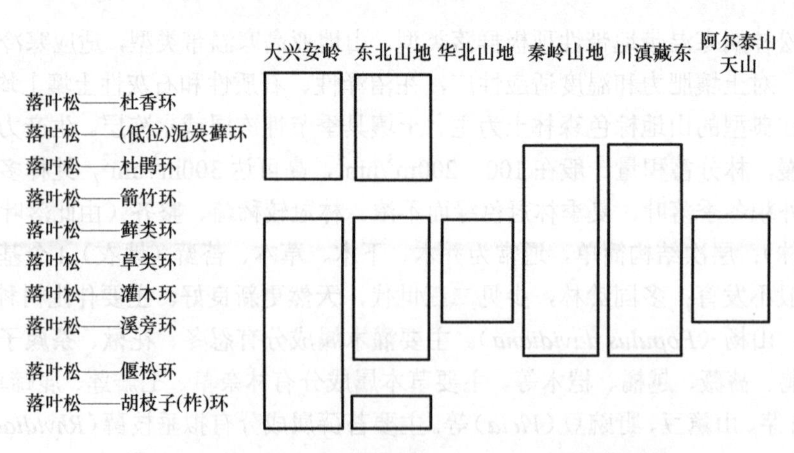

图 2-3　我国落叶松林系组的环在各山地分布状况图解

枝子（柞）和蒙古栎的优势分布有联系。属于中生性的、生境较肥沃的草类环（有时以薹草优势，而以薹草命名林型）、灌木环（含以溪旁灌木、蕨类命名的林型）都是属于在局部地形下，如深厚平缓的坡积土、沟谷底部、河溪两旁冲积地上发育而成，这在各个区域都会存在，因而这两个环有较大的分布范围，但实际分布面积不大。落叶松林的其他环基本上是由中生性的草类环、灌木环向生境系列的两端，即往干旱潮湿（沼泽化）发展的较特定的生境下的产物。11 个环的生态系列格局见图 2-4。

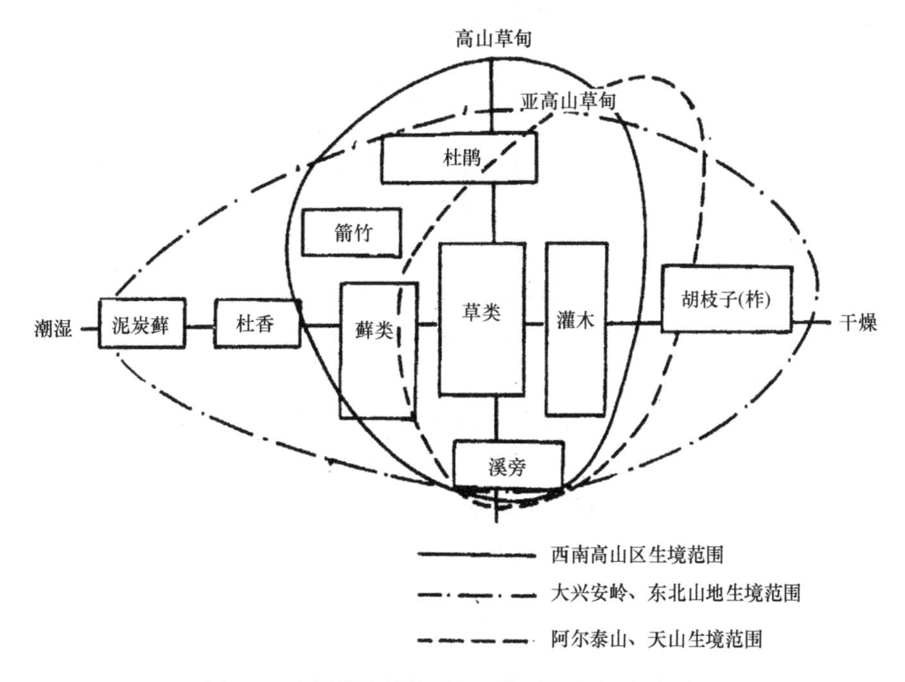

图 2-4　我国落叶松林系组及林型组生态系列图解

二、落叶松林各林型环描述

（一）杜　香　环

杜香环以杜鹃花科（石南科）杜香属（*Ledum*）植物为优势地被层（半灌木地被层）为特征，这个环以大兴安岭，小兴安岭北坡为主要分布区，在其他落叶松林区不出现。因此，这个环的基本结构是以兴安落叶松和杜香（*Ledum palustre*）及其变种两个层的结合为特征，属于欧亚北方分布型的群落类型。在欧亚大陆北部可常见这一环的结构，而绝不见于低纬度的高海拔落叶松林，这是与杜鹃环在分布地理上的主要差别。它实际上是欧亚大陆北方低海拔缓坡，平地上排水不良的泥炭沼泽化石楠型灌丛与落叶松林地在生态地理上的结合部。在大兴安岭南部，由于兴安落叶松林分布的上升，此类型也趋少见。杜香泥炭沼泽为低位沼泽，这在北欧及西伯利亚比较普遍发育，南延至我国北方少发育，只在局部地形可见，此类型的土壤土层较薄，多小于 10cm，有时厚于 10cm。成土母质为冰碛石，下有冻层，质地中壤-重壤，湿至重湿，局部沼泽化，表层具泥炭现象，有潜育过程。森林群落结构以立木层、下木层、地被植物层 3 个层为主，立木层稀疏，以兴安落叶松纯林常见，或有2亚层，生长差，分化不明显。地位级Ⅳ～Ⅴ，每公顷蓄积量 100～120m^3，稍优者为160～180m^3，年生长量1.0～1.5m^3，由于生境潮湿，立木感病率高。幼树以落叶松、白桦为主。多出现于林窗及地被物稀少处，呈团状分布。幼苗期株数多，但幼树少见。下木层不甚发育，不成密集状，常见者有杜鹃、赤杨、茶藨子、灌木柳等，地被物层以杜香为优势，越橘也呈优势，泥炭藓呈块状分布其间，地被层盖度在80%以上，反映了特殊立地和土壤条件下（过湿、相对生理贫瘠）地表覆被密集的特殊适应的层片，而导致立木层稀疏，下木层不甚发育的结构型。

（二）（低位）泥炭藓环

典型的泥炭藓环及其与杜香环过渡形成的杜香-泥炭藓类型，仅在大兴安岭及东北山地分布，其分布范围与杜香环相同，仅仅由于它是分布在永冻层低，重湿条件下明显沼泽化，具泥炭层，强潜育的森林沼泽土上。土壤肥力比杜香环低，林分疏密度 0.5～0.9，地位级为Ⅳ、Ⅴ～V_a，每公顷蓄积量100～120m^3，纯林，稀疏，风倒木多，下木层矮，高1m左右，稀疏至中等密度，常见种与杜香环相近。林下更新在幼苗期尚属良好，3～4年后大量死亡，幼树稀少，以茶藨子、绣线菊、蔷薇、矮赤杨为常见，草本层发育较差，但薹草、木贼、杜香、越橘等沼泽化种类也常见。地被层以泥炭藓（*Sphagnum squarrosum*）为绝对优势，盖度在80%以上，偶有杜香块状分布，有时则与杜香层片交互形成过渡性的杜香-泥炭藓类型。泥炭环往往向泥炭藓沼泽、薹草沼泽延伸过渡，因立地过湿、积水，落叶松渐呈稀少、矮小，逐渐被排挤。

（三）杜　鹃　环

这是一个分布广泛，在北方和亚高山森林的落叶松林分布区内都可见到的环，它的出现涉及兴安落叶松、红杉、太白红杉、西藏红杉、大果红杉等树种分布区，仅在西伯利亚落叶松和华北落叶松林缺见。从地理分布看，即在华北及新疆天山、阿尔泰山林区不见，这主要是因为杜鹃环在生态上广泛适应北方及亚高山寒凉气候，并对水分条件要求土壤及空气湿润，华北及新疆山地主要是水分限制了杜鹃环的发育。构成杜鹃层片的杜鹃属的优势种类也很多，主要有大兴安岭、小兴安岭的兴安杜鹃（*Rhododendron dahuricum*），秦岭的金背杜鹃（*Rh. przewalskii*）、密枝杜鹃（*Rh. fastigiatum*）、头花杜鹃（*Rh. capitatam*）。由于藏东南、川西南、川西北、滇西北为杜鹃属的分布中心，种类繁多，因此在落叶松林下形成优势层片的种也很多，如川西青衣江上游、岷江中游四川红杉林下的苞叶杜鹃（*Rh. bracteatum*）、绒毛杜鹃（*Rh. pachytrichum*）、毛肋杜鹃（*Rh. augustinii*）、黄化杜鹃（*Rh. lutescens*）等；马尔康、大小金川一带红杉林下的亮叶杜鹃（*Rh. vernicosum*）、毛蕊杜鹃（*Rh. websterianum*）；木里、九龙一带大果红杉林的云南杜鹃（*Rh. yunnanensis*）、雪山杜鹃（*Rh. aganniphum*）、光亮杜鹃（*Rh. nitidum*）、毛喉杜鹃（*Rh. cephalanthum*）、两色杜鹃（*Rh. dichroanthum*）等；藏东南察隅、念青唐古拉山-伯舒拉岭以东一带大果红杉林的亮叶杜鹃（*Rh. vernicosum*）、山育杜鹃（*Rh. oreophes*）、毛嘴杜鹃（*Rh. trichostomum*）、北方雪层杜鹃（*Rh. nivale* subsp. *boreale*）等；波密、林芝、工布江达、亚东一带西藏红杉的美波杜鹃（*Rh. calostrotum*）、多色杜鹃（*Rh. rupicola*）、矮小杜鹃（*Rh. pumilum*）等。有些种类也可以形成灌丛群落，这些杜鹃往往可以经过落叶松疏林下的层片过渡到灌丛。

杜鹃环在东北山地通常分布在海拔 400～1000m，由北向南升高，如在大兴安岭北部为 400～700m，至南部阿尔山上升至 900～1500m；在西南高山地区通常在 3400～4200m，也呈由北向南上升的趋势。土壤为山地灰化土，山地泥炭质灰化土或棕色针叶林土。此环也是在寒冷和潮湿条件下形成的，但一般分布地势高，通常在陡、极陡坡上，很少有沼泽化、潜育化现象。土层厚度不等，几十厘米左右，具厚的杜鹃落叶、针叶等凋落物和活苔藓层，地表松软，具泥炭层，厚约 10cm。土壤呈生理性贫瘠。立木层树种组成简单，基本上为纯林，在北方地区常有白桦，西南地区有冷杉等混生。西南高山区的杜鹃落叶松林分向下过渡为杜鹃冷杉林。立木层树高一般 20m，疏密度 0.5～0.6，甚至为 0.3，疏林多分布在山体顶部稍平缓的石质土立地条件下。林分地位级Ⅲ～Ⅳ，每公顷蓄积量 150～250m^3，年生长量 1.5～2.0m^3，林相较整齐，常为异龄林，病腐和枯梢较多。下木层以杜鹃为绝对优势，盖度 60%～90%，高度因杜鹃种类不同而异，一般为 1～4.5m，通常灌木状，有时也见乔木状高大层片。杜鹃下木层混生有茶藨子、楤木、花楸、忍冬、绣线菊、灌木桦等种类，散生。地被物层稀疏，以死地被物占有相当的盖度，活地被物有块状苔藓和耐阴性草本，盖度 10%～30%。藓类在大兴安岭、小兴安岭有塔藓、赤茎藓、曲尾藓等，在西南高山区以锦丝藓、毛梳藓、赤茎藓等常见。泥炭藓在低洼小地形也有密集分布。

（四）箭　竹　环

此环是我国低纬度高海拔，即西南高山区和秦岭山地由于特殊湿冷条件下产生的类型，我国大兴安岭、小兴安岭等北方山地由于冬季极冷而湿度不足，以及季风气候明显影响情况下不发育箭竹类层片。在西伯利亚沿海及日本沿海因接近于长年较湿润的条件，形成有赤竹（*Sasa*）层片，但植株矮小，主要伴随北方暗针叶林而形成特殊的北方群落类型。因此，箭竹环主要分布于西南高山区及藏东南山地，秦岭山地也发育有箭竹（*Sinarundinaria nitida*），但不及西南山地普遍，且基本上在暗针叶林带内发育，仅少量构成太白落叶松林下层片的情况。箭竹层片较常见的优势种是岷江流域的箭竹（*S. nitida*），伴随海拔稍低的四川红杉的冷箭竹（*S. fangiana*），藏东南、滇西大果红杉林下的大箭竹（*Sinarundinaria chungii*），雅鲁藏布江中游、波密、林芝、亚东林区西藏红杉林下的箭竹。箭竹环在四川红杉林分布于海拔 2800m 上下或稍高，一般为 3000m 以上，在藏东南可分布在海拔 3600～4200mm。其生境主要是高寒阴湿，但透水良好，分布于半阳坡、阴坡，少见于阳坡。林分群落结构基本上为 4 个层。立木层，20～25m 高，混生有少量冷杉、云杉，疏密度 0.5～0.6，地位级Ⅲ～Ⅳ，生产力比杜鹃环高。下木层一般两个亚层，第一亚层是 10～15m 的落叶阔叶乔灌木种类，如红桦、花楸、杜鹃等，盖度不大；第二亚层则是密集的箭竹层，一般高 2～4m。草本层植物稀少，层外植物已有明显发育，如松萝，林干上有明显附生的苔藓、地衣类植物。土壤是发育在较深厚冲积母质上的棕色森林土，腐殖质含量较高，少灰化。天然更新较差。

（五）藓 类 环

这是区别于（低位）泥炭藓环的另一个以苔藓类为优势层片的环，在北方寒温带不见，主要在西南高山区亚高山带出现，在秦岭、华北山地高海拔处也偶有出现，它们主要分布在坡面低洼处或小溪源头坡面，面积不大。藓类以塔藓、金发藓、赤茎藓、镰刀藓（*Drepanocladus*）等为优势。林分地位级Ⅴ，立木腐朽率较大；下木层不甚发育，草本植物也不甚发育。此环与其他环可形成灌木-藓类、箭竹-藓类、杜鹃-藓类等过渡类型，这个环反映了在冷湿条件下较潮湿的生境，但绝不具沼泽化现象。

（六）草 类 环

此环是落叶松林最常见的类型，无论在东北华北山地或亚高山区，都反映了它居于中生生境的地位。就分布面积而言，草类环在大兴安岭、新疆阿尔泰山区面积较广，并常与草甸接壤，在西南亚高山区此环面积小于杜鹃环、箭竹环、藓类环等，反映了我国西南高山区大气和土壤的湿润程度均大于北方寒温带林区。此环在大兴安岭北部分布在海拔 370～570m，西部分布在 750～900m，东部分布在 500～850m，南部上升至 950～1500m；此环由北向南，分布上升，经东北山地至华北山地，分布至海拔 1800m 以上（如雾灵山），在小五台山可至海拔 2000～2600m，这与地区性干燥度增加也有关，这种情况下常分布于局部地形；在天山、阿尔泰山也上升至海拔 1300～2600m。通常分布在阳坡、半阳坡、半阴坡，土壤生草化明显，A 层发育较深厚，腐殖质含量高，排水性较好，仅有弱灰化或隐蔽灰化，弱潜育，枯枝落叶层中等厚度，林相以纯林多，但经常混生有白桦（寒温带）、红桦、云杉、冷杉（西南亚高山地带）。立木层疏密度 0.8～1.0，立木生产力较高，地位级Ⅰ～Ⅲ，通常为Ⅱ。下层不甚发育，有忍冬、花楸、蔷薇、栒子、杜鹃，新疆山地偶有圆柏，盖度 30%～50%，不均匀分布，以中生类型的灌木种为主。草本层盖度 90%左右，以中生草类为主，也有优势的草本种，如薹草属（在各区有许多不同的优势薹草种），还有舞鹤草、草莓、大叶章、地榆、野豌豆、山黧豆、七瓣莲、唐松草、早熟禾、花荵、蓼、乌头、碎米荠、金莲花、银莲花等。苔藓植物呈散状或小块状，以曲尾藓、塔藓等为主。在阿尔泰山海拔 2100m 以上、天山东部海拔 2700m 以上有一草类环的变型，林分较稀疏，疏密度 0.3～0.4。生产力低，地位级Ⅳ～Ⅴ，它们直接过渡到草甸。

（七）灌木（溪旁）环

这是几乎在所有落叶松属分布区都会出现的环，都分布在局部特殊的地形条件下，如北方平缓地势下的沿溪旁，西南山地条件下沿河谷底部两侧等土壤受活水影响，并有冲积形成的深厚肥沃土壤，土壤湿润但无沼泽化过程，A 层厚近 10cm，整个土层厚可达 1～1.5m。落叶松纯林，但常有阔叶树混生，如在北方有山杨、朝鲜柳、白桦，在西南山地也有杨属、柳属、桦属的阔叶树混生，林分生产力优于其他类型。发育良好的阔叶类、小叶类下木层是本环的特征，在北方森林，可见红瑞木属、金老梅属、稠李属、山杏属、茶藨子属等喜肥沃灌木种，西南有忍冬、柳、西南花楸、溲疏等。草本植物也是以喜湿润肥沃的草莓、山黛豆、问荆、薹草等为主，蕨类植物较发育，如有蹄盖蕨（*Athyrium*）、鳞毛蕨（*Dryoptiris*），藏东南有金粉蕨（*Orychium*）、瘤蕨（*Phymatopsis*）等。此环有一特殊变型，即会出现密集的蕨类植物层片，群落分类会以蕨类命名。藓类以泥炭藓、赤茎藓、塔藓为常见。

（八）偃 松 环

此环仅分布于大兴安岭、小兴安岭、长白山较高海拔处，大兴安岭满归以北分布增多，属于落叶松林带向偃松灌丛带过渡形成的类型，生境属高寒、风大，母质为石质残积物，土层浅薄，呈粗骨性，肥力低，有机质分解差。林分稀疏，疏密度 0.4 左右。林分生产力低，地位级Ⅳ、Ⅴ，树高 10～15m。下木层为明显的偃松层片，高 3m 左右，根系发达，少有绣线菊、茶藨子、灌木桦和柳、金老梅等。半灌木的岩高兰（*Goodyera*）、北极果（*Empertrum*）、红莓苔子（*Oxycocus*）等环北极成分已可见。地被植物层的草本植物以舞鹤草、七瓣莲、薹草为主，苔藓有赤茎藓、土马鬃、曲尾藓，地衣有石蕊（*Cladonia alpestre*），有时石蕊会呈优势，而有命名为偃松-石蕊林型名的。此环会与杜鹃环、藓类环形成过渡类型。

（九）胡枝子（蒙古栎）环

仅分布于大兴安岭东部小兴安岭、长白山，是兴安落叶松与满洲植物区系代表植物二色胡枝子和蒙古栎为优势层片的结合。土层薄、稍干旱，呈强淋溶，为石质薄层暗棕壤土。落叶松林内有白桦、山杨、黑桦混生，蒙古栎也有进入立木层者，但通常形成第二亚层。林下胡枝子呈优势，还有榛、蔷薇、绣线菊等。草本植物科有白藓（*Dictamnus dasycarpus*）、苍术（*Atrachtylodes ovata*）、柴胡、唐松草等。

还常有石塘落叶松林命名的出现，这通常指在山地的陡峭分水岭、山脊上部具大面积冰碛石母质上形成的落叶松疏林，大块冰碛石裸露覆盖地面，土壤和植被为幼年发育状态。较优势的植物种（一般是成丛状的主要灌木）并不相同，因地区和植被发育状况而异，如杜鹃、偃松、灌木柳等，生境相同处，单独划出一个“石塘”环也是可以考虑的。柏类的环，林下的灌木柏种类有秦岭的香柏和山柏（*Sabina squamata* var. *fargesii* 和 *S. squamata* var. *wilsonii*），大兴安岭的兴安刺柏（*S. davurica*），阿尔泰山的阿尔泰方枝柏（*S. peudosabina*）、西南山地的高山柏（*S. squamata*）等。

根据上述我国落叶松属各环的生境和群落学特征，可以按经典的群落学生态系列图解把各环在水热状况两维坐标轴上的位置关系以图 2-5 表达出来。纵轴代表热量状况。由下至上表示由稍温寒向寒冷过渡，横轴表示以土壤湿度状况为代表的水分状况。由右向左侧是由干燥向湿润、潮湿乃至沼泽化发展，土壤发生过程由明显的生草化向潜育化、沼泽化发展。在整个落叶松属生境范围内，我国几个主要落叶松属树种分布区所占据的生境范围也不完全相同，对照图 2-4 可表示出 3 个主要分布区的生境范围，如大兴安岭和东北山区、西南高山，即川滇和藏东南山地、秦岭山地也可归于这一类型，还有新疆的天山、阿尔泰山。图 2-4 上可示西南高山落叶松林区不存在沼泽化生境和较干燥但适于落叶松林生长的生境，天山、阿尔泰山则由于是位于干旱气候区的山地，缺乏偏潮湿和湿润的生境，仅因局部中生性生境而发育有落叶松林，显然，大兴安岭作为以落叶松属为代表的地带性典型寒温带明亮针叶林区，具有较广泛的生境类型是可以理解的。

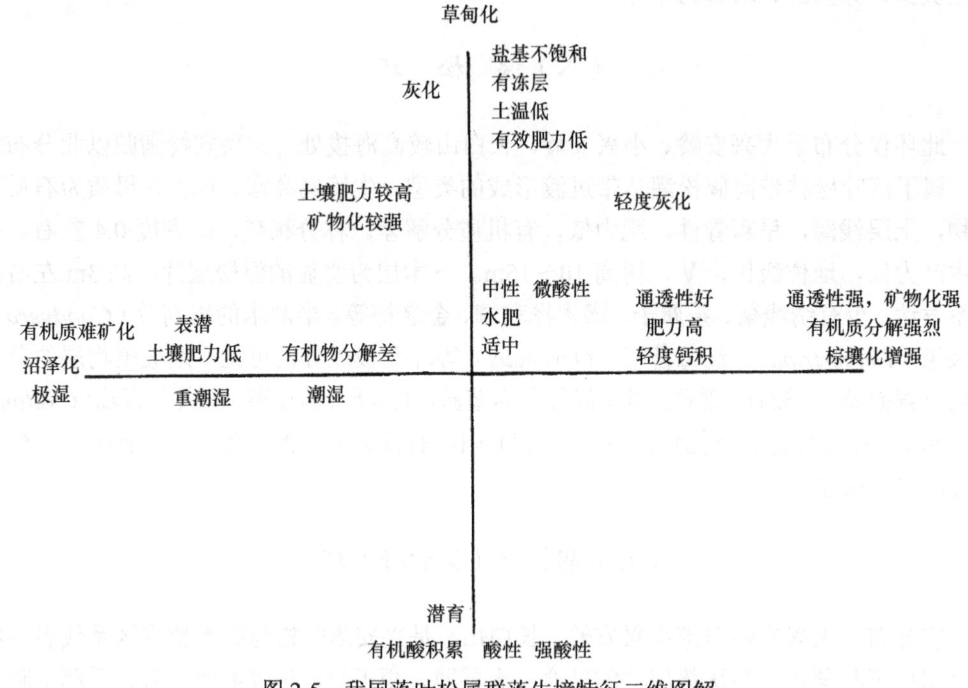

图 2-5 我国落叶松属群落生境特征二维图解

第三节 云杉林、冷杉林

本节叙述我国寒带、亚高山带云杉（*Picea*）林、冷杉（*Abies*）林的分类和生态系列分布。

云杉属、冷杉属是组成世界北方（寒温带）和山地亚高山暗针叶林带的两个松杉科冷杉亚科的大属，我国共有 40 余种，其中有近 30 种可以以建群种形式或较优势的成分构成林分。我国的横断山区和藏东南山区是世界云杉属、冷杉属树种形成分化的中心，拥有数量甚多的种类。关于我国由云杉属、冷杉属组成的暗针叶林的地理分布规律，云杉属、冷杉属各树种的地理分布区及对暗针叶林的群落学研究，在我国都富有成果，对它们的研究优于其他自然森林植被类型，有许多文献可以参考。这里，只简要地指出，冷杉属、云杉属构成的暗针叶林分布区域广，分布面积大，类型极为繁多，但从整体上讲，它们所表现的地理分布规律、群落学特点及群落类型的分类和它们之间的相互关系所表现的规律仍是十分明显的，仍然是作为跨越树种分类学差异而在生态学上表明“群落环”现象和其随生境的生态排序的很好的例证。

暗针叶林作为水平地带性森林类型，主要在欧亚大陆北纬 57°～67°，在此线以南基本上是以山地垂直带的森林类型出现，且其垂直分布的海拔有由北向南逐渐升高的趋势，规律性十分明显。在我国的大兴安岭几无分布，仅在东部的河谷适宜生境下有很小面积的红皮云杉林分布，主要是由小兴安岭渗延而来。在小兴安岭、长白山等东北山地有较广泛分布，其海拔在1100～1800m，位于该区域地带性植被类型——红松针阔叶混交林带之上，主要树种有鱼鳞云杉、红皮衣杉、臭冷杉等。至华北山地上升至2000～2700m，主要是白杄、青杄林，秦巴山地又升至2500～3200m，云杉属除白杄、青杄外，青海云杉、云杉也可为建群种，但由于人为破坏，太白冷杉、巴山冷杉分布下延和明显占有优势，因此，在秦巴山地，云杉还有很好的发育；在西南横断山区及藏东南山区云杉、冷杉树种突见繁多，其分布也有随纬度变低而增高的趋势，同时，也有自东向西逐渐增高趋势。在新疆天山、阿尔泰山可见雪岭云杉林、西伯利亚冷杉林和西伯利亚云杉林，分布海拔在1300～2500m；台湾中央山脉山地的台湾冷杉、台湾云杉林分布在海拔3200～3600m，然而在大陆同纬度的华东、华南则因无足够高的山体，在第四纪以来未能保存云杉、冷杉林，甚至未见两属树种的生存，但近期在浙江百山祖（北纬28°）、广西元宝山（北纬25°）发现的和定名的百山祖冷杉、元宝山冷杉少量个体，证明了冰期的暗针叶林的存在，但由于间冰期的温度回升，暗针叶林向高海拔攀升时，在华东、华南已不复存在，而生存于西南高山区的3300m以上地带。以上所述我国暗针叶林随纬度、经度分布及其垂直分布海拔范围可见表2-1。

一、云杉林、冷杉林的基本生境条件与群落学特征

云杉林、冷杉林适生于北温带和相当于北温带气候的山地垂直带。从水平分布看，北纬57°～67°是作为地带性植被类型分布，即温带暗针叶林（或泰加林带）的重要森林植被类型，因云杉林、冷杉林冬季不落叶，夏季林冠浓绿色至冬季转暗绿色，故常称为“暗针叶林”；分布区降水量500～1000mm或稍高，年平均相对湿度在70%～80%，年平均气温−5～5℃，在欧亚大陆北部的生境偏于酷冷，林分的生产力相应也低，每公顷为250～300m^3，在我国北方，年平均气温接近0℃，在西南高山暗针叶林带，年平均气温为5～7℃，林分生产力则较高，可见，云杉属、冷杉属林分适应的热量条件还是比较宽的。根据不同的种，有些适应于年平均气温−5℃，最冷月温度＜−25℃，极端最低温达−60～−50℃的北极圈的气候条件，如欧洲云杉（*Picea abies*）、西伯利亚云杉（*P. obvata*）分别在欧亚大陆的北方西部、东部分布抵达北纬10°，甚至更北一些，而最南的亚高山云杉林（波密、林芝的丽江云杉林、林芝云杉林、长苞冷杉林），其年平均气温约为20℃，最冷月温度−8℃，极端最低气温约为−25℃，林分每公顷蓄积量可达600m^3。由此可见，暗针叶林生存的重要生境因子要求在一定的气温条件下具有足够的湿度，尤其在生长季的3个月内要有充分的雨量和空气相对湿度。如果比较欧亚大陆北方（含我国东北山地）和我国西南高山和藏东南山地暗针叶林区在气候条件上的差异，可以发现，低纬度的亚高山暗针叶林带的特点是冬季温和、少雪、相对干燥，夏季多雨高温，有利于有机物的形成与积累，林下枯枝落叶层较厚，苔藓层较发育，表层持水性强，苔藓层与泥炭的发育与腐殖质聚积相结合，有着强烈的腐殖质聚积作用，土壤剖面往往有腐殖质聚积层和腐殖质淀积层，这是温带水平分布的暗针叶林所缺少的或很弱的。由于表层滞水，成土过程中以表潜为特征，但在谷底或平缓地形则有强的潜育过程。由于淋溶作用较强，枯枝落叶的灰分组成中盐基含量相对贫乏，而硅较丰富，残落物分解形成的有机酸不能全

表 2-1　我国云杉林、冷杉林在纬度、经度上分布及其垂直分布范围

纬度（N）＼经度（E）	77°～86°	86°～89°	89°	94°	98°～101°	102°～103°	103°～104°	107°～108°	109°～118°	111°～112°	115°	121°～122°	125°	128°～130°
52°													大兴安岭北部 200～300m（100m）	
47°～48°			阿尔泰山 1300～2300m（1000m）											小兴安岭 650～1000m（350m）
45°													长白山 1200～1800m（600m）	
42°～44°	天山南坡 2300～3000m（700m）	天山北坡 1700～2800m（1100m）	天山东部博格达山 2000～2400m（400m）	哈密巴里坤山 2100～2600m（500m）										
37°～40°	西昆仑山北坡 3000～3600m（600m）		阿尔金山		祁连山 2400～3400m（1000m）			贺兰山 2000～2900m（900m）		管涔山 关帝山 1800～2700m（900m）	小五台山 1700～2300m（600m）			
32°～35°			西西里山		甘孜雅砻江上游 3600～4300m（700m）	马尔康岷江上游 3000～4000m（1000m）	白龙江洮河 2500～3600m（1100m）	太白山北坡（黎巴） 2100～3000m（800m）	神农架 2300～3000m（700m）					
28°～29°		吉隆聂拉木 2800～4000m（1200m）	亚东江孜 3200～4000m（800m）		玉龙山木里 3200～3900m（800m）	盐源 3200～4000m（800m）	大凉山金阳 3000～3200m（200m）							
25°					高山（保山） 3000～3800m（800m）									
22°～24°												台湾玉山 2500～3400m（900m）		

被盐基所中和，土壤溶液呈微酸性，土壤具不同程度灰化、漂灰化层。我国曾有文献对西南亚高山暗针叶林与北方温带暗针叶林的群落学特性及两者发生关系上作阐述。蒋有绪（1963）指出：“可以认为亚高山暗针叶林的发展是相对独立的，但与寒温带泰加林在发生上有着深刻历史联系。”李文华等指出：“今天我们所看到的北方连续分布的暗针叶的水平带，以及在南方山地间断分布的暗针叶林的垂直带，很可能是在冰期中经过混合和适应而统一的植被，在间冰期和冰后期沿着水平和垂直的两条不同的路线迁移和发展的结果。”

蒋有绪进一步阐述了这一分化发展的假设：认为西南亚高山区暗针叶林与北方暗针叶林区系的水平带联系。这在第四纪强烈的新构造抬升运动以前就存在。不妨假设川滇新近纪晚期的云杉属、冷杉属古老种与北方泰加林的云杉属、冷杉属的古老种是同一祖源，其暗针叶植被型也属同一祖源，但只是西南亚高山区的暗针叶林在新近纪以后的强烈隆起运动中，产生了新的特征。西南亚高山暗针叶林冷杉属、云杉属一属多种不同区域形成生态上的替代种现象，主要是该地区地壳抬升过程中形成的内部差异所造成的种的分化。并且先是因生态上的隔离，进而因遗传上的隔离，形成不同的新种。在后来漫长的岁月中，才克服地理上的阻隔，形成分布区和小生境的重叠，成为本区许多不同类型同属近缘种混生的暗针叶林特征。例如，川西主要是以鳞皮冷杉、岷江冷杉占优势，也有冷杉、巴山冷杉的分布；由北往南，至巴塘以南，鳞皮冷杉逐渐被长苞冷杉所代替，而后者在九龙以南又逐渐被川滇冷杉、苍山冷杉代替。在交替过渡区，两三种冷杉混生是常见的现象。云杉属情况也如此，紫果云杉、云杉以大渡河、岷江、白龙江上游为中心，川西云杉以雅江、道孚、新龙为中心，油麦吊杉、麦吊杉在四川盆地山地分布，丽江云杉则以滇西北为中心向北延伸至川西。过渡区内若干种云杉在暗针叶林或针阔混交林中混生也属常见。因此，亚高山暗针叶林区系从生态学分析认为其在形成上是受外区成分的水平辐辏、垂直分异和区域内部差异分化的 3 个过程的影响。

尽管指出了上述北方云杉、冷杉与西南亚高山冷杉、云杉在群落特征上的若干差异。但本专著第一章早已表明，暗针叶林作为历史上有着密切的联系而现实仍为一个基本的植被类型来说，其群落总的特征和结构组成上都有许多共同处，有着许多相同的属的组成，甚至在远隔万里的情况下仍有着相同的优势种。《中国植被》针叶林一章的作者还极其深刻地指出：云杉、冷杉林的一些重要群落学特征，即林下微弱的光照条件、平静少风、温度变化较小，使得林下典型植物具有薄而大的叶片，从叶子的解剖构造来看，表皮层、叶肉细胞完全由海绵组织所构成，是细胞间隙很大的耐阴植物种，如酢浆草、舞鹤草、七瓣莲等；林下植物的另一特征是大部分具有无性繁殖能力，大部分植物依靠根茎，在土壤表层很厚的死地被物中穿插生长并借以繁衍。

对我国以云杉、冷杉为主的暗针叶林，也同样可以根据不同生境形成的森林群落类型归纳成若干个“环”，其基本结构为：

①杜鹃环，②箭竹环，③高山栎环，④藓类环，⑤灌木（蕨类）环，⑥溪旁环，⑦草类环，⑧高山（山原含石塘）环，⑨圆柏环，即

杜鹃云杉冷杉环　　箭竹云杉冷杉环
高山栎云杉冷杉环　　藓类云杉冷杉环
灌木（蕨类）云杉冷杉环　　溪旁云杉冷杉环

草类云杉冷杉环

山原（含石塘）云杉冷杉环　　圆柏云杉冷杉环

大兴安岭林区仅有红皮云杉林［有文献称“谷底云杉林”（《中国山地森林》）、“绿苔-云杉林”（《大兴安岭林区林型报告》）］在呼玛河谷各支流中，上游两岸宽阔平坦的近溪旁坡地或阶地上的分布一般面积很小，呈带状沿河谷溪岸延伸，土表往往具稍流动的水，土壤为泥炭质潜育土，通气性不良，泥炭层可厚达20cm，林木疏密度一般为0.4～0.6，间有兴安落叶松、白桦混交，下木以红瑞木、山茱萸（*Cornus alba*）、赤杨（*Alnus*）、茶藨子（*Ribes procumbens*）等宽叶灌木种，地被物则以藓类（金发藓、塔藓、泥炭藓、曲尾藓等）为优势，草本不发育。

东北山地的暗针叶林沿山地垂直带分布，在小兴安岭海拔 650～1000m，张广才岭900～1600m，长白山 1200～1800m 处。一般讲，在下部往往与针阔叶混交林带的树种混生，如红松及枫桦、紫椴等，山中上部才有较纯的云杉、冷杉林，这里主要以鱼鳞云杉、冷杉（*Abies nephrolepis*）、红皮云杉为主，它们往往以混生形式出现。鱼鳞云杉经常呈优势成分。这里的群落环有藓类环［文献记载林型命名有藓类云杉林、藓类冷杉林（《中国山地森林》）］，与灌木蕨类环过渡的蕨类藓类云杉、冷杉林，藓类红皮云杉林，藓类臭冷杉林（《黑龙江森林》）；灌木环文献记载有灌木红皮云杉林、花楷槭鱼鳞云杉林、蕨类灌木鱼鳞云杉林、丁香裂叶榆鱼鳞云杉林、椴树鱼鳞云杉林等。溪旁环记载有沿岸冷杉林、沿岸云杉林、沿岸春榆鱼鳞云杉林（《中国山地森林》）、蕨类红皮云杉林、沿岸红皮云杉林、阶地臭冷杉林等（《黑龙江森林》[①]）。草类环在本区暗针叶林似乎并不太发育，但可找出过渡的非典型的群落类型，如薹草藓类冷杉林、灌木薹草（或大叶章）云杉林，它们指示比典型的藓类环群落或灌木环群落有进一步的生草化。本区经常被提到岳桦云杉冷杉林可以归于高山（山原）环，它分布于森林上限，接近于矮曲林或高山草甸，土壤为山地草甸土，另外一个可归于此环的是石塘的臭冷杉疏林，幼年土、土层浅薄，石块暴露，通常缺乏完整的土壤剖面形态。林木生活力低，文献提到的具体林型有石塘偃松臭冷杉林、石塘藓类臭冷杉林等。

华北地区在具有足够高海拔地区，如河北雾灵山，山西小五台山、关帝山、吕梁山、管涔山等，在海拔1700～2600m具有针叶林带，以白杆、青杆为主，但本区气候已属中山的温凉型，土壤为山地褐土，已缺如典型的亚高山暗针叶林的阴湿寒冷生境基本环，只有中生性的灌木环、溪旁环，偶有藓类环类型的出现，如藓类青杆林（《河北森林》）。本区白杆很少见纯林，主要混生于青杆林。青杆林由华北山地可南延至湖北，西抵四川邛崃山脉，并随纬度减小分布海拔上升，可达2000～3000m，但仍一般分布于耐寒的冷杉、云杉树种之下，属亚高山向中山过渡的类型。在秦岭山地，北坡海拔2700～3100m、南坡海拔2600～2900m为暗针叶林带，主要种为秦岭冷杉（*A. chensiensis*）和巴山冷杉（*A. fargesii*），本带下部有云杉属的青杆、白杆出现。冷杉林内往往混生有红桦，气候寒凉温润，土壤为山地灰棕壤，与西南高山峡谷区暗针叶林的山地灰化棕色森林土相接近，

① 该书“谷地”一词曾应用于两个含义，一是指云杉、冷杉林除山地分布外，在谷地因地形形成小气候倒置而分布于阔叶树红松混交林以下的分布型，这用于区分山地和谷地两个分布类型是十分正确的。另一是指具体林型名称，指实际分布于河谷阶地或溪旁的林型，如谷地臭冷杉林。用于后者的含义，不如以溪旁或河谷洼地命名为好，以免两个涵义的混淆。

苔藓层和枯枝落叶有很好的发育，林下植被已见西南亚高山暗针叶林的常见属，如茶藨子、六道木（*Abelia*）、忍冬、杜鹃［太白杜鹃（*Rhododcndron pardomii*）］、箭竹（*Sinarundinaria nitida*）、刺玫、野樱桃等，文献记载有箭竹秦岭冷杉林、杜鹃冷杉林、藓类薹草冷杉林等（《陕西森林》），已具备典型亚高山暗针林的杜鹃环、箭竹环、藓类环等。由于以川西、滇北和藏东南河谷为分布中心的硬叶常绿高山栎从未逾出横断山区，因此，这里缺少高山栎环。

华中山地因山地海拔的限制很少发育冷杉、云杉林，只在神农架山地（属大巴山向东南延伸余脉），由于海拔最高达 3052m，在海拔 2300m 以上至山顶形成暗针叶林带，主要由巴山冷杉组成，有少量秦岭冷杉，个别可见黄果冷杉，林分混生有红桦。云杉一般不成林，有小面积麦吊云杉和青杆林，或散生于其他林中。这里已是我国暗针叶云杉、冷杉林分布边缘，林分生产力差。记载有箭竹、杜鹃等类型（《中国森林土壤》），由神农架向东南不再有这类森林分布。近期发现的百山祖冷杉（发现于北纬 28°左右的浙江庆元百山祖）、资源冷杉（发现于北纬 25°20′左右的广西资源、湖南城步）和元宝冷杉（发现于北纬 25°20′左右的广西元宝山）只是少量种群。唯台湾中央山脉山地海拔 2500～3100m 有台湾云杉（*Picea morrisonicola*）、台湾冷杉（*Abies kawakamii*）林分布，但以台湾冷杉林为主，间有台湾铁杉（*Tsuga formosana*）混生于面积不大的台湾云杉林中。由于缺少群落描述资料，从有限文献中看，林下植物的优势层片可能有藓类、杜鹃等环的类型，以及在海拔 3300～3600m 台湾冷杉疏林下有玉山圆柏优势层片的存在。

我国西南横断山脉及藏东南是我国亚高山暗针叶林广袤分布的区域，具有丰富的云杉属、冷杉属树种和很高的森林群落的多样性，暗针叶林的各种“环”发育得最完全，几乎包括了所有的环，文献记载得也最多。如杜鹃环记载的有杜鹃丽江云杉林、杜鹃林芝云杉林、杜鹃长苞冷杉林、锈叶杜鹃长苞冷杉、川滇冷杉林、杜鹃苍山冷杉林、大叶金顶杜鹃岷江冷杉林等；箭竹环记载的有箭竹丽江冷杉林、大箭竹长苞冷杉林、峨眉玉山竹岷江冷杉林、冷箭竹长苞冷杉林、冷箭竹峨眉冷杉林、冷箭竹急尖长苞冷杉林、华西箭竹岷江冷杉林、箭竹丽江云杉林；高山栎环记载的有高山栎云杉林、高山栎冷杉林、高山栎鳞皮冷杉林、高山栎紫果云杉林、高山栎林芝云杉林、高山栎藓类云杉林等；草类环记载的有薹草长苞冷杉林、草类云杉林、小叶章紫果云杉林、草类冷杉林等；灌木环记载的有灌木黄果冷杉林、灌木岷江冷杉林、灌木草类喜马拉雅冷杉林、灌木草类冷杉林等；高山（山原）环（含石塘）记载的有山原疏灌禾草川西云杉林、疏灌鳞皮冷杉林、石塘冷杉林、石塘云杉林等；圆柏环有方枝柏岷江冷杉林、方枝柏紫果云杉林、喜马拉雅圆柏喜马拉雅冷杉林、大果圆柏川西云杉林等。

青藏高原东北边缘白龙江、洮河流域山地的暗针叶林状况与东南边缘山地比较相似。文献记载有属于杜鹃环、箭竹环、藓类环等基本类型，不存在高山栎环，对于灌木、草类、溪旁环，由于缺乏足够的群落学、林型学的文献资料，不能肯定其存在与否，但估计是缺少必要的调查记载的缘故。

我国干旱半干旱区山地，如祁连山区，其东段海拔 2400～3400m 的阴坡、半阴坡分布有青海云杉林，由于气候干燥寒冷，土壤为山地弱石灰性灰褐森林土，pH 近于中性，土壤肥力中等。限于文献记载，不存在杜鹃环、箭竹环这些类型，但有灌木环（灌木云杉林和藓类-灌木青海云杉林）、藓类环（马先蒿藓类青海云杉林、薹草青海云杉林）和圆柏环（圆柏青海云杉林），而这里的藓类环林下的藓类已不是典型高寒阴湿种类，而是山羽藓（*Abietinella abietina*）、灰藓（*Hypnum cupressiformis*）等偏于中生环境的种类。

阿尔泰山西北部西伯利亚冷杉或西伯利亚云杉，常与西伯利亚落叶松混交形成不同组成的混交林，极少见冷杉、云杉纯林，仅在谷底河漫滩地、阴向阶地呈小面积、带状云杉林分布。混交林有藓类环、草类环，土壤为山地棕色针叶林土。藓类环的藓类也以中生性的青藓（*Brachythecium albicans*）、镰刀藓（*Drepanocladus aduncus*）、曲尾藓（*Dicranum scoparium*）等为优势。在天山北坡则有大面积雪岭云杉林分布，有高山（山原）环、藓类环，如藓类雪岭云杉林、高山草类雪岭云杉林，溪旁环的谷底溪旁雪岭云杉林，灌木环的灌木草类雪岭云杉林，草类环的薹草雪岭云杉林、鳞毛蕨雪岭云杉林，同样缺少阴湿高寒类型的杜鹃环、箭竹环。藓类环的藓类有山羽藓、羽藓、拟垂枝藓、长尾毛尖藓（*Cirrphyllum piliferum*）、美喙藓等，喜湿的提灯藓也有出现，但以溪旁环的湿润生境为多。土壤主要是以山地灰色森林土、山地灰褐色森林土为代表。

二、暗针叶林各环的特征描述

（一）杜　鹃　环

杜鹃环是亚高山暗针叶林高寒阴湿的典型类型之一，与箭竹环、藓类环相比，更偏于寒冷，在温带水平带的暗针叶林此环并不发育，其原因是：在大兴安岭，西伯利亚云杉不是主要树种，仅限生长于河谷生境下较温寒的小气候区域，而优势的顶极树种，兴安落叶松、樟子松则占据大面积，并与林下的杜鹃层构成了那里重要的亮针叶林的杜鹃环；在小兴安岭、长白山等东北山地，其典型地带性植被是以红松为主的针阔混交林，在物种生物多样性较高的东北山地灌木种类丰富，杜鹃只在较极端的生境下才能形成近于单优的层片，而同时，云杉、冷杉林群落一般分布在海拔650～950m，直接与亚高山岳桦矮林相接连，红松群系的伴生灌木种如花楷槭、东北茶藨子、狗枣猕猴桃等的分布也与岳桦相接，因此也成为臭冷杉、红皮云杉或鱼鳞云杉下的主要伴生灌木，缺乏杜鹃优势分布的生境。这里的土壤条件也不具备西南高山杜鹃环的较强烈的土壤酸化淋溶过程和淀积过程。大兴安岭兴安落叶松林的杜鹃环恰好反映出这一土壤过程。发育的是山地灰化棕色森林土。有趣的是，在西南亚高山区，那里的落叶松林却因其耐寒被排挤分布在暗针叶林之上，土壤是具有明显的生草草甸化的亚高山草甸森林土，而暗针叶林下却发育着山地棕色森林土或漂灰土（即具有灰化或漂灰化过程的棕色森林土）。这种在大兴安岭和西南亚高山区树种与土壤的相互作用关系上的移位现象是有趣的，这说明土壤发生形成过程虽然深受生于土壤的建群树种的影响，但并不完全取决于这种影响，而是受（或更主要地是受）土壤形成的环境影响，另外，树种的分布显然受土壤条件的影响，但并不完全决定于土壤的影响，也受树种相互竞争关系的影响。这种相互关系是复杂的。

因此，暗针叶林的杜鹃环仅分布于青藏高原东南，东部边缘的藏东南峡谷区、横断山区和白龙江、洮河流域山区及神农架、秦岭山地，位于高海拔（3000m 以上），气候高寒湿润、土壤水分充裕，但土温低，具有生理性干旱，立木枯梢较严重。杜鹃环通常分布于暗针叶林带的最上部，土壤为山地泥炭质暗棕色针叶林土和漂灰土，湿～重湿，上层一般较薄，多石质。冬季土壤冻结，于春季融化时因冰冻心土阻止水分垂直下渗，水分沿坡向下移动，带走细土粒，所以表层矿质土不多，仅泥炭质在表层积累，腐殖质多为粗腐殖质，土壤酸性至强酸性，由于枯落物粗糙（以杜鹃叶、针叶为主），分解不良，有较强烈的酸性淋溶过程和淀积过程，有时形成明显的漂灰层和淀积层，即为山地漂灰土，有时在山体顶部，位于森林线上部，也出现有山地残余灰化草甸森林土。土壤肥力低，林木生产力低，一般为冷杉、云杉纯林，常混生有红桦等，疏密度 0.6～0.8，多世代多复层，或多世代单层，一般讲，分布海拔越高，生产力越低。幼龄期和中龄期地位级较高，而一般成过熟龄Ⅴ地位级，林木腐朽严重，尖削度较大，枯落物量大，枯落物层厚 10cm；每公顷干重 15～40t，因杜鹃叶不易分解，妨碍树木种子接触土壤，影响天然更新，且枯枝落叶层蓄水性小于箭竹环、藓类环，虽水源涵养功能不及上述两类型，但由于杜鹃环常位于森林带上部，为防止采伐后森林环境改变导致森林线下移仍有重要作用。由于皆伐后，桦木易替代，或易形成杜鹃灌丛，并且由于出材量小，保护功能较重要，不宜主伐利用，只宜保护性采伐，在山上部保留保护带。

以川西岷江中上游杜鹃川西冷杉林为例，分布海拔 3600～4000m，200 年林龄的平均树高 27.6m，胸径 44.7cm，每公顷蓄积量 721m^3，山地泥炭质棕色森林土，枯落物层每公顷干重 15.4t，有机质分解不良，有明显泥炭层，代换性氢离子含量高，pH 4.6～5.3，代换性阳离子总量比例大，在腐殖质淀积层最明显；川西的杜鹃紫果云杉林，海拔 3800～3900m，山地漂灰土单层多世代，Ⅴ地位级，立木尖削度大，侧枝发达，枝下高低，每公顷蓄积量 250m^3，枯落物层干重每公顷 15.4～18.58t，氨态氮每 100g 土 6.73mg，有效磷 2.0mg（是各环中最低的），有效钾 45.57mg。西藏亚东的杜鹃西藏冷杉林（海拔 4100m）土壤为山地泥炭质漂灰土，疏密度 0.3，每公顷蓄积仅 125m^3。神农架海拔 2300～3000m 近山脊处的杜鹃巴山冷杉林，山地灰化暗棕色森林土，枯落物层厚 7cm，每公顷干重 17t，腐殖质分解不完全，C/N 值大，为 16.5～40.9，每 100g 土速效磷 2.2～5.0mg、速效钾 2.7mg，土壤肥力低，Ⅴ地位级，每公顷蓄积量 150～200m^3。洮河、白龙江林区因带有我国东部湿润气候向西北黄土高原干旱气候过渡性，暗针叶林带已下接山地褐土带，其暗针叶林杜鹃环下土壤，以白龙江的山地中性的暗棕壤和山地淋溶暗棕土壤为主，洮河山区又因地形开阔，并受河西走廊干旱气候影响，水热条件较白龙江山地干冷，土壤则主要是山地中性暗棕壤土，地位级Ⅳ～Ⅴ，疏密度 0.5，150～200 年林分每公顷蓄积量 300m^3，土壤为弱酸性，其酸性已低于横断山区的杜鹃环土壤。

（二）箭竹环

暗针叶林的箭竹环以分布在西南高山区和藏东南为主，白龙江、洮河林区和秦岭山地也有发育，神农架已为此环的分布边缘，在东北山地和天山阿尔泰山绝无此环形成。这是由禾本科箭竹亚族（Arudainarii）的分布和其与冷杉属、云杉属群系的结合为其形成特征的。此环在藏东南、西南高山区的分布以海拔 2600～3700m 的阴坡、半阴坡为主，在狭窄沟谷两旁也呈带状分布。小气候以阴湿寒凉为特点，但比杜鹃环要温和些，土温也有所增高。土壤一般为山地泥炭质化的棕色森林土或漂灰土。土壤全剖面呈酸性，腐殖质含量 1.4%～6.5%，有效钾、有效磷含量较丰富，钙、镁含量也较高，盐基饱和度大，具有较高肥力。枯落物层厚 2～3cm，性质较柔软，分解率和分解速度比杜鹃环高，枯落物层每公顷干重约 24t，含钾最多，磷也较丰富，但氨态氮最少，持水率 253%，最大可达 311%，比藓类环略差，但仍有很好的储水功能。由于枯落物层柔软，易分解，使林下天然更新过程种子发芽率高于杜鹃环，但仍属更新不良。林木为多世代复层林，云杉、冷杉有时也有混交，并常有红桦少量混生，疏密度 0.6～0.8，地位级Ⅲ～Ⅴ，一般云杉林地位级高于冷杉林，每公顷蓄积 500～700m^3，林木腐朽率 33%。箭竹层高 2～3m，有时可达 6～8m。在大小金川林下，多拐棍竹（*Fargesia robusta*），岷江流域多箭竹（*Sinarundinaria nitida*），也有大箭竹（*S. chungii*），藏东南也见光叶箭竹（*S. glabrifolia*），箭竹层常为单优层片，有少量耐阴灌木种伴生，如西南花楸、荚蒾、溲疏、山樱桃等。草本层不甚发育，生长纤弱，稀疏，多耐阴湿种类。苔藓层稀疏，或块状分布，多附生于箭竹竿基部，种类以毛梳藓、曲尾藓、羽藓、塔藓、提灯藓为常见，与藓类环的常见种相同，在与藓类环过渡的箭竹藓类云杉冷杉林下则箭竹层和藓类层都有良好的发育。附生于树干基部的藓类有梅花衣（*Parmelia physodes*）、平藓、白齿藓等。可能箭竹环的生境更适合于云杉属的一些种的生长，如紫果云杉、粗枝云杉、丽江云杉的箭竹环类型，地位级都比冷杉林高。有时可达Ⅰ地位级，每公顷蓄积量 600～900m^3，甚至 1109m^3。

洮河、白龙江山地的箭竹环土壤为山地中性暗棕壤，为盐基饱和的中性土壤，全剖面在 6.5～7.0，轻度黏化和腐殖质积累过程，有弱度的黏粒机械淋溶过程，存在着一定潜性酸，与西南山区明显酸性相比，表明了这两个地区有自然气候条件上的差别。神农架的箭竹冷杉林，土壤为山地暗棕壤，C/N 值已不大，为 11.0～14.1，有二氧化硅、三氧化物轻微的积累与淋溶。上述两区的箭竹环的小生境已明显受大生境较干旱的影响，已有利于典型的暗针叶林箭竹环的土壤发育过程。

（三）藓 类 环

藓类环比箭竹环分布范围广，在东北山地、西北半干旱区山地、华北山地也有分布，是暗针叶林的基本环。小生境是以土壤潮湿为特征，却没有像箭竹环那样要求有我国低纬度的亚高山带那种寒冷但冬季又非十分寒冷、对常年的空气湿度有较高要求的箭竹类植物生长的条件。此环在东北山地分布于海拔 700～900m，在较低洼缓坡或分水岭顶平坦处有分布。如塔藓鱼鳞云杉林、塔藓臭冷杉林，均有少量风桦、白桦混生，疏密度 0.7～1.0，地位级Ⅲ～Ⅴ，以Ⅲ、Ⅳ为多数，每公顷蓄积量可有 500m^3，一般讲，塔藓鱼鳞云杉林比塔藓臭冷杉林林分生产力要高，有时地位级可达Ⅱ。土壤为山地棕色森林土或山地潜育棕色森林土和潜育暗棕壤，前者肥力较高，有较明显的腐殖质积累，腐殖质有下淋现象，C/N 值比较高，为 14～17，土壤酸度、水解酸、代换性铝均高于后者。后者往往是由河滩向山坡过渡的地方，土壤含较多角砾，但由于地势低平，排水不畅，又因山坡中上部有水分补给，土壤水分有一定剩余，产生潜育过程。在西北半干旱、干旱区的天山、主要在天山西段哈雷克套山北坡有藓类雪岭云杉林，分布于海拔 2100～2400m，土壤为山地灰色森林土，弱酸性反应，盐基代换量在表土层每 100g 土达 40mg 以上，盐基饱和度 80%以上，显示生物积累作用旺盛，二氧化硅及三氧化物均自表土向下渐有增加，表示没有明显的酸性淋溶，腐殖质含量高，表土层达 8%～15%，土壤肥力较高，100 年生雪岭云杉林，每公顷蓄积量 570～720m^3，灌木层稀疏，草本层发育也较弱，苔藓层盖度在 80%以上，主要是拟垂枝藓、塔藓。更新以一年生幼苗为主，较大的幼树稀少。华北山地有藓类青杆林的记载，土壤为山地棕壤，文献记载不详。祁连山中下部，即海拔 3000～3300m 有藓类青海云杉林分布，疏密度 0.7～0.9，每公顷蓄积量 400m^3左右，下木稀少，草本层盖度约 40%，藓类层盖度 90%以上，以山羽藓、欧灰藓为优势，喜湿的提灯藓也有生长，但不呈优势，由苔藓种类看，与西南高山区的典型的藓类环的喜湿种也可看出生境上的差异。土壤为山地灰褐色森林土，pH 6.8，无石灰性反应，腐殖质下移明显，表土层下有明显的腐殖质淀积层，有机质含量约 15%，土壤肥力较高，盐基代换量在表土层每 100g 土为 11.91mg，在腐殖质淀积层达 19.7mg，以 Ca^+为主，含 N 量 0.51%上下，含 P 量 0.10%～0.51%，C/N 值 13.5～16.4，氮元素转化处于有利的条件。接近青藏高原的洮河、白龙江山区，藓类环的典型性已趋于与横断山区、藏东南一致，它们分布于海拔 2300～3000m，苔藓层厚达 15～37cm，表土层腐殖质量达 20%，代换盐基含量每 100g 土 30mg 以上，土壤为山地中性暗棕壤，pH 6.5～7.0。

西南高山峡谷区，即横断山区和藏东南是典型的暗针叶林藓类的发育区域，它们分布于海拔 3300～4200m 的宽阔河谷的阴坡、半阴坡、河阶地，少数为半阳坡，比起在其他地区仅分布于特定的地形条件来看，在本区域分布的局部地形比较宽。生境的大气湿度及土壤湿度大，土壤较深厚。土壤为山地泥炭质化或泥炭棕色森林土或山地灰棕壤，一般均有潜育化作用。苔藓层盖度 90%～100%，其每公顷生物量干重为 2.2～4.1t，持水率 2.83%，实验最大持水率达 349%。枯落物分解好，土壤肥力较高，在二氧化硅原积层中 Fe、Al、Ca、Mg 的氧化物积累量较高。生物积累作用超过了淋溶作用，淤积层可厚达 6cm，土壤 pH 5.3～6.5，有时 4.5，其酸性已明显高于东北及西北山地，更适宜暗针叶林的发育，林分生产力较高，地位级Ⅲ～Ⅴ，也因树种和龄级而异，一般也是云杉林比冷杉林为高，中幼龄地位级比成过熟林为高，每公顷蓄积量 420～450m^3，高的达 700～850m^3。林木为多世代，病腐较严重，病腐率可达 44.6%，下木层不发达，盖度 30%左右，为一般暗针叶林常见的蔷薇、茶藨子、忍冬、花楸等属。草本层中等发育，盖度 40%～60%，而苔藓层则非常发育，厚度为 10～15cm，以锦丝藓占优势，其他有灰藓、羽藓、曲尾藓、真藓、赤茎藓、提灯藓、垂枝藓（*Rhytidium rugosum*），有时也有以泥炭藓为优势的层片，如在谷底阶地、地下水位高的泥炭藓峨眉冷杉林（记载于黄茅岭、二郎山以东多雨区）。一般林木基干上附生有梅花衣、多指地卷（*Peltigera polydactyla*）、肺衣（*Lobaria*），倒木上也有附生藓类，如白齿藓（*Leucodon secundus*）、圆枝蔓藓（*Meteorium helminthocladulum*）、欧腐木藓（*Heterophyllium haldanianum*）等。

（四）灌 木 环

灌木环在暗针叶林是反映由水热条件较中生，即生境较温凉，土壤水分较适中，即使在亚高山气候条件下也是地形较开阔，光照条件好，土壤较深厚肥沃，不构成阴湿生境，而且构成林下灌木层片的灌木种类较多，无明显的优势种的特征。在东北山地、西北干旱半干旱山地对水分较有利条件的地形就相对比较发育，而在西南高山和藏东南山地则相对面积较小，主要是比较难形成这样适宜生境的地形条件，不是过于高寒、阴湿，由杜鹃环、箭竹环、藓类环所占据，就是土壤较瘠薄，水分不易持久储备，而为高山栎环所占据，或者在谷底、溪旁由于丰裕流动水影响而形成溪旁环。总之，灌木环与由于同样原因的草类环在西南高山和藏东南区的暗针叶林所构成的面积不大，尽管它们在生态系列上占有中生的地位，而且对于一些云杉、冷杉林来讲缺乏这一环的群落学记载。

灌木环在东北山地比较发育，如在小兴安岭海拔500～700m，张广才岭则稍高，高达1200m，河谷开阔，比较平坦处有灌木鱼鳞杉林，山地棕色森林土，Ⅱ～Ⅲ（Ⅳ）地位级，疏密度0.5～0.8，鱼鳞云杉林中经常混生有臭冷杉或红松，林下枯落物层3～6cm，由于季节性冻层，融冻时间也长，枯落物虽然质地较柔软，但土壤矿物分解不彻底，多粗腐殖质，盐基含量低，草本层发育中等，土壤肥力较高时，有几种蕨类占优势，形成灌木蕨类鱼鳞云杉林等。祁连山海拔2400～2800m阴坡分布有灌木青海云杉林，混生少量桦、山杨，灌木种类有刺毛忍冬、蔷薇、柳、枸子、金蜡梅、甘青锦鸡儿、花楸、小檗、茶藨子、绣线菊等。草本发育中等，藓类不甚发育，仅有少量山羽藓、羽藓、欧灰藓等。土壤为山地弱石灰性灰褐色森林土，天山的灌木雪岭云杉林，也为山地灰褐色森林土，灌木种类组成属与祁连山相同，林分疏密度0.6～0.8，Ⅲ地位级，每公顷蓄积量300～400m^3。在西南岛山区及藏东南峡谷区灌木环分布在海拔 2700～4000m 的河谷阶地，通常为洪积物上发育的土层深厚但排水良好的土壤上，一般为山地中腐殖质棕壤。枯落物层厚5～10cm，腐殖质棕灰色，淀积层呈棕色，土壤微酸性，pH 5.6～6.4，有机质含量在土壤表层可达34%，向下减少，林分生产力较高，每公顷蓄积量800～1000m^3。下木层种类有瑞香、冬青、八角枫、忍冬、悬钩子、蔷薇、青荚叶、马醉木、溲疏、荚蒾等属的种，盖度达60%～70%，草本中等发育，多耐阴中生种类，但有时蕨类占明显优势。以蹄盖蕨、鳞毛蕨、铁线蕨等属的种为常见，苔藓层发育中等，盖度50%左右，有锦丝藓、赤茎藓、提灯藓、山羽藓、毛梳藓等暗针叶林下常见属。以天然更新的一年生苗为主，幼树少见。

（五）溪 旁 环

溪旁环在河谷底部河流或溪两岸，呈狭带状分布，具流水活动和强潜食的泥炭潜育土，土层厚0.6～1.0m，松软具弹性，极湿，泥炭层厚20cm，褐棕色未分解物，潜食层厚 34cm，土壤50cm以下即有地下水渗出，文献记载有溪旁川西云杉林等。

有时下木层也有很好发育，但与灌木环的区别在于以几种柳等喜水湿种为主。在东北山地溪旁环与灌木环植物组成的差别在于有明显的春榆、水冬瓜、毛赤杨、珍珠梅、红瑞木、稠李、蓝靛果忍冬等耐湿种类出现，草本层中有塔头状起伏的薹草丛分布，并有粗叶泥炭藓（*Sphagnum squarosum*）呈团状分布，其余有拟垂塔藓、塔藓、万年藓（*Climacium dendroides*）等在平坦处形成苔藓层。由于生境过于潮湿，林木生产力并不很高。

（六）高 山 栎 环

本环仅分布于西南高山区和藏东南区，海拔3000～3500m的阴坡、半阳坡及海拔稍低但排水良好的半阴坡，小气候较温暖，土壤水分充足，但不很稳定，在雨季较湿润，在旱季则较显干燥，土壤为山地腐殖质暗棕色森林土，腐殖质含量高，pH 5.4～6.3，呈微酸性，趋中性，铁铝在剖面中几无移动，含量也较小，钙含量高，土壤有时几为钙所饱和，氢离子含量不高，土壤肥力较高。枯枝落叶层以针叶、高山栎叶为主，比较粗糙，不易分解，干重每公顷0.5～1.39t，土壤氨态氮每千克干土为13.98mg，有效磷9.20mg，有效钾30.61mg由于氮、钾、磷普遍较高，分解后会对土壤肥力产生有利影响。枯落物持水率177%，实验最大值为209%，属于暗针叶林几个主要环中持水率低的，表明其水源涵养能力较差。林下天然更新由于栎叶等阻碍冷杉或云杉种发芽着根而较差。伐后林地小气候更趋干燥，土壤易形成次生碳酸盐化，针叶林恢复困难，高山栎以萌蘖方式将取代并成为高山栎林或高山栎灌丛。

（七）草 类 环

在暗针叶林环中草类环属中生性，土壤湿度不大，在西南亚高山类型下形成此生境的面积不大，对这个区域的不少云杉、冷杉林来讲，缺少这一环的类型，但经常会构成与其他环的过渡型，如箭竹草类、杜鹃草类、高山栎草类等，草本层片的发育往往指示这些过渡类型比原来的典型类型趋于中生性，土壤有适当的生草化，土壤肥力也往往较高，这点是有指示意义的。草类环在西北干旱半干旱区山地则相对发育。在东北山地由于森林下草本植物普遍发育不及下木层，在草本层发展受压抑情况下，难以形成草类环类型，但在采伐后次生生草化的发展会形成较多的次生林群落类型。在天山记载有羊角芹雪岭云杉林，主要分布在哈雷克套山北坡海拔2200～2500m的阴向陡坡，山地灰色森林土，林分疏密度0.5～0.7，地位级Ⅰ～Ⅱ，下木层较稀疏，草本层盖度90%～100%，以羊角芹、乳苣为主，还有巴登樱草、斗篷草、胎萌蓼、梅花草等，苔藓生长不茂盛，天然更新不良。在西南高山峡谷区海拔3400～3800m高处的山坡中上部半阴坡、半阳坡都有可能分布有草类暗针叶林，山地棕色森林土，有时为山地灰化棕色森林土，低海拔则可见山地褐土，土层较厚，80～100cm，表土层8～10cm，土壤团粒结构良好，湿度中等，pH 6.0～6.5，表土层下有棕色淀积层，有钙积层出现，碳酸钙含量较高（仅次于高山栎环）。林分疏密度一般为0.6～0.8，Ⅲ～Ⅴ地位级，草类川西云杉林每公顷蓄积量测定有972m^3，灌木层稀疏，均匀，一般高2～4m，有茶藨子、忍冬、蔷薇等常见属，草本层发育，盖度70%～80%，高度1m以下的禾本科草为优势，如小叶章、糙野青茅、小糙野青茅（*Deyeuxia scabrescens* var. *humilis*）、羊茅等，其他宽叶草类种类也不少，如银莲花等毛茛科属种。薹草紫果云杉林，山地棕色森林土，无灰化现象，土壤上层有硅积聚，略有Fe移动，表现在P_2O_5淋溶现象，pH 5.5～5.9，草本层以高山薹草（*Carex alpina*）为优势，还有报春花、香青、拳蓼、疏花剪股颖等中生性草本。苔藓层稀疏，盖度20%～30%，常见有赤茎藓、毛梳藓、曲尾藓、金发藓等较耐旱种，少见锦丝藓等。

（八）圆 柏 环

在西南高山区、藏东南山区和天山、祁连山、白龙江、洮河等亚高山带，与高山圆柏（*Sabina squamata*）、滇藏方枝柏（*S. wallichiana*）、大果圆柏（*S. tibetica*）、祁连山圆柏（*S. przewalskii*）等圆柏林相邻，成为过渡的在森林上限平缓宽分水岭起伏地形或山原部位由阴坡向阳坡转换处，反映了由湿冷向干旱生境转变的特点。圆柏环是一个特殊的环，一般都呈不大的块状分布，以云杉或冷杉为第一林层，圆柏作为第一林层或下木层的林下结构出现。文献记载有川西的大果圆柏川西云杉林、藏东南的滇藏方枝柏川西云杉林、天山的草类圆柏雪岭云杉林、祁连山的圆柏青海云杉林，土壤多为山地生草酸性棕壤，山地碳酸盐褐土。枯落物层以云杉、冷杉针叶为主，圆柏针叶量较少，表土有机质较丰富，pH 变动较大，弱酸性至中性。一直向圆柏林的山地碳酸盐褐土（成山地石灰性灰褐色森林土）发展，在川西翁达圆柏川西云杉林下调查表明云杉幼树更新较好，每公顷2417株，而圆柏为1～50株，说明圆柏不耐上层有云杉庇荫而衰亡，若云杉被采伐后，圆柏将会保存并发展。

（九）高山山原环和石塘环

高山山原环和石塘环都是因暗针叶林分布在森林上限，往往已处于与亚高山草甸接壤或位于冰川侵蚀的冰斗坡土由石塘的幼年土形成的低生产力林分。这在各暗针叶林分布区都会有不同程度地出现。它们在形态上往往是疏林，而且由于有时有良好的灌木层或草本层发育而易与灌木环、草类环相混淆，但高山山原环很容易从它们的分布海拔与地形位置，与邻边的亚高山草甸或灌丛及林分的生长力，还包括从土壤类型加以区别。例如，天山的高山嵩草雪岭云杉林、高山草甸土、枯立木与风倒木多，数量占立木的20%～30%，疏密度小于0.5，天然整枝不良，下木稀疏，草本为莲座状簇生型，如嵩草、胎萌蓼、羽衣草、委陵菜、梅花草等。天山还有高山灌木雪岭云杉疏林，土壤为薄层石质亚高山草甸土，土壤瘠薄，灌木以刺毛锦鸡儿、新疆锦鸡儿（*Caragana turkestanica*）、桧柏、高山柳等为优势，草本植物与亚高山草甸种相同。土壤具有高山草甸土与山地灰褐色森林土的过渡特征，土壤厚度一般小于30cm，层次过渡不明显，弱酸性反应，pH 6.0～6.5，无石灰性反应。土壤水分较高，养分含量也较高，但由于冻结期长达5个月，甚至8～9个月及以上，微生物作用受到限制，根系对养分的利用受到限制，而且还有生理性干旱，林分生产力很低，每公顷蓄积量一般不足$100m^3$。

对于我国暗针叶林各林型组的生态系列可以见图2-6。

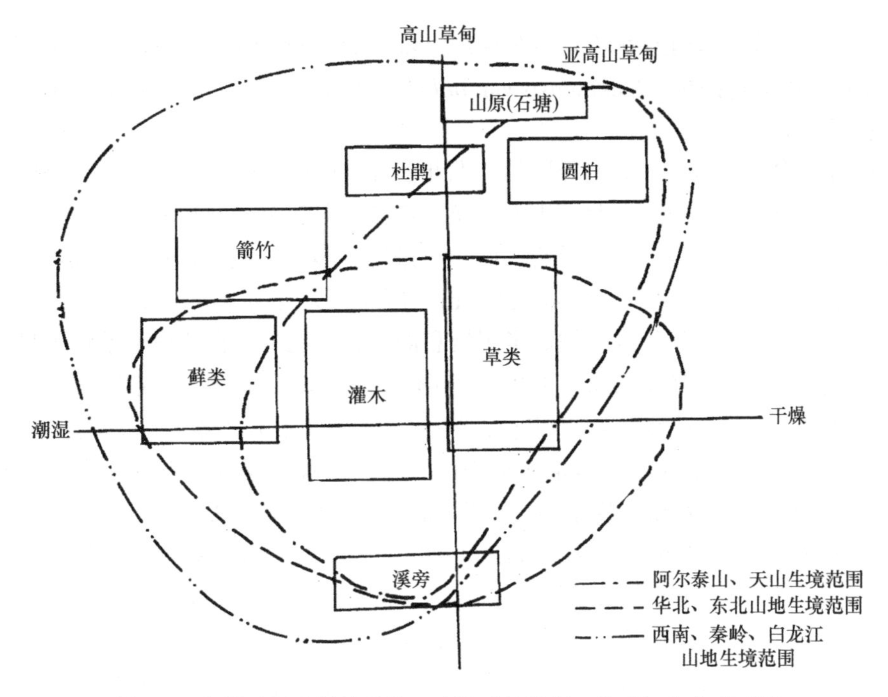

图 2-6　我国云杉冷杉林群落（暗针叶林林纲）林型组生态系列图

第四节　铁杉针阔叶混交林

铁杉（*Tsuga*）林一般都被划入中山向亚高山带过渡的森林。它们在垂直带谱中一般都在亚高山暗针叶林带之下，落叶阔叶林带之上，有时会形成一个铁杉和落叶阔叶混交的针阔叶混交林带，而落叶林带则不明显。例如，在我国横断山区，铁杉针阔叶混交林带则往往成为常绿阔叶林带向亚高山暗针叶林带过渡的一个中间过渡带，但在这个带的下部也常常混生有常绿树种成分，在这个带的上部，或在亚高山暗针叶林带的下部，也往往有铁杉与云杉、冷杉混生的现象。由于铁杉针阔叶混交林的这种过渡性质，有的学者把它划入中山带（相当于暖温带针叶林），有的学者则把它划入亚高山带（相当于寒温带针叶林），因为以铁杉为优势的群落也常具有暗针叶林下阴湿寒冷的景观特征，也会出现箭竹、杜鹃等暗针叶林的优势林下层片，苔藓层有时也很发育。由于铁杉针阔叶混交林的过渡性和区系组成上混合有中山和亚高山成分，这是一个比较特殊的垂直带现象，因此，可称为垂直带中半地带性的群落类型。所谓半地带性的类型（subzonal type）是指水平分布带或垂直分布带中大多数情况下稳定并占据一定位置（如以亚带形式），可以较明确地据此判别其水平或垂直梯度上水热状况的一定基本特征，其植物组成上也有其相对稳定的属种，但基本上是属于上、下两个地带性的基本成分混合而成，即兼有上下两个地带性成分，并没有反映此亚带的独特基本成分。例如，铁杉针阔叶混交林带作为半地带性的亚带，它比较稳定的植物成分却是来自于落叶阔叶林（或有时为常绿阔叶林带）和亚高山针叶林带。

中国铁杉属计有铁杉（*Tsuga chinensis*）、云南铁杉（*T. dumosa*）、丽江铁杉（*T. forrestii*）、台湾铁杉（*T. formosana*）和长苞铁杉（*T. longibracteata*）5 种，都是建群种，

还有记载变种3个，即南方铁杉（*T. chinensis* var. *tckekiangensis*）、大果铁杉（*T. chinensis* var. *robusta*）和矩鳞铁杉（*T. chinensis* var. *oblongis-quamata*），一般在群落学论述中都与原种铁杉不分。

铁杉分布自秦岭南坡，向南经四川、湖北西部，以四川分布最广，岷江流域最为集中，为其主要分布区，由此向北可进入白龙江流域，向南至安宁河流域，与云南铁杉分布区有一角在川西南、滇西北相重叠，西止于丹巴、康定、九龙、木里一线。在主要分布区，岷江中上游，分布海拔为2500～3000m，青衣江、大渡河上游在海拔2200～2500m，喜温凉湿润气候，常见于山地阴坡、半阴坡和湿润狭窄沟谷，在此地形条件也见于半阳坡。岷江中上游山地在海拔2200～3200m可形成铁杉阔叶混交林带，在卧龙自然保护区此带十分明显，并直接过渡至常绿阔叶林带。林下土壤主要是山地暗棕壤，湿润，pH 5～6。此带上部，铁杉混交林群落以混生亚高山针叶林的岷江冷杉、峨眉冷杉、麦吊云杉，以及红桦、糙皮桦、几种槭、椴等，而下部则混生巴东栎、刺叶栎、高山松（或华山松），以及钓樟（*Lindera*）、五味子（*Schisandra*）等。铁杉的变种矩鳞铁杉主要星散分布于湖北神农架、甘肃舟曲及四川东、西部局部山区，海拔2400～3200m，但湖北、甘肃两省森林群落学记载中仍见铁杉为建群种。丽江铁杉分布狭窄，仅限于云南西北部和四川西南部毗邻地区，较耐旱，散生于干温谷坡，也无群落学记载。长苞铁杉似为铁杉与油杉的无性杂交种，分布于贵州梵净山、湖南莽山、广东北部、广西东北部、福建南部山区，海拔 300～1700m，生境显然比铁杉温热得多。具有群落学意义的另外一重要铁杉种是云南铁杉，它在川西南分布于雅砻江和金沙江中下游，大渡河中上游及岷江中上游，在云南则主要分布在滇西、滇中南、滇西北各地，如景东、镇康、丽江、剑川、中甸、泸水、碧江、贡山等地，在藏东南分布于察隅、墨脱、通麦、易贡、亚东、聂拉木、陈塘、吉隆等地，一般均生长在海拔2400～3300m阴坡、半阴坡，生境温凉湿润处，云雾多，群落内附生苔藓植物也比较丰富。与铁杉分布区不同的是，云南铁杉已常与常绿阔叶树混生，由常绿阔叶矮乔木构成第二林层，这是铁杉属分布区在其最南部出现的景象。台湾铁杉分布于台湾中央山区，以中央山、玉山、南湖大山等地为主，海拔2400～3000m，为亚高山针叶林带范畴，与台湾冷杉（*Abies kawakamii*）、台湾云杉（*Picea morrisonicola*）等混生，偶有台湾铁杉小片纯林，下木层一般有台湾高山杜鹃（*Rhododendron morii*）、台湾茶藨子（*Ribes formosanum*）、玉山蔷薇（*Rosa morrisonensis*）、台湾忍冬（*Lonicera kawkamii*）、卷萼悬钩子（*Rubus calyeinus*）等，从灌木属看，是属于亚高山类型，但这是我国分布在北回归线以南（北纬23°30′）的铁杉林。

一、铁杉针阔叶混交林的基本生境条件与群落学特征

从铁杉针阔叶混交林的生境分布范围和植物群落学特征看，它可以从亚高山至中山，跨越相当于温带至暖温带和亚热带的气候，与亚高山针叶林树种和许多落叶阔叶树和常绿阔叶林混交，其群落组成也常包含三者的成分，但分布生境很重要的一个共同特征，即全年温差小，气候温和湿润乃至比较潮湿，地形以狭窄间谷或山地云雾集聚的坡地，除局部少数铁杉纯林的群落结构稍简单外，铁杉针阔混交林一般都有至少两个立木亚层，第一层以铁杉、云杉、冷杉为主，第二层一般由落叶阔叶树种构成，但在低海拔，

第二林层由常绿阔叶林种所组成。林冠层色彩斑斓，各种浓绿、浅绿、稍绿等不同程度的绿色相间；林内有明显的层外植物，如附生苔藓、附生蕨类和藤本等。林下地表枯枝落叶层较厚，土壤肥沃，有较深厚的腐殖质层。铁杉针阔叶混交林的土壤主要是山地暗棕壤，由于气候温凉，生物累积作用活跃，腐殖化作用强，自然肥力也高。枯枝落叶层中盐基较丰富，其中氧化钙、氧化镁、氧化钠含量较多，二氧化硅含量则较低，并有一定量的氧化铁和氧化铝。土壤中有机质含量在40%左右，C/N值在11～16。土壤酸性，pH 5.2～5.7。

二、铁杉针阔叶混交林各林型环描述

铁杉针阔叶混交林的群落，可以划分为杜鹃林型环、箭竹林型环、灌木林型环和常绿阔叶林型环，共4个环。前三者是接近于亚高山类型，通常具落叶阔叶的第二林层，而常绿阔叶林型环则以常绿阔叶树为第二林层。在分布海拔范围上，亚高山类型3个林型环依次由高渐低，在生境和植物区系成分、群落结构上都有其特点。现分别叙述如下。

（一）杜　鹃　环

见于铁杉、云南铁杉林，在川西、滇北、藏东南山地均有分布，记载有杜鹃铁杉红桦林、苔藓杜鹃云南铁杉林等。杜鹃林型组分布海拔稍高，为2350～2800m。土壤为山地暗棕壤，与暗针叶林下的土壤很接近。川西北的杜鹃铁杉林，一般在海拔2300～2500m，疏密度0.7～0.85，第一林层为铁杉，疏密度0.6，平均高30m，第二亚林层可出现有红桦、五裂槭、疏花槭（*A. lexiflorum*）、青榨槭（*A. davidii*）等树种，但稀疏，下木层盖度45%，高约1m，以黄花杜鹃（*Rhododendron lutescens*）为优势，还有其他杜鹃如秀雅杜鹃（*Rh. concinnum*）、绒毛杜鹃（*Rh. pachytrichum*）、多鳞杜鹃（*Rh. polylepis*）、苞叶杜鹃（*Rh. bracteatum*）等，其他灌木种类有忍冬、荚蒾、青荚叶、卫矛、五加等，草本层盖度20%～40%，有沿阶草（*Ophiopogon bodimeri*）、七叶鬼灯檠、鳞毛蕨、鹿药、升麻、薹草等，藤本有狗枣猕猴桃（*Actinidia kolomikta* var. *gagnepainii*）、阔叶清风藤、红花五味子（*Schisandra rubriflora*）等，苔藓层不甚发育，有山羽藓、细叶小羽藓、绢藓、尖叶提灯藓（*Mnium cuspidatum*）、波叶提灯藓（*M. undulatum*）、高山小金发藓（*Pogonatum alpinium*）、平叉苔（*Metzgeria conjugata*）等。藏东南的苔藓杜鹃云南铁杉林分布海拔较高，一般在2800m上下，乔木层中除云南铁杉外，还有几种冷杉和糙皮桦生长，第二林层有几种槭树，如深灰槭（*Acer caesium*）、长尾槭（*A. caudatum*）、四蕊槭（*A. tetramerum*）等，下木层盖度约70%，以硬刺杜鹃（*Rhododendron barbatum*）、树形杜鹃（*Rh. arhoreum*）、钟花杜鹃（*Rh. campanulatum*）、凸叶杜鹃（*Rh. pendulum*）等常见，此外有树生越橘（*Vaccinium dendrocharis*）、美丽马醉木（*Pieris formosa*）、红粉白珠（*Gaulthria hookeri*）及花楸、五加、悬钩子、瑞香等，草本层盖度不超过40%，有蹄盖蕨、沿阶草、硬果鳞毛蕨（*Dryopteris fructuosa*）、类叶升麻（*Actaea asiatica*）、掌叶铁线蕨（*Adiantum pedatum*）、粟草（*Milium effusum*）等。苔藓层发达，总盖度达70%～80%，有山羽藓（*Abietinella abietina*）、毛尖羽藓（*Thuidium philibertii*）、拟金灰藓

（*Pylasiopsis speciosa*）、长尖毛扭藓（*Aerobryidium longimucronatum*）、尖叶提灯藓、侧枝提灯藓（*M. maximoviczii*）、狭叶泥炭藓（*Sphagnum cuspidatum*）、亮叶绢藓（*Entodon aeruginosus*）等，不少苔藓附生于树干上，盖度可达30%～50%，层外植物有防己叶菝葜（*Smilax menispermoidea*）、云南勾儿茶（*Berchemia yunnanensis*）等，但总的讲，层外植物尚不很发育。在川西南海拔 2850～3650m，川西、川南海拔 2100～3030m 的半阴坡、半阳坡也有杜鹃云南铁杉林的记载，一般云南铁杉占 7 成，但大渡河中、上游可见块状云南铁杉纯林。

（二）箭　竹　环

在四川冕宁地区、青衣江流域，海拔 2300～2700m 沟谷两岸陡坡，土壤与暗针叶林的箭竹环很接近。记载有藓类大箭竹铁杉林，多为异龄纯林，200 年的林分很少病腐，林内湿度大，土壤为山地潜育棕色森林土或山地泥炭质灰化土。铁杉组成占 7%～8%，次为麦吊云杉、红桦等。林分平均高 22～30m，疏密度 0.4～1.0，蓄积量每公顷 400～680m^3。下木层以大箭竹为优势，高 2～3m，其次为花楸、杜鹃、茶藨子、野樱桃、忍冬等，草本植物稀少，苔藓盖度在 80%以上，有广舌泥炭藓（*Sphagnum russowii*）、锦丝藓等，林下铁杉更新良好，显示了群落的稳定性。蕨类箭竹铁杉林，铁杉可占 6～7 成，其余为冷杉、云杉、红桦等。每公顷蓄积量 200～500m^3。下木种类见多，但仍以大箭竹为优势。草本多喜阴湿蕨类的宽叶草类，如密鳞耳蕨（*Polystichum squarrosum*）、白背铁线蕨（*Adiantum davidii*）、威氏蹄盖蕨（*Athyrium wilsonii*）、荚果蕨（*Matteuccia struthiopteri*）、边缘鳞毛蕨（*Dryopteris marginalis*），以及沿阶草、唐松草、蟹甲草、薹草等。苔藓层盖度 15%～40%，有羽藓、提灯藓、大叶藓、真藓、万年藓、曲尾藓、拟垂枝藓等。另一相近的林型是四川卧龙自然保护区记载的大箭竹铁杉麦吊云杉林，分布在海拔 2600～2700m 山麓缓坡，一般坡度 20°以下，林分平均高 20m，疏密度 0.7～0.9，混生麦吊云杉、岷江冷杉，第二乔木亚层是落叶阔叶树，有糙皮桦、红桦、扇叶槭（*Acer flabellatum*）、房县槭（*A. franchettii*）、红毛花楸（*Sorbus rufopilosa*）、多毛椴（*Tilia intosa*）等树种，下木层盖度 80%左右，以大箭竹为主，占 70%，出现杜鹃多种，可有星毛杜鹃（*Rhododendron asterochnoum*）、毛助杜鹃（*Rh. augustinii*）、绒毛杜鹃等，以及心叶荚蒾（*Viburnum cordifolium*）、毛叶吊钟花（*Enkianthos deflexus*）、陇蜀忍冬（*Lonicera tangutica*）、蓝靛果（*L. caerulea*）、齿叶忍冬（*L. setifeica*）、卫矛、青荚叶、冰川茶藨子等。草本层盖度 5%～20%，有多种阴湿或中生草本，如山酢浆草（*Oxalis griffithii*）、对叶黄精（*Polygonatum oppositifolium*）、变豆菜（*Sanicula chinensis*）等，层间植物有狗枣猕猴桃、少花藤山柳、铁线莲、附生蕨类，藓类层有山羽藓、暖地大叶藓（*Rhedobryum giganteum*）、塔藓、泥炭藓（*Sphagnum cymbifolium*）等，发育中等，此林型生境已偏温暖。此外，还有冷箭竹（*Sinarundinaria fangiana*）铁杉岷江冷杉林、拐棍竹槭铁杉林的记载，后者第二林层由房县槭、云南冬青、糙皮桦等组成，下木层以拐棍竹为主，高 1.5m，还有蔷薇、忍冬等，层间植物有藤本钻地风（*Schizophragma* sp.）、扭瓦苇（*Lepisosus contortus*）及一些附生于树干的藓类。在四川盆地边缘山地、青衣江流域、大渡河中上游、岷江中游海拔 2100～2900m 狭窄河谷两岸或阴坡、半阴坡，有蕨类箭竹铁杉林分布，多为异龄过熟纯林，铁杉占 7～9 成，其他树种如冷杉、云杉、红桦或花楸、巴东栎等，占 1～3 成，林分平均高 20～26m，疏密度 0.3～0.8，每公顷蓄积量达 200～500m^3、林下下木层以大箭竹为优势，其他有菝葜、栒子、忍冬、茶藨子、荚蒾等常见属种。草本层多喜阴湿的蕨类和阔叶草本，盖度为 30%～70%，常见蕨类有密鳞耳蕨、白背铁线蕨、威氏蹄盖蕨、荚果蕨、边缘鳞毛蕨和沿阶草、薹草、蟹甲草、唐松草、冷水花、虎耳草等。苔藓层盖度仅 15%～40%，常见有羽藓、提灯藓、大叶藓、真藓、万年藓、曲尾藓等。

贵州梵净山海拔 2100～2350m 的铁杉梵净山冷杉林也是可以归于大箭竹林型组的。它的第一林层以铁杉、梵净山冷杉为主，大体各占 5 成，高 10～20m，第二林层为 2～8m，以落叶阔叶树为主，有扇叶槭、野樱桃（*Prunus serrulata*）、毛序花楸（*Sorbus keissleri*）、红毛花楸（*S. rufopilosa*）、灯笼花（*Enkianthus chinensis*）、荚蒾（*Viburnum dilatatum*）、木姜子（*Litsea pungens*）等，下木层以箭竹为优势，高 2m，还有粉白杜鹃（*Rhododendron hypoglaucum*）、红花蔷薇（*Rosa moyesii*）等。草本层不甚发育，苔藓层局部盖度可达 60%～70%，是比较典型的亚高山林型类，自此林型向下，即向常绿阔叶林型组过渡。

（三）灌 木 环

灌木环林型分布于生境温度较适中，土壤肥沃，土壤已由针阔叶混交林杜鹃环、箭竹环的山地暗棕壤、棕壤过渡到山地棕壤和山地褐土，后者其成土作用的特点是积钙过程、黏化过程、中性淋溶过程和腐殖化过程交替进行。干旱季节钙化作用强，而雨季则淋溶作用强，钙积层移至土壤下层底土，心土黏粒含量增大。土壤中上层以上呈中性反应，pH 6.8～7.0，中下层土壤则为碱性反应，pH 7.4～7.7，土壤肥力也较高。在滇西北怒山以西，铁杉针阔叶林带明显，土壤基本上仍属山地暗棕壤，山地表潜（泥炭质）暗棕壤或山地淋溶暗棕壤。土壤深厚，A_1 层呈暗灰色，有一浅黄棕色的 AB 层，B 层黄棕色。土壤腐殖质含量较高，呈酸性至微酸性。例如，川西理县、黑水、丹巴、金川等地山地有沿阶草灌木铁杉林，立木层单层，铁杉占 7～9 成，其他有云杉、桦、油松、川滇高山栎、槭等，山地淋溶褐土或山地棕色森林土，林分平均高 20～28m，疏密度 0.4～0.8，每公顷蓄积量 300～500m^3，下木层盖度 30%～50%，高 1～2m，有菝葜（*Smilax stans*）、卵叶钓樟（*Lindera limprichtii*）、忍冬、荚蒾、茶藨子、悬钩子、花椒、花楸等多种灌木，草本层盖度 40%～80%，以沿阶草、铁线蕨、蹄盖蕨、鳞毛蕨、凤尾蕨、唐松草、蟹甲草、黄精、冷水花、天南星、薹草、橐吾等蕨类和宽叶草为主。藓类灌木铁杉林，生境稍湿润，以阴坡、半阴坡为主，山地棕壤，病腐木、枯梢木稍多，铁杉 7～9 成，其他有冷杉、桦、槭等，林分高 22～28m，疏密度 0.3～0.8，每公顷蓄积量 250～400m^3，下木层盖度 40%～80%，2～5m 高，有杜鹃、花楸、忍冬、茶藨子，木姜子、柃木、五加、蔷薇、冬青、蜡瓣花、菝葜等。草本稀少，而苔藓层发育，盖度 60%～90%，有塔藓、泥炭藓、万年藓、锦丝藓等。榛菝葜铁杉林分布在海拔 2300～2400m，偏阳坡，生境中生偏暖燥，立木层以铁杉、红桦为主，下木层以藏刺榛（*Corylus ferox* var. *thibetica*）、鞘柄菝葜（*Smilax stans*）为主，还有多鳞杜鹃（*Rhododendron polylepis*）、疣枝小檗（*Berberis verruculosa*）、忍冬、糙叶五加（*Acanthopanax henryi*）、四川溲疏（*Deutzia setchuenensis*）、荚蒾（*Viburnum betulifolium*、*Viburnum cordifolium*）等，草本层有七叶鬼灯檠、蟹甲草、千里光、铁线蕨、茜草、沿阶草等。林下铁杉天然更新不良，在土层较厚、较湿润处尚可，一般来讲，这类生境今后可能由红桦、槭类等占据。在青衣江流域、泸定的磨西地区有藓类灌木铁杉林，通常在海拔2300～2900m，土壤为山地薄层棕色森林土，铁杉在林层中占7～9成，其次为冷杉、桦、槭等，林分平均高22～28m，疏密度0.3～0.8，每公顷蓄积量250～400m^3，林下下木层以杜鹃、花楸、忍冬、茶藨子、木姜子、柃木、五加、蔷薇等为主，盖度可达40%～80%。草本植物稀少，盖度10%～30%。苔藓层盖度60%～90%，种类多，以塔藓、泥炭藓、万年藓、锦丝藓为常见。藏东南、藏南山地记载有蕨类灌木云南铁杉纯林，见于喜马拉雅山南坡亚东、聂拉木、吉隆等地区的局部地段，为铁杉纯林，林分近成熟龄，平均树高23m，最高27m，每公顷蓄积量202m^3，下木总盖度30%，优势种不明显，常见的有树形杜鹃、美丽马醉木、华白珠（*Gaultheria sinensis*）、箭竹、大叶蔷薇（*Rosa macrophylla*）、吴茱萸五加（*Acanthapanax evodiaefolius*）、米饭花（*Lyonia ovalifolia*）、圆锥山蚂蝗（*Desmodium elegans*）、高山花椒（*Zanthoxylum nitidum*）、栒子（*Cotoneaster* sp.）、凉山悬钩子（*Rubus fockeanus*）、多蕊金丝桃（*Hypericum hookerianum*）等，草本层盖度达70%，常见种有双色耳蕨（*Polystichum bicolor*）、长片小膜盖蕨（*Araiostegia pseudocystopteris*）、大羽鳞毛蕨（*Dryopteris wallichiana*）、硬果鳞毛蕨（*Dryopteris fructuosa*）、西藏铁线蕨（*Adiantum tibeticum*）、黑鳞假瘤蕨（*Phymatopsis ebenipes*），还有薹草、冷水花、露珠草、堇菜等草本。苔藓层不甚发育，盖度15%，以羽藓、长尖毛扭藓（*Aerobryidium longimucronatum*）、大叶藓（*Rhodobryum roseum*）、拟金灰藓（*Pylaisiopsis speciosa*）、侧枝提灯藓（*Mnium maximoviczii*）为主。层外植物较少，有千金藤（*Stephania* sp.）、矮探春（*Jasminum humile*）等。调查者认为，这类近熟龄的铁杉纯林可能是针阔叶混交林的一个不同年龄阶段。在台湾中央山脉、玉山山脉海拔2500～2800（3000）m分布的台湾铁杉、台湾冷杉混交林，并未有群落命名记载，根据林下植被，似为灌木林型组。

（四）硬叶栎环

这一铁杉林型组是横断山区、藏南亚高山、中山带高山栎等硬叶栎类与铁杉相结合的类型，主要是土壤和空气相对湿度较小的生境，一般是在阳坡、半阳坡，成小块状分布在高山栎林、高山松或云南松林之间，这些小生境对于高山栎、松林来讲则是比较湿润的。例如，岷江上游山地的川滇高山栎铁杉林、滇西北的黄背栎云南铁杉林、光叶高山栎云南铁杉林，但较少群落学记载。

（五）常绿阔叶环

这是铁杉森林群落具有常绿阔叶树种组成的第二林层，或与常绿阔叶树种混生于一个林层或明显下木层为特征的，基本上居于铁杉林的亚高山林型组分布的海拔以下，如川西、滇北、藏东南山区海拔2300m以下；或者在纬度较低的山区，如贵州及长江以南山、南岭之间山地接近于常绿阔叶林带和季风常绿阔叶林带之上的部位，如南方铁杉和长苞铁杉分布于浙江、安徽、福建、江西、湖南、广东、广西等山地的类型。

以下木层为常绿阔叶树种为特征的铁杉林型，可以云南景东无量山中山上部海拔2500～2800m记录的臭山胡椒云南铁杉林为例，这类型生境潮湿，云雾大，云南铁杉混生有若干丽江云杉，林分平均高27～30m，疏密度0.6，第二林层5～12（～18）m高，由露珠杜鹃（*Rhododendron irroratum*）、紫丁杜鹃（*Rh. violaceum*）、山枇杷（*Rh. sinogrande*）、柃木（*Eurya japonica*）、红木荷、滇八角等组成，下木层高1～2m，以臭山胡椒（*Lindera* sp.）为优势，还有小黄花杜鹃（*Rhododendron* sp.），树干上藓类附生密集，厚2～5cm，盖度可达50%～70%，然而地上苔藓层并不十分发育，主要种类有绿羽藓（*Thuidium assimile*）、大灰藓密叶变种（*Hypnum plumaeforme* var. *strictifoiium*）、曲尾藓（*Dicranum scoparium*）、耳平藓（*Calyptothecium tumiclum*）、爪味白发藓（*Leucobryum javense*）、树平藓（*Homaliodendron* sp.）等。

以常绿阔叶树为主（间有少量落叶阔叶树）是第二林层的铁杉林型，可以贵州梵净山的常绿阔叶铁杉混交林型为例说明，分布海拔为1600～2400m，第一林层以铁杉或长苞铁杉为主，第二林层有米心水青冈（*Fagus engleriena*）、亮叶水青冈（*F. lucida*）、甜槠（*Castanopsis eyrei*）、厚皮栲（*C. chunii*）、巴东栎（*Quercus engleriana*）、曼青冈（*Q. oxyodon*）、贵州青冈（*Cyclobalanopsis stewardiana*），以及一些落叶成分的青榨槭（*Acer davidii*）、红翅槭（*A. fabri*）、扇叶槭（*A. flabellatum*）、吴茱萸五加、木荷（*Schima supecba*）、杜英（*Elaeocarpus decipiens*）、花楸（*Sorhus* sp.）等组成，下木层由柃木、山茶、荚蒾（*Viburnum dilatatum*）、具柄冬青（*Ilex petunculosa*）、云南冬青（*I. yunnanensis*）、木姜子（*Listea pungens*）、山胡椒（*Lindera glauca*）、山矾（*Symplocos* sp.）、阔叶十大功劳（*Mahonia bealei*）等组成。草本层一般不甚发育。苔藓层发达，树干上也有密集的苔藓覆盖，主要种有山羽藓（*Abietinella abietina*）、锦丝藓（*Actinothuidium hookeri*）、大羽藓（*Thuidium cymbifolium*）、拟垂枝藓（*Rhytidiadelphus triquetrus*）等。层外植物种类少，有三叶木通（*Akebia trifolia*）、菌蛇藤（*Celastrus orbiculatus*）、圆叶菝葜（*Smilax cyclophylla*）等藤本，附生的有庐山石苇（*Pyrrosia sheareri*）、石槲（*Dendrobium moniliforme*）等。

与常绿阔叶树种在第一林层混生的铁杉针阔叶混交林类型比较多，如云南镇康大雪山海拔2300～2800m山地的苦竹滇木荷云南铁杉林，山地黄壤，生境潮湿，雾期9个月，第一林层高20～30m，盖度55%，由云南铁杉、滇木荷（*Schima norronhae*）、红木荷（*S. wallichii*）、滇青冈（*Cyclobalanopsis glaucoides*）、青冈（*C. glauca*）、小叶青冈（*C. myrsinaefolia*）、马蹄荷（*Exbucklandia populnea*）、川滇木莲（*Manglietia insignis*）等为主组成，第二林层高10～18m，盖度37%，由滇木荷、尖叶石果杜鹃（*Rhododendrn stenaulum*）、厚叶八角（*Illicium* sp.）、硬斗石栎（*Lithocarpus hancei*）、刺斗石栎（*L. echinopholus*）、木兰、三花冬青（*Ilex triflora*）等组成，下木层高1～3m，以苦竹（*Pleioblastus* sp.）为优势，尚有小叶菝葜（*Smilax microphylla*）、大叶百两金（*Ardisisa crispa* var. *amplifolia*）等。草本层也不甚发育。苔藓层盖度10%～20%，以羽藓、扭叶藓为主。层外植物有树花（*Ramaliana* sp.）、髯毛松罗（*Usnea barbata*）；藤本有崖葡萄藤（*Tetrastigma* sp.）、风吹箫（*Leycesteria formosa*）、三叶木通、全缘五味子等。云南怒江两岸山地有云南铁杉与多变石栎（*Lithocorpus variolosus*）为主的混交林。藏东南山地在

铁杉林分布带的下部，即海拔2400～2800m处，也有南铁杉与常绿阔叶林混交林型，记载有蕨类灌木铁杉常绿阔叶混交林，常见的常绿树种有曼青冈（*Cyclobalanopsis oxyodon*）、薄片青冈（*C. lamellosa*），但也有若干落叶阔叶树成分，如多花白蜡树（*Fraxinus florihunda*）、尼泊尔桤木（*Alnus nepalensis*），下木层也以山茶科、樟科、五加科等常绿灌木种为主。草本层以蕨类占优势，其中瘤足蕨占绝对优势，如灰背瘤足蕨（*Plagiogyria glaucescens*）、短叶瘤足蕨（*P. decrescens*）、滇川瘤足蕨（*P. communis*），其他还有凤尾蕨（*Pteris nervosa*）、西藏铁线蕨（*Adiantum tibeticum*）、掌叶铁线蕨（*A. petatum*）、硬果鳞毛蕨（*Dryopteris fructuosa*）等；苔藓层盖度40%左右。层外植物发达，常见有尼泊尔常春藤（*Hedera nepalensis*）、矮探春（*Jasminum humile*）、显脉猕猴桃（*Actinidia venosa*）、藏木通（*Aristolochia griffithii*）、劲直菝葜（*Smilax rigida*）、西藏菝葜（*S. glaucophylla*）等。

南方山地铁杉常绿阔叶混交林型的记载有浙江龙泉凤阳山、庆元百祖山、遂昌九龙山、临安龙塘山及大明山等地海拔800m以上，在海拔1000～1600m比较集中有小块状南方铁杉与甜槠、木荷、福建柏、亮叶水青冈、深山含笑、蓝果树、长柄紫槭等混生的针阔叶混交林；江西武夷山海拔900～1900m，南方铁杉与木荷、曼青冈、亮叶水青冈、细叶青冈、甜槠、红茴香、绒毛栎（*Quercus gomeziana*）、豺皮樟、长叶木姜子、玉兰、湖南杨桐、长叶石楠（*Photinia* sp.）等；福建武夷山海拔1000～1900m也有相似类型，还有南方铁杉与黄山松、柳杉与多脉青冈、包石栎等混生类型；湖南宜章莽山有长苞铁杉与银杉混交，与福建柏混交或与疏齿木荷、金叶含笑等混生的林型。在南方山地中曾有以猴头杜鹃（*Rhododendron simiarum*）、箭竹（*Sinarundinaria nitida*）、南岭箭竹（*S. basihirsuta*）和大节竹（*Indosasa crassiflora*）命名的南方铁杉常绿阔叶混交林，从性质上看，与亚高山铁杉林的杜鹃、箭竹林型组不同，易于混淆，南岭箭竹、大节竹和猴头杜鹃、云锦杜鹃（*Rh. fortunei*）都属于喜暖竹类和杜鹃种，但箭竹分布海拔范围宽，以它命名应当根据其代表生境来全面考虑。南方山地的铁杉针阔叶灌木林土壤是以中山的山地棕壤、黄棕壤为主，山地棕壤已明显有黏化趋势，但还没有强烈的黏土矿物形成作用，这是与西南亚高山针阔叶混交林下土壤灰化过程的主要区别。土壤也存在着淋溶现象，土壤上层腐殖质含量比下层高，说明有一定的腐殖质积累，但由于气候偏暖，有机质分解作用较强烈，生物循环比亚高山类型相对较快。

总的来讲，铁杉针阔叶混交林的群落分类大抵可归纳为如下特征：按分布海拔（反映热量条件）可分为亚高山类和中山类，各类型组的地理分布和特征指示种可见图2-7，而其生态系列图见图2-8。

铁杉针阔叶林亚高山亚林纲

1. 藓类箭竹铁杉林系组

（冷箭竹、玉山竹、丰实箭竹）

2. 蕨类箭竹铁杉林系组

3. 藓类灌木铁杉林系组

4. 沿阶草灌木铁杉林系组

5. 杜鹃铁杉林系组

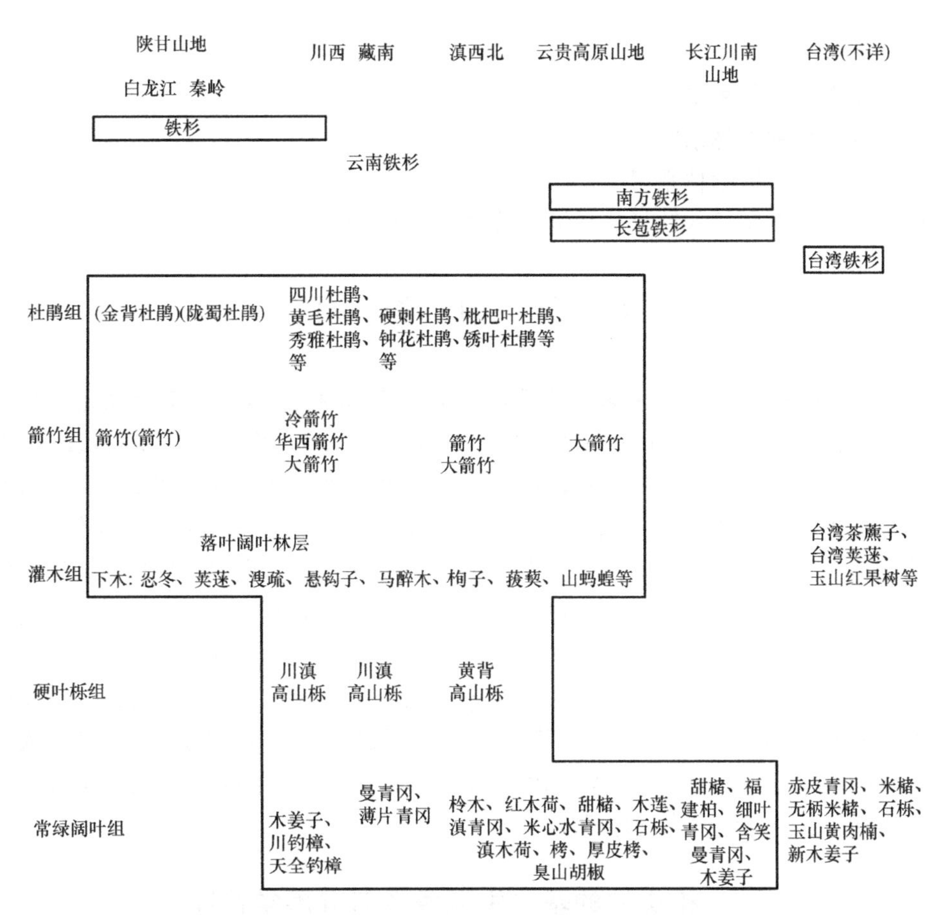

图 2-7 我国铁杉针阔叶混交林群落（铁杉林系组）的建群种、林型组、指示种的地理分布规律

括号内为未见具体的群落学记载

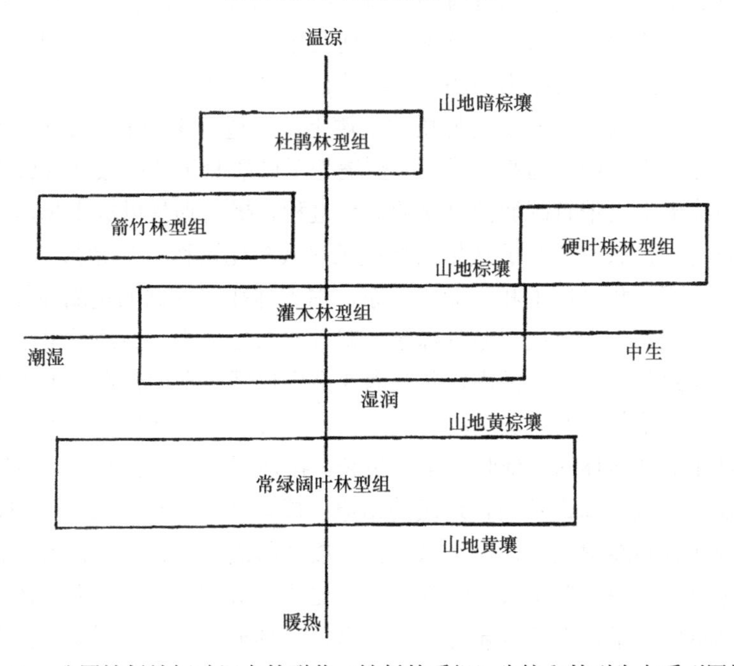

图 2-8 我国铁杉针阔叶混交林群落（铁杉林系组）生境和林型生态系列图解

中山亚林纲

1. 榛菝葜铁杉林系组
2. 拐棍竹槭铁杉林系组
3. 苦竹滇木荷铁杉林系组
4. 山胡椒红八角柃木铁杉林系组（常绿阔叶树铁杉林）

第五节 柏 类 林

柏类林指柏科（Cupressaceae）中形成建群群落的种类所形成的森林群落，包括圆柏属（*Sabina*）、刺柏属（*Juniperus*）、柏木属（*Cupressus*）、扁柏属（*Chamaecyparis*）、崖柏属（*Thuja*）和福建柏属（*Fokiana*）的一些树种。通常在亚高山和中山常见有纯林或占优势的林分，其中以圆柏属种类成林者最多，且主要以亚高山带为主要分布范围。《中国植被》把圆柏林归为寒温性常绿针叶林，一些其他著作也把圆柏林作为暗针叶林的一个组成部分，而其他几属，如扁柏、刺柏、柏木等林，在北方和暖温带、亚高山和中山带都有建群分布。对于柏科中的一些分布于亚热带低山丘陵的属种，如翠柏（*Calocedrus*）、福建柏（*Fokiana*）、柏木（*Cupressus funebris*）、干香柏（*C. duclouxiana*），因一般散生于常绿阔叶林中，不呈优势分布，虽然长期以来，它们曾被用于营造人工用材林（如福建柏、冲天柏等）或栽植用作观赏（如翠柏等），在森林群落学记载中则往往没有地位，很少有记载或没有记载。

一、柏类林的基本生境条件与群落学特征

柏类林无论其处于何等的热量条件（如不同的纬度、海拔等），它们都属于喜光、喜通风，即喜阳光充足、干燥的生态习性，而且由于它们比较抗风、耐干旱、耐土壤贫瘠或生境贫瘠，因而它们占据山地的阳向坡或山脊的生境而能稳定生存。不少种类喜中性或石灰性土，甚至喜生于石灰岩母质的土壤上，不适合生于pH较低的酸性土。土壤以山地棕壤、棕褐土和褐土为基本类型。棕壤处于硅酸盐风化阶段弱酸性淋溶作用下的黏化过程，而棕褐土已带有碳酸盐风化的黏化过程，褐土则是以成土母质完全是次生碳酸盐物质上发育的，具有明显的次生碳酸盐风化残黏化过程，三者都不具有灰化现象。在三类土壤上由于树种之间的相互竞争关系，柏类林往往占据的是阳向坡、陡坡、石质山坡，因而往往也是生长在属于粗骨棕壤、粗骨石灰性褐土、石质性淋溶褐土上，且具有一定的生草化过程。在中国西南、藏东南亚高山地区，它们会在缓坦山顶的草甸化的山地棕壤、褐土和草甸化的石灰性褐土上生长。如果在暗针叶林带范围内呈小块柏林分布，则仍会是在暗针叶林的山地暗棕壤上生长。在地形分布上常常在北方山地或亚高山垂直带的干燥阳坡或向高山草甸带过渡的山原上成块状在凹形缓坡上生长，在较贫瘠的石质土上，或在森林线附近，往往又以疏林、矮林形式出现。柏类林树干较通直，树冠呈塔形，暗绿色林冠层，但生长条件差的地方往往干形矮小，分枝多。林下一般灌木层不甚发育，草本层属草甸性草本兼有亚高山暗针叶林成分，苔藓层则较少发育，天然更新较差。林分对保护水土、涵养水源、防止森林线下降有很重要的作用，天然林一般不

宜用于采伐取用木材，一旦破坏，易于向亚高山灌丛、草甸演替。有不少柏类树种已用于人工栽植，可用于用材，而且属坚硬的优良用材。

由于柏类林在生态学、造林学上有较多的相似性，在森林群落分类上放在一起讨论是适宜的。在寒温带和亚高山垂直带的森林群落有圆柏属亚林纲的大果圆柏（*Sabina tibetica*）林系、祁连山圆柏（*S. przewalskii*）林系、方枝柏（*S. saltuaria*）林系、垂枝香柏（*S. pingii*）（也见于中山）林系、塔枝圆柏（*S. komarovii*）林系、曲枝圆柏（*S. recurca*）林系、密枝圆柏（*S. convallium*）林系、昆仑方枝柏（*S. centrasiatica*）林系、天山方枝柏（*S. tarkestanica*）林系、昆仑多子柏（*S. vulgaris* var. *jarkandensis*）林系。

我国横断山脉及藏东南、藏南及西藏高原东北侧的白龙江流域，均属高山峡谷地形，是圆柏种类多的一个地区，共有 10 种 2 变种，计有高山柏（*Sabina squamata*）、方枝柏、大果圆柏、塔枝圆柏、密枝圆柏、垂枝香柏、香柏（*S. pingii* var. *wilsonii*）、小果垂枝柏（*S. recurva* var. *coxii*）、滇藏方枝柏（*S. wallichiana*）、小子密枝圆柏（*S. covallium* var. *microperma*）、松潘叉子圆柏（*S. vulgaris* var. *erectopatens*）、祁连山圆柏。这一区域似为圆柏属的种形成和分化中心。高山柏由此可分布于陕西南部、湖北西部、安徽、福建和台湾，分布的生态习性很广，海拔 4600m 以下至 1800m 均可见分布；垂枝香柏的变种香柏（*S. pingii* var. *wilsonii*）可分布于湖北西北部、陕西南部。祁连山圆柏则由此西向祁连山及阿尔泰山、天山分布，成为我国西北干旱区山地中的主要圆柏林。西北干旱区山地可以说是我国第二个圆柏林分布分化的中心，在极端干冷的气候条件下，有建群种新疆圆柏（*Sabina vulgaris*）、昆仑方枝柏、天山方枝柏，叉子圆柏（*Sabina vulgaris*）及叶尔羌圆柏（昆仑多子柏），这些都可以在西昆仑山分布。此外，有西伯利亚刺柏（*Juniperus sibirica*）在天山、阿尔泰山分布。

在我国暖温带的中山和贫瘠、干旱低山丘陵，少数也到亚热带的低山丘陵的干热生境，特别是石灰岩或石灰岩母质上发育的贫瘠、干旱土壤上，柏属、侧柏属的种类是重要的建群树种，主要有柏木（*Cupressus funebris*）、岷江柏（*C. chengiana*）、干香柏（*C. duclouxiana*）、西藏柏木（*C. torulosa*）、巨柏（*C. gigantea*）（也可见于亚高山）等，侧柏（*Platycladus orientalis*）也是很重要的建群种。

在台湾中央山脉阿里山等中山带高雨量的温和湿润气候条件下分布着我国特有种红桧（*Chamaecyparis formosensis*）和台湾扁柏（*C. obtusa* var. *formosama*）林，两者或有小片纯林，或混交，或与其他常绿和落叶阔叶树混交。

在亚热带湿润多雨和暖热气候下福建柏属的福建柏（*Fokienia hodginsii*）、翠柏属的翠柏（*Calocedrus macrolepis*）和台湾翠柏（*C. macrolepis* var. *formosana*）常在常绿阔叶林中成为常见的树种。

二、柏类林亚林纲各林系的简述

对于我国柏类森林群落的生态分布可以简单归纳为图 2-9，不同的属种在生态系列方面基本上占据了一定的生境范围，是有基本规律可循的。现根据在生态系列上的分布分别加以描述。

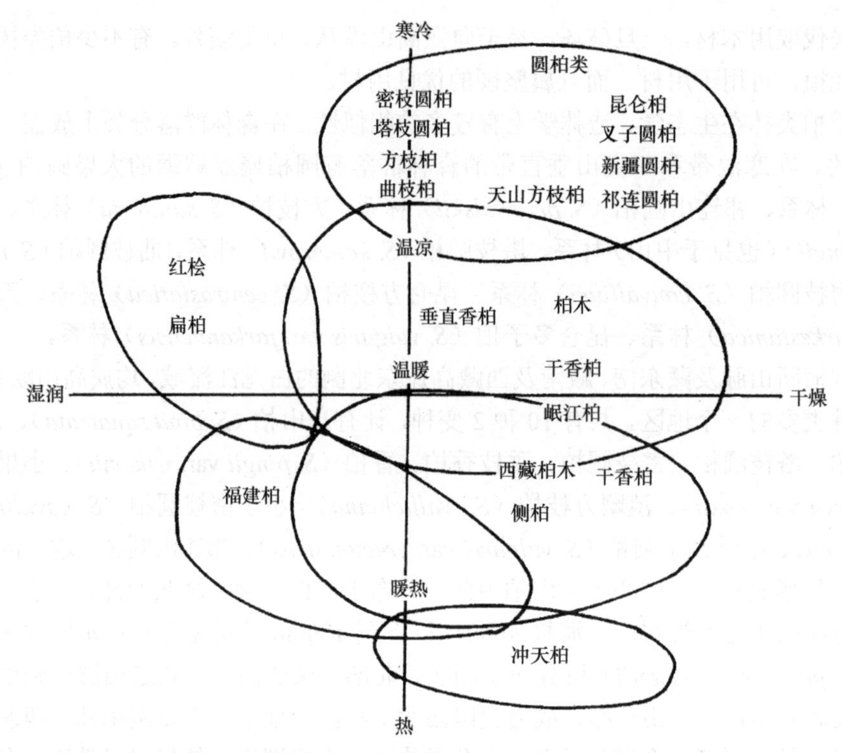

图 2-9　我国柏类林（柏类亚林纲）各林系生态系列图

（一）亚高山及北方寒温带温带林系组

主要以圆柏林为主，按主要建群种叙述如下。

1. 大果圆柏林

以青藏高原东缘山地分布为主，包括喜马拉雅山南麓、藏东南、横断山区及白龙江流域，南至九龙、木里、察隅一线，东至康定、平武，西北达青海南部玉树、石渠。通常分布在海拔 2800～4600m，甚至达 5000m。在藏东南、横断山区一般在海拔 2300～4200m，在分布区的西北部，即青海南部，降至海拔 2000～3600m。它们常位于亚高山暗针叶带上限，与高山草甸、灌丛相连接的阳向平缓坡地，习性耐寒、耐旱和耐土壤瘠薄，通常是暗针叶林树种云杉、冷杉等在土壤湿度、空气湿度、土壤肥力状况不能生存的生境下由大果圆柏（*Sabina tibetica*）占据而生长。林分较稀疏，疏密度 0.2～0.5，树高 10～18m，纯林、层次结构简单，通常只是乔木层，稀疏的灌木层、草本层，苔藓层一般不甚发育。土壤主要为山地碳酸盐棕褐土和褐土，表层较多腐殖质，自表层到心土，碳酸盐反应增强，土壤干燥、疏松，含石砾、石块多，枯枝落叶层厚 1～2cm。林型记载仅见草类大果圆柏林、灌木大果圆柏林。以川西色达县翁达记载的草类林型，林木平均年龄 125 年，树高 8.5m，每公顷蓄积量 134.7m³，高者可达 246m³。下木种类贫乏，数量少，盖度仅 20%～50%，高 1～2m，多为耐旱种，如川西锦鸡儿（*Caragana erinacea*）、峨眉蔷薇、小檗、栒子（*Cotoneaster microphylla*）、木香薷（*Elsholtzia stauntoni*）、刚毛忍冬（*Lonicera hispida*）、大刺茶藨子（*Ribes alpestre*）等，草本层盖度 70%～100%，分布均匀，种类多，多高山草甸成分，如野糙青茅（*Deyeuxia scabrescens*）、滇须芒草（*Andropogon yunnnanensis*）、短柄鹅观草（*Roegneria brevipes*）、黄腺香青（*Anaphalis aureopunctata*）、委陵菜（*Potentilla saundesiana*）、长叶火绒草（*Leontopodium longifolium*）、条叶银莲花（*Anemone trullifolia* var. *linearis*）、龙胆、连翘叶黄岑（*Scutellaria hypericifolia*）、禾叶风毛菊（*Saussurea graminea*）、梭果黄芪（*Astragalus ernestii*）等。藓类仅呈小块分布，盖度不足20%，生长不良，主要种有暗针叶林下的绿羽藓、垂枝藓、毛梳藓、赤茎藓等，也可见一些松萝等层外植物。林下更新尚可，或不好，在保护好的情况下大果圆柏林是稳定的，并且可以逐渐根据生境有所扩展，但如果破坏后，则立即向灌丛发展。青海南部的草类大果圆柏林下的草本植物则以半干旱的草甸草原种为主，如垂穗鹅观草（*Roegneria mutans*）、青海固沙草（*Orinus kokonorica*）、青海黄芪（*Astragalus tanguticus*）、唐古特青兰（*Dracocephalus tanguticum*）、长芒草（*Stipa bungeana*）。

青海南部记载的草类大果圆柏林，其下木层盖度不超过20%，高0.8～1.5m，种类有窄叶鲜卑木（*Sibiraea angustata*）、置疑小檗（*Berberis dubia*）、细枝绣线菊（*Spiraea myrtilloides*）、短叶锦鸡儿（*Caragana brevifolia*）、银露梅、匍匐栒子（*Cotoneaster adpressus*）、刚毛忍冬（*Lonicera hispida*）、腺花香茶菜（*Rabdosia adenanthus*）等。草本层盖度75%以上，以细株短柄草（*Brachypodium sylvaticam* var. *gracile*）占优势，还有野青茅、糙野青茅、草地早熟禾（*Poa pratensis*）、垂穗鹅观草（*Roegneria nutans*）、华雀麦（*Bromus sinensis*）、矮生嵩草（*Kobresia humilis*）、线叶嵩草（*K. capillifolia*）、密山薹草（*Carex crebra*）、红毛薹草（*C. haematostoma*）、异形固沙草（*Orinus anomala*）、藏落芒草（*Oryzopsis tibetica*）、丝颖针茅（*Stipa capillacea*）、钉柱委陵菜（*Potentilla saundersiana*）、毛莲蒿（*Artemisia vestita*）、细裂叶莲嵩（*A. santolinaefolia*）、双花堇（*Viola biflora*）、几种火绒草、珠芽蓼、垂头虎耳草（*Saxifraga nutans*）等。灌木大果圆柏林记载于青海南部，小片林分布于海拔3800～4100m的半阳坡，林分高6～8m，郁闭度0.3～0.5，下木层盖度40%～60%，高1～1.5m，优势种为窄叶鲜卑木、置疑小檗、细枝绣线菊、鸡骨柴（*Elsholtzia fruticosa*）、大刺茶藨子、昌都锦鸡儿（*Caragana changduensis*）、短叶锦鸡儿等。草本层盖度50%～70%，优势种有糙叶薹草（*Carex scabrifolia*）、红毛薹草、线叶嵩草、丝颖针茅（*Stipa capillacea*）、紫花针茅（*S. purpurea*）、糙野青茅、长穗三毛草（*Trisetum clarkei*）、垂穗披碱草（*Clinelymus nutans*）、火绒草、二色香青（*Anaphalis bicolor*）、毛莲蒿等。大果圆柏林一般林下天然更新不良，每公顷幼树株数在2000株以下，且多闭状分布于母树周围，在人为破坏林分后很难保持稳定而易向疏林和灌丛演替。

2. 方枝圆柏林

在藏东南横断山区分布，以川西为主要分布区，在岷江上游，大小金川、雅砻江、金沙江中下游的海拔3500～4000m亚高山暗针叶林带上部的阳向坡地或山脊常见，分布最高海拔可达4500m，土壤为山地生草化棕壤或山地碳酸盐褐土，以萌生灌林常见，但也可见成片乔木林。林分稀疏，疏密度0.5～0.7，结构简单，树高6～14m，偶有岷江冷杉、紫果云杉或红杉混生。林型有杜鹃方枝柏林、灌木方枝柏林、草类方枝柏林。杜鹃方枝柏林以陡坡多见，多为世代纯林，地位级Ⅴ～Ⅴ_a，每公顷蓄积量，好的可达250m^3，差的仅 10 余立方米。林下更新差，更新幼苗的方枝柏为主，林下灌木的陇蜀杜鹃为优势，高度 2m 左右，盖度 50%～70%，还有蔷薇、忍冬、绣线菊、茶藨子等暗针叶林常见种。草本以禾本科草为主，有高山薹草、山地早熟禾（*Poa orinosa*）、糙野青茅、掌叶报春花、圆叶鹿蹄草、鳞毛蕨、东方草莓等，盖度 70%～80%。苔藓层不甚发育，有毛梳藓、金发藓、绿羽藓（*Thuidium assimile*），盖度 40%。灌木方枝柏林分布在平缓坡地，林木较高大，高 15～20m，卧龙国家级自然保护区记载，在海拔 3600～3900m 呈狭带状或块状出现于岷江冷杉林带内，土壤为山地暗棕壤，湿润，林木高 10m 左右，疏密度 0.4，下木层以棉穗柳（*Salix* sp.）为优势。草类方枝圆柏林，分布海拔稍低，在海拔 3400～3700m 的阳坡，生境稍干燥，林木生长差，林下更新不良，下木稀疏，草本层盖度 100%，以禾本科的隐子茅、羊草、山地早熟禾、长穗三毛草（*Trisetum spicatum*）等为主，也有人称其为禾草方枝柏林。

3. 垂枝香柏林

分布区较小，以四川西南部和云南西北部为主，西藏吉隆、聂拉木至错那也有分布。林木生产力是圆柏属中最高的。分布海拔 2800～3500m 的半阳坡、半阴坡，土壤为山地灰棕壤，林分上接亚高山草甸，下接川滇冷杉林或喜马拉雅冷杉林，树高可达 25m，枝下垂，生境较湿润。林型有箭竹垂枝香柏林，下木层以大箭竹为优势，盖度 80%，其他有杜鹃、忍冬、峨眉蔷薇、茶藨子、悬钩子、米饭花（*Lyonia* sp.）等。草本层盖度 50%～70%，以草莓、酢浆草、谷蓼（*Circaea erubescens*）等喜湿润种为主。苔藓层盖度 10%～30%，种类少，以毛梳藓、锦丝藓、泥炭藓等为常见。

4. 滇藏方枝柏林

以藏东南为主，海拔 3600～4000m 的山地阴坡，土壤为山地生草酸性棕壤，或山地碳酸盐土，后者主要在昌都地区可见，土壤 30cm 以下土层可见碳酸盐集聚。林分一般高 10m，疏密度 0.4，伴生有亚东冷杉（*Abies densa*）、糙皮桦等，蓄积量每公顷十余至几十立方米，林型有灌木林型组偏湿润的藓类灌木滇藏方枝柏林，下木层以小叶栒子、光子栒子（*Cotoneaster acuminatus*）、树形杜鹃（*Rhododendron arboreum*）、峨眉蔷薇、野樱桃（*Prunus serrulata*）、金缕梅（*Potentilla fruticosa*）、西康花楸（*Sorbus prettii*）、毛嘴杜鹃（*Rhododendron trichostomum*）、节枝柳（*Salix dalungensis*）、光果巴郎柳（*S. sphaeronymphoides*）、吉拉柳（*S. gilashanica*）等。草本层盖度 60%～80%，以禾本科草为主，有毛稃早熟禾（*Poa ladens*）、疏花早熟禾（*P. polycolea*）、糙叶早熟禾（*P. acperifolia*）、羊茅（*Festuca* sp.），还有轮叶黄精（*Polygonatum verticillatum*）、铁棒锤（*Aconitum pendulum*）、腺毛唐松草（*Thalictrum foetidum*）等，还有较矮小的高山草甸种类，如火绒草、老鹳草、黄芪、银莲花、龙胆等。苔藓层种类多，有粗叶青毛藓（*Dicranodontium asperulum*）、细叶曲尾藓（*Dicranum fulvum*）、高山红叶藓（*Bryorythrophyllum alpigenum*）、喜马拉雅小壶藓（*Tayloria subglabra*）、山丝瓜藓（*Pohlia cruda*）、大灰藓（*Hypnum plumaeforme*）、红帽金发藓（*Poligonatum subricrostomum*）、矮齿羽苔（*Plagioclula vexaus*）等，岩石表面有丝叶纽藓（*Tortella caespitosa*）、狭叶砂藓（*Racomitrium angustifolium*）、黄羽藓（*Thuidium pycnothallum*）、尖叶羽藓（*T. assimile*）、

长角剪叶苔（*Herberta dicrana*）等，树干上附生有长叶青毛藓（*Dicranodontium attenuatum*）、短齿变齿藓（*Zygodon brevisetus*）、细叶灰石藓（*Orthothecium strictum*）、喜马拉雅小锦藓（*Brotherella himalayma*）、绢毛金发藓（*Pylaisia entodontea*）等。草本及藓类、苔类植物明显带有喜马拉雅区系色彩。

5. 密枝圆柏林

密枝圆柏林主要分布于川西北、青海南部、西藏东部，一般位于高山峡谷向高原过渡地带，海拔为3200～3600m，最低见于松潘，海拔1800m，在青海通天河、西河分布海拔为3400～4100m。生境通常温暖而干燥，山地棕褐土，以山地碳酸盐棕褐土为普遍，在青海土壤为山地暗棕壤。其耐寒性不及大果圆柏和方枝柏，林分疏密度0.4～0.6。高10～11m，每公顷蓄积量约105m^3，最高达231m^3。异龄纯林或混生黄果冷杉、川西云杉等。林型有灌木密枝圆柏林、草类密枝圆柏林。由于喜光和排水良好的干燥生境，因此，无箭竹林型和杜鹃林型。灌木密枝林圆柏林旁分布于坡中部、下部的阳坡、半阳坡，上缘与川西云杉林或大果圆柏林相接，下木层发育良好，盖度40%～80%，高1.5～2.5m，多为耐干旱种类。有秼子梢、微毛樱桃、水栒子（*Cotoneaster multiflorus*）、鲜黄小檗（*Berberis diaphana*）、鼠李、溲疏、忍冬等。草本层盖度60%，高20～50cm，以蕨类和禾草为优势。在青海，种类有藏野青茅（*Calamagrostis tibetica*）、异形固沙草、粘毛蒿（*Artemisia mattfeldii*）、甘青青兰（*Dracocephalum tanguticum*）等，苔藓层不发育，盖度10%以下，主要有毛梳藓。草类密枝圆柏林，生境较湿润，山地褐土，有碳酸盐反应。在混交林中，川西云杉、黄果冷杉一般高于密枝圆柏，密枝圆柏常居第二林层，但为主林层，疏密度0.6以上，每公顷蓄积量200m^{3}以上。林下下木层发育差，盖度20%左右，团状分布，主要种有细枝绣线菊（*Spiraea myrtilloides*）、锥花小檗（*Berberis aggregata*）、川西锦鸡儿、峨眉蔷薇、刚毛忍冬、冰川茶藨子、银露梅等，草本层盖度50%～80%，主要种有糙叶野青茅、羊茅、四川嵩草（*Kobresta setchwanensis*）、长叶火绒草（*Leontopodium longifolium*）、黄腺香青（*Anaphalis aureopunctata*）等。苔藓层发育较差，集中于树冠荫蔽下，呈片状分布，盖度20%左右，有毛梳藓、锦丝藓、大羽藓等。树干基部有发藓、大羽藓生长，林冠悬有松萝，表明林内空气较湿润。

6. 曲枝圆柏

曲枝圆柏是圆柏类中分布较南的一个种。分布海拔2900～3300m的阳坡、半阳坡或平缓山顶部，喜温凉和土壤深厚湿润的生境，主要为纯林。在滇西南云龙县曹涧志奔山记载，有苍山冷杉、云南铁杉等混生，也可见有槭、黄背栎混生，林下第二林层有紫花卫矛（*Euonymus porphyreus*）、吴茱萸叶五加（*Acanthopanax evodiaefolius*）、红毛花楸（*Sorbus rufopilosa*）等生长。林下平均高22～24m，疏密度0.7～0.8，每公顷蓄积量450m^{3}左右。林型有杜鹃曲枝圆柏林、箭竹曲枝圆柏林。前者生境相对潮湿，下木优势种为具腺杜鹃（*Rhododendron glanduliferum*）、锈叶杜鹃（*Rh. siderophyllum*），尚有冬青、锦鸡儿等。后者主要在相对湿润的生境，下木以箭竹为优势，还有绣线菊、小檗、滇金丝桃（*Hyrericum delavayi*）等。林下草本层发育中等，盖度30%～50%，常见种有黄腺香青、云南沼兰（*Malaxis yunnanensis*）、曲嘴老鹳草（*Geranium forrestii*）、东方草莓、獐牙菜

（*Swertia perennis*）、山酢浆草（*Oxalis griffithii*）等。藤本植物有绣球藤（*Clematis montana*）、五月瓜藤（*Holboelia fargesii*）、防己叶菝葜（*Smilax menispermoidea*），地表苔藓植物不甚发育，但在树干上附生有较厚的苔藓。

7. 塔枝圆柏林

塔枝圆柏林主要分布于川西大渡河、雅砻江上游，海拔3200～4300m的阳向宽谷附地，常与鳞皮冷杉、岷江冷杉、川西石杉呈不同坡向的镶嵌分布，上接高山灌丛草甸。树高12～14m，生境较湿润肥沃，林下草本以喜阴湿种类为主，常见种有糙野青茅、鳞毛蕨、羌活（*Notopterygium incisum*）、多种早熟禾、肾叶金腰（*Chrysosplenium griffithii*）、高山露珠草（*Circaea alpina*）、乳白香青（*Anaphalis lactea*）、高山唐松草（*Thalictrum alpinum*）等，盖度最大达90%，林下还有少量苔藓和以松萝、铁线莲为主的层外植物。林型记载不详。

8. 祁连圆柏林

祁连圆柏林主要集中分布于青藏高原东北缘，青海的祁连山、西倾山、柴达木盆地东部，黄土高原西部边缘及川西松潘等地。在青海有较大面积分布，常与青海云杉、紫果云杉平行在不同坡向分布。它生长适应性大，能耐高寒、贫瘠、干旱。土壤为山地褐土。林型有草类（薹草）祁连圆柏林和灌木祁连圆柏林。薹草祁连圆柏林（《青海森林》），疏密度0.6，高8～10m，每公顷蓄积量250～350m^3，林下无明显下木层，只有少数灌木，如银露梅、蒙古绣线菊（*Spiraea mongolica*）、刺果茶藨子（*Ribes lurejense*）、秦岭小檗（*Berberis circamserrata*）、短叶锦鸡儿等散生。草本层盖度50%～70%，以薹草、嵩草占绝对优势。灌木祁连圆柏林分布高度在青海南部为海拔2700～3400m，多见于阳坡、半阳坡，与青海云杉、紫果云杉交错分布。林分为异龄纯林或混交林，郁闭度0.3～0.6，生产力低。下木层盖度10%～30%，高1～3m，优势种为金露梅、银露梅、柳、鲜黄小檗、小叶忍冬（*Lonicera microphylla*）、忍冬（*L. tangutica*），海拔较低处有蒙古绣线菊、短叶锦鸡儿等。草本层盖度30%～60%，以禾本科草为主，如太白细柄茅（*Ptilagrostis concinna*）、小颖短柄草（*Brachypodium sylvaticum* var. *breviglume*）等，还有珠芽蓼、乳白香青、香唐松草（*Thalictrum foetidum*）、火绒草、草莓等。藓类不甚发育，盖度5%～30%，主要种有山羽藓、灰藓，呈小片状分布。薹草林型林下天然更新不良，如不遭破坏，林分是比较稳定的，灌木林型天然更新较好，林下幼树每公顷在2000株以上，幼树高50cm以上者可达1000株，可保证更新，并促进林分的发展。

9. 昆仑方枝柏林

昆仑方枝柏林分布于新疆昆仑山西段叶尔羌河流域中上游山地北坡海拔3000～3600m狭谷，阴坡半阴坡，位于天山云杉林带下部或上部边缘部分，呈片块状分布，土壤为山地碳酸盐灰褐土或亚高山草甸土，生境较干旱、寒冷。林分稀疏，高12m左右。林型有草类昆仑方枝柏林，无下木层，草本层盖度40%，多耐寒的中生或中旱生种，如沟羊茅（*Festuca ovina* var. *sulcata*）、落草（*Koeleria cristata*）、珠芽蓼、雪白点地梅（*Androsace lactiflora*）、林地勿忘草（*Myosotis sylvatica*）、附地菜（*Trigonotis peduncularis*）

等，这些多为北方针叶林或草甸的区系成分，与以上横断山区、藏东南、青海甘肃南部的亚高山针叶林成分有明显区别。由于生境严酷，林分破坏后，不能恢复。

10. 叶尔羌圆柏林

叶尔羌圆柏林仅分布于昆仑山西部，海拔2800～3400m的阴坡半阴坡上，耐寒冷干旱，一般位于天山云杉带下部或干旱无林坡地上，林分郁闭度0.3，与昆仑方枝柏混生，或与天山方枝柏混生，或与天山云杉、天山花楸等混生，形成草类叶尔羌圆柏林或草类昆仑方枝柏叶尔羌圆柏林、草类天山方枝柏叶尔羌圆柏林。林木一般高10～12m，草本层有银穗草（*Leucopoa albida*）、垫状点地梅（*Androsace tapete*）、雪报春（*Primula nivalis*）、冰霜委陵菜（*Potentilla gelida*）、冷地毛茛（*Ranunculus gelidus*）、珠芽蓼、棘豆（*Oxytropis* sp.）等亚高山草甸种。林下几无天然更新，林分破坏后即演替为草甸。

11. 天山方枝柏林

天山方枝柏林分布于昆仑山西部山地和天山南路南端，通常于海拔2600～3200m的阴坡下部、山谷底部及河滩地，位于天山云杉带下限，片块状分布。山地灰褐土或亚高山草甸土，树高12m左右，郁闭度0.5左右，由于生境稍湿润，林型除有草类林型外，还有灌木林型，前者生境较干燥，土壤石质化，林分稀疏，灌木稀少，有锦鸡儿、喀什膜果麻兰（*Ephedra prezewalskii* var. *kaschgarica*）、垫状驼绒藜（*Ceratoides conpacta*）、喀什菊（*Kaschgaria komarovii*）等旱生性荒漠小灌木种出现，草本层也多为旱生或旱中生性，如银穗草、刺矶松（*Acantholionen alatavicum*）、沟羊茅、合头草（*Sympegma regelii*）。灌木林型是在生境较湿润肥沃处，有草类灌木天山方枝柏林、草类水柏枝天山方枝柏林。草类灌木天山方枝柏林，伴生树种少，主要有天山花楸（*Sorbus tianschanica*）、山柳（*Salix aepressa*）、桦木等。灌木种类较多，下木层盖度40%～50%，有喀什小檗（*Berberis kaschgarica*）、蔷薇、昆仑锦鸡儿（*Caragana polourensis*）、黑果栒子（*Cotoneaster melanocarpus*）、忍冬等。草本植物有珠芽蓼、六齿卷耳（*Cerastium cerastoides*）、冷地毛茛、林地早熟禾、冷地报春、冰霜委陵菜、獐牙菜（*Swertia obtusa*）等中生草甸类种。草类水柏枝天山方枝柏林，其下木层是以水枝柏［三春柳（*Myricaria squamosa*）、秀丽水枝柏（*M. elegans*）］为优势，还有沙棘（*Hippophae rhamnoides*）、喀什小檗等。草本层植物的阿尔泰百金花（*Centaurium pulchellum* var. *altaicum*）、新疆假龙胆（*Gentianella turkestanora*）、紫花针茅（*Stipa purpurea*）、棘豆、糙点地梅、獐牙菜、银穗草等为常见。在生境较好的天山方枝柏林下如果有天山云杉种源，会有云杉的侵入，有时会形成天山方枝柏与天山云杉的混交林。

归纳所有圆柏属的森林群落的分类，基本上可以划出杜鹃组、箭竹组、灌木组和草类组（含较干旱的亚组，基本上是西北干旱区山地的圆柏种类），其生态系列位置图可见图2-10。

（二）暖温带及亚热带类型的柏木林侧柏林系组

1. 柏木林

柏木林以柏木属（*Cupressus*）种构成林分，基本上以暖温带气候的低山、丘陵为分布范围，且多为喜钙树，适生于石灰母岩质上发育的土壤上，也耐干旱贫瘠。柏木（*C. funebris*）是很主要的种，分布范围广，以鄂西南、湘西、黔东、川东、桂北为分布中心，是这一地区石灰岩低山丘陵的典型代表群落，北界可达秦岭南坡、陕西南部、甘肃南部，南达广东、广西和云南东南部。主要分布于中心分布区海拔300～1000m的山腰和山麓，土壤为黑色或红色石灰土，或钙质紫色土、中性黄壤，在上层深厚湿润生境生长茂盛，而在土壤瘠薄或基岩裸露的石质土上常呈疏林状，在酸性红壤上虽然可以生长，但生长极缓慢。岷江柏（*C. chengiana*）只分布于四川西北部、北部和甘肃南部，主要集中于大小金川及岷江上游河谷地带，以海拔1800～2600m常见，是我国特有的珍贵树种，现只存小片林。干香柏（*C. duclouxiana*）分布在四川西南部，即雅砻江下游、安宁河流域，在云南西南部也有分布；分布于海拔2400～3000m，适应气候和土壤范围广，在温凉湿润的暖温带气候和炎热多雨的亚热带气候，在酸性土壤、中性土壤及石灰土上都可以生长，但以土层深厚、表土肥沃、湿润的钙质土壤生长良好。西藏柏木（*C. torulosa*）是藏南特有树种，但在印度（包括锡金）、不丹、尼泊尔的喜马拉雅山区也有分布，主要分布在西藏东南部的波密、林芝、墨脱等地的河谷两侧石灰岩和其他母质的土壤上，海拔1800～2700m，小面积纯林或混交林。在生境良好处，林分生长力很高。在柏木属中的巨柏（*C. gigantea*）是西藏的特有种，只分布于雅鲁藏布江中游及其支流尼洋曲谷的局部地区，是柏木中分布最高的一个种，海拔3000～3400m，呈疏林状，已属亚高山带类型，这是柏木属中分布特征的一个例外。

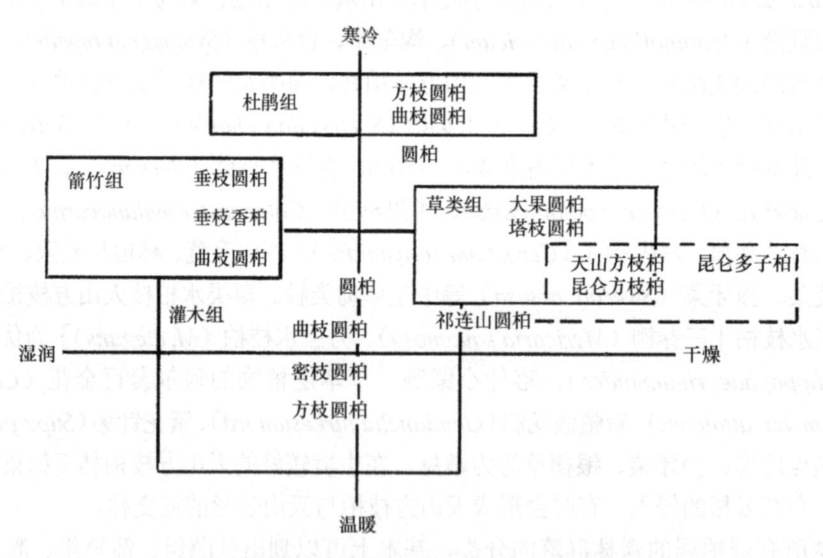

图2-10　我国圆柏林系组、林型组生态系列位置图

柏木、岷江柏、干香柏、西藏柏木的森林群落可以大体划分为亚高山干热林系亚组、落叶阔叶林系亚组和常绿阔叶林系亚组，以及它们之间存在的一些过渡类型组。对具体一个种来讲，并不都具备这些林型组，如岷江柏林并不出现常绿阔叶组林系亚组。亚高山干热林系亚组是指这些柏木林型的出现与亚高山针叶林带有一定发生学上的联系，即它们是在亚高山带范围内，却是在与碳酸盐土壤、高山峡谷区的特殊的干热气候、山势陡峻或山脊部位土壤瘠薄、水分不易留存等生境有联系的条件下发生的。在这些柏木林

群落分布的生境地形地势险峻，海拔高，以及有与亚高山带植被的植物种成分，如偶有云杉、冷杉的混生，在较干旱生境下与高山栎的混生。其林下灌木、草本植物大多是高山干热河谷的常见种。落叶阔叶林系亚组是指柏木与落叶阔叶树种混生或由柏木为第一林层，落叶阔叶树种组成第二林层，反映落叶阔叶林生存的中山、低山暖温带气候特征，而常绿阔叶组则是柏木与常绿阔叶树种混交构成，由它们构成第二林层的类型，反映常绿阔叶林生存的亚热带气候特征，在两林组之间往往存在着落叶阔叶树种和常绿阔叶树种混交，或在第二林层、下木层，反映此过渡性质的类型。无论是何林系亚组，柏木林群落大多与土壤的碳酸盐反应，与钙质的紫色土、褐土或石灰土有联系，在酸性土壤上往往生长不良而不稳定，会最终退让给以其他树种为主的群落。其生态系列图可见图 2-11。

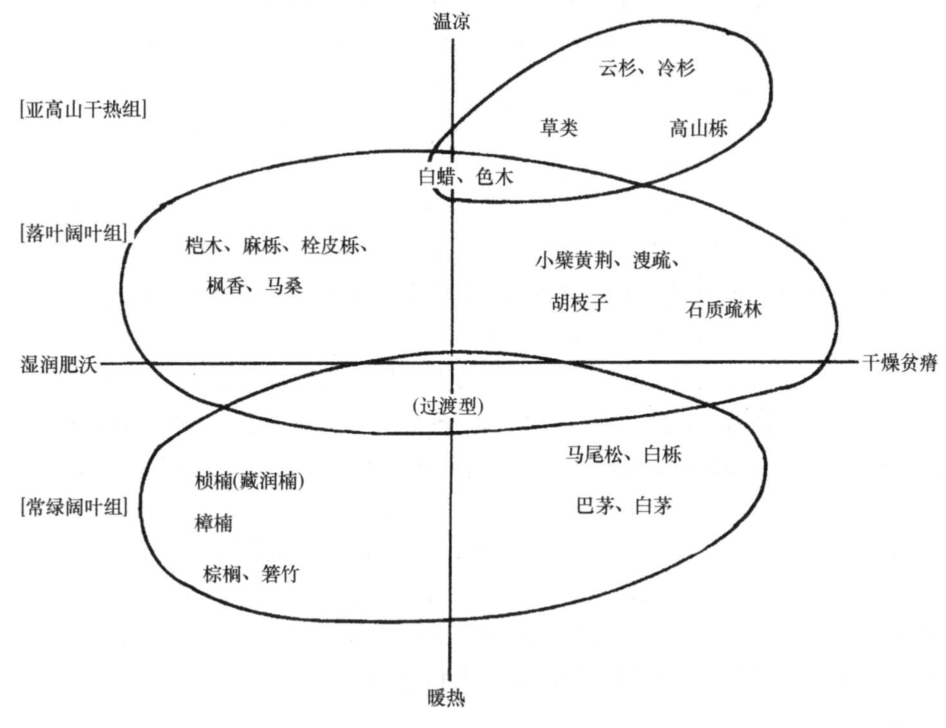

图 2-11　我国柏木林系组的生态系列图解

（1）亚高山干热林系亚组的群落可以岷江柏林群落为例说明，在川西北岷江上游的茂县、理县、汶川，大渡河中上游的小金、丹巴、金川，白龙江上游的南坪等高山峡谷区干热河谷，群落类型有草类岷江柏林、灌木岷江柏林、高山栎岷江柏林，绝不出现亚高山针叶林的杜鹃、箭竹、藓类等林型。岷江柏林一般树高 20～27m，疏密度 0.5～0.7，视生境而混生有秦岭白蜡（*Fraxinus paxiana*）、岷山色木槭（*Acer mono* var. *minshanicum*）、高山栎或偶见云杉、冷杉。每公顷蓄积量 200～400m^3，灌木岷江柏林有明显下木层，有川陕花椒（*Zanthoxylum piasezkii*）、波叶山蚂蝗（*Desmodium sinuatam*）、报春花（*Jasminum floridum*）、蔷薇、六道木（*Abelia biflora*）、忍冬、水栒子（*Cotoneaster multiflorus*）、少脉雀梅藤（*Sageretia paucicostata*）等，盖度 50%～90%。草类岷江柏林在生境肥沃湿润处是以薹草为优势，盖度可为 70%，在较干旱瘠薄处，是以禾本科草为优势。

（2）落叶阔叶柏木林系亚组在四川盆地周边山地可见，落叶阔叶树种有桤木（*Alnus cremastogyne*）、麻栎、栓皮栎、枫香、朴（*Celtis sinensis*）、化香（*Platycarya strobilacea*）、黄连木（*Pistacia chinensis*）等，灌木一般以黄荆（*Vitex negundo*）、华西小檗（*Berberis silvataroucana*）、铁仔（*Myrsine africana*）、马桑（*Coriaria nepalensis*）、菱叶海桐（*Pittosporum truncatum*）、小花扁担杆（*Crewia biloha* var. *parviflora*）、荚蒾（*Viburnum dilatatum*）、薄叶鼠李（*Rhamnus leptophylla*）、野桐（*Mallotus tenuifolius*）、十大功劳（*Mahonia* sp.）等，在比较阴湿的林地，箬竹（*Indocalamus longiauritus*）可占优势。

常绿阔叶柏木林可零星见于四川巫山、大巴山南麓海拔1000m以下，以及重庆北碚和盆中丘陵区，生境温暖湿润，土层深厚、腐殖质含量较高，林木层除第一林层柏木外，还有第二林层的桢楠（*Phoebe zhennan*）、润楠（*Machilus pingii*）、黑花楠（*Lindera megaphylla*）、青冈及棕榈（*Trachycarpus fortunei*）等。第一林层树高20～25m，第二林层高约15m，林分郁闭度0.6～0.8，下木种较少，盖度不大，常见有大果冬青（*Ilex macrocarpa*）、黄背勾儿茶（*Berchemia flavescens*）、球核荚蒾（*Viburnum propinquum*）、箭竹、异叶梁王茶（*Nothopanax davidii*）、小叶女贞（*Ligustrum quihoui*）等。草本植物则以薹草为主，还有麦冬、铁叶狗尾草（*Setaria excurence*）、井边凤尾蕨（*Pteris multifida*）等，盖度50%左右。贵州遵义、习水、余庆等地调查也有落叶阔叶柏木林、常绿阔叶柏木林，情况与四川分布相似，另有记载常绿落叶阔叶柏林的过渡类型，可记述如下。

常绿落叶阔叶柏木林，属过渡类型，分布面积小，但其林分结构是柏木林中最复杂的，生物多样性也相对较高，林分生长力也最高。林分常为复层混交异龄林，乔木层由11个树种组成，计有柏木、香叶树（*Lindera fragans*）、多脉鹅耳栎（*Carpinus polyneura*）、马尾松、杨梅（*Myrica rubra*）、华山松、女贞（*Ligustrum lucidum*）、红豆杉（*Taxus chinensis*）、酸枣、山矾（*Symplocos* sp.）、穗序鹤掌楸（*Scheflera delavayi*），3亚层，第一亚层10～15m，第二亚层7～10m，第三亚层5～7m。下木层盖度40%以上，高30～50cm，主要有常绿成分的铁仔、海桐、六月雪（*Serissa foetida*）等。

此外，几种柏木都可在石质山坡或山脊、土壤瘠薄处见到疏林，以及柏木在人为影响下经常可见与马尾松、杉木等混交的半野生状态的林分。

2. 侧柏林

侧柏属（*Platycladus*）是分布于暖温带至亚热带气候范围的另一个柏科属，我国一个种——侧柏（*P. orientalis*）在内蒙古南部、吉林、辽宁、河北、山西、山东、江苏、浙江、福建、安徽、江西、河南、陕西、甘肃、四川、云南、贵州、湖北、湖南、广东北部、广西北部等省（自治区）都有分布，但其天然林限于河北兴隆，山西太行山、吕梁山，陕西秦岭以北渭河流域及云南澜沧江流域山谷中。侧柏林分土壤以山地褐土、棕壤及石灰性草甸土为常见，微碱性至微酸性，林分一般稀疏，生长缓慢。天然侧柏林群落学记载不甚详细，但绝少在土壤湿润的生境上天然生长。

侧柏林的生境范围基本上侧重于水分的旱生、半旱生至中生状态，以及相当暖温带气候的温度状况，因此，比较集中分布于华北低山丘陵。天然林已少见，常为人工栽培影响下的次生林，南方中山带可见人工栽培林。群落学记载多见于陕西秦岭北坡、华山一带和河北太行山，云南德钦一带澜沧江上游河谷海拔2500m附近有侧柏天然林生长，但未查见群落学调查记录。侧柏对土壤适应范围较大，可在岩石裸露的贫瘠山地上天然生长，也可在土层深厚的平原栽培生长，但通常以在石灰岩山地和黄土母质发育的微碱性土上生长良好。侧柏林多系纯林，很少与其他树种混交，郁闭度一般 0.4～0.5，在陕北黄土高原有杜梨（*Pyrus betulaefolia*）、槲栎、辽东栎、春榆、山杏、朴等小乔木组成第二林层，在秦岭北坡则混生有栓皮栎、光叶榉（*Zelkova serrata*）、黄连木、栾树、杜松等。山西管涔山、吕梁山、太行山，还可见混生白皮松、油松、山杨、鹅耳枥等。侧柏林下的灌木层发育中等，盖度一般 30%～50%，但具有较明显的指示植物，因此，侧柏林通常以优势灌木种来命名群落。一般讲，侧柏林群落可以分为中生性灌木林型组、旱生性灌木林型组和草类林型组。中生性灌木林型组主要分布在土壤较深厚肥沃，腐殖质含量较高，或地形较平缓，土壤呈微酸性至中性的山地褐土上，而旱生性灌木林型组主要分布在陡坡、山脊、岩石裸露的石质土上。前者有陕西黄龙、桥山的小叶鼠李侧柏林，海拔 850～1350m 的多缓坡地，土壤较潮湿肥沃，下木层主要为小叶鼠李（*Rhamnus parvifolia*），其他有扁核木（*Prinsepia uniflora*）、互叶醉鱼草（*Buddleja alternifolia*）、灌木铁线莲（*Clematis frutiosa*）等，草本层有铁杆蒿（*Artemisia gmelini*）、大披针苔、隐子草（*Cleistogenes* sp.）、北柴胡（*Bupleurum chinense*）。黄蔷薇侧柏林，以阳坡、半阳坡的中部和上部为主，海拔 1100～1300m，间有辽东栎混生，侧柏较高，6～8m，疏密度 0.4～0.7，每公顷蓄积量 30m^3，灌木层主要是黄蔷薇（*Rosa hugonis*）、狼牙刺、陕西荚蒾、荆条、多花胡枝子等。河北的荆条山杏侧柏林有少量槲栎混生，下木层盖度 30%，优势种荆条（*Vitex negundo* var. *heterophylla*），还有山杏（*Prunus amenica* var. *ansu*）、多花胡枝子、三裂绣线菊、毛叶绣线菊等。内蒙古准噶尔旗神山和陕西汾河、漳河两岸海拔 1200m 左右的沙棘侧柏林，灌木层除沙棘（*Hippophae rhamnoides*）外，还有绣线菊、黄刺玫（*Rosa davurica*）、小叶锦鸡儿（*Caragana microphylla*）、草本层有薹草、黄堇等。旱生性灌木林型组的侧柏群落有陕西、山西的狼牙刺侧柏林，多在较陡的阳坡、半阳坡，土壤黄土母质，结构性差，含水量少，有碳酸盐反应。侧柏矮小扭曲，树高 8～10m，下木层有狼牙刺（*Sophora davidii*）、酸枣（*Ziziphus jujuba*）、对节刺（*Sageretia pycnophylla*）、多花胡枝子等。草本植物主要有大披针苔、芒、白羊草、铁杆蒿等。桥山的西北栒子侧柏林，在海拔 1200m 以下陡坡，阳坡、半阳坡，土层瘠薄干燥，岩石裸露，侧柏有时呈灌木状，下木有西北栒子（*Cotoneaster zabelii*）、柔毛绣线菊等，类似的还有秦岭的葱子梢侧柏林、孩儿拳头（*Grewia biloba* var. *parviflora*）侧柏林等。草类林型组的侧柏林下灌木层不明显，而草本种类较多，如有大披针苔侧柏林、野青茅侧柏林、短柄草（*Brachypodium sylvaticum*）侧柏林等。林地土层均较厚，生长力较高。

以上各林型组的群落可在图 2-12 上反映出。

（三）暖温带湿润类型的扁柏林系组

扁柏林　在我国仅台湾有红桧和台湾扁柏林的分布，均为台湾特有种，是台湾中央山脉、阿里山台北插天山海拔 1000～2800m 中山，气候温和湿润、多雨（年降水量可达

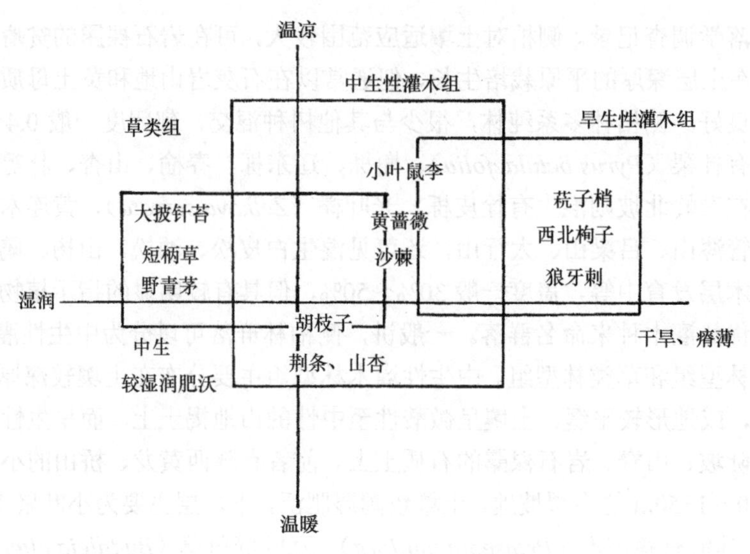

图 2-12　我国侧柏林系组生态系列图解

3000～4000mm)、湿度大生境下的主要森林树种，土壤为山地酸性黄壤、灰棕壤及黄棕壤，含腐殖质。红桧林分布比台湾扁柏林海拔略低，分布在海拔 1800～2400m，多在东南向的坡地或受山岭包围的溪谷，已含常绿树种成分，如台湾青冈（*Cyclobalanopsis morii*）、无柄米槠（*Castanopsis carlesii* var. *sessilis*）、台湾狭叶青冈（*Cyclobalanopsis stenophylloides*）、台湾八角（*Illicium arborescens*）、昆栏树（*Trochodendron aralioides*）等。落叶阔叶树有尖尾槭（*Acer kawakamii*）、带红槭（*A. rubescens*）、峦大檫（*Sassafras randaiensis*）、台湾榆（*Ulmus uyematsui*）、峦大花楸（*Sorbus randaiensis*）、光叶榉（*Zelkova serrata*）、台湾黄檗（*Phellodendron wilsonii*）等。有时也混生台湾杉（*Taiwania cryptomerioides*）、台湾黄杉、台湾果松（*Pinus armandi* var. *mastersiana*）等针叶树种。红桧树体高大，台湾阿里山最高大的一株红桧高达 53m，被称为“神木”，林下小乔木和灌木种类繁多，有常绿阔叶林林下的常见种，如灰毛柃（*Eurya gnaphalocarpa*）、薄叶柃（*E. leptophylla*）、玉山灰木（*Symplocos morrisonicola*）、早田冬青（*Ilex heyataina*）、刺叶冬青（*I. bioritsensis*）、阿里山山茶（*Camelia transarisamensis*），以及落叶阔叶林林下的常见属种，如几种小檗［高山小檗（*Berberis alpicola*）、台湾小檗（*B. kawakamii*）、芒齿小檗（*B. aristato-serrulta*）］、绣球［冠盖绣球（*Hydrangea anomala*）、马桑绣球（*H. aspera*）、中国绣球（*H. chinensis*）、大枝挂绣球（*H. integrifolia*）］、荚蒾［全绿荚蒾（*Vibrunum integrifolium*）、台湾荚蒾（*V. taiwanianum*）、台东荚蒾（*V. taitoense*）］、蔷薇［台湾蔷薇（*Rosa taiwanensis*）、台湾野蔷薇（*R. multiflora* var. *formosana*）、台中蔷薇（*R. prtcei*）］、忍冬［粉背忍冬（*Lonicera hypoglauca*）、淡红忍冬（*L. acuminata*）］等。草本层种类有台湾帽蕊（*Mitella formosana*）、多果长拉草（*Calathodes polycarpa*）、铃木老鹳草（*Geranium suzukii*）、纤细老鹳草（*G. robertianum*）、酢浆草（*Oxalis griffithii*）、落珠草（*Circaea pricei*）、玉山茴芹（*Pimpinella niitakayamaensis*）、菱花独丽花（*Moneses rhombifolia*）、具脉囊苞草（*Triplostegia glandulifera*）、长序齿冠菊（*Myriactis longepedunculata*）等。蕨类有对生蹄盖蕨（*Athyrium oppasitipinnum*）、四羽鳞毛蕨

（*Dropteris quadripinnata*）、台湾瘤足蕨（*Plagiogyria formosana*）、多翼耳蕨（*Polystichum hecatopterom*）等，群落分类及命名不详。

台湾扁柏林在海拔 2300m 以上就逐渐替代了红桧而占据优势，台湾扁柏林较红桧喜日照、干燥，林下有第二层的昆栏树、台湾狭叶青冈、台湾青冈、玉山红果树（*Stranvaesia niitakayamaensis*）、玉山黄肉楠（*Actinodaphne morrisonensis*）等，台湾铁杉（*Tsuga formasana*）也有在海拔 2000～3000m 有较大比例的混交，成为台湾铁杉、台湾扁柏混交林。在溪涧，林下多乔灌木状的多种柳生长，如台湾高山柳（*Salix taiwanalpina*）、台湾匐柳（高砂柳）（*S. takasagoalpina*）、台湾柳（森柳）（*S. morii*）、花莲柳（高和柳）（*S. tagawana*）和水社柳（草野柳）（*S. kusanoi*）。林分采伐后遭不断破坏而不能更新恢复的情况下，会演替为华参（*Sinopanax formosana*）灌丛或玉山竹（*Yashania niitakayamensis*）丛。群落分类及命名不详。

（四）亚热带湿润类型的福建柏翠柏林系组

福建柏属和翠柏属是在我国亚热带、南亚热带温暖潮湿山地环境中分布的森林。福建柏分布于浙江南部，湖南南部（莽山），福建，广东北部，江西井冈山，贵州东部低山丘陵区、北部山原区和丘原区，以福建分布最广，以戴云山、梅花山可见天然小面积林分。垂直分布在浙江龙泉山区海拔 950～1000m，广东北部海拔 1200m，滇中南海拔 1800m，闽西梅花山区海拔 1400m 以下。福建柏喜温暖湿润、夏季炎热、冬少霜雪的气候，对土壤条件要求严，适生于常绿阔叶林次生林下土层深厚、表土腐殖质含量高的红壤、黄壤土。由于天然成林不多，可见槠栲福建柏混交林，以福建柏为主的林分可见毛竹福建柏林，后者已明显有人为活动的影响，通常是农民垦殖常绿阔叶林经营毛竹，保留福建柏，随后又逐渐荒弃而成半野生状态。林木以福建柏为优势外，还有光叶石楠（*Photinia glabra*）、栲（*Castanopsis fargesii*）、小叶栲、枫香、木荷等，第二林层为毛竹，灌木层盖度 30%，有冬青（*Ilex purpurea*）、柃木、黄栀子（*Gardenia jasminoides*）、紫珠（*Callicarpa japonica*）、老鼠刺（*Itea chinensis*）、百两金（*Ardisia crispa*）、映山红、檵木等。草本层不发达，盖度 10%以下，有石松（*Lycopodium clavatum*）、鸡血藤（*Millettia reticulata*）、狗脊（*Woodwardia japonica*）、芒萁（*Dicranopteris chotoma*）、山姜等，有明显的人为干扰的次生林下组成。

翠柏（*Calocedrus macrolepis*）成林面积极少，除贵州、广西及海南的五指山有零星分布之外，较多地可见于云南中部和南部，在滇中分布海拔为 1800～2000m，滇南为 1300～1500m，翠柏林也多为人工栽培而放弃后呈半野生状态。翠柏喜光照，耐冬春干旱，土壤多为山地红壤或黄红壤，也偶见紫色土和粗骨土，林分平均高 12～18m，每公顷蓄积量 160～269m^3，林下多灌木，滇南元江的林下常见有密花树（*Rapanea neriifolia*）、圆锥水锦树（*Wendlandia paniculata*）、半齿柃（*Eurya semiserrulata*）、小叶女贞（*Ligustrum quihoui*）、假虎刺（*Carissa spinarum*）、假黄皮（*Clausena excavata*）、革叶算盘子（*Glochidon daltonii*）等，盖度 80%左右；墨江的翠柏林下部见耐阴性强的密花树、茶梨（*Anneslea fragrans*）、木荷、云南木犀榄（*Olea yunnanensis*）、光叶柃木（*Eurya nitida*）、三叉苦（*Evodia lepta*）、香果树（*Lindera communis*），盖度达 60%～80%；滇中高原一带林下多滇中高原的常见种类，如小铁仔（*Myrsine africana*）、炮仗杜鹃（*Rhododendron spinuliferum*）、云南含笑（*Michelia yunnanensis*）、水红木（*Vibrunum cylindricum*）、矮杨梅（*Myrica nana*）、乌饭（*Vaccinium* sp.）、厚皮香（*Ternstroemia gymnanthera*）等，盖度 50%～60%。翠柏林下草本层不甚发育，有求米草（*Oplismenus undulatifolius*）、狗脊、高良姜（*Alpinia officinarum*）、刺芒野古草（*Arundinella setosa*）、金粉蕨（*Onychium* sp.）等。无具体群落学调查记载，似可在灌木翠柏林系组下划分具体反映不同热量条件的群落类型。

第六节　落叶阔叶小叶林

落叶阔叶小叶林是指北方和亚高山，偶及中山的，或在温带气候下山地河谷、平原湖地和干旱区荒漠中因河流两岸地下水供给而形成的，冬季落叶的、具小型叶的树种所形成的森林群落，主要是指天然的（含次生的）杨类（*Populus* spp.）、桦类（*Betula* spp.）、柳类（*Salix* spp.）和榆类（*Ulmus* spp.）林分。在植物群落学次生演替上有较重要意义的是北方和亚高山带的杨类、桦类林，这是本书要重点描述的小叶林。小叶林按生态学意义可以在群落学上分为 3 类，即 3 个林纲。

（1）北方温带及亚高山山地小叶林纲，可以分为两个亚林纲，即①与北方及亚高山针叶林同带，并常为其次生演替系列的建群种，如北方的白桦（*Betula playtyphylla*）林，黑桦（*B. dahurica*）林、山杨（*Populus davidiana*）林、欧洲山杨（*P. tremula*）林等，亚高山的白桦林、川白桦（*Betula platyphylla* var. *szechuanica*）林、糙皮桦（*B. rotundifolia*）林等；②在北方和亚高山针叶林带上限，经常以矮林方式分布的，如岳桦（*B. ermanii*）林、高山柳林等。

（2）河谷、河滩地小叶林纲，是指山地河谷内或平原（含森林草原）河滩地上的小叶林，如银白杨（*Populus alba*）林、苦杨（*P. laurifolia*）林、密叶杨（*P. dema*）林、钻天柳（*Chosenia arbutifolia*）林、春榆（*Ulmus davidiana* var. *japonica*）林等。

（3）荒漠河岸（吐加依）林纲，即在我国西北干旱区荒漠中的河流两岸因地上水补给而形成的小叶林，如胡杨林、灰胡杨林，有时也包括梭梭等灌木林。

下面即按分类的组加以叙述分析。

一、北方温带及亚高山山地小叶林纲

（一）森林带上限的矮林亚林纲

这类小叶林树种都属于高寒生境下森林分布上限，即森林线上下由于生境严酷，以单优群落的矮林形式出现，树形矮小，土壤都属岩石裸露的粗骨骼母质上发育的薄层泥灰化亚高山森林土或森林草甸土，土壤剖面层次发育常不完整。这类森林通常只在有足够高的山体、具有森林线以上的垂直分布序列情况下才会形成，即由森林带向高山草甸带过渡的亚高山矮林类型，因此，在诸如大兴安岭、阿尔泰山寒温带山地则不发育此类森林，它们通常由亚高山草甸和属于亚高山带山顶在劲风生境下的匍匐状矮林所替代，

如大兴安岭的偃松矮林，阿尔泰山的天山方枝柏（*Sabina turkestania*）、叉子圆柏、昆仑方枝柏矮林，又如我国西南高山峡谷区，若其山体止于亚高山带的山顶，则也由匍匐型圆柏类、松类矮林，或其他杜鹃、柳、锦鸡儿等灌丛所替代。在东北山地的针阔叶混交林带以上的岳桦林则属于此类小叶林的代表。岳桦林带与亚高山草甸交错分布，在长白山可形成亚高山岳桦林带。岳桦林在小兴安岭分布于海拔 700m 以上，在长白山为海拔 1500～2200m，在张广才岭、老爷岭则在海拔 1450～1760m，岳桦林树干矮曲、杈多冠大。岳桦林的群落类型有岩生岳桦林，分布在冰碛石裸露的坡地上，林下地表多露岩，岩面生有地衣、垂枝藓，林内间有高山柳、西伯利亚桧，草本层种类有蒲公英（*Taraxcum* spp.）、蓝果七筋姑（*Clintonia udensis*）等。禾草岳桦林分布在平缓山坡处，但土层仍较浅薄，林分疏密度 0.3～0.6，地位级 V_a，每公顷蓄积量 50～80m^3，木材利用价值低，但对森林线保护、水土保持、水源涵养有重要作用，林内灌木有黄刺玫、越橘等，草本以大叶章为优势。杜鹃岳桦林林下以杜鹃为优势，种类为金花杜鹃（*Rhododendron chrysanthum*），其他有阿尔泰花楸（*Sorbus amurensis*）、西伯利亚桧、偃松等，草本层有拂子茅、山牛蒡（*Synurus deltoides*）、唐松草、地榆（*Sanguisorba officinalis*）等。

在华北、中原均因无足够高大、超过亚高山带的山体而较少有此类型小叶林，在我国西南高山区，藏东南山地则在森林上限出现一系列高山柳类矮林从而替代了东北山地的岳桦林，亚高山柳矮林种类，如藏东南的光叶柳（*Salix rehderiana* var. *glabra*）林，分布在川西云杉林之上，并与之相接，株高可达 2m，混生有杜鹃、鲜卑花（*Sibiraea laevigata*）、银露梅（*Potentilla glabra*）等；川西、藏东南的奇花柳（*S. atopantha*）矮林；白龙江、洮河的杯腺柳（*S. cupularis*）矮林；天山（海拔 3200～3500m）的崖柳（*S. xerophylla*）矮林；贺兰山（海拔 3400m 以上）的高山柳（*S. cupularis*）矮林等。需要提到的是，在川西、滇北、藏东南等山地的糙皮桦（*Betula utilis*）有时在亚高山针叶林上限也形成向亚高山草甸过渡的矮林，但通常作亚高山针叶林的次生类型出现，树高达 10～15m，不少学者把糙皮桦作为亚高山带的小叶林对待，不划为矮林范围，实际上其兼有两者的性质。

（二）北方温带及亚高山山地小叶林亚林纲

这类小叶林主要分布在北方及亚高山暗针叶林带，但有时也下延至亚高山针阔混交林带。它们往往可以在适宜的生境形成天然纯林，但也很普遍地在针叶林或针阔叶混交林破坏后形成它们的次生林。小叶林的种类与所替代的树种有较明显的演替替代关系，由小叶林所形成的次生林群落类型往往与该生境下的原生天然林的类型一致，如亚高山的杜鹃云杉林或冷杉林，往往在其破坏后形成杜鹃红桦林、杜鹃川白桦林等，这个关系就形成了在本专著本章内所谈及的亚高山森林的“环”的关系，小叶林的生态系列也往往与所替代的针叶林生态系列相同。由于有的小叶林树种分布区较广，可以与若干针叶树种形成次生演替的关系；有的小叶林树种的替代关系则相对比较专一。由表 2-2 可见，白桦、山杨属于北方及亚高山广替代型，红桦属于西南、西北亚高山广替代型，牛皮桦属于较广替代型，其余则属于窄替代型。

表 2-2　小叶林树种与所替代针树种关系

小叶林树种	北方	中山	亚高山
白桦 （含川白桦） 山杨	兴安落叶松 西伯利亚落叶松	油松 华山松 铁杉 云白铁杉 白杄 青杄 华北落叶松 高山松	岷江冷杉 巴山冷杉 黄果冷杉 秦岭冷杉 林芝云杉 西藏云杉 紫果云杉 粗枝云杉 青海云杉
太白杨			粗枝云杉 麦吊云杉 巴山冷杉 秦岭冷杉
欧洲山杨		西伯利亚云杉 西伯利亚落叶松 雪岭云杉	
疣枝桦		西伯利亚云杉 西伯利亚落叶松	
天山桦 小叶桦		雪岭云杉	
糙皮桦			四川红杉 岷江冷杉 黄果冷杉 云杉 麦吊云杉
红桦		青杄	云杉 林芝云杉 西藏云杉 川西云杉 紫果云杉 麦吊云杉 四川红杉 巴山冷杉 岷江冷杉 黄果冷杉
滇山杨		华山松 云南铁杉 高山松	丽江云杉 黄果冷杉 长苞冷杉 川滇冷杉

现择其主要的树种林分的群落学分类的特征予以描述。

1. 白桦林

白桦是温带亚洲分布区的树种，世界上有广泛分布，如西伯利亚东部，朝鲜半岛北部，日本，我国的大、小兴安岭、长白山等东北山地、华北山地、秦岭山地、横断山区及藏东南等。在我国西南山地，白桦曾划出川白桦变种，以横断山区、藏东南山地为分布区，但一般在群落学记载上都没有严格加以区分。白桦一般以温带北方、亚高山带乃至中山带的针叶林、针阔叶混交林、云杉林、冷杉林、铁杉林或不同类型的针阔叶混交林、落叶阔叶混交林内混生或次生后占优势，但在适宜的生境下，如在亚高山针叶林区比较向阳坡上，在针叶林稍嫌干燥的立地上会有小块纯林生长；在森林向草原过渡区，如森林草原区、亚高山山原地形上，往往是白桦小片纯林与草原、草甸交错分布。在各类天然林破坏后，如皆伐、火烧迹地上，白桦都会以先锋树种侵入形成白桦次生林或白桦混生的次生群落。白桦的生境适应性甚广，自寒带的酷寒至暖温带的温暖气候下，在贫瘠的石质坡地上，肥沃的森林土壤和草甸土壤上，河谷的冲积土乃至沼泽地都可以生长，但以较肥沃、水分状况中等或较干燥的寒凉生境生长良好，可以形成很好的用材林，但一般在我国用材树种选择上未能给予应有的重视。它的混生树种和林下植被往往随着不同地区不同生境而异，但都与该地区该生境的群落的常见种相伴，可以说，白桦林没有可以表明白桦建群的特征种（或确限种）。对于由白桦形成的次生林（尤其是替代亚高山针叶林的次生林群落），其群落类型可以说基本上与原群落相同。举例来说，在大兴安岭地区，凡兴安落叶松的群落类型，无论原来是什么林型，如杜鹃兴安落叶松林或杜香兴安落叶松林，它们的白桦次生林，也是杜鹃白桦林或杜香白桦林等，可以以此类推。因此，有经验的群落学家，可以从白桦次生林类型很容易判别原来的针叶林类型，在更新、经营上会作出有利的选择，这正是亚高山温带“群落环”理论的体现。因此，白桦林生态系列图（图 2-13）与兴安落叶松林的生态系列图（图 2-4）是很相似的，在西南亚高山区也相仿，只是沼泽化一端的泥炭藓、杜香类型缺如，增加了箭竹类型。高山栎类型取代了胡枝子类型。由于白桦生态适应性的原因，在生态系列的干燥生境一端，纯白桦林极少，以混生为主，而更多地让位于胡枝子黑桦林，溪旁类型则让位于钻天柳及其他柳林。次生的白桦纯林或以它为优势的白桦林，基本上都是同龄。因此，林相整齐，层次明显，通常为一个乔木层，树干通直、挺拔秀丽、色白、树叶亮绿，形成针叶林区的一个特殊景观。郁闭度一般 0.5～0.8，老龄林有稀疏林相。白桦林生长量在不同气候条件和生境情况下有较大差别，一般树高 10～20m，一般在 20～30 年林龄时生长开始迅速和旺盛，材积增长较明显，但 40～50 年后又见衰减。林下白桦更新不良，在周围有针叶树种源的情况下，林下针叶树幼树更新往往好于白桦，如落叶松、云杉、冷杉等，这是因为针叶树种幼苗、幼树阶段需要一定程度的庇荫，而白桦的种子萌发和幼苗幼树的生长则需要全光照。所以，在 100 年左右，针叶树将会替代白桦，重新恢复为针叶林群落。白桦混交林往往是异龄林，其中混生的针叶树，如云杉、冷杉，会呈现多年龄阶段的年龄结构，逐渐地为针叶林或针阔叶混交林的形成提供基础，而白桦在混交林中则会渐渐死亡，退出林分组成。

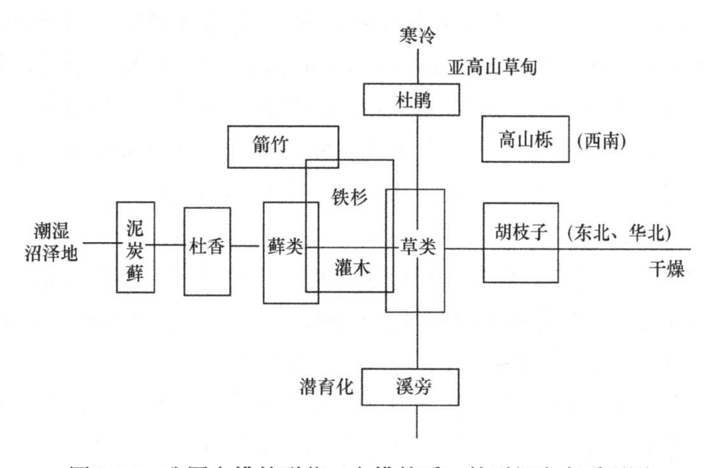

图 2-13　我国白桦林群落（白桦林系）林型组生态系列图

白桦林在大兴安岭广泛分布，以大兴安岭西坡河流中下游最多，东坡次之，在南部则与落叶松形成混交林。其分布总的趋势为自北向南，自主岭向东、西两侧扩展，海拔为250～750m，在南部阿尔山则上升至海拔900～1400m，林分一般地位级为Ⅱ～Ⅳ，每公顷蓄积量100～150m^3，或不足100m^3。林下落叶松天然更新良好。林型以草类白桦林、杜鹃白桦林居多，在南部阿尔山，有蒙古栎白桦林、杜鹃白桦、黑桦混交林、胡枝子白桦林等。大兴安岭西麓低山丘陵区的森林草原区，白桦林呈岛状分布，林型有草类白桦林。各林型的常见灌木种都很相同，如有山刺玫、欧亚绣线菊、茶藨子、悬钩子等。大兴安岭向西至大青山、乌拉山等草原带山地，也有白桦林零星生长，在海拔1200m以上以山地森林类型出现，以灌木白桦山杨林为主，下木种类以虎榛子、三桠绣线菊（*Spiraea trilobata*）等耐旱灌木种为优势。

小兴安岭白桦林主要是由谷地云杉、冷杉或落叶松林产生的次生林，或是山地红松针阔叶混交林形成的次生林，林型以灌木白桦林（榛子白桦林）等为主。长白山等东北山地则常见白桦与山杨混交，与蒙古栎混交，地位级前者较高，为Ⅱ，后者为Ⅲ居多。蒙古栎往往形成第二林层。林下针叶树、硬阔叶树种天然更新良好，因此，在东北山地由白桦次生林恢复为针叶林、针阔叶混交林是十分有希望的。

华北山地在海拔1200～1900m的中山和亚高山草甸带均有白桦林分布，以阴坡为主，阳坡则以辽东栎占优势。白桦林带混生山杨和若干槭、椴等，林型有灌木白桦林、胡枝子白桦林、毛榛白桦林。这些白桦林往往由于缺乏充足的水分，林下以照白杜鹃（*Rhododendron micranthum*）、虎榛子、毛榛、荆条等华北成分的种为主，形成不同组成的灌木白桦林，草本植物也以华北成分的毛茛（*Ranunculus japonicus*）、葎草（*Humulus scandens*）、白藓（*Dictamnus dasycarpus*）、千里光（*Cacalia hastata*）、苍术（*Atractylodes chinensis*）、白头翁（*Pulsatilla chinensis*）、华北耧斗菜（*Aquilegia yabeana*）、大叶铁线莲（*Clematis heralleifolia*）、华北风毛菊（*Saussurea mongolica*）、低矮华北乌头（*Aconitum jeholanse*）等为常见。这类白桦林由于生境干燥，不易恢复成针叶林和针阔叶混交林（如青杆林、华北落叶松林等）而形成较稳定的华北山地特有的中山带较稳定的落叶阔叶林，或较稳定的白桦山杨林，或较高海拔与青杆混交的针阔叶混交林。

在秦岭山地海拔1000～2000m有成片白桦纯林的生长，在秦岭南坡的西部、中部，沿河谷较平坦的地形上有白桦山杨混交林，林下有灌木柳、华北绣线菊（*Spiraea fritschiana*）、光叶珍珠梅（*Sorbaria arborcea* var. *glabra*）、小悬钩子等，草本植物有橐吾、蒿、草莓、龙芽草（*Agrimonia pilosa*）、问荆等。秦岭山地的白桦次生林基本上是由华山松林破坏后演替形成的，它们有可能恢复为华山松阔叶混交林；在低海拔，油松林和栎类林在破坏后也有次生白桦的形成，在华北山地也有此现象。

在甘肃祁连山，新疆天山、阿尔泰山针叶林破坏后也往往形成白桦次生林，但在阿尔泰山山前向草原过渡的森林草原带有原生白桦的小块林分与草原交错分布。

在川西、滇西北、藏东南高山峡谷区的白桦林多见于海拔2500～4000m的山体中部至下部的阴坡半阴坡，阳坡也见分布，通常是亚高山针叶林、高山松林破坏后的次生演替类型，其分布往往在红桦次生林的下方，主要分布在山地棕壤、山地棕褐土上，形成与针叶林、高山松林乃至一些铁杉针阔叶混交林原生群落相应的群落类型，有杜鹃白桦林、灌木白桦林（灌木种类以栒子、溲疏、忍冬、蔷薇、菝葜为常见），草类白桦林以较陡坡为主，林下下木层发育较差，草本以铁线蕨（*Adianthum* sp.）、唐松草、黄精、草玉梅（*Passania*）、茜草、马先蒿、野青茅为主。在滇西北山原的草类白桦林则以薹草为主，还有唐松草、早熟禾、野豌豆、银莲花、牛皮哨（*Cynanchum*）等，下木层不甚发育，但多为高山松林、云杉林下常见种类，如野樱桃、高山栎、蔷薇、栒子等。藏东南的白桦林分布在海拔3500～4100m，通常在阴坡，是云杉林、冷杉林破坏后次生的，与阳坡的川滇高山栎林、大果圆柏林分布界线明显。次生白桦林型也随原来的暗针叶林型，但极端生境下的藓类林型不见。林下下木层的灌木种类的属与川西、滇西北相同，但种类不同，有楔叶绣线菊（*Spiraea canescens*）、小叶栒子（*Cotoneaster microphyllius*）、柳［锡金柳（*Salix sikkimensis*）、喜马拉雅戟柳（*S. hastata* var. *himalayensis*）］、毛嘴杜鹃，还有西南亚高山常见的冰川茶藨子、绢毛蔷薇、小檗、鲜卑花（*Sibiraea angustata*）。草本有珠芽蓼、早熟禾、草莓、薹草、鳞毛蕨、黄芪、马先蒿、老鹳草等。

2. 山杨林

山杨（*Populus davidiana*）也是分布很广、生态适应性很强的先锋树种，与许多亚高山、中山的森林树种构成次生演替的替代关系，与白桦相比，山杨林的适应性似乎更向温暖和湿润方向发育，在水热条件上更偏于中生的生境，在湿润肥沃的河谷两旁可以有良好的生长，形成高大通直的林相。但一般情况下，它由于衰老得较快，在耐寒、耐旱方面不及白桦，因此，在次生演替过程中往往以混交形式出现，而形成纯山杨的次生林相对较少。山杨林分布比白桦林广泛，在我国东北、华北、西北、西南及华中各山地的中山和亚高山带都有分布，在俄罗斯远东、朝鲜、韩国和日本也有分布，是亚洲温带普遍的小叶林。在大兴安岭山地，山杨常为兴安落叶松林破坏后的次生林，常与白桦混生，但在大兴安岭西坡海拔1000m以下可见较大面积的山杨纯林。山杨较白桦喜光，不及白桦耐寒，所以分布北界不及白桦的更北。它耐瘠薄土壤，但较喜土壤肥沃、湿度适宜、排水良好的生境，因此在河谷溪旁生长良好。常见的林型有草类山杨林、杜鹃山杨林、溪旁山杨林。一般山杨年龄小，林下山杨更新不良，兴安落叶松则有较好的更新。山杨林较少形成下木层，灌木种类除大叶杜鹃外，常见的有刺玫（*Rosa accucilaris*）、兴安柳（*Salix hsinganica*）、绣线菊等。地位级一般为Ⅲ。在小兴安岭山杨往往是红松阔叶混交林、冷杉云杉林采伐迹地、火烧迹地的先锋树种，常与白桦混交。在东北山地山前低山丘陵农林交错区，如兴凯湖以北、乌苏里江沿岸也是山杨林集中分布区，在生境适宜的缓坡，林分生产力较高，地位级可达Ⅰ、Ⅲ，蓄积量每公顷500m^3。一般情况下，Ⅲ地位级，蓄积量每公顷60～90m^3。生长至30年达数量成熟，随后即衰退，因此，林分存活年龄比白桦林短暂。在红松阔叶混交林区，山杨林演替方向为水曲柳、槭、春榆、蒙古栎等阔叶林，然后向红松、云杉、冷杉与阔叶树混交林方向发展。山杨林型以灌木（毛榛）山杨林、灌木色木槭、椴、山杨混交林、溪旁山杨林为主。

华北山地山杨林主要分布在海拔900～1500m，常与白桦、黑桦、辽东栎、蒙古栎等混交，主要林型有灌木林型组的毛榛山杨林，分布在阳坡坡麓，两坡凹处为主，土壤湿润、排水良好处，生产力较高，Ⅰ地位级。下木除毛榛占优势外，还有大叶杜鹃、锦带花（*Weigela florida*）、东陵绣球（*Hydrangea bretschnederi*）、黄花忍冬（*Lonicera chrysantha*）等华北区系成分，以及在草本植物中，如同华北的白桦林下一样，出现较多华北区系成分，如羊胡子草（*Carex hergeiana*）等。还有胡枝子山杨林、三桠绣线菊山杨林，这两个类型的生境比较干旱，草本植物有禾草、矮薹草、大油芒等。此外，还有溪旁山杨林（或称河谷山杨林，《河北森林》）。

秦岭山地中山的山杨林在海拔1100～2600m分布，以取代破坏后的华山松林、铁杉林，而冷杉林、云杉林破坏后基本上由白桦林取代。山杨群落有与原林型相应的草类林型组的薹草山杨林，在阴坡、半阴坡，土壤湿润，林分生长力较高，Ⅱ地位级，混生有少量油松、辽东栎，下木有胡枝子、胡颓子、栒子等，但下木层不甚发育，草本层以披针薹草（*Carex lanceolata*）、野青茅（*Deyeuxia sylvetica*）等为主，另外一类型的草类山杨林，以分布于山梁为主，土壤为山地弱灰化棕壤，林分地位级Ⅳ～Ⅴ，每公顷蓄积量80～120m^3，是草类云杉林、草类华山松林的次生林，下木层不甚发育，有黄花柳（*Salix caprea*）、绣线菊、杜鹃等，草本层则以宽叶草和一些薹草为主，有千里光（*Senecio* sp.）、高山唐松草（*Thalictrum alpinum* var. *elatum*）、轮叶马先蒿（*Pedicularis verticillata*）、丝叶薹草（*Carex capilliformis*）、华北薹草（*C. hancockiane*）等。灌木组林型的胡枝子山杨林，秦岭南北坡都有分布，山地棕壤，多为纯林，下木以胡枝子、菰子梢为主，还有荚蒾、忍冬、溲疏等。辽东栎山杨林，在秦岭北坡低山丘陵的阳坡、半阳坡有分布，地位级Ⅲ～Ⅳ，每公顷蓄积量 40～70m^3。此外还有黄刺玫、胡颓子山杨林（有称针刺灌木山杨林，《陕西森林》）和溪旁山杨林。秦岭中山的山杨林林分天然更新以油松、华山松、栎类为良好，在以后可形成中山的松栎林或铁杉混交林，在亚高山带山杨林下云杉、冷杉天然更新良好，可最终恢复成青杆林，或较少情况下恢复为秦岭冷杉林、巴山冷杉林，后者主要是由红桦和白桦次生林恢复而成。此外，秦岭山地还记载有箭竹山杨林，这是箭竹华山松林破坏后次生形成的，箭竹林型组可能属不稳定的类型，因为生境较湿润，山杨心腐严重，而林下华山松更新很好，箭竹山杨林会比较快地恢复为箭竹华山松林。

川西、滇西北高山峡谷区和藏东南山地的山杨林，其分布的生境多样性较大；演替系列的类型也较多，从干旱到湿润都有。山杨的生产力自 60 年后骤然下降，其材积生长盛期长于华北和秦岭周边低山丘陵和四川盆地周边低山丘陵区山杨林的 40 年。森林群落类型有灌木林型组的杜鹃山杨林、绣线菊山杨林，以海拔2600～3600m半阴坡、半阳坡为主，土壤为山地棕壤和山地褐土，主要是云杉林、冷杉林破坏形成的，下木层发育。杜鹃山杨林在川西以杜鹃、小叶杜鹃、柳、川滇高山栎、细枝绣线菊等为主，绣线菊山杨林在较为湿润的生境下，以绣线菊、栒子［*Cotoneaster divericatus*，藏东南为纯叶栒子（*C. hebephyllus*）］、峨眉蔷薇、云南丁香［*Syringa yunnanensis* 或四川丁香（*S. sweginzowii*）］、忍冬（*Lonicera hispida*）为主。较潮湿生境下有箭竹山杨林分布，但较少见。还有溪旁山杨林，林下以柳为明显优势的下木层，草本层在生境湿润情况下可以见到草玉梅（*Anemone rivularis*）、细冰岛蓼（*Polygonum delicaturum*）、轮叶马先蒿（*Pedicularis verticillata*）、水麻（*Debregeasia edulis*）、升麻、蟹甲草等。在较中生的生境则有薹草、早熟禾、铁线蕨、槲蕨（*Drynaria fortunei*）、草莓、野古草、蒲公英等。山杨林下一般天然更新不良，向恢复为原生林型的云杉林、冷杉林、高山松林方向发展，还有菝葜山杨林，有记载于川西白水江、南坪、理县的较低海拔（2200～2800m）山体中下部的较干旱的山地碳酸盐棕褐土，或山地典型棕褐土上，是辽东栎、油松林的次生演替系列，林下糙柄菝葜（*Smilax trachypoda*）、忍冬、青荚叶、多苞蔷薇（*Rosa multibracteata*）、绣线菊等，可视为灌木林型组中的一个碳酸盐反应的特殊类型，可恢复为松栎林。

由此，我国山杨林在各山地根据生境条件的生态系列可见图 2-14。大兴安岭、东北山地、华北山地、西南山地（含横断山区、白龙江、藏东南等山地）都占据一定的位置。溪旁山杨林可作为在生态系列中一个因河流活水影响的一个特殊的，在各山地都可能出现的一个群落类型组。由于山杨林作为次生林出现，其生境范围比白桦林要小一些，因此，在生态系列中，山杨林与白桦林的比较，有些极端生境的群落类型就很少出现，或根本没有出现，如图 2-14 所示。例如，藓类山杨林类型，几未见到，而箭竹山杨林类型，则属少见的类型。在一般情况下，不少人把白桦与山杨的生态分布和在植被次生演替中的地位混在一起，不加区别地谈论，实际上，在群落学意义上，两者尽管十分相似，但有较大区别，而且，很显然，在天然次生林的经营中，白桦林比山杨林有更值得重视的地位，白桦林在作为家具材、胶合板材上有更大的经营价值，白桦林树液资源的利用方面也是山杨林所不具备的。我国山杨林群落类型分布可概括为表 2-3。

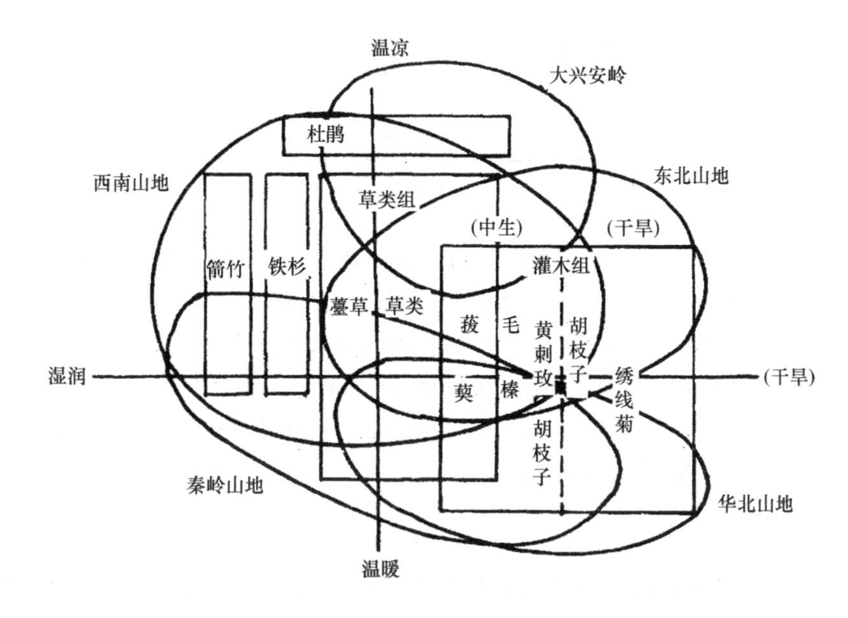

图 2-14　我国山杨林系组、林型组生态系列图解

3. 欧洲山杨林

欧洲山杨（*Populus tremula*）林是我国西北隅寒温带山地针叶林演替中占有一定位置的，可以说是东北山地山杨林的地理替代种，它分布于新疆阿尔泰山西北部、中部海拔 1500m 以下，并可延伸到准噶尔西部的巴尔鲁克山与天山东部北坡、天山西部的伊犁地区，在海拔 1500～2400m，是西伯利亚落叶松林和雪岭云杉林的次生演替群落。欧洲山杨林年龄平均为 30～50 年，郁闭度 0.3～0.5，下木层发育良好，有多种蔷薇［密刺蔷薇（*Rosa spinosissima*）等］、忍冬、栒子、茶藨子、石蚕叶绣线菊（*Spiraea chamaedryfolia*）

表 2-3 山杨林群落类型分布及特征

类型组	群落类型				
	大兴安岭	东北山地	华北山地	秦岭山地	西南山地
杜鹃组	杜鹃山杨林（*Rhododendron mucronulatum*）				杜鹃山杨林（*Rh. Decorum*、*Rh. hippophaeoides*）
箭竹组				箭竹山杨林（*Sinarundinariu nitida*）	箭竹山杨林（*S. milanostachya*、*S. nitida*）
铁杉混交组				铁杉山杨混交林	铁杉山杨混交林 高山栎山杨林
灌木组	榛山杨林（*Corylus heterophylla*） 胡枝子山杨林（*Lespedeza bicolor*）	毛榛山杨林（*Corylus manshurica*） 胡枝子山杨林 灌木色木槭山杨林	毛榛山杨林 胡枝子山杨林 绣线菊山杨林（*Spiraea trilobata*、*S. pubescents*）	辽东栎山杨林 胡枝子山杨林 绣线菊山杨林 黄刺玫胡颓子山杨林（*Elaegnus pumgens*）	辽东栎山杨林 灌木山杨林 菝葜山杨林（*Smilax trachypoda*）
草类组	草类山杨林（*Deyeuxia langsdorffi* 等）	草类山杨林（*Carex quadriflora*、*C. pilosa* 等）	披针苔山杨林（*Carex lanceolata*） 草类山杨林（宽叶草等）	披针苔山杨林	
溪旁组	溪旁山杨林	溪旁山杨林	溪旁山杨林	溪旁山杨林	溪旁山杨林

等，是西伯利亚云杉林、落叶松林下的常见种。草类有足状薹草（*Carex pediformis*）、粟草（*Millium effusum*）、北方拉拉藤（*Galium borealis*）、直立老鹳草（*Geranium rectum*）、丘陵唐松草（*Thalictrum collinum*）、香豌豆（*Lathyrus gmelinii*）等中生性草。在天山山池的欧洲山杨林，林龄一般 30～50 年，树高 16～20m，疏密度 0.6～0.8，下木层为崖柳、刺蔷薇（*Rosa acicularis*）、腺齿蔷薇（*R. alberti*）、阿氏忍冬（*Lonicera attamanni*）、栒子、茶藨子等，草类有羊角芹（*Aegopodium alpestre*）、丘陵老鹳草、乳苣（*Cicerbita azarea*）等。它们主要会恢复成雪岭云杉林。

4. 黑桦林

黑桦（*Betula dahurica*）林是集中分布于大兴安岭东坡、东北山地针阔叶混交林区的小叶林，在华北山地高海拔也有所分布，这大致相当于蒙古栎林的分布区，在西伯利亚区加尔湖东岸和远东大部也有分布。黑桦林在大兴安岭分布于海拔 200～600m，在东北山地分布于海拔 200～300m，属于喜光树种，比较耐旱和耐寒，抗冻害，而且因具较厚树皮而抗日灼，所以，一般分布在较干旱的生境，如阳坡和山脊处，成为这种生境下的兴安落叶松、蒙古栎、樟子松林的次生演替树种，土壤为山地草甸灰棕壤，有纯林，也有与白桦、蒙古栎混生的，地位级Ⅲ～Ⅳ，疏密度 0.3～0.5，林下更新以萌生的黑桦、白桦、蒙古栎为主，但有时兴安落叶松更新良好。群落类型有胡枝子蒙古栎黑桦林、毛榛黑桦林，间或有草类黑桦林。胡枝子蒙古栎黑桦林是胡枝子蒙古栎兴安落叶松林的次生类型，其林内植物组成都相同于该林型的兴安落叶松林，多分布于阳坡、半阳坡，生境干燥，土层含石砾较多，但排水良好，下木层以二色胡枝子为优势，盖度达 30%，此外有欧亚绣线菊等，草本植物多旱生性，如羊胡子薹草、叉菊委陵菜（*Potentilla tenecetifolia*）、三叶草（*Trifolium lupinaster*）、大羽茅（*Stipa sibirica* var. *pubicalyx*）、大叶章、野豌豆（*Vicia tenuifolia*）、芍药（*Paeonia albiflora*）、败酱（*Patrinia rupestris*）等。毛榛黑桦林，为中生或中生偏旱的生境，林下毛榛盖度60%，草本层以薹草、黄芩（*Scutellaria baicalensis*）、铃兰、轮叶沙参、山萝卜（*Scabiosa fischer*）、白头翁（*Pulsatilla patens*）等中生或耐旱宽叶草本植物为主，也有蒙古栎林下的代表性植物，如白藓、长白沙参、块根老鹳草（*Geranium dahuricum*）等。黑桦林经常与蒙古栎混生，在演替系列上最终将让位于蒙古栎林，或在湿润生境下有可能演替为兴安落叶松林。华北山地在海拔1200～1800m的中山阴坡山地棕壤上可分布有黑桦林，常与山杨、白桦混生，还有少量辽东栎，林型以毛榛黑桦林为主，疏密度0.5～0.7，地位级Ⅳ，下木层毛榛盖度70%，还有六道木（*Abelia biflora*）、柔毛绣线菊、太平花（*Philadelphus pekinensis*）、红丁香（*Syringa villosa*）、蓝靛果（*Lonicera coerulea* var. *edulis*）等华北区系成分的种类。草本层以阴地薹草（*Carex planiculmis*）、舞鹤草、珠芽蓼（*Polygonum viviparum*）。它们是较高海拔处的青杆和华北落叶松（*Larix principis-rupprechtii*）林的次生演替群落，也是较低海拔处的蒙古栎和辽东栎林的次生演替群落。黑桦林群落的生态系列图可见图2-15，在生态系列上，黑桦林无湿润类型，基本上是中生偏干旱和干旱的生境类型（图2-15）。

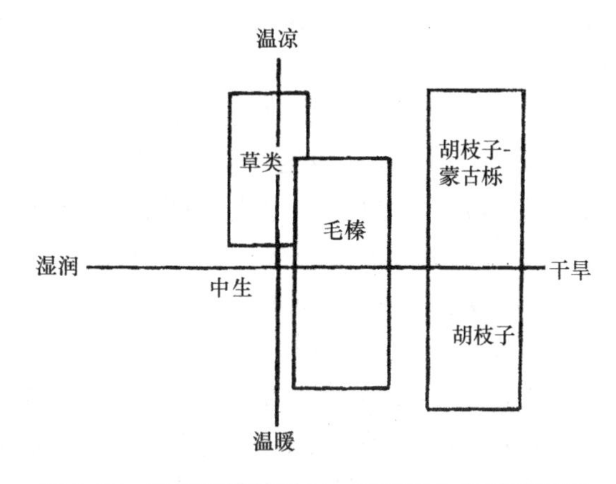

图2-15　我国黑桦林系组、林型组生态系列图解

5. 疣皮桦林、天山桦林

疣皮桦（*Betula pendula*）林和天山桦（*B. tianschanica*）林是我国干旱区山地天山、阿尔泰山的具次生演替地位的两种小叶林，分布面积小。疣皮桦林仅限于阿尔泰山西南坡，天山东部北坡、博格达山、喀尔雷克山北坡，以及准噶尔西部巴尔鲁克山，以散生多见，但也有小块纯林，位于针叶林带中下部，是西伯利亚落叶松林，或西伯利亚云杉林的次生演替树种。林型有灌木疣皮桦林（有称蔷薇绣线菊疣皮桦林的，《新疆森林》），下木层盖度50%或以下，以多刺蔷薇（*Rosa spinossima*）、石蚕叶绣线菊、忍冬、栒子等为主，草本植物以足状薹草、唐松草、花荵（*Polemonium coeruleum*）、三叶草、香豌豆、乳苣、广布野豌豆（*Vicia cracca*）、加拿大早熟禾（*Poa compressa*）等草甸植物为主。其他群落类型似有溪旁疣枝桦林。天山桦林分布于天山雪岭云杉林带，可形成小片天山桦次生林，有时与小叶桦（*B. microphylla*）混生，据调查，还可有雅氏桦（*B. jamolenkoana*）、

曲桦（*B. procurva*）混生，为何有较多种的桦属种混生，是否是中亚山地丰富的小叶林树种和小叶林类型的反应，待进一步研究。

天山桦林是唯一分布在新疆山地的，基本上替代雪岭云杉林的演替次生群落，喜光性强，不耐庇荫，分布于天山北路，在天山南路山地、准噶尔西部山地南部、博乐谷地和准噶尔阿拉套山，也有少量分布，向东可及祁连山西段，呈小块状林。天山西部伊犁山区是天山桦适生的地方，分布海拔 1400～1800m，天山桦发育良好，树形高大，经常与雪岭云杉、山杨混交。在天山东端的喀尔雷克山，因气候更加干旱寒冷，天山桦分布上升至海拔 1800～2000m，生长不良，树形矮小，高约 5m。天山桦林一般郁闭度 0.6 以下，20 年生，林高 15m 以上，林型主要有灌木天山桦林、草类山杨天山桦林、雪岭云杉天山桦林和溪旁天山桦林。灌木天山桦林以伊犁河谷山地常见，阴坡土壤山地灰褐色森林土，土层厚，多黄土母质，林分郁闭度 0.4 左右，上下木层明显，种类多，有天山花楸、稠李（*Padus racemosa*）、山柳、红果山楂、阿尔泰山楂（*Crataegus chlorosarca*）、准噶尔山楂（*C. songorica*）、天山卫矛（*Euonymus semenovii*）、黑果小檗（*Berberis heteropoda*）、多种忍冬、栒子等。草本层有乳苣（*Cicerbita azurea*）、水杨梅（*Geum aleppicum*）、一枝黄花（*Solidago virgaurea*）、林地水苏（*Stachys sylvatica*）、益母草（*Leonurus heterophyllus*）、牛至（*Origanum vulgare*）、新疆鼠尾草（*Salvia deserta*）、林地早熟禾（*Poa nemoralis*）、白蘚（*Dictamnus dasycarpus*）等。草类山杨天山桦林，或草类雪岭云杉天山桦林，林下灌木稀少，有蓝果忍冬（*Lonicera caerulea* var. *edulis*）、刚毛忍冬（*L. hispida*）、黑果小檗、阿尔塔蔷薇（*Rosa albertii*）、天山卫矛、毛叶水栒子（*Cotoneastor submultiflorus*）等。草本层较发达，有短柄草、鹅观草（*Roegneria kamoji*）、高山羊角芹（*Aegopodium alpestre*）、香豌豆、蓝花老鹳草（*Geranium pseudosibiricum*）、一枝花等中生和中生偏旱的种类。溪旁天山桦林主要在伊犁山区海拔 1300～1800m 中山带河谷和河滩地带，通常沿河成小块或断续带状的分布，土壤为冲积、坡积母质上发育的褐土，肥沃，湿润，但排水良好。天山桦林高约 15m，伴生树种有密叶杨（*Populus talassica*）、个别雪岭云杉，小乔木有新疆野苹果、天山花楸、稠李、山楂等，下木层有柳、水柏枝（*Myricaria dahurica*）、多种忍冬、欧荚蒾（*Viburnum opulus*）、天山卫矛、伊犁小檗（*Berberis nummularia*）、水栒子等。林下草本植物有中生的和湿生的种类，如薹草、乳苣、龙芽草、水杨梅、六齿卷耳（*Cerastium cerastoides*）、露珠草（*Circaea lutetiana*）、圆叶鹿蹄草、单侧花、独丽花、手掌参（*Gymnadenia conposea*）等。

6. 红桦林

红桦（*Betula albo-sinensis*）林在我国西南山地及甘肃白龙江、秦岭、华北亚高山和中山森林植被及其演替动态中占有重要位置，是落叶松、云杉、冷杉等属树种的重要演替树种，它还广泛分布于黄土高原山地和四川盆周山地，因此，它不仅是亚高山落叶松、云杉、冷杉、铁杉等属树种群落的演替树种，也是许多松类如油松、华山松、高山松、巴山松等和一些高山栎类的演替更新树种。它们分布海拔范围很宽，但总的来讲，比白桦林分布要高一些。红桦常与其他针叶、阔叶树种混交，也有纯林群落。红桦要求温凉湿润生境，在干旱生境及迎风山坡和山脊很少生长。红桦一般生长较迅速，材质细致，是优良的家具、胶合板材。红桦林在防止水土流失，并在原始天然林采伐后迅速占领迹地保持森林环境等有重要作用，红桦次生林还为一些针叶林群落恢复创造了林下更新的重要的庇荫条件。红桦在华北山地可谓分布的北界，在北京百花山海拔1600～2500m有分布。在百花山山顶薹草草甸往下，几无针叶林带，往下可见明显的红桦林带，基本上是红桦纯林，但常见伴生黑桦、山杨和坚桦（*Betula chinensis*），这主要是由于针叶林带长期被破坏而形成的稳定的次生林带。在一些山体不够高的华北山地，一般常缺少针叶林带，而山顶开始于红桦、黑桦、山杨、山柳和辽东栎所构成的杨桦栎林带，由此往下进入低山杏、荆条等次生灌丛带。这些红桦林通常混生云杉、青杆、臭冷杉、花楸等，主要是青杆、臭冷杉或华北落叶松林的次生群落。林型为灌木红桦林，下木有六道木（*Abelia biflora*）、五台忍冬（*Lonicera hungeana*）、毛榛、悬钩子、蓝果忍冬、大叶杜鹃、百花山花楸等，草本植物有唐松草、北升麻（*Cimicifuga dahurica*）、薹草、地榆、乌头、鹿蹄草等具明显华北区系的成分。但在阴向山坡上，下木层中大黄柳会占明显优势，形成灌木林型组的大黄柳红桦林，混生有黑桦、坚桦，林下大黄柳（*Salix rehdeara*）占优势，此外有大丁香、藏花忍冬、六道木、百花山花楸和少量的毛榛、二色胡枝子、大叶小檗（*Berberis* sp.）、刺五加（*Acanthopanax senticosus*）等，草本植物有阴地薹草（*Carex lanceolata*）、宽叶薹草（*C. siderosticta*）、圆叶鹿蹄草（*Pyrola rotundifolia*）、京假报春花（*Cortusa marthiolii* var. *pekinensis*）、梅花草、七瓣莲、羽节蕨（*Gymnocarpium longulum*）、圆齿蹄盖蕨（*Athyrium* sp.）、白花碎米荠（*Cardamine leucanthe*）、七筋姑（*Clintonia udensis*）、华山乌头（*Aconitum sinomontanum*）和牛扁（*A. ochranthum*）等。

秦岭山地海拔2200～2700m及以上的南北坡，即太白落叶松、太白冷杉林带和海拔1300～2300m的松栎林带之间有一个以红桦林为主的落叶阔叶林带，土壤为山地暗棕壤或棕壤，这是太白冷杉林破坏后形成的红桦次生林，但有些学者认为此带上部的红桦林有属原生林类型的可能。这里的红桦林林型有箭竹红桦林，一般为纯林，混生有太白冷杉、山杨或牛皮桦，土壤为山地暗灰棕壤，地位级Ⅲ～Ⅳ，疏密度0.5～0. 7，林下箭竹高达2m，盖度50%～70%，此外有映山红（*Rhododendron mariesii*）、北方绣线菊（*Spiraea fritschiana*）等，草本植物有山荻、龙芽草、沙参、马先蒿等。林下红桦更新差，草类红桦林主要分布在阳坡、半阳坡土壤较深厚处，肥力较高，疏密度0.5～0.8，纯林，地位级Ⅲ～Ⅳ，每公顷蓄积量140～160m^3，40～60年的树高达48m，林下下木层不甚发育，主要种有荚蒾、绣线菊、藏刺榛（*Corylus ferox* var. *tibetica*）等，草本层有蕨类、薹草、鹿蹄草、对叶细辛（*Asarum caulescens*）、红升麻（*Cimicifuga* sp.）等，土壤为山地灰棕壤，林下红桦更新不良，但有少量华山松、冷杉、云杉幼苗幼树，今后有可能发展为冷杉、云杉或华山松和阔叶树的混交林，并逐步恢复成针叶林。秦岭的红桦林群落已具有西南亚高山红桦林的若干特征，如在植物组成和土壤等方面，是华北红桦林向西南红桦林群落过渡的特征。

红桦的一个变种牛皮桦（即毛枝红桦，*Betula albo-sinensis* var. *septentrionalis*）的林分在秦岭、川西及藏东南都有分布。牛皮桦林通常分布于红桦林带的上部，位于陡崖、陡坡上或土壤很薄的缓坡上，即其他树种难以生存的生境下，树干弯曲，林冠疏散、不整齐，但群落稳定，有的学者认为是原生类型的群落，林型有草类牛皮桦林，在秦岭北坡分布较常见，分布以阴坡为主。80年树高15～16m，疏密度0.3～0.7，地位级Ⅳ～Ⅴ，每公顷蓄积量100m^{3}左右。林下有牛皮桦的更新，表明了群落的稳定性。下木层稀疏，有陕甘花楸（*Sorbus koehneana*）、冰川茶藨子、陇蜀杜鹃（*Rhododendron przewalskii*）、秀雅杜鹃（*Rh. concinnum*）、太白杜鹃（*Rh. purdomii*）、川滇绣线菊（*Spiraca schneideriana*）、南方六道木（*Abelia dielsii*）、中华柳（*Salix cathayna*）、五台忍冬（*Lonicera kungeana*）等。草本层发育，有大花糙苏（*Phlomis megalantha*）、升麻（*Cimicifuga foctida*）、赤芍药（*Paeonia veitchii*）等，还有膨囊薹草（*Carex lehmanii*）、具腺香茶菜（*Robdosia nervosus*）、假冷蕨（*Pseudocystopteris spinulosa*）、多穗石松（*Lycopodium annotinum*）、川陕风毛菊（*Saussurea licentiana*）、独花草（*Kingdonia uniflora*）、对腿堇菜（*Viola acuminata*）、窄头橐吾（*Ligularia stenocephala*）、对头参（*Polygonatum roseum*）、山酢浆草（*Oxalis griffithii*）等，可以看出华北和西南亚高山成分的相互渗透。土壤为山地暗棕壤。

在湖北神农架海拔1600～2300m有一个针阔叶混交林带，有红桦林的分布，它是冷杉林、华山松林的次生演替群落，分布以阴坡为主，与阳坡的巴山松林、栎林形成明显的对照。

在川西、滇西北亚高山带、中山带的红桦林分布在海拔2400～3500m，在其分布带的上部，红桦林主要是云杉、冷杉林（如岷江冷杉、鳞皮冷杉、粗枝云杉、丽江云杉等）的演替次生群落，而稍下，红桦则主要是铁杉林、松林、栎林的更替树种，因此，其林型也随原树种群落的类型而异。通常，箭竹云杉、冷杉林、箭竹铁杉林的演替群落类型是箭竹红桦林，混生有槭、白桦、花楸（*Sorbus microphylla*）、野樱桃（*Prunus* sp.）等常见的乔灌木种。在西南高山山地，不像在秦岭山地有一个明显的红桦林带，但有一个红桦占重要成分的针阔叶混交林带。箭竹红桦林，或箭竹槭红桦林，地位级Ⅱ～Ⅲ，每公顷蓄积量100～150m^3，41～50年林分可高16m，材积生长率为4.2%～6.3%，平均年生长量 5m^3/hm^2。土壤为山地棕壤，土层深厚，厚度可达120cm，腐殖质含量高。林下红桦更新不良，有少量槭、山杨、紫果云杉、粗枝云杉、冷杉、华山松或锐齿栎等幼苗，随原森林群落的种源而定。下木层除箭竹盖度可达50%～90%外，还有青荚叶、平枝灰栒子（*Cotoneaster horizontalis*）、荚蒾、南方六道木、胡颓子（*Elaegnus pungens*）、卫矛、斑点杜鹃（*Rhododendron* sp.）、木姜子（*Litsea* sp.）等，草本层盖度50%，以箭竹针叶林下喜湿润和中生的种类为主。另外一普遍的林型是菝葜红桦林，分布在海拔2800～3000m阴坡中下部，山地暗棕壤，腐殖质层厚，是菝葜粗枝云杉林、铁杉林破坏后形成的，混生有槭、橿子栎等，50年生红桦树高15m，每公顷蓄积量100～150m^3。下木层以圆叶菝葜（*Smilax cyclophylla*）、总状花山蚂蝗（*Desmodium spicatum*）、短叶锦鸡儿（*Caragana brevifolia*）等为主，林下天然更新有粗枝云杉、铁杉等幼苗，林窗和林缘有华山松幼树。

藏东南山地未见有红桦林分布的记载，看来红桦分布止于横断山区，在藏东南山地白桦显著地在暗针叶林演替系列中占有重要地位。

我国红桦林群落的生态序列图可见图2-16。

7. 其他桦林

桦属中在森林群落演替中有一定意义的还有糙皮桦、光皮桦、高山桦等，但它们分布都比较狭小，而且限于一定生境，如糙皮桦林常分布于山坡下部、河谷沿岸土壤肥沃湿润处等。糙皮桦是以川西北、滇西北、藏东南为分布区的树种，垂直分布范围与红桦

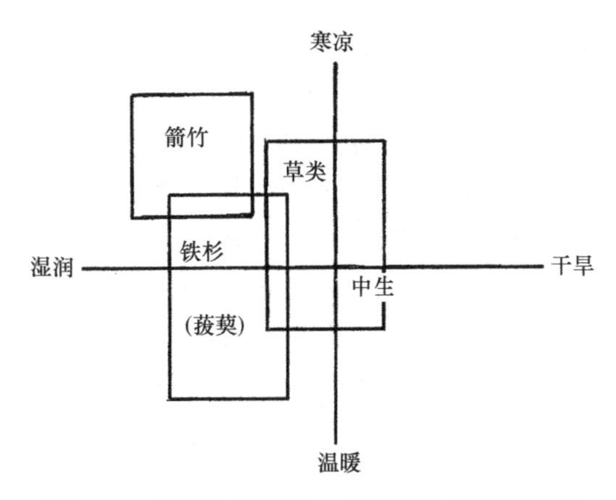

图 2-16　我国红桦林系、林型组生态系列图解

相似，见于亚高山带、中山带，是云杉、冷杉和铁杉的演替更新树种。在川西分布为海拔 1900～3900m，主要在 3000～3500m，山地棕壤，土壤肥沃，弱酸性至酸性，pH 5.8 左右，表土层盐基代换含量高，林分生长力高。糙皮桦林带混生有一些冷杉、云杉、落叶松，较低海拔则混生有铁杉、云南铁杉、油麦吊云杉、几种槭等。林型有灌木糙皮桦林，主要分布在半阴坡、阴坡，常纯林，疏密度 0.5～1.0，地位级Ⅱ～Ⅳ，下木层发育明显，主要种有柳叶忍冬（*Lonicera lanceolata*）、长叶溲疏（*Deutzia longifolia*）、毛樱桃（*Prunus tomentosa*）、猕猴桃叶藤山柳（*Clematoclethra actinodioides*）等，是湿润中生性灌木种，草本层盖度 40%～70%，有冷水花（*Pilea japonica*）、发叶鳞毛蕨（*Dryopteris fibrillosa*）、拉拉藤（*Galium trifidum*）等耐阴湿种。苔藓层盖度 40%～70%，以羽藓、毛梳藓等为主。箭竹糙皮桦林是更为凉湿的生境，是箭竹冷杉林破坏后形成的次生林，一般分布在海拔 2600～3400m，山地棕壤，地位级Ⅱ～Ⅲ，疏密度 0.5～0.8，林下更新以冷杉为主。箭竹盖度大于 50%，高 2～4m，其他下木有少量荚蒾、忍冬、菝葜等。草本稀疏，有鳞毛蕨、薹草、冷蕨、荨麻、凤仙花等，苔藓呈块状分布，见羽藓、拟垂枝藓、锦丝藓等。菝葜糙皮桦林是菝葜冷杉林和铁杉林的演替次生类型，地位级Ⅱ～Ⅲ，林下有密集的圆叶菝葜下木层，其他下木种类有柳叶忍冬、桦叶荚蒾（*Viburnum betulifolium*）、木帚栒子（*Cotoneaster dielsianum*）等。草本植物以耐阴湿种为主，草本层盖度 40%～90%，有发叶鳞毛蕨等。苔藓层盖度 10%～40%，有锈色羽藓（*Thuidium rubiginosum*）、毛梳藓、曲尾藓、赤茎藓等。糙皮桦林下更新以针叶树为主，在林窗下、林缘有糙皮桦幼树，可以指望糙皮桦林在较高海拔恢复为云杉林或冷杉林，在较低海拔恢复为铁杉混交林。

巴山和秦岭有小面积光皮桦（*Betula luminifera*）林的分布，分布在海拔 1100～2100m 处，是桦属中分布海拔较低的一个树种，但仍属于演替上更替华山松、铁杉等的林分，也以沟谷底部两岸，或阴坡下部土壤肥沃湿润的生境为主，土壤为山地暗棕壤，林木生产力高，疏密度 0.6～0.8，地位级Ⅰ，林下灌木层有荚蒾、青荚叶、木姜子、茶藨子、棣棠花（*Kerria japonica*）、旌节花（*Stachyurus* sp.）等，层外植物常见有北五味子、猕猴桃、盘叶忍冬（*Lonicera tragophylla*）等。草本层发育，多喜温种类，如荨麻、景天、蕨类、红升麻等，林内天然更新好，有光皮桦、华山松、铁杉、油松等。光皮桦在湖北、四川、贵州、广东、广西山地偶有分布，并常混生于落叶常绿阔叶林，很少形成以它为优势的次生林。

在藏东南山地可见高山桦（*Betula delavayii*）及其变种形成的极少的小面积林分，树形较矮小，仅几米至十余米高，但无普遍的群落学意义，也未见详细记录。

在我国北方暖温带低山丘陵的落叶阔叶小叶林应当提到的是东北山地丘陵、河北山地及中原一些山地也有分布的坚桦（*Betula chinensis*）。坚桦林在华北山地如河北东陵、小五台山、都山，山西雾灵山、五台山、驼梁山，河南西部山区等海拔 1800m 以上地形险陡、土壤瘠薄处有分布，土壤为山地棕壤，树干弯曲，多分枝，林下主要有六道木、照山白（*Rhododendron micranthum*）、三桠绣线菊、柔毛绣线菊、胡枝子、鼠李（*Rhamnus parviflora*）、多花栒子（*Cotoneaster muitiflorus*）等。草本有薹草、地榆、山牛蒡（*Synurus delfoides*）、野菊（*Dendrarnthema indicum*）、鼠掌老鹳草（*Geranium sibiricum*）等，都为华北区系成分。林下更新困难。

二、河谷、河滩地小叶林纲

河谷、河滩地小叶林可视为温带、暖温带或偏及北亚热带河谷、河滩地活水影响条件下的落叶小叶阔叶林，是一种非地带性的植被类型，但其种类往往随一定的适生的因纬度或垂直高度决定的水热条件有一定的分布范围，它们与上述各落叶小叶林的区别在于，它们往往是原生的比较稳定地生长于谷底、河滩地生境之下，不生长于山坡离谷底较远的坡位上，也不会参与坡位上分布的针叶林、针阔混交林的演替系列。它们在大兴安岭有钻天柳（*Chosenia arbutifolia*）林、香杨（*Populus koreana*）林、榆（*Ulmus pumila*）林及东北山地的春榆（*Ulmus davidiana* var. *japonica*）林；分布范围很广的河谷、滩地的各种柳林、杨林（银白杨、苦杨、密叶杨等）。现分别简述如下。

1. 钻天柳林

钻天柳自然分布较广，主要在寒带、寒温带，北界基本与北极圈平行，在我国分布于大兴安岭和东北山地，是其分布区的南部。在大兴安岭，钻天柳林沿大河两侧河漫滩上分布，有纯林，或混生甜杨（*Populus suaveolens*），或与小块甜杨林并存，但一般钻天柳林比甜杨林更贴近河床。在大兴安岭南部海拔 600～700m 及以下河谷林让位于河谷春榆林。钻天柳在小兴安岭河旁已混生于较多的阔叶树种之间，至长白山已几乎无占优势的钻天柳林分。钻天柳林在大兴安岭河谷有时可宽达 100～400m，土壤为冲积母质上发育的生草森林土，肥力较高，地位级Ⅰ，35 年生树高达 25m，每公顷蓄积量 260m^3，偶有伴生兴安落叶松、白桦。下木发育良好，有红瑞木（*Cornus alba*）、稠李（*Padus racemosa*）、柳［粉枝柳（*Salix rorida*）、蒿柳（*S. viminalis*）、毛柳（*S. amygdaloides*）］、山刺玫、花楸、毛接骨木（*Sambucus buergeriana*）、茶藨子（*Ribes procumbens*）、鼠李（*Rhamnus davurica*）、偃茶藨子（*Ribes procumbens*）等。草本层有禾草、荨麻（*Urtica* sp.）、蚊子草（*Filipendula palmata* var. *tomentosa*）、红花鹿蹄草、薹草、小花耧斗菜（*Aquilegia parviflora*）等，以喜湿的宽叶草本为主，在小兴安岭，钻天柳与春榆、赤杨等形成河谷、滩地的春榆、赤杨、钻天柳混交林。

2. 春榆林

春榆林分布也以大兴安岭、东北山地为主。东北山地，春榆林混生相当数量的水曲柳和赤杨，因此常命名为河谷春榆水曲柳林，在滩地、宽河谷中下游分布，土壤为冲积母质上发育的暗棕壤或生草森林土，排水良好，地位级Ⅱ～Ⅲ，树高 20～25m，每公顷蓄积量 300m^3 以上。林下下木层有暴马丁香（*Syringa amurensis*）、光叶山楂（*Crataegus dahurica*）、毛榛子、稠李、五味子、狗枣猕猴桃等。草本层有小叶章、毛缘薹草、蚊子草、猴腿蹄盖蕨、狭叶荨麻等喜湿植物，此类型有恢复成水曲柳、红松混交林的可能。

3. 榆林

榆（*Ulmus pumila*）是分布很广的温带落叶阔叶树种，在中国、蒙古、朝鲜、中亚、西伯利亚都有分布。在中国，天然林已残存不多，以人工栽植为主。在冀北山地，如承德丰宁邓栅子林场，属阴山山系七老图岭南支，海拔 1120m，在河谷滩地和阶地上生长，棕壤，地表在生长季节常有流水，榆林 32 年，树高 20m 左右，每公顷蓄积量 360m^3，林下草本有薹草、野燕麦等。

这一类的河谷落叶阔叶小叶林，还有类似秦岭山地的河谷青杨（*Populus cathayana*）林，分布在秦岭海拔 1200～1600m 的宽河谷河漫滩上，常年有流水，生草森林土，林分混生少量巴山松、华山松、锐齿栎等，林分疏密度 0.3～0.5，地位级Ⅰ～Ⅰ$_a$，15 年生林分高 12m，下木有醉鱼草、柳、丁香、峨眉蔷薇等，草本有白茅、茜草、白芷、楼斗菜等。新疆山地河谷常见的白柳（*Salix alba*）林，一般在海拔 500～700m 的河谷的河漫滩和阶地上成窄带状或块状分布，河滩草甸森林土，林分郁闭度 0.4～0.6，平均树高 13～17m，混生有银白杨（*Populus alba*）、银灰杨（*P. canescens*）、疣皮桦（*Betula pendula*）等，林下灌木少，有山楂、稠李、忍冬等，盖度 20%～40%，林下草本层有拂子茅、芦苇、冰草等。

三、荒漠河岸（吐加依）林纲

这类落叶阔叶小叶林是分布在温带大陆性气候显著，年降水量极少，气候干燥的荒漠区沿河流两岸，因河岸地下水位较高，有条件补给土壤水分才使得在这样干旱的非森林区得以生长的旱生性小叶树种以走廊形式分布。在我国主要是在新疆荒漠区、甘肃疏勒河谷、青海柴达木盆地分布。建群树种有胡杨林、灰胡杨林、白榆林、银白杨林和尖果沙棘（*Elaeagnus oxycarpa*）林等。

1. 胡杨林

胡杨是中亚荒漠区分布最广的荒漠河岸林树种，在我国新疆塔里木盆地、准噶尔盆地、青海柴达木盆地、甘肃敦煌、河西走廊、内蒙古西部、宁夏阿拉善沙漠分布，其中以塔里木盆地的塔里木河流域最为集中，呈走廊式沿河绿洲森林，向东断续地经罗布泊、台特玛湖、哈顺戈壁至甘肃河西走廊西端的额济纳谷地一直至西拉木伦河下游。塔克拉玛干沙漠南缘也有小片分布，向北分布到天山南坡冲积扇下缘，在准噶尔盆地则不集中成带，在玛纳斯河、四棵树河、奎屯河、乌尔禾白杨河、伊吾淖毛湖等河湖旁有小片生长，在垂直分布上差异较大，塔里木盆地海拔 800～1100m，准噶尔盆地海拔 250～750m，伊犁河阶地为海拔 600～750m，帕米尔东坡上升到 2300～2400m，天山南坡海拔 1500～1800m，内蒙古额济纳河谷海拔 900～1060m。胡杨喜分布在荒漠区河流沿岸排水良好的冲积物基质上的森林水成土，性喜阳光，喜温暖并耐寒冷，抗力强，喜略带碱性的沙土，喜湿润但耐大气干旱。胡杨林分布生境主要是内陆河流两岸河漫滩地受洪水淹浸的洼地、阶地、古河床道、间歇性河沟、山前扇缘带、湖泊周围，必须要接近水源，如地下水、夏季洪水供水，或湖泊水的湿润等。土壤一般属于荒漠森林土，有命名为胡杨林土的，可分为河滩地胡杨林土和平原胡杨林土。土壤盐分含量往往随水分供给情况而定，如果长年得不到水的供给，土壤盐分可达 2%以上，高的可达 3%～4%，pH 8～9，富碳酸钙，土壤中易溶性盐类含量高，多属氯化物-硫酸盐类。胡杨是泌盐植物，通过它的生物积盐作用，往往也加重了土壤的盐渍化。胡杨林多为纯林，有时与灰胡杨混交，一般情况下，疏密度 0.3～0.4，在湿润、肥沃的土壤上可达 0.7～0.8，树木高度、林分生产力和蓄积量随土壤水分而异，而土壤水分状况又决定了影响林分生产力的土壤盐渍化程度，在一般情况下，林龄 60～80 年，树高 10m，而条件好的情况下林龄 100 年，树高 15m，而在盐渍化程度高、水分欠缺的条件下则干形矮小，枯梢严重。每公顷蓄积量 50～200m^3。根据生境条件，可分胡杨林群落为 4 个林型组，即河漫滩林型组、阶地林型组、扇缘带林型组和干河床林型组。河漫滩林型组主要是在河漫滩地上，为草甸森林土，或非典型胡杨林土，无盐渍化或稍有盐渍化，有一个季节性（7～8 月）洪水浸润期，土壤湿润，地下水位高，地下 1～2m，矿化度 0. 2～1g/L。具有林下草甸植被是河漫滩林型组的重要群落学特征，通常以苇状拂子茅（*Calamagrostis pseudophragmites*）为优势，或草甸草类组成的草本层，因此，可分为河漫滩苇状拂子茅胡杨林、河漫滩芦苇胡杨林、河漫滩草甸胡杨林。河漫滩苇状拂子茅胡杨林，地下水位高，1～1.5m，矿化度 0.2～1g/L，以河曲凸岸新淤积河滩裸地上形成幼林开始的中幼龄林为主，5 年生林分，林高 2～4m，郁闭度 0.4～0.8，林内有柽柳混生，林下以苇状拂子茅、芦苇为优势。在林分高达 15m 时，柽柳成为第二林层，林分郁闭度 0.5～0.6，地下水位降至 1.5～2m。河漫滩草甸胡杨林，面积较小，林分层次清楚，乔木层胡杨 3～5m，郁闭度 0.2～0.3，下木层以柳为主，有准噶尔柳（*Salix songarica*）、线叶柳（*S. wilhelmsiana*）、西伯利亚小檗（*Berberis sibirica*），偶有梭梭柴（*Haloxylon ammodendron*）、多花柽柳（*Tamarix hohenackeri*）等。盖度 30%，草本层以芦苇、薹草、拂子茅、苦豆子（*Sophora alopecuroides*）等草甸植物为主，层外植物有东方铁线莲（*Clemalis orientalis*）、西伯利亚牛皮肖（*Cynanchum sibiricum*），胡杨的植株上几乎都有铁线莲的攀绕。本类型已比前一类型显示较完整的层次结构和开始呈现的物种多样性。阶地林型组主要分布在离河床稍远稍高的河床阶地上，地下水位 3～4（5）m，林地已普遍发生盐渍化，林分生长受地下水和生物积盐的双重影响，树高 8～15m，郁闭度 0.5～0.8，可划有阶地草柽柳胡杨林，下木层以多枝柽柳（红柳 *Tamarix ramosissima*）为主，还有刚毛柽柳（*T. hispida*）、盐豆木，盖度 30%～40%。草本层以甘草（*Glycyrrhiza uradensis*）为绝对优势，间有骆驼刺（*Alhagi pseudoalhagi*）、罗布麻（*Apocynum venetum*），盖度 30%～40%。甘草、罗布麻盐豆木胡杨林分布在地下水位更深一些的地方，地表积盐 0～20cm，土层全盐可达 1%～2%，下木层以盐豆木占优势，盖度 15%，草本层为抗盐的甘草、大花罗布麻（*Poacynum hendersonii*）、罗布麻、乳苣等，盖度约 25%，层外植物有东方铁线莲。阶地柽柳胡杨林是阶地上相对稳定而且分布广泛的林型，是河漫滩苇状拂子茅胡杨林经过长年河流河道变动，把河漫滩逐渐演变为阶地时的稳定群落，这时林下的柽柳有良好的发育，而生境由于洪水淹不到，或淹时很短，地下水位也降至 4～6m，芦苇和拂子茅都相继衰亡退出，胡杨林分高 14～16m，郁闭度 0.2～0.3，最高 0.5，下木层以多枝柽柳、刚毛柽柳为优势，盖度 30%，草本植物少，层次已不明显，有疏叶骆驼刺（*Alhagi sparsifolia*）等。不少年老的林分已开始衰败，扇缘带林型组是在盆地扇缘带上水分条件较好，但盐分较重的潮湿胡杨林盐土上形成的，地下水位 2m 以下，它有短暂洪水淹没时期，林木生长尚可，郁闭度 0. 3，树高 8～12m，有明显的盐生指示植物。林型有扇缘带芦苇白刺胡杨林，土壤为草甸棕漠林盐土，表土含有 10cm 结皮，林内有固定、半固定的小果白刺（*Nitraria sibirica*）沙丘，间有柽柳和盐穗木（*Halostachys caspica*），林下常见爬地型芦苇，盖度 10%。扇缘带盐穗木胡杨林，郁闭度 0.2～0.3，树高 5～8m，下木的盐穗木较多，高 1m，盖度 20%，有少量柽柳、黑果枸杞（*Lycium ruthenicum*）、盐爪爪（*Kalidium foliatum*）等。草本层有芦苇、花花柴（*Karelinia caspica*）、碱蓬（*Suaeda microphylla*）等盐生植物、盖度不足 5%。扇缘带芨芨草（*Achnatherum splendens*）胡杨林，常与柽柳灌丛、盐穗木灌丛等相间分布，林分高 7～9m，郁闭度 0.2，林下芨芨草显著，此外还有盐生草甸类植物和一年生草本植物种类乃至短命植物出现，如小獐茅（*Aeluropus littoralis*）、甘草、博乐蒿（*Artemisia borotalensis*）、叉毛蓬（*Petrosimonia sibirica*）、小叶碱蓬、同齿樟味藜（*Camphorosma monspeliaca* subsp. *lessingii*）、尖翅地肤（*Kochia odontoptera*）等，以及春雨型短命植物弯果胡卢巴（*Trigonella arcuata*）、旱麦草（*Eremopyrum triticeum*），说明了本类型与盐生草甸和荒漠的联系。干河床林型组主要生境特征是在干河床上，失去地下水源补给，干旱条件下荒漠化强烈，风蚀严重，疏林状，土壤为沙质灰漠林土，胡杨林下以梭梭柴、少数柽柳为主，高 2m 或以上，心空，林相衰败，树高 5～6m，还有小灌木无叶假木贼（*Anabasis aphylla*）、琵琶柴（*Reaumuria soongorica*），草本植物有角果藜（*Ceratocarpus arenarius*）、碱蓬等。

由上述各群落类型看，它们所构成的生态系列，不仅是生境上（水分、盐渍化）的梯度系列，而且也与因造成此种生境梯度系列有关的河道变迁所形成的不同阶段有联系，它们虽然有着时间上缓慢发展的演替关系（也可视为一种演替序列），但由于过程极其缓慢，各阶段相对稳定，因此仍然可以把这一群落类型的系列视为生态系列。现可归纳为图 2-17 和表 2-4。

2. 灰胡杨林

灰胡杨分布以中亚为中心，在荒漠中依地下水而生存，在我国新疆也有分布，天然分布于塔里木盆地西南部叶尔羌河、喀什河、和田河一带，向东分布至拉依湾阿拉尔、奥干河，南抵若羌瓦石峡之西，北达达坂城白杨河。其分布区比胡杨小。垂直分布范围在叶尔羌河为海拔 800～1100m。灰胡杨为强喜光性树种，在种子萌发或根蘖产生幼株到成长，都需要全光照，它比胡杨喜湿润，虽然有一定耐旱能力，但不像胡杨能在荒漠的干河床上生存。灰胡杨在荒漠河滩的河漫滩和沿河流地下水位 1～3m 的土壤上有纯林，10 年生，平均树高 4m，一般林分郁闭度 0.8，在阶地上，由于地下水位下降，生长缓慢，10 年生平均高 4m。灰胡杨由于喜暖，在较寒冷的准噶尔盆地很少能生存，分布以集中于太阳辐射值最高的叶尔羌河一带，灰胡杨耐盐碱能力不及胡杨，因此，在中度盐渍以上的立地就逐渐让位于胡杨林。因此，灰胡杨林的群落类型，可以有胡杨林那样的河漫滩林型组、阶地林型组（但分布区比较集中于塔克拉玛干荒漠的叶尔羌河流域），缺乏扇缘带组和干河床组，河漫滩组有河漫滩拂子茅灰胡杨林，林地常有洪水过境和浸润，湿度高，盐分较轻，幼龄林居多，10 年生树高 3.5m，郁闭度 0.6，林下可见柽柳、沙枣、沙棘等，下木层盖度 20%～30%。草本层以苇状拂子茅为优势，其他有芦苇、罗布麻、光果甘草（*Glycyrrhiza glabra*）、胀果甘草（*G. inflata*）、苦豆子（*Sophora alopecuroides*）等，盖度约 30%。河漫滩芦苇灰胡杨林，在巴楚泽河，和田河河曲地形发育，7～8 月河水淹没林地。35 年生林分，树高 13m，郁闭度 0.6，下木层因林分盖度较大而不甚发育，但可见较多柽柳。草本层盖度 15%～20%，芦苇占优势，有少量甘草、罗布麻等，层外植物有西伯利亚牛皮肖，阶地林型组有阶地罗布麻盐豆木灰胡杨林，在叶尔羌河分布较广，地下水 3m 以下，盐渍化中等，林分郁闭度 0.3～0.5，林分高 6m，伴生有胡杨，林下灌木以盐豆木较多，少量多枝柽柳，盖度 13%，草本层以中生耐旱的种类为主，有罗布麻、甘草、芦苇、花花柴等，盖度 10%，层外植物有西伯利亚牛皮肖、天门冬。阶地有甘草罗布麻灰胡杨林，地下水位 4m 以下，地表上已强盐化，灰胡杨平均树高 8m，郁闭度 0.4，已混生较多胡杨，灌木少，有柽柳。草本层有甘草、罗布麻，盖度 8%，盐分更高的生境下还有花花柴、盐穗木、盐爪爪等。阶地有柽柳灰胡杨胡杨混交林，在叶尔羌河上游的和田河口向南，有较广的分布，主要在较高阶地上，已由灰胡杨林向胡杨林过渡，两者在组成上大抵各半，郁闭度 0.4，林木高 3～8m，地下水位 4～6m，林下灌木稀少，仅有柽柳等，草本植物也稀少，有甘草。其群落类型生态系列图类似胡杨林的生态系列，但缺少干河床组和扇缘带组。

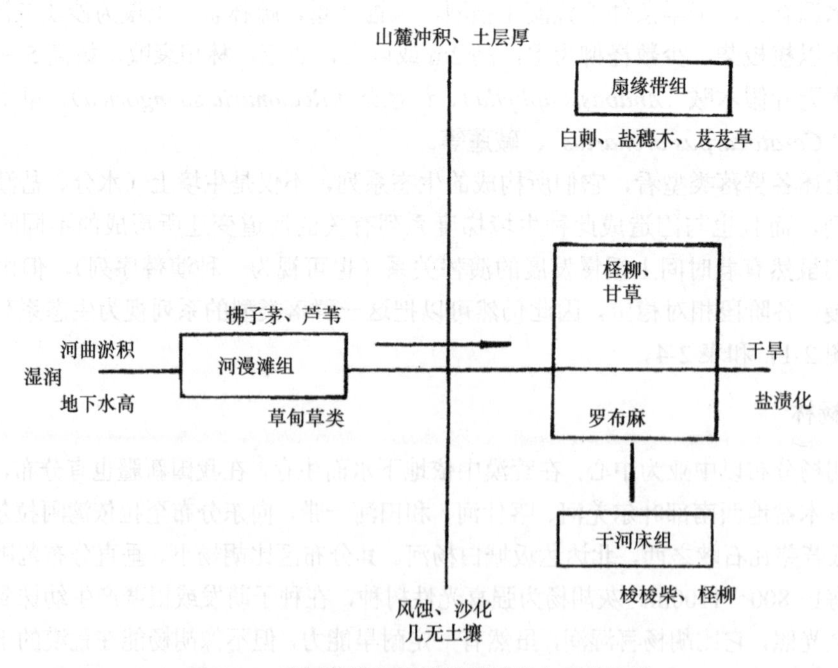

图 2-17　我国荒漠胡杨林林型组生态系列图解

表 2-4　我国胡杨林群落类型特征表

	群落类型	分布地形位置	主要分布区	地下水位	盐渍化（盐分）	林分状况树高/郁闭度
河漫滩组	拂子茅胡杨林	河漫滩地	塔里木河	1～1.5m	0.2%以下	3m/0.4～0.8
	芦苇胡杨林	河漫滩地	塔里木河中游、四樟树河	1.5～2.0m	0.2%	15m/0.5～0.6
	草甸胡杨林	河漫滩地	（白杨河）	1.5～2.0m	0.2%	3～5m/0.2～0.3
阶地组	甘草柽柳胡杨林	阶地	塔里木河上、中游	3m	0.7%以上	8～9m/0.5～0.8
	罗布麻盐豆木胡杨林	阶地	塔里木河	4m	0.5%～0.7%	14～15m/0.5～0.7
	柽柳胡杨林	阶地冲积平原	准噶尔盆地各河流	3～4m	0.7%以下	14～16m/0.2～0.5
扇缘带组	白刺芦苇胡杨林	扇缘带	塔里木盆地	2m 以下	3%～4%	12m/0.3
	盐穗木胡杨林	扇缘带	塔里木盆地（低洼地）	6～8m	5%	5.8m/0.2～0.3
	芨芨草盐柴胡杨林	扇缘带	准噶尔盆地	6～8m	5%	7～9m/0.2
下河床组	柽柳胡杨疏林	沙漠古河床	塔里木盆地	10m 以下	2%～3%	/<0.2
	梭梭柴胡杨疏林	沙漠	乌苏沙漠	10m 以下	2%～3%	5～6m/<0.2

3. 尖果沙枣林

尖果沙枣也是荒漠河岸林的建群树种之一，生长迅速，人工栽植常用于薪炭林和防护林，也有饲料价值。尖果沙枣林天然分布于新疆塔里木河中上游，准噶尔盆地西部诸河流，以及玛纳斯河、奎屯河、古尔图河、四棵树河的中下游及艾比湖、伊犁河等地，在额尔齐斯河、乌伦古河、伊吾河及天山北路山间河谷也有少量分布。其垂直分布范围在塔里木河中上游为海拔 1000m 以上，天山北路中部山间河谷达海拔 1200m，而在准噶尔盆地西部各河流中下游则在海拔 200～400m。尖果沙枣喜光，喜温且耐寒、耐大气干旱，适应性强，在砾质土、沙质土、壤土、盐碱土上都能生长，耐盐碱，但以土层深厚、肥沃、湿润、排水良好的河岸沙壤土上生长最适宜，因此，较喜生于河滩、河岸阶地、湖盆和地下水位高的古河床，有地下水和径流水补给的生境。群落类型可有河漫滩草甸尖果沙枣林，以小块状分布在河滩、低河阶地，土壤为沙壤质轻盐化荒漠草甸土，林分稀疏，郁闭度 0.4～0.6，树高 6～8m，伴生有若干胡杨、准噶尔柳等，灌木少，有多枝柽柳、线叶柳等，草本层主要是荒漠草甸类植物，为苦豆子、芦苇、大花罗布麻、薹草等，这是本类型的特征。禾草准噶尔柳尖果沙枣林，分布在河岸、河滩和河流泛滥地上，沙壤质草甸土，林下灌木有多枝柽柳、线叶柳等，草本层以草甸性草类为主，以禾草为优势，盖度 60%以上，本类型水分状况好，在伊犁河谷还有小叶白蜡（*Fraxinus sogdiana*）、天山槭（*Acer semenovii*）伴生，有较高的物种多样性。多枝柽柳尖果沙枣林，主要分布在山麓前倾斜平原河流的冲积洪积低阶地上的沙质、沙壤质、灰棕色荒漠土或棕钙土上，无盐渍化或个别地段有轻度盐渍化，林分发育良好，树高可达 5～6m，林下多枝柽柳高 1m，还有刚毛柽柳、疏穗柽柳（*Tamarix laxa*）、沙棘等，林下草本有赖草（*Leymus secalinus*）、冰草（*Agropyron cristatum*）、苦豆子、芦苇等。梭梭尖果沙枣林，分布在高阶地，地下水位多在 5m 左右，主要依靠径流水存活，土壤为冲积或洪积灰棕色荒漠土，有时覆盖流沙，土壤较干旱，通常无盐渍化，林分发育良，稀疏，郁闭度 0.2 左右，梭梭高 4～5m，尖果沙枣高 6～7m，林下灌木少，有刚毛柽柳、多枝柽柳等，草本植物有长喙牻牛儿苗（*Erodium haofftianum*）、白茎盐生草（*Halogeton arachnoideus*）、角果藜、猪毛菜（*Salsola* spp.）等荒漠性种类。胡杨尖果沙枣林是小块状与胡杨林交互分布的混交林，林地土壤为沙壤质草甸土，或荒漠森林土，水分状况较好，地下水位高 1～2m，通常无盐渍化，郁闭度 0.3～0.4，尖果沙枣高 8～10m，但通常随年龄逐渐被胡杨所排挤，形成柽柳胡杨林。

第七节　松　　林

我国松属共有 25 种，人工引种栽培的已有 15 种以上。我国松属的单维管束亚属（即“五针松类”）有 11 种，计有红松（*Pinus koraiensis*）、西伯利亚红松（新疆五针松 *P. sibirica*）、偃松（*P. pumila*）、华山松（*P. armandii*）、大别山五针松（*P. dabeshanensis*）、海南五针松（*P. fenzeliana*）、乔松（*P. griffithii*）、台湾五针松（*P. morrisonicola*）、华南五针松（*P. kwangtungensis*）、白皮松（*P. bungeana*）、西藏白皮松（*P. gerardiana*）；双维管亚属（即“二针松类”）有 14 种：西藏长叶松（*P. roxbourghii*）、赤松（*P. densiflora*）、

兴凯湖松（*P. takahasii*）、巴山松（*P. henryi*）、樟子松（*P. sylvestris* var. *mongolica*）、长白松（*P. syvestriformis*）、高山松（*P. densata*）、油松（*P. tabulaeformis*）、马尾松（*P. massoniana*）、海南松（*P. latteri*）、黄山松（台湾松，*P. taiwanensis*）、黑松（*P. thunbergi*）、云南松（*P. yunnanensis*）、思茅松（*P. kesiya* var. *langbianensis*）等，其中分布成优势建群群落的有10余种。在东北林区有红松、长白松、樟子松、偃松（呈灌木状）；大兴安岭除樟子松林，还有小片西伯利亚红松林被发现；华北有油松，主要是次生林，还有小片白皮松林；华中有马尾松、巴山松、华山松；华东山区有黄山松；华南有马尾松、华南五针松；海南有海南松、海南五针松；西北阿尔泰山有西伯利亚红松；西南山地有思茅松、高山松、云南松等；台湾有黄山松、台湾五针松；西藏东南部有高山松、乔松、华山松和云南松。在群落分类上，《中国植被》把松属的松林按气温带划分为：①寒温性的，如樟子松林、西伯利亚红松林等；②温性的，有红松为优势的红松针阔叶混交林；③暖性的，有马尾松林、云南松林、乔松林、思茅松林；④热性的，如海南松林。

根据吴中伦于1994年（未发表资料）的研究，松属的单维管及双维管亚属虽然是发生学与形态学上的重要区别，但在生态学上两个亚属也各有特点，如双维管亚属的种（二针松类）都耐贫瘠，喜沙质壤土，多数要求排水良好，喜全光照，不耐荫蔽，果实成熟后易开裂，种子小，具较长翅，多随风飞扬，有“飞子成林”的现象，是很好的先锋树种，种子飞落在荒地、采伐迹地或火烧迹地，甚至岩缝岩隙，都可以在这些生境较严酷（土壤瘠薄、干旱）的情况下萌发生长，而且根系发达，有良好的共生菌根，增强了其在恶劣环境下生存的能力。二针松类木材比较坚硬。单维管亚属的种（即五针松类），一般要求肥沃的土壤，树皮及小枝光滑，反映其抗旱性弱，要求湿润生境，幼苗需要庇荫，可在林冠下更新，但幼树以全光下生长为好。多数种的种实较大，无翅或翅不发达，依靠动物搬运或重力落滚来传播。单维管亚属种的群落分布一般面积小，分散，不成大片，而种的分布区往往也呈片断分布，不连续。因此，两类松在与形态学特点相联系的生态学特征，以及生存竞争策略和行为也不同，可以作为生态学基础进行群落学分类的一个自然基础。在此基础上再结合热量需求等地理分布自然特征和生境特征进行研究就比较合理。

一、松林的地理分布

我国西北隅的阿尔泰山有西伯利亚红松林的分布，这是西伯利亚红松分布区的最南部，伸入我国阿尔泰山西北喀纳斯河和库姆河上游地区。在大兴安岭也记载有西伯利亚红松林少量而偶见的分布。大兴安岭最重要和最具优势的是樟子松林，在大兴安岭北部有较大面积分布，在中部、南部则有零散小面积生长，西侧呼伦贝尔草原的沙丘山有天然的沙地樟子松林，由锡尼河始，沿伊敏河至辉河上游和哈拉哈河，在地下水条件好的地方，呈断续的带状分布。小兴安岭、长白山、完达山等东北山地则有红松为优势的针阔混交林，与俄罗斯远东部分的南部一起，是红松林的中心分布区，其余则在朝鲜北部也有分布。根据陈大珂等研究，我国东北红松林可按纬度（即热量的递减）分为三大亚区，即南部亚区，以长白山主脉为中心，北至张广才岭，为喜温类型，混生沙冷杉、鹅耳枥等；中部亚区，以小兴安岭南坡为主要分布中心，与风桦、水曲柳等多种阔叶树混交，是典型的阔叶树与红松的针阔叶混交林；北部亚区以小兴安岭北纬48°一线为南界，混生有较多的鱼鳞云杉、臭冷杉等针叶树混交，与远东地区更为相似。在东北山地还有长白松，这是由欧洲赤松（*Pinus sylvestris*）最近分出的一个地理近缘种（*P. sylvestriformis*），分布范围狭小，主要限于长白山北坡海拔800～1600m处，有小片纯林，也有与红松、鱼鳞云杉混生的林分。在黑龙江东部、吉林长白山、辽宁中部至辽东半岛，向南延伸至胶东、苏北云台山区有赤松林分布，反映了与日本、韩国、朝鲜、苏联滨海地区赤松林分布区的联系。在黑龙江东南部兴凯湖区和密山、鸡东、鸡西、穆陵等地的湖边沙丘和山丘石砾土上有面积不大的兴凯湖松林的分布，据研究（郑万钧《中国植物志》第7卷，244页），可能是介于赤松和樟子松之间的自然杂交种形成。东北和山东沿海地区有较普遍的人工栽培的黑松林，黑松主要分布于日本、韩国、朝鲜，我国似无天然分布，但目前我国人工黑松林已有天然更新的现象。

油松在吉林南部、辽宁、内蒙古已有分布，几与樟子松分布南界相连接，但主要分布于相当于暖温带落叶阔叶林区的范围内，如河南、河北、山东、山西的山地，其西北界基本上向西逶迤于阴山、乌拉山、贺兰山，直至祁连山的永登、互助，最西点至青海的贵德。由秦巴山地向西南至甘肃白龙江流域、四川岷江流域、四川盆地边缘山地，东南可分布至淮河流域低丘。在其分布区南部逐渐为马尾松所取代。其垂直分布在华北山地一般为海拔100～1500m及以上，最高限达2700m。

马尾松是我国分布最广的松树，以亚热带的中部、南部地区为主，分布区北起淮河、汉水，南至福建、广东、台湾，西抵四川盆地边缘，东滨于海，分布达我国15个行政省区，在其广袤的分布区内的山地，它的垂直分布高度一般都居于其他几种松之下，如川东山地位于油松之湖北西北的利川、恩施、兴山一带，川东的巫山等地在巴山松之下，在华中、华东的大别山、黄山、天目山、武夷山位于黄山松之下和四川、甘肃等地山地位于高山松之下，由此可见，马尾松与以上几种松比较，是比较喜暖的。

华山松主要分布在我国亚热带西部山地，如川、黔、滇山地和秦巴山地，向东北延伸至暖温带的河南、山西的若干山地，垂直分布高度在它与马尾松、云南松分布区重叠处，华山松都在两者以上。安徽西南部、湖北东部的大别山区有大别山五针松的分布，这是华山松由秦巴山地进入大别山区后所形成的替代近缘种。台湾中部以北，中央山脉阿里山、玉山等山地海拔1800～2800m则有华山松的一个变种，台湾果松（*P. armandii* var. *mastersiana*，郑万钧）。在台湾中部山地与台湾果松有相同分布区的还有台湾五针松（*P. morrisonicola*）分布，这是被认为与日本五针松（*P. parviflora*）相近的一个种。两者常共与其他针叶树种混生。

云南松（*Pinus yunnanensis*）是以云贵高原为主要分布区，属亚热带西部的双维管亚属的种，它往北可抵藏东、川西高原，东与马尾松分布区相接，在滇中南山原区则为思茅松所替代，在川西北、滇西北高山峡谷区随海拔上升而为高山松所取代。它在垂直分布上幅度较大，主要集中于海拔1500～1800m。云南松在贵州南部、广西西北部的红水河流域有一个地理变种，细叶云南松（*P. yunnanensis* var. *tenuifolia*），沿河谷有纯林，此地的地势低下，气候炎热环境的长期演化中，针叶变得细柔下垂。亚热带西部山地另一个重要的松树种是思茅松，在越南、老挝也有分布，被认为是南亚松（*Pinus kesiya*）的一个变种，分布范围较窄，限于滇中南、滇南山原，以低山丘陵及沿江两岸山地的湿润肥沃的生境分布为主，由此替代了耐瘠薄土壤的云南松。藏东南林区的松林以云南松林、高山松林和华山松林为主；藏南林区，即喜马拉雅山脉南侧则有乔松林分布，向东可至滇西北的独龙江河谷，乔松在阿富汗、巴基斯坦、尼泊尔、印度、不丹和缅甸境内也有分布，是喜马拉雅的特有种。藏南还有西藏长叶松林，但局限于吉隆地区，在不丹、锡金、印度、尼泊尔也有分布。在喜马拉雅山脉南侧的西部，有西藏白皮松（*Pinus gerardiana*），可视为白皮松在青藏高原的替代种，它和白皮松一样，也没有明显的纯林分布，常散生、混生于其他林内。

华南五针松是以华南、中南中亚热带分布为主的五针松类，可分布于湖南南部、贵州、广西、广东北部，海南五指山也有分布，似都不见以它为建群种的森林。另一相近种的海南五针松，以海南分布为主，据记载，广西大明山、九万大山，贵州中部、北部等山地也有分布。对于华南五针松和海南五针松在分类上是明确的两个种，但在植物群落学方面，由于没有很好的调查记载，难以区分两个相近种在相似分布区的群落分布和群落特征。海南的二针松类的海南松（*Pinus latteri*），由于它在马来半岛、中南半岛、菲律宾等为主要分布区，也被称为南亚松，海南松除海南外，在广东南部、广西东南部也有分布，在海南的白沙、屯昌等地有纯林出现。在台湾，虽然有台湾五针松、黄山松、马尾松、台湾果松分布，但有纯林记载的台湾五针松林见于台湾中部山地，如中央尖山，南湖大山南峰、北峰，秀姑峦山，郡大山到八通关一线，从海拔700m或更低处开始有分布，到2300～3000m有大片纯林，与常绿阔叶林、台湾五针松、台湾扁柏林呈复合分布，还有黄山松于台湾中部山地如玉山、八通关山海拔2600m上下有分布，混生少量台湾果松，第二林层有铁杉（*Tsuga chinensis*）。

二、松林群落的分类

（一）松属树种的生态习性分类

松属的种类若从树种的生态习性上看（从树种自身的对水、热条件的偏向性，即对具体生境的要求上看，而不是从该树种分布区的水热条件来看，因为两者是有区别的），在水分关系上，可以分为喜旱耐旱、喜湿润（但有时也耐旱）两大类，前者如海南松、云南松、细叶云南松、乔松、马尾松、油松、樟子松等，后者有海南五针松、华南针松、思茅松、黄山松、巴山松、华山松、大别山五针松、台湾五针松、白皮松、西藏白皮松、黑松、西藏长叶松、红松、长白松和西伯利亚红松等。在热量关系上，可分为喜热耐热、喜暖、喜温、喜寒凉四类。喜热耐热的有海南松、细叶云南松、海南五针松、华南五针松、思茅松等；喜暖的（有时也耐热），有云南松、乔松、马尾松、黄山松、巴山松、华山松、大别山五针松、台湾五针松等；喜温的有油松、白皮松、西藏白皮松、黑松、西藏长叶松等；喜寒凉的有红松、长白松、西伯利亚红松、樟子松等。如果把松属的种按上述对水分、热量的关系同时考虑，大体上可以归纳为表2-5。

由于松属的种在分布和生长生境方面，干旱往往与土壤瘠薄相联系，湿润往往与较厚土层的肥沃土壤相联系。因此，对松属的生态学来讲，也可以分类成譬如耐旱热和耐贫瘠，喜湿润和喜肥沃等组，而松属的种对于光的需求基本上都是喜欢光的，或仅在幼

表 2-5 我国松属各种在水、热关系上的生态学类型

习性	旱热	旱暖	旱温	耐旱喜润凉	润热	润暖	润温	润凉
树种	海南松	云南松	油松	西伯利亚红松*	海南五针松*	黄山松	白皮松*	红松*
	细叶云南松	乔松	樟子松	华南五针松*	巴山松	西藏白皮松*	长白松	
		马尾松		思茅松	华山松*	黑松		
					大别山五针松*	西藏长叶松		
					台湾五针松*			

*为单维管亚属的种，余为双维管亚属的种

年期需一定的庇荫，而从整个生活史讲仍然是需要强光照的喜光树种，因此，在生态习性上的分类，可以忽略对光因子的考虑。由表 2-5 可以看出，大多数双维管亚属的种还是喜旱、耐旱的，大多数单维管亚属的种还是喜湿润的，但它们往往是比较耐旱的，可以在干旱瘠薄的土壤上生长和成为那里的先锋树种。对于上述各松树种在生态习性上的量化指标，以及它们生态位幅度的量化指标还几乎没有研究，但从经验的生态学考察上讲，从树种分布的生境、生境特点与生长关系、树种群落学组成（伴生树种和草本植物）、土壤学特性来分析，则可以认为，大体上是可以支持上述松树种的生态习性分类的。这点在下面将会具体分析到。

（二）松林亚林纲群落的分类和生态系列

上面曾提到松属各树种可以依据生态习性进行分类，而对于每个树种的群落而言，它们则占据着比较宽的生境范围，有适宜的，不甚适宜的，甚至是不适宜的。根据树种的群落生境可以占据着由干旱到湿润过渡的一个水分系列，如干旱的、比较干旱的、中等水分状况（即中生的）、较湿润的和湿润的各种生境，松属不会在潮湿或透湿的生境内生长。因此，可以把松属各树种的群落生境划分为干旱、较干旱、中生、较湿润、湿润共 5 个等级：由于松属各树种在热量条件要求上是与地理分布的水平带、垂直带范围相联系，而且比较固定。如果，我们按北方林系组（即以温带水平分布的，有红松、樟子松、兴凯湖松、西伯利亚红松、长白松、油松、黑松等）、山地和亚高山林系组（即从山地和亚高山垂直带为主分布的，如黄山松、台湾五针松、巴山松、思茅松、云南松、华山松、高山松、长叶松、乔松等）和热带林系组（即热带水平分布的，如海南松、海南五针松）3 个林系组基础上再以 5 个水分系列分类，即可得到以下的分析结果，即各林系的林型组在水分生态系列上的排列。

从对北方松林系组群落类型的植物组成中具有优势的指示种可以看出，指示干旱和比较干旱生境的植物有：三桠绣线菊、山杏、荆条、大花溲疏（*Deutzia grandiflora*）、白羊草（*Bothriochloa ischaemum*）、阿拉伯黄背草（*Themeda triandra*）、棒子、黄刺梅（*Rosa xanthiana*）、杜松（*Juniperus rigida*）、大油芒（*Spodiopogon sibiricus*）等。指示中生和较湿润的植物种有：虎榛子（*Ostryopsis davidiana*）、柔毛绣线菊、乌苏里绣线菊（*Spiraea ussuriensis*）、二色胡枝子（*Lespedeza bicolor*）、绿叶胡枝子（*L. buergeri*，秦岭）、照山白（*Rhododendron micranthum*）、黄栌（*Cotinus coggygria* var. *cinerea*）、椴（*Tilia ussuriensis*）、色木槭、风桦、榛、黄檀（*Dalbergia hupehana*）、粗茎鳞毛蕨（*Dryopteris crassirhizoma*）、酢浆草（*Oxalis acetosella*）、四花薹草（*Carex quadriflora*）、凸脉薹草（*C. lanceolata*）、羊胡子薹草（*C. callitrichos*）、长白鸢尾（*Iris mandsharica*）等；指示湿润的鱼鳞冷杉、臭冷杉、春榆、短梗胡枝子（*Lespedeza cyrtobetrya*）、栓皮栎、越橘、杜香、水曲柳、箭竹（*Fargesia* spp.）、毛缘薹草（*Carex campylorhina*）、羽藓（*Thuidium delicelulum*）、大灰藓（*Hypnum plumaeforme*）、山羽藓（*Abielinella abietina*）等。

北方松林系组的土壤主要是山地暗棕壤、潜育暗棕壤、生草化棕壤、山地棕壤、山地粗骨棕壤、山地褐土、淋溶褐土、碳酸盐褐土等。红松以山地暗棕壤、潜育暗棕壤为主。樟子松、兴凯松湖以山地棕壤、生草化棕壤为主，油松、黑松以山地棕壤、粗骨棕壤和各类褐土为主。对于中山、亚高山松类群落生境的指示植物大体可以划分出：指示干旱生境的有岗松（*Baeckea frutescens*）、芒萁（*Dircranopteris dichotoma*），旱生栎类如高山栎（*Quercus semicarpifolia*）、锥连栎（*Q. franchetii*）、黄背栎（*Q. pannosa*）、灰背栎（*Q. senescens*）、矮高山栎（*Q. monimotrica*），旱生茅类如白茅（*Imperata cylindrica*）、扭黄茅（*Heteropogon contortus*）、旱茅（*Schizachyrium delavayi*）、假苇拂子茅（*Calamagrostis pseudophragmites*）、石芒（*Arundinella nepalensis*）等；指示较干旱生境的有胡枝子、麻栎（*Quercus acutissima*）、槲栎（*Q. aliena*）、刺柏（*Juniperus formosana*）、映山红（*Rhododendron simsii*）、米饭花（*Vaccinium sprengelii*）、野青茅（*Deyeuxia arundinacea*）、剪股颖（*Agrostis* spp.）、细柄草（*Cappilipedium parviforum*）等；指示中生生境的有矮柄栎（*Quercus glandulifera* var. *brevipetiolata*）、黄檀、檵木、毛叶黄杞（*Engelhardtia colebrokiana*）、南烛（*Lyonia ovalifolia*）、山蚂蝗（*Desmodium* spp.）、木蓝（*Indigofera* sp.）、五节芒（*Miscanthus floridulus*）等；指示较湿润生境的有旱冬瓜（*Alnus nepalensis*）、凤尾蕨（*Pteris nervosa*）、鳞毛蕨、柃木（*Eurya chinense*、*Eurya* spp.）、圆锥水锦树（*Wendlandia paniculata*）、华箬竹（*Sassamorpha sinica*）、青冈（*Cyclobalanopsis* spp.）、马桑（*Coriaria nepalens*）、油杉（铁坚油杉，*Keteleeria davidiana*）、云南油杉（*K. evelyniana*）等；指示湿润生境的有箭竹、大箭竹、玉山竹、冷箭竹、铁杉（*Tsuga* spp.）、湿生苔藓等。中山的松林土壤一般都是山地棕壤、黄棕壤、褐土。南方低丘的松林则以黄红壤、红壤，甚至砖红壤性红壤为常见。

我国热带松类的群落分类，天然林只有海南松有建群的林分分布，其群落分类可见表 2-6。因对此研究不多，可基本上按《广东森林》和《广东植被》记载的归纳。

（三）主要松林群落类型概述

1. 西伯利亚红松林

在阿尔泰山区由于已处于其分布区的南端，并在大陆性干旱气候增强情况下，已逐渐让位于西伯利亚落叶松林，因此，其群落类型主要是与落叶松混交形式出现，或在较严酷生境下，如森林带上限，接近高山草甸处或冰碛石坡上有小面积纯林。在海拔 1900～2200m 的缓坡上分布有藓类越橘西伯利亚落叶松、西伯利亚红松林，土壤为沙壤质山地

表 2-6 我国松属各种松林群落分类（林型组）简表

<table>
<tr><th>林系组</th><th>林系</th><th>干旱</th><th>较干旱</th><th>中生</th><th>较湿润</th><th>湿润</th></tr>
<tr><td rowspan="10">北方林系组</td><td>西伯利亚红松</td><td></td><td colspan="2">圆叶桦西伯利亚红松林
刺柏高山柳西伯利亚红松林</td><td colspan="2">藓类越橘西伯利亚
落叶松西伯利亚红松林</td></tr>
<tr><td rowspan="3">红松林</td><td rowspan="3"></td><td rowspan="3">陡坡胡枝子
杜鹃红松林</td><td colspan="2">枫桦椴红松林
蕨类云冷杉红松林
毛榛冷杉红松林</td><td rowspan="2">蕨类水曲柳红松林
藓类云冷杉红松林
春榆红松林</td></tr>
<tr><td rowspan="2">蕨类红松林
毛榛胡枝子
红松林</td><td>石塘藓类
红松林</td></tr>
<tr><td colspan="2">次生蕨类灌木红松阔叶混交林</td></tr>
<tr><td rowspan="2">樟子松林</td><td rowspan="2">沙地樟子松林
石蕊樟子松林</td><td>偃松樟子松林
胡枝子蒙古栎
樟子松林</td><td>草类樟子松林</td><td rowspan="2">杜鹃樟子松林
杜香樟子松林</td><td rowspan="2"></td></tr>
<tr><td colspan="2">阶地樟子松林</td></tr>
<tr><td rowspan="2">兴凯松林</td><td>沙地兴凯松林</td><td></td><td rowspan="2"></td><td rowspan="2"></td><td rowspan="2"></td></tr>
<tr><td colspan="2">胡枝子兴凯松林
陡坡杜鹃兴凯松林</td></tr>
<tr><td rowspan="2">油松林</td><td rowspan="2">陡坡峭壁
油松林
阳坡禾草
油松林</td><td>铁子油松林
二色胡枝子油松林
荆条油松林</td><td>川芒油松林
杜鹃油松林
黄刺玫、绣线菊油松林</td><td rowspan="2">短梗胡枝子
油松林</td><td rowspan="2">箭竹油松林
藓类油松林</td></tr>
<tr><td colspan="2">黄栌（荊子梢）油松林
锦鸡儿油松林
虎榛子油松林</td></tr>
<tr><td rowspan="6">中山及亚高山林系组</td><td rowspan="2">黑松林</td><td rowspan="2"></td><td></td><td>黄檀黑松林
短柄枹黑松林</td><td rowspan="2"></td><td rowspan="2"></td></tr>
<tr><td colspan="2">二色胡枝子黑松林</td></tr>
<tr><td rowspan="2">马尾松林</td><td colspan="2">细梗胡枝子马尾松林
芒萁马尾松林
禾草马尾松林</td><td>短柄枹
马尾松林
黄檀马尾松林</td><td></td><td rowspan="2"></td></tr>
<tr><td></td><td>岗松桃金娘
马尾松林</td><td colspan="2">乌药马尾松林
五节芒檵木马尾松林</td></tr>
<tr><td rowspan="2">黄山松林</td><td rowspan="2"></td><td rowspan="2">薹草黄栎
黄山松林</td><td rowspan="2">蕨类映山红
黄山松林
蕨类短柄枹
黄山松林</td><td>青冈黄山松林</td><td>杜鹃玉山竹
黄山松林</td></tr>
<tr><td colspan="2">映山红华箬竹黄山松林</td></tr>
</table>

续表

<table>
<tr><th>林系组</th><th>林系</th><th>干旱</th><th>较干旱</th><th>中生</th><th>较湿润</th><th>湿润</th></tr>
<tr><td rowspan="15">中山及亚高山林系组</td><td>巴山松林</td><td></td><td>刺柏巴山松林</td><td>灌木红桦、栎类巴山松林</td><td></td><td></td></tr>
<tr><td rowspan="2">思茅松林</td><td colspan="2">红木荷米饭花思茅松林</td><td colspan="2">红木荷毛叶黄杞思茅松林</td><td></td></tr>
<tr><td></td><td></td><td></td><td colspan="2">红木荷圆锥水锦树思茅松林</td></tr>
<tr><td rowspan="3">云南松林</td><td>旱生栎类（锥连栎、大叶栎、灰背栎）
云南松林</td><td>麻栎云南松林</td><td>滇油杉云南松林
桤类云南松林</td><td>旱冬瓜黄毛青冈云南松林</td><td rowspan="2">箭竹云南松林</td></tr>
<tr><td colspan="2">高山栎类（川滇高山栎、帽斗栎、黄背栎、矮刺楨）
云南松林</td><td colspan="2">灌木（黄荆、小檗、铁仔）
云南松林草类云南松林</td></tr>
<tr><td></td><td></td><td></td><td colspan="2">杜鹃云南松林</td></tr>
<tr><td rowspan="2">细叶云南松林</td><td rowspan="2"></td><td colspan="3">禾草（金茅、黄茅、菅草、白茅等）
细叶云南松林</td><td></td></tr>
<tr><td></td><td colspan="2">栎类（栓皮栎、麻栎、滇青冈等）
细叶云南松林</td><td></td></tr>
<tr><td rowspan="2">华山松林</td><td rowspan="2"></td><td rowspan="2">槲栎华山松林</td><td></td><td>鹿蹄草
华山松林</td><td rowspan="2">箭竹华山松林
溪旁华山松林</td></tr>
<tr><td colspan="2">灌木华山松林</td></tr>
<tr><td rowspan="2">高山松林</td><td colspan="2" rowspan="2">高山栎高山松林
禾草高山松林</td><td>草类高山松林</td><td></td><td></td></tr>
<tr><td colspan="2">蕨类灌木高山松林</td><td></td></tr>
<tr><td>西藏长叶松林</td><td colspan="2">高山栎西藏长叶松林</td><td colspan="2">灌木西藏长叶松林（四照花、米饭花等）</td><td>小箭竹西藏长叶松林</td></tr>
<tr><td>乔松林</td><td></td><td></td><td></td><td>杜鹃乔松林</td><td>箭竹乔松林</td></tr>
<tr><td>华南五针松林</td><td></td><td colspan="2">灌木（石楠、鹅耳枥、鼠李等）
华南五针松林
箬叶竹短叶黄杉
华南五针松林</td><td></td><td></td></tr>
<tr><td rowspan="3">热带林系组</td><td rowspan="3">海南松林</td><td rowspan="2">沙地露兜筋
海南松林
野香茅海南松林</td><td rowspan="2"></td><td>山地禾草栎
类海南松林</td><td></td><td rowspan="3">沟谷海南松林</td></tr>
<tr><td colspan="2">栎类（麻栎、旱毛青冈等）
海南松林</td></tr>
<tr><td colspan="2">台地灌木（山芝麻桃金娘等）
海南松林</td><td></td><td></td></tr>
</table>

森林生草灰化土，较湿润肥沃，西伯利亚落叶松为第一林层，高20m以上，但较稀疏，以第二林层的西伯利亚红松为优势层，高18～20m，在林木组成中占60%～80%，林分地位级Ⅲ～Ⅳ，每公顷蓄积量平均为140m^3。林下仅有小灌木层，以越橘（*Vaccinium vitis-idaea*）为优势，混有黑果越橘（*V. mytrillus*），其他有稀疏的刺蔷薇（*Rosa acicularis*）、单花栒子（*Cotoneaster uniflorus*）、阿尔泰忍冬等。草本层稀疏，盖度仅10%左右，以虉草（*Phalaris arundinacea*）和加拿大早熟禾（*Poa compressa*）为主，有较少的红花鹿蹄草（*Pyrola incarnata*）、大花耧斗菜（*Aquilegia glandulosa*）、高山羊角芹（*Aegopodium alpestre*）、薹草等。藓类层发达，盖度25%以上，以齿肋曲尾藓（*Dicranum spurium*）为主，以上基本上是西伯利亚落叶松林下的植物成分。在地形稍平缓、有轻度沼泽化的地方，藓类层相对更加发育，土壤为山地森林弱灰化土，盖度可达80%以上，种类还有毛梳藓（*Ptilium cristacastrensis*）、塔藓（*Hylocomium proliferum*）、赤茎藓（*Pleurozium schreberi*）等，这是藓类西伯利亚落叶松林在向藓类越橘西伯利亚落叶松、西伯利亚红松林过渡的群落类型。在海拔2300m以上，在高山草甸带附近有西伯利亚刺柏（*Juniperus sibirica*）、高山柳（*Salix glauca*、*Salix* spp.）西伯利亚红松林与刺柏高山柳高山灌丛小块状交错分布，一般为红松疏林。圆叶桦西伯利亚红松疏林在海拔2300m以上的森林分布线上限的冰碛石坡上以矮曲林形式分布，树高仅数米，树干扭曲分叉，疏林下有密集的圆叶桦（*Betula rotundifolia*）层，高1～1.5m，盖度90%以上，其他灌木种还有西伯利亚刺柏、高山柳类，但数量稀少，草本层不发育，种类为高山草甸的高山猫尾草（*Phleum alpinum*）、藏异燕麦（*Helictorichon tibeticum*）、高山黄花茅（*Anthoxanthum odoratum*）、嵩草、龙胆、点地梅等。苔藓和地衣盖度约30%。

2. 红松林

红松林的群落分类在不少文献中提到，最重要的是我国一些学者曾参照苏联Б. П. Колесников把红松林按纬度水平带气候差异，划分出南部（南方）的、典型（中部）的和北部（北方）的，这也适用于垂直分异，如我国长白山的红松林垂直带分异。这在谈及红松林地理分布时已经介绍过，也有参照Б. П. Колесников的另外一分类原则，即地貌分类原则，划分如谷地红松林、台地坡地红松林的。比较完整的分类是林业部综合调查队，参考苏联В. Н. Сукачёв的综合分类原则的红松林林型分类。最近的分类可见《黑龙江森林》，在本书表2-5上所反映的红松林分类未考虑纬度及垂直带分异，而是按水分状况列入的群落类型。本书所归纳的红松林群落类型，实际上只是群落类型组，或林型组的分类。现将本书归纳的群落类型组（林型组）与上述有关群落或林型分类的各林型间相互关系在表2-7上说明，使读者有一个对比性的了解。现将本书红松林群落类型的特征分别予以介绍。

1）北部（含南部高海拔、中部稍高海拔）类型

北部红松林以红松混生鱼鳞云杉、红皮云杉如臭冷杉为重要特点。群落类型组可称云冷杉红松林，类型计有胡枝子杜鹃蒙古栎红松林、毛榛胡枝子云冷杉红松林、藓类云冷杉红松林，以及两个向典型区（中区）过渡的类型，即灌木红松林和蕨类红松林。

胡枝子杜鹃蒙古栎红松林主要分布于小兴安岭海拔200～400m阳坡、长白山富尔河流域海拔650～800m，坡度25°～35°，土壤中裸露巨石，持水性差，光照强，立地干燥、

表 2-7 红松林型组与其他文献涉及的红松群落命名的关系

本书的林型组	林业部综合调查队 《中国山地森林》	《红松林》	《黑龙江森林》
胡枝子杜鹃 蒙古栎红松林	陡坡羊胡薹草蒙古栎红松林 鹅耳枥蒙古栎红松林 混有蒙古栎的鹅耳枥冷杉、红松林 羊胡薹草杜鹃红松林 毛榛子胡枝子红松林	陡坡红松林	羊胡子草蒙古栎红松林
云冷杉（鱼鳞云杉、红皮云杉、臭冷杉）红松林	毛榛子（云冷杉）红松林 灌木（云冷杉）红松林 缓坡蕨类树藓（云冷杉）红松林	平地（谷地）蕨类云冷杉红松林 台地（谷地）藓类云冷杉红松林	蕨类鱼鳞云杉红松林
风桦椴树红松林	混有风桦的鹅耳枥椴红松林 台地椴树红松林	斜坡灌木红松林 台地灌木（杂草）阔叶红松林 缓坡灌木阔叶红松林	凸脉薹草椴树红松林 毛边薹草风桦红松林
春榆水曲柳红松林	蕨类水曲柳春榆红松林 混有阔叶树的臭冷杉红松林 灌木红松林	谷地灌木阔叶红松林	谷地红松林
宽谷春榆红松林	宽溪谷春榆红松林 河岸红松林	谷地灌木（草类）阔叶红松林	谷地红松林
石塘红松林	石塘藓类红松林	石塘藓类红松林	
蕨类灌木红松阔叶混交林（次生类型）	混有红松的毛榛子阔叶林 缓坡蕨类树藓红松（阔叶）林 毛榛子红松（阔叶）林	斜坡灌木阔叶红松林 台地灌木（杂草）阔叶红松林	

贫瘠，土壤为残积石砾质母质上发育的粗骨灰棕壤。这类林型在《红松林》一书中也统称“陡坡红松林”。由于生境干燥，臭冷杉、鱼鳞云杉又由于需要一定庇荫，因而第一林层基本上全为红松，但生长不良，地位级Ⅳ～Ⅴ，同龄或两个世代，疏密度 0.7～1.0。每公顷蓄积量为 350～450m^3；第二林层以蒙古栎为主，次为鱼鳞云杉、臭冷杉，林下天然更新差，仅见少量 1～10 年生红松幼苗及萌生蒙古栎。下木层以兴安杜鹃（*Rhododendron dahurica*）和二色胡枝子（*Lespedeza bicolor*）为主，草本层以羊胡子薹草（*Carex callitrichos*）、乌苏里薹草（*C. ussuriensis*）为主。毛榛子胡枝子红松林，分布于阳坡、半阳坡的中上部，土壤是在残积角砾、石粒母质上发育的山地灰棕壤，土层厚 30～40cm，生境也较上林型稍潮润，但仍较干燥，林分生产力稍高，地位级Ⅲ～Ⅳ，疏密度 0.8，第一林层仍以红松为主，10 或 9 成，次为鱼鳞云杉，每公顷蓄积量 500m^3，第二林层以鱼鳞云杉为主，次为蒙古栎和臭冷杉，林下云冷杉有尚好的更新幼苗。下木层以毛榛子、二色胡枝子为优势，有少量狗枣猕猴桃（*Actinidia kolomata*）、山葡萄（*Vitis amurensis*）、北五味子（*Schizandra chinensis*）等藤本，草本层盖度 50%，以羊胡薹草、乌苏里薹草为主，还有单花鸢尾（*Iris uniflora*）、宽叶山蒿（*Artemisia stolonufera*）等。藓类云冷杉红松林分布于北区和中区的稍高海拔（如长白山、完达山海拔 1000m 以上）的缓坡或谷地平缓地形上，红松与鱼鳞云杉、臭冷杉等混生，以红松为主。林下灌木草本稀少，但藓类层明显发育，有拟垂枝藓（*Rhytidiadelphus triquetrus*）、粗叶拟垂枝藓（*Rh. squarrosus*）、塔藓（*Hylocomium splendens*）、万年藓（*Climacium dendroides*）、东亚万年藓（*C. japonicum*）等常见优势种。林下红松和鱼鳞云杉、臭冷杉均有较好的更新。在小兴安岭南部还有灌木红松林。一般分布在海拔 300（400）m 以上各向的缓坡，此海拔

高度以下则以阴坡为主，土壤为残积或坡积砾质壤土母质上发育的山地灰棕壤，土层厚40～50cm，此类型在树种组成上有明显的过渡性，第一林层以红松为主，但有较明显比例的鱼鳞云杉、臭冷杉，有时出现与风桦混交，疏密度 0.5～0. 7。第二林层有裂叶榆（*Ulmus laciniata*）、紫椴、红松、鱼鳞云杉等。林分每公顷蓄积量 400～500m^3，Ⅱ～Ⅲ地位级。林下红松、紫椴、裂叶榆、鱼鳞云杉、臭冷杉均有一定幼苗。下木层盖度 60%～80%，高 1～4m，团状分布，主要种类有青楷槭（*Acer ukurunduence*）、花楷槭（*A. ukurunduense*）、毛榛、东北溲疏，其他还有山梅花（*Phtiladelphus schrenkii*）、黄花忍冬（*Lonicera chrysantha*）、刺五加（*Acanthopanax senticosus*）、鸡屎荚蒾（*Vibrurnum sargenti*）等。藤本有山葡萄、北五味子、狗枣猕猴桃等。草本层盖度 80%，分布较多的有毛缘薹草（*Carex campylorhina*）、红薹草（*C. quadriflora*）、乌苏里薹草、猴腿蕨（*Athyrium multidentatum*）、光齿蹄盖蕨（*A. spinulosum*）、鸡膀鳞毛蕨（*Dryopteris crassirhizoma*）等。苔藓呈斑状分布，常见有树藓（*Pleuroziopsis ruthenica*）、拟垂枝藓、塔藓、提灯藓、费氏羽藓（*Thuidium philibertii*）。鱼鳞松、臭冷杉树干上附生有波叶平藓（*Neckera pennata*）、蔓白齿藓（*Leucodon pendulus*）。另有蕨类红松林，是分布在缓坡下部，比较潮湿生境上另一个向北区、中区过渡型的林型，土壤为坡积角砾石粒壤土，母质层较厚，15～20cm，林分Ⅱ地位级，少数为Ⅰ，第一林层以红松为主，但有较多的鱼鳞松、风桦和少量的水曲柳、裂叶榆、紫椴。第二林层以臭冷杉占优势，还有另一世代的红皮云杉。每公顷蓄积量 500～600m^3，林下更新不良，针阔叶树种均有少量幼苗。下木种类丰富，常见有毛榛子、花楷槭、黄花忍冬、山梅花等，以及珍珠梅（*Sorbaria sorbifolia*）、刺李（*Ribes burejense*）等。藤本有狗枣猕猴桃等。草本层以高茎蕨类为主，大丛状分布，有猴腿蕨、尖齿蹄盖蕨、鸡膀鳞毛蕨、圆叶蹄盖蕨（*Athyrium crenatum*）、薹草（*Carex* sp.）等。藓类层盖度 60%～70%，最常见的有竹树藓、塔藓等，还有点状分布的提灯藓、费氏羽藓。树干上有波叶平藓、蔓白齿藓附生。

2）中部类型

中部（典型）红松林是以混有风桦、紫椴为主，以及混有糠椴、春榆、水曲柳、黄檗、核桃楸和几种槭类等多种落叶阔叶树为特点的，但也有少量鱼鳞云杉、臭冷杉、沙松和紫杉（*Taxus cuspidata* var. *latifolia*），分别在不同的海拔和生境下可见，林型组可称为风桦椴红松林组、春榆水曲柳红松林组、宽谷春榆红松林组。风桦椴红松林多分布于坡面腹部，面积较大，坡度中等，土壤为残积坡积母质上发育的山地灰棕壤，第一林层约 4 成红松，其余为紫椴和风桦，少量裂叶榆，在较肥沃深厚和湿润的土壤上有鹅耳枥及水曲柳等。第二林层无明显优势树种。下木层有簇毛槭（*Acer barbinerve*）、山梅花、刺五加、黄花忍冬、东北溲疏、东北茶藨子（*Ribes mandshuricum*）、毛榛等。草本层有蕨类、毛缘薹草、木贼（错草，*Equisetum hiemale*）、山茄子（*Brachybotrys paridiformis*）、小猪眼草（*Chrysosplenium ramosum*）等，水曲柳红松林在各坡向中下部，缓坡，土壤为山地潜育灰棕壤，生境湿润。立木层红松约占 5 成，其余为春榆水曲柳、香杨，偶有紫椴、色木、裂叶榆等，疏密度 0.5～0.6，地位级Ⅱ～Ⅲ，每公顷蓄积量 250～350m^3。下木层有簇毛槭、毛榛、山梅花、黄花忍冬、刺五加、花楷槭、东北溲疏、东北茶藨子等。草本层密集，种类繁多，有多种蕨类如上述林型蕨类外，还有黑水鳞毛蕨（*Dryopteris amurensis*）、鸡膀鳞毛蕨、猴腿蕨、尖齿蹄盖蕨等，还有薹草、山茄子、木贼、毛缘薹草、美汉花（*Meehania urticaefolia*）、石芥菜（*Dentaria tenuifolia*）、小叶芹、猫眼草等。宽谷春榆红松林是以分布在宽平溪谷地的地形为主，土壤为谷地生草森林上，湿至重湿。立木以红松为主，其次为春榆，还有少量椴、水曲柳、风桦等。第二林层以色木槭为主，还有其他槭。第三林层以暴马丁香（*Syringa reticulata* var. *mandshurica*）为主，还有溲疏、山梅花等。林分疏密度 0.5，地位级Ⅱ～Ⅲ，每公顷蓄积量 200～300m^3。下木种类和草本层种类均与春榆、水曲柳红松林相似。石塘红松林分布在长白山高原北坡坡面或河谷，地表遍布大块卵状基性岩石块，岩面覆盖苔藓，石缝中多为腐殖质黏土或黏壤土，生境湿润。树种有红松、椴、水曲柳、蒙古栎等，第二层以色木槭、臭冷杉为主，郁闭度 0.8，地位级Ⅳ，每公顷蓄积量 200～300m^3，下木层以槭、毛榛、黄花忍冬为主。草本植物稀少。有细叶薹草生于岩面，石隙中有山茄子等，岩面布满以拟垂枝藓为主的苔藓层，厚 5cm。在典型红松林区的高海拔，如长白山海拔 1100～1500m，张广才岭 900～1200m 出现北区的云冷杉红松林类型。在阳坡干燥生境有胡枝子蒙古栎红松林类型。此外，在各种破坏的红松阔叶林的次生林型，红松数量减少，成为以混生有红松的或没有红松生长的落叶阔叶林。

3）南部类型

南部的红松林以混生喜暖的沙松、千金榆为特点，一般讲，是典型红松林各类型向南（北纬 44°20′以南）或垂直带向下（如长白山海拔 700m 以下），在原来植物成分的基础上增加了喜暖成分如紫杉、千金榆、花曲柳（*Fraxinus chinensis* var. *rhynchophylla*）和一些槭如假色槭（*Acer pseudosieboldiaonum*）、紫花槭（*A. microsieboldianum*）、毛脉槭（*A. barbinerve*）、小楷槭（*A. tschonoskii* var. *rubripes*）、柠筋槭（*A. triflorum*）等。在草本植物中出现人参（*Panax ginseng*）、北细辛（*Asarum heterotropoides*）、大叶子（*Astilboides tabularis*）、天麻（*Gastrodia elata*）等，藤本植物增加了软枣猕猴桃（*Actinidia arguta*）、葛枣猕猴桃（*A. polygama*）、木通马兜铃（*Aristolochia manshuriensis*）、红藤子（*Tripterygium regeli*）等。由于此区为人类开垦最早的对象，林相均已残破不全或形成了次生林，缺乏较理想的原始植被的群落学记载。

根据上述群落学记载分析，我国红松林群落的生态系列图可归纳为图 2-18。纵轴表示由高海拔或高纬度的温凉气候，以及伴随低温的较贫瘠，纵轴由上到下，北、中、南区的类型，即云杉红松组、风桦椴树组、春榆水曲柳组和沙冷杉千金榆组依次排列，横轴由右往左反映生境干燥向潮湿的变化，因此，横坐标由右向左，依次是胡枝子-蒙古栎、毛榛-胡枝子、毛榛和灌木、藓类各组的顺序，而蕨类、风桦、椴树、春榆水曲柳及沙冷杉、千金榆类型虽然也有湿度变化差异，但基本上是位于湿润、较湿润的位置，而宽谷春榆类型因处水湿和较温暖的生境，偏位于生态系列的左下方。

3. 樟子松林

樟子松林（*Pinus sylvcstris* var. *mongolica*）分为山地樟子松林、阶地樟子松林和沙地樟子松林三大亚林系。山地樟子松林集中分布于大兴安岭伊勒呼里山北坡，以阳坡为主，在阳坡上部形成纯林，在中下部则往往混生兴安落叶松而成混交林。偃松樟子松林分布于海拔 1000m 以上的高山顶部，纯林，较少情况有小量落叶松，疏密度 0.3～0.5 及以上，Ⅴ～$Ⅴ_a$ 地位级，由于风力较大，树形较矮小，林下有匍匐的偃松为优势下木

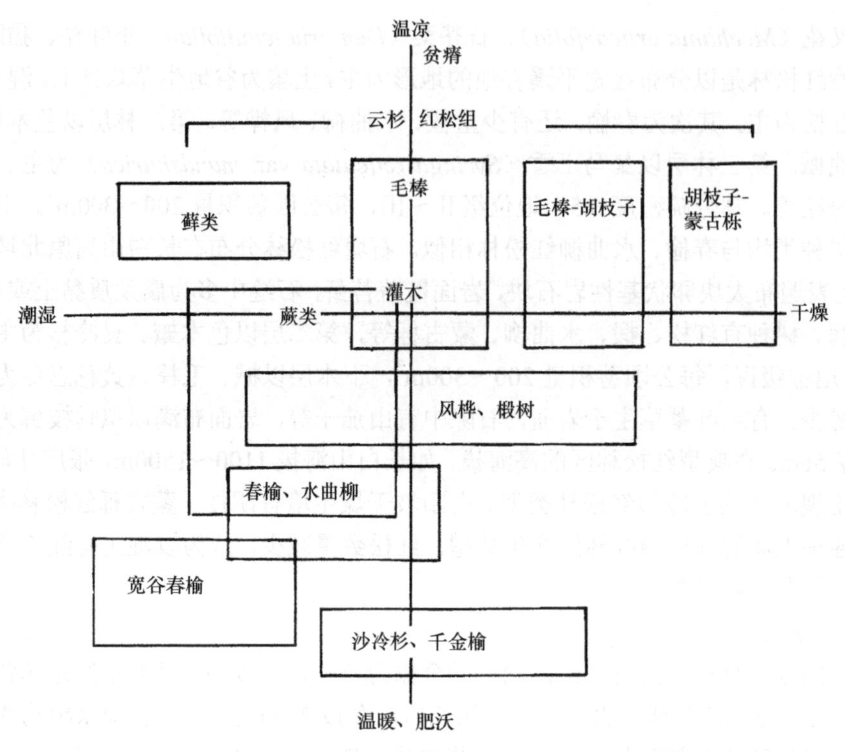

图 2-18 我国红松林群落（红松林系）林型组生态系列图解

层，其他下木及草本较稀少。石蕊樟子松林分布在石质陡坡或石质山背顶部，以疏林为主，地表大石块裸露，表面生长石蕊（*Cladonia rangiferina*），这类林型组分布面积不大。分布面积较广的是杜鹃樟子松林，常以海拔 300～900m 的阳坡上部到山背上及东南坡常见，坡度较大，土壤为残积、坡积花岗岩风化物母质上发育的山地棕壤，纯林或樟子松占 9 成，疏密度 0.5～0.6，地位级Ⅱ～Ⅲ，林下更新良好，每公顷樟子松幼树可达 27 000 株，下木层盖度 50%，以兴安杜鹃为优势，还有绢毛绣线菊、大叶蔷薇、二色胡枝子等，草本植物层盖度 70%，以偏喜光植物为主，如越橘、薹草、鸢尾（*Iris ensata*）、大叶章、万年蒿（*Artemisia sacrorum*）、东方草莓、小花耧斗菜（*Aqlulegia vividifolia*）、铃兰（*Convallaria majalis*）、天山悬钩子（*Rubus saxatilis*）、地榆、红花鹿蹄草等，苔藓稀少。在越橘占优势时，也有被命名为越橘杜鹃樟子松林的。草类樟子松林分布在半阴坡下部及低丘坡地，以樟子松为优势，混生少量兴安落叶松或白桦，林下更新良好，下木层不甚发育，有绢毛绣线菊（*Spiraea sericea*）、刺蔷薇、兴安杜鹃等。草本层盖度 50%～70%，以中生草类为主，如越橘、单花鸢尾、矮山黧豆（*Lathyrus humilis*）、山野豌豆（*Vicia amoena*）、地榆、小花耧斗菜、铃兰、蒿、东方草莓、沙参（*Adenophora* sp.）、老鹳草（*Geranium* sp.）等。杜香樟子松林分布于平缓的分水岭及其斜坡和河岸阶地上，土壤为潜育化的山地灰棕壤，有泥炭化过程，樟子松纯林，或混生兴安落叶松，林下更新良好，樟子松、兴安落叶松均有一定数量幼树，下木稀少，散生兴安杜鹃、东北赤杨（*Alnus mandshurica*）等。草本层以窄叶杜香（*Ledum palustre* var. *angustum*）为优势，次为越橘、地榆、红花鹿蹄草、薹草等。苔藓呈块状分布，有赤茎藓、曲尾藓等。以上杜鹃樟子松林、草类樟子松林、杜香樟子松林都是兴安落叶松林相同林型在坡向上向阳坡转换形成的相应林型。阶地樟子松林主要分布在黑龙江及其支流沿岸的沙质阶地上，海拔 200～500m，土壤是古代冰水沉积物上发育的深厚沙壤土，排水良好。以樟子松占绝对优势，混生兴安落叶松、白桦，有时有第二林层，由蒙古栎、黑桦组成。下木层有兴安杜鹃、二色胡枝子、榛子。草本层以越橘为主，还有凸脉薹草、红花鹿蹄草、掌叶白头翁（*Pulsatilla patens*）、东方草莓、大叶野豌豆（*Vicia pseudo-orobus*）等。苔藓层不发育。这些阶地类型生境较宽，基本上与榛子蒙古栎落叶松林、胡枝子蒙古栎落叶松林有较多联系。在大兴安岭东部蒙古栎分布集中分布区，可以见到胡枝子（蒙古栎）樟子松林，林分以樟子松为优势，有时可见蒙古栎，沙地樟子松林分布于大兴安岭西侧与以北呼伦贝尔草原区相接的森林草原带内，林相一般密度小，林冠开阔，分枝多，干形不良，尖削度大，林下一般无灌木，可以见到草原旱生、半旱生的半灌木种类，如冷蒿（*Artemisia frigida*）、百里香（*Thymus mongolicus*）、达乌里胡枝子（*Lespedeza dahurica*）、小叶锦鸡儿（*Caragana microphylla*）等。在保护较好的林相下，还可以见到越橘、兴安杜鹃等中生性小灌木、半灌木。在破坏较严重的地段，如流动沙丘上的樟子松林下出现有差不嘎蒿（*Artemisia halodendron*）、黄柳（*Salix gordejevii*）、小红柳（*S. microstachya* var. *bordensis*）等，林下草本植物稀少，有兔毛蒿（线叶菊，*Filifolium sibiricum*）、兴安柴胡（*Bupleurum dahuricum*）、隐子草（*Cleistogenes squarrosa*）、狐茅（*Festuca ovina*）、冷蒿、贝加尔羽茅（*Stipa baicalensis*）、多叶棘豆（*Oxytropis myriophylla*）、棉团铁线莲（*Clematis hexapetala*）、山葱（*Allium sinensis*）、山天门冬（*Asparagus gibbus*）、星毛委陵菜（*Potentilla acaulis*）、野罂粟（*Papaver nudicaule*）、蓝盆花（*Scabiosa comosa*）等旱生种类，在较肥沃的生境下出现草甸草原种类，如拂子茅、寸薹草（*Carex duriuscula*）、冰草（*Agropyron cristatum*）、硬质早熟禾（*Poa spmdylodes*）、玉竹（*Polygonatum odoratum* var. *pluriflorum*）、头巾黄岑（*Scutellaria scordifolia*）、赖草（*Leymus dasystachys*）等。

我国樟子松林群落的生态系列图解可见图 2-19。

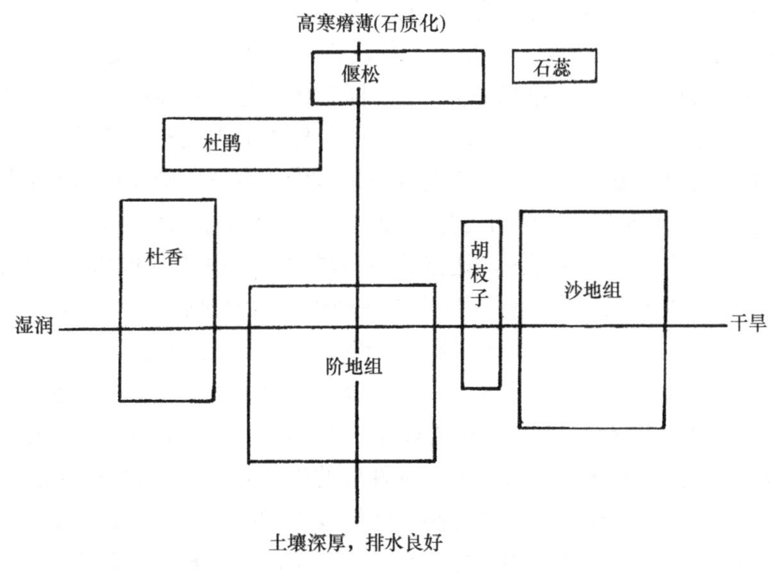

图 2-19　我国樟子松林型组生态系列图解

4. 兴凯湖松林

兴凯湖松林主要有3个类型，即沙地兴凯湖松林、胡枝子兴凯湖松林和陡坡杜鹃兴凯湖松林。沙地兴凯湖松林主要分布在兴凯湖岸砾质沙丘的干燥砾质沙土上，纯林、单层林，郁闭密度 0.3～0.7，下木层以二色胡枝子、山刺玫为主，有少量鼠李（*Rhamus davurica*）、大叶小檗（*Berberis amurensis*）等。胡枝子兴凯湖松林则以分布在河岸阶地为主，林下的二色胡枝子为优势。陡坡杜鹃兴凯湖松林以分布于山地石质薄层暗棕壤的贫瘠陡坡上为主，林下以兴安杜鹃为主，这里兴安杜鹃，与红松林、樟子松林下兴安杜鹃一样，不能误认为它们指示较湿润生境，必须与树种生态习性和具体的地形条件，以及伴生的其他植物种性质相联系作出判断。兴凯湖松林下草本植物也有耐旱的万年蒿（*Artemisia gmelinii*）、苦参（*Sophora flavescens*）、山韭（*Allium senescens*）、大叶石头花（*Gypsophila pacifica*）、兴安石竹（*Dianthus versidus*）、桔梗（*Platycodon grandiflorus*）、岩败酱（*Patrinia rupestris*）、灰毛费菜（*Sedum selskianum*）、翻白委陵菜（*Potentilla discolor*）、苍术（*Atractylis japonica*）、大叶柴胡（*Bupleurum longiradiatum*）、唐松草（*Thalictrum* sp.）、繁缕（*Stellaria* sp.）等。

5. 油松林

油松林群落是暖温带比较普遍的群落，也是有众多类型的松林。由于油松林的地理分布区北接温带区，西延至秦岭山地，与亚高山植被型相接触，形成了油松林类型较特殊的北方与亚高山林相联系的一组林型，有箭竹油松林、藓类油松林、风桦油松林、杜鹃油松林、鹿蹄草油松林等。典型的油松林型包括旱生栎类油松林、胡枝子油松林、绣线菊油松林、锦鸡儿油松林、虎榛子油松林、锦鸡儿油松林、杜松油松林、荆条油松林、鼠李油松林、菰子梢油松林等，通过川芒油松林则可以看出与西部亚热带植被的接触。而干旱沙地类型则是在内蒙古锡林郭勒盟沙地、赤峰市一带沙山上的一种类型。

暖温带通常称为典型植被类型的“松栎林”主要是指油松林（和其他种较小面积的松林）内往往渗入蒙古栎、辽东栎、麻栎、栓皮栎、槲栎，乃至其变种锐齿栎（*Quercus aliena* var. *acuteserrata*）等，在蒙古栎、辽东栎等林分与油松林相连接分布的地区，如辽东的东北部山地、华北山地，也往往形成油松与栎类的混交林（或栎类为第二林层），也常可能是由于油松林被破坏而由栎类侵入后形成的。但是无论油松林或油松与栎类混交林，它们基本的，即典型的林型组可分别描述如下。胡枝子油松林是非常常见的类型，可以见于整个油松林的分布区范围，通常分布在华北山地阴坡、半阴坡坡下部，和秦岭南坡海拔1400～1800m的各个坡向，生产力在油松林内算是较高的，疏密度0.6～0.7，土壤为山地淋溶褐土，或山地弱腐殖质棕壤，纯林，或混生少量辽东栎、蒙古栎、白桦、山杨，或蒙古椴、黑桦等，在秦岭混生有华山松等。地位级Ⅰ～Ⅱ，下木发育良好，以二色胡枝子为优势，在秦岭则以绿叶胡枝子（*Lespedeza buergeri*）、多花胡枝子（*L. fionribunda*）为主，在秦岭北坡土壤及水湿条件好的生境有以短梗胡枝子（*L. cyrtobotrya*）为优势层的短梗胡枝子油松林，生产力高，地位级Ⅰ，植物种类十分丰富。在华北山地（含辽东山地）胡枝子油松林下的灌木种还有榛（*Corylus heterophylla*）、土庄绣线菊（*Spiraea pubescens*）、长花溲疏（*Deutzia grandiflora*）、黄花忍冬（*Lonicera chrysantha*）

等，下木层高度不超过 1.5m，盖度 30%～50%。草本层植物盖度 30%～50%，以禾本科草为主，还有薹草、苍术（*Atractylodes chinensis*）、蒿、山棉花（*Anemone tomentosa*）、华北风毛菊（*Saussurea mongolica*）等。在秦岭南坡的胡枝子油松林，除绿叶胡枝子、多花胡枝子为优势下木种外，还有马棘（*Indigofera pseudolinctoria*）、胡颓子（*Elaeagnus pungens*）、棠棣（*Kerria japonica*）等。草本植物有大油芒（*Spodiopogon sibricus*）、歪头菜（*Vicia unijuga*）、龙牙草（*Agrimonia pilosa*）、玉竹（*Polygonatum odoratum*）、铁杆蒿（*Artemisia gmelinii*）、唐松草［亚欧唐松草（*Thalictrum minus*）、狭裂瓣蕊唐松草（*Th. petaloideum*）］、假升麻（*Aruncus sylvestris*）等。在秦岭北坡短梗胡枝子油松林下木种还有覆盆子（*Rubus coreanus*）、蜀五加（*Acanthopanax setchuensis*）、桦叶荚蒾等。草本植物有易变泥胡菜（*Saussurea mutabilis* var. *diplochaeta*）、喜阴糙苏（*Phlomis* sp.）、野青茅（*Deyeuxia sylvatica*）。藤本植物有草菝葜（*Smilax* sp.）、盘叶忍冬（*Lonicera tragophylla*）、五角叶葡萄（*Vitis quinquangularis*）等，反映了湿润生境并与西南亚高山山地植物区系的联系。毛绣线菊油松林一般分布在阴坡、半阴坡的中上部，土壤为中厚层弱腐殖质的山地棕壤，土壤厚度 30～50cm，油松纯林或混有少量蒙古栎，地位级Ⅱ。下木层盖度 40%～60%，高 1.5m，以毛绣线菊为优势，次有二色胡枝子、照山白杜鹃、大叶杜鹃、锦带花（*Weigela florida*）、山杏、黄刺玫（*Rosa xanthina*）、小叶鼠李（*Rhamnus parvifolius*）、红瑞木（*Cornus alba*）等。草本层发育不好，盖度 20%，有华北风毛菊、薹草、地榆（*Sanguisorba officinalis*）、苍术、糙苏（*Phlomis umblosa*）等，土壤相对贫瘠。在山西太岳山等地也可见以三桠绣线菊为主的绣线菊油松林，两种绣线菊经常同时出现，在土壤肥沃的生境，下木还出现忍冬、太平花（*Philadelphus pekinensis*）、北京丁香等。杜鹃油松林分布在阴坡上部，坡度为 20°～35°的陡坡，土壤为沙壤质薄层的山地棕壤，土层厚 20～35cm，林分混生有少量蒙古栎、白桦或辽东栎、色木槭等，郁闭度 0.5～0.7，地位级Ⅳ以下，林木低矮。下木层盖度 40%左右，高可达 2m，以照山白为优势，还有三桠绣线菊（*Spiraea tribolosa*）、毛绣线菊、毛榛（*Corylus mandshurica*）等。草本植物稀少，盖度 30%以下，以薹草为主，还有玉竹、华北风毛菊、苍术、山棉花、唐松草和蕨类。林冠下油松更新良好。荆条油松林在华北山地也常见，一般在低山区阴坡，下木层有荆条（*Vites negundo* var. *heterophylla*）、照山白杜鹃、三桠绣线菊、莸子梢（*Campylotropis macrocarpa*）、北方丁香、小叶鼠李、雀儿舌头（*Leptopus chinensis*）、多花胡枝子、小叶白蜡（*Fraxinus bungeana*）、槐蓝（*Indioifera bungeana*）等，主要为华北植物成分。草本层有卷柏（*Selzginella tamariscina*）、大油芒（*Spodiopogon sihiricus*）、野古草（*Arundinella hirta*）、野青茅等，主要是耐旱生植物种，反映了立地的干旱，林木生产力低，地位级Ⅲ～Ⅳ。在阳坡人为活动频繁条件下生境更趋干燥，形成阳坡禾草油松林，土壤为中薄层轻沙壤弱腐殖质的棕壤，死地被物较厚，可达 5cm 厚，林木以油松为主，混生少量蒙古栎、辽东栎，郁闭度 0.5～0.7，地位级Ⅲ或Ⅱ，下木层不明显，有山杏、三桠绣线菊等，草本层盖度 50%～80%，以拂子茅为优势种，此外还有薹草、龙芽草、铁杆蒿、白头翁（*Pulsatillla chinensisi*）、黄岑、车前、柴胡等。在阳坡石质山坡上有阳坡裸岩油松林，坡度 30º以上，有侵蚀沟，土壤仅在隙缝间存在，厚约 20cm，生境干燥贫瘠，油松疏林，Ⅴ地位级。下木发育不良，盖度不足 30%，有三桠绣线菊、二色胡枝子、锦鸡儿、山杏、鼠李等。草本层盖度 50%左右，以喜光耐旱种为主。有苍术、狭叶柴胡（*Bupleurum scorzonerifolium*）、蒿、拂子茅、射下（*Belamcanda chinensis*）、薹草、南芥（*Arabis* sp.）、细叶百合（*Liliium pumilum*）、兔儿伞（*Syneilesis aconitifolia*）、棉团铁线莲（*Clematis hexapetala*）等。在秦岭南坡海拔1600～2000m和宁夏六盘山、贺兰山海拔1600～2100m的陡坡峭壁上有陡坡峭壁油松林，分布于山坡上部陡坡或峭壁上，油松混生华山松、辽东栎、锐齿栎、坚桦，地位级Ⅲ～Ⅳ（Ⅴ）。下木有满山红（*Rhododendron mariesii*）、灰栒子（*Cotoneaster acutifolius*）、米面翁（*Buckleya henryi*）、胡颓子、菝葜（*Smilax* sp.）等。草本层均为中旱生类，如败酱草（*Patrinia* sp.）、大油芒（*Spodipogon sibiricus*）、薹草、蕨菜（*Pteridium aquilinum*）、铁杆蒿等，或有羽茅（*Stipa bungeana*）和赖草等，盖度30%～50%。在秦岭、黄龙山、桥山还可常见黄栌油松林，在海拔800～1050m和贺兰山海拔1800～2150m、岷江流域海拔1650～2700m的山坡中、上部或山脊梁顶分布，纯林混生个别的锐齿栎、栓皮栎。下木层除优势种粉背黄栌（*Cotinus coggygria* var. *glaucophylla*）外，还有榛（*Corylus heterophylla*）、花木蓝（*Indigofera kirilowii*）、荊子梢、苦糖果（*Lonicera standishii*）、荚蒾（球花荚蒾 *Viburnum glomeratum*、聚花荚蒾 *V. veitchii*）、金银忍冬（*Lonicera maackii*），以及栎林下常见的黄素馨（*Jasminium giraldii*）、棣棠（*Kerria japonica*）等。贺兰山有杜松（*Janiperus nitida*）、灰榆（*Ulmus glausesens*）、蒙古扁桃（*Prunus mongolica*）、狭叶锦鸡儿（*Caragana stenophylla*）、小叶金老梅（*Dasiphora parvifolia*）、丁香（*Syringa oblata*）等，均为森林草原的灌木成分。川西则有美丽胡枝子（*Lespedeza formasa*）、鞘柄菝葜（*Smilax stans*）、照山白、蝴蝶荚蒾（*Viburnum tomentosa*）、峨眉蔷薇（*Rosa omeiensis*）、凹叶瑞香（*Daphne retusa*）等川西成分的下木。林下草本植物以大披针苔（*Carex* sp.）占优势，还有野棉花（*Anemone tomtentosa*）、薄雪草（*Leontopodium japonicn*）、黄背草（*Themeda triandra* var. *japonica*）、大油芒等。在川西可见短叶金茅（*Eulalia brevifolia*）等。虎榛子油松林常见于陕北黄龙山、桥山及甘北的哈思山、太和山海拔2200～2400m，一般以阳坡、半阳坡和半阴坡为主，或山麓林缘，混生树种在陕北有少量栎类，在甘北则混生少量云杉（*Picea asperata*）、白桦、山杨，土壤为山地褐土，下木层盖度 40%～60%，平均高 1～1.5m，以虎榛子（*Ostryopsis davidiana*）占优势，还有绢毛绣线菊、三桠绣线菊、多花栒子（*Cotoneaster zabelii*）、灰栒子（*C. multiflora*）、百花山花楸（*Sorbus pohuashanensis*）、小叶鼠李、高山茶藨子（*Ribes alpestre*）、甘肃荚蒾（*Viburnum kansuense*）、红花忍冬（*Lonicera syringantha*）、陇塞忍冬（*L. tangulica*），除华北成分外，下木中已有明显的西北山地成分。层盖度不足20%，常见有披针薹草（凸脉薹草，*Carex lanceolata*）、珠芽蓼（*Polyginum viviparum*）等。秦岭还有铁橿子油松林，分布于海拔1100～1600m，土壤瘠薄，混生少量华山松、辽东栎、槲栎等，下木层以铁橿子（*Quercus baronii*）为主，其他有多花栒子等。锦鸡儿油松林在甘肃北部青海大通河下游山地及吕岭山海拔 2000～2600m 的阴坡、半阴坡分布，林木中混生少量山杨。下木层盖度40%左右，以甘肃锦鸡儿（*Aaragana tangutica*）为优势，还有小叶忍冬（*Lonicera microphylla*）、柔毛小檗（*Berheris pubescens*）、冰川茶藨子（*Rihes glaciale*）、灰栒子、虎榛子等，草本层盖度达50%，主要种有披针薹草、高山唐松草（*Thalictrum alpinum*）、铁线莲（*Clematis fruticosa*）等。出现苔藓如细枝羽藓（*Thuidium depicatulum*）、山羽藓（*Abietinella abietina*）等，盖度10%左右。也有文献称此林型为薹草油松林（《青海森林》）。在青海、内蒙古、宁夏半干旱区山地如

贺兰山、乌拉山、大青山、青海坎布拉山的阴坡、半阴坡，杜松油松林也较常见，土壤多为粗骨土或山地灰褐土，在油松林下有杜松层，这是甘肃锦鸡儿油松林或虎榛子油松林破坏后生境进一步干燥化，由杜松发展而形成的，林下尚可见虎榛子、小叶忍冬、小叶锦鸡儿或甘肃锦鸡儿。

此外，还有一些比较特殊的油松林型，如箭竹油松林，以分布秦巴山地和川西岷江流域山地，以油松分布区南缘所特有，多见于海拔1400～1800m半阴坡或阳坡。林木混有山杨、锐齿槲栎、华山松等，土壤为山地棕黄壤。下木层的华西箭竹（*Sinarundinaria nitida* 即 *Fargesia nitida*）为优势，还有花竹（或白夹竹 *Phyllostachys nidularia*）、矮生栒子（*Cotoneaster dammeri*）、胡颓子（*Elaeagnus pungens*）、大菝葜（*Smiiajc ferox*）、多花蔷薇（*Rosa multiflora*）、盐肤木、猫儿刺（*Ilex pernyi*）、阔叶十大功劳（*Mahonia bealei*），下木层盖度可达 40%～60%。草本层不发育，常见种有金星蕨（*Parthelypteris glanduligera*）、麦冬（*Ophiopogon japonicus*）、鱼腥草（*Houttuynia cordata*）、茅叶荩草（*Arthraxon lanceolatus*）等。藓类植物有扁平棉藓（*Plagiothecium neckoroideum*），层外植物有北五味子（*Schizandra chinensis*）、三裂叶蛇葡萄（*Ampelopsis delavayana*）等。在甘肃北部哈思山、太和山海拔2300～2700m阳坡和半阳坡上有苔藓油松林，林木中混生有1～3成的云杉（*Picea asperata*）、大果青杆（*Picea neovitchii*）、山杨、白桦。下木层盖度 20%～30%，平均高 0.3～1.5m，主要种有多花栒子、灰栒子、虎榛子、甘肃荚蒾等。草本层盖度40%，主要种有披针薹草、早熟禾（*Poa annua*）、土麦冬（*Lirope spicata*），苔藓层发育，盖度可达 60%～80%，以大灰藓（*Hypnum plumaeforme*）为主。川芒油松林是四川岷江上游干暖河谷的特殊林型，分布在河谷山坡中部及支沟山坡下部，海拔1850～2540m，半阳坡和阳坡，气候干热，土壤多为山地碳酸盐褐土，少数为典型褐土，油松纯林，偶混生山杨、刺柏、华山松等，疏密度 0.2～0.8，下木层团状分布，高 1.0～1.5m，种类有糙柄菝葜（*Smilax trachypoda*）、美丽胡枝子、虎榛子、六道木（*Abelia biflora*）、照山白等。草本层盖度 40%～60%，以川芒（*Miscanthus szechuanensis*）占优势，其次有川滇薹草（*Carex schneideri*）、沿阶草（*Ophiopogon bodinieri*）、翼茎香青（*Anaphalis pterocaulon*）、铁杆蒿等，苔藓有绿羽藓（*Thuidium assimile*）、垂枝藓（*Rhytidium rugosum*）等。层间植物有全缘藤山柳（*Clematoclethra actinidioides* var. *integrifolia*）等。

由上所述，我国油松林群落的生态系列图解可归纳为图 2-20。

纵轴自上而下代表随海拔降低气候由温凉向温暖变化，土壤由瘠薄向较深厚和较肥沃方向变化；横轴自右到左，代表土壤由干燥向湿润方向变化，而纵轴偏右，反映油松生境的大部分属于偏干旱的范围，即占据了纵轴的右侧一方。中间的方框内代表油松林最主要的和最有代表性的，也即分布面积较广的 3 个类型：胡枝子、绣线菊和虎榛子类型，其中还反映了毛绣线菊和三桠绣线菊、短梗胡枝子和二色胡枝子类型在土壤湿润度上的差别。中间这 3 个类型是我国油松林分布区大部分所具有的。自此往 3 个方向，反映了华北低山丘陵、西北半干旱区山地（内蒙古、宁夏、甘肃北部的山地）和西南高山（含秦巴、白龙江流域山地）比较特殊的类型。例如，华北山地的荆条油松林，西北干旱山地的杜松油松林，秦岭、白龙江和川西高山区的箭竹、藓类、铁橿子、黄栌、川芒等类型，黄栌类型在华北或许可能出现，但一般生长黄栌的地方在华北山地应属较好的生境，不可能由油松林占据，因此不见记载。

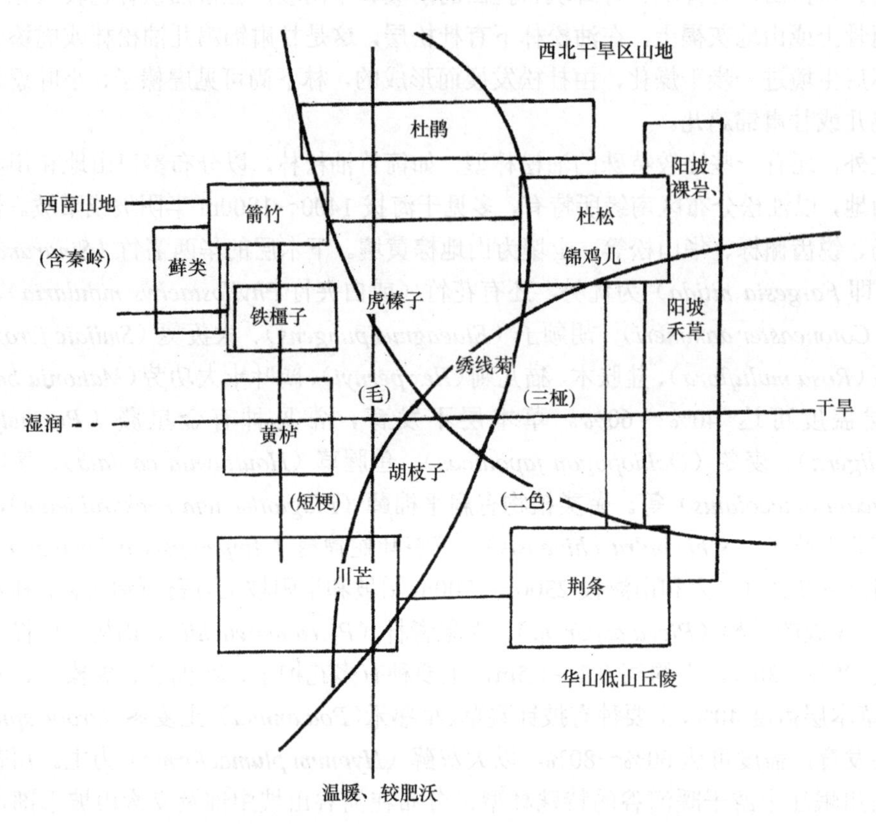

图 2-20　我国油松林群落（油松林系）林型组生态系列图解

6. 马尾松林

马尾松林群落由于天然林很少见，基本上是人工栽植后未经良好的管理而呈半野生状态，其群落学记载少见。黄山松林、巴山松林、思茅松林、西藏长叶松林、乔松林、华南五针松林和细叶云南松林由于分布面积相对较小，群落学研究也较少，因此，本专著不作详细的描述和构建生态系列图。以下对云南松林、华山松林和高山松林群落作必要的描述和生态系列分析。

7. 云南松林

云南松林群落的分类在植物群落学、地植物学调查研究中是一项比较复杂的工作。在 20 世纪 50 年代，林业部综合调查队曾对此做了比较详尽的林型调查，当时直接根据林下植物（灌木、草本、苔藓）和地形的分类，都没有理想的分类结果。据现有资料的分析，作者认为根据云南松林第二林层的乔木树种可能是比较好的分类依据，因为与云南松混交的阔叶树种或针叶树种剔除了一些经常性混生的树种外，还有一些因生境条件不同而具有指示意义，往往是一两个明显的优势树种。在云南松林缺少第二林层情况下，往往是下木层或草本层发育良好，这时采用下木层和草本层的特征就可以分类。天然云南松林有原始林，但往往是在人为干扰影响下存在的，也有不少是常绿阔叶林被破坏后形成的次生林，但由于生境的干燥化而得以较稳定的生存。因此，云南松林的群落分类基本上是有规律可循的，现把云南松林群落基本分为5个大类：①高海拔与亚高山植被联系较紧密的（即与亚高山植被分布相接近的）类型，有杜鹃云南松林、箭竹云南松林等；②较高海拔生境比较干旱，即与硬叶高山栎类混生的类型，如（川滇）高山栎云南松林、黄背栎云南松林、帽斗栎云南松林或矮刺栎云南松林等；③较低海拔，与中生性落叶栎类混生的类型，如麻栎（槲栎、栓皮栎）云南松林等；④海拔在常绿阔叶林带，与旱生性栎类混生的类型，如大叶栎云南松林、锥连栎云南松林、灰背栎云南松林等，表示生境比较干旱，在此海拔范围内，还有与中生性、湿润性的针阔叶树混生的类型，如黄毛青冈云南松林，高山栲（滇油杉）云南松林等；⑤在云南松林分布的整个海拔范围内，无论是比较原生的还是次生原因形成的禾草类、灌木类云南松林，以上所述各类型，仍然应理解为林型组或群丛组，往下可以分出更为具体的林型。云南松林林型组的生态系列可见图2-21。现分述如下。

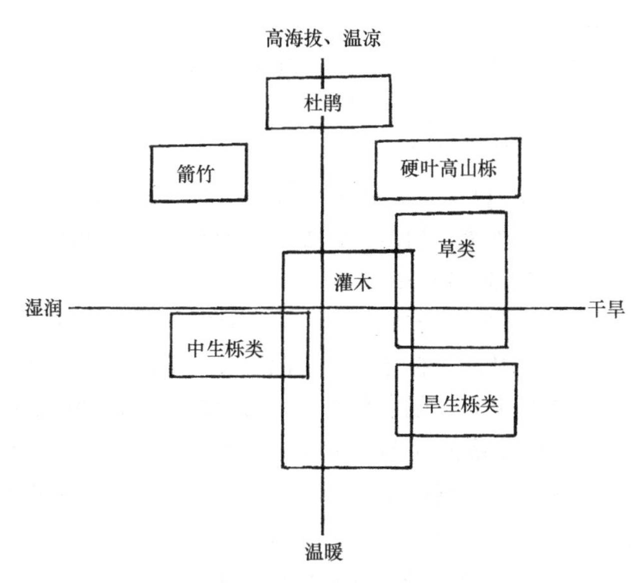

图2-21　我国云南松林林型组生态系列图解

1）杜鹃云南松林

杜鹃云南松林分布甚广，在滇西北、川西北部都分布在海拔高的范围，与亚高山针叶林带相邻接的海拔范围内，如在滇西北为海拔2500～3000m，川西北为海拔2800～3100m。在云南松林广泛分布的滇中高原山原则无此类型分布。主要分布在高山下部和中上部的阴坡、半阴坡，土壤为山地红棕壤、山地黄棕壤。林分多为云南松纯林，或混生少量冷杉、云杉、川滇高山栎、华山松等。林分疏密度0.4～0.6，地位级不等。以Ⅰ～Ⅱ为普遍，40年生平均树高18～20m，每公顷蓄积量300～340m^3。下木层以杜鹃为优势，川西以大白杜鹃（*Rhododendron decorum*）、腋花杜鸦（*Rh. racemosum*）为主，其次有锈叶杜鹃（*Rh. siderophyllun*）、毛喉杜鹃（*Rh. trichostomum*），还有少量南烛（*Lyomia ovalifolia*）、栒子、小檗、胡枝子等，在滇西北以大白杜鹃、爆仗杜鹃（*Rh. spinuliferum*）为主。下木层盖度30%～40%，草本层盖度40%～60%，以禾本科草为主，有剪股颖（*Agrostis* sp.）、细柄草（*Capillipedium parviflorum*）、野青茅（*Deyeuxia arundiarea*），还有斜须裂稃草（*Schizachyrium obliquiberbe*）、宝兴草莓（*Fragaria moupinensis*）、灰叶堇

（*Viola delavayi*）、荩草（*Arthraxon hispidus*）、香青（*Anaphalis bicolor*）、芜菁还阳参（*Crepis napifera*）、瘤蕨（*Phymatodes scolopendia*）、薹草、委陵菜等，显然，草本植物层中低海拔成分已因云南松林分稀疏，生境干燥化、温暖化和生草化，替代了亚高山的草本种。在高海拔处，还可见到苔藓的团块状分布，以及树木悬挂稀少的松萝，林下天然更新不良，在林缘及林隙下有少量云南松幼苗。箭竹云南松林一般比杜鹃云南松林海拔稍低，以四川西南山地海拔 2000～2800m 的阴坡下部为主。土壤为山地红棕壤，生境潮湿，林分已混生有个别滇油松（*Keteleeria evelyniana*），林分郁闭度 0.5 左右，平均高 28m。下木层盖度 30%～40%，高 0.6～1m，以箭竹（*Fargesia spathacea*）为优势，另有南烛、柳、杜鹃、少量胡枝子、栒子等。草本层盖度 50%～60%，以禾本科草为主，如野青茅、细柄草、剪股颖、黄芪、薹草、少量的报春花等。苔藓团状分布，多着生于石块。林冠下天然更新不良，箭竹层下几无幼苗生长。

2）高山栎类云南松林

高山栎类云南松林，分布在海拔 2700～3000m 及以上，甚至达 3300m，即亚高山针叶林带下方和铁杉针阔叶混交林带范围。由云南松与硬叶高山栎类，如川滇高山栎（*Quercus aquifolioides*）、黄背栎（*Q. pannosa*）、帽斗栎（*Q. gauyavaefolia*）、光叶高山栎（*Q. reheriana*）、灰背栎（*Q. senescens*）或矮高山烁（*Q. monimotricha*）等混生的林分，它们都是耐寒耐干旱的栎类。川滇高山栎云南松林一般在四川西南部木里、西昌、会理、盐边等一带山地海拔 3000m 以上，川滇高山栎株形高大，高可达 20m，与云南松形成同一林层，而黄背栎、帽斗栎等都在川西、滇西或金沙江峡谷两侧海拔 3000m 以下分布，形成下木层或第二林层，林分一般也混生有少量冷杉、云杉、铁杉、华山松，滇油杉、槭、杨等在本类型分布下限也有出现。云南松一般高 20～30m，疏密度 0.3～0.5，地位级 Ⅳ～Ⅴ，每公顷蓄积量 80～120m^3，下木层不甚发育，在川西有杜鹃、南烛、胡枝子、栒子、忍冬等，平均高度 2m，盖度 20%左右，草本层盖度 20%～30%，以禾草为主，还有香青、艾蒿、少量苔藓。滇西北帽斗栎南松林下灌木种有大白杜鹃、马桑（*Coriaria mepalensis*）、乌鸦果（*Vaccinium fragile*）、毛莸子梢（*Campylotropis hirtella*）、水红木（*Viburnum cylindncum*）、黄刺（*Berberis diaphana*）、珍珠花（*Lionia ovalifolia*）、野拔子（*Elsholtzia rugulosa*）和几种木蓝（*Inaigofrera* spp.）等，较高海拔有腋花杜鹃（*Rhododendron racemosum*）、纸叶杜鹃（*Rh. chartophyllum*）和一些亚高山针叶林植物。草本层常见禾草有散穗野青茅（*Deyeucia effusa*）、糙野青茅（*D. scahrescens*）、黄背草（*Themeda triandra* var. *japonica*）、疏花拂子茅（*Calamagrostis arundinarea* var. *laxiflora*）、旱茅（*Eremopogon delavayi*）等，还有蕨菜（*Pteridium aquilinum* var. *latiusculum*）、双参（*Triplostegia glandulifera*）、柴胡状毒囊（*Euphorbia bupleuroides*）、芜菁还阳参、紫柄假瘤蕨（*Rhymatopsis crenato-pinnata*）等多种植物。矮高山栎云南松林主要分布在滇西北，滇北金沙江中下游峡谷山地，海拔 2600～2800m，林分高 10～12m，郁闭度 0.4 左右，矮高山栎成矮灌丛，高 30～50cm，草本植物则生长于矮高山栎的丛间，其他灌木还有南烛（*Lyonia ovahfolia*）、长叶南烛（*L. ovalifolia* var. *lanceolata*）、乌鸦果、波叶山蚂蝗（*Desmodium sinuatum*）、草山木蓝（*Indigofera hancockii*）、滇北蔷薇（*Rosa maires*）、矮生胡枝子（*Lespedeza forrestii*）、小叶栒子（*Cotoneaster microphylla*）、西南栒子（*C. franchetii*）、岩鼠李（*Rhamnus virgatus* var. *silvestris*）等，草本植物有象牙参（*Roscoea chamaeleon*）、西南委陵菜（*Potentilla fallens*）、杏叶防风（*Pimpinella candolleana*）、黄花堇（*Viola delavayi*）、火绒草（*Leontopodium hastioides*）、三花兔儿风（*Ainsliaea triflora*）、旱茅、四脉金茅（*Eulalia quadrinervis*）、穗序野古草（*Arundinella chenii*）、刺芒野古草（*A. setosa*）、蕨菜、紫柄假瘤蕨等。灰背栎云南松林分布范围则由海拔 2700m 下延至 2500m，云南松树高 20～25m，郁闭度 0.7，第二林层以灰背栎为主，偶见旱冬瓜，下木层盖度 15%，高 0.5～1.5m，有野拔子、南烛、滇榛（*Corylus yunnanensis*）等，由于这一类型放牧活动较多，植物种类减少。草本层一般也矮小，高 50cm，盖度 65%，种类有兔儿风（*Ainsliaea yunnaensis*）、三花兔儿风、象耳参、旱茅、穗序野古草、栗柄粉金蕨（*Onychium lucidum*）、小颖短柄草（*Brachypodium sylvaticum* var. *breviglume*）、变绿异燕麦（*Helictotrichon virescens*）、天南星（*Arisaema eruhescens*）等。

3）落叶栎类云南松林

落叶栎类云南松林是指云南松与落叶栎类，如麻栎、槲栎、栓皮栎等混生的类型，麻栎云南松林分布在滇东南南盘江、贵州西部海拔 1300～1800m 的低山丘陵，云南松纯林高 6～9m，麻栎为第二林层，混生树种还有少量栓皮栎、旱冬瓜，或偶见常绿栎类的黄毛青冈、高山栲等。林分疏密度 0.7～0.8，因人为活动大，影响林分的生长，残留原有散生的云南松，高达 20m，麻栎等也因樵采等活动，呈矮小灌木状，常进入下木层，高 1.5～2.4m，盖度 20%，灌木种还有米饭花（*Vaccinium sprengoli*）、芒种花（*Hypericum uraium*）、野拔子、滇山楂（*Crataegus scatbrifolia*）、盐肤木（*Rhus chinensis*）、小漆树（*Toxicodendron delauayii*）、滇含笑（*Michclia yunnanensis*）、水红木、乌鸦果、滇榛等，显然，常绿阔叶林成分渐增多。草本层盖度 40%～50%，高 30～100cm，以白茅（*Imperata cylindrica* var. *major*）、蕨菜为主，还有山一笼鸡（*Strobilanthes aprica*）、黄背草（*Thameda triandra* var. *japonica*）、地瓜榕（*Ficus tikona*）、小叶三点金（*Desmodium microphyllum*）、地榆（*Sanguicorba officinalis*）等，反映人类活动的影响，或可见干热性的黄茅（*Heteropogon contortus*）、金丝草（*Pogonatherum crinitum*）、芒萁（*Dicranopteris diohotoma*）等，显示了与滇中高原的云南松林类型的差别，反映了云南松林分布区东南边缘的特征。槲栎云南松林分布于滇西下关、大理等一带，同样由于受人为活动干扰影响大，林下植物较简单而混杂。云南松林高 10～15m，林冠下多见高 4～7m 的槲栎（*Quercus aliena*）、旱冬瓜（*Alnus nepalensis*）、此外还有南烛、马缨花（*Rhododendron delavayii*），下木层高 1.5～3m，盖度 20%，种类有粉绿野丁香（*Leptodermis potaninii* var. *glauca*）、野拔子、荚蒾、鸡爪刺（*Rubus delavayii*）、地檀香（*Gaultheria forresttii*）等。草本层高 60～80cm，盖度 40%左右，以黄背草为主，还有滇中高原常见林下植物种，如西南委陵菜（*Potentilla fulgens*）、滇紫草（*Antiotrema dunnianum*）、腺花香茶菜（*Rabdosia adenantha*）、卵叶兔儿风（*Ainsliaea triflora* var. *obovata*）、蕨菜等。在相当于铁杉针阔叶林带范围，即滇中高原海拔 2000m 以上山地可至 2700m，有较广泛的黄毛青冈云南松林，以阳坡、半阳坡为主，坡度 25º～35º，土壤为紫色砂岩风化原积母质上发育的山地红壤性土壤，也有棕壤，成熟林一般高 15～18m，或更高一些，郁闭度 0.5～0.7，混生有较多的黄毛青冈（*Cyclobalanopsis delavayi*）和旱冬瓜，也有少量包斗栎（*Lthocarpus craibianus*）（海拔较高处和土壤稍湿处）、滇石栎（*L. dealbatus*）、滇青冈（*Cyalobalanopsis glaucoides*）等常绿栎类，或有时见大叶栎、栓皮栎落叶栎类，硬叶常绿栎类灰背栎和川西栎（*Quercus gilliana*）也有出现，反映了与硬叶高山栎云南松林的联系，下木层高 0.5～2.5m，盖度 15%～25%，均为滇中高原云南松林下常见种，有代表性的有马缨花、地檀香、滇北蔷薇、四川木蓝、滇榛等。草本层高 10～30cm，盖度 20%～40%，以云南兔儿风（*Ainsliaea yunnanensis*）为最常见，其他还有紫柄假瘤蕨、腺花香茶菜、穗序野古草、旱茅、西南委陵莱等喜光耐旱种。林下天然更新好，林木生产力也高，林相整齐，是云南松林中较常见和质量较好的类型。

4）旱冬瓜云南松林

在水湿条件较好的生境，主要是在川西南部分的山地谷底，或谷坡底部呈带状阴湿沟谷分布有旱冬瓜云南松林，疏密度 0.4～0.6，地位级Ⅰ～II_a，是云南松林中水热条件最适宜、生产力最高的类型，林分一般高 20m，每公顷蓄积量 340m^3 以上，旱冬瓜的混交比例不等，可达一半左右，在南部阴湿的地段就转变为旱冬瓜林了。在黄毛青冈云南松林分布的下方，即滇中高原海拔 1500～2000m，或至 2300m 和川西南会东一带广泛分布的是高山栲滇油杉云南松林，多见于阳坡、半阳坡或半阴坡，土壤为山地森林红壤或红壤性紫色土，土壤中等厚度，林分高 20m 以上，树干挺直，每公顷蓄积量为 200～350m^3，混生滇油杉（*Keteleeria evelyniana*）和高山栲（*Castanopsis delavayi*），有时在海拔稍高处混生滇青冈、锐齿槲栎、槲栎等。下木层盖度 20%～75%，高度 1.5～3m，有南烛、大白杜鹃、马缨花、爆仗杜鹃、碎米花杜鹃（*Rhododendron spiciferum*）、厚皮香（*Ternstroemia gymnanthera*）、小果南烛（*Lyonia ovalifolia* var. *elliphica*）、矮杨梅（*Myrica nana*）、米饭花（*Vaccinium sprengelii*）等。草本层盖度 50%～90%，高 50～70cm，以耐旱和饱受人为干扰影响的禾本科草为主，如白健杆（*Eulalia pallens*）、刺芒野古草（*Arundinella setosa*）、细柄草（*Capillipedium parviflorum*），此外，还有荩草（*Arthraxon hispidus*）、矛叶荩草（*A. lanceolatus*）、黄背草、小草（*Microchloa kunthii*）、蕨菜、毛果竹叶防风（*Sesele delavayi*）、穗花兔儿风、东紫苏（*Elsholtzia bodinieri*）等，比之旱冬瓜云南松林、黄毛青冈、云南松林更典型地反映了滇中高原干湿交替季风气候特点。在金沙江下游干热河谷两侧山坡海拔 1800～2100m 分布有大叶栎或灰背栎云南松林，其下方还可能出现锥连栎云南松林，反映更为干热的类型，直接与锥连栎稀树草丛（黄茅草草丛 *Hetempogon contortus*）相接。大叶栎云南松林一般高 13～15m，郁闭度 0.5 左右，因林火较普遍，生长不良，干基部粗大，第二林层 3～8m 高，有云南松和大叶栎，或有栓皮栎、滇青冈、滇油杉等。下木层盖度 20%，高 0.5～3m，种类有多花蒁子梢（*Campylotropis polyantha*）、野拔子、清香木（*Pistacia weinmannifera*）、铁仔（*Myrsine africana*）、柞木树（*Photinia* sp.）、云南山蚂蝗（*Desmodium yunnanensis*）、小冻绿树（*Rhamnus rosthornii*）等，反映了干热河谷植物种成分。草本层盖度 25%或更大，高 50cm，以干热河谷耐旱禾草黄茅为常见，其他代表性的还有地瓜榕（*Ficus tikoua*）、杏叶防风（*Pimpinella candolleana*）、长叶荩草、金铁锁（*Psammosilene tunicoides*）、滇丹参（*Saloia yunnanensis*）、滇茜草（*Rubia yunanensis*）等；藤本植物有毛宿苞豆（*Shuteria pampaniniana*）、金毛铁线莲（*Clematis chrysocoma*）、山土瓜（*Merremia hungaiensis*）等。锥连栎云南松林分布于紫色或黄色砂质岩、泥岩风化母质上发育的山地森林红壤上，疏密度 0.7，平均树高 14m 左右，林下以锥连栎为特征，其他植物情况与上述类型相似。在滇中高原南部边缘山地，与思茅松交接过渡区域，海拔 1500m 以下低山河谷，或丘陵山原，土壤为山地森林红壤或砖红壤性红壤，林分高 10m 左右，混生有红木荷（*Schima wallichii*），滇南的常见种反映了向南过渡的性质。其他还有截果石栎（*Lithocarpus truncatus*）、刺栲、偏叶榕（*Ficus semicordata*）、木紫珠（*Callicarpa arborea*）、海南蒲桃（*Syzygium cumini*）等季风常绿阔叶林的常见种，但有时也伴生栓皮栎、滇石栎、元江栲（*Castanopsis orthacantha*）等半湿润常绿阔叶林成分。下木层有糙叶水锦树（*Wendlandia seabra*）、余甘子（*Phyllanthus emblica*）、毛叶算盘子（*Glochidion hirsutum*）、红花柴（*Indigofera pulchella*）、虾子花（*Woodfordia fruticosa*）等，草本层以禾本科中草、高草为主，如大野古草（*Arundinella decempedalis*）、密穗野古草（*A. bengalensis*）、四脉金茅（*Eulalia quadrienervis*）、黄茅、大菅（*Themeda gigantea* var. *villosa*）等，更南的成分，如聚花艾纳香（*Blumea fistulosa*）、滇缅鸡菊花（*Vernonia parishii*）等有时也出现。植物区系成分反映了由云南松林向细叶云南松林（*Pinus yunnaueusis* var. *tennifolia*）的过渡。

8. 华山松林

华山松（*Pinus armandii*）林群落分类的调查研究工作比云南松要少一些。华山松林分布于陕西、山西、河南、甘肃、青海、四川、湖北、湖南、贵州、西藏等省（自治区），是以我国西南、西北、中南亚热带山地的中山范围为主要集中分布区，在秦岭中山带海拔 1500～2000m 有普遍分布，多与光皮桦（*Betula luminifera*）、牛皮桦（*B. albo-sinensis* var. *septentrionalia*）、红桦（*B. albo-sinensis*）、铁杉等混生，自然条件湿润、温凉，但由此向东已属华山松分布区东界。在青藏高原东北边缘与黄土高原交接处，即黄河积石峡两岸，强烈切割的断裂地垒抬升的山地地形，海拔高差大，其变化范围为 1900～3000m，这一地形条件使局部地形下的降水增多，也有华山松林分布伴生青杆、红桦，甚至巴山冷杉，也属局部温凉湿润生境，往东至宁夏六盘山、山西中条山，已为分布区的北界，而且水分条件显然变差并有较明显干旱季，在山地海拔 2000～2500m，呈块状分布。此外，还分布于青藏高原东南缘，即白龙江流域、川西岷江流域、四川盆地周围山地，以及雅鲁藏布江流域。其分布在四川盆周山地一般海拔稍低，为 1200～2400m，而高山峡谷区为海拔 2200～3200m，仍是中山带的主要树种。在滇中高原、黔西北高原，华山松也有大面积天然林分布，海拔多在 2000～2500m，黔中高原则因河流切割，地形破碎，仅残存小片华山松林，大部已为人工林，华山松林的群落可考虑分为杜鹃华山松林、箭竹华山松林、栎类华山松林、草类华山松林、灌木华山松林和溪旁华山松林。

1）杜鹃华山松林

杜鹃华山松林分布面积不大，主要分布在高山峡谷区中山带。例如，滇西北、川西北海拔 2500m 以上，黔西北海拔 2200～2600m 中山上部地势较高处，阴坡、半阴坡，林分疏密度 0.5 左右或以下，混生有红桦、滇铁杉等。下木层除多种杜鹃外，还有亚高山针叶林下常见的西南栒子（*Cotomeaster franchetii*）、冰川茶藨子、心叶荚蒾（*Viburnum cordifolium*）等，是华山松分布上限，林木生长不良。

2）箭竹华山松林

箭竹华山松林分布在川西北和四川盆地北部山地海拔 1800～2800m 及以上。山坡中部阴坡、半阴坡，秦岭南坡海拔 1700～2000m 的阴坡、半阴坡或半阳坡，混生有红桦、山杨、铁杉等，在四川盆地山地还混生有槭树、水青冈、鹅耳枥等。土壤为山地棕壤、黄棕壤或褐土。分布面积较大，是主要的华山松林类型，林分疏密度0.5，树高15～20m及以上，地位级Ⅱ～Ⅲ，每公顷蓄积量300m^3，箭竹种类在四川盆地北部山地和秦岭山地是华西箭竹（*Sinarundinaria nitida*），在川西、川西南是大箭竹和冷箭竹（*Sinarundinaria fangiana*），林下竹层茂密，天然更新较差，下木种类还有近亚高山和中山针阔混交林成分，如圆叶菝葜（*Smilax cyclophylla*）、陕甘花楸（*Sorbus koehensis*）、峨眉蔷薇（*Rosa omiensis*）、木姜子（*Litsea pungens*）、细枝茶藨子（*Ribes gracile*）、陇塞忍冬（*Lonicera tangutica*）、康定樱桃（*Prunus tatsienensis*），盖度70%，高1.5～2.0m，草本植物层不甚发育，种类有川滇薹草（*Carex schneideri*）、掌叶报春花（*Prinula palmata*）、唐松草（*Thalictrum aquilegifolium*）、糙叶青茅、纤根鳞毛蕨（*Dryopteris sinofibrillosa*）、维氏假瘤蕨（*Phymatopsis veitchii*）等。层间植物有华中五味子（*Schisandra spenanthera*）、全缘柳山藤（*Clemathoclethra actinidioides* var. *integrifolia*）、石苇（*Pyrrosia lingua*）等，都是联结川、滇和秦岭亚高山的植物种。

3）灌木华山松林

灌木华山松林分布海拔稍低，在四川盆地北部山地和川西中山下部至中部（海拔1500～2300m）各坡向、秦岭海拔1700～2000m山麓、黔西北高原丘陵海拔2000～2200m，在西藏察隅地区分布海拔升高，为2100～3000m。此类型分布面积大，但混生树种和灌木种类较多，并随不同地区而异，土壤为山地黄棕壤、棕壤，厚60～100cm。在四川混生有铁杉、红桦、麦吊杉、漆等，秦岭混生有云南松、茅栗、高山栎等。林分高12m，疏密度0.3～0.7，每公顷蓄积量70～150m^3。下木层种类繁多，有绣线菊、卫矛、忍冬、栒子、蔷薇、悬钩子、胡颓子、小檗等常见属，如在滇西北山地有小檗（*Berberis* sp.）、西南栒子、水红木（*Viburnum cylindricum*）、毛叶蔷薇（*Rosa maiei*）等，在西藏察隅地区有大花溲疏（*Dentzia macrantha*）、淡红荚蒾（*Viburnum perubescens*）、尖叶栒子（*Cotoneaster accuminatus*）、毛叶蔷薇（*Rosa marrei*）、弓茎悬钩子（*Rubus floscullosus*）、陇塞忍冬、牛奶子（*Elaeagnus umbellata*）等。在秦岭有红脉忍冬（*Lonicera nervosa*）、桦叶荚蒾、峨眉蔷薇、陕西绣线菊（*Spiraea wilsonii*）、黑刺菝葜（*Smilax scobinicaulis*）、栓翅卫矛（*Euonymus phellomanus*）等。贵州有小叶栒子（*Cotoneaster microphyllus*）、火棘（*Pyracantha fortuneana*）、直角荚蒾（*Viburnum foetidum* var. *vectangulatum*）、猪刺（*Berberis julianae*）、长叶胡颓子（*Elaeagnus bockii*）等，盖度50%～70%，草本层有薹草、败酱、紫菀、毛茛（*Ranunculus japonicus*）、升麻（*Cimicifuga foetida*）、落新妇、七叶鬼灯檠（*Rodgersia aesculifolia*）、糙苏（*Phlomis umblosa*）等，可见人为干扰影响，盖度60%。在滇西北、藏东南，草本层还可见到优势种高山露珠草（*Circaea alpina*），以及天南星（*Arisaema erubescens*）、鹿蹄草（*Pyrola rotundifolia* subsp. *chinensis*）、重楼（*Paris* sp.）、白果草莓（*Fragaria nilgerrensis* var. *mairei*）、沿阶草（*Ophiopogon bodinieri*）、羊齿天门冬（*Asparagus filicinus*）、麦冬（*Ophiopogon japonicus*）、薹草、小颖短柄草（*Brachypodium sylvaticum* var. *breviglume*）等，土壤深厚，湿润处生长有一些蕨类，如近纤维鳞毛蕨（*Dryopteris fibrillosissima*）、假粗齿鳞毛蕨（*D. pseudodontoloma*）、古乡鳞毛蕨（*D. gushaingensis*）等（在藏东南），人为影响比较少。

4）栎类华山松林

栎类华山松林也常见，在落叶常绿阔叶林带和常绿阔叶林带范围分布为主，如黔西北中山海拔 1600～2300m，滇中高原、滇西海拔 1800～2500m 山地，土壤深厚，湿润生境，土壤为山地棕壤、黄棕壤，混生有栓皮栎、槲栎、茅栗或高山栎，较低海拔的滇石栎、滇青冈，藏东南有曼青冈（*Cyclobalanopsis oxydon*），在滇中、滇西、藏东南还经常混生有旱冬瓜（*Alnus nepalensis*）。林分郁闭度 0.3～0.7，高 17～24m。下木层盖度 20%～40%。其种类在滇西、滇中有小铁仔、爆仗杜鹃、碎米花杜鹃（*Rhododendron spiciferum*）、厚皮香、滇含笑（*Michelia yunnanensis*）、梁王茶（*Nothopanax delavayi*）、莱江藤（*Brandisia hancei*）、华山矾（*Symplocos chinensis*）、矮杨梅（*Myrica nana*）等。在黔西北有矮杨梅、映山红、小果南烛（*Lyonia ovalifolia* var. *elliptica*）、汤饭子（*Viburnum setigerum*）等。草本层盖度 10%～15%，高 30cm 左右，种类有沿阶草、尾叶蓼（*Polygonum urophyllum*）、茜草（*Rubia cordifolia*）、白果草莓、荩草（*Arthraxon hispidum*）、蕨菜（*Pteridium aquilinum* var. *latiusculium*）等。层外植物有铁叶菝葜（*Smilax siderophylla*）、粉背菝葜（*S. hypoglauca*）等，或藏东南的铁线莲（*Clematis connata*）、山葡萄（*Vitis vinifera*）和防己叶菝葜（*Smilax menispermoidea*）。

5）草类华山松林

草类华山松林以分布在青海、甘肃半干旱区山地和秦岭海拔 2000～2300m 山地的阳坡，生境已较干燥，具生草化过程为特点，土壤为隐灰化山地灰棕壤，或山地褐土，混生红桦、云杉、山杨等，地位级Ⅱ～Ⅴ，疏密度 0.6～0.8，每公顷蓄积量 150～230m^3，下木稀疏，青海、甘肃多蒙古荚蒾（*Viburnum mongolicum*）、珍珠梅（*Sorbaria kirilowii*）、五裂瑞香（*Daphne myrtilloides*）、东陵八仙花（*Hydrangea bretschneideri*）、秀丽莓（*Rubus amabilis*）、单瓣黄刺玫（*Rosa xanthina* f. *spontanea*）、鞘柄菝葜（*Smilax stans*）等，秦岭、巴山有黄花柳（*Salix caprea*）、绣线菊（*Spiraea* sp.）、四川栒子（*Cotoneaster ambiguus*）、疏毛忍冬（*Lonicera fordinandii* var. *induta*）、光叶珍珠梅（*Sorbaria arborea* var. *glabrata*）等，盖度 30%～40%。草本层盖度可达 70%～80%，甘青山地有祁连薹草（*Carex allivescens*）、柄薹草（*C. pediformis*）、狭顶鳞毛蕨（*Dryopteris lacera*）、蕨菜、升麻、高山露珠草、唐松草（*Thalictrum aquilegifolium* var. *sibiricum*）、林地猪殃殃（*Galium kantsehaticon*）等，陕西秦岭则有华山薹草（*Carex hancoekiana*）、丝叶薹草（*C. capilliformis*）、鹿蹄草（*Pyrola rotundiflita* subsp. *chinensis*）、千里光（*Senecio* sp.）、轮叶马先蒿（*Pedicularis verticillata*）、山地早熟禾（*Poa orinosa*）、高山唐松草（*Thalictrum alpinum* var. *elatum*）等，反映甘、青、陕亚高山草本种类的特点。

6）溪旁华山松林

少数情况下可以记载到溪旁华山松林，如秦岭海拔 1500～1900m 的谷底溪旁，土壤为坡积棕壤，湿润或水湿，但渗水性强。林木除华山松占 5 成外，有较多的铁杉、光皮桦、山杨、漆树，或黄花柳、野核桃（*Juglans cathayensis*）等，在海拔 1600m 以下，与油松、锐齿栎混生。林分生产力较高，地位级Ⅰ～Ⅱ，每公顷蓄积量 250～300m^3。下木稀疏，常见有丁香、栒子、卫矛、柳、楤木、绣线菊等属的种。草本层有薹草、破子草（*Torilis japonica*）、香根芹（*Osmorhiza aritata*）、淫羊藿（*Epimedium brevicornum*）、败酱（*Patrinia* sp.）、七叶鬼灯檠、泽兰（*Eupatorium japonicum*）、北重楼（*Paris verticillis*）、鳞蕨（*Microlepia* sp.）、凤尾蕨（*Pteris excelsa*）等喜阴湿种。层间植物也较多五味子、猕猴桃（*Actinidia chinensis*）、常春藤（*Hedera nepalensis* var. *sinensisi*）、盘叶忍冬（*Lonicera tragophylla*）。附生树干上的藓类有角藓（*Anthoceros levis*）、鳞藓（*Bellincinia platyphylla*），还有松萝、地衣等。草本层下的苔藓有土马鬃（*Polytrichum* sp.）、万年藓（*Climacium dendroides*）、地钱（*Marchantia* sp.）等。

我国华山松林群落的生态系列图解可归纳为图 2-22。

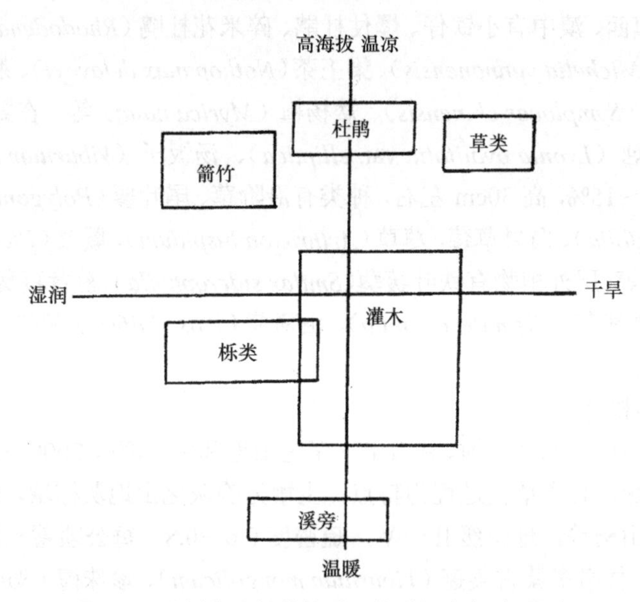

图 2-22　我国华山松林林系、林型组生态系列图解

9. 高山松林

高山松（*Pinus densata*）林是限于横断山区的特有森林，在川西、滇西北、藏东南分布广泛，适应性强。地理分布以川西南为中心。垂直分布由北向南渐高，在四川乡城、稻城一带海拔可达 4300m，盐源、木里一带海拔为 3100～3300m，九龙、雅江海拔为 2600～3600m，大小金川海拔为 2400～3300m，滇西北宁蒗、永胜、丽江、中甸、德钦一带海拔为 2700～3600m，藏东南波密、林芝、郎县等地海拔为 2600～3500m，在松属中是分布海拔最高的种。高山松林一般上接亚高山针叶林，下与云南松交错分布，并可与干热河谷灌丛相接。在相同海拔范围，与更为干燥的高山栎类交错分布。高山松林耐寒，喜光耐旱，分布于阳坡、半阳坡、山脊和丘陵状缓坡的比较干燥地段，土壤为山地淋溶棕褐土，山地棕壤，不具或具碳酸盐反应，视母质是否为石灰岩而定，森林群落类型（林型组）可分为高山栎类高山松林、灌木高山松林、草类高山松林等。由于它是喜光树种，几乎在分布上不与亚高山暗针叶林的杜鹃类型、箭竹类型、藓类类型相接，或有某种联系。只限于中生偏旱和较干旱的上述类型。

1）高山栎类高山松林

高山栎类高山松林，主要特征是与高山栎类的川滇高山栎（川西、藏东南）、黄背栎（滇西北）或川西栎（*Quercus gilliane*）和灰背栎（*Q. senoscons*）等混生，或是栎类呈灌木状作为下木层生长于林下。高山栎类高山松林主要分布于阳坡、半阳坡，以山坡中部、下部为主，土壤为山地褐土、山地棕壤，土壤干燥，肥力较低，林木层基本上为高山松，林分高 20m 左右，郁闭度 0.5～0.6，每公顷蓄积量 200～350m^3，在藏东南有时可达 400m^3 以上，林下更新较好。下木层在川西南以川滇高山栎（*Quercus aquifolioides*）为主，高 1.5～3.0m，盖度 30%～70%。其他种有圆锥山蚂蝗（*Desmodium elegans*）、木蓝（*Indigofera* sp.）、二色锦鸡儿、毛荒子梢（*Campylotropis hirtella*）、小叶荒子梢（*C. wilsonii*）、黄花木（*Piptanthus concolor*）和理塘杜鹃（*Rhododendron litangense*）等。在滇西北的黄背栎高山松林，黄背栎高约 10m，可为第二林层。下木有大白杜鹃（*Rhododendron decorum*）、腋花杜鹃（*Rh. racemosum*）、珍珠花（*Lyonia villosa*）等，藏东南则以川滇高山栎、川西烁、灰背栎等在下木层为常见，盖度 30%～50%，下木还有米饭花、山生柳（*Salix oritrepha*）、白珠（*Gaulthera hookeri*、*G. nummulerioides*）、小叶栒子（*Cotoneaster microphyllus*）、甘青锦鸡儿（*Caragana tangutica*）、劲直菝葜（*Smilax rigida*）等。草本层盖度 30%～70%，在川西南以疏花野青茅（*Deyeuxia effusiflora*）为主，还有狼毒（*Stellera chamaojasme*）、广布野豌豆（*Vicia cracca*）、中华槲蕨（*Drynaria haronii*）、云南红景天（*Rhodiola yunnanensis*）、须芒草（*Andropogon yunnanensis*）、灰叶堇菜（*Viola dilavayi*）等。在滇西北有蓼（*Polygonum paleaceum*）、二花堇（*Viola biflora*）、野青茅（*Deyeuxia sylvatica*）等。藏东南则是林地早熟禾（*Poa* sp.）、旱茅（*Eremopogon delavayi*）、抱茎柴胡（*Bupleurum longicaule* var. *amplexicaule*）、多刺绿绒蒿（*Meconopsis horridula*）、鼠尾草（*Salvia przewalskii*）等，都是以耐旱禾本科草和其他草为主。苔藓不甚发育，仅见少量赤茎藓、毛梳藓。在局部小凹地形上点状分布。

2）灌木高山松林

灌木高山松林是高山松林类型中生产力最高、生境最好的类型，以分布在稍缓阳坡、半阴坡土壤肥沃深厚条件下，土壤为山地棕壤。这种类型分布面积大，林相整齐，树高一般 20～25m，郁闭度 0.7，每公顷蓄积量 200～300m^3，在藏东南可达 600～900m^3。下木层发达，都以中生喜暖灌木种为主，种类多，表现出较高的种多样性。在川西南为毛叶南烛（*Lynia villosa*）、铁扫帚（*Indigofera bungeana*）、毛叶杜鹃（*Rhododendron polifolium*）、扁刺蔷薇（*Rosa sweginzowii*）、金露梅（*Dasifihora glabra* var. *veitchii*）、刚毛忍冬（*Lonicera hispida*）和总状花序蚂蝗（*Desmodium spicatum*）等。滇西北有马桑（*Coriaria nepalensis*）、毛叶南烛、乌鸦果（*Vaccinium fragile*）、披针叶忍冬（*Lonicera lanceolata*）、丽江绣线菊（*Spiraea likiangensis*）、刺红珠（*Berberis dictyophylla*）等。在藏东南有三桠乌药（*Lindera obtusiloba*）、刺毛果忍冬（*Lonhera hispida* var. *chaetocarp*）、高山瑞木（*Cornus hemsleyi*）、大苞越橘（*Vaccinium modestrum*）、多蕊金丝桃（*Hypericum hookerianurn*）、几种忍冬、毛叶高丛珍珠梅（*Sorbaria arborea* var. *subtomentosa*）、暗红栒子（*Cotoneaster obscens*）、小叶栒子、大叶蔷薇（*Rosa macrophylla*）、线毛绣线菊（*Spiraea velutine*）、波密小檗（*Berberis gyalaica*）、腰果小檗（*B. japannis*）等。草本层盖度 40%～60%及以上，以维氏假瘤蕨（*Phymatopsis veitchii*）、糙野青茅（*Deyeuxia scabrescens*）、银莲花（*Amemone cathayensis*）、狼毒（*Anaphalis cuneifolia*）、沿阶草、羽裂蟹甲草（*Cacalia tangutica*）、穗三毛草（*Trisetum spicatum*）、云南红景天等为主。藏东南有蕨类为优势的草本层第一亚层，主要有蕨（*Pteridium* sp.）、西藏蹄盖蕨（*Athyrium tibeticum*）、假粗齿鳞毛蕨（*Dryopetris pseudontoloma*）、光齿鳞毛蕨（*D. acutodentata*）、铁角蕨（*Asplenium trichomanes*）等，因此，有时称“蕨类灌木高山松林”，其他草本植物还有索骨丹（*Rodgersia aesculifolia*）、宽叶兔儿风（*Ainsliaea latifolia*）、假升麻（*Aruncus diocus*）、变绿异燕麦（*Helictorichon virescens*），第二亚层有短柱鹿蹄草（*Pyrola minor*）、高山露珠草（*Circaea alpina*）、蛇梅（*Duchesnea india*）、沿阶草等，苔藓层不发达，盖度不超过 10%，常见有大曲尾藓（*Dicranum majus*）、毛梳藓（*Ptilium cresta-castrensis*）、赤茎藓（*Pleurozium schreberi*）、拟垂枝藓（*Rhytidiadelphus triquetrus*）等。层外植物有常春藤（*Hedera nepalensis* var. *sinensis*）、五风藤（*Holboellia latifolia*）等。林下有较好的天然更新。

3）草类高山松林

草类高山松林是以禾本科草类为优势草本的，代表在阳向陡坡、干旱瘠薄生境下的高山松群落，与高山栎林相接，并直接与人类活动频繁的农地、开垦地或弃荒地相连。树高约 18m，郁闭度 0.3 左右，多为疏林，每公顷蓄积量约 $100m^3$，有时混生少量高山栎、白桦、山杨。下木层盖度 20%左右，高 1～2m，以旱生成分占优势，在川西大小金川记载，可见少蕊金丝桃（*Hypericum hookeriana*）、木帚栒子（*Cotoneaster dielsianus*）、刺红珠（*Berberis dectyophylla*）、岷谷木蓝（*Indigofera lonticellata*）、峨眉蔷薇及总状花序山蚂蝗、毛叶南烛、亮叶杜鹃（*Rhododendron vernicosum*）等，藏东南可见二色锦鸡儿、陇塞忍冬、帚状鼠李（*Rhamnus virgata*）等。草本层盖度 80%～100%，种类繁多，有几种野青茅（*Deyeuxia effusiflora*、*D. hupehensis*、*D. arundinacea*）、野棉花（*Anemone tomentosa*）、淡黄香青（*Anaphalis flavescens*）、中华槲蕨（*Drynaria baronii*）、狼毒（*Stellera chamaejasme*）、竹叶柴胡（*Bupleurum marginatum*）、梅笠草（*Chimaphila japonica*）、云雾薹草（*Carex nubigena*）、大花糙苏（*Phlomis megalantha*）、穗序野古草（*Arundinella chenii*），或旱茅、短芒薹草（*Koeleria litwinowii*）、短毛芒（*Miscanthus brevipilus*）、川滇异燕麦（*Helictotrichon roylei*）等，藏东南可见假苇子茅（*Calamagrostis pseudophragmites*）、变绿异燕麦（*Helictotrichon oirescens*）、石芒（*Arundinella nepalensis*），以及西藏龙胆（*Getiana tibetica*）、藏麻黄（*Ephedra saxatilis*）、西伯利亚远志（*Polygala sibirica*）、火绒草（*Leontopodium* sp.）、竹叶柴胡（*Bupleurum marginatum*）等。草本植物视不同地区及人为干扰情况如火烧、垦殖等程度而定，但以禾本科草为优势是其特征，林下更新不是很好，但火烧后如有高山松种源可较快恢复，若无种源则易被高山栎所替代。

我国高山松林群落的生态系列可以归纳为图 2-23。

10. 海南松林

海南松（南亚松，*Pinus latteri*）可作为热带松林的代表来描述其群落分类。它的分布区比较限于我国华南热带区，性喜高温气候，耐热、耐旱、耐瘠薄土壤，但在土壤深厚、肥沃、湿润生境则有较高的生产力，其生态系列可涉及土壤水分由干旱到湿润的各个等级。群落学描述，《广东植被》和《广东森林》略有记载，生境条件最好的还是与热带季雨林相接壤而形成的海南松与季雨林树种混交的类型，即沟谷海南松林，其他还有中生类禾草和栎类为特征的山地禾草类栎类海南松林、台地灌木海南松林、滨海沙地海南松林和野香茅海南松林。沟谷海南松林是以沟谷地形与沟谷热带季雨林过渡的类型，混生树种有青皮（*Vatica hainanensis*）、坡垒（*Hopea hainanensis*）、荔枝（*Litchi chinensis*）、油楠（*Sindora glabra*）、鸭脚木（*Schefflera octophylla*）、红椤（*Amoora*

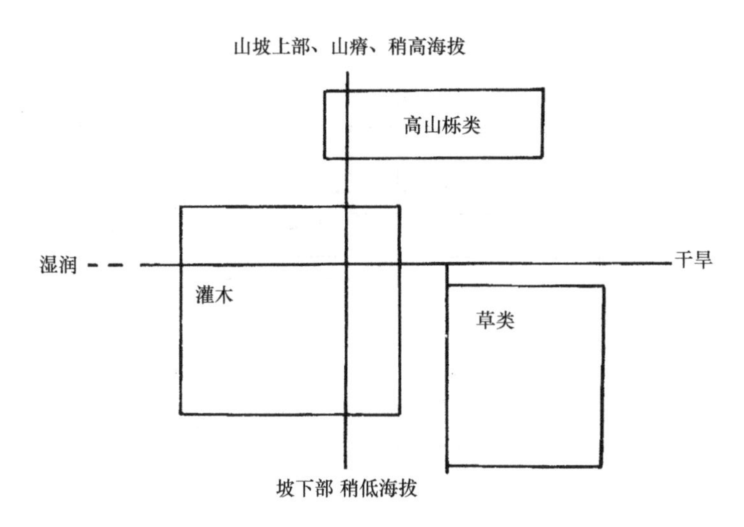

图 2-23　我国高山松林林系生态系列图解

dasyclada）等，海拔稍高处则混生山地雨林种类如刺栲、琼崖石栎（*Lithocarpus fenzelianus*）、海南蕈树（*Altingia obovata*）、五列木（*Penatachylax euryoides*）、厚皮香（*Ternslroemia gymnanthera*）、木荷（*Schima superba*）、皱萼蒲桃（*Syzygium rysoposum*）等。下木层以九节（*Psychotria rubra*）或针葵（*Phoenix hanceana*）为优势，草本植物不甚发育，在山地山坡海拔 300～1000m 分布有山地禾草类栎类海南松林，混生有麻栎、旱毛青冈（*Cyclobalanopsis vestita*）等落叶栎类，还有枫香、青冈、海南蒲桃、杜英（*Elaeocarpus decipiens*）、海南菜豆树（*Radermachera hainanensis*）、赤点红淡（*Adinandra hainanensis*）等。下木层盖度 5%～10%，不甚发育，有谷木（*Momecylon ligustrifolium*）、山芝麻（*Helicteres angustifolia*）、毛稔（*Melastoma sanquineum*）等。草本层较发育，盖度 20%，以中生或中生偏旱的禾草类为优势，如华须芒（*Andropogon chinensis*）、短梗苍茅（*Hyparrhenia eherhardtii*）、扭黄茅（*Heteropogon contortus*）和华三芒草（*Aristida chinensis*），在人为破坏较严重处，常见白茅（*Imperata cylindrica*）、飞机草（*Eupatorium odoratum*）和山黄菊（*Anisopappus chimnensis*）等，再破坏则演替为白茅、飞机草丛。台地灌木海南松林以分布在海拔 250m 以下低丘台地，坡度平缓，因人为活动严重，只见小片纯林，土壤为石砾和沙土母质上发育的半风化土，树高 25m，郁闭度 0.5～0.8，混生有偶留的半落叶季雨林树种如黄杞（*Englehardtia chrysolepis*）、黄牛木（*Cratoxylum ligustrium*）、银柴（*Aporosa chinensis*）等。下木稀少，有谷木、桃金娘（*Rhodomyrtus tomentosa*）、山芝麻、余甘子（*Phyllatus emblica*）等，都是半落叶季雨林破坏后的灌木常见种，这是本类型在植物组成上的特点。草本植物有红裂稃草（*Schizachyrium sanguineum*）、毛俭草（*Mnesitha mollicoma*）、毛鸭嘴草（*Ischaemum aristatum* var. *barbatum*）、狗尾巴草（*Setaria glauca*）等南亚热带、热带次生草地的种类。海南西南部的滨海沙地海南松林树高 8～10m，郁闭度 0.3～0.4，下木仅有露兜勒（*Pandanus tectorius*）和鬣刺（*Spinifex littoreus*），高 0.3～0.5m，盖度 5%～10%。在海南北部玄武岩地区有野香茅海南松林，土壤黏重，林分高 8～15m，郁闭度小于 0.6，林下有野香茅（*Cymbopogon tortilis*），高 0.4～0.7m，盖度 60%～80%，其他种灌木及草本均较少。

我国海南林系群落的生态系列图解可归纳为图 2-24。

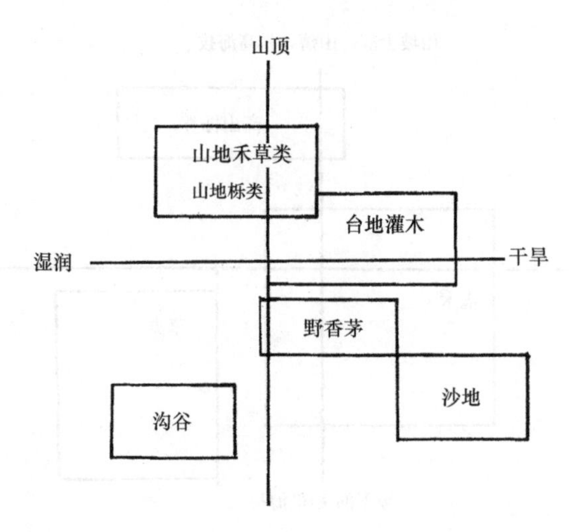

图 2-24　我国海南松林林系、林型组生态系列图解

对于海南松林群落生境的指示植物可以有如下归纳：指示干旱、较干旱生境的有山芝麻、谷木、野香茅、露兜勒、鬣刺、桃金娘，指示中生和较湿润生境的有麻栎、旱毛栎、枫香、杜英、黄杞、华须芒、短梗苞茅、扭黄茅等；指示湿润的有海南蒲桃、鸭脚木、木荷和出现混生的热带季雨林其他树种。

第八节　栎类及有关的阔叶林

我国栎类林可以广义地包括壳斗科的几个属，如栎属（*Quercus*）、栲属（*Castanopsis*）、青冈属（*Cyclobalanopsis*）、石栎属（*Lithocarpus*）、水青冈属（*Fagus*）等。它们的不少种是构成我国森林的建群树种。它们从生态习性上可以分为三大类，即落叶栎类、常绿栎类和一个比较特殊的硬叶常绿栎类。它们的不少种是我国落叶阔叶林、常绿阔叶林或常绿落叶阔叶混交林树种组成中的基本成分，是建群种或优势种。对于栎类林群落分类的方法，对落叶栎类林和硬叶常绿阔叶林来讲，由于它们处于北方和亚高山，或相近的自然条件下，群落组成比较简单，建群种或优势种比较明显，反映生境的指示种也比较明显，以采用具指示意义的植物种来分类、命名。对于常绿栎类林和栎类为主的常绿落叶阔叶混交林，显然用一两个指示种来分类比较困难，我们曾谈到可以用种组来分类。种组的形成是由几个生态因子所决定形成的，例如，随纬度、经度、垂直海拔的水热条件所决定的种的分布格局，反映局部生境，如由地形条件对水热状况的再分配，对土壤厚度和肥力的影响决定的种的生长、存在度和优势度和它们的指示意义等。因此，几种生态因子决定一个种组的组分的种是否结合在一起，并能否反映该群落生境的一个突出的几个方面的特点。对于高层次的群落分类纬度、经度、垂直高度所决定的水热条件所影响的树种或植物种的结合是首要的，然后才是在较低层次群落分类上指示具体生境有意义的种。

一、栎类的分布和生态习性

以纬度的影响而言，由高纬度到低纬度，即由我国北方到南方，森林群落组成由落叶阔叶树向常绿阔叶树变化，即在温带、暖温带森林群落是完全由落叶阔叶树种组成，到了暖温带与北亚热带过渡地带，即开始在灌木（即下木层中）会出现常绿成分。而常绿的种随着向南推移会在群落中由下木层进入立木层，种类会逐渐增加，常绿种在种组成占的比例也会增加，逐渐形成了常绿阔叶与落叶阔叶树比例相当的混交群落。再向南方推移，到了中亚热带，森林群落的落叶成分会下降，并逐渐只在下木层中具落叶树种，直到南亚热带的完全的常绿阔叶林，即使在南亚热带也会因垂直海拔上升渐渐出现落叶成分，其变化与纬度水平变化是相似的。因此，如果我们掌握对主要阔叶树种生态习性的分类，知道哪些乔灌木树种在这种随热量条件变化梯度中出现的地位，就可以利用它们判别出森林群落类型的性质，判别出不同性质群落类型高层次分类上的重要种组的组合。以壳斗科的主要树种而言，在温带、暖温带、喜寒、喜温凉的一些树种往往是优势的群落建群种，但在自暖温带始往南，在落叶常绿林、常绿阔叶林中一些壳斗科树种往往是以 2 种以上树种成为森林群落的重要组成，或是以壳斗科树种和其他种属的组合中，如落叶常绿阔叶混交林，则往往以壳斗科树种和鹅耳枥、槭、枫香、化香、榆及灌木的鼠李、花楸、黄栌、山矾、杜鹃、胡枝子、菝子梢、山胡椒、常绿的山茶、箭竹等属结合。对常绿阔叶林而言，往往是壳斗科的树种与樟科、山茶科、木兰科、金缕梅科、杜英科、杜鹃花科等乔灌木种结合，因此，只要能把它们的热量方面生态习性和主要分布区如东部亚热带还是西部亚热带（如云南、贵州、西藏）结合起来分析，应用还是较广泛的，种组也是可以预计的。

本节为以壳斗科栎类及有关落叶阔叶树、常绿落叶混交林、常绿阔叶林为例来说明种组构成的分析。

现将壳斗科主要属和常绿阔叶林组成的重要科属进行热量生态习性上的分类，对落叶的，可分为喜寒的、喜温凉的和耐温暖的 3 类，对常绿的可分为耐温凉的、喜温暖和喜热的 3 类，分别以 1～6 的代码代表其类别，对于树种的地理分布可以分为以东部亚热带为主的（e），以西部亚热带为主的（w），而在亚热带比较广泛分布的（e. w）3 类。那么，只要在具有相同 e. w 其一的树种，具布相同或两个相邻码如 1、2；2、2；2、3；3、3；3、4 的种即有可能共同参与一个群落的组成而具有相对重要的建群意义（优势度上）或指示意义（指示大生境上）。后者，如 4 数码的树种由于是比较耐温凉的常绿树种，很可能成为以落叶阔叶林为主的一个混生的常绿成分，或有可能成为有落叶成分常绿阔叶林的组分之一，是常绿落叶阔叶混交林的成分。5 和 6 都是典型的常绿阔叶林树种，而 6 数码的树种也有可能参与热带季雨林或山地雨林。具体举例来说，蒙古栎在温带的大兴安岭、东北山地有蒙古栎纯林类型。而在东北平原南部的两侧低山丘陵则可混生辽东栎、麻栎、槲，在华北山地则与辽东栎、麻栎、槲等有比例相当的混交林。属于 2 数码的各种栎类树种都相互混生，因优势上侧重不同而形成不同群落类型，如辽东栎在辽东半岛山地、华北山地与蒙古栎混生，在秦岭、伏牛山则混生于短柄枹林、锐齿槲栎林，在辽东半岛、华北山地的槲栎林也经常混生辽东栎、锐齿槲栎，耐温暖的锐齿槲栎、槲栎伸延至北亚热带混交，自温带到亚热带广泛分布，且混生栓皮栎、枹、短柄枹、槲树等。栓皮栎、麻栎则经常混生于各类阔叶林内，对于常绿、落叶阔叶栎类林的分类再在此基础上考虑下木层和活地被层的指示种，即可分类命名。对于常绿、落叶阔叶林和常绿阔叶林，应在栎类树种优势或建群基础上再考虑上述的几个主要属的结合上，以及进一步指导具体生境的指示种来构成种组。

二、栎类群落的分类

本节将落叶阔叶林、常绿落叶阔叶林、常绿阔叶林与其基本的重要建群的栎类树种共同讨论其群落分类。在它们较低层次的群落分类上需要找出指示更为具体生境的植物种来作为种组成分用于群落分类，栎类树种和表2-8所列的科属在热带季雨林和沟谷雨林、山地雨林的群落组成中已不再普遍是基本组分，如让位于其他的许多热带分布典型科属。因此，本专著在专门章内讨论热带林群落分类。

表2-8 中国阔叶林的基本组成属主要常见树种的生态习性分类[①]

习性代码	落叶阔叶		常绿阔叶		
	喜温凉	耐温暖	耐温凉	喜温暖	喜暖热
种属	2	3	4	5	6
壳斗科 栎属 *Quercus*	蒙古栎（1、2） *Q. mongolica*（e） 辽东栎 *Q. liaotungensis*（e） 槲栎 *Q. aliena*（e. w） 锐齿槲栎 *Q. aliena* var. *acuteserrata*（e. w） 槲树 *Q. dentata*（e） 麻栎 *Q. acutissima*（e. w） 栓皮栎 *Q. variabilis*（e. w）	小叶栎 *Q. chenii*（e） 短柄枹栎 *Q. glandulifera* var. *brevipetolata*（w） 橿子栎 *Q. baronii*（e） 枹栎 *Q. glandulfera*	光叶栎 *Q. oxyphylla*（e） 岩栎 *Q. acrodonta*（e） 刺叶栎 *Q. spinosa*（e. w） 巴东栎 *Q. nlgleriana*（e. w） 匙形栎 *Q. spathulata*（e. w） 乌冈栎 *Q. phillyraeides*（e. w） 白栎 *Q. fabri*（e） 川西栎 *Q. gilliana*（w） 高山栎 *Q. semicarpifolia*（w）	大叶栎 *Q. griffithii*（w） 灰背栎 *Q. senecens*（w） 吊罗栎 *Q. tialoshanica*（e） 黄背栎 *Q. pannosa*（w）	竹叶栎 *Q. bambusaefolia*（e） 饭甑栎 *Q. fleuryi*（e） 雷公栎 *Q. hui*（e） 南烛栎 *Q. insularis*（e） 盘壳栎 *Q. patelliformis*（e）
青冈属 *Cycloba-lanopsis*			青冈 *C. glauca*（e. w） 细叶青冈 *C. gracilis*（e. w） 多脉青冈 *C. multinervis*（e. w） 曼青冈 *C. oxyodon*（e. w） 小叶青冈 *C. myrsinaefolia*（e. w） 云山青冈 *C. nubium*（e. w） 滇青冈 *C. glaucoides*（w） 黄毛青冈 *C. delavayi*（w）	大叶青冈 *C. jenseniana*（e. w） 毛枝青冈 *C. helferiana*（w） 雷公青冈 *C. hui*（e）	栎子青冈 *C. blakei*（e） 岭南青冈 *C. championii*（e）
栲属 *Castanopsis*			苦槠 *C. sclerophyla*（e） 尾叶甜槠 *C. eyrei* var. *caudata*（e） 鹿角栲 *C. lamontii*（e） 峨眉栲 *C. platyacantha*（w） 瓦山栲	南岭栲 *C. fordii*（e） 蒺藜栲 *C. tribuloides*（w） 罴蓟栲 *C. fissa*（e） 栲树 *C. fargesii*（e. w） 米槠	印栲 *C. indica*（e. w） 青钩栲 *C. borneensis*（e） 思茅栲 *C. ferox*（w） 海南白椎 *C. carlesii* var. *hainanica*（e）

续表

习性 代码	落叶阔叶		常绿阔叶		
	喜温凉	耐温暖	耐温凉	喜温暖	喜暖热
种属	2	3	4	5	6
栲属 *Castanopsis*			*C. ceratacantha*（w） 罗浮栲 *C. fabri*（e） 钩栗 *C. tibetana*（e. w） 高山栲 *C. delavayi*（w）	*C. carlesii*（e. w） 甜槠 *C. eyrei*（e. w） 元江栲 *C. orthacantha*（w） 小果栲 *C. fleuryi*（w）	刺果椎 *C. echinocarpa*（e） 台湾栲 *C. formosana*（e） 海南栲 *C. hainanensis*（e） 红椎 *C. histrix*（e. w） 尖峰栲 *C. jianfenlingensis*（e） 越南栲 *C. tonkinentsis*（e）
栗属 *Castanea*		茅栗 *C. seguinii*（e）	锥栗 *C. henryi*（e）		腾冲栲 *C. wattii*（w）
石栎属 *Lithocarpus*			石栎 *L. glabra*（e） 绵石栎 *L. henryi*（e） 硬叶石栎 *L. hancei*（e） 粒穗石栎 *L. grandifolius*（e） 包石栎 *L. cleistocarpus*（e. w） 大叶石栎 *L. megalophyllus*（w） 多变石栎 *L. variolosus*（w） 绿叶石栎 *L. viridis*（w） 粤桂石栎 *L. calophyllus*（e） 滇石栎 *L. dealbatus*（w） 金毛石栎 *L. chrysocomus*（e. w） 包斗栎 *L. craibianus*（w） 峨眉石栎 *L. cleistocarpus* var. *omeiensis*（w）	珠眼柯 *L. iteaphyllodes*（e） 长叶石栎 *L. elaegnifolius*（e） 华南石栎 *L. fenestratus*（e） 刺斗石栎 *L. echinotholus*（w） 截果石栎 *L. truncatus*（w） 贵州石栎 *L. elizabathae*（e） 厚叶石栎 *L. pachyphylus*（e）	薄皮石栎 *L. amygdelifolius*（e） 短穗石栎 *L. brachystachys*（e） 烟斗栎 *L. corneus*（e） 琼崖石栎 *L. fenzelianus*（e） 柄果石栎 *L. longipedicellatus*（e） 毛果 *L. pseudovestitus*（e） 三果石栎 *L. ternaticupulus*（e） 台湾栎 *L. kawakamii*（e）
水青冈属 *Fagus*	米心水青冈 *F. engleriana*（e） 巴山水青冈 *F. pashanica*（e）	水青冈 *F. longipetiolata*（e） 亮叶水青冈 *F. lucida*（e） 钱氏水青冈 *F. chienii* 台湾水青冈 *F. hayatae*（e）			

续表

习性代码	落叶阔叶		常绿阔叶		
	喜温凉	耐温暖	耐温凉	喜温暖	喜暖热
种属	2	3	4	5	6
樟科 山胡椒属 *Lindera*		山胡椒 *L. glanca*（e） 山橿 *L. reflexa*（e） 绿叶甘橿 *L. fruticosa*（e）	乌药 *L. strychnifolia*（e） 黑壳楠 *L. megaphylla*（e） 三桠乌药 *L. obtusiloba*（e） 红脉钓樟 *L. rubronervia*（e） 香叶树 *L. communis*（e. w）	川钓樟 *L. subcaudata* var. *Hemslyana*（w） 闭香果 *L. latifalia*（w） 江浙钓樟 *L. chienii*（e） 长柄山胡椒 *L. longipeduculata*（w）	网叶山胡椒 *L. dictyoplylla*（w） 滇粤山胡椒 *L. metcalfiana*（e. w） 假桂钓樟 *L. tonkinensis*（w） 广东山胡椒 *L. kwangtungensis*（e）
木姜子属 *Litsea*		山鸡椒 *L. coreana* var. *sinensis*（e. w）	豺皮樟 *L. rctundifolia* var. *oblongifolia*（e）	黄椿木姜子 *L. variabilis*（e） 大果木姜子 *L. lancilimba*（e） 滇南木姜子 *L. garrotti*（w） 黄丹木姜子 *L. elongata* 湖北木姜子 *L. coreana* var. *hupehana*（e. w） 杨叶木姜子 *L. populifolia*（w）	潺槁木姜子 *L. glutinosa*（e） 大萼木姜 *L. baviensis*（e） 剑叶木姜 *L. lancifolia*（e）
新木姜子属 *Neolitsea*			新木姜 *N. aurata*（e. w） 簇叶新木姜 *N. confertifolia*（w） 显脉新木姜 *N. phanerophlebia*（w）	四川新木姜 *N. sutchuanensis*（w）	多果新木姜 *N. polycarpa*（w） 椭圆叶新木姜 *N. ellipsoides*（e） 长园叶新木姜 *N. oblongifolia*（e）
桢楠属 *Phoebe*			白楠 *P. neurantha*（e） 湘楠 *P. hunanensis*（e）		红毛山楠 *P. hungmaoensis*（e）
润楠属 *Machilus*			红楠 *M. thunbergi*（e. w） 泡花润楠 *M. pauboi*（e. w） 隐脉润楠 *M. obscurinervia*（e） 西藏润楠 *M. yunnanensis* var. *tibetana*（w）	苞润楠 *M. brateata*（w） 小果润楠 *M. microcarpa*（e. w） 广东润楠 *M. kwantungensis*（w） 建润楠 *M. oreophila*（e） 黄绒润楠 *M. grisjii*（e） 中华润楠 *M. chinensis*（e. w） 薄叶润楠 *M. leptophylla*（e） 纳槁润楠 *M. nakao*（e）	粗壮润楠 *M. robusta*（w） 桢楠 *M. kurzii*（w） 绒毛润楠 *M. velutina*（e） 瑞丽润楠 *M. shweliensis*（w） 柳叶润楠 *M. salicina*（w）

续表

习性代码	落叶阔叶		常绿阔叶		
	喜温凉	耐温暖	耐温凉	喜温暖	喜暖热
种属	2	3	4	5	6
润楠属 *Machilus*				基脉润楠 *M. decursinervis*（e） 丝毛润楠 *M. bombycina*（w） 滇润楠 *M. yunnanensix*（w）	
樟属 *Cinamomon*			长桂果 *C. subravenium*（e） 天竺桂 *C. japonicum*（e. w） 云南樟 *C. glanduliferum*（w） 黄樟 *C. porrectum* 大叶桂 *C. iners*（w） 臭樟 *C. wilsonii*（w）	毛桂 *C. appeliunum*（e） 刀把木 *C. pittosporiodes*（w） 川桂 *C. wilsonii*（w） 山阴香 *C. chingii*（e） 樟 *C. camphora*(e）	钝叶桂 *C. bejolghota*（w） 阴香 *C. burmannii*（e） 卵叶樟 *C. ovatum*（e）
茶科 山茶属 *Camellia*			尖叶山茶 *C. cuspidata*（e） 大山茶 *C. reticulata*（e）	油茶 *C. oliefora*（e） 野山茶 *C. cordifolia*（w） 连蕊茶 *C. fraterna*（w） 滇野山茶 *C. pitardii* var. *yunnanensis*（w） 尾叶山茶 *C. caudata*（e）	文山茶 *C. wenshanensis*（w） 滇南茶 *C. tsaii*（w） 大叶茶 *C. sinensis* var. *assamica*（w）
柃木属 *Eurya*			隔药柃木 *E. muricata*（e. w） 细齿叶柃木 *E. nitida*（e） 平脉柃木 *E. cavinervis*（e） 金叶柃木 *E. nitida* var. *aurescens*（w） 半齿柃木 *E. semiserrulata*（e） 黑柃木 *E. macartheyi*（w）	柃木 *E. japonica*（e） 短柱柃木 *E. brevistyla*（e. w） 细枝柃木 *E. loquaiana*(e. w） 凹叶柃木 *E. impressinervis*（e. w） 拟多脉柃木 *E. pseudopolyneura*（e） 异侧柃木 *E. inaequalis*（w）	
木荷属 *Schima*			木荷 *S. superba*（e） 银木荷 *S. argentea*（e）	滇木荷 *S. noronhae*（w） 红木荷 *S. wallichii*（e）	竹叶木荷 *S. bambusifolia*

① 表内只因 1 数码内喜寒的蒙古栎 1 种，放在表头上说明，表内则列出数码 2～6

（一）落叶栎类群落

1. 蒙古栎林

蒙古栎林是我国分布最北的一种栎林，集中分布于我国的大兴安岭、东北山地，俄罗斯的远东、西伯利亚，蒙古、朝鲜和日本的温带山地。在暖温带也有分布，因此也可见于我国的冀北山地太行山、五台山等、辽西和辽东丘陵，蒙古栎耐寒和比较耐干旱，对于土壤的适应范围很宽，在酸性、微酸性的山地暗棕壤、灰黑土和石灰反应的山地灰褐土、栗钙土也可生长，甚至在粗骨土上也能生存，形成灌丛状。蒙古栎的耐火性、抗病虫能力和萌蘖力都很强，是温带山地干旱贫瘠生境下稳定的森林群落。蒙古栎林的群落分类反映了大兴安岭和东北山地的偏干旱生境的类型，形成有杜鹃林型组、榛子林型组、胡枝子林型组和草类林型组，还有属于分布在东北山地山前丘陵、三江平原或残丘上的草原化蒙古栎林。

1）杜鹃蒙古栎林

杜鹃蒙古栎林主要分布在大兴安岭山地，东北山地阳坡的陡坡、山脊上，在大兴安岭北部、东北部和小兴安岭比较常见。常见有少量黑桦、白桦、山杨和兴安落叶松混生。辽东山地、东北山地，还有紫椴、山槐、花曲柳混生。土壤为山地暗棕壤或灰黑土或粗骨土，有时带有灰化过程。林木层高约 5m，郁闭度 0.5，地位级Ⅴ～$Ⅴ_a$，每公顷蓄积量 100～120m^3，林木生长缓慢，分枝多，林下天然更新不良。下木层在大兴安岭以兴安杜鹃为优势层，还有二色胡枝子、绢毛绣线菊等，盖度 50%～70%，高约 1m。在小兴安岭、东北山地，还有辽东山地，有多种杜鹃，如迎红杜鹃、照白杜鹃、大字杜鹃（*Rhododendron schilipenbachi*），还有石蚕叶绣线菊（*Spiraea chamsedryfolia*）、土庄绣线菊、李叶溲疏（*Dentzia prunifolia*）等，物种多样性有所增加。草本层盖度 40%左右，在大兴安岭以杜鹃兴安落叶松林下的植物种，如舞鹤草、东方草莓、山萝花（*Melampyrum roseum*）、薹草等为常见，还有山黧豆、白蘚、蟹甲草、白花耧斗菜等。在东北山地、辽东山地，以羊胡子薹草、乌苏里薹草为优势，还有桃色女娄（*Melandrium apricum*）、麦瓶草（*Silene jenissensis*）、小玉竹（*Polygonum humilis*）、苍术、菴闾（*Artemisia keiskeana*）、万年蒿（*A. sacrorum*）、柞柴胡（*Bupleurum komaroviana*）、大叶柴胡（*B. longiradiatam*）等，多为人为干扰下半旱生性植物，表示东北山地的杜鹃蒙古栎林受人为影响比大兴安岭明显。

2）胡枝子蒙古栎林

胡枝子蒙古栎林分布在杜鹃蒙古栎林下方，仍以较陡坡地形为主，阴坡、半阴坡或缓阳坡，山顶土层较薄，生境仍属比较干燥，土壤为山地暗棕壤，这是大兴安岭、东北山地和辽东山地，乃至冀北山地、太行山、恒山等，比杜鹃类型更为分布普遍的一个类型。在大兴安岭，林木混生有兴安落叶松、白桦、黑桦、山杨，东北山地或有紫椴、花曲柳、槭等。而华北山地则混生辽东栎、蒙椴、色木等。林木层高 8～12m，郁闭度 0.5～0.8，蒙古栎心腐率高，每公顷蓄积量 150m^3左右，地位级以Ⅴ居多。下木层以二色胡枝子为优势，盖度 40%～60%，高 1～1.5m，还有杜鹃、榛、刺玫果、花楸等。在东北山地和辽东山地，灌木种类增多，可见石蚕叶绣线菊、斑枝卫矛（*Evonymus paucifolia*）、卫矛（*E. alatus*）、乌苏里鼠李（*Rhamnus ussuriensis*）、金刚鼠李（*Rh. diamantiacus*）、光叶溲疏（*Dentzia glabra*）等。草本层盖度50%～70%，在大兴安岭以草类兴安落叶松林下种为常见，如薹草、白藓、舞鹤草、单花鸢尾（*Iris uniflora*）、地榆、柴胡、东方草莓、鹿蹄草、白花楼斗菜、歪头菜等，在东北山地以红松林下种常见，如羊胡子薹草、透骨草（*Phryma leptosatchys*）、龙常草（*Diarrhena manshurica*）、北重楼（*Paris verticillata*）、白花野芝麻（*Lamium album*）等，在人为影响较大情况下，万年蒿、轮叶沙参、关苍术、黄花乌头（*Aconitum koreanum*）、玉竹（*Polygonatum odorafum* var. *peuriflorum*）、柳叶风毛菊（*Saussarea salicifolia*）等中生草本居多，苔藓植物不多，只有耐旱的垂枝藓（*Rhytidium rugosum*）和山羽藓（*Abietinella abietina*）。

3）榛子蒙古栎林

榛子蒙古栎林一般以大兴安岭东部、东北山地、辽东山地为常见，以海拔稍低的阴坡、半阴坡和缓坡的阳坡、半阳坡为主，土层较深厚的肥沃湿润土壤，一般为山地暗棕壤。林分在原生情况下生长良好，但经人为采伐、破坏后形成的次生萌蘖栎林往往呈丛生状，主干不明显，生产力较低，尤其是靠近低山农林交错区的榛子蒙古栎林多呈此种状态。原生的榛子蒙古栎林，高16～20m，郁闭度0.8左右，地位级Ⅲ～Ⅴ。混生有花曲柳、色木、紫椴、春榆，下木层以榛子为优势，高1.5m，层盖度为40%左右，其他灌木种可见胡枝子、蔷薇、疣枝卫矛（*Euonymus pauciflorum*）、卫矛（*E. sacrosacta*）、东北山梅花（*Philadelphus schrenkii*）、大叶鼠李（*Rhamnus dahuricum*）、锦带花（*Weigela florida*）、黄花忍冬、暖木条荚蒾、土庄绣线菊等。草本层盖度40%～60%，有羊胡子薹草、披针薹草、四花薹草（*Carex quadriflora*）、白藓、兔儿伞（*Cacalia hastata*）、山芍药（*Paeonia obouata*）、单花鸢尾、楼斗菜（*Aquilegia viridiflora*）、毛南芥（*Arabis hilsuta*）、歪头菜、大叶野豌豆（*Vicia pseudoorobus*）、东北香薷、落新妇、龙常草、万年蒿等。层外藤本植物有山葡萄、五味子、狗枣猕猴桃、辣叶铁线莲（*Clematis mandshurica*）、大萼铁线莲等。在人为破坏干扰多的丛生状榛子蒙古栎林下可见大油芒（*Spodiopogon sibiricus*）、宽叶山蒿、蒙古山萝卜（*Scabiosa comosa*）等旱生性草本种。毛榛子蒙古栎林是榛子蒙古栎林型组中，也是蒙古栎林中生产力最高的一个类型，主要分布在东北山地的腹地，以阴坡、半阴坡为主，是直接由毛榛子红松林次生演替而来，林下植物种类基本上保留了原红松林型的成分。这类蒙古栎林林分高17～20m，郁闭度0.6～0.8，混生有色木槭、黄榆（*Ulmus macrocarpa*）、糠椴等。下木层高约1.8m，盖度40%～50%，以毛榛子为优势，还有暖木条荚蒾、长白忍冬（*Lonicera ruprechtina*）、早花忍冬（*L. praeflorus*）、卫矛（*Euouymus sacrosauca*）、小檗（*Berberis amurensis*）、东北茶藨子（*Ribes mandshurica*）、刺醋李（*R. burejense*）、刺玫果、乌苏里鼠李（*Rhamnus ussuriensis*）等。草本层盖度30%～50%，以几种薹草占优势，如四花薹草、披针薹草、毛缘薹草等，还有舞鹤草、七瓣莲、山酢浆草（*Oxalis acetosella*）、北重楼、山茄子（*Brachybotrys paridiformis*）、小叶芹（*Aegopodium alpestre*）、透骨草（*Phryrma leptostachya*）、东北龙常草等，以及若干种蕨类，有粗基鳞毛蕨（*Dryopteris crassirhizoma*）、猴腿蹄盖蕨（*Athyrium multidentatum*）、亚美蹄盖蕨（*A. acrostichoides*）、光齿蹄盖蕨（*A. spinulosum*）和蕨菜等。苔藓植物有万年藓、塔藓、波叶提灯藓（*Mnium cerdulatum*）、曲背藓（*Oncophorus wahlenbergii*）和羽藓（*Thuidium* sp.）。藤木有狗枣称猴桃、北五味子、山葡萄和刺南蛇藤（*Celastrus flagellaris*）等。林下有红松和红皮云杉等幼苗较好的更新，可以由红松阔叶混交林更替恢复。

4）草原化蒙古栎林

草原化蒙古栎林零星分布于乌苏里江流域冲积沙质堤、丘、阶地上，三江平原及穆陵河平原的残丘上也有分布。林分混生有黑桦、紫椴、色木槭、白桦等，下木层以榛子、二色胡枝子为常见，其群落学特征主要是分布的地形条件（以低丘、平地为主）和森林区向草甸草原区过渡的沙质土、草原草甸土，其草本植物有旱生性的铁杆蒿（*Artemisia gmelinii*）、东北牡蒿（*A. japonica* var. *mandshurica*）、桔梗（*Platycodon glundiflorum*）、土三七（*Sedum aizoon*）、败酱（*Patrinia scabiosaefolia*）、大油芒（*Spodiopogon sibiricum*）等。在兴凯湖附近小丘上的蒙古栎林出现草原性的细叶早熟禾（*Poa angustifolia*）、棉团铁线莲（*Clematis hexapetala*）、山葱（*Allium senescens*）、中华隐子草（*Cleistogenes chinensis*）、蔓麦瓶草（*Silene repens*）、岩败酱、万年蒿、蓍草（*Achillea sibirica*）、紫菀（*Aster tataricus*）、聚花风铃草（*Campanula punctata*）等。

2. 辽东栎林

辽东栎林是以暖温带为主分布的最普遍的栎林，分布在辽东半岛北部、河北北部、山西五台山、陕西、甘肃黄土高原和秦岭西段，河南西部山地也有分布，还有记载于甘肃洮河也有分布。辽东栎较少纯林，在辽东、河北山地常与蒙古栎、槭、椴、黑桦、山杨等混生，在秦岭常与山杨、华山松混生，在黄土高原则与山杨、油松、白桦等混生。辽东栎的森林群落类型大体可分榛子、灌木、草类、箭竹，以及急陡坡干旱疏林等林型组。

1）榛子辽东栎林

榛子辽东栎林是最常见的类型，分布以辽东山地、河北燕山、太行山和冀北山地，西至宁夏六盘山为主，可分榛子辽东栎林和毛榛子辽东栎林两个林型，以后者的林分生产力最高，土壤比较深厚，混生的树种也较多，如怀槐、紫椴、色木槭、花曲柳等，有人称之为“椴槭辽东栎林”。在华北山地还可混生槲栎、油松、黑榆等。在较温暖处，还出现有鹅耳枥。林下灌木种除有较优势的毛榛子、榛子外，还有二色胡枝子、三桠绣线菊、毛绣线菊、土庄绣线菊、迎红杜鹃、大花溲疏（*Deutzia grandiflora*）、小花溲疏（*D. parviflora*）、太平花（*Philadelphus pekinensis*）、东陵八仙花（*Hydrangia bretschneideri*）等明显的华北区系成分。在六盘山可见盘叶忍冬（*Lonicera tragophylla*）、丁香（*Syringa oblata*）、鼠李等。藤本植物有平萼铁线莲（*Clematis platysepala*）等一两种。草本植物盖度 60%～80%，高 30～40cm，以薹草为优势，如羊胡子薹草、披针薹草、华北薹草（*Carex hancockiana*）、宽叶薹草（*C. siderosticata*）、地榆、大叶糙苏（*Phlomis maximoviczii*）、糙苏（*Ph. umbrosa*）、华北风毛菊（*Saussurea mongolica*），还有较旱生的野青茅、大油芒、蒿、苍术等，蕨类仅存羽芦蕨（*Gymnocarpium longulum*）、蹄盖蕨。

2）箭竹辽东栎林

作为暖温带典型落叶林的辽东栎在亚高山表明了与亚高山温带植被联系的结合点。箭竹辽东栎林在川西岷江上游及松潘毛尔盖地区有分布，混生有紫果云杉，地位级Ⅲ～Ⅳ，树干高大挺拔，可高达 16m，林下以华西箭竹（*Fargesia nitida*）为优势，还有菝葜、冰川茶藨子、陇塞忍冬等。在秦岭西段海拔1900～2100m的山坡上有箭竹辽东栎林，也以华西箭竹成优势层片。在宁夏六盘山海拔2000～2400m的阴坡、半阴坡也有此类型分布，林分郁闭度0.6～0.7，地位级Ⅲ～Ⅳ，下木层盖度60%～70%，除箭竹外，还有水栒子（*Cotoneaster multiflorus*）、忍冬等，高2～3m。草本植物较少，有披针薹草、东方草莓、贝加尔唐松草等。

3）灌木辽东栎林

灌木辽东栎林是由蔷薇、栒子、荛子梢、绣线菊等多种灌木种组成，以并无明显的优势种的下木层为特征，其生境比榛子辽东栎林明显干旱，这一类型分布较广，在陕西秦岭、宁夏六盘山、川西岷山、甘肃和山西等山地均可见分布，林分一般混生山杨、白桦，林下灌木种随不同地区而异，如秦岭山地以华北绣线菊（*Spiraea fritschiana*）、陕西山楂（*Crataegus shensiensis*）、秦岭米面翁（*Buckleya graebneriana*）、桦叶荚蒾等为主。在黄土高原区，此类型的下木种类还可见到虎榛子、胡颓子、水栒子、华北丁香（*Syringa oblata*）等。川西则常见到水栒子、匍匐栒子（*Cotoneaster adpressus*）、陇塞忍冬、桦叶荚蒾、溲疏、峨眉蔷薇等。一些文献记载的黄蔷薇辽东栎林、华北绣线菊辽东栎林均属于此林型组。草本植物层情况则与榛子辽东栎林相似，以薹草为优势，如披针薹草、羊胡子薹草（或华北薹草）等，还常见蕨菜、白背铁线蕨（*Adianatum* sp.）、掌叶铁线蕨（*A. pedetum*）、槲蕨（*Prynaria fortunei*）、糙野青茅、蟹甲草、唐松草、东方草莓、党参、淫羊霍等，盖度70%～80%。

4）胡枝子辽东栎林

胡枝子辽东栎林在山地及黄土区也常见，以下木层胡枝子为优势，生境比较干旱，但在黄土高原一般已属较湿润肥沃的生境了，林分疏密度0.5～0.8，地位级Ⅳ～Ⅴ，每公顷蓄积量60～100m^3。

3. 栓皮栎林、槲林、槲栎林、锐齿栎林、枹林、麻栎林

它们的群落分类是很相近的，树种间常混生，基本上可以分为荆条胡枝子林型组、草类林型组、灌木林型组、黄栌林型组、箭竹林型组。

箭竹类型反映了与山地中山带针阔叶混交林的联系，记载的有秦岭南坡，大巴山海拔1400～1900m，神农架海拔1700～2000m的箭竹锐齿栎林，或薹草拐棍竹锐齿栎林、箭竹短柄枹林、箭竹槲栎林等。黄栌类型有秦岭、神农架的黄栌栓皮栎林、毛黄栌栓皮栎林、黄栌槲栎林。灌木类型是以荚莲、蔷薇、胡颓子、檵木、杜鹃、柃木等为常见属，而无明显优势种组成的下木层为特征。荆条胡枝子类型是以美丽胡枝子（*Lespedeza formosana*，见于湖北）、毛胡枝子（*L. tomentosa*，见于陕西）、胡枝子（*L. bicolor*，见于陕西、华北）、多花胡枝子（*L. floribunda*，见于华北）为优势种，下木有胡枝子锐齿栎林、槲栎林、短柄枹林、麻栎林等。在华北山地，如小五台山、燕山山地，此类型常混生有荆条，因此有时命名为荆条胡枝子的林型名，北亚热带大别山区的胡颓子麻栎林，栓皮栎林，以及江淮丘陵的山胡椒麻栎林、映山红麻栎林，都可以归类于灌木类型组，此外，还有草类类型。

现将我国以上几种落叶栎类林（即蒙古栎、辽东栎、栓皮栎、槲栎、锐齿槲栎、槲、麻栎等）群落生态系列图解为图2-25。现主要描述几个典型的类型。

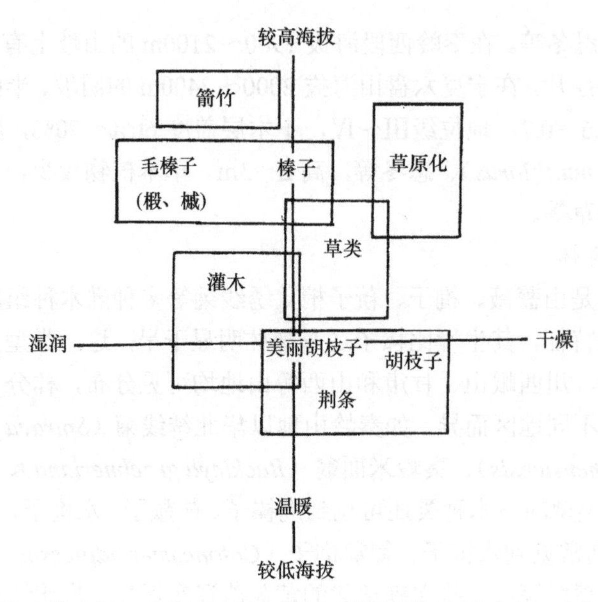

图2-25　我国落叶栎类（蒙古栎、辽东栎、槲、槲栎、锐齿槲栎、栓皮栎、麻栎）群落（落叶栎类型林纲）林型组生态系列图解

1）箭竹类型

箭竹类型仅限于栓皮栎林、锐齿槲栎林和槲栎林，以及它们之间或与其他栎（如槲、槲栎、辽东栎）的混交林。箭竹锐齿槲栎林是在秦岭、大巴山，鄂西北山地神农架常有记录的，是主要的栎类分布类型，土壤为山地棕壤，土壤较深厚、生境较温凉湿润，排水良好，混生树种不一，常见的秦巴山地有米心水青冈、大穗鹅耳枥、光皮桦、香桦、铁杉、华山松、山杨、灯台树、漆树等，有时也混生短柄枹、栓皮栎、小叶青冈、刺栎等其他栎类，林分地位级Ⅲ～Ⅳ，以Ⅲ为多，疏密度 0.5～0.7，每公顷蓄积量为 100～150m^3。下木层盖度 80%以上，以箭竹、疏花箭竹或拐棍竹为优势，还有荚蒾（*Viburnum rhytidophyllum*）、猫儿刺（*Ilex pernyi*）、胡颓子（*Elaegnus pungens*）、川榛（*Corylus heterophylla* var. *sutchuensis*）、山梅花（*Philadelphus delavayi*）、灰栒子（*Cotoneaster acutifolius*）、卫矛（*Euonymus alatus*）、长叶木姜子（*Litsea elongata*）、鄂西绣线菊（*Spiraea veitchii*）等。草本层不发育，盖度 30%以下，斑块状分布，有薹草、蕨类、显子草（*Phaerosperma globosa*）、蔓草（*Rubia cordifolia*）、狭叶重楼（*Paris quadrifolia*）、淫羊藿、华细辛（*Asarum chinensis*）、升麻（*Cimisifuga foetida*）等。在树根基部有少量苔藓着生。层外植物有中华五味子（*Schisandra sphenanthera*）、菝葜（*Smilax chinensis*）、兴山五味子（*Schizandra incarnata*）等。林下天然更新不良，仅少量锐齿槲栎、米心水青冈、山杨、槭等幼苗生长。

2）胡枝子类型

胡枝子类型可见有辽东半岛的荆条胡枝子槲林、麻栎林，鲁中南和华北山地的荆条胡枝子麻栎林、多花胡枝子麻栎林，秦巴山地的胡枝子槲栎林、胡枝子锐齿槲栎林、胡枝子槲栎林、美丽胡枝子锐齿槲栎林等，黄土区也有胡枝子槲栎林的分布。一般来讲，荆条胡枝子槲林、麻栎林或锐齿槲栎林都是人为干扰破坏比较严重的情况下生境趋于干燥化而形成的，往往是中幼林为主，而美丽胡枝子锐齿槲栎林则是成熟的锐齿槲栎林。

以华北鲁中南山地胡枝子槲栎林为例，槲栎林对水热条件适应能力比较窄，常沿山沟稍荫蔽处分布，常与麻栎、栓皮栎、槲或油松等混生，生长不良，很少纯林，在山东蒙山龟蒙顶下部海拔750～900m处可见小片纯林。林分疏密度0.4～0.5，乔木高仅数米，下木层以荆条、胡枝子为主，还有卫矛、锦带花、木蓝（*Indigofera kirilowii*）、胡颓子等，盖度20%～40%。草本以野古草（*Arundinella hirta*）、大油芒、糙苏（*Phlomis umbrosa*）、独活（*Heracleum hemsleganus*）、薹草（*Carex* spp.）、歪头菜、地榆等华北区系和人为干扰下常见种为主。盖度20%～40%。美丽胡枝子锐齿槲栎林分布稍南，以鄂西北山地、神农架山地分布为主的类型分布在海拔1600～2100m的平缓山坡上部、中山部，以阳坡、半阳坡为主，生境仍属干燥通风，以成熟林为主，树龄80年，可高达26m，伴生有槲栎。

3）灌木类型

灌木类型是属于气候条件偏温暖（由北亚热带到中亚热带山地较高海拔）、生境湿润肥沃的类型。土壤为山地黄褐土、黄棕壤，甚至黄壤和红壤，在黔中、黔北则有黑色石灰土。灌木种类很多，有相对优势种，但无明显的优势种，除了荚蒾、胡颓子、黄栌、榛、忍冬、蔷薇、胡枝子、杜鹃、四照花、绣线菊等暖温带常见属外，已有北亚热带耐寒的常绿属种出现，如柃木（*Eurya* spp.）、冬青、山茶［连蕊茶（*Camellia fraterna*）、尖叶山茶（*C. cuspidata*）］、乌饭树［乌饭树（*Vacciuium bracteatum*）、米饭花（*V. sprengelii*）］、樟［天竺桂（*Cinnamomum japonicum*）］、檵木（*Loropetalum chinense*）、马桑（*Coriaria sinica*）、乌药（*Lindera strychnifolia*）、栀子（*Gardenia jasminoides*）、算盘子（*Glochdion wilsonii*）、山矾（*Symplocos caudata*）等。已有记载属于此类型组的有以毛黄栌（*Cotinus coggyria* var. *pubescens*）、胡颓子、扁担杆、米饭花、山胡椒（*Lindera glauca*）、烟管荚蒾（*Viburnum utile*）、檵木命名的，以及在黔中、北还有以铁仔、圆果化香（*Matycarya longipes*）、火棘（*Pyracanthes fortuneana*）、南天竺（*Nandina domestica*）、假木豆（*Desmodium triangulare*）、滇杨梅（*Myrica nana*）等命名的栓皮栎林、麻栎林、槲栎林、锐齿槲栎林、槲林、短柄枹林、枹林、茅栗林等。林分经常有以上几种栎类树种的混生，也常有与小叶栎（*Quercus chenii*）、白栎（*Q. fabri*）和常绿的青冈栎（*Cyclobalanopsis glauca*）、石栎（*Lithocarpus glabra*）、苦槠（*Castanopsis selerophylla*）等栎类树种的混交，经常混生的还有其他阔叶树种，如黄檀（*Dalbergia hupeane*）、枫香、山槐等。林分郁闭度因随人为破坏干扰程度而不同，一般均可在0.6以上，每公顷蓄积量在100m^3上下，林下天然更新良好。在保护较好的情况下，群落是比较稳定的，而且能逐步改善林分质量。下木层盖度40%～70%，常见的灌木种还有滇桤木（*Alnus ferdinendi-coburgii*）、马银花（*Rhododendron obatum*）、女贞（*Ligustrum quihoui*）、中国旌节花（*Stachyurus chinensis*）、盐肤木、石灰花楸（*Sorbus folgneri*）等。草本层较稀疏，分布不均匀，盖度30%～40%，有披针薹草、华东蹄盖蕨（*Athyrium nippanicon*）、蕨（*Pteridium aquilium* var. *latiusculum*）、金茅（*Eulalia speciosa*）、荩草（*Arthraxon hispidus*）、蒿、芒（*Miscanthus sinensis*）、珍珠菜（*Lysimachia clethroides*）、狗脊（*Woodwardia japonica*）、淫羊藿、显子草、沿阶草、蛇莓（*Dnchesnea indica*）、重楼（*Paris polaphylla*）等。较干旱处有较多的旱茅（*Eremopogon delavayii*）、白茅、野古草、黄背草等。苔藓植物不甚发育，在岩石露头和树干基部等有附生，如土马鬃（*Polytrichum*）、树藓（*Girgensohnia*），藤本植物有猕猴桃（*Actinidia* spp.）、野葛（*Pueraria lobata*）、苦皮藤

（*Celastrus angulatus*）、铁线莲（*Clematis florida*、*Clematis* spp.）等。还可见到粉背薯蓣（*Dioscorea hypoglauca*）、细叶日本薯蓣（*D. japonica*）、鸡矢藤（*Paederia scandeus*）、双蝴蝶（*Tripterospermum affine*）、羊乳（*Codonopsis lanceolata*）等。

4）草类类型

草类类型一般由次生程度较大，乔灌木遭到较大破坏而形成，林分生产力低，草本层以薹草、芒、白茅、蒿、大火草、芒萁等喜光耐旱和人为干扰下常见种为主。这类栎类树应当予以保护，在封山育林条件下是可以逐步恢复较好林相的。

4. 水青冈落叶常绿阔叶混交林

落叶的水青冈属（*Fagus*）树木为优势，以及有时存较大比例的其他栎类（如 *Lithocarpus*、*Cyclobalanopsis* 等）和不少其他比例很小的落叶、常绿树木形成的混交林是我国中亚热带（偶及北亚热带南部和南亚热带北部）中山带落叶常绿阔叶混交林的重要组成形式。我国水青冈林的分布因为东部暖温带大陆性显著，降水较少，有明显的春旱和夏旱，只分布于秦岭以南的东部亚热带山地的中山带，这一分布区域湿润多雨且温暖不炎热，适宜于水青冈属树木生长，但在它的分布范围则常与耐寒的常绿阔叶树分布有生态位的重叠而形成两者的混交类型。水青冈林在我国西部亚热带则因在印度洋季风影响下有明显的干旱季而没有分布，在那里则由耐旱的硬叶栎类林所代替。我国水青冈属有 6 种，但能以建群优势形成森林群落的主要有 4 种，即米心水青冈（*Fagus engleriana*）、长柄水青冈（*F. longipetiolata*）、亮叶水青冈（*F. lucida*）和巴山水青冈（*F. pashanica*）。其中，以长柄水青冈林分布最广，几乎遍及我国东部亚热带各省（自治区），往西至四川东半部、贵州中部和北部、甘肃南部边缘。米心水青冈则比较耐寒，所以是 4 种水青冈中分布最北和垂直海拔分布最高的一种。它主要分布于北达秦岭南坡，向南至贵州梵净山（海拔 1900～2100m）、雷公山（海拔 1350～1850m），向西至四川盆地周边大凉山、二郎山东坡（海拔 1000～2400m）、滇东北，向东间断分布于安徽黄山、浙江天目山和浙南，河南伏牛山，但以黔东北、黔中、四川盆周、鄂西北为较普遍分布。亮叶水青冈分布范围则较小、较南，除川、黔、鄂、浙、皖外，湘西北武陵山赣中南罗霄山、广西西北及南岭山地都有分布。

巴山水青冈分布面积较小，限于川、鄂、湘、浙西北、陕西秦岭。长柄水青冈则要求较多的热量，分布海拔较低。巴山水青冈形成优势的林分不及前 3 种常见，但在浙西北，四川盆周东北缘的南江、通江和西缘的邛崃有记载。水青冈林除青冈单优建群种外，多少都混生有石栎、栎等属树种，还常见枫香（*Liquidenbar*）、化香（*Platycarya*）、鹅耳枥（*Carpinus*）、木荷（*Schima*）、八角枫（*Alangium*）、润楠（*Machilus*）、山矾（*Symblocos*）、白辛树（*Pterostyrax*）、檫（*Sasafras*）等，有时也可见桦、山杨、红豆杉、铁杉、马尾松、华山松、樟、漆（*Toxicodendron verniciflaum*）、臭辣树（*Evodia fargesii*）、紫茎（*Stewartia sinensis*）等常绿落叶树种。常见的灌木有毛柃木属（*Ecrya*）、杜鹃属（*Rhododendron*）、箭竹属（*Sinarundinaria*）、灯台树属（*Cornus*）、南烛属（*Lyonia*）、山茶属（*Camellia*）、荚蒾属（*Viburnum*）、含笑属（*Michelia*）、卫矛属（*Euonymus*）、千金榆属（*Carpinus*）、樱桃属（*Prunus*）、小檗属（*Berberis*）、六道木属（*Abelia*）、榛属（*Corylus*）、冬青属（*Ilex*）、绣线菊属（*Spiraea*）、栒子属（*Cotoneaster*）等暖温带、亚热带常见的落叶常绿属的种，充分反映了落叶常绿阔叶混交林的组成特色，但这些属种都因不同分布区范围的区系特点而不同。例如，短柄枹（*Quercus engleriana* var. *brevipetrolata*）、巴东栎（*Q. engleriana*）是川、鄂、黔等山地各种水青冈林内常混生的树种，但在四川盆周山地还有刺叶栎（*Q. spinosa*）等出现。一般在川、鄂、黔山地水青冈林常混生的青冈属（*Cyclobalanopsis*），在四川主要是细叶青冈（*C. gracilis*）、曼青冈（*C. oxyodon*），而在湖南主要是云山青冈（*C. nubium*）、宁岗青冈（*C. ningangensisi*）和曼青冈，而在贵州则主要是多脉青冈（*C. multinervis*），在湖北神农架等山地则较少有青冈混生。湖南有较多的甜槠（*Castanopsis eyrei*）与之共生，形成亮叶小青冈甜槠混交林。对于混生的槭、桦类，一般讲，香桦（*Betula insignis*）、光皮桦（*B. luminifera*）是较普遍混生的，而红桦（*B. albo-sinensis*）则出现在四川盆周山地的水青冈林，华南桦（*B. austro-sinensis*）则出现在近南岭的湘黔山地的水青冈林内。五裂槭（*Acer oliverlana*）、中华槭（*A. sinense*）有较普遍的混生，此外，房山槭（*A. francheti*）则出现于川鄂山地。对于灌木或下木层的常见属来说，更是随地而异，如山矾、杜鹃、绣线菊、冬青、卫矛等属皆是，而对南烛（*Lyonia ovalifolia* var. *elliptita*）和短柱柃等则普遍都有，当然，也有些其他柃木的种在不同地区出现，以林下常为优势的竹类来讲，川鄂一带主要是鄂西玉山竹（*Sinarundinaria confusa*）、箭竹（*S. spathaca*），但四川盆周山地水青冈林下还会出现箬竹（*Indocalamus longiauritus*）、木竹（*I. scariosus*），湘西北山地水青冈林下以冷箭竹和箭竹等为优势，或南岭箭竹（*Sinarundinaria basibirsuta*）占优势，在黔中、北山地则以大箭竹（*S. chungii*）呈林下优势，也还出现金佛山方竹（*Chimonobambusa utilis*）等，浙南山地则为华箬竹（*Sasamorpha sinica*），水青冈林由于生境都限于比较温湿的条件，因此只有箭竹类型和灌木类型两类，对其他落叶阔叶林干旱的类型都不存在。其生态系列图可见图 2-26。

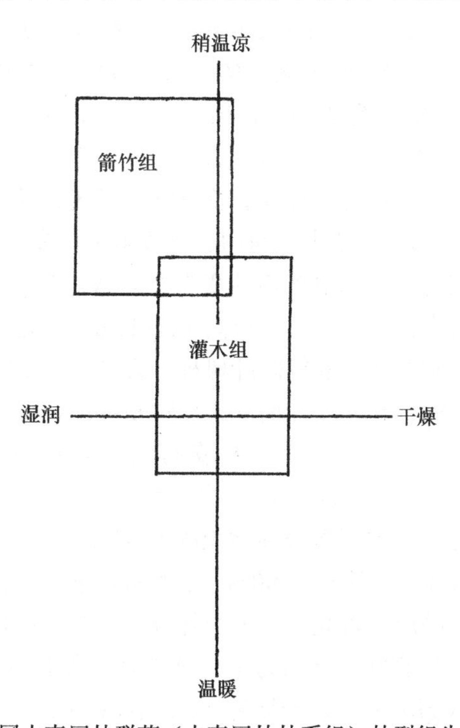

图 2-26　我国水青冈林群落（水青冈林林系组）林型组生态系列图解

1）箭竹类型

箭竹类型的优势竹种因各地而异，因而产生了如表2-9中所列出的各林型。箭竹类林型主要特征是生境比较潮湿，常位于阴湿河谷两侧山坡。现举一两个例记录予以简述。鄂西玉山竹米心水青冈林，在四川盆周山地有较多分布，如米仓山南坡海拔1400～2000m，土壤为山地黄棕壤、黄壤或棕壤，土层深厚，腐殖质含量高，常混生有短柄枹（*Quercus glandulifera*）、锐齿槲栎（*Q. aliena* var. *accuteserrata*）和常绿的曼青冈（*Cyclobalanopsis oxyodon*）、小叶青冈（*C. myrsinaefolia*）。乔木层分两个亚层，第一亚层高15～25m，以米心水青冈为优势，或较占优势，还可混生有檫、漆、桦、槭或巴山松、华山松；第二亚层，林木一般高10～17m，由落叶阔叶树和常绿阔叶树种共同组成，除上述树种外，还有多脉青冈（*Cyclobalanopsis multineruis*）、细叶青冈（*C. gracilis*）、青冈栎（*Quercus glauca*）、全包石栎（*Lithocarpus cleisthocarpus*）和灯台树（*Cornus contronversa*）、四照花（*Dendrobenthemia japonica* var. *chinensis*）、石灰花楸（*Sorbus folgneri*）、柃木（*Eurya bravistyle*、*Eurya* spp.）、山矾（*Symplocos sumuntia*、*S. phyllocalyx*）、交让木（*Daphniphyllum macropodum*）、虎皮楠（*D. oldhamii*）等小乔木。下木层盖度40%～60%，高1～3m，以鄂西玉山竹、箭竹（*Fargesia spethacea*）为优势，还有杜鹃、美丽马醉木（*Pieris formosa*）、南烛、猫儿刺（*Ilex pernyi*）、披针叶胡颓子（*Elaeagnus lanceolata*）、荚蒾（*Viburnum dilatatum*）、宜昌荚蒾（*V. ichangense*）等。草本层盖度30%～60%，以薹草、鳞毛蕨（*Dryopteris pychopteroides*）、革叶耳蕨（*Polystichum neolobatum*）、贯众（*Cyrtomium fortunei*）、紫萁（*Osmunda japonica*）、羊齿天门冬（*Asparagus filicinus*）、鹿药（*Smilacina japonica*）、沿阶草（*Ophipogon bodinierii*）、鬼灯檠、落新妇、淫羊藿等为常见。苔藓层盖度小，有对叶藓（*Distichum capillacium*）、羽藓（*Thuidium* sp.）、平藓（*Neckera pennata*）、凤尾藓（*Fissidens* sp.）、提灯藓（*Mnium* sp.）等，层外植物有五叶瓜藤（*Holboellia fargesii*）、鹰爪枫（*H. coriacea*）、白木通、中华猕猴桃、五味子（*Schisandra chinensis*）、短梗南蛇藤（*Celastrus rosthornianus*）、哥兰叶（*C. gemmatus*）、巴东忍冬（*Lonicera henryi*）、菝葜（*Smilax* spp.）等。有较好的林下天然更新，林分组成和生存相对稳定。箭竹亮叶水青冈林或箭竹亮叶水青冈、多脉青冈林可以贵州梵净山海拔1400～2000m山坡上部或山坡中部为例。一般来讲，多脉青冈随山坡上部到下部，比例增大，由亮叶水青冈为单位的群落逐渐变为混交林。土壤为山地黄棕壤、黄壤，土层较深厚，乔木层也分两个亚层，第一亚层高14～20m，以亮叶水青冈为主，还有多脉青冈、厚皮栲、粗穗石栎和檫木、椴等落叶树种，第二亚层以常绿树种组成为主，如多脉青冈、硬斗石栎、巴东栎等，以及含轴荚蒾（*Viburnum sympodiale*）、冬青、木荷、小果润楠（*Machilus microcarpa*）、川桂、五裂槭（*Acer oliverianum*）、青皮木（*Schoepfia jasminodora*）、黄丹木姜子（*Litsea elongata*）、腺柄山矾（*Symplocos adenopus*）、六道木、细叶柃（*Eurya nitida*）等。立木层每公顷蓄积约占600m³。下木层以箭竹、金佛山方竹为优势，其他灌木种类较少，盖度可达90%，草本植物不甚发育，苔藓可见附生于树干基部等。湘西北八大公山的冷箭竹亮叶水青冈林分布于中山山坡上部或山脊部分。乔木层第一亚层高22～25m，以亮叶水青冈为主，第二亚层高12～16m，除亮叶水青冈外，有混生细齿稠李（*Prunus grayana*）、千筋树（*Carpinus fargesiana*）、香桦、中华槭、黄丹木姜子（*Litsea elongata*），第三亚层高6～10m，有腺绿山矾（*Symblocos punctato-marginata*）、云锦杜鹃（*Rhododendron fortunei*）、多脉青冈、四照花、南方红豆杉（*Taxus mairei*）、苦枥木（*Fraxinus chempionii*）、石灰花楸等。下木层以冷箭竹为优势，还有柃木、箭竹、鞘柄菝葜（*Smilax stans*）等。草本层有蕨状薹草（*Carex filicina*）、麦冬、华东瘤足蕨（*Plagiogyria joponica*）、芒齿耳蕨（*Polystichum acutedenta*）、大叶三七（*Panax gingseng* var. *major*）等。有时林下箭竹以南岭箭竹占优势，如城步明竹老山海拔 1800m 处的亮叶水青冈林下即是。华箬竹巴山水青冈林分布较北，在浙江临安龙塘山一带，混生的除常绿木荷外，几乎全为落叶乔木树种如短柄枹、雷公鹅耳枥（*Carpinus viminia*）、铁萼枫香、紫茎、臭辣树等。下木层以箬竹占优势，还有马醉木、映山红、白花龙（*Styrax confusa*）、马银花（*Rhododendron ovatum*）、微毛柃（*Eurya hebeclados*）等。林下草本植物不甚发育，有薹草、鳞毛蕨、沿阶草、冷水花等。林下仅有少量巴山水青冈幼苗。

表 2-9 我国水青冈（*Fagus*）落叶常绿阔叶林类型记录

	长柄水青冈林	米心水青冈林	亮叶水青冈林	巴山水青冈林
箭竹类型组	鄂西玉山竹长柄水青冈（曼青冈）林（川盆周） 短柄枹长柄水青冈林（浙）	拐棍竹米心水青冈林（鄂西） 鄂西玉山竹米心水青冈（曼青冈）林（川盆周） 华箬竹米心水青冈林（浙西北） 箭竹米心水青冈林（黔中、北）	箭竹亮叶水青冈（枹槲）林（黔中、北、鄂西南） 拐棍竹亮叶水青冈林（鄂西） 鄂西玉山竹亮叶水青冈（多脉青冈）林（川盆周） 冷箭竹（南岭箭竹）亮叶水青冈林（湘西北）	箭竹巴山水青冈（细叶青冈）林（川盆北） 华箬竹巴山水青冈林（浙西北）
灌木类型组	灌木长柄水青冈（青冈）林（黔、赣、川盆周） 柃木杜鹃长柄水青冈（多脉青冈、石栎）林（鄂西南）	灌木米心水青冈林（黔、川盆周）	柃木杜鹃亮叶水青冈（多脉青冈、粗穗石栎）林 荚蒾亮叶水青冈（多脉青冈、粗穗石栎）林（黔西北） 灌木亮叶水青冈（多脉青冈、甜槠）林（湘西北、浙南）	灌木巴山水青冈（细叶青冈）林（川邛崃）

2）灌木类型

灌木水青冈林型组分布面积较广，在水青冈分布区经常可见到，它们的乔木层情况基本与箭竹林型组相似，主要的区别在于分布以较开阔、较坦缓的坡面上，下木层无明显优势种，虽然也经常可见有箭竹、冷箭竹、箬竹的生长，但不以它们为优势，其灌木常见种也常似于箭竹林型组，有柃木、山矾、杜鹃、南烛、荚蒾等，以四川盆地周边山地的灌木长柄水青冈林而言，其灌木种可有映山红、四川杜鹃（*Rhododendron sutchucnense*）、粉白杜鹃（*Rh. hypoglaucum*）、毛肋杜鹃（*Rh. augustinii*）等几种杜鹃的一两种，美丽马醉木、柃木（*Eurya* spp.）、南烛、臭木、灯笼花（*Enkianthus chinensis*）、荚蒾、宜昌荚蒾、蕊帽忍冬（*Lonicera pileata*）、细尖栒子（*Cotoneaster apiculatus*）、披针叶胡颓子、紫金牛、海州常山（*Clerodendrum trichotomum*）、赪桐（*Clerodendrum bungei*）、卫矛（*Euonymus alatus*）、青荚叶、中华青荚叶（*Helwingia chinensis*）、腊莲绣球（*Hydrangea strigosa*）、长柄绣球（*H. longipes*）、硬齿小檗（*Berberis bergmanniae*）、十大功劳。在鄂西南山地因杜鹃和柃木占优势，如星斗山海拔 1200～1500m 阴向坡上的灌木长柄水青冈林下，以长蕊杜鹃（*Rhododendron stamineum*）占优势，高 2～3m，盖度 80%，其次为细枝柃（*Eurya loquaiana*）、披叶红果树（*Stranvaesia davidiana* var. *undulata*）等。草本层一般比较稀少，有狗背蕨（*Woodwardia japonica*）、光里白（*Hicriopteris laeuissima*）等蕨类。层外植物有翅枝五味子（*Schisandra henryi*）等，有文献称其为狗背蕨长蕊杜鹃长柄水青冈林。相类似的下木层以柃木、杜鹃为优势的杜鹃亮叶水青冈林或亮叶水青冈多脉青冈林或粗穗石栎林，也常有被命名的。命名的还有荚蒾亮叶水青冈林、灌木巴山水青冈林，其下木层组成与灌木长柄水青冈林相似。

综上所述，我国水青冈林的群落学分类在组成和生境上都基本相似，说明作为林系组（水青冈林 *Fagus*）来说，主要混生的落叶和常绿乔木属相同，林下的主要灌木的属也相同，只是具体的种因地而异，因此，由土壤为主要依据的具体生境上的差异已不显著，理化特性即在水、热、肥三者的总特征上只有不大范围的差异，所以在群丛组（林型组）上只有两组，即箭竹组和灌木组，而且这两组的基本植物属仍然相同，只是箭竹种类有时表现为显著优势而已，在文献中属于灌木组的群丛分类的记录也只是表明某个灌木属种在灌木组成中略占优势（如杜鹃、柃木、南烛或檵木等）。因而在我国水青冈林的群落分类的生态系列图解（图 2-26）中我们只表达了箭竹组与灌木组的有连续的略在温凉湿润程度的差异。箭竹组在地形的分布上以坡上部、顶部为主，灌木组则以坡中部下部和平缓坡面为主。

（二）常绿栎类群落

1. 硬叶栎类林

硬叶阔叶林是一个比较特殊的栎类林，以壳斗科栎属高山栎亚组的硬质、小叶革质的叶片为特征，分布区气候以干湿季明显、冬季干旱、湿度小、雨量少、空气干燥、日照强、日温差大为特点，主要分布在四川西部，云南北部、西北部，贵州西部，西藏东部和东喜马拉雅山地区，海拔都在 1200～4000m，根据生境特点，大体可分亚高山型和低山河谷（低山和低山河谷）型两大类型。亚高山型主要在海拔 2300m 以上，气候已相对温凉，土壤肥沃深厚，腐殖质含量高，土壤为山地棕壤、灰棕壤，林木乔木状，较高大，如滇西北、滇北、川西南的黄背栎林可高达 25～30m，川西北、滇西、藏东南的川滇高山栎、高山栎林，除石灰岩山地的干燥瘠薄生境和陡坡外，树木也可高达 25～30m，每公顷蓄积量达 700m^3，西藏墨脱地区尤为突出，但在阳坡、石质土、干旱生境上，一般林木只有几米高。长穗高山栎、川西栎也可高达 25m，但在山脊、陡坡、土薄、岩石露头多的地方通常只有 7（8）～12m 高。而低山河谷型由于主要分布在低海拔（海拔 1200～3000m）的金沙江及其支流的干热河谷的干旱向阳坡地，土壤为山地棕壤、棕褐壤、红棕壤，少数为红色土，或石灰岩山地上层浅薄的石灰土（如贵州西部），生境都是相对干旱贫瘠。

1）亚高山型硬叶常绿栎类林

亚高山型硬叶常绿栎类林，常混生亚高山针叶、阔叶树种，如落叶松、云杉、冷杉、白桦、糙皮桦、山杨等，偶有云南铁杉、高山松、乔松，伴生有野樱桃、花楸、槭等小乔木。林层高 20～25m，稍低者 15～20m，以高山栎类为主，疏密度 0.6～0.9 或稍小，一般无第二林层，或者第二林层由云杉、冷杉、花楸、槭、杜鹃、野樱桃所组成，高 10m 左右，疏密度 0.2～0.4，槭在滇西主要是金江槭（*Acer pexii*），滇西北是丽江槭（*A. forrestii*），花楸在川西、滇西北主要是陕甘花楸、西南花楸、苍白花楸（*Sorbus pallescens*）、红毛花楸（*S. rufopilosa*）等。川西滇北有紫花杜鹃（*Rhododendron edgariana*）、腋花杜鹃（*S. racemosum*）、两色杜鹃（*Rh. dichroanthum*），藏东南有乔木状杜鹃（*Rh. arboreum*）、硬刺杜鹃（*Rh. barbatum*）等。还可见亚高山针叶林下常见的栒子（*Cotomeaster acuminatus*、*C. hebephyllus*）、蔷薇（*Rosa omeiensis*、*R. macrophylla* 或 *R. seicea*）、忍冬（*Lonmicara* spp.），还有针阔叶混交林下的马醉木、白檀（*Symplocos*）、溲疏（*Dentzia*）、胡枝子（*Lespedeza*）等。有时有一两种为明显优势，有时则无明显优势的种。因此，亚高山型硬叶栎林可分为 3 个林型组（或林环），即杜鹃组、箭竹组和灌木组，这与亚高山森林的基本林型组或林环相一致，也反映出相似的生境条件，如箭竹组相对湿润，杜鹃组相对高寒，而灌木组水热条件相对中生一些。在较干燥生境下，会出现小檗（*Berberis*）、锦鸡儿（*Caragana*，如 *C. bicolor*、*C. tangutica*）、金蜡梅、胡枝子（*Lespedeza*）等喜光林下灌木种。下木层盖度一般 25%～30%。草本层通常是亚高山森林属阳坡、半阳坡的草类环、高山栎环的种类，如薹草、唐松草、蹄盖蕨、鳞毛蕨、鹿药（*Smilax*）、银莲花、兔儿风（*Ainsliaea*）、草莓、黄精（*Polygonatum*）、蓼（*Polygonum*）、堇菜（*Viola*）等。在比较干燥的立地上有蒿、糙苏（*Phlomis*）、蓟（*Ageratum*）等。草本层盖度 30%～40%。苔藓层盖度小，一般只在树干基部周围有分布，有赤茎藓、锦丝藓、毛梳藓、白齿藓（*Leucodon* sp.）、提灯藓（*Mnium maximowiczii*）等常见藓种。在箭竹组林下有较多的苔藓，还会有褶叶藓（*Palamocladium*）、紫萼藓（*Grimmia*）、大绢藓（*Pseudoscleropodium*）、小羽藓（*Haplocladium*）等。藤本植物仅有铁线莲、勾儿茶（*Berchemia*）、菝葜等。树干上一般悬挂松萝（*Usnea longissima*）。天然栎类更新差，在湿润肥沃的生境，亚高山云杉、冷杉有可能替代高山栎林，而在较干旱生境下，高山栎林是相对稳定的。

2）低山河谷硬叶栎类林

低山河谷硬叶栎类林的混生树种在不同地区是不同的，一般有鹅耳枥（*Carpinus* spp.）、槲栎、锐齿槲栎、云南松等，还有清香木、滇青冈、毛叶黄杞、野漆、柯氏粗穗石栎（*Lithocarpus spicata* var. *collettii*）。滇南、滇北更低海拔可见毛叶柿、铁橡栎，甚至滇榄仁（*Terminalia franchetii* var. *memibrenifolia*）等喜热树种。林分一般高 5～12m。下木层主要种有铁仔、云南山蚂蝗、小冻绿树（*Rhamnus rosthornii*）、金花小檗（*Berberis wilsonae*）、余甘子（*Phyllanthux emblica*）、常绿女贞（*Ligustrum sempervirens*）、野丁香（*Leptodermis potaninii*）等旱生性种类。草本层也可以旱生种为主，如扭黄茅、黄背草、小菅草、细柄草、箭叶大油芒（*Spondiopogon sagittifolia*）、滇须芒草（*Andropogon yunnanensis*）、旱茅（*Gremoposon delavayi*）、华火绒草（*Leontopodium nervosa*）、矛叶荩草（*Arthraxonn priondes*）、马棘（*Indigofera pseudotinctonia*）、云南兔儿风（*Ainsliaea yunnanensis*）、牛毛毡（*Eleocharis yokoscensis*）。这类干热河谷石灰岩山地硬叶栎类林一旦破坏后就会演替为荫生硬叶栎灌丛或有刺灌丛，如在稍高海拔由悬钩子（*Rubus*）、茶藨子（*Ribes*）、野蔷薇（*Rosa*）等属种形成的有刺灌丛，在低海拔由牛奶子（*Elaeagnus umbelleta*）、火棘（*Pyracantha crenulata* var. *kansuensis*）、红果蔷薇（*Rosa masei* var. *plurijaga*）、小檗（*Berberis wilsonae*）形成有刺灌丛。

对于硬叶栎林的群落分类和林型组生态系列可见图 2-27、图 2-28，在图 2-27 上可见，在亚高山型和低山河谷型以下还划分林型组。例如，亚高山型下划有杜鹃组（环）、箭竹组（环）、灌木组（环），而低山河谷型则可分为石灰岩干热河谷组、中低山灌木组。中低山灌木组是在中低山气候下陡坡或石质坡土壤瘠薄生境下的硬叶栎类林，生长矮小，有时是亚高山型伸延下来形成的，如黄背栎林的分布海拔范围甚宽，由川西南山地、贡嘎山西坡、金沙江上游海拔 2500～3900m，一直可东延至滇北乌蒙山、贵州威宁山地，海拔 2600～2900m，土壤由山地棕壤、灰棕壤，一直分布至山地黑色石灰土，它几乎包括了所有的林型组，有混生的川滇冷杉、丽江云杉、川西云杉、白桦、山杨等亚高山树种，继而是云南松、糙皮桦和低海拔的槲栎（*Quercus aliena*）。树高由 20 余米降低至 3～8m，甚至为萌生的黄背栎灌木林。川滇高山栎、高山栎则很少下降至低山河谷，但它们表现有较高海拔的杜鹃林型、箭竹林型。帽斗栎林、长穗高山栎林、川西栎林，基本上是属于亚高山森林带的，但少见或不见杜鹃林型、箭竹林型，而且可以延伸至中山的恶

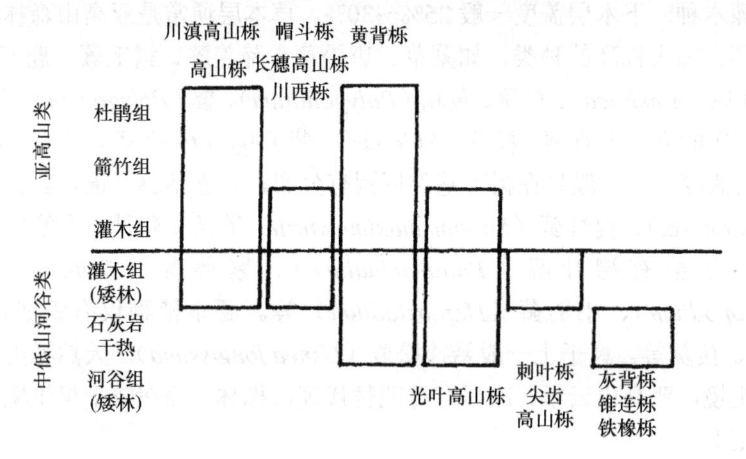

图 2-27　我国硬叶常绿栎类林各林系的林型组分类示意图

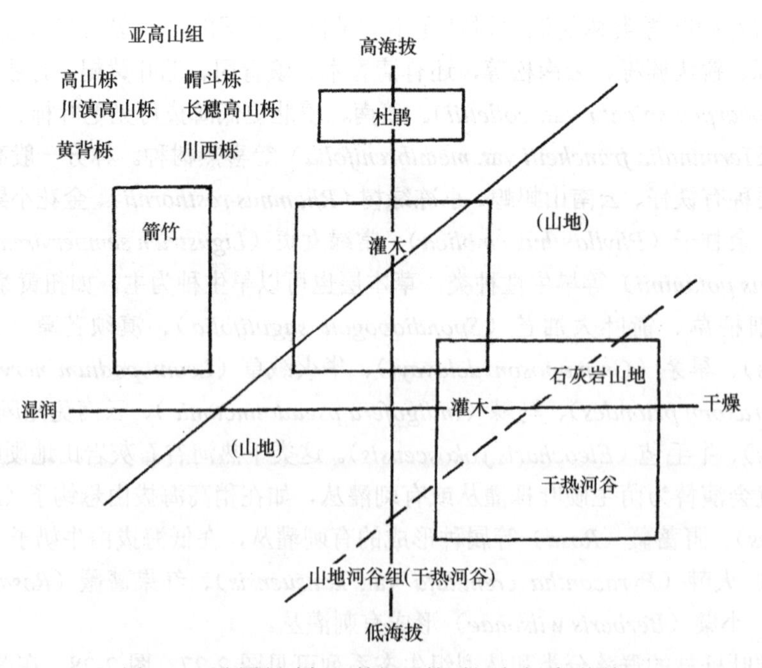

图 2-28　我国硬叶栎亚林纲、林型组生态系列图解

劣生境，以矮林形式生存下来，灰背栎林、锥连栎林和铁橡栎林则是典型的石灰岩干热河谷的类型。石灰岩干热河谷类型作为一个组，是因为在金沙江下游干热河谷常与石灰岩联系在一起，但有时如在贵州西部的石灰岩山地中山的硬叶栎类林则显然不受金沙江干热河谷气候的影响，而主要是由于石灰岩山地的土壤浅薄，漏水，岩石露头多，生境恶劣，刺叶栎林、尖齿高山栎林则可以向东分布，在神农架山地中山土壤瘠薄生境下保存下来。所以，有人因为它们不与石灰岩干热低山河谷的生境相联系，而把它们当作一般的常绿栎类林来看待。

第九节　典型常绿阔叶林

一、亚热带常绿阔叶林的基本组成

常绿阔叶林是典型的亚热带森林植物群落类型。以栲属（*Canstanopsis*）、青冈属（*Cyclobalanopsis*）和石栎属（*Lythocarpus*）树种为重要建群种的森林群落，是我国亚热带常绿阔叶林的主要组成形式，除壳斗科这 3 属外，与之相当比例混交和不同程度混生的乔木科还有樟科、山茶科、木兰科、金缕梅科、杜英科、山矾科等。樟科的常见属为润楠属（*Machilus*）、楠木属（*Phoebe*），山茶科有大头茶（*Gordonia*）、木荷属（*Schima*）、山茶属（*Camellia*），木兰科有木莲属（*Manglietia*）、含笑属（*Michelia*），金缕梅科有檵木属（*Loropetalum*）、马蹄荷属（*Symingtonia*），杜英科有杜英属（*Elaeocarpus*），还有山矾科的山矾属（*Symplocos*）等。在常绿阔叶林内有时还混生一些针叶树，有扁平线形叶类，如香榧（*Torreya*）、红豆杉（*Taxus*）、油杉（*Keteleeria*）、竹柏（*Podocarpus*）、银杉（*Cathya*）、福建柏（*Fokienia*）、穗花杉（*Amentotaxus*）、黄杉（*Pseudotsuga*）、杉木（*Cumighamia*）等，针叶型中松属的马尾松、云南松、柳杉（*Cryptomeria*）、刺柏（*Juniperus*）等也会在不同情况下出现。我国常绿阔叶林内还孕育生长有一些我国亚热带特有稀少的落叶阔叶树种，如紫树（*Nissa sinensis*）、珙桐、鸦头梨（*Melliodendron xylocarpum*）、银钟花（*Halesia macrgregorii*）、蜡瓣花（*Corylopsis sinensis*）、油萌芦（*Pyruiaria sinensis*）等，其他一些落叶属中的赤杨叶（*Alniphyllum forlunel*）、山柳（*Clethra*）、金合欢（*Albizia*）、野茉莉（*Styrax*）、柿（*Diospyros*）、黄连木（*Pistacia*）、皂荚（*Gleditsia*）也常出现。小乔木、灌木属常见的有杜鹃、乌饭树（*Vaccinium*）、茜草树（*Randia*）、黄栀子（*Gardenia*）、山胡椒（*Lindera*）、紫金牛（*Ardisia*）、杜茎山（*Maesa*）、山茶（*Camellia*）、冬青（*Ilex*）、山黄皮（*Randia*）、老鼠矢（*Symplcos*）、鹤掌柴（*Schefflera*）、蚊母树（*Dirtylum*）等，稍高海拔，绣线菊、荚蒾、绣球（*Hydrangea*）、南烛、山蚂蝗（*Desmodium*）、扁担杆（*Grewia*）、厚皮香（*Ternstromea*）等针阔叶混交林下常见属则普遍出现。层外植物常见属有五味子（*Schizandra*）、菌草（*Rubia*）、络石（*Trachelospermum*）、薯蓣（*Discorea*）、穗花豆（*Cochliantrus*）、鸡血藤（*Millettia*）、木通（*Akebia*）、菝葜（*Smilax*）等，亚热带常绿阔叶林一般可以分为在东部亚热带东南季风影响下降雨量高，无明显干湿季，或在西南季风影响下，但由于山地海拔高，降水增加，终年有较高的空气相对湿度的生境下，少数则在西部亚热带，主要在印度洋季风影响下有明显干湿季气候，如滇中高原的常绿阔叶林，被称为半湿润或偏干性的常绿阔叶林，如滇青冈林。元江栲林、高山栲林、黄毛青冈林等，自北向南，在南亚热带水热条件下分布有季雨常绿阔叶林，如南岭山地南侧、福建戴云山以南山地、台湾玉山山脉、滇中南和黔南山地、藏南等谷地。在热带山地的雨林带以上也有此类型出现。这是以南亚热带无明显冬季而年降水量在1000～2000m，终年相对湿度在80%以上的气候为特征的生境，以壳斗科和樟科中喜暖树种为主要建群组分，和桃金娘科、楝科、桑科的树种共同组成上林层，并在次林木层以茜草科、紫金牛科、棕榈科、杜英科、苏木科、蝶形花科的树种为主，如茜草树属（*Randia*）、紫金牛属（*Ardisia*）、杜英属（*Elaeocarpus*）等，还会有一些在南亚热带、热带石灰岩地区分布的落叶阔叶树种，如楹（*Albizzia chinensis*）、羽叶楸（*Stereospermum tetragonum*）、羊蹄甲（*Bauhinia variegata*）、鬼眼（*Elaeoeurpus braceanus*）、猴欢喜（*Sloanea stereuliacea*）、异叶鹅掌柴（*Schefflea diversifoliotata*），林分的层次已不甚明显，优势种不明显，在群落命名时所采用的树种也只有相对优势的意义。林内已有明显的板根、大木质藤木、附生蕨类、兰科植物等现象，在攀缘藤本植物的组成方面也是以瓜馥木（*Fissistigma*）、买麻藤（*Gnetum*）、黄藤（*Daemonorops*）、红叶藤（*Santalides*）、酸藤子（*Embelia*）、崖爬藤（*Tetrastigma*）、蜜花豆藤（*Spatholobus*）、花皮酸藤（*Ecdysanthera*）、翼核果（*Ventilago*）、榼藤子（*Entada*）等热带藤本属为主。林下棕榈、木本蕨类桫椤（*Cyathea* spp.）的出现也是季风常绿阔叶林的一个特征。林下的其他蕨类，也以热带常见蕨类为主，如沙皮蕨（*Hemigramma*）、实蕨（*Bolbitis*）、新月蕨（*Abacopteris*）、双盖蕨（*Diplazium*）、原始莲座蕨（*Archfongiopteris*）等。

二、常绿阔叶林群落的分类

对于典型的以常绿栎类为主的常绿阔叶林，首先可以按湿润常绿阔叶林和半湿润常绿阔叶林分为两个亚林纲，而湿润常绿栎类阔叶林亚林纲可分栲属、青冈属和石栎属3个林系组，每个林系组下，由主要优势种和次优势种共同组成多树种混交的群落，因此，实际上会出现两种或以上优势种的群落，如栲罗浮栲林、鹿角栲硬斗石栎林、南岭栲林、米槠甜槠林、包斗栎滇青冈林等。对于进一步的林型组的划分，尽管可以列出许多已记载的各种林型（群丛）名称，但由于无论湿润常绿阔叶林、半湿润常绿阔叶林，还是季风常绿阔叶林，它们都是处于相对相似的气候、生境条件下出现的，乔灌木组成、草本和苔藓组成特征可以反映一些若干生境上的差异，但总的讲，已不如温带、亚高山或北亚热带等森林植被群落的林型（成林型组、林环）的群落分类有更大的经营意义。因此，本书不准备在常绿阔叶林及要求热量条件更高的热带林方面重点讨论林型组的分类和对它们的描述（实质上也很难区别林型组之间生境上明显的差异），在此，笔者只想根据自己的经验和对文献资料的分析作出归纳，提出3个属各树种所构成建群的森林群落进一步分类，见表2-10～表2-12。

我们可以从表2-12看出，各个不同林型组之间仍有以生态学为基础的林环的联系。例如，常绿阔叶混交林一样可以分为竹类林型亚组（或林环）和灌木林型亚组（或林环）。竹类亚组从总体上讲仍比灌木林亚组要湿润些，分布海拔要高些。例如，梵净山方竹（*Chlmnobanbusa*）小红栲（*Castanopsis cerlesii*）林分布在海拔800～1500m，而属于灌

表 2-10　我国主要的亚热带湿润栎类常绿阔叶林

栲属 *Castanopsis*	青冈属 *Cyclobalanopsis*	石栎属 *Lithocarpus*
鹿角栲林 *C. lamontii*	青冈林 *C. glauca*	粗穗石栎林 *L. grandifolius*
罗浮栲林 *C. fabri*	（鄂、闽、浙、赣、皖、桂）	（黔）
（湘、粤、闽、赣、滇、桂）	云山青冈林 *C. nubium*	硬斗石栎林 *L. huncei*
鬣蒴栲林 *C. fissa*	（浙、赣）	（黔、桂）
（湘、闽、粤）	台湾狭叶青冈林 *C. stenophylluides*	绵槠林 *L. henryi*
苦槠林 *C. sclerophylla*	长果青冈林 *C. longimui*	（粤）
（湘、浙、皖、赣、闽）	（台、闽）	岭南石栎林 *L. harlandii*
小枝青冈林 *C. ciliaris*	曼青冈林 *C. oxyudor*	（粤、黔）
（鄂）	（浙、赣、鄂、藏）	密脉石栎林 *L. fardianus*
甜槠林 *C. eyrei*	赤皮青冈林 *C. gilua*	（台）
（湘、黔、浙、皖、赣、闽、粤、桂）	（台）	石栎林 *L. glaber*
丝栗栲林 *C. fargesii*	褐叶青冈林 *C. stewardiana*	（滇）
（湘、黔、浙、赣、闽、鄂、桂）	（皖）	包斗栎林 *L. craibianus*
钩栲（润楠）林 *C. tibetana*		多变石栎林 *L. nariolosus*
（湘、浙、黔、赣、闽、鄂）		（滇）
小红栲林 *C. carlesii*		包石栎林 *L. cleistocarpus*
（黔、湘、浙、粤、赣、闽、台）		阿里山石栎林 *L. kawakamii*
扁刺栲林 *C. platyucantha*		（台）
厚皮栲林 *C. chunii*		西藏石栎林 *L. xizhangensis*
南岭栲林 *C. fordii*		（藏）
（浙、赣、闽）		贵州石栎林 *L. elizabethae*
红椎栲 *C. hickelii*		（黔）
（桂）		粤桂石栎林 *L. elizabethae*
		（黔、桂）
		刺斗石栎林 *L. echinotholus*
		（滇）

表 2-11　我国常见半湿润常绿栎类林、季风常绿栎类林和硬叶常绿栎类林

半湿润常绿栎类林	季风常绿栎类林	硬叶常绿栎类林
滇青冈林	青钩栲林	川滇高山栎林
Cyclobalanopsis glaucoids	*Castanopsis kuvwakamii*	*Quercus aquifolioides*
（滇）	（粤）	（川、滇、藏）
元江栲林 *Castanopsts orthacantha*	刺栲（+厚壳桂）林 *C. hystrix*	高山栎林 *Q. senicerpifulia*
（滇）	（粤、桂、台、滇、闽）	（川、藏）
高山栲林 *C. delavaye*	小红栲林 *C. carlesii*	黄背栎林 *Q. pannosa*
（滇）	（台、粤）	（滇、川）
黄毛青冈林 *Cyclobalortopsis*	罗浮栲 *C. fabri*	刺叶栎林 *Q. spinusa*
delavayi	（滇）	（鄂）
小果栲（截果石栎）林	华栲林 *C. chinensis*	尖齿高山栎林 *Q. acrodonta*
Cstanopsis fleuryi	越南栲林 *C. tonkinensis*	（鄂）
（*Lilhocarpus trurcalus*）	（桂）	帽斗栎林 *Q. guyaouefolia*
石灰岩	丝栗栲林 *C. fargesii*	（滇）
青冈林 *Cyclobalanopsis glauca*	（桂、闽、粤）	川西栎林 *Q. gittiana*
乌冈栎林 *Q. phillyraeoides*	印栲林 *C. indica*	（川、滇、藏）
多穗石栎林 *Lithocarpus*	（滇）	铁橡栎林 *Q. coeeiferoides*
polystochys		（川、滇）
		锥连栎林 *Q. franchetii*
		（川、滇）
		光叶高山栎林 *Q. rehderiana*
		（滇）
		灰背栎林 *Q. senescens*
		（川）

表 2-12a　灌木常绿栎类林型组记录

1. 木荷组

木荷鬣蒴栲林

木荷甜槠林

木荷小枝青冈林

木荷元江栲林

木荷青冈林

木荷小红栲料

2. 杜鹃组

杜鹃甜槠林

杜鹃棉槠林

3. 柃木组

柃木厚皮栲林

柃木钩栲林

柃木甜槠林

柃木苦槠林

柃木罗浮栲林

柃木棉槠林

4. 无明显优势的灌木组

灌木丝栗栲林

灌木甜槠林

灌木苦槠林

灌木青冈林

灌木包斗石栎林

灌木石栎林

灌木长果青冈米槠林

灌木赤皮青冈南岭石栎林

灌木台湾狭叶青冈阿里山石栎林

5. 其他

水团花青钩栲林

山矾青钩栲林

大果蜡瓣花小红栲林

黄瑞木甜槠林

柏拉木南岭栲林

九节龙粤桂石栎林

黄柏青钩栲林

老鼠刺青钩栲林

赤楠青冈林

少叶黄杞丝栗栲林

尾叶毛蕊茶扁刺栲林

毛莲蕊茶南岭栲林

乌饭树钩栲林

乌饭树福建青冈林

乌饭树甜槠林

杜茎山钩栲、润楠林

杜茎山青冈林

檵木钩栲林

檵木棉槠林

檵木青冈林

檵木苦槠林

表 2-12b　竹类常绿栎类林型组记录

箬竹鬣蒴栲林

箬竹曼青冈林

箬竹青钩栲林

箭竹小叶栲林

华西箭竹滇青冈林

箭竹包石栎峨眉栲林

箭竹包斗石栎林

箭竹多变石栎林

筇竹扁刺栲林

筇竹包石栎峨眉栲林

笼笼竹（金佛山方竹）厚皮栲林

拐棍竹小枝青冈林

苦竹硬斗石栎林

苦竹福建青冈林

方竹刺斗石栎林

方竹小叶栲林

刚竹罗浮栲林

木亚组的多花杜鹃（*Rhododendron cabaleriei*）小红栲林和大果蜡瓣花（*Corylopsis multiflora*）小红栲林则主要分布于海拔 700～900m，并多半分布在山体中上部及山脊处，生境略干燥。但这两亚组类型的差异也不能一概而论，若在同一林系中同时存在竹类与灌木两种类型，这种差异就比较肯定。但对不同林系来说，灌木类型也是十分复杂多样的，指示不同幅度的湿润程度，需要依具体林型而定。总之，湿润亚热带栎类常绿阔叶林虽然树种组成不同，但它们的生境条件总的讲是差不多的，因此具体的林型分类在经营上的意义并不特别重要。

现分别以栎类为主的湿润常绿阔叶林、半湿润常绿阔叶林、季风常绿阔叶林分类上对识别其生境特点有意义的群落学特点作一些规律性分析。例如，有指示意义的乔灌木、草本、苔藓、附生植物、层外植物的组成特点、林木生长、土壤和母质特点等，但基本上是经验性描述，见图 2-29～图 2-32。

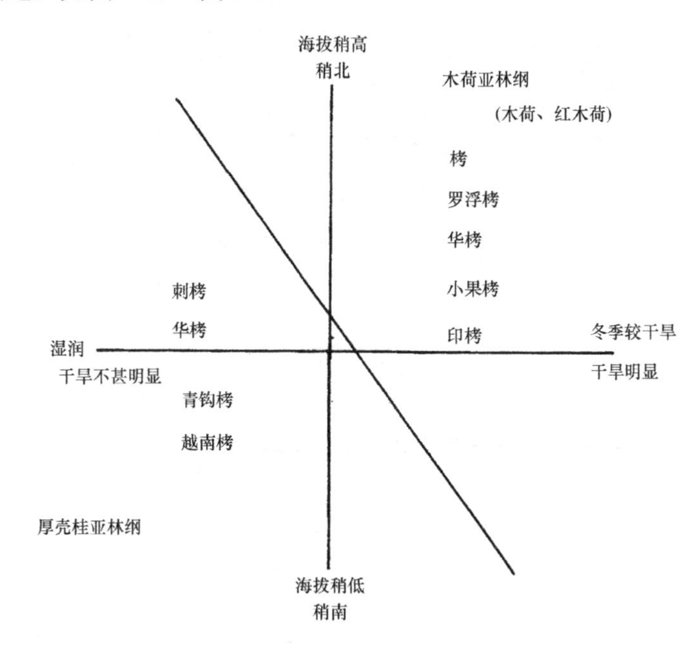

图 2-29　季风常绿阔叶林林纲的亚林纲、主要林系组生态系列图解

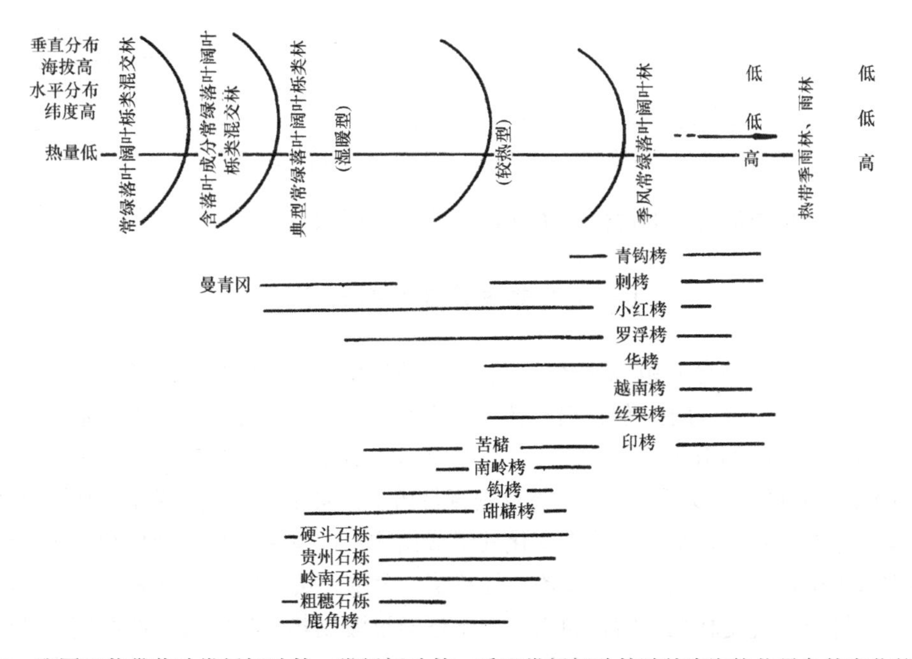

图 2-30　我国亚热带落叶常绿阔叶林、常绿阔叶林、季风常绿阔叶林随纬度海拔热量条件变化的重要属种在群落组成结构中的变化图解（1）

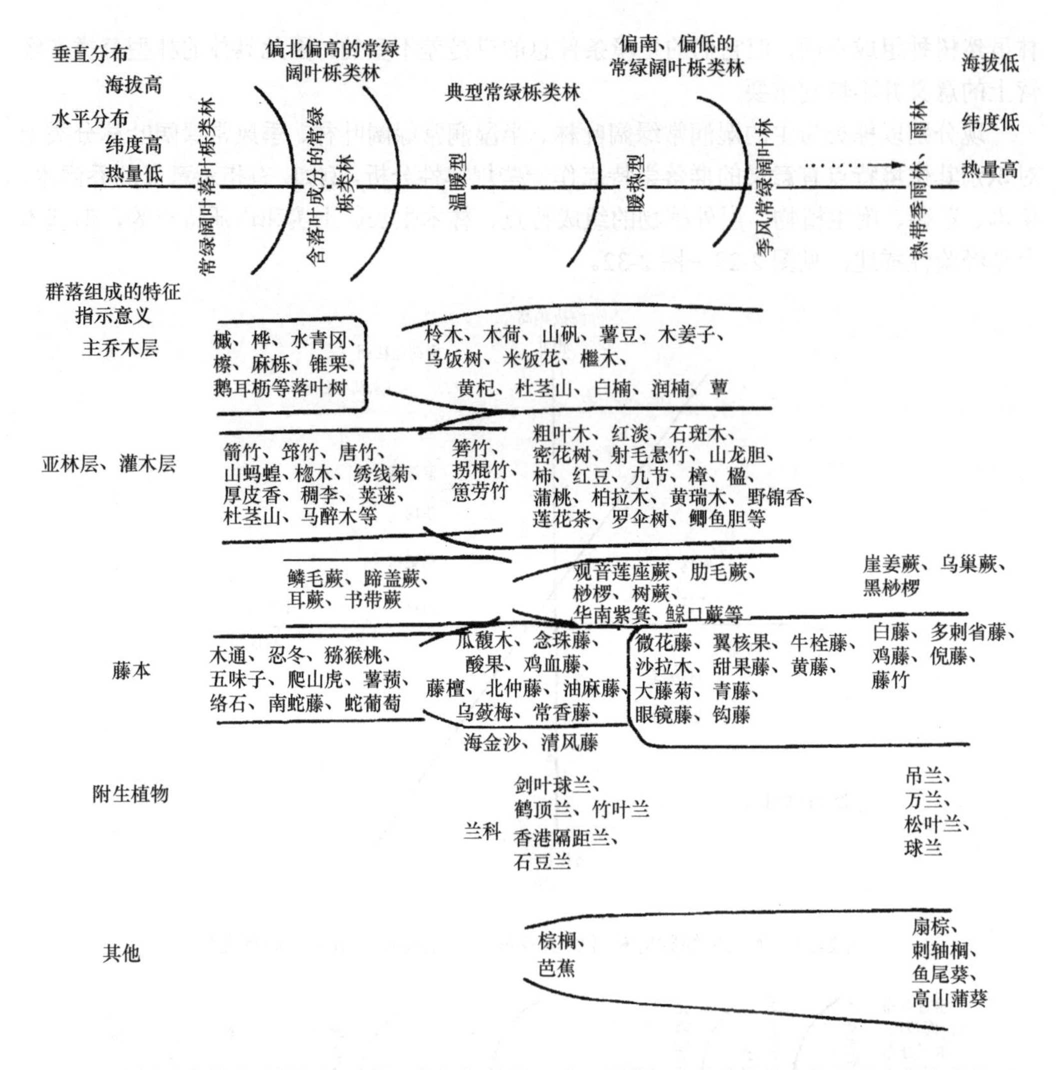

图 2-31　我国亚热带落叶常绿阔叶林、常绿阔叶林、季风常绿阔叶林随纬度海拔热量条件变化的重要属种在群落组成结构中的变化图解（2）

湿润常绿栎类混交林的群落分类和群落特征分析如下。

（一）对热量条件的判别特征

由于常绿阔叶林分布范围比较宽，典型的常绿阔叶林可由北纬 27°4′～32°，东经 99°～123°的中亚热带为主，但在南亚热带、热带山地的一定海拔范围也有垂直分布，其海拔范围在我国西部南亚热带、热带山地在 1500～2800m，而在东部南亚热带、热带山地为 1000～2000m 及以下，在水平带及垂直带谱上，向北、向上接落叶阔叶混交林，向南、向下逐渐随热量、水分条件而变化其组成结构，向季风常绿阔叶林和热带林过渡。土壤类型也会向北、向上由山地红壤、红黄壤、黄壤、黄棕壤，甚至棕壤，与落叶常绿阔叶林、针阔叶混交林相交错，向南、向下逐渐过渡到热带林的砖红性红壤、砖红壤。在湿润温暖的气候条件下，也因全年不同的水量条件差异而有不同建群的优势种。在全

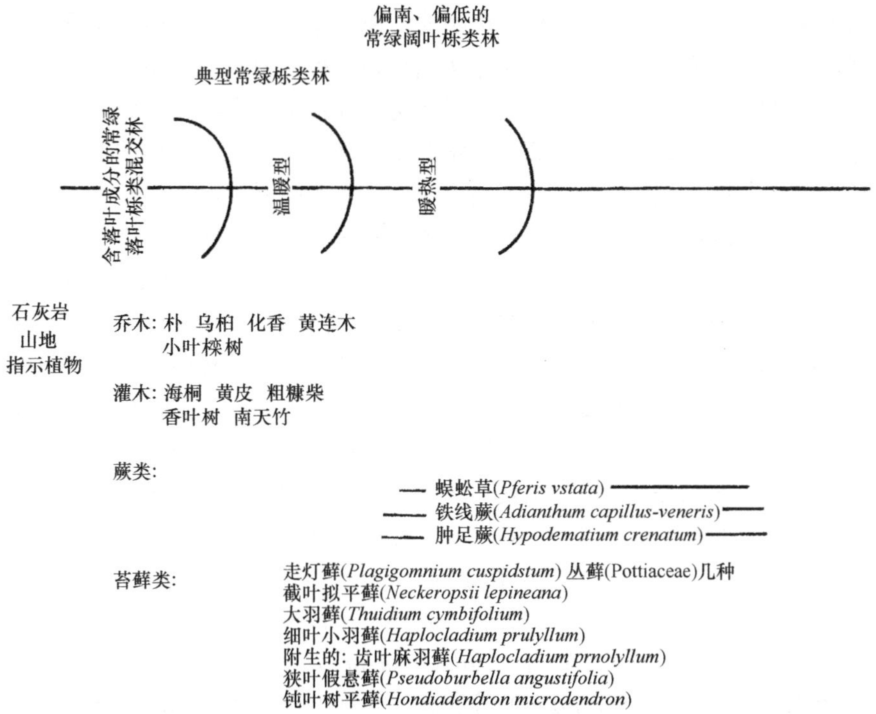
偏南、偏低的
常绿阔叶栎类林
典型常绿栎类林
含落叶成分的常绿落叶栎类混交林
温暖型
暖热型
石灰岩
山地
指示植物
乔木: 朴 乌桕 化香 黄连木
小叶椋树
灌木: 海桐 黄皮 粗糠柴
香叶树 南天竹
蕨类:
蜈蚣草(Pferis vstata)
铁线蕨(Adianthum capillus-veneris)
肿足蕨(Hypodematium crenatum)
苔藓类:
走灯藓(Plagigomnium cuspidstum) 丛藓(Pottiaceae)几种
截叶拟平藓(Neckeropsii lepineana)
大羽藓(Thuidium cymbifolium)
细叶小羽藓(Haplocladium prulyllum)
附生的: 齿叶麻羽藓(Haplocladium prnolyllum)
狭叶假悬藓(Pseudoburbella angustifolia)
钝叶树平藓(Hondiadendron microdendron)

图 2-32 我国亚热带落叶常绿阔叶林、常绿阔叶林、季风常绿阔叶林随纬度海拔热量条件变化的重要属种在群落组成结构中的变化图解（3）

年热量相仿但季节性寒流影响不同，都会影响林木和群落的植物组成。例如，对于混生的乔灌木树种来说，凡出现混生桦（白桦、香桦）、亮叶桦、槭、青冈、水青冈、麻栎、鹅耳枥等落叶树种者，则无疑表明是与常绿落叶混交林相接连的属于中山和偏北的中亚热带的类型，如以上这些属种只出现在湘南、粤北的莽山、大瑶山、赣南粤北的九连山等中山海拔 800～1800m 的甜槠林、金毛石栎（*Lithocarpus chrysocomus*）林内，而不会出现于低山和沟谷（海拔 800m 以下至 200m）的喜暖热的丝栗栲林、青栲林内。还有，当群落水平分布偏北或海拔偏高的常绿阔叶林，其乔木层树种往往有较明显的优势建群种，相对来说，热量越增加，则越缺少明显的优势种。对于水分条件来讲，也有当水分条件越趋于干旱时，优势种则会相对明显，林下蕨类也是很好的热量和水分条件的指示种。例如，常绿阔叶林常见的蕨类属比较多，典型的有瘤足蕨（*Plagiogyria*）、复叶耳蕨（*Arachmiodes*）、舌蕨（*Elaphoglossum*）、水龙骨蕨（*Polypodiodes*）、骨牌蕨（*Lepidogrammitis*）、星蕨（*Micrososrium*）等属，比较集中分布于典型常绿阔叶林的水平带、垂直带内，对于分布幅度很大的属如蹄盖蕨（*Athyrium*）、鳞毛蕨（*Dryopteris*）、耳蕨（*Phecatopteron*）、书带蕨（*Vittaria*）等则不能轻易作为指示种。当出现有观音莲座蕨（*Angiopteris tokienensis*）、肋毛蕨（*Ctenitis*）、金毛蕨（*Cibotium baromtz*）、汝蕨（*Rumohra*）、华南紫萁（*Osmunda vachellii*）、桫椤（*Cyathea*）、大叶桫椤（*Alsopla gigantia*）时则表明是阴湿凉爽的生境。木本蕨在藏南常绿阔叶林有木本树蕨（*Sphaeropteris brufiomana*），且蕨类种类明显增多，表明已属喜暖热的南亚热带常绿阔叶林或季风常绿阔叶林性质。层外植物如藤本植物，树木干基的附生植物如附生的苔藓植物，高等植物的出现与增多，表明低海拔、南亚热带边缘的山地常绿阔叶林明显地趋向季风常绿阔叶林的表现，如大木质藤本的出现，附生蕨类的出现、板根现象的出现等，而且在藤本植物种类、附生植物种类组成上有明显的差异，这是判别山地常绿阔叶林热量状况在生境差异上分类的标志。例如，在稍高海拔和常绿阔叶林分布带北缘部分的群落，它们的层外藤本植物都纤细矮小，而且都是与暖温带成分联系着的属种，如五味子、菝葜、木通、南蛇藤、爬山虎（*Parthenocissus*）、薯蓣、络石、忍冬、猕猴桃、蛇葡萄等。随着生境热量的增加，就会出现南五味子（*Kadsura*）、海金砂（*Kadsura*）、崖爬藤（*Totrastigma*）、乌蔹莓（*Cayratia*）、清风藤（*Sabia*）、常春藤（*Hedera*）、牛姆瓜（*Hobvellia*）、紫藤（*Wisteria*）、野木瓜（*Stauntonia*）、勾儿茶（*Berchemia*）等典型的常绿阔叶林藤本属种，再接近南亚热带，就会出现喜暖热的念珠藤（*Alxia*）、酸藤栗（*Embelia*）、瓜馥木（*Fissistigma*）、买麻藤（*Gnetum*）、鸡血藤（崖豆藤 *Milletia*）、油麻藤（*Macuna*）、杜仲藤（*Parabarum*）、藤檀（*Dalbergia*）等。这些藤本也是南亚热带季风常绿阔叶林的常见属种。但季风常绿阔叶林有指示意义的藤本则是微花藤（*Iodes*）、翼核果（*Ventilago*）、甜果藤（*Mappianthus*）、沙拉木（*Salacia*）、大藤菊（*Vernonia*）、省藤（*Calamus*）、眼镜藤（*Entada*）、钩藤（*Uncaria*）等热带林下的属种。典型常绿阔叶林的藤本具体可见滇南罗浮栲、杯状栲林下的甜果藤（*Morpianthus iodioides*）、茶叶沙拉木（*Salacia theifolia*）、大藤菊（*Vernonia volkunerioe folia*）、小花酸藤（*Embelia parvifolia*）等和粤北栲红楠林、栲、木荷林下的瓜馥木、藤檀、龙须藤（*Bauhima championii*）、买麻藤（*Gnetum montanum*）、山鸡血藤（*Milletia dielsiana*），也偶有钩藤（*Uncaria hissuta*）出现。南岭栲、栲林、米槠林下的几种酸藤子（*Embelia* spp.）、几种念珠藤（*Alyxia sinensis*、*Alyxia* spp.）、小叶买麻藤（*Gmetum parvifolium*）等，藏南的刺栲林下有飞龙掌血（*Toddalia asiatica*）、黑风藤（*Fissictigma polyanthus*）、厚果鸡血藤（*Milettia pachcarpa*）等。

对于下木种来讲，一般讲，凡出现箭竹、冷箭竹、华西箭竹等箭竹类植物表示热量稍低，其次为筇竹、唐竹，而箬竹、苦竹、拐棍竹等则可在较宽的热量条件下出现，反映典型中亚热带生境。灌木属如山蚂蝗、檵木、臭牡丹、绣线菊、厚皮香、含笑、鼠刺、荚蒾、稠李、杜茎山、马醉木、柃木、石斑木、山矾、冬青等，分布的范围较宽，是常绿阔叶林中普遍出现的属，如果个体数量增多，达到一定的优势，则可以反映此处林型为纬度偏北一些、海拔稍高一些的常绿阔叶林，其指示意义要根据其优势度（或重要值）和与其他灌木种的组成关系来判别。例如，在南岭山地，上述一些属的种，大多在海拔1000m 以上。反映热量偏高的灌木有粗叶木（*Lasianthus*）、石斑木（*Rhaphiolepis*）、山龙眼（*Helicia*）、红淡（*Adinandra*）、密花树（*Rapanea*）、柿（*Diosryros*）、红豆（*Ormosia*）、樟（*Cinnamomum*）、合欢（*Albizia*）等。

常绿阔叶林下的附生植物也有重要指示意义。反映在偏北、偏高的常绿阔叶林的附生植物主要是限于树干上的苔藓，较少有高等植物，仅有石苇（*Pyrrosia lingua*、*P. sheareri*）、石槲（*Dendrobium*）等。当热量增高时，附生蕨类就会较多地出现，如攀援星蕨（*Microsorium buergerianum*）、水龙骨（*Polypodium nipponicum*）、山蒟（*Piper hancei*）、槲蕨（*Drynaria fortunei*）、抱石莲（*Leriaogram matis*）、瓶蕨（*Trichofnane*）、膜蕨（*Hymenophyllum*）等的出现。苔藓以悬藓（*Barhella* spp.）、粗枝蔓藓（*Meteorium helminhocladum*）为常见附生藓。至季风常绿阔叶林则附生有兰科，如鹤顶兰（*Phaius tankervillae*）、剑叶球兰（*Hoya lancibimba*）、竹叶兰（*Arundina chinensis*）、斑叶兰（*Goodyera schlechtendaliana*）等，叶片也会附生苔藓，甚至藻类。这在偏南的常绿阔叶林中只是偶见的。附生高等植物一般讲在典型常绿阔叶林中并不十分显著，除了在树干、树枝上、岩石表面上经常附生有苔藓、地衣类外，较少有附生高等植物，而在南亚热带季风常绿阔叶林内则是一个明显的有代表意义的群落特征。

（二）对水分条件的植物指示意义

由于常绿阔叶林都处于较充分的水湿条件下，植物的水分指示意义在典型常绿阔叶林群落并没有突出意义，一般来讲，乔灌木树种、草本及苔藓、蕨类等种类增多，群落各层次植物密度增大，尤其是蕨类趋于大型、苔藓的附生由树干基部上升较高的部位，甚至干枝上也附生有苔藓，以及开始附生于叶面等，如光叶薄鳞苔（*Leptolejeunea subacuta*）、悬藓（*Barbella*）、丝带藓（*Flortbundaria foribunda*）都表明了土壤湿度、空气湿度的增加，当林下出现有棕榈、野蕉、海芋，则表示群落通常分布在狭小的阴湿沟谷内。

（三）对土壤母质的植物指示意义

我国广东英德、四川金佛山、鄂西武陵山、滇中高原、贵州、湖北利川星斗山、湖北神农架等山地都有石灰岩山地或石灰岩母质上发育的土壤上的常绿阔叶林分布。由于石灰岩母质的渗漏，不仅呈现高钙质性，而且因雨后的土壤不易保存水分而易重新干燥，出现生境的经常干旱化，从而使石灰岩山地的常绿阔叶林经常混生较大比例的喜钙的落叶阔叶树种，它们会在第一林层与常绿树种混交，而形成石灰岩山地特有的常绿落叶阔叶混交林，它们与一般的山地常绿落叶阔叶林的群落结构不同，主要是落叶阔叶树在主林层、亚林层乃至下木层内都有较大比例的混生，但仍以常绿树种的比例为主，而一般山地的常绿落叶阔叶混交林是以主林层的落叶树种为主，第二林层或下木层则有常绿树种的出现，而且往往在下木层中常绿乔灌木种占优势。对于典型的石灰岩喀斯特地貌山地的常绿落叶阔叶混交林有许多地貌学特征，其森林群落学特征也比较明确，也比较稳定，这有时被称为“喀斯特森林”。对于一般石灰岩母质上发育的常绿阔叶林，有时也会在群落组成上有所反映，一些喜钙的乔灌木、草本植物就会出现，数量增加，反映不同程度的钙质土壤，对于指示钙质土壤的植物，一般情况下可以根据属来判别，而很多情况下是以喜钙的种来识别，因为在一些很常见的生态幅度很大的属中却有一些明确的喜钙种。首先，常绿栎类中比较喜钙或比较常在石灰岩母质土壤上分布的建群种有鄂西武陵山的青冈林，湖北利川的包石栎林、多脉青冈林，湖北神农架的巴东栎曼青冈林。鹿角栲、湖北栲、乌青冈（*Quercus phillyraeoides*）、刺斗石栎都有时会成一定优势，在常绿阔叶林中混生。米储、甜槠、钩栲、苦槠、峨眉栲有时也分布于石灰岩母质的石灰土上。对于有时混生的落叶阔叶树，在较高海拔或偏北的常绿阔叶林，或喀斯特常绿落叶阔叶林内则会有麻栎、茅栗朴、榆、青檀、小叶栾树、化香、圆叶乌桕、鹅耳枥、黄连木等，在分布较南的林内则会有黄枝油杉（*Keteleeria calcarea*）、短叶黄杉（*Pseudotsuga brevifolia*)、石山含笑(*Michelia caicarea*)、圆化香(*Platycarya longipes*)、黄毛柿(*Diospyros fulvotomentosa*)、南天竹（*Nandina domestica*)、海桐（*Pittosporum tobira*)、齿叶黄皮（*Clausen dentuta*)、粗糠柴（*Mallotus philippinensis*)、香叶树（*Lindera comunis*)、球核荚蒾（*Viburnum propinquum*)、杨梅叶蚊母树（*Distylium myricoide*）等。草本植物中有较好指示意义的有蜈蚣草（*Pteris vitata*)、铁钱蕨（*Adianthum capillmveneris*)、肿足藤（*Hudrodematium crenatum*)等。喜钙种苔藓类中有指示意义的是走灯藓（*Plagiojomfolium cuspidatum*)、截叶拟平藓（*Neckeropsis lepineana*)、大羽藓（*Thuidium cymbifolium*)、齿叶麻羽藓（*Haplocladium prnolyllum*)、细叶小羽藓（*H. microphyllum*)，附生叶片上的狭叶假悬藓（*Pseudoburbolla angustifolia*)、钝叶树平藓（*Hondiadendron micodendron*）和从藓科（Pothuceae）的一些种，这都是在石灰岩岩溶山地富钙生境才会出现的种类。

第十节　季风常绿阔叶林

以常绿栎类为建群种主体的常绿阔叶林由我国中亚热带进入南亚热带后，生物多样性因水热条件更加优越而显著增高，森林群落系成分更加丰富繁多的情况下，常绿栎类仍占有重要地位，在一定的生境内可以形成主要建群种和相对优势的共建种。当进入热带，作为热带地带性顶极群落类型，则让位于热带雨林，在热带雨林中几乎没有栎类的存在，而由喜湿热的龙脑香科、桑科、大戟科、桃金娘科、樟科、豆科、楝科、梧桐科、山榄科、棕榈科、番荔枝科、茜草科、隐翼科等树种，并往往无明显的优势种。壳斗科在热带只在海拔800m以上气候温暖而不炎热的山地中部、中上部出现。常绿栎类在东部热带（即海南、台湾南部）山地雨林中参与了组成，占有一定位置，再往上，自海拔1000m以上的山地常绿阔叶林，即相当于季风常绿阔叶林和中亚热带的山地常绿阔叶林的群落学地理位置，常绿栎林又重新占有一定组成。在我国南岭山地的季风常绿阔叶林中青钩栲、华栲、刺栲，台湾玉山的无柄小叶栲（*C. carlesii* var. *sessilis*)、刺栲，桂西南的越南栲（*C. tankinensis*)，滇南金平山地刺栲、印栲（*C. indica*)、小果栲（*C. fleuryi*)、截果石栎（*Lithocarpus truncatus*)、罗浮栲、华栲也形成较优势的山地季风常绿阔叶林。《中国植被》根据季风常绿阔叶林中的厚壳桂的重要位置划分为两个群系组，按厚壳桂和木荷不同优势程度而形成无柄小叶栲、刺栲、华栲、越南栲、栲、罗浮栲、印栲等群系，看来似乎可补充青钩栲、小果栲等群系。

季风常绿阔叶林主要组成树种除壳斗科外，还有樟科、桑科、桃金娘科、五加科、楝科、无患子科、梧桐科等主要的属如厚壳桂（*Cryptocarya*)、榕（*Ficus*)、樟（*Cinnamomum*)、杜英(*Elaeocarpus*)、橄榄(*Canarium*)、蒲桃(*Syzygium*)、红豆(*Ormosia*)、肉实（*Sarcospermum*)、柄果木（*Mischacarpus*)、水锦树（*Wendlandia*)、黄叶树（*Xanthophyllum*)、木荷（*Schima*)、野茉莉（*Styrax*)、冬青（*Ilex*)、石楠（*Potinia*)、润楠(*Machilus*)、白楠(*Phoebe*)、茜草树(*Raudia*)、苹婆(*Steralia*)等，还有粗叶木(*Lasianthos chilensis*)、山橘树(*Glycosmis*)、假含笑(*Paramichelia*)、山香圆(*Turpinia*)、柿(*Diospyros*)、鸡屎树（*Lasianthus*)、毛五月茶（*Artidesma*)、箬叶竹（*Indocalamus*)、九节（*Psychotria*)、桫椤等，还有个别的落叶树如紫薇（*Lagoatoemia*)、重阳木（*Bishofia*)、栾树（*Keleralia*)、

无患子（*Sapidus*）等。但同属的不同种在季风常绿阔叶林不同地理分布区会有不同的出现，或有所侧重，这样可以看到在不同地理区会有上述重要属的不同种组成。例如，华南、台湾等地基本上是以华南植物区系成分为主，如黄桐（*Endospermum chinensis*）、厚壳桂（*Cryptocarya concinna*、*C. chinensis*）、榕（*Ficus miroarpa*）、杜英（*Elaeocarpus sylneitis*）、橄榄（*Canrium album*）、蒲桃（*Syzygium rehenianum*）、樟、水锦树（*Wendilandia uvarifolia*）等，都是华南、台湾中部和北部季风常绿阔叶林常见的乔木树种，占有一定的重要位置。箬叶竹（*Indocalamus longiauritus*）、九节（*Psychotia rubra*）、山龙眼（*Helicia cochinchinensis*）等也是常见的林下木种，台湾的季风常绿阔叶林也常出现台湾特有成分，如水锦树（*Wendilandia erythruxylon* var. *formosana*）、黄杞（*Engelherdtia formosane*）、红淡（*Adinandia formosana*）［在华南大多为尖叶红淡（*A. acutifolia*）］。柿在台湾可常见台湾柿（*Diospyros oldhami*），而大陆可常见毛柿（*D. eriantha*）、罗浮柿（*D. morrisiana*）等。桂木属在台中、台北可见桂木（*Artocarpus hypargyraeus*），在大陆见二色桂木（*A. styracifolia*）等。冬青属在台湾有台湾冬青（*Ilex pormosana*），但也有大陆的毛冬青（*I. pubcens*）等。在滇南、滇东南，虽然也有不少与东部季风常绿阔叶林共有的种，如杜英（*Elaeocarpus sylevestris*）、苹婆（*Styrcilia lanceolata*、*S. hainanensis*）等，但更多的是西南固有的南亚热带成分，如滇柿（*Dryopteris yunnanensis*）、滇蒲桃（*Syzygium yunnanensis*）、王氏红淡（*Adinandia wangii*）、滇润楠（*Machilus yunnanenais*）等。

季风常绿阔叶林作为林纲，下可分两个亚林纲（图 2-33），即湿润和较暖热的生境，以厚壳桂、蒲桃、黄桐、杜英、红豆、水锦树等属为优势代表，与喜暖湿的栲类组成，偶有落叶成分，如枫香、野漆等；另外一亚林纲是干湿季明显，以木荷为代表优势种，有时也有厚壳桂、蒲桃等出现，不常成优势，本亚林纲还常有更多的落叶成分，除枫香、野漆外，还有赤杨叶、猴欢喜、檫木、鬼眼（*Elaeocarpus braceanus*）等。

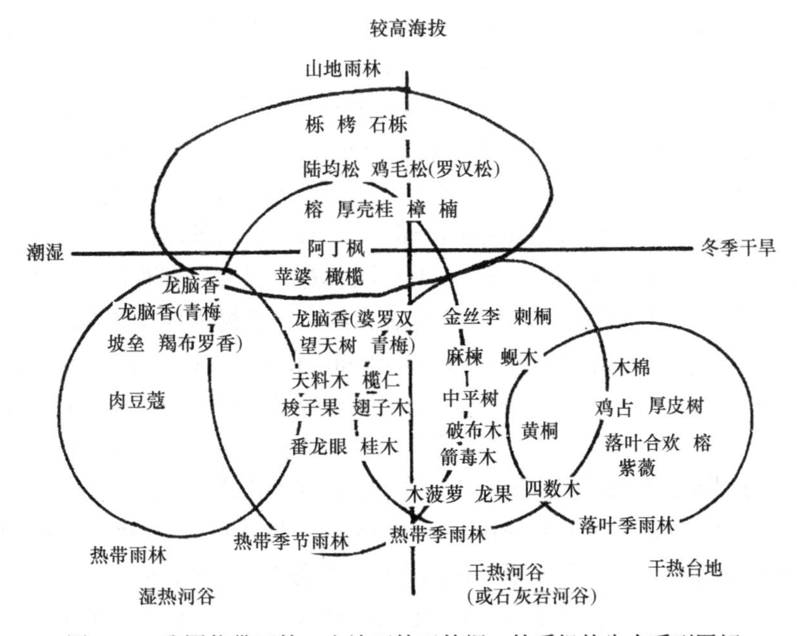

图 2-33　我国热带雨林、山地雨林亚林纲、林系组的生态系列图解

第十一节　热　带　林

一、热带林群落的特征

热带林群落分类是一个比较复杂的问题，因为几种热带林的基本类型，如热带雨林（tropical rain forest）、热带季雨林（tropical monsoon rain forest）、热带半落叶季雨林（或称热带雨绿林）、热带山地雨林、热带山地常绿阔叶林、山地苔藓常绿阔叶林，它们一方面主要是因为热带季风影响，使热带气候产生常年比较湿润多雨，或有干湿季之分，但不明显，或干湿季分明而冬季干旱又对林木在落叶、脱叶换叶等方面有不同程度影响，或干旱季节特别干热，造成群落大部分落叶而成为热带的落叶季雨林，因此，这种季风影响下的气候变化是在程度上的不同，难以具体划分出截然明确的界限。另一原因是，在热带山地垂直分布上森林群落的性质变化也随海拔逐渐升高而渐变的，也很难明确区分开雨林和山地雨林，或什么是山地雨林与山地常绿阔叶林。有时山地雨林也具有很强烈的热带雨林的典型特征。有时山地常绿阔叶林、山地雨林也有很大的树种组成上的重叠。因此，在具体的群落类上，不少文献是不同的，例如，以陆均松（*Dacridium pierrei*）和一些栲、青冈（*Cyclobalanopsis*）、石栎（*Lithocarpus*）为重要组成的群落，有的文献放在热带山地常绿阔叶林，有的则放在热带山地雨林中，它们在外貌、层次结构和热带雨林特征（如板根、粗大木本藤本、老茎开花、附生植物等）也只是程度上的不同，往往由作者的综合判断而归类，这都不是有原则的妥不妥的问题。从总体上讲，热带林的几个基本类型（可以认为是亚林纲）划分的原则通常是一致的，即热带雨林是在高温多雨的热带气候条件下由全年常绿树种组成，树木高大，组成和结构十分复杂，几乎难以分出层次，并有极显著的茎花、板根、丰富的藤本（大木质藤本）、附生蕨类和其他高等植物，还有其他会提到的一些特征。但我国由于位于热带北缘，受季风的影响明显，几乎没有湿热多雨那种雨林，只有在我国热带地区局部生境下如迎风的山地低部、沟谷，因常年潮湿的条件下才会形成，属世界印度马来西亚雨林的一部分。在受季风气候干湿季分明，而干季的冬季比较干旱时，森林群落不再是完全的常绿，而是发生有季相变化，在比较干旱的冬季多多少少落叶或部分落叶，以至全部落叶，因而统称为热带季雨林，也有人称之为季节雨林（tropical seasonal rain forest）。它们虽然也具有热带雨林那些板根、茎花、丰富附生植物等特征，但不及热带雨林那么显著，有着程度上的差别。根据落叶树成分多少、程度的不同，如大体上层林木约有一半树木种在冬季落叶的话可列入半常绿季雨林（tropical semi-evergreen monsoon rain forest）（或半落叶季雨林），当在具有十分干旱冬季的地区，如在海南省西南部受老挝风（干热风）影响，或在我国西南山地（滇东南、滇南、藏南）因地形产生的雨影区，会有干热河谷出现，在这种热带干热生境下，或在热带石灰岩山地因石灰岩母质水分渗漏而出现石灰土十分干旱的生境下，都会有季节性全部落叶的热带季雨林，这称为热带落叶季雨林（tropical seasonal deciduous rain forest）。在一些文献，包括《中国植被》，把季雨林中受冬季干旱影响，但因空气湿度大，虽可保持常绿，却有一定比例树木换叶的，称为季节雨林，本书拟归入雨林范围讨论。在热带山地的垂直分布中，在热带雨林的上方，因海拔升高而气温有所下降时出现的常绿阔叶林，虽然它的植物组成上已出现壳斗科、樟科、山茶科等亚热带优势科属，甚至个别出现温带科属的植物（如鹅耳枥、杨、桦的个别热带种），由于常年相对有较多的雨量和高的空气湿度，它们仍会有不小比例的热带科属成分，而且具有热带雨林的许多特征，如板根、大藤本、丰富的附生植物，但其程度不能与雨林相比，林下也有棕榈科和一些木本蕨的出现，因此，它们被称为山地雨林（tropical mountain rain forest）。这种群落也会有少量落叶成分出现。在垂直分布中随海拔升高，即出现热带山地的常绿阔叶林，其性质与亚热带山地的常绿阔叶林已几无差别。但在热带山地由于海拔一般止于 1000m，山体上部和山顶因常年有云雾笼罩，空气湿度常年较高，会出现热带山顶苔藓常绿阔叶林，通常为矮树，树高几米，也有 10m 高的，如滇东南金平林的山顶苔藓常绿阔叶林的树体就比较高大。群落以树木枝干上布满苔藓为特征。热带山顶苔藓林的出现往往与山体距离海岸的远近有关，也与山体本身的高度有关，假如山体很高，如台湾中部的玉山山脉，其热带林以上是很完整的垂直带谱，出现常绿阔叶林、落叶阔叶林、亚高山针叶林和高山草甸，而山顶或山体顶上部不出现苔藓常绿阔叶矮林。

二、热带林群落的分类

对于热带林群落分类可以在热带林的林纲下分出：热带雨林（含季节雨林）、热带季雨林、热带山地雨林、热带山地常绿阔叶林和热带山顶苔藓常绿阔叶林 5 个亚林纲。在热带季雨林可分林系组、林系。对于许多树种来说，在这些类型之间，在组成上是逐渐过渡的，理论上讲，是一些树种因不同的生态幅度，可以生长在热带雨林和季雨林内，有些则可以生长在季雨林和山地雨林内，有些则在常绿季雨林和落叶季雨林内。对热带林树种的生态幅度基本上包括两个方面，一方面是对冬季旱季影响程度的适应范围，有些树种适应性很窄，只能在高湿热条件下生存，它们较局限于典型沟谷热带雨林内，有的则可以适应由热带雨林至半落叶季雨林的湿度范围，有的比较喜旱、耐旱，只在落叶季雨林内生存。另一方面是指对温度的适应范围，这是指对热带山地垂直带的热带雨林，山地雨林和山地常绿阔叶林的不同高度的类型的适应范围，有些树种只限于热带雨林，有些则可以同时适应于山地雨林和山地常绿阔叶林内。因此，热带林群落的分类实际上是在一定水热条件格局下，一些乔灌木（或还有其他藤本、附生植物种）的一定组合，很难有明确的划分界限，对于类型（林系、林型组、林型、群丛）来讲是如此，对于组成来讲也是如此，没有像温带林群落那样比较固定，而是可以看成是一个上下方向（对湿度、温度）渐变的连续的过程，它们的分类只是相对的。不同学者会有不同的见解，其原因即在于此。根据我国已有热带林研究文献，我们把热带林（主要指热带雨林，含季节雨林；季雨林，含常绿季雨林，落叶半落叶季雨林）用于群落分类的重要优势属种，在图 2-30～图 2-32 上示意了其在生态系列上的位置（所代表的类型范围），这些生态范围是重叠交叉的，因此也是渐变的。对于这些属种的代表性，要以其占一定数量优势而言，并非以能否出现于组成而言。因为，一个树种作为组分的一员（不论其出现的数量多少，或生活力如何）会更加广泛地参与更多的群落类型。因而，这个图解只是有一定的参考意义，不能机械地运用。对于山地常绿阔叶林由于属于常绿阔叶林范围，在前已有论述。山顶苔藓常绿阔叶林也在前已有论述，本节即不再赘述。对于我国热带林群落中的热带雨林（含季节雨林）、热带季雨林、热带山地雨林已有记录，可归纳为以下分类体系。

Ⅰ热带雨林亚林纲

（1）龙脑香林系组（含热带季节雨林）

①青梅坡垒蝴蝶树林（海南）

Vatica astricha，*Hopea hananensis*，*Hesitiera parvifolia*

②云南龙脑香番龙眼林（滇南、滇东西）

Dipterocarpus tonkiensis，*Pometia fomentosa*

③云南龙脑香毛坡垒林（滇南、滇东南）

Dipterocarpus tonkiensis，*Hopea mollisima*

④羯布罗香滇橄榄林（藏东南）

Dipterocarpus turbinatus，*Canarium resiniferum*

⑤长毛羯布罗香木菠萝红果葱臭木林（藏南）

Dipterocarpus pilosus，*Artocarpus chaplasha*，*Dysoxylum binectariferum*

⑥云南娑罗双白颜林（滇南）

Shorea assimica，*Ginanmiera yunnanensis*

（2）肉豆蔻林系组

①台湾肉豆蔻白翅子石叶桂木林（台南）

Myristica cagayanensis，*Pterospermum niveum*，*Artocarpus lanceolata*

（3）千果榄仁林系组（热带季节雨林）

①千果榄仁番龙眼翅子林（滇南）

Terminalia myriacarpa，*Pometia tomentosa*，*Pterospermum lanceoefolius*

②千果榄仁斯里兰卡天料木林（藏南）

Terminalia myriacarpa，*Homaliam zeylanicm*

Ⅱ热带季雨林亚林纲

（1）龙脑香林系组

①青梅林（海南）

Vatica astricha

②版纳青梅林（滇南）

Vatica shishuangbanaensis

③狭叶坡垒乌榄梭子果林（桂南石灰岩山地）

Hopea chinensts，*Canarium pimela*，*Eherhardtia aurata*

④望天树林系组（滇南、藏南）

Parashorea chinensts

⑤擎天树林（桂南石灰岩山地）

Parashorea chinensts var. *kwangsiensis*

⑥娑罗双千果榄仁错枝榄仁林（藏南）

Shorea robusta，*Terminalia myriacarpa*，*T. intricata*

（2）金丝李蚬木林系组

①金丝李蚬木林（桂南石灰岩山地）

Garcinia chevalievi，*Burrelindendron hsienmu*

（3）无忧花葱臭木梭子果林系组

①中国无忧花红果葱臭木梭子果林（桂南、桂西南）

Saraca chinensis，*Dysoxylum hinectariferum*，*Eborhardfia aurata*

（4）榕合欢林系组

①榕楹林（中国热带区）

Ficus microcarpa，*Albizia chinensis*

②榕土密树黄豆树林（台中）

Ficus microcarpa，*Bidelia monoica*，*Albtiia procera*

③大果榕香须树林（滇南）

Ficus auriculata，*Albezia chinesis*，*Al. odoratissima*

④大果榕海南菜豆树林（海南）

Ficus auriculata，*Radermachera hainanemsis*

⑤榕厚壳桂重阳木鸭脚木林（台中）

Ficus microcarpa，*Cryptocarpa chinensis*，*Schefflera octophylla*，*Bishotia trifoliata*

⑥高山榕麻楝林（滇南）

Ficus altissima，*Chukrasia tabularis*，*Ch. tabularis* var. *velutina*

（5）木棉楹林系组

①木棉楹林（中国热带区、南亚热带）

Bambax malabarica，*Albizia chinenisis*

（6）鸡占厚皮树林（海南）

Terminalia hainanemis，*Lannea grandis*

（7）四数木林系组

①四数木多花白头树林（滇南石灰岩山地）

Tetrameles nudiflora，*Garyga floribunda*

（8）铁刀木林系组

①铁刀木林（滇南）

Mersue cerea

（9）刺桐中平树林系组

①尼泊尔刺桐中平树破布木林（滇南、藏南）

Mallotus nepalensis，*Macaranga denticulata*，*Cordia dichotoma*

（10）葱臭木蕈树林系组

①葱臭木（樫木）细青皮林（藏南）

DygoxyLon gobara，*Altingia excelsa*

Ⅲ 热带山地雨林

（1）鸡毛松青冈石栎林系组（海南）

①鸡毛松青钩栲林系

Podocarpus imbricatus，*Castanopsis bornaensis*

（2）陆均松青冈石栎林系组（海南）

①陆均松琼崖石栎林

Dacrydium pierrei，*Lithocarpus fenzeliamts*

②陆均松多穗石栎杏叶石栎林

Dacnydium pierrei，*Lithucarpus polystuchya*，*L. amygdalifolius*

（3）石栎青冈林系组（海南）

①盘壳青冈琼中石栎林

Cyclohalanopsis patelliformis，*Lithocarpus chiungchungenesis*

②果石栎海南蕈树林

Lithocapus podoearpus（*L. fenzelianus*），*Altingia obovata*

③盘壳青冈竹叶青冈石栎林

Cyclobalanopsis pateriformis，*C. bambusifolia*，*Lithocarpus* spp.［多穗石烁（*L. polystachya*），瘤果石栎（*L. handelianus*）］

（4）缅漆假含笑滇楠林系组（滇南）

①缅漆假含笑滇楠林

Semecarpus reticulata，*Paramichelia baillonii*，*Phoebe nanmu*

（5）滇木花生云南蕈树林系组（滇南）

①滇木花生云南蕈树林

Mahduca pasquieri，*Altingia yunlanensis*

（一）热 带 雨 林

1. 龙脑香林

对上述重要的群落类型（林系）作一简要描述。由龙脑香科树木为优势种的森林群落是热带雨林和热带季雨林的重要组成。热带雨林的龙脑香林中在海南省是以青梅、坡垒、蝴蝶树林系组为主体，它们分布于海南省东部、南部和中部，海拔600m以下，冬季短但仍然可保持较大空气湿度的生境，树种复杂，层次多而不明显，上层林木高30m以上，有青梅、蝴蝶树、细子龙（*Amesiodendron chinense*）、荔枝（*Litchi chmensis*）、坡垒、高山榕（*Fiucs altissima*）、面盆架（*Alstonia glaucescens*）、油楠（*Sindora glabra*）等，在吊罗山南坡橄榄（*Canarium album*）、大叶山楝（*Aphanamixis grandifolia*）等都可见，而生境遭破坏后，细子龙、荔枝等则渐少，而偏喜光的栎类渐多。在第二林层的小乔木中有大叶白颜、五椏果、海南酒饼叶、海南暗罗、破布叶、长苞柿、虎氏野桐等。青梅林在海南省尖峰岭海拔350～950m，五指山海拔750～1000m，老山海拔300～1200m，吊罗山在900m以下沟谷内分布，土壤母质以花岗岩为主，土层较薄，岩石露头多，土壤多含粗沙粒、贫瘠，又因人为活动历史久而破坏较严重，主林层中的蝴蝶树显占优势，耐旱的脚板石栎（*Lithacarpus handeliana*）、吊罗青冈（*Castanopsis tiaoloshanica*）、海南栲（*Cyclobalanopsis hainanensis*）等增多，第二林层树木中白茶（*Celocdapas hainanensis*）、龙角（*Hydocarpus hainanensis*）、虎氏野桐（*Mallotus hookerianus*）、海南藤春（*Alphonea hainanensis*）、闭花木（*Clesistanthus saichikii*）增多，还出现这里特有的鄕色木（*Lansium bubium*）、赛木患（*Sapindopsis oligophylla*）等乔木。

下木层种类较少，只有刺轴榈（*Licuala spinosa*）、三叉苦（*Evodia lepta*）、假鹰爪（*Desmos chinensis*）、白花丹（*Ixora cephalophora*）、粗叶木、粤山柑（*Cappauis cautoniensis*）、朱砂根（*Ardisia* spp.）等，有时可见九节（*Psychotria rubra*）、杜茎山（*Maesa japonica*）、黑面神（*Breynia fruticosa*）、大青（*Clerodendron cyrtophyllum*）、扇棕（*Licolala fordiana*）等，比之第一、二立木层种类相对贫乏。藤本与季雨常绿阔叶林的种类相近。附生植物也相对贫乏，仅有少量鸟巢蕨、伏树蕨（*Lemaphyllum microphyllum*），在湿度较大情况下，出现崖姜蕨（*Pseudodrynaria coronans*）和较多种的兰花。

关于龙脑香林，还有云南龙脑香番龙眼林、云南龙脑香毛坡垒林和云南龙脑香千果榄仁林，它们是滇南、滇东南的龙脑香林，以分布在滇南金平林区为主，海拔 500m 以下，偶沿河谷伸延至 700m，主要是以云南龙脑香和另一些树种较为优势所构成的各个群落，其界限也很难划分。它们共同的主要建群种是云南龙脑香、毛坡垒、隐翼木（*Crypteronia panicnlata*）、大叶山楝（*Aphanamixis grandifolia*）、葱臭木（*Dysoxylon gobara*）、细子龙、麻楝、麻（米乙）木（*Lysidice rhodostegia*）、无忧花（*Suraca griffithiana*）、糖胶树（*Altsonia scholaris*）、人面子（*Dracontomelon duperrenum*）、八宝树、长柄金刀木（*Barringtonia longipes*）等。以上树种在河口、勐拉坝-带阴湿的沟谷非常典型，但在水湿条件较差的高坡、阳坡或开阔宽谷上，番龙眼、千果榄仁出现，并渐增多，还有千果榄仁、橄榄、八宝树（*Duabanga grandiflora*）、团花（*Anthocephaerus chinensis*）等，成为龙脑香番龙眼林或龙脑香千果榄仁林。云南龙脑香林林分高 30～40m，分布在砖红壤性红壤上，肥沃而湿润。第二林层主要由大叶白颜（*Gironniera subaequalis*）、王氏银钩花（*Mitrephora wangii*）、红光树（*Knema furfuracea*）、滇南风吹楠（*Horsfieldia tetratepala*）、野树波罗（*Artocarpus chaplasha*）、钝叶桂（*Cinnamomum bejolghota*）、东京梭子果（*Eherhardtia tonktnensis*）、云树（*Garcinia cowa*）、几种榕树等。还见记载有缅漆（*Semecarpus reticulate*）、云南崖摩（*Amoora yunnanensis*）等。下木层种类也繁多，如多种紫金牛（*Ardisia* spp.）、多种九节木（*Psychotria* spp.）、云南龙船花（*Ixora yunnanensis*）、矮棕（*Didymospermum nanum*）、火筒树（*Leea indica*）、单穗鱼尾葵（*Caryota monostachya*）、越北露兜（*Pandanus tonkinansis*）或分叉露兜（*P. furcatus*）等。在林分受人为干扰比较严重时，树种相对减少，层次结构相对明显，生产力也较低。草本植物层也较发育，有马蹄蕨（*Anchangiopteris henryi*）、云南莲座蕨（*Ardgiopteris yunnanensis*）、原始莲座蕨（*Archangiopteris hanryi*）、高良姜（*Alpinia officinalis*）、大叶仙茅（*Curculigo capitellata*）、柊叶（*Phrynium capitatum*）、海芋（*Alocasia macrocrrhiza*）等，植株高大。藤本有黄藤（*Calamus*）、买麻藤（*Gnetum*）、岩爬藤（*Tetrastigma*）等热带雨林常见属种，还有藤竹（*Dinochloa*）、爬树蕨（*Arthropteris*）、藤蕨（*Lomariopsis*）等少见属种，附生植物有常见的鸟巢蕨、书带蕨（*Vittaria flexuosa*）、崖姜蕨、瓦苇（*Lepisorus thunbergianus*）、麒麟叶（*Epipremnum pinnatum*）、石柑子（*Pothos chinensis*）等蕨类和兰科植物。林下更新均有主要建群树种，是比较稳定的群落类型。在藏东南峡谷林区，如察隅河流域海拔 900m 的湿热气候条件下也生长有龙脑香、千果榄仁林，还混生杜槟木（*Duebanga*）、露兜、榕及楝科、漆树科、樟科、木兰科的其他种，林下有鱼尾葵、芭蕉等，但草本较稀少。在雅鲁藏布江大拐弯两侧山地海拔 1100m 以下有以羯布罗香（*Dipterocarpus trubioatus*）和滇橄榄为优势的群落，其他见优势的种还有木波罗

（*Artocarpus chaplasha*）、四数木（*Tetrameles hudiflora*）、五桠果（*Dillenia indica*）等。而在喜马拉雅山南翼海拔 650～1000m 及以下则以羯布罗香（*Dipterocarpus turbinatus*）、木波罗、红果葱臭木为主，还混生有滇榄、千果榄仁、八宝树、细青皮（*Altingia excelsa*）、槭叶翅子树（*Pterospermum acerifolium*）、四数木等。下层乔灌木种有红花木莲（*Manghetia insignis*）、楠木（*Phoehe* sp.）、木荷等。滇南、藏东南的龙脑香林雨林在人为严重破坏或适度采伐后生境趋于干燥，旱季的干旱影响明显，而向娑罗双的季节雨林方向，甚至向千果榄仁、刺桐等季雨林方向发展。

2. 肉豆蔻林

台湾的热带雨林是以肉豆蔻为主要组成特征。台湾肉豆蔻、长叶桂木、白翅子树林主要分布在台湾南部恒春半岛东北部、台东县南部和兰屿岛等地。主要树种有台湾肉豆蔻、菲律宾肉豆蔻（*Myristica simiarum*）、长叶桂木、白翅子树、台湾山榄（*Planchonella duclitan*）、细脉新乌檀（*Neonauclea reticulata*）、无柄新乌檀（*N. sessilifolia*）、大叶山楝、台乌木（*Diospyros discolor*）、兰屿桃榄（*Pouteria duclitan*）、高雄崖摩（*Amoora rohituka*）等。第二林层树木有臭葱木（*Dysoxylum cuminganum*、*D. gobra*、*D. kuskusensis*）、台湾米仔兰（*Aglaia formosana*）、台湾番龙眼（*Pometia pinnata*）、大叶肉托果（*Semecarpus gigentifolia*）、土楠（*Endiandra coriaca*）、褐鳞树（*Astronia ferruginea*）等。下层乔灌木则有琼榄（*Gonocaryum calleryanum*）、兰屿五加（*Baoslagiodendron peatinatum*）、石核木（*Litosathes biflora*）、海茜树（*Timonius arborescens*）等，种类较多。林下有台蕉（*Musa formosana*）、山棕（*Arenga engleri*）、密毛山姜（*Alpinia elwesii*）、海芋（*Alocasia macrorrhiza*）、闭鞘姜（*Costus speciosus*）、中华穿鞘花（*Amischotolype chinensis*）、莲座蕨（*Angiopteris* spp.）、台湾原始莲座蕨（*Archangiopteris somai*）等高大草本、棕榈和蕨类植物。地被草本层则不甚发育。藤本有榼藤子（*Entada phaseoloides*）、绣毛黎豆（*Mucuma ferruginea*）、花皮胶藤（*Ecdysanthera utilis*）、台湾马钱（*Strychnos henryi*）、台湾钩藤（*Uncaria formosana*）、黄藤（*Daemonorops margariate*）、灰藤（*Calamus formosana*）、台藤竹（*Schizostachyum diffusum*）等木质大藤本和台湾麒麟叶（*Epipremnum pinnatum*）、石蒲藤（*Pothos chinesis*）、藤蕨（*Arthropteris obliterata*）、罗曼藤蕨（*Lomariopsis leptocarpa*）等半附生藤本。

3. 千果榄仁林

关于千果榄仁林系组，考虑到千果榄仁是一个生态幅度很宽的树种，可以分布在热带雨林、季雨林或山地雨林，并且都有一定的组成。热带雨林的千果榄仁林系组是作为季节性雨林的类型，在我国热带区都有分布，如滇南各地的千果榄仁番龙眼林纲，是由千果榄仁、番龙眼、翅子树（*Pterospermum lanceolata*）、光叶天料木（*Homalium laoticum*）、红椿（*Toona cilita*）、大叶合欢（*Albizia meyerii*）、梭果玉蕊（*Bazzingtonia macrostachya*）、山楝（*Aphanamixis polystachya*）等组成，都是生态幅度较宽，可以在季雨林中普遍生长的树种。由于它们生长在低山丘陵间易于保存湿度的地貌条件下，热带林特色比之季雨林更为突出，有着浓厚的雨林景象，主林层也比较高，可达 30m 以上，随不同地点，会混生其他不同的树种，如山韶子（*Nephelium chryseum*）、肖韶子（*Dimocarpus fumatus* subsp.

indonchinensis）、假桂钩樟（*Lindera tonkinensis*）、榕（*Ficus* spp.）、肋巴木（*Epiprins siletianus*）、假海桐（*Pittosporopsis kerrii*）、二室棒柄花（*Cleidon spiciflorum*）等。下木层有毛九节（*Psyohotria siamica*）、大黄皮（*Clausena dentata* var. *robusta*）、单瓣狗牙花（*Ervatamia aivaricata*）、老虎楝（*Trichilia connaroides*）、红腺萼木（*Mycetia graciles*）等喜阴湿植物种。草本植物也有大型耐阴湿种如柊叶（*Phryniurn capitatum*）、大野芋（*Colocasia gigantea*）、多种山姜（*Alpinia* spp.）等。木质藤本也较丰富，有羽叶藤（*Connarus yunnanensis*）、沙拉藤（*Salacia potysperma*）、风车藤（*Combretum yunnanense*）等。附生植物种有麒麟叶、猴子尾（*Rhaphidophora hongkongensis*）、石柑子、鸟巢蕨、崖姜蕨等。相类似地，属于热带季节雨林的千果榄仁、斯里兰卡天料木、小果紫薇（*Lagerstroemia minuticarpa*）为优势的群落在藏东南低山丘陵的河谷中分布，林分中还有一些栎类生长，如印栲、刺栲、墨脱石栎（*Lithocarpus obscurus*）、泥锥石栎（*L. fenestratus*）等，已有向山地雨林过渡的特征。因此，千果榄仁的热带雨林（季节雨林）有时被划入热带季雨林，或山地雨林。藏东南千果榄仁季节性雨林的下层乔灌木有多蕊木（*Tupidanthus calyptratus*）、苦树（*Picrasma javanica*、*P. qaassioides*）、羽叶泡花树（*Meliosma pinnata*）、鱼骨木（*Canthium dicoccum*）、弯管花（*Chasalia carviflora*）、腺萼木（*Mycetia hirta*）、墨脱玉叶金花（*Mussaenda decipiens*）、展毛野牡丹（*Melastoma normale*）、三对节（*Clerodendron laceaefoliwm*）和苹婆（*Sterculia hamiltonii*、*St. euosma*）、长叶翅子树（*Pterospermum lanceaefolium*）等。藤本在滇南有油楂果（*Hodgsonia macrocarpa*）、藏瓜（*Indofevidiea khasiana*）、西藏棒槌瓜（*Neoalsomitra clavigera*）、榼藤子等，各具区域系特色。附生的兰科、蕨类、天南星科的植物也很丰富。

（二）热带季雨林

热带季雨林是由热带雨林树种相对比较耐冬旱和另一些季雨林气候下的典型树种所组成，在冬季十分干热的干热河谷和台地，则由以冬季落叶方式适应冬季干热气候的热带冬季落叶树种为主组成。热带季雨林在冬季前后换叶、落叶的程度不同，反映了冬季干旱程度的不同，这种不同程度也因为是渐进的，而不易真正区分出什么是典型常绿季雨林以外的半常绿、半落叶的季雨林，即使在落叶季雨林中仍然存在着冬季不落叶的下层树木或灌木。我国典型的热带季雨林仍应由龙脑香科树种所组成，如海南的青梅林，滇南的版纳青梅林、望天树林、云南娑罗双林，藏东南、藏南的娑罗双林及桂南热带石灰岩山地的擎天树林、狭叶坡垒林等。这些龙脑香热带季雨林主要分布在雨量集中、干湿季十分明显的气候条件下，或在热带石灰岩山地因石灰土壤渗水而在冬季更显干旱的生境下，由一定的耐冬旱常绿树种和冬季落叶树种共同形成。无论海南的青梅林、还是滇南的版纳青梅林、望天树林等，主要是由气候所形成的，而桂南的擎天树林、蚬木林、金丝李林、滇南四数木林则是典型的由石灰岩山地母质所影响而形成的，可以从石灰岩区特有的树种组成，以及具有较多耐旱革质叶的树种并以树种冬季落叶作为母岩判别以外的群落学特征，如几个建群树种擎天树（望天树之桂南变种）、砚木、金丝李，还有肥叶树（*Cephelomappa sinense*）、格郎央（*Acrocarpus fraxinifolius*）、无忧花（*Saraca chinensis*）等。其他也都是喜钙树种。龙脑香科热带季雨林的乔木层仍可分为 3 层，以海南省的青梅林而言，立木层树种比较简单，第一林层的青梅明显为优势，或有荔枝共为优势，林层高约30m，第二林层以青梅、厚壳桂（*Cryptocarya maducrei*）、毛花柿（*Diospyras eriantha*）、红桂木（*Artocarpus lingnanensis*）、大叶白颜（*Gironniera subaequalis*）、肾形果（*Pygeum topengii*）等为常见。第三林层或有或无，有时会出现海南韶子（*Nephelium lappaseum* var. *topengii*）、理查木（*Richarell gracilis*）等形成的第三林层。下木有粗叶木、九节、三角瓣花（*Prismatomeris linearis*）、薄叶胡桐（*Calophyllum membraraceum*）、扁棕（*Liculala fordiana*）及棕榈藤本（省藤、黄藤等）。草本层基本上不发育。林下幼苗尚多，如青梅、荔枝、厚壳桂等，只要在保护和合理经营的条件下，林型是相对稳定的。西双版纳的版纳青梅林主林层也以版纳青梅为明显优势，次林层则相对有较多的树种，如滇南溪杪（*Chisochetom siamensis*）、梭果金刀木（*Borringtonia fuscicaspa*）、云南肉豆寇（*Mynistica yunnanensis*）、华南石栎（*Lithocarps fennestratus*）等，下木及草本层不甚发育，有一般热带林常见的藤本和附生植物属种。林下版纳青梅等更新良好。

以榕属为优势的热带季雨林类型也是比较普遍常见的，在粤、滇、桂、藏、台、琼的热带区都可以见到。以多种榕，如榕、高山榕、台湾榕（*F. formosa*）、香合欢（*Albizia odoratissima*、*A. chinenis*、*A. odoratiassina*）、九丁树（*Ficus nervosa*）等，与厚壳桂（*Cryptocarpa chinensis*）、蒲桃［蒲桃（*Syzygium jampos*）、红车蒲桃（*S. rehderianum*）、海南蒲桃（*S. cumini*）、台湾蒲桃（*S. formosana*）等］、麻楝［麻楝（*Chuhkalia tabularis*）、毛麻楝（*Ch. tabularis* var. *valutina*）］、木荷［红木荷（*Schima wallichii*）等］、土密树（*Bidelia monoica*）、菜豆树（*Radermachera hainanensis*）、五月茶（*Antidesma bunius*）、樟叶朴（*Celtis cinnamonifolia*）、羊蹄甲（*Bauhinia variegate*）、粗糠柴（*Mallotus philippizensis*）等组成。滇东南还有无忧花、龙眼（*Euphoria longana*），台中主要由台湾山龙眼（*Helicia formosana*）、台湾楠（*Phoebe formosana*）、白网籽椆（*Dictyasperma alba*）、血桐（*Macaranga tanarius*）等组成。这些以榕为主的不同季雨林类型，在落叶成分上是不同的，有的接近季节性雨林，有的接近于半落叶或更偏向下落叶季雨林。一般的落叶成分有楹、木棉、黄杞、千张纸（*Oroxylum*）等。当榕林纲的季雨林破坏后就会向以落叶成分为主的落叶季雨林发展，形成楹、木棉（滇南、海南、粤南）或木棉、黄豆树、土密树（台湾）的落叶季雨林。

（三）热带落叶季雨林

落叶季雨林是一种树木基本全部落叶或大部落叶的季雨林类型，生境干旱，处于受焚风影响，干旱季节长，夏季高温雨少（1000mm 左右），即使在雨季，一旦雨过，即显现出炎热干燥，甚至在雨季缺水。林木较稀疏，层次较分明，通常只存乔木层、下木层、草本层3个层次，以木棉楹、鸡占厚皮树林系为典型，前者分布普遍，在我国热带都可见到，但以滇南红河、澜沧江、怒江下游干热河谷明显。鸡占厚皮树林系在海南省西南部是常见的。木棉、楹落叶季雨林的伴生树种中对叶榕（*Ficus hispida*）、西南猫尾树（*Markhamia stipulata* var. *kezzi*）、南岭楝（*Melia dubia*）、朴叶扁担杆（*Grewia celtidifolius*）、山黄麻（*Trema orientalis*）、云南银柴（*Aporosa yunnanensis*）、云南黄杞（*Engelhardtia sficata*）、翅蒴麻（*Kydia calycina*）、重阳木（*Bischofia javanica*）都是典型的落叶季雨林树种，下木种类不多，也是以喜光耐旱的灌木种为主，如虾子花（*Woodfordia fruticosa*）、余甘子、糙叶水锦树（*Wendlandia scabra*）、长序山芝麻（*Helicteres elongata*）、刺天茄（*Solanum indicum*）、展毛牡丹（*Melastona normale*）等。林下草本层以高大乔草为主，如斑茅（*Saccharum arundinaceum*）、菅草（*Themeda gigantea* var. *villosa*）、大白茅，藤本稀少。粤南、海南有的鸡占厚皮树落叶季雨林的伴生树种有香须树（*Albizia odoratissima*）、黄豆树（*A. procera*）、槟榔青（*Spandias pinnata*）、余甘子、木锦、刺桐（*Erythrina* sp.）、毛萼紫薇（*Lagerstroemia balansae*）、幌伞枫（*Heteropanax pragrans*）、麻楝，或枫香（*Liqaidambar fromosana*）、皂帽花（*Dasymaschalon trichophorum*）、银钩花（*Mitreplora thorelii*）、黑柿（*Drospyros mitida*）、鹊肾树（*Streblus asper*）等。林下下木层较密，有赤才（*Lepesanthes rubiginosa*）、火索麻（*Helicteres isora*）、小叶谷木（*Mamecylon scntellatum*）、圆果刺桑（*Taxotrophis aquifolioies*）、山橘树（*Glycosmis cochinchinensis*）等，草本植物有大白茅、飞机草等。这些类型的落叶季雨林在进一步破坏后则向干旱次生稀树灌丛草地或灌丛草地发展。

（四）热带山地雨林

热带山地雨林是在热带山地上分布于热带雨林以上带有浓厚热带雨林色彩的常绿阔叶林，它不同于热带雨林之处在于，它的重要组成树种已没有典型热带雨林的代表树种，如龙脑香科、肉豆蔻科等树种，而由相当比例的壳斗科树种参与组成，成为其重要的组成部分，其他的则仍是热带林、热带季雨林的科属，但樟科种有明显的增加，还有山茶科和裸子植物科属，如罗汉松属（*Podocarpus*）、陆均松属（*Dacrydium*）、粗榧属（*Cephelotaxus*），偶有油杉属（*Keteleeria*）的出现。它们往往在稍高海拔向山地常绿阔叶林过渡。由于它们在山体的中部，空气相对湿度增大，常年雾重，它的落叶成分往往比低海拔的热带季雨林少，基本上是完全常绿的。一些典型温带的属，如桦（*Betula*）、杨（*Populus*）也偶尔会在山地雨林中出现其在热带特有分布的种，如西南桦（*Betula alnoides*）和海南鹅耳枥（*Carpinus lanceolata*）。群落的板根、老茎花、附生植物现象还是十分明显的。海南省的山地雨林基本上以鸡毛松、陆均松、栎类为主要成分，在山地雨林的海拔下限范围，如沟谷下部、山坡下部，以鸡毛松、栎类为主所组成，山坡中上部以陆均松、栎类为主所组成，在没有鸡毛松、陆均松情况下由栎类为主组成。栎类主要是以青冈属（*Cyclobalanopsis*）、石栎属（*Lithocarpus*）、栲属（*Castanopsis*）为主，也有少量的栎属（*Quercus*）树种。海南省常见的有青钩栲（*Castanopsis bornaensis*）、盘壳青冈（*Cyclobalanopsis pateriformis*）、竹叶青冈（*C. bambusifolius*）、琼崖石栎（*Lithocarpus fenzenianus*）、万宁石栎、多穗石栎（*L. potystachya*）、杏叶石栎（*L. amygeslifolia*）、柄果石栎（*L. podocarpus*），这些都主要在尖峰岭、坝王岭、吊罗山分布，在五指山则以琼中石栎（*L. chiungchungensis*）为主。其他的壳斗科种还可见饭增青冈（*Cyclobalaoopsis fleuryi*）、红椎（*Castanopsis nickelii*）、蒺藜栲（*C. tribuloides*）、刺栲、黄背栎、栎子树（*Q. blakei*）、旱毛栎（*Quercus vestita*）等，在接近山地常绿阔叶林的部分会分别在不同地方出现。樟科常见的有长果厚壳桂（*Cryptocarya metcalifrana*）、钝叶厚壳桂（*C. obutosifolia*）、密花厚壳桂（*C. densiflora*）、东方琼楠（*Beilschmiedia tungfangensis*）、肉柄琼楠（*B. macropda*）、粉背琼楠（*B. glauca*）、二色琼楠（*B. intermedia*）、向日樟（*Cnnamomum liangii*）、银叶樟（*C. merrillanum*）、轮叶木姜子（*Litsea vertrcillata*）、长圆叶新木姜子（*Neolitsea oblongifolia*）、莲桂（*Dehassia cairocan*）等。其他伴生树种还有蝴蝶树（*Heriteria parvifolia*）、大叶白颜、橄榄、紫荆（*Madhuca hainensis*）、大花五桠果（*Dillenia turbineta*）、荔枝、山楝（*Aphenamiixis polystachya*）、越南山龙眼（*Helicia cochinchinensis*）、海南木莲（*Manglietia hainanensis*）、多种杜英、多种蒲桃、多种润楠、多种山矾，还有海南油丹（*Alseodaphne hainanensis*）、二色桂木（*Artocarpa styrocifolia*）、毛柿（*Diospyros sruigosa*）、布渣叶（*Microcos paniculata*）、斜脉暗罗（*Polyalthia plagioneura*）、海南暗罗（*P. laui*）、高山榕等。下木层一般以乔木幼树居多，真正的灌木种很少。针叶树如海南粗榧（*Cepheloloxus hainanensis*）和海南油杉（*Keteleeria hainanensis*）只有较高海拔才分布，大木质藤本以大节藤竹（*DinochIoa utilis*）、眼镜藤（*Entada phasedoides*）、多刺省藤（*Calamus tetradactgloides*）为优势，稍高海拔以野木瓜（*Stauntoicia chinensis*）、藤檀、山橙（*Melodinus* sp.）等中小型藤本为主。林下有多刺轴榈（*Liculoda spinosa*）、高山蒲葵（*Livistona saribus*），也可见黑桫椤（*Cyathea podophylla*）。附生植物以鸟巢蕨、崖姜蕨为多见，其他有石槲（*Dendrobium* sp.）、石仙桃（*Pholidota* sp.）、硬叶吊兰（*Cymbium radulium*）、石苇（*Pyrrosia lingua*）、细穗石头松（*Lycopodium phlegrnaria*）等。

滇南的山地雨林以两个类型为主，即以缅漆（*Semecarpus reticulata*）、假含笑（*Paramichelia bcillomii*）、滇楠（*Phoebe nanmu*）为主组成的群落和以滇木花生（*Mahduca pasquieri*）和云南蕈树（*Altingia yunnanensis*）为主组成的群落前者分布在滇南海拔800～1000m低山丘陵，混生的乔木还有云南胡桐（*Calophyllum smilesianum*）、大蒜树（*Dysoxylum spicatum*）、盆架树（*Winchia calophylla*）、思茅黄肉楠（*Actinodaphae henryi*）、钝叶樟（*Cinnanmomum bejolgkota*）、大山龙眼（*Helicia grandis*）、槭叶翅子树（*Pterospermum acerifolium*）等，后者分布在滇南、滇东南山地腹部，海拔700～1800m，分布比较广泛，常见混生树种还有几种栲（刺栲、思茅栲、印栲）、思茅黄肉桂（*Actinodaphne henryi*）、红木荷（*Schima wallichi*）、浆果乌桕子（*Sapium baccatum*）、毛叶黄杞（*Elaeocarpus limitaneus*）、槭叶翅子树、石南胡桐，有明显的山地常绿阔叶林过渡的特征，但林内树种丰富，不分林层，有较大型木质藤本，附生植物也较发达，如有沙拉藤（*Salacia polysperma*）、多种瓜馥木（*Fissistigma*）、微花藤（*Iodes cirrhosa*）等。

对于热带山地雨林的群落分类，林下的藤竹类往往有较重要的价值，《广东森林》曾以藤竹为特征命名了藤竹盘壳青冈琼中石栎林和省藤（*Calamus*）卞氏石栎陆均松林。《中国山地森林》和《中国海南省尖峰岭热带林生态系统》用林仔竹、篾劳竹（*Schizostachyum pseudolima*）、弹弓藤（*Calamus rhahdocladus*）、刺轴榈（*Liculala spinosa*）、射毛苦竹（*Ampolocalamus actipotrichus*）、假华箬竹（*Indocalamus pseudosinicus*）、鸡藤（多刺省藤 *Calamus tetradactyloides*）、唐竹（*Sinobambusa* sp.）命名的林型，如篾劳竹陆均松侧卵阿丁枫（蕈）石栎林、箬竹石栎陆均松紫荆林、射毛悬竹弹弓藤紫荆盘壳青冈（青冈）林、唐竹石栎青冈林、弹弓藤刺轴榈石栎林等。在分类原则上除用经典的野外调查和经验分类外，有的学者曾用群落中属的重要值（一属几种可认为在一个群落中具有相同的生态位而以属计算重要值），并删除相当部分的次要种，以主分量排序取得较好的符合经验分类的效果。

第十二节　中国林型分类系统框架

根据上述各节基本的森林群落的介绍，现编成中国森林群落分类系统的框架供讨论。由于它只限于林型组或亚组，而且对一些森林群落类型本专著没有涉及，这是需要进一步补充的。中国林型分类框架如下。

Ⅰ 针叶林林纲组

（Ⅰ）落叶针叶林林纲

（一）落叶松林林系组

1 兴安落叶松林

（1）杜香兴安落叶松林型组

（2）（低位）泥炭藓兴安落叶松林型组

（3）兴安杜鹃兴安落叶松林型组

（4）箭竹兴安落叶松林型组

（5）藓类兴安落叶松林型组

（6）草类兴安落叶松林型组

（7）灌木（含溪旁）兴安落叶松林型组

（8）偃松兴安落叶松林型组

（9）胡枝子（蒙古栎）兴安落叶松林型组

2 西伯利亚落叶松林

（1）草类西伯利亚落叶松林型组

（2）灌木（含溪旁）西伯利亚落叶松林型组

（3）藓类西伯利亚落叶松林型组

3 长白落叶松林

（1）杜香长白落叶松林型组

（2）（低位）泥炭藓长白落叶松林型组

（3）兴安杜鹃长白落叶松林型组

（4）草类长白落叶松林型组

（5）灌木（含溪旁）长白落叶松林型组

（6）藓类长白落叶松林型组

4 华北落叶松林

（1）草类华北落叶松林型组

（2）灌木华北落叶松林型组

（3）藓类华北落叶松林型组

5 太白红杉林

（1）杜鹃太白红杉林型组

（2）箭竹太白红杉林型组

（3）灌木太白红杉林型组

（4）草类太白红杉林型组

（5）藓类太白红杉林型组
（6）溪旁太白红杉林型组
6 红杉林
（1）杜鹃红杉林型组
（2）箭竹红杉林型组
（3）草类红杉林型组
（4）灌木红杉林型组
（5）藓类红杉林型组
（6）溪旁红杉林型组
（7）石塘红杉（疏）林型组
7 大果红杉林
（1）杜鹃大果红杉林型组
（2）箭竹大果红杉林型组
（3）草类大果红杉林型组
（4）灌木大果红杉林型组
（5）藓类大果红杉林型组
（6）溪旁大果云杉林型组
（7）石塘大果红杉（疏）林型组
8 四川红杉林
（1）杜鹃四川红杉林型组
（2）箭竹四川红杉林型组
（3）草类四川红杉林型组
（4）灌木四川红杉林型组
（5）藓类四川红杉林型组
（6）溪旁四川红杉林型组
（7）石塘四川红杉（疏）林型组
9 喜马拉雅红杉林
（1）杜鹃喜马拉雅红杉林型组
（2）箭竹喜马拉雅红杉林型组
（3）草类喜马拉雅红杉林型组
（4）灌木（蕨类）喜马拉雅红杉林型组
（5）藓类喜马拉雅红杉林型组
（6）溪旁喜马拉雅红杉林型组
（7）石塘喜马拉雅红杉（疏）林型组
10 怒江红杉林
（1）杜鹃怒江红杉林型组
（2）箭竹怒江红杉林型组
（3）草类怒江红杉林型组
（4）灌木（蕨类）怒江红杉林型组
（5）藓类怒江红杉林型组

（6）溪旁怒江红杉林型组

（7）石塘怒江红杉（疏）林型组

11 西藏红杉林

（1）杜鹃西藏红杉林型组

（2）箭竹西藏红杉林型组

（3）草类西藏红杉林型组

（4）灌木（蕨类）西藏红杉林型组

（5）藓类西藏红杉林型组

（6）溪旁西藏红杉林型组

（7）石塘西藏红杉（疏）林型组

（Ⅱ）常绿针叶林林纲

（一）云杉林林系组

1 红皮云杉林

（1）藓类红皮云杉林型组

（2）灌木（蕨类）红皮云杉林型组

（3）溪旁红皮云杉林型组

2 鱼鳞云杉林

（1）藓类鱼鳞云杉林型组

（2）灌木（藓类）鱼鳞云杉林型组

（3）溪旁鱼鳞云杉林型组

3 青杆林

（1）藓类青杆林型组

（2）灌木青杆林型组

（3）溪旁青杆林型组

4 白杆林（常混生于青杆林）

（1）藓类白杆林型组

（2）灌木白杆林型组

（3）溪旁白杆林型组

5 台湾云杉林（资料不全）

（1）藓类台湾云杉林型组

（2）杜鹃台湾云杉林型组

6 丽江云杉林

（1）杜鹃丽江云杉林型组

（2）箭竹丽江云杉林型组

（3）高山栎丽江云杉林型组

（4）藓类丽江云杉林型组

（5）灌木（蕨类）丽江云杉林型组

（6）溪旁丽江云杉林型组

7 粗枝云杉林

（1）杜鹃粗枝云杉林型组

（2）箭竹粗枝云杉林型组
（3）灌木粗枝云杉林型组
（4）藓类粗枝云杉林型组
（5）高山栎粗枝云杉林型组

8 紫果云杉林
（1）杜鹃紫果云杉林型组
（2）箭竹紫果云杉林型组
（3）高山栎紫果云杉林型组
（4）灌木（蕨类）紫果云杉林型组
（5）草类（小叶章）紫果云杉林型组
（6）方枝柏紫果云杉林型组

9 麦吊云杉林（油麦吊杉林）
（1）杜鹃麦吊云杉林型组
（2）箭竹麦吊云杉林型组
（3）灌木（蕨类）麦吊云杉林型组
（4）藓类麦吊云杉林型组

10 林芝云杉林
（1）杜鹃林芝云杉林型组
（2）箭竹林芝云杉林型组
（3）高山栎林芝云杉林型组
（4）灌木（蕨类）林芝云杉林型组
（5）蕨类林芝云杉林型组
（6）溪旁林芝云杉林型组

11 长叶云杉林
（1）灌木长叶云杉针阔混交林型组

12 川西云杉林
（1）杜鹃川西云杉林型组
（2）箭竹川西云杉林型组
（3）高山栎川西云杉林型组
（4）灌木川西云杉林型组
（5）草类川西云杉林型组
（6）山原（含石塘）川西云杉林型组
（7）大果圆柏川西云杉林型组

13 青海云杉林
（1）灌木青海云杉林型组
（2）藓类青海云杉林型组
（3）草类（薹草）青海云杉林型组
（4）圆柏青海云杉林型组

14 雪岭云杉林
（1）藓类雪岭云杉林型组

（2）草类雪岭云杉林型组
（3）灌木雪岭云杉林型组
（4）溪旁雪岭云杉林型组
（5）高山（草类）雪岭云杉林型组

（二）冷杉林林系组

1 臭冷杉林
（1）藓类（湿地）臭冷杉林型组
（2）灌木（蕨类）臭冷杉（混交林）林型组
（3）溪旁臭冷杉林型组
（4）石塘（偃松）臭冷杉（疏）林型组

2 西伯利亚冷杉林
（1）藓类西伯利亚冷杉林型组
（2）草类西伯利亚冷杉林型组
（3）溪旁西伯利亚冷杉林型组
（4）灌木西伯利亚云杉林型组
（5）高山（草类）西伯利亚冷杉林型组
（6）圆柏西伯利亚冷杉林型组

3 巴山冷杉林（含少量秦岭冷杉）
（1）箭竹巴山冷杉林型组
（2）杜鹃巴山冷杉林型组
（3）灌木巴山冷杉林型组

4 岷江冷杉林
（1）杜鹃岷江冷杉林型组
（2）箭竹岷江冷杉林型组
（3）高山栎岷江冷杉林型组
（4）藓类岷江冷杉林型组
（5）灌木岷江冷杉林型组
（6）草类岷江冷杉林型组
（7）方枝柏岷江冷杉林型组

5 鳞皮冷杉林
（1）杜鹃鳞皮冷杉林型组
（2）箭竹鳞皮冷杉林型组
（3）藓类鳞皮冷杉林型组
（4）高山栎鳞皮冷杉林型组
（5）草类鳞皮冷杉林型组
（6）石塘鳞皮冷杉（疏）林型组

6 长苞冷杉林（含急尖长苞冷杉）
（1）杜鹃长苞冷杉林型组
（2）箭竹长苞冷杉林型组
（3）灌木长苞冷杉林型组

（4）草类（薹草）长苞冷杉林型组

7 苍山冷杉林

（1）杜鹃苍山冷杉林型组

（2）藓类苍山冷杉林型组

（3）灌木苍山冷杉林型组

8 川滇冷杉林

（1）杜鹃川滇冷杉林型组

（2）箭竹川滇冷杉林型组

（3）藓类川滇冷杉林型组

（4）灌木川滇冷杉林型组

（5）高山栎川滇冷杉林型组

9 峨眉冷杉林

（1）杜鹃峨眉冷杉林型组

（2）箭竹峨眉冷杉林型组

（3）藓类峨眉冷杉林型组

10 黄果冷杉林

（1）草类黄果冷杉林型组

（2）灌木黄果冷杉林型组

11 喜马拉雅冷杉林

（1）灌木喜马拉雅冷杉林型组

（2）喜马拉雅圆柏喜马拉雅冷杉林型组

（三）铁杉（针阔叶混交）林林系组

1 铁杉（针阔叶混交）林

（1）杜鹃铁杉林型组

（2）箭竹铁杉林型组

（3）（藓类）灌木铁杉林型组

（4）硬叶栎类铁杉林型组

（5）常绿阔叶树铁杉林型组

2 云南铁杉（针阔叶混交）林

（1）杜鹃云南铁杉林型组

（2）箭竹云南铁杉林型组

（3）（藓类）灌木云南铁杉林型组

（4）硬叶栎类云南铁杉林型组

（5）常绿阔叶树云南铁杉林型组

3 台湾铁杉（针阔叶混交）林

（1）杜鹃台湾铁杉林型组

（2）灌木台湾铁杉林型组

4 南方铁杉（针阔叶混交）林

（1）箭竹南方铁杉林型组

（2）杜鹃南方铁杉林型组

（3）灌木南方铁杉林型组

（4）常绿阔叶树南方铁杉林型组

（四）圆柏林林系组

1 大果圆柏林

（1）草类大果圆柏林型组

（2）灌木大果圆柏林型组

2 方枝柏林

（1）杜鹃方枝柏林型组

（2）灌木方枝柏林型组

（3）草类方枝柏林型组

3 垂枝香柏林

（1）箭竹垂枝香柏林型组

4 滇藏方枝柏林

（1）灌木滇藏方枝柏林型组

5 密枝圆柏林

（1）灌木密枝圆柏林型组

（2）草类密枝圆柏林型组

6 曲枝圆柏林

（1）杜鹃曲枝圆柏林型组

7 塔枝圆柏林

（1）草类塔枝圆柏林型组

8 祁连山圆柏林

（1）草类祁连山圆柏林型组

（2）灌木祁连山圆柏林型组

9 昆仑方枝柏林

（1）草类昆仑方枝柏林型组

10 昆仑多子柏林

（1）草类昆仑多子柏林型组

11 天山方枝柏林

（1）草类天山方枝柏林型组

（2）灌木（水枝柏）天山方枝柏林型组

（五）柏木林林系组

1 柏木林

（1）落叶阔叶柏木林型组

（2）常绿阔叶柏木林型组

2 干香柏林

（1）落叶阔叶干香柏林型组

（2）常绿阔叶干香柏林型组

3 岷江柏林

（1）亚高山干热岷江柏林型组

（六）侧柏林林系组

1 侧柏（落叶阔叶混交）林

（1）中生性灌木侧柏（落叶阔叶混交）林型组

（2）旱生性灌木侧柏（落叶阔叶混交）林型组

（3）草类侧柏（落叶阔叶混交）林型组

（七）扁柏林林系组

1 台湾扁柏林

（1）台湾扁柏常绿阔叶混交林型组

2 台湾红桧林

（1）台湾红桧落叶常绿阔叶混交林型组

（八）福建柏、翠柏林林系组

1 福建柏林

（1）福建柏常绿阔叶混交林型组

（2）毛竹福建柏混交林型组

2 翠柏林

（1）翠柏常绿阔叶混交林型组

（九）松林林系组

1 西伯利亚红松林

（1）圆叶桦西伯利亚红松林型组

（2）刺柏高山柳西伯利亚红松林型组

（3）藓类越橘西伯利亚红松林型组

（4）西伯利亚落叶松西伯利亚红松林型组

2 红松林

（1）胡枝子杜鹃蒙古栎红松林型组

（2）枫桦椴树红松林型组

（3）云冷杉红松林型组

（4）石塘藓类红松林型组

（5）春榆、水曲柳红松林型组

（6）次生蕨类灌木红松林型组

3 樟子松林

（1）山地樟子松亚林系

（i）偃松樟子松林型组

（ii）石蕊樟子松林型组

（iii）杜鹃樟子松林型组

（iv）草类樟子松林型组

（v）杜香樟子松林型组

（2）阶地樟子松亚林系

（i）蒙古栎樟子松林型组

（ii）胡枝子樟于松林型组

（3）沙地樟子松亚林系

（i）沙地灌木樟子松林型组

4 兴凯湖松林

（1）陡坡杜鹃兴凯松林型组

（2）胡枝子兴凯湖松林型组

（3）沙地兴凯湖松林型组

5 油松林

（1）温凉油松亚林系

（i）箭竹油松林型组

（ii）藓类油松林型组

（iii）杜鹃油松林型组

（2）干旱油松亚林系

（i）铁橿子油松林型组

（ii）二色胡枝子油松林型组

（iii）荆条油松林型组

（iv）三桠绣线菊油松林型组

（v）锦鸡儿油松林型组

（3）温暖油松亚林系

（i）糠子梢油松林型组

（ii）黄栌短枝胡枝子油松林型组

6 黑松林

（1）二色胡枝子黑松林型组

（2）黄檀黑松林型组

（3）短柄枹黑松林型组

7 马尾松林

（1）短柄枹马尾松林型组

（2）黄檀马尾松林型组

（3）乌药马尾松林型组

（4）五节芒马尾松林型组

（5）岗松、桃金娘马尾松林型组

（6）短梗胡枝子马尾松林型组

（7）芒萁马尾松林型组

（8）禾草马尾松林型组

8 黄山松林

（1）杜鹃箭竹黄山松林型组

（2）青冈黄山松林型组

（3）蕨类短柄枹黄山松林型组

（4）薹草黄栎黄山松林型组

9 巴山松林

（1）灌木红桦巴山松林型组

（2）刺柏巴山松林型组

10 思茅松林（含红木荷混交）

（1）圆锥水锦树思茅松林型组

（2）毛叶黄杞思茅松林型组

（3）米饭花思茅松林型组

11 云南松林

（1）箭竹云南松林型组

（2）圆锥水锦树云南松林型组

（3）旱冬瓜黄毛青冈云南松林型组

（4）杜鹃云南松林型组

（5）滇油杉云南松林型组

（6）栲类云南松林型组

（7）灌木云南松林型组

（8）麻栎云南松林型组

（9）旱生栎类云南松林型组

（10）高山栎类云南松林型组

12 细叶云南松林

（1）栎类细叶云南松林林型组

（2）禾草细叶云南松林型组

13 华山松林

（1）箭竹华山松林型组

（2）鹿蹄草华山松林型组

（3）灌木华山松林型组

（4）栎类华山松林型组

（5）溪旁华山松林型组

14 高山松林

（1）草类高山松林型组

（2）蕨类灌木高山松林型组

（3）高山栎高山松林型组

（4）禾草高山松林型组

15 西藏长叶松林

（1）小箭竹西藏长叶松林型组

（2）灌木西藏长叶松林型组

（3）高山栎西藏长叶松林型组

16 乔松林

（1）箭竹乔松林型组

（2）杜鹃乔松林型组

17 华南五针松林

（1）灌木华南五针松林型组

（2）箬叶竹短叶黄杉华山五针松林型组

18 海南松林

（1）山地禾草海南松林型组
（2）栎类海南松林型组
（3）沙地露兜簕海南松林型组
（4）野香茅海南松林型组
（5）台地灌木海南松林型组
（6）沟谷海南松林型组

Ⅱ阔叶林林纲组

（Ⅲ）落叶小叶林林纲

（一）山地落叶小叶林林系组

1 白桦林
（1）杜鹃白桦林型组
（2）箭竹白桦林型组
（3）高山栎白桦林型组
（4）铁杉白桦林型组
（5）灌木白桦林型组
（6）草类白桦林型组
（7）藓类白桦林型组
（8）杜香白桦林型组
（9）泥炭藓白桦林型组
（10）胡枝子白桦林型组
（11）溪旁白桦林型组
2 红桦林
（1）箭竹红桦林型组
（2）铁杉红桦林型组
（3）草类红桦林型组
3 黑桦林
（1）蒙古栎黑桦林型组
（2）胡枝子黑桦林型组
（3）毛榛黑桦林型组
（4）草类黑桦林型组
4 疣皮桦林
（1）灌木疣皮桦林型组
5 天山桦林
（1）灌木天山桦林型组
（2）草类山杨天山桦林型组
（3）雪岭云杉天山桦林型组
（4）溪旁天山桦林型组
6 糙皮桦林
（1）灌木糙皮桦林型组

（2）箭竹糙皮桦林型组

（3）菝葜糙皮桦林型组

7 山杨林

（1）杜鹃山杨林型组

（2）箭竹山杨林型组

（3）铁杉山杨林型组

（4）草类山杨林型组

（5）中生灌木山杨林型组

（6）溪旁山杨林型组

（7）旱生灌木山杨林型组

8 欧洲山杨林

（1）灌木欧洲山杨林型组

（二）河谷河滩地小叶林林系组

1 钻天柳林

（1）河谷钻天柳林型组

2 春榆林

（1）河谷春榆（水曲柳）林型组

3 榆林

（1）河谷榆林型组

4 青杨林

（1）河谷青杨林型组

5 白柳林

（1）河滩白柳林型组

（三）荒漠河岸林林系组

1 胡杨林

（1）扇缘带胡杨林型组

（2）干河床胡杨林型组

（3）河漫滩胡杨林型组

（4）阶地胡杨林型组

2 灰胡杨林

（1）河漫滩灰胡杨林型组

（2）阶地灰胡杨林型组

（3）扇缘带灰胡杨林型组

（4）干河床灰胡杨林型组

3 尖果沙枣林

（1）河漫滩草类尖果沙枣林型组

（2）禾草准噶尔柳尖果沙枣林型组

（3）多枝柽柳尖果沙枣林型组

（4）梭梭尖果沙枣林型组

（Ⅳ）落叶栎类林林纲

（一）落叶栎类林林系组

1 蒙古栎林

（1）杜鹃蒙古栎林型组

（2）榛子蒙古栎林型组

（3）胡枝子蒙古栎林型组

（4）草原化蒙古栎林型组

2 辽东栎林

（1）箭竹辽东栎林型组

（2）灌木辽东栎林型组

（3）榛子辽东栎林型组

（4）草类辽东栎林型组

（5）胡枝子辽东栎林型组

（6）陡坡干旱辽东栎（疏）林型组

3 栓皮栎（锐齿槲栎、槲栎类同）林

（1）箭竹栓皮栎林型组

（2）胡枝子栓皮栎林型组

（3）荆条栓皮栎林型组

（4）灌木栓皮栎林型组

（5）草类栓皮栎林型组

（二）水青冈林林系组

1 长柄水青冈林

（1）箭竹长柄水青冈林型组

（i）鄂西玉山竹长柄水青冈（曼青冈）林型亚组

（ii）短柄枹栎长柄水青冈林型亚组

（2）灌木长柄水青冈林型组

（i）灌木长柄水青冈（青冈）林型亚组

（ii）柃木杜鹃长柄水青冈（多脉青冈、石栎）林型亚组

2 米心水青冈林

（1）箭竹米心水青冈林型组

（i）拐棍竹米心水青冈林型亚组

（ii）鄂西玉山竹米心水青冈（曼青冈）林型亚组

（iii）华箬竹米心水青冈林型亚组

（iv）箭竹米心水青冈林型亚组

3 亮叶水青冈林

（1）箭竹亮叶水青冈林型组

（i）箭竹亮叶水青冈林型亚组

（ii）拐棍竹亮叶水青冈林型亚组

（iii）鄂西玉山竹亮叶水青冈（多脉青冈）林型亚组

（iv）冷箭竹（南岭箭竹）亮叶水青冈林型亚组

（2）灌木亮叶水青冈林型组

（i）柃木杜鹃亮叶水青冈（多脉青冈、粗穗石栎）林型亚组

（ii）荚蒾亮叶水青冈（多脉青冈、多穗石栎）林型亚组

（iii）灌木亮叶水青冈（多脉青冈、甜槠）林型亚组

4 巴山水青冈林

（1）箭竹巴山水青冈林型组

（i）箭竹巴山水青冈（细叶青冈）林型亚组

（ii）华箬竹巴山水青冈林型亚组

（2）灌木巴山水青冈林型组

（i）灌木巴山水青冈（细叶青冈）林型亚组

（Ⅴ）常绿阔叶林林纲

一、硬叶栎类林亚纲

（一）亚高山硬叶栎类林林系组

1 川滇高山栎林

（1）杜鹃川滇高山栎林型组

（2）箭竹川滇高山栎林型组

（3）灌木川滇高山栎林型组

2 高山栎林

（1）杜鹃高山栎林型组

（2）箭竹高山栎林型组

（3）灌木高山栎林型组

3 帽斗栎林

（1）灌木帽斗栎林型组

4 长穗高山栎

（1）灌木长穗高山栎林型组

5 川西栎林

（1）灌木川西栎林型组

6 黄背栎林

（1）杜鹃黄背栎林型组

（2）箭竹黄背栎林型组

（3）灌木黄背栎林型组

（4）石灰岩干热河谷黄背栎林型组

（二）干热石灰岩河谷硬叶栎类林林系组

1 光叶高山栎林

（1）石灰岩干热河谷光叶高山栎林型组

（2）灌木光叶高山栎林型组

2 刺叶栎林

（1）灌木刺叶栎矮林型组

3 尖齿高山栎林

（1）灌木尖齿高山栎矮林型组

4 灰背栎林

（1）石灰岩干热河谷灰背栎林型组

二、常绿阔叶林亚林纲

（一）木荷常绿阔叶林林系组

（1）木荷罴蒴栲林型组

（2）木荷甜槠林型组

（3）木荷小枝青冈林型组

（4）木荷青冈林型组

（5）木荷小红栲林型组

（二）杜鹃常绿阔叶林林系组

（1）杜鹃甜槠林型组

（2）杜鹃绵槠林型组

（三）柃木常绿阔叶林林系组

（1）柃木厚皮栲林型组

（2）柃木钩栲林型组

（3）柃木甜槠林型组

（4）柃木苦槠林型组

（5）柃木罗浮栲林型组

（6）柃木绵槠林型组

（四）灌木（无明显优势种）常绿阔叶林林系组

（1）灌木丝栗栲林型组

（2）灌木甜槠林型组

（3）灌木苦槠林型组

（4）灌木青冈林型组

（5）灌木包斗石栎林型组

（6）灌木石栎林型组

（7）灌木长果青冈米槠林型组

（8）灌木赤皮青冈南岭石栎林型组

（9）灌木台湾狭叶青冈阿里山石栎林型组

（五）乌饭树常绿阔叶林林系组

（1）乌饭树钩栲林型组

（2）乌饭树福建青冈林型组

（3）乌饭树甜槠林型组

（六）杜茎山常绿阔叶林林系组

（1）杜茎山钩栲润楠林型组

（2）杜茎山青冈林型组

（七）檵木钩栲林林系组

（1）檵木常绿阔叶林型组

（2）檵木绵槠林型组

（3）檵木青冈林型组

（4）檵木苦槠林型组

（八）毛蕊茶常绿阔叶林林系组

（1）毛莲蕊南岭栲林型组

（2）长尾毛蕊茶扁刺栲林型组

（九）其他灌木常绿阔叶林林系组

（1）水团花钩栲林型组

（2）山矾钩栲林型组

（3）大果蜡瓣花小红栲林型组

（4）黄瑞木甜槠林型组

（5）柏拉木南岭栲林型组

（6）九节龙粤桂石栎林型组

（7）黄柏青钩栲林型组

（8）老鼠刺青钩栲林型组

（9）赤楠青冈林型组

（10）小叶黄杞丝栗栲林型组

（十）竹类常绿阔叶林林系组

（1）箬竹鬣蒴栲林型组

（2）箬竹曼青冈林型组

（3）箬竹钩栲林型组

（4）箭竹小叶栲林型组

（5）华西箭竹滇青冈林型组

（6）箭竹包石栎峨眉栲林型组

（7）箭竹包斗石栎林型组

（8）箭竹多变石栎林型组

（9）筇竹扁刺栲林型组

（10）筇竹包石栎峨眉栲林型组

（11）金佛山方竹厚皮栲林型组

（12）拐棍竹小枝青冈林型组

（13）苦竹硬斗石栎林型组

（14）苦竹福建青冈林型组

（15）方竹刺斗石桃林型组

（16）方竹小叶栲林型组

（17）刚竹罗浮栲林型组

（Ⅵ）季风常绿阔叶林林纲

一、湿润（厚壳桂）季风常绿阔叶林亚林纲

（一）厚壳桂栲类林

（1）长果厚壳桂青钩栲林型组

（2）厚壳桂华栲林型组

（3）厚壳桂刺栲林型组

（4）黄果厚壳桂越南栲林型组

（5）厚壳桂无柄小叶栲林型组

二、具干季（木荷）季风常绿阔叶林亚林纲

（一）木荷栲类林

（1）木荷黄杞栲树林型组

（2）木荷润楠罗浮栲（青冈）林型组

（3）红木荷刺栲栲树林型组

（4）红木荷刺栲印栲林型组

（Ⅶ）热带雨林林纲

（一）龙脑香林系组

（1）青梅坡金蝴蝶树林型组

（2）云南龙脑香晋龙眼林型组

（3）云南龙脑香毛坡垒林型组

（4）羯布罗香滇橄榄林型组

（5）长毛羯布罗香木波罗红果葱臭木林型组

（6）云南娑罗双白颜林型组

（二）肉豆蔻林系组

（1）台湾肉豆蔻白翅子石叶桂木林型组

（三）千果榄仁林系组

（1）千果榄仁番龙眼翅子林林型组

（2）千果榄仁斯里兰卡天料木林型组

（Ⅷ）热带季雨林林纲

（一）龙脑香林系组

（1）青梅林系（林型组）

（2）版纳青梅林系（林型组）

（3）狭叶坡垒乌榄梭子果林系（林型组）

（4）望天树林系（林型组）

（5）擎天树林系（林型组）

（6）婆罗双千果榄仁错枝榄仁林系（林型组）

（二）金丝李蚬木林系组

（1）金丝李蚬木林系（林型组）

（三）无忧花葱臭木梭子果林系组

（1）中国无忧花红果葱臭木梭子果林系（林型组）

（四）榕合欢林系组

（1）榕楹林系（林型组）

（2）榕上密树林系（林型组）

（3）大果榕香须树林系（林型组）

(4) 大果榕海南菜豆树林系（林型组）
(5) 榕厚壳桂重阳木鸭脚木林系（林型组）
(6) 高山榕麻楝林系（林型组）

（五）鸡占厚皮树林系组

(1) 四数木多花白头树林系（林型组）

（六）铁刀木林系组

(1) 铁刀木林系（林型组）

（七）刺桐中平树林系组

(1) 尼泊尔刺桐中平树破布木林系（林型组）
(2) 葱臭木蕈树林系（林型组）
(3) 葱臭木细青皮林系（林型组）

（Ⅸ）热带山地雨林林纲

（一）鸡毛松青冈石栎林系组

(1) 鸡毛松青冈石栎林系（林型组）

（二）陆均松胥冈石栎林系组

(1) 陆均松琼崖石栎林系（林型组）
(2) 陆均松多穗石栎杏叶石栎林系（林型组）

（三）石栎青冈林系组

(1) 盘壳青冈琼中石栎林系（林型组）
(2) 柄果石栎海南蕈树林系（林型组）
(3) 盘壳青冈竹叶青冈石栎林系（林型组）

（四）缅漆假含笑滇楠林系组

(1) 缅漆假含笑滇楠林系（林型组）

（五）滇木花生云南蕈树林系组

(1) 滇木花生云南蕈树林系（林型组）

第三章　中国主要森林群落的生活型组成层次及层片结构

第一节　植物生活型研究简述

一、植物生活型研究的意义

生活型（life form）是指不同生物种对于相同生境进行趋同适应而表现的形式（安树青等，1994）。植物生活型的主要特征表现包括植物体的高矮、形状、大小等诸多方面，同时也包括植物生命周期的长短。不论植物在分类系统中的地位如何，只要它们对环境的适应途径和方式相同或相似，都可列为同一生活型。

自从生活型这一概念问世至今，已有100多年的历史，在此期间，国内外有关生活型的研究工作从未中止过，其研究意义也在随着研究工作的深入开展逐渐体现出来，现归纳起来大体上有以下几个方面。

（一）植物生活型是决定群落外貌的基础

外貌（physiognomy）是指群落的外表形态或相貌，是群落与外界环境长期适应的结果。它是群落的外表形态和易见的明显标志，也是群落中植物与环境相互作用的综合反应，因此，可以认为外貌是群落功能和结构特征的产物（Fosberg，1967）。功能特征在现在与过去的环境中是生存适应的产物，如常绿或落叶的习性；结构特征则是植被组成部分的水平与垂直排列，如植物个体之间的距离及个体的垂直分层（查普曼等，1980）。群落的外貌在很大程度上是由群落中优势植物的生活型所决定的。很多群落的植物种类组成可能很不相同，但生活型结构相同，则可明显地呈现出相似的外貌。

（二）生活型是划分层片的主要标准

层片（synusia）是群落最基本的结构单元，也是从生态学意义上进行群落分类的重要依据。它是在植物之间及植物与环境之间的相互影响过程中形成的，并在空间上、形态上和生态上相对特化的群落构造单位，它符合 Ellenberg 的生态种组（ecological group），并且有它自己独特的小环境（祝廷成等，1988）。

“层片”一词最早是由Rubel在1917年提出，后来Gams、Braun-Blanquet、Cynaeb、Ellenberg、Daubenmire等进行过广泛的讨论，其中瑞典植物学家H. Gams将层片划分为3级：第1级层片是同种个体的组合，第2级层片是同一生活型的不同植物的组合，第3级层片是不同生活型的不同植物种类的组合。很明显，H. Gams的第1级层片指的是种群，第 3 级层片指的是植物群落。现在群落学研究中一般使用的层片概念，相当于 H. Gams 的第 2 级层片，即每一个层片均由同一生活型的植物所构成。

层片作为群落的结构单元，是在群落产生和发展过程中逐步形成的。苏联著名植物群落学家 B. H. Сукачёв 于 1957 年指出："层片具有一定的种类组成，这些种具有一定的生态生物学一致性，而且特别重要的是它具有一定的小环境，这种小环境为构成植物群落环境的一部分。"

层片具有的特征包括以下几个方面。

（1）属于同一层片的植物是同一个生活型类别。但同一生活型的植物种只有在个体数量相当多，而且相互之间存在着一定的联系时才能组成层片。

（2）每一个层片在群落中都具有一定的小环境，不同层片小环境相互作用的结果构成了群落环境。

（3）每一个层片在群落中都占据着一定的空间和时间，而且层片的时空变化形成了植物群落不同的结构特征。

（4）在群落中，每一个层片都具有自己的相对独立性，而且可以按其作用和功能的不同，划分为优势层片、伴生层片、偶见层片等。

层片是群落的三维生态结构，它与层有相同之处，但又有质的区别，一般层片比层的范围要窄。例如，森林群落的乔木层，在北方可能属于同一个层片，但在热带森林中可能属于若干不同层片，常绿落叶混交林及针阔混交林中的乔木层都含有两种生活型，因此可以分出不同的层片。

多年来，层片这一术语在中国的地植物学研究中已得到普遍应用。

（三）生活型可反映区域生物气候特征

植物生活型是植物在其进化过程中对相同环境条件趋同适应的结果，因此可以认为是一种稳定的特征，它们的组成可以作为某区域生物气候的标志。

丹麦著名的生态学家 Raunkiær，把休眠芽在不良季节的着生位置作为划分生活型的标准，并根据划分标准，把陆生植物划分为高位芽植物、地上芽植物、地面芽植物、地下芽植物（隐芽植物）、一年生植物，而后从全球植物中任意选择了 1000 种种子植物，分别计算了上述五类生活型的百分比，其结果是：高位芽植物占 46%，地上芽植物占 9%，地面芽植物占 26%，地下芽植物占 6%，一年生植物占 13%，并把上述比例称为生活型谱（biological spectrum）。通过对不同地区植物区系的生活型谱进行比较，归纳出了 4 种植物气候（phytoclimate）：①潮湿热带的高位芽植物气候；②中纬度的地面芽植物气候（包括温带针叶林、落叶林和某些草原）；③热带和亚热带沙漠的一年生植物气候（包括地中海气候）；④寒带和高山上的地上芽植物气候。

由此可见，通过生活型的研究，可以较清楚地揭示区域生物气候特征。

（四）生活型是群落分类的基础

在世界上最早的植物群落分类，是从古典的植物地理学工作发展起来的。其基础是群落的外貌和结构，而外貌划分的主要依据是群落中的优势种或最普遍的生活型：Grisbach（1839）群系划分的依据主要是生活型；Warming 的群系划分也是以群落的优势生活型为特征的；《中国植被》也把生活型作为群落分类的依据。这些充分反映了生活型在群落分类中的重要作用。

（五）生活型组成可提供群落内植物种群之间竞争关系的信息

长期生活在一起的同一生活型的植物，多半是在同一空间或在同一小生境中进行竞争。它们在生活型上的相似性，表现了它们在利用某一特定空间所提供的资源适应性上的相似性。生活型相似性最极端的例子是表现在同种的个体间，不管它们在什么地方紧挨在一起生长，它们都是强烈的竞争者，原因就在于它们以同一生活方式利用相同的环境资源。

综上所述可以看出，在植物群落的研究中，对生活型进行研究是非常重要的一项内容。因为它可以提供某一群落对特定因子反应的信息；可以分析某一地区或某一植物群落中植物与环境，特别是与气候间的关系，利用空间的信息，以及在某个群落中可能存在的竞争关系等。

二、生活型分类的历史回顾

生活型的分类也和植物系统分类学中的分类相似，有各级大小不等的分类单位，用来揭示它们在植物系统发育过程中对生境的适应程度。由于生活型的分类具有多种可能性，于是许多学者根据各自的工作和对生活型的独特见解，创建了许多不同的分类系统。以下就其中在世界上影响较大的几个分类系统予以概述。

早在 19 世纪初，伴随着植物地理学的兴起，世界上植物地理学的先驱 Humboldt（1805），在周游世界各地详细观察记载植物形态的基础上，于 1806 年首先创用了植物营养体型（vegetation form）这一术语，并区分为棕榈型（palm）、芭蕉型（banana）、松柏型（conifer）等。他作这种划分的主要依据是营养体的大小、形态和生活周期。后来人们在应用时发现，不同植物的营养体型与周围环境（尤其是气候条件）有着密切的关系，适应于不同外界条件的植物群落常表现为不同的外貌形态。因此，大多数人认为，依据营养体型的分类，仅是简单地从外貌上区分类型，其中只有少数具有生态学内容，而多数是指植物个体的形态，还不能表明有生态-进化意义的植物群落。

19 世纪末，Warming（1884）第一次把植物营养体型改称为生活型。在他所创建的植物生活型分类方法中，有了进化的概念和生态学的内容。例如，他首先区分出异养植物和自养植物，在异养植物中又进一步区分出共生植物、寄生植物和腐生植物，在自养植物中又进一步区分出水生植物和陆生植物。在此基础上，又划分了一些较细的分类单位。因为这种分类方法是以植物的不同营养方式为基础进行的，而且重视了植物的生活环境和生长方式。这样就能表明植物与环境的关系，至今 Warming 的分类系统中的某些部分仍在应用。

在植被研究中，应用最为广泛的是 Raunkiær（1907）的生活型分类系统。Raunkiær

的生活型分类系统是从生态学角度出发建立的，而且主要依据是植物经过一个不宜季节后，长出新枝或新叶的芽的位置，或者说器官的位置。在温带，这种不宜季节是冬季，在亚热带和热带，这种不宜季节出现在有旱季的地方。因为在热带气候的不宜季节中，植物的表现很类似于温带气候条件下冬季的植物状态，所以 Raunkiær 的生活型分类系统也可在温带以外的地区应用。按照 Raunkiær 的意见，生活型是植物对于恶劣气候环境长期适应的结果，这就是说在不同的气候区域中的植物区系里，各种植物类型间的对比关系是不同的。各种不同气候区域中生活型谱间的区别，可以作为生物重要的气候特点。Raunkiær 还将地图上同一生活型谱（某一地区或某一群落中，各类生活型的数量对比关系）的地点连成一线，称为等生活型线。

Braun-Blanquet 于 1928 年把生活型系统扩大到一切植物上，并包括各类植物的定居特点。但总的来看是对 Raunkiær 生活型系统的修改和补充。

Ellenberg 和 Mueller-Domboiv 于 1986 年在 Raunkiær 和 Braun-Blanquet 生活型系统的基础上，做了一些改进，他们提出的生活型系统是以检索表的形式来表现的，他们认为可以应用于从冻原到荒漠和湿热带这个范围内所出现的各种植物的生活型。这一生活型分类系统的特点是强调了树冠、叶子和基轴系统的结构和季节性。

在他们所创建的检索表中，是把 Raunkiær 的 5 种基本生活型分开，然后扩展到 23 个主要的生活型。在这 23 个主要生活型中划分的第 1 级为机能生活型，即分为自养的、半自养的或异养的植物。在这 3 个营养类群中的每一类里再划分第 2 级。第 2 级的划分是以解剖结构为依据，分为维管植物和非维管植物（菌藻植物），在这些植物群落内，再以植物的支持结构为依据作第 3 级划分，在第 4 级上，可以区别为多年生和一年生植物。

这个检索表是一个由一切可识别的植物结构和机能特征所构成的开放式的数字系统，可以在野外进行详细的生活型分类，凡是有必要的地方，还可以把这种分类加以扩充，而且适用于计算机处理。

中国的地植物学家参考上述系统，采用生态形态学原则，拟定了《中国植被》使用的生活型分类系统。该系统首先从演化形态学角度将植物分为木本、半木本、草本、叶状体植物等四大类群，而后按主轴木质化的程度及其寿命的长短分出乔木、灌木、半灌木、多年生草本、一年生草本等类群，再按体态和发育节律（落叶、常绿等）划分次级单位。

尽管《中国植被》拟定了一套适合于中国的生活型分类系统，但从目前国内应用情况分析，还缺乏普遍性，而 Raunkiær 的生活型分类系统在中国的地植物学研究中仍占据着主要地位，这也许是 Raunkiær 的生活型分类系统在中国应用历史较长的缘故。

三、中国植物生活型研究现状及本项研究的目的和方法

（一）中国植物生活型研究的现状及本项研究的目的

由于通过生活型研究可以获取某一群落对特定因子反应的信息、利用空间的信息、在某个群落中可能存在的竞争关系的信息，以及可以了解植物群落与环境之间的关系，

群落组成种的外貌特征随地理位置或生境的改变而发生的变化等多方面的作用。多年来，中国许多地植物学家和学者，曾对某一区域范围内的植被及某些具体的森林群落类型的生活型组成进行过广泛的研究。周以良等（1994，1991）在对中国大兴安岭和小兴安岭植被的研究中，广泛涉及了两个地区植被中主要群落类型的生活型组成；陈灵芝等（1964）、朱志诚（1982）、王文杰（1965）、江洪（1994）等，曾对长白山森林、暖温带落叶阔叶林区域中一些主要森林群落的生活型进行过研究；钟章成（1988）、王伯荪（1987）、朱守谦（1985）、吴征镒（1983）、林鹏（1986）、王梅峒（1988）、王献溥（1956）、吴邦举（1991）、蒋有绪等（1991），对中国亚热带和热带地区的一些森林群落的生活型组成也进行过广泛的讨论，并取得了一批卓有成效的研究成果。

过去的研究为我们进一步揭示全国范围内森林群落的生活型组成及层片结构等特征奠定了雄厚的基础。但也应看到，由于过去的研究多局限于某一区域或某一具体的森林群落，而且采用的生活型分类系统很不一致，因此，缺乏群落之间及区域之间的可比性；另外，由于过去的生活型组成分析受制于研究方法和手段及当时人们的认识水平，仅仅停留在定性的比较之中，这些研究对于我们认识大范围的植被结构变化趋势有着重要的意义，但是很难进行定量的分析和揭示植物生活型随环境变化的规律及许多重要的细节问题。

本项研究拟采用丹麦学者 Raunkiær 提出并在世界上广泛应用的生活型分类系统，对广泛收集的森林群落生活型资料进行统一核算，以增加群落之间的可比性，将经典的生活型定性研究与定量分析相结合，研究中国主要森林群落的生活型组成，层次及层片结构特征，揭示不同生物气候带，以及同一生物气候带不同植被垂直带，不同生境条件下群落之间的差异表现及其变化规律，分析中国主要森林群落的生活型组成与环境，特别是与气候间的关系；不同森林群落层的分化及层次结构对环境的趋同适应，以及这种“适应”现象的机制和对气候的指示性。

（二）具体的研究方法

1. 以 Raunkiær 生活型分类系统为标准，编制全国统一的生活型谱

尽管 Raunkiær 的生活型分类系统还有许多不完善之处，但从目前国内外应用情况分析，可以说其是一种应用最为广泛的分类系统。Raunkiær 生活型分类的基础是以植物度过不良季节（如寒温带严寒的冬季，热带的旱季）时，抵抗芽（休眠芽或复苏芽）所处位置的高低来分类的。他把高等植物划分为高位芽植物、地上芽植物、地面芽植物、地下芽植物及一年生植物等五大生活型类群，在各类之下再按植物体的高度、常绿或落叶、抵抗芽有无鳞片保护、茎的木质化程度及营养储存器官，旱生形态与肉质性等特征，再细分为 30 个小类群。现择主要类群和划分标准如下。

（1）高位芽植物（phanerophyta）。这类植物的芽或植物体终年处于较高位置，包括乔木、灌木和一些生长在湿润热带气候下的草本。根据植物体的高度又细分为：①大高位芽植物（macrophanerophyta）（30m 以上的乔木）；②中高位芽植物（mesophanerophyta）（8～30m 的中乔木或大型藤本）；③小高位芽植物（microphanerophyta）（2～8m 的小乔木等）；④矮高位芽植物（nanophanerophyta）（0.3～2m 的灌木、草本植物、小藤本等），

然后又根据植物的常绿、落叶、有无鳞芽保护和适应形态划分出15个亚类（略）。

（2）地上芽植物（chamaephyte）。这类植物的抵抗芽离地面不高，最高不超过0.3cm，它们常被落叶、雪或植物本身所覆盖而受到保护。

（3）地面芽植物（hemicryptophyte）。这类植物在不良的环境条件下，地上部几乎全部枯萎，抵抗芽位置在地表死地被物下。

（4）地下芽植物（geophyta或cryptophyta）（隐芽植物）。这类植物在不良的环境条件下，植物地上部全部枯死，在土表之下或水面下才有芽存活。

（5）一年生植物（therophyte）。在恶劣气候条件下，是以种子形式度过不良季节。

在生活型组成的研究中，一般还要结合群落中组成植物叶的性质进行分析。叶的性质主要包括：叶级（叶的面积）、叶型（单叶或复叶）、叶质（质地）和叶缘。因为叶面积的大小与气候带有相关性，所以研究得最多。Raunkiær 根据叶面积（叶面的长×宽×2/3）的大小把叶子分为6级，以25mm^{2}为最低一级，以后各级均为上一级8倍。

1级为鳞型叶——25mm^2

2级为微型叶—— 225mm^2

3级为小型叶——2025mm^2

4级为中型叶——18 225mm^2

5级为大型叶——164 025mm^2

6级为巨型叶>164 025mm^2

需要指出的是，中国的一些学者对叶级曾做过一些更细致的划分，如提出了细型叶植物，叶状枝植物等（周以良等，1991）。对此本文不再作统一调整。

叶型分为单叶和复叶；叶缘分为全缘和非全缘；叶质分为4级：1级为薄叶，2级为草质叶，3级为革质叶，4级为厚质叶。

按照上述生活型分类系统中的标准，对调查统计资料进行详细核实后，编制各森林群落的生活型谱。

2. 揭示各森林群落层的分化及层片结构特征

在对各森林群落生活型研究的基础上，揭示中国主要森林群落的层次及层片结构特征，同时比较各群落之间，不同生物气候带、不同植被垂直带之间的差异表现，以及与环境，特别是与气候条件的关系。

3. 对全国主要森林群落的生活型谱进行数量分析，定量揭示生活型谱与环境之间的相互关系

在编制统一生活型谱的基础上，应用先进的生态信息系统软件（GREEN），查询并建立中国主要森林群落的地理气候信息数据库；应用多元统计分析方法，建立中国森林群落生活型谱梯度与环境梯度之间的统计数学模型，在此基础上分析植物生活型谱与环境之间的相互关系。

第二节　中国寒温带针叶林区域主要森林群落的生活型组成层次及层片结构

一、中国寒温带针叶林的地理分布及自然概况

中国寒温带针叶林分布区位于东经127°20′（黑河附近）以西，北纬49°20′（牙克石附近）以北的大兴安岭北部及其支脉伊勒呼里山的山地。在植被区划上，为中国最北部的区域，由于该分布区离海洋较远，降水量较少，且受西伯利亚冷气团的影响，冬季严寒而漫长，分布区内有大片或岛状分布的永冻层。在这种气候条件下，植被的组成种类较贫乏，植被类型也较单纯（吴征镒等，1980）。主要树种为耐寒的兴安落叶松。

寒温带针叶林分布区的地貌呈明显的老年期特征，山势不高，一般海拔700～1100m，最高峰也仅有1530m（奥克里堆山），绝大部分山顶浑圆，相对高差仅为100～400（500）m，山峰多分散、孤立，几无连峰继岭现象。总的地势特征是东南部较低，西北部较高。

寒温带针叶林分布区的年平均温度多在0℃以下，冬季受西伯利亚寒流的影响，非常寒冷，晴燥少雪而漫长，达9个月之多。温暖季节甚短，夏季最长不超过1个月，绝大部分地区无真正夏季，气温地理变化的总趋势是自东南向西北逐渐降低。年平均降水量为360～500mm，80%以上集中于温暖季节，形成有利于植物生长的气候条件。但由于蒙古旱风的作用，蒸发量较高，可达降水量的2～2.5倍，加之永冻层的存在，水分流失量大。所以水分涵养并不多，5～6月常有明显旱象。降水变化的总趋势与温度变化一致。干燥度的变化与温度和降水的变化趋势不相一致，其表现是由东北向西南干燥度增加（周以良等，1991）。

寒温带针叶林区的气候条件，除受经度和纬度的影响外，也随着海拔升高或降低而有差异。湿度条件一般表现为随着海拔的升高而有所增加，但有一定的限度。温度条件为随着海拔升高而降低。这些气候条件的垂直变化，是促成植被垂直分布带形成的一个重要因素。

寒温带针叶林分布区的地带性植被为混有阔叶树的兴安落叶松林，但因全区域地势多数已超出阔叶树种垂直分布的上限，所以这类针阔叶混交林在中国寒温带针叶林分布区内并不常见，仅在局部地势较低的地段才有分布。而分布极普遍的却是典型的东西伯利亚明亮针叶林-兴安落叶松林。

表3-1中列出的植被垂直带的5种典型植被类型，也是寒温带针叶林分布区的主要植被类型（吴征镒等，1980）。

二、寒温带针叶林的生活型组成、层次及层片结构

在寒温带针叶林分布区，由于山地海拔的变化而产生了生境条件的分异，不同植被垂直带各群落类型的生活型、层次及其层片结构存在一定的差异。这种差异表现，可以

清晰地反映寒温带针叶林中不同类型与环境之间，以及各种植物之间的特殊关系。以下将分别对寒温带针叶林分布区中具有广泛代表性的 5 种植被类型进行讨论。

表 3-1 寒温带针叶林区域各垂直带（亚带）及其典型植被在各山峰的分布规律

垂直带	亚带	典型植被*	白长鲁山（1440m 52°19′N 123°21′E）	奥克里堆山（1530m 51°50′N 122°08′E）	英吉里山（1460m 51°06′N 122°08′E）	青年岭（1350m 51°04′N 121°25′E）	小尼里古鲁山（1446m 50°05′N 121°58′E）
亚高山矮曲林带		偃松矮曲林	>1240	>1350	>1450	—	—
山地寒温性针叶疏林带		偃松（岳桦）兴安落叶松林	1110～1240	1200～1350	1300～1450	>1320	>1380
山地寒温性针叶林带	山地上部寒温性针叶林亚带	塔藓东北赤杨（云杉）兴安落叶松林	820～1100	900～1200	980～1300	1000～1320	1050～1380
	山地中部寒温性针叶林亚带	兴安杜鹃（樟子松）兴安落叶松林	150～820	510～900	560～980	580～1000	600～1050
	山地下部寒温性针叶林亚带	蒙古栎兴安落叶松林	<450	<510	<560	<580	<600

注：根据《中国植被》（1980 年，764 页）

*作者修订的术语

（一）偃松矮曲林的生活型组成层次及层片结构

偃松矮曲林为大兴安岭地区亚高山矮曲林带的典型植被。

偃松主要分布在欧亚大陆东部（东亚部分）。北自勒拿河入海口（约北纬 70°31′），向南可分布到北纬 40°左右（朝鲜北部），西至贝加尔湖附近，向东可越海，在日本富士山（约北纬 35°20′）以北各列岛均有分布。在中国分布范围不大，较集中分布于大兴安岭，呈孤岛状分散在个别高峰顶上，这些高峰顶部多为平缓而宽阔的山坡地。由于地势高，风力强，气候严寒且干燥，土壤瘠薄，一般树木不能生长或不能正常生长，唯偃松能够适应。但通常是平卧地面，主干蜿蜒可达 5～10m，树冠倾斜，高不过 1.5～1.8m，形成稀疏的偃松矮曲林。

1. 偃松矮曲林的生活型组成

由于偃松矮曲林所处地带植物生长发育条件较差，因此种类组成较为简单。生活型谱的特征介于寒温带针叶林与极地冻原之间（周以良等，1991）。偃松矮曲林的生活型组成及组成植物的叶级谱见图 3-1、图 3-2。

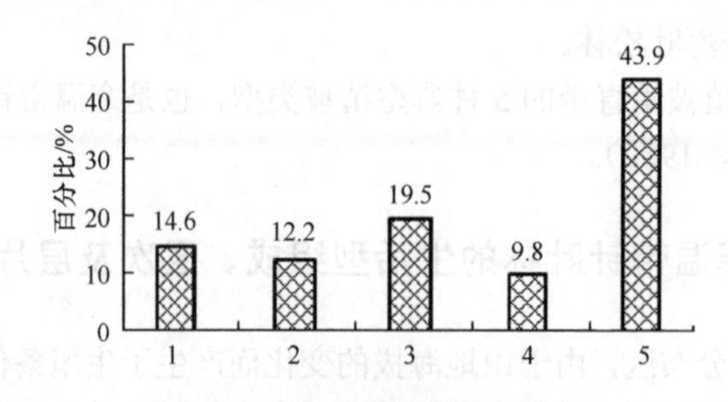

图 3-1 偃松矮曲林的生活型谱

1. 高位芽植物；2. 地上芽植物；3. 地面芽植物；4. 地下芽植物；5. 苔藓、地衣

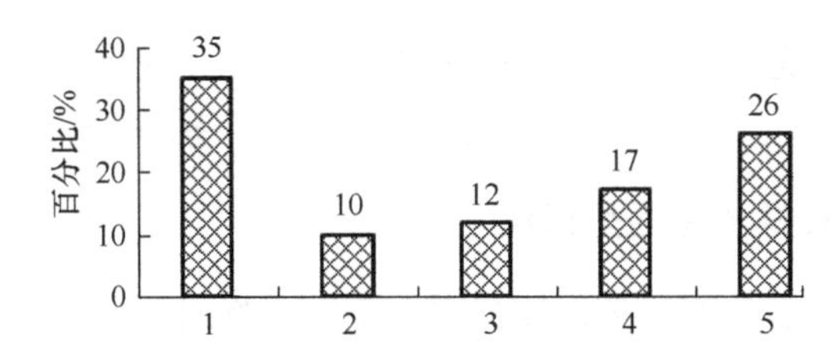

图 3-2 偃松矮曲林组成植物的叶级谱

1. 小型叶；2. 微型叶；3. 细型叶；4. 鳞型叶；5. 叶状枝植物

从图 3-1 可以概括出偃松矮曲林生活型谱的一般特点是：以苔藓、地衣居多，特别是地衣的种类尤为丰富，地面芽植物较多，高位芽植物次多，并且全为矮高位芽植物和小高位芽植物，这些足以反映出生境条件的严酷性。

就组成植物的叶级谱而言（图 3-2），在偃松矮曲林中，无中型叶植物，以小型叶植物居多，其次为叶状枝植物（地衣），鳞型叶植物、细叶型植物与微型叶植物也有一定数量。这种叶级谱与高峰顶部的恶劣生境是相适应的。

2. 偃松矮曲林的层次及层片结构

偃松平卧地面，匍匐生长，高 1.5～1.8m ，在局部较湿润的地段，混生有灌木状的岳桦，缺乏乔木层为其结构的特点。

林下主要是草本-灌木层，以常绿细叶地上芽植物层片为优势，岩高兰（*Empetrum nigrum* var. *japonicum*）为该层片中具有标志意义的植物种，其次还有兴安刺柏、西伯利亚刺柏。草本植物种类不多，盖度也不大，主要组成种有高山蛇床（*Cnidium ajanense*）、高山茅香（*Hierochloe alpina*）、刺虎耳草（*Saxifraga spinulosa*）等；在石块上则满布以黑石耳（*Gryrophra proboscidea*）为主的叶状地衣。这里的草本植物大多属高山、极地植物区系成分，因此，偃松林已接近山地（或北极）冻原的特点，在垂直分布上为向山地冻原过渡的临界针叶林类型，在水平分布上，则属向北极冻原过渡的针叶林类型（周以良等，1991）。

（二）偃松兴安落叶松林型组的石蕊偃松兴安落叶松林的生活型组成层次及层片结构

偃松兴安落叶松林为山地寒温性针叶疏林带的典型植被。由于此类疏林所处生境条件较差，气候甚严寒，风力较强，一般乔木不能生长，唯兴安落叶松能勉强生存，此类森林在外貌、组成上，与水平分布在高纬度的东西伯利亚的“北方稀疏明亮针叶林”（北部泰加林）相似，其郁闭度一般不超过 0.3～0.4，为大兴安岭地区的森林上限。在组成上几为纯林，仅混生少量近灌木状的岳桦。岳桦是构成小兴安岭——长白山植物区系森林上限的树种，抗风力很强，对土壤要求也不苛刻，唯要求空气湿润，故自本区西北向东南，随着空气湿润程度的增加，则混生的岳桦也增多，甚至与兴安落叶松形成混交林，或自成小片纯林，但这种情况很少见。以偃松为主的灌木丛强烈发育，为这一疏林的另一特征。由于气候条件较上一垂直带（亚高山矮曲林带）好，偃松可高达 2～3m，间或混生的扇叶桦（*Betula middendorffii*）、笃斯越橘（*Vaccinium uliginosum*）、越橘等灌木均能正常生长，不呈高山变型，加之缺乏高山或极地植物，因此与亚高山矮曲林有明显区别。此类型在大兴安岭地区分布并不普遍，仅分布在个别高峰上。

1. 石蕊偃松兴安落叶松林的生活型组成

石蕊偃松兴安落叶松林的种类组成简单，据初步统计，常见的植物约 53 种，包括维管束植物 37 种，苔藓、地衣 16 种，其生活型谱比较复杂（图 3-3），高位芽植物较多。其中又以矮高位芽植物居多，小高位芽植物次之，地面芽与地上芽植物也有相当数量。苔藓、地衣植物大量分布，种类系数很高，反映出寒带植物气候区所具有的谱系特征。

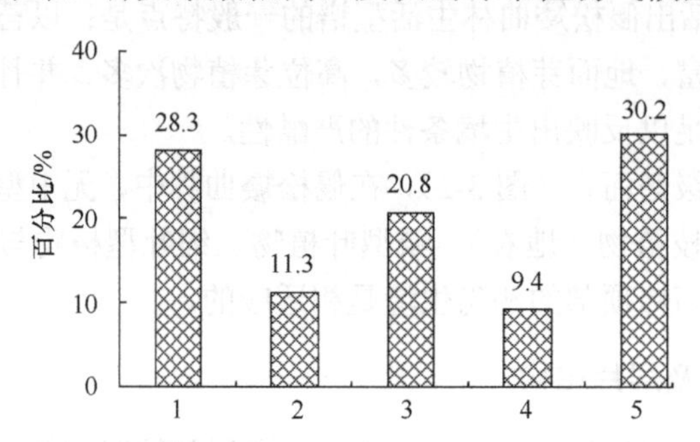

图 3-3　石蕊偃松兴安落叶松林的生活型谱

1. 高位芽植物；2. 地上芽植物；3. 地面芽植物；4. 地下芽植物；5. 苔藓、地衣

就叶级而言，组成本类型的植物以小型叶植物种类最多，其次为鳞型叶、中型叶、细型叶、叶状枝和微型叶植物，无大型叶和巨型叶植物存在（图 3-4）。

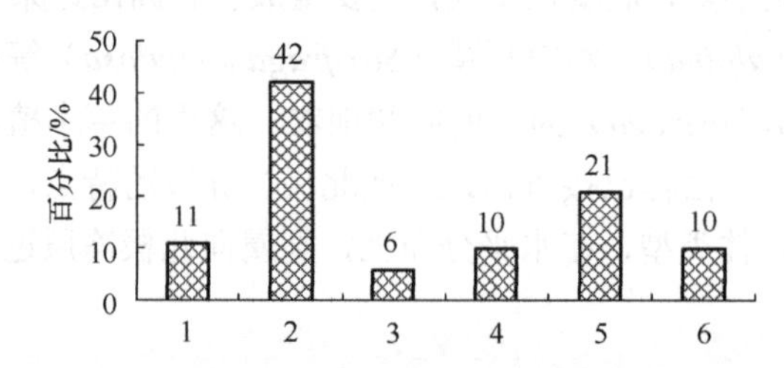

图 3-4　石蕊偃松兴安落叶松林组成植物的叶级谱

1. 中型叶；2. 小型叶；3. 微型叶；4. 细型叶；5. 鳞型叶；6. 叶状枝植物

2. 石蕊偃松兴安落叶松林的层次及层片结构

石蕊偃松兴安落叶松林，一般为同龄林，可明显地分为乔木层、灌木层、草本-半灌木层和苔藓、地衣层。

乔木层，总盖度约 30%，由落叶针叶中高位芽植物层片组成，优势中高位芽植物为兴安落叶松，在气候湿润地段，间或混生有落叶阔叶中高位芽植物白桦或岳桦。

灌木层，盖度约 50%，以常绿针叶小高位芽植物层片和矮高位芽植物层片为主。主要树种为偃松，成团块状密布。混生的落叶阔叶小高位芽植物主要是东北赤杨。组成矮高位芽植物层片的主要树种是扇叶桦。

草本-半灌木层，盖度 10%左右，主要由常绿地上芽植物层片所组成，主要组成种有越橘、林奈草、岩高兰（*Empertum nigrum* var. *japonicum*）等。这些植物种可能在冰期时代源自欧洲，属于旱生形态的冷湿植物。另外，还有少量常绿草本地上芽植物，如红花鹿蹄草及半灌木地面芽植物极地茶藨子（*Ribesa arcticum*）；在局部低湿处，常有少量的草本地下芽植物如舞鹤草、七瓣莲、杉蔓石松等，草本地面芽植物层片和草本地下芽植物层几为附属层片。

苔藓和地衣层发育较好，盖度50%左右，苔藓和地衣二者镶嵌分布，在该层中，苔藓主要分布于低湿地段，如腐朽倒木上、树干基部或灌丛下部。常见种类有赤茎藓、扭叶镰刀藓（*Drepanocladus revolvens*）、曲尾藓、细毛叶苔（*Ptilidium pulcherromum*）等，地衣多生在干燥处，如裸岩、树干和树枝上，组成种有鹿角石蕊（*Cladonia rangiferina*）、高岭石蕊（*Cladonia alpestris*）、极地叶衣（*Nephroma arcticum*）等，在群落中由于其色灰白非常明显。

本林型的层次结构图解呈E形（图3-5），其中偃松、苔藓（低凹微地处）和地衣石蕊（干燥的地面和岩面、干枝皮上）3个层片是其特点。

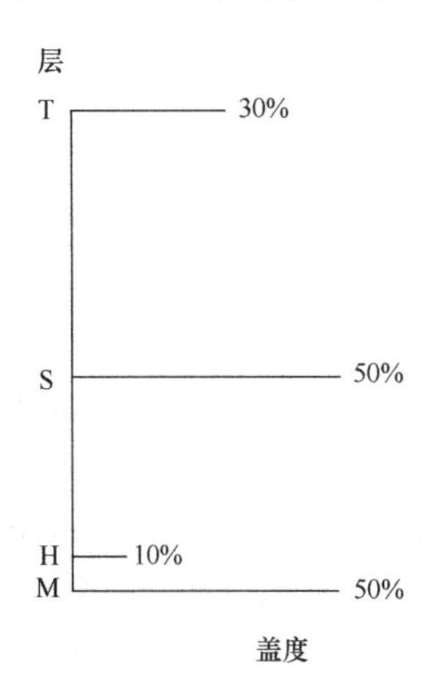

图3-5　石蕊偃松兴安落叶松疏林的层次结构图解

T. 乔木层；S. 灌木层；H. 草本-半灌木层；M. 苔藓、地衣层

（三）藓类灌木兴安落叶松林型组的塔藓东北赤杨兴安落叶松林的生活型组成、层次及其层片结构

塔藓东北赤杨兴安落叶松林为大兴安岭山地寒温性针叶林带中，山地上部寒温性针叶林亚带的典型植被。该类型一般占据海拔较高的地域，从北向南逐渐升高，多分布在820～1100m至1050～1380m，为大兴安岭最冷湿的地域，在外貌和组成上具有阴暗针叶林（云杉、冷杉林）的特征。与水平分布在高纬度地区东西伯利亚的“中部明亮和阴暗针叶林”（中部泰加林）相似。其主要特征是：乔木层除兴安落叶松为单优势外，常混生有少量散生花楸（*Sorbus pohuashanensis*）和乔木状的岳桦。这两种阔叶树是阴暗针叶林（云杉、冷杉林）内常见的伴生阔叶树种。

1. 塔藓东北赤杨兴安落叶松林的生活型组成

此类兴安落叶松林较更高海拔的偃松兴安落叶松林的环境条件有所改善，植物种类有所增加，据初步统计，常见的组成植物有63种，其中维管束植物47种，苔藓、地衣

16 种。优势植物为兴安落叶松、东北赤杨、越橘和塔藓。其生活型谱和叶级谱见图 3-6 和图 3-7。

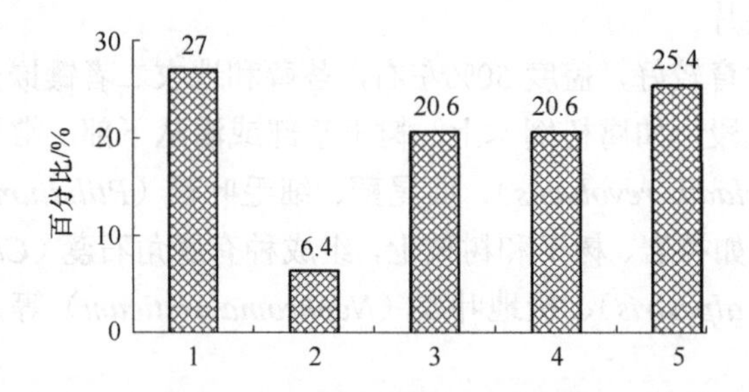

图 3-6　塔藓东北赤杨兴安落叶松林的生活型谱

1. 高位芽植物；2. 地上芽植物；3. 地面芽植物；4. 地下芽植物；5. 苔藓、地衣

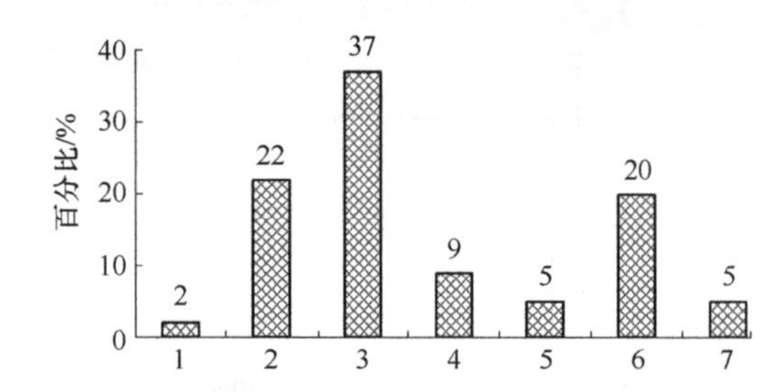

图 3-7　塔藓东北赤杨兴安落叶松林的叶级谱

1. 大型叶；2. 中型叶；3. 小型叶；4. 微型叶；5. 细型叶；6. 鳞型叶；7. 叶状枝植物

由图 3-6 可以看出，塔藓东北赤杨兴安落叶松林的优势生活型为高位芽植物。其中落叶针叶大高位芽植物种类系数虽然较落叶阔叶高位芽植物低，但盖度大，仍处于优势地位。苔藓的种类系数也很大，显示出本类型生境阴湿的特点。地面芽和地下芽植物也占有较大的比例。地上芽植物最少。

由图 3-7 可知，本类型中仍是小型叶植物所占比例最大，与上一植被垂直带的显著区别是，中型叶植物所占比例增加了 1 倍以上，并出现了大型叶植物。

2. 塔藓东北赤杨兴安落叶松林的层次及层片结构

此类兴安落叶松林可分为乔木层、灌木层、草本-半灌木层和苔藓、地衣层。与石蕊、偃松、兴安落叶松林比较，灌木层发育较差。

乔木层的盖度在 60%左右，主要是由兴安落叶松构成的落叶针叶中高位芽植物层片构成，其次尚有由白桦构成的落叶阔叶中高位芽植物层片。花楸和岳桦混生其间。林下常有耐阴树种——红皮云杉的更新幼苗。

林下灌木稀疏，常不能连续成层，盖度常在 40%或以下，主要种类组成是以东北赤杨为主的落叶阔叶小高位芽植物层片和以扇叶桦、兴安蔷薇、珍珠梅等构成的落叶阔叶矮高位芽植物层片。在海拔较高地段尚有常绿针叶小高位芽植物偃松混生，在低湿处常有落叶阔叶矮高位芽植物伏生茶藨子、水葡萄茶藨子、越橘柳等分布。

草本-半灌木层主要是由以杜香为主的常绿细叶地上芽植物层片和以小叶樟、兴安野青茅、小叶芹、东方草莓等组成的草本地面芽植物层片所构成，另外还有由越橘、林奈草、红花鹿蹄草等组成的常绿地上芽植物层片，盖度约 40% 。地下芽植物有舞鹤草、七瓣莲、小斑叶兰、三叶鹿药、唢呐草和地面芽植物深山露珠草（*Circaea caulescens*）等阴暗针叶林内的典型下草混生其间。蕨类地下芽植物冷蕨（*Cystopteris fragilis*）、鳞毛羽节蕨（*Gymnocarpium dryopteris*）、石松、杉曼石松也经常出现，这也反映出了冷湿环境的特点。

林下藓类植物层片充分发育，盖度达 45%以上，主要组成种类是阴暗针叶林下典型的多种藓类植物，并以塔藓为标志。在树枝上附生有大量黑树发。在局部湿度较大的林内，树枝还附生松萝（*Usnea longissima*）、破茎松萝（*Usnea diffracta*），这些特征的出现，足以说明塔藓东北赤杨兴安落叶松林是兴安落叶松林分布区中最湿润的类型。

本林型层次结构图解呈 E 形，均匀发育的乔木层、灌木层、草本层和苔藓层是其特点（图 3-8）。

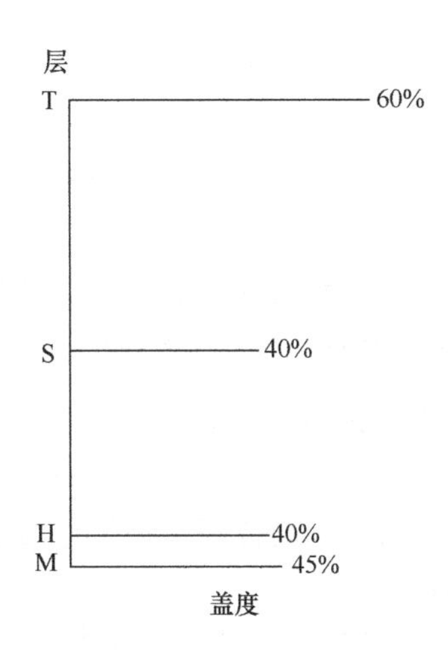

图 3-8　塔藓东北赤杨兴安落叶松林层次结构图解

T. 乔木层；S. 灌木层；H. 草本-半灌木层；M. 苔藓、地衣层

（四）杜鹃兴安落叶松林型组的兴安杜鹃兴安落叶松林的生活型组成、层次及其层片结构

兴安杜鹃兴安落叶松林型组为大兴安岭山地寒温性针叶林带中，山地中部寒温性针叶林亚带的典型植被，是构成大兴安岭植被的主要森林类型。分布高度为 450～820m 至 600～1050m，在外貌和组成上，与水平分布在高纬度的东西伯利亚的“南方明亮针叶林”（南方泰加林）相近。气候特点是夏季干热、冬季严寒，个别年份可发生中等干旱，土壤为典型的棕色森林土，土层较薄，透水性良好。群落特征是：结构简单，林下草本植物与藓类不发达，下木以具旱生形态的兴安杜鹃为主，其次为杜香、越橘和笃斯越橘等，并在乔木层中常混生樟子松，特别是在此亚区的西北部阳坡，樟子松分布很普遍，甚至形成小面积的樟子松纯林与兴安落叶松镶嵌。

1. 兴安杜鹃兴安落叶松林的生活型组成

此类兴安落叶松林多占据阳坡、半阳坡或分水岭上。常见的组成植物可达 67 种，其中维管束植物 52 种，苔藓、地衣 15 种。该类型的生活型组成及叶级谱见图 3-9 和图 3-10。

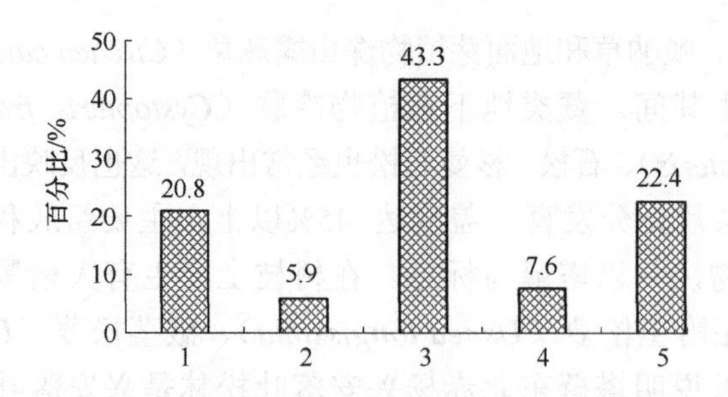

图 3-9　兴安杜鹃兴安落叶松林生活型谱

1. 高位芽植物；2. 地上芽植物；3. 地面芽植物；4. 地下芽植物；5. 苔藓、地衣

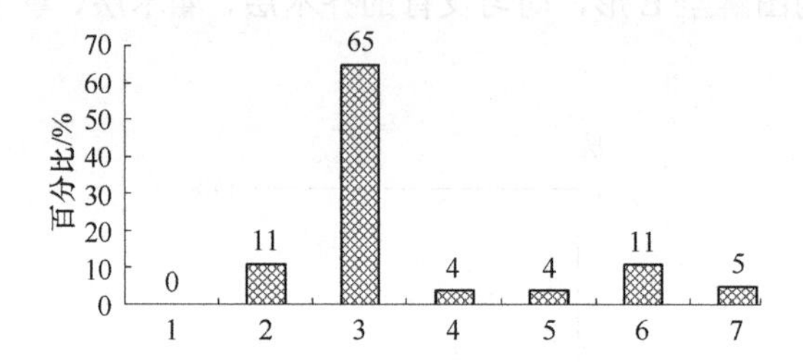

图 3-10　兴安杜鹃兴安落叶松林组成植物的叶级谱

1. 大型叶；2. 中型叶；3. 小型叶；4. 微型叶；5. 细型叶；6. 鳞型叶；7. 叶状枝植物

由图 3-9 可见，构成本类型的优势生活型是地面芽植物，其次是苔藓、地衣植物，高位芽植物排在第 3 位。由于高位芽植物盖度大，而苔藓、地衣植物总盖度低，不能连续成层。因此在群落中，地面芽植物和高位芽植物为重要组成部分。地上芽植物种类系数排在第 4 位，仅处于附属地位。

从组成该类型的叶级谱（图 3-10）可以看出，该类型是以小型叶植物为主，中型叶、鳞型叶植物次之，细型叶与微型叶植物再次之，没有大型叶植物，这些特征可反映出其生境干冷的特点。

2. 兴安杜鹃兴安落叶松林的层次及层片结构

兴安杜鹃兴安落叶松林可分为乔木层、灌木层、草本层与苔藓、地衣层。其中草本层和苔藓、地衣层发育不良。

乔木层由兴安落叶松组成的落叶针叶中高位芽植物层片所构成，有时混生有少量的以白桦为主的落叶阔叶中高位芽植物层片和由樟子松组成的常绿针叶中高位芽植物层片，乔木层总盖度 60%。

灌木层极发达，盖度 80%。优势层片为由兴安杜鹃组成的常绿阔叶矮高位芽植物层片。其他灌木的种类和数量依林下光照条件的不同而异。在林分郁闭度大的小生境中几无兴安杜鹃分布，仅有落叶阔叶矮高位芽植物黑果茶藨子等零星分布。在光照充足的生境中则兴安杜鹃形成密集的灌丛，其间混有少量的落叶阔叶矮高位芽植物，如大叶蔷薇、绣线菊（*Spiraea media*）、金老梅、小叶杜鹃（*Rhododendron parvifolium*）等。在局部较低湿的环境中还有喜湿的落叶阔叶矮高位芽半灌木杜香、兴安柳（*Salix hsinganica*）、越橘柳（*Salix myrtilloides*）。

草本层发育不良，盖度 30%或以下，但向草类林型过渡的草类、杜鹃、兴安落叶松林型，其草本层盖度可在40%以上。草本地面芽植物层片为优势层片，主要由矮山黧豆、贝加尔野豌豆、齿叶风毛菊（*Saussurea amurensis*）、各种沙参（*Adenophora* spp.）等组成。其次还有以越橘、红花鹿蹄草、纯叶单侧花（*Orthilia obtusata*）组成的常绿地上芽植物层片。在阴湿的生境中有以舞鹤草、铃兰、小黄灰菜（*Hemerocallis minor*）等植物种类组成的草本地下芽植物层片。

苔藓、地衣层发育不良，虽种类多但盖度低，不能连续成层。常见种有毛梳藓（*Ptilium crista-castrensis*）、曲背藓（*Oncophorus wahlenbergii*）等。

本林型层次结构图解呈中长E形，以突出发育的杜鹃层片为其特点（图3-11）。

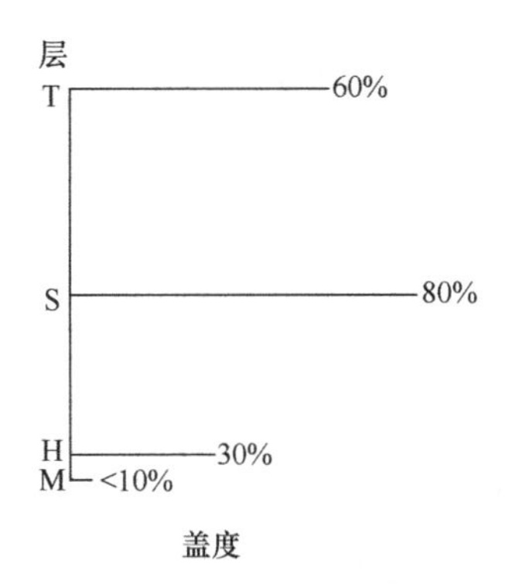

图3-11　兴安杜鹃兴安落叶松林层次结构图解
T. 乔木层；S. 灌木层；H. 草本层；M. 苔藓、地衣层

（五）蒙古栎兴安落叶松林型的生活型组成层次及其层片结构

蒙古栎兴安落叶松林是大兴安岭森林垂直带的基带——山地下部寒温性针叶林亚带的典型植被，同时也是大兴安岭的水平地带性植被。分布在低海拔区域（450～600m），多集中分布在地势较低的东南部。由于在群落组成、结构、外貌上深受相毗邻的小兴安岭温带针阔叶混交林的影响，加上气候条件较好，形成大兴安岭范围内最适于植物生长、发育的有利条件。主要特征是在以兴安落叶松为单优势的林内，常混生一些温性阔叶树种，以较耐旱的蒙古栎、黑桦为主，其次为山杨、紫椴、水曲柳、黄檗等，这些阔叶树种一般数量不多，生长不良，构成第二层林冠，除此之外，林下灌木和草本植物中也同样混生着一些温性植物；林内尚有少量藤本植物，这些藤本植物的出现，说明这类兴安落叶松林具有接近温性的特点。

1. 蒙古栎兴安落叶松林的生活型组成

此类兴安落叶松林的植物种类较上亚带兴安杜鹃兴安落叶松林丰富。据初步统计，仅维管束植物就可达 100 种。构成此类兴安落叶松林的主要生活型为地面芽植物（图3-12）。值得指出的是，虽然高位芽植物种类系数居第 2 位，但其盖度较大，因此仍不失为优势成分。草本地下芽植物居第3位。地上芽植物较少，反映出近似温带地区的气候特点。

此类兴安落叶松林是以小型叶植物最丰富，中型叶植物次之，鳞型叶植物居第3位，微型叶植物很少，无巨型叶、大型叶植物（图3-13）。

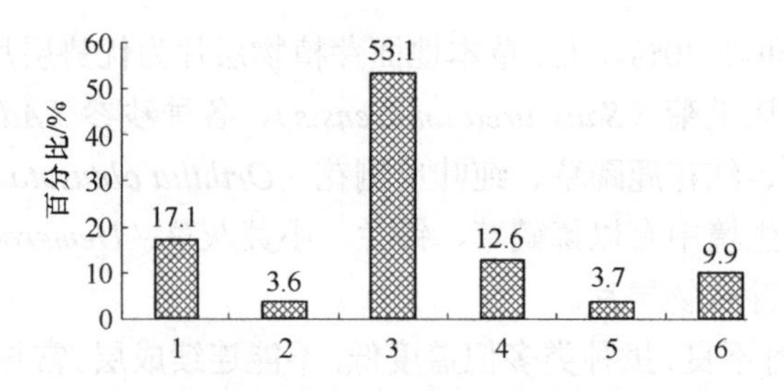

图 3-12　蒙古栎兴安落叶松林的生活型谱

1. 高位芽植物；2. 地上芽植物；3. 地面芽植物；4. 地下芽植物；5. 藤本植物；6. 苔藓、地衣

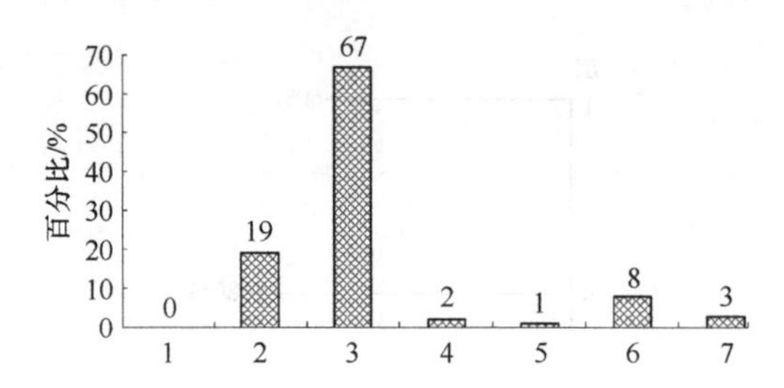

图 3-13　蒙古栎兴安落叶松林组成植物的叶级谱

1. 大型叶；2. 中型叶；3. 小型叶；4. 微型叶；5. 细型叶；6. 鳞型叶；7. 叶状枝植物

2. 蒙古栎兴安落叶松林的层次及层片结构

蒙古栎兴安落叶松林为以兴安落叶松为主，但混生一定数量落叶阔叶树的混交林。可分为乔木层、灌木层、草本层，几无苔藓、地衣层。该森林类型中的灌木层不甚发育。

乔木层总盖度 60%，主要由兴安落叶松为主的落叶针叶中高位芽植物层片和以蒙古栎为主的落叶阔叶中高位芽植物层片所构成。

灌木层不甚发育，盖度 30%以下。由单一的矮高位芽植物层片所构成。主要植物有胡枝子，同时混生有兴安杜鹃、兴安蔷薇、大叶蔷薇等。并有层间藤本植物林地铁线莲（*Clematis brevicaudata*）、大萼铁线莲（*Clematis macropetala*）、西伯利亚铁线莲及五味子出现。

草本层发育充分，盖度可达 60%或以上。以草本地面芽植物层片为优势层片。组成种类常因生境变化而不同。在中生生境内，单花鸢尾、大叶野豌豆、关苍术、宽叶山蒿等集中分布。在较干燥地段有羊胡子薹草、兴安白头翁（*Pulsatilla dahurica*）、土三七（*Sedum aizoon*）、兴安石防风、山菊（*Chrysanthemum zawadzkii*）、岩败酱（*Patrinia rupestris*）、鸦葱（*Scorzonera glabra*）、白藓等耐旱植物，在局部较湿润地段上，有蚊子草、升麻、小黄花菜、鸡腿堇菜等大量生长。草本地下芽植物层片为草本层的次优势层片，主要由耐阴的舞鹤草、山茄子（*Brachybotrys paridiformis*）、斑叶杓兰（*Cypripedium guttatum*）、棋盘花等构成。另外还有以越橘、红花鹿蹄草等植物组成的常绿地上芽植物层片，以及混生其间的少量蕨类地下芽植物。

苔藓、地衣植物数量较少，仅处于附属地位。

本林型层次结构图解呈 E 形，但地被层是由草本层构成，苔藓层不发育。灌木层不甚发育及缺少苔藓层是反映本林型较干旱生境的特征（图 3-14）。

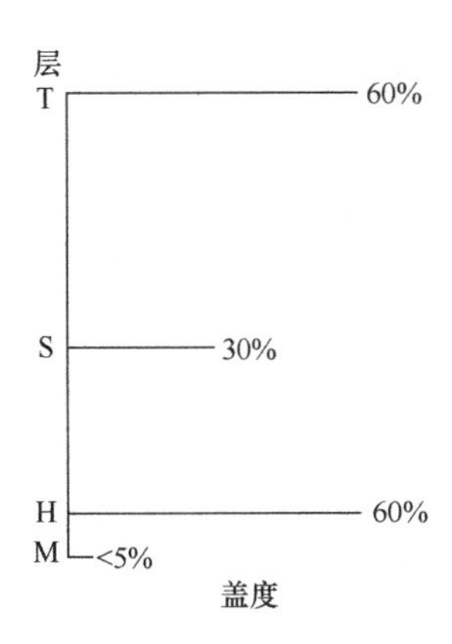

图 3-14　蒙古栎兴安落叶松林层次结构图解

T. 乔木层；S. 灌木层；H. 草本层；M. 苔藓、地衣层

三、寒温带针叶林不同植被垂直带（亚带）典型植被植物生活型及其层片结构特征比较

按照 Raunkiær 的生物气候观点，在不同气候带内的植物群落具有一定的特点，在同一地带的山地上，由于海拔不同而引起了水热条件的差异，因此各植被垂直带内主要植物群落的结构特点也是逐渐变化的。这些差异表现，进一步反映出植物与环境之间及各种植物之间的特殊关系。以下拟从生活型、各类叶型植物所占的比例及层片结构等方面进行综合比较分析，以探讨各特征在各带（亚带）之间的变化规律。

（一）不同植被垂直带（亚带）典型植被生活型比较

寒温带针叶林生活型组成的主要特征是无一年生植物。一年生植物缺乏的原因在于寒温带针叶林分布区的热量较低，生长期较短，一年生植物难于完成正常的生活史。其主要生活型为地面芽植物，高位芽植物占有一定的比例。在各类叶型植物所占比例中，以小叶型植物为主，中叶型植物次之，大叶型植物少见。这些主要特征充分反映了寒温带针叶林分布地域比较寒冷的气候特点。

综合比较各植被垂直带（亚带）典型植被的生活型谱（图 3-15），可以概括出各典型植被之间生活型变化的一般规律。①高位芽植物的种类系数以分布在大兴安岭高峰顶上的亚高山矮曲林最低，而且这些高位芽植物全为矮高位芽和小高位芽植物。紧接亚高山矮曲林带的寒温性针叶疏林带的偃松兴安落叶松林，因分布区的海拔降低，气候条件得到改善，高位芽植物所占比例明显提高，到此带分布于亚高山矮曲林带的一些矮、小高位芽植物已转为中高位芽植物，只是因所处的海拔位置仍比较高，气候比较严酷，一些乔木树种还很难生长到应达到的高度。山地寒温性针叶林带中的 3 个亚带之间，随着海拔的降低，高位芽植物的种类系数有所下降，其原因在于这几个亚带中的地面芽植物的种类急剧增加。②地上芽和苔藓、地衣的种类系数均是以亚高山矮曲林带最高，随着海拔的降低呈现逐渐下降的趋势。③地面芽植物的种类系数以山地寒温性针叶林带中的山地中、下部寒温性针叶林亚带的群落最大，而其他 3 个植被垂直带（亚带）种类系数之间的差异较小。④地下芽植物的种类系数是以山地上部寒温性针叶林带的群落较大，其他各植被带（亚带）之间的差异较小，变化趋势不很明显。

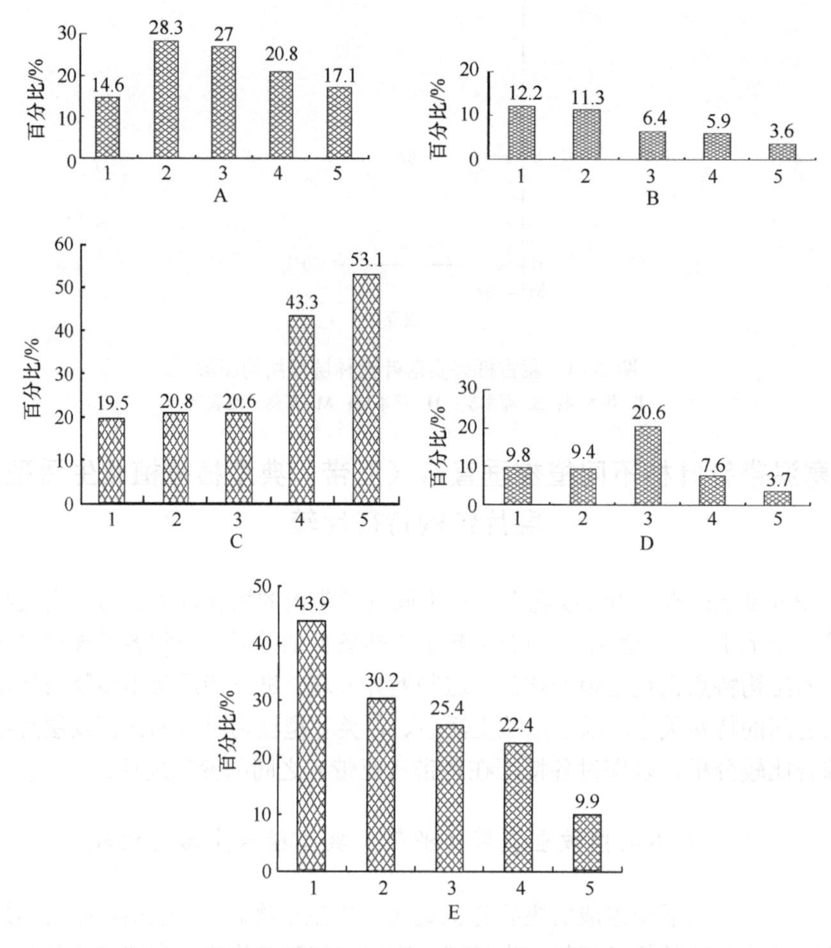

图 3-15　寒温带各植被垂直带（亚带）生活型组成成分比较

A. 高位芽植物比较；B. 地上芽植物比较；C. 地面芽植物比较；D. 地下芽植物比较；E. 苔藓、地衣比较

1. 偃松矮曲林；2. 石蕊偃松兴安落叶松林；3. 塔藓东北赤杨兴安落叶松林；4. 兴安杜鹃兴安落叶松林；5. 蒙古栎兴安落叶松林

（二）不同植被垂直带（亚带）典型植被组成植物的叶型比较

植物不仅可以通过改变生活型来适应环境的变化，而且也可以通过改变叶型来减少与恶劣环境的接触。不同的气候带有其代表性的叶级谱，而不同植被带（亚带）之间，因气候条件的不同，叶级谱也不尽相同。为了便于总结寒温性针叶林的叶级谱特征，以及总结不同植被垂直带（亚带）叶子大小变化的规律性，我们采用同生活型比较一致的处理方法，绘制了不同植被垂直带（亚带）典型植被各叶植物所占比例的比较图（图 3-16）。

由图 3-16 可以概括出寒温带针叶林组成植物叶级谱的一般特征是以小型叶植物种类最为丰富，中型叶植物次之，微型叶植物、细型叶植物、鳞型叶植物及叶状枝植物相对较少，大型叶植物仅在极个别的类型中出现，而且所占比例极小，缺乏巨型叶植物。

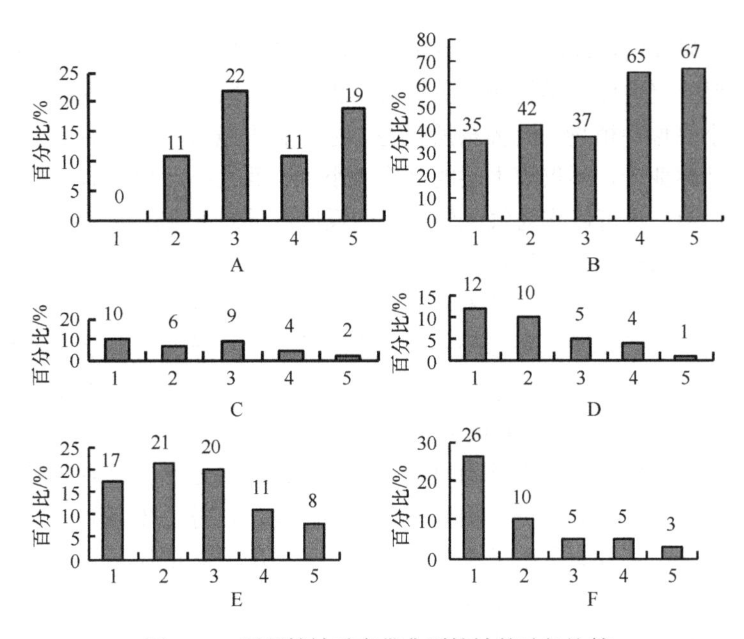

图 3-16 不同植被垂直带典型植被的叶级比较

A. 中型叶植物比较；B. 小型叶植物比较；C. 微型叶植物比较；D. 细型叶植物比较；E. 鳞型叶植物比较；F. 叶状枝植物比较

1. 偃松矮曲林；2. 石蕊偃松兴安落叶松林；3. 塔藓东北赤杨兴安落叶松林；4. 兴安杜鹃兴安落叶松林；5. 蒙古栎兴安落叶松林

比较各植被垂直带（亚带）同一类叶型植物所占比例的大小，可以概括出植物叶型从高海拔到低海拔的变化趋势：①分布在大兴安岭高峰顶上的偃松矮曲林中缺乏中型叶植物，随着海拔的降低，中型叶植物所占比例增大，但自山地上部寒温性针叶林亚带以下各亚带，中型叶植物又略有减少；②小型叶植物所占比例是以偃松矮曲林最小，随着海拔的降低而呈现出逐渐增加的趋势；③微型叶植物、细叶型植物、鳞叶型植物及叶状枝植物所占比例大小的变化趋势与中型叶植物和小型叶植物的变化趋势相反，均是以位于高海拔地段的偃松矮曲林最大，随着海拔的降低而呈现出逐渐减小的趋势。

（三）不同植被垂直带（亚带）典型植被层片结构特征比较

作为寒温带针叶林不同植被垂直带典型植被层片结构的比较特征，可以概括为以下几个方面。

从构成乔木层的植物层片来看，亚高山矮曲林是以缺乏大、中高位芽植物层片，即缺乏乔木层为其特点。山地寒温性针叶疏林带和山地寒温性针叶林带中只有中高位芽植物层片，而作为寒温性针叶林带中 3 个亚带的区别特征，主要表现是山地上部和山地中部寒温性针叶林中尚有白桦、花楸等组成的落叶阔叶中高位芽植物层片，山地下部寒温性针叶林中的落叶阔叶中高位芽植物层片的组成树种主要是以蒙古栎为主。

构成灌木层的植物层片结构，在各垂直带（亚带）之间的差异也是非常明显的，主要表现是：山地上部寒温性针叶林带以上是由小高位芽植物层片构成的大灌木层片占优势，一般均在 2m 以上，山地中部寒温性针叶林带以下小高位芽植物层片的盖度已极小，灌木层主要由 1～1.5m 的矮高位芽植物层片所构成。进一步分析各植被垂直带（亚带）

的层片结构，结果表明，最高海拔地段是以灌木状的偃松为主，属于常绿针叶小高位芽植物，是可引起一定生理干旱的冷湿生境的产物；至山地上部寒温性针叶林亚带渐次为中型叶的阔叶小高位芽植物东北赤杨所代替，标志着生境条件湿度的增加；向下至山地中部寒温性针叶林亚带，不仅灌木层的高度减小了，而且小叶型、革质旱生形态的阔叶灌木在其中占优势，这可以作为气候较干旱的反应；再向下至山地下部寒温性针叶林带以中型叶落叶阔叶矮高位芽植物占优势，这与气温转暖有关。

构成各植被垂直带（亚带）草本（半灌木）层的植物层片之间也存在一定的差异。最大差异是是否有半灌木的杜香参与此层，这是反映不同群落类型土壤湿度和潜育化过程的重要区别。常绿地上芽植物层片的存在，是寒温带针叶林区草本（半灌木）层的一大特点。这一层片的发育状况与海拔关系极密切。其表现为随着海拔升高其优势越明显，但真正形成一个明显的常绿地上芽植物层片是从山地中部寒温性针叶林带开始的。组成常绿地上芽植物层片的主要成分，如兴安杜鹃、越橘、杜香、林奈草、岩高兰等皆系欧洲冰期时代的植物，并且大多属于典型的具旱生形态的冷湿植物。另外的表现是植物的高度和盖度，均呈现出由下而上渐次减小的趋势。

苔藓植物层片的分布中心在山地上部寒温性针叶林亚带，盖度最大，一般可形成连续的一层，厚度可达 5～10cm，这与所处地带空气冷湿有关，在此带以下则基本上不形成一层。地衣层片分布的中心在高海拔的亚高山矮曲林带，其中各种石蕊（*Cladomia alpeum*，*C. gracilis* f. *subpellucida*，*C. amauroraea*）皆系北极区系成分。这种分布规律与高海拔地带温度特别低、土层瘠薄、裸岩遍布的特点相一致，向下则随土层的增厚，裸岩分布渐少，地衣的优势渐为苔藓乃至草本植物所取代。

藤本植物分布极少是寒温带针叶林区各植被垂直带（亚带）的共同特点，分布较普遍的只有两种近草本状的铁线莲（*Clematis serratifolia*，*C. sibiricum*），偶见五味子等。但仅出现在山地中、下部寒温性针叶林带中。

第三节　中国温带针阔叶混交林区域主要森林群落的生活型组成层次及层片结构

一、中国温带针阔叶混交林的地理分布及自然概况

温带针阔叶混交林分布区域包括中国东北、苏联远东的阿穆尔州和沿海地区，以及朝鲜半岛北部地区，中国是其分布中心。在地理上，位于北纬 40°15′～50°20′，东经 126°～135°30′。中国的温带针阔叶混交林主要分布在东北平原以北、以东的广阔山地，南端以丹东和沈阳一线为界，北部延至黑龙江以南的小兴安岭山地。林内的植物种类丰富，并且有不少特有种和孑遗种，地带性植被是以红松（*Pinus koraiensis*）为主的温性针阔叶混交林。

温带针阔混交林分布的区域广大，境内山峦重叠，地势起伏显著。山区地形比较复杂。主要山脉包括小兴安岭、完达山、张广才岭、老爷岭及长白山等。这些山脉大多不超过海拔 1300m，从全区域地势来看，以长白山主峰（白云峰，海拔 2691m）周围的山

地最高，向北或向南逐渐降低。

中国的温带针阔叶混交林分布区，因东临日本海，加之山地地形对来自太平洋的海洋湿气有致雨作用，降水相当丰富。气候温和湿润，具有海洋型（湿润型）温带季风气候特征。分布区域内大部分地区的年积温在2000～3000℃，由于所处纬度较高，因此年平均气温较低，各地1月平均气温均在0℃以下，7月平均气温多在20℃，冬季长而夏季短，冬季长达5个月以上。最低温度多在–35～–30℃，无霜期125～150天，年降水量为500～1100mm。

随着地形、纬度和距海洋远近的不同，气候条件也有一定的差异，总的表现是：雨量分布自南向北递减，无霜期自南向北逐渐缩短。

由于温带针阔叶混交林分布区在中国境内跨越的纬度幅度较大，垂直分布范围广，生境条件变化显著，与此相对应的情况是，各建群层片的伴生种（次优势种）和标志种有着明显不同。例如，在温带针阔叶混交林分布区的东北部，由于紧接“欧亚针叶林区域”的寒温带针叶林，其主要树种为云杉、冷杉和落叶松，因此在温带针阔叶混交林内往往有冷杉、云杉亚层分布，或有冷杉、云杉和落叶松散生其间，纬度越偏北，分布数量越多。更由于局部地形变化，如山地阴坡、平湿地、窄河两岸，以及谷间低湿地等处，气候既冷又湿，且常有永冻层存在，已接近于寒温带的自然条件，则形成小面积寒温性针叶林，镶嵌在温性针阔叶混交林之间。若在山地，则构成垂直分布带谱中的山地寒温性针叶林带。在南部地区，还有沙冷杉及少量的紫杉和朝鲜崖柏，并且有紫椴、枫桦、水曲柳、千金榆、核桃楸及多种槭树等阔叶树种。

温带针阔叶混交林分布区内的植被垂直带谱比较明显，表现出纬度越低，山体越高大，其植被垂直分布带谱越完整；纬度越高，山体越矮小，其植被垂直分布带谱越简单；位于中朝边境的长白山主峰，地处分布区的南端，山体高大，其垂直带谱具有完整性和代表性，分布区北部的各山峰均低于长白山主峰。在中国东北东部山地，植被垂直分布规律如表3-2所示。

表3-2 温带针叶阔叶混交林区域各垂直带（亚带）及其典型植被在各山峰的分布规律

垂直带	亚带	典型植被	海拔/m		
			小兴安岭（高台山）1160 46°48'N 128°50'E	张广才岭（大秃顶子）1760 44°40'N 128°15'E	长白山（白云峰）2691 41°59'N 128°05'E
高山冻原带		高山冻原	—	—	2100以上
亚高山矮曲林带		岳桦（偃松）矮曲林	1100～（1160）	1500～（1760）	1800～2100
山地寒温性常绿针叶林带	山地上部寒温性常绿针叶林亚带	臭冷杉鱼鳞云杉林*	800～1100	1100～1500	1400～1800
	山地下部寒温性常绿针叶林亚带	鱼鳞云杉红皮云杉臭冷杉红松林	700～800	900～1100	1100～1400
山地针阔叶混交林带	山地上部针叶落叶阔叶混交林亚带	紫椴枫桦红松林*	<700	<900	700～1100
	山地下部针落叶阔叶混交林亚带	红松沙松千金榆林	—	—	<700

注：根据《中国植被》（1980年）

*为了全文统一，本文作者对典型植被的名称，做了一些小的改动

二、中国温带针阔叶混交林的生活型组成、层次及其层片结构

中国温带针阔叶混交林中的植物，在对其综合生境条件的长期适应过程中，形成了与其他地区不同的生活型谱，在该分布区域中，生存于不同环境条件下的群落其生活型组成、层次和层片结构的特点也非常明显。为了揭示温带针阔叶混交林的植物生活型特点，以及不同群落类型之间、群落与环境之间的关系，本节中对温带针阔叶混交林分布区南缘的长白山和北缘的小兴安岭地区的植被进行了重点研究。

（一）高山冻原植被的生活型组成、层次及层片结构

冻原（tundra）分布在北半球森林线与雪线之间，以北极或北极-高山植物区系成分为主，由低矮灌木、草本植物、苔藓、地衣构成的一种植被类型。在北极地区呈环带状分布，在北半球中纬度地区有少量高山冻原或山地冻原分布，在中国的长白山和阿尔泰山有高山冻原分布。长白山高山冻原位于欧亚大陆冻原分布的南缘。

冻原植被的显著特征之一，是群落内苔藓植物十分发达。苔藓植物在冻原植被中常常成为群落的建群种或共建种。苔藓植物的种类数目有时超过同一地区维管植物的种类数目。因此，有些研究者将冻原称为苔原，以便突出苔藓植物在冻原植被中的地位。

高山冻原在起源上与北极冻原有着密切的亲缘关系。在第四纪冰期，由于气候逐渐变冷，北极冻原被迫向南迁移。在第四纪末之后的间冰期，随着气候的逐渐转暖，南迁的北极冻原又向北回退，或在山区向高海拔地带退缩。长白山高山冻原正是第四纪冰期南迁的北极冻原，在第四纪冰期之后的间冰期（大约距今 12 000 年）向北回退时遗留在长白山的北极冻原“片断”发展而成。

长白山的高山冻原植被分布于海拔 2000m 以上地带，所处的环境条件非常严酷。主要特点是冬季严寒持久，无霜期短，降水量大，风云无常，一日数变，冬季积雪甚厚，盛夏之日在阴坡的低洼处尚有雪斑。据长白山多年的气象资料统计，长白山顶峰年平均温度仅–7.3℃，无霜期 53 天。7～8 月最热，平均温度为 8.5℃，极端低温曾达到–44℃（1965 年 12 月 15 日），为吉林省的低温中心。年降水量超过 1000mm，为中国东北地区之冠。冬季积雪常达 1m 左右，山顶封雪时间长达 8 个月之久，8 级以上大风日经常出现；在这样严酷的生态条件下，大多数乔木树种已难以生存，仅在个别山沟避风处有单株矮曲乔木生长，从而形成了广阔的无林地带。

1. 高山冻原植被的生活型组成

根据多年的植被调查资料进行统计，现初步查明，组成长白山高山冻原植被的维管束植物有 167 种（亚种、变种、变型），隶属 102 属 35 科（表 3-3）。

将组成长白山高山冻原植被的植物种类，按 Raunkiær 的生活型分类系统和叶级分类系统进行生活型和叶级分类，而后制成的生活型谱和叶级谱如 3-17 所示。

由图 3-17 可以看出，长白山高山冻原植物的生活型中缺少高位芽植物，在实际调查中发现，虽然可以看到鱼鳞云杉和东北赤杨等乔木树种，但它们都不能正常生长，而

表 3-3 长白山高山冻原带植物种属一览表（钱家驹等，1980）

类别	科数	属数	种数
蕨类植物	3	3	8
裸子植物	2	4	4
被子植物	30	95	155
合计	35	102	167

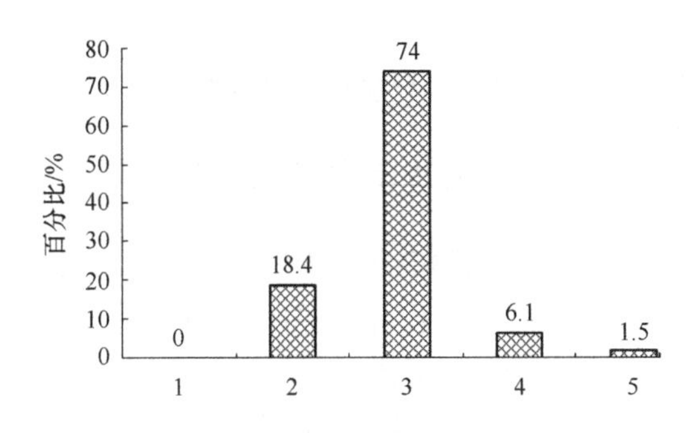

图 3-17 高山冻原的生活型谱

1. 高位芽植物；2. 地上芽植物；3. 地面芽植物；4. 地下芽植物；5. 一年生植物

呈灌木状。组成长白山高山冻原植物的生活型是以地面芽植物种类最为丰富，其次是地上芽植物和地下芽植物，一年生植物种类较少。需要指出的是，在组成长白山冻原植被的生活型谱中，虽然地面芽植物种类所占比例最大，但是对整个冻原植被景观起主导作用的是地上芽植物。

在高山冻原植被中，地衣、苔藓也较发达，在海拔 2300m 以下，灌木生长密集的地段，这些地衣苔藓分布在灌木层下边，随着海拔升高，灌木层盖度减少，地衣和苔藓在植被总盖度中的比例也逐渐增加，局部地段几乎形成单优群落，总盖度可达 100%。因缺乏详细的调查资料，未纳入生活型谱的计算中。

由图 3-18 可知，在长白山高山冻原植被中，缺乏大型叶植物，以微型叶植物种类最丰富，其次是小型叶植物，倒数第 2 位的是细型叶植物，最少的是中型叶植物。

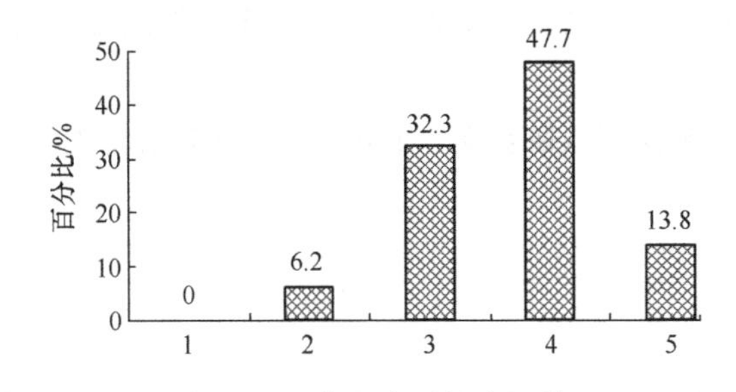

图 3-18 高山冻原的叶级谱

1. 大型叶；2. 中型叶；3. 小型叶；4. 微型叶；5. 细型叶

2. 高山冻原植被的层次及层片结构

高山冻原植被的成层现象不很明显，虽然构成高山冻原的植物生活型多种多样，但它们的高度差别很小，一般仅有 1 层。

高山冻原植被的建群层片是以小灌木为主的地上芽植物层片。该层片的组成种类较多，由于它们的生态特性存在一定的差异，因此在不同的生境下，其优势成分有所变化，在海拔2000～2100m及以上，建群层片的建群种主要是杜鹃花科植物，在一些地形微洼、土壤湿度条件比较良好的局部生境下，牛皮杜鹃（*Rhododendron aureum*）和松毛翠（*Phyllodoce caerulea*）为群落的优势种，在海拔2300m以上，云间杜鹃（*Rhododendron redowskianum*）为分布最广的植物，它们可以与不同种类的小灌木形成群落。

群落的次优势层片为草本地面芽植物层片。组成草本地面芽植物层片的种类丰富，优势度亦大，主要优势种为长白棘豆（*Oxytropis anertii*），分布也很普遍。

（二）岳桦矮曲林的生活型组成、层次及层片结构

在温带针阔叶混交林区域，岳桦矮曲林是分布在山地海拔最高地段的森林类型之一，它的垂直分布上限亦即森林的上限。在长白山，该森林的上部为高山冻原植被带。

岳桦（*Betula ermanii*）是一种落叶乔木，分布在中国东北部山区及苏联的远东地区，朝鲜北部和日本。在山地分布的海拔，呈现出随纬度的向北推移而逐渐下降的趋势。例如，在长白山可分布到海拔2100m，到苏联的锡霍特-阿林中部地区则降为900m，再往北到苏联更北的地区则下降到450m。

在岳桦分布地带常常有偃松伴生。偃松是一种分布在森林上限的多主干呈灌木状的针叶树种，在岩崖或林木极疏处多呈灌丛状态，在有些地段也能形成小片偃松群落并与岳桦林交错分布，这种现象在小兴安岭和张广才岭分布比较普遍，而在长白山地区罕见。

岳桦矮曲林分布地带的主要环境特点是：气温低且湿度大，风力强盛。因气候条件严酷，不适宜于高大乔木的生存，仅有以岳桦为优势的树木生长在这里，并且呈主干扭曲、丛生的灌木状态。在长白山，因海拔较高，岳桦矮曲林的特征突出，而在小兴安岭、张广才岭岳桦矮曲林的特征不明显，在这些地区，因海拔较低，尚未达到岳桦分布的上限，岳桦仍为乔木状态。

1. 岳桦矮曲林的生活型组成

考虑到长白山岳桦矮曲林特征最为明显，以下我们仅以长白山岳桦矮曲林为例，揭示其生活型组成特征。

根据实地调查的植被资料（陈灵芝，1963），绘制的植物生活型和叶级谱见图3-19和图3-20。

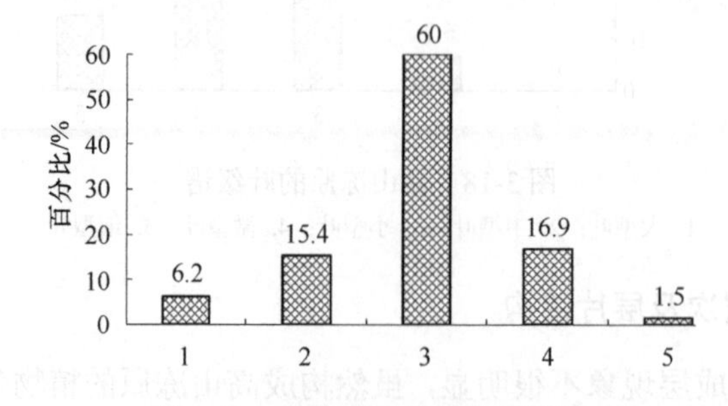

图3-19　岳桦矮曲林的生活型谱

1. 高位芽植物；2. 地上芽植物；3. 地面芽植物；4. 地下芽植物；5. 一年生植物

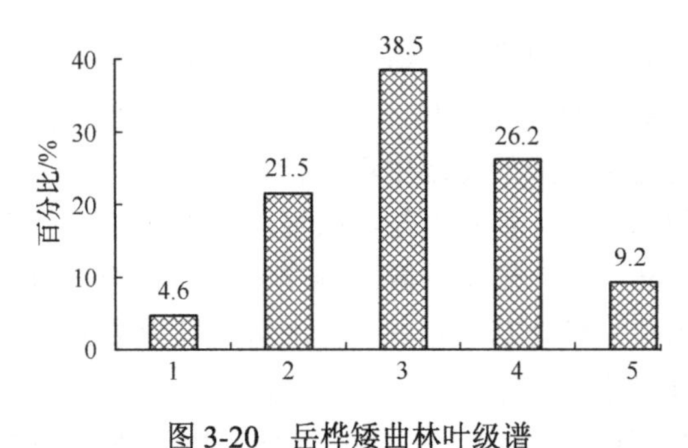

图 3-20　岳桦矮曲林叶级谱

1. 大型叶；2. 中型叶；3. 小型叶；4. 微型叶；5. 细型叶

从图 3-19 可以概括出岳桦矮曲林植物生活型组成的一般特征：以地面芽植物的种类最丰富，高位芽植物的种类贫乏，与高山冻原植被生活型谱相比（图 3-17），岳桦矮曲林的地面芽植物和地上芽植物种类所占比例有所减少，而地下芽植物种类所占比例增大，高位芽植物从无到有。

图 3-20 表明，岳桦矮曲林是以小型叶植物种类最为丰富，微型叶植物次之，这一特点与高山冻原植被也有较大的区别，如前所述，高山冻原植被是以微型叶植物为主，小型叶植物次之。

上述这种生活型谱构成上的变化，也反映出高山冻原植被带和岳桦矮曲林带环境的差异。

2. 岳桦矮曲林的层次及层片结构

岳桦矮曲林可划分为乔木层、小灌木、草本层。地面苔藓层不很明显。

乔木层主要由落叶阔叶中高位芽植物层片组成，优势种为岳桦。在山谷间的河流边有东北赤杨分布。在局部山谷及背风坡上，有鱼鳞云杉、长白落叶松和臭冷杉分布。

小灌木、草本层的优势层片为草本地面芽植物层片，草本地下芽植物层片为该层的次优势层片。岳桦矮曲林下的草本地面芽植物层片的组成种类丰富，其优势种因生境而异。在地形微隆、土壤湿度中等的平缓坡地上，该层片的优势种为单穗升麻（*Cimicifuga simplex*），在地形平坦、土壤湿度较大的生境下，是以单花橐吾（*Ligularia jamesii*）为主。在土壤非常湿润的地段上，则以大白花地榆（*Sanguisorba sitchensis*）占优势；在地表微洼并稍有积水的局部小生境，该层片是以夏枯草（*Prunella asiatica*）和毛茛（*Ranunculus japonicus* var. *monticola*）占绝对优势；草本地下芽植物层片的组成种类为小叶章。此外，以牛皮杜鹃为主的小灌木地上芽植物层片是小灌木、草本层的重要从属层片。

（三）云杉冷杉林的生活型组成层次及层片结构

云杉冷杉林是由云杉属（*Picea*）与冷杉属（*Abies*）的树种组成的寒温性针叶林，为温带针阔叶混交林区域垂直带中，山地寒温性针叶林带山地上部寒温性常绿针叶林亚带的典型植被。云杉冷杉林在温带针阔叶混交林区域分布很广，分布的海拔较高（表 3-2），此外，在低海拔地带（300～500m 及以下）的山地阴坡溪流两旁、平湿台地、低洼地及两山峡谷间的河流两岸也常有零星分布。在局部排水不良、地下水位较高的平湿地，有时形成中、小径级的臭冷杉纯林，俗称“臭松排子”。它们的出现与地表多水，以及谷底地段的夜间逆温所形成的冷湿生境有密切关系。

云杉冷杉林的外貌和组成，基本上与苏联境内的“欧亚针叶林区”的南鄂霍次克阴暗针叶林亚区的暗针叶林一致。温带针阔叶混交林区南部的长白山和北部的小兴安岭、完达山的云杉冷杉林的植被组合基本相同。林木组成极为单纯，以云杉属的鱼鳞云杉为主，其次为冷杉属的臭冷杉，在排水稍差的地段，还有云杉属的红皮云杉或带岭云杉（*Picea intercedens*）等，间或混生少量的阔叶树种，如岳桦、枫桦或花楸等。

1. 鱼鳞云杉臭冷杉林的生活型组成

根据调查资料（周以良，1993；陈灵芝，1965）分别绘制的长白山云杉、冷杉林和小兴安岭塔藓蓝靛果忍冬红皮云杉鱼鳞云杉臭冷杉林的植物生活型谱见图 3-21 和图 3-22。

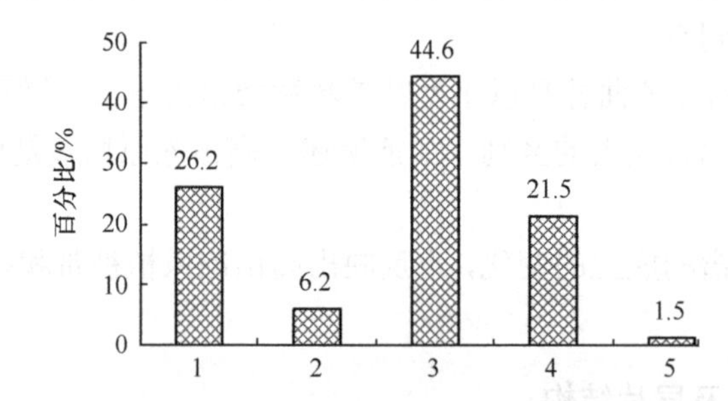

图 3-21　长白山鱼鳞云杉臭冷杉林的生活型谱

1. 高位芽植物；2. 地上芽植物；3. 地面芽植物；4. 地下芽植物；5. 一年生植物

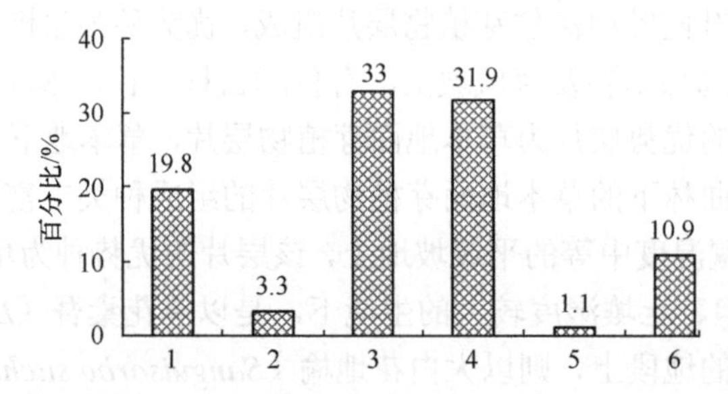

图 3-22　小兴安岭塔藓蓝靛果忍冬红皮云杉鱼鳞云杉臭冷杉林的生活型谱

1. 高位芽植物；2. 地上芽植物；3. 地面芽植物；4. 地下芽植物；5. 一年生植物；6. 苔藓

从图 3-21 可以看出，鱼鳞云杉臭冷杉林生活型组成的特点是以地面芽植物种类和高位芽植物种类最丰富，其次是地下芽植物，地上芽和一年生种子植物比较贫乏。这种生活型谱的构成形式，反映了鱼鳞云杉臭冷杉林林地环境冷湿的特点。

从 Raunkiær 的生物气候观点出发，在中纬度地面芽气候中，可以有落叶阔叶林、针叶林及草甸（*Moister stepps*）等类型。因此，仅以组成植被类型的各类生活型植物的种类所占组成生活型谱种类总数的比例还不足以说明群落的生活型特点，还需采用盖度系数指标辅助说明。为了阐明鱼鳞云杉臭冷杉林特有的生活型组成的特点，对高位芽植物作进一步分析（图 3-23）。

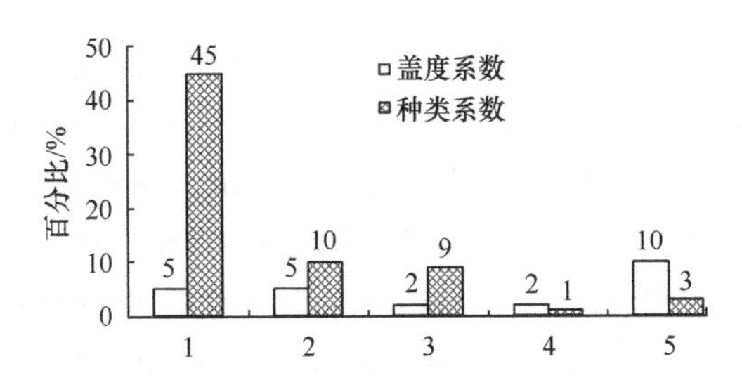

图 3-23　鱼鳞云杉臭冷杉林各类高位芽植物比较

1. 针叶大高位芽植物；2. 阔叶大高位芽植物；3. 阔叶中高位芽植物；4. 阔叶小高位芽植物；5. 阔叶矮高位芽植物

如图 3-23 所示，鱼鳞云杉臭冷杉林内的针叶大高位芽植物在种类上虽然等于阔叶大高位芽植物，但从盖度的比较中，可以看出它们的重要程度，而且这些针叶树种主要是常绿的成分。这些特征则成为区别于温带落叶阔叶林的主要特点。

组成鱼鳞云杉臭冷杉林的植物是以单叶植物为主，只在小乔木和灌木中有少数具复叶的种类，在草本中复叶植物略多。按 Raunkiær 的叶子大小等级的划分标准，组成鱼鳞云杉臭冷杉林的植物是以小型叶种类最多，占 35.4%，中型叶占 35.3%，微型叶占 15.4%，大型叶占 7.7%，细型叶占 6.2%（图 3-24）。这种叶级特点与其他植被类型是有区别的，在上述的高山冻原植被中是以微型叶植物最多，由此可见，叶子大小的变化对于环境变化的反应也是一种较敏感的特征。

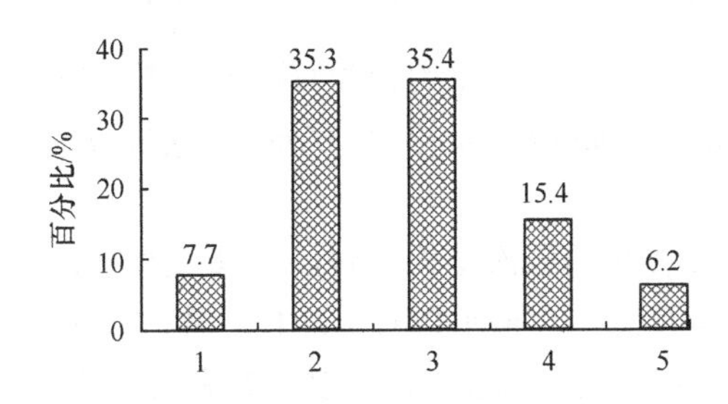

图 3-24　鱼鳞云杉臭冷杉林的叶级谱

1. 大型叶；2. 中型叶；3. 小型叶；4. 微型叶；5. 细型叶

2. 鱼鳞云杉臭冷杉林的层次及层片结构

鱼鳞云杉臭冷杉林可以明显地分为乔木、灌木、草本和苔藓 4 层。这种分层特点反映了当地的寒冷湿润气候，以及由于上层树冠比较郁闭而构成的林内阴暗湿凉的特点；苔藓层特别发达，这也是鱼鳞云杉臭冷杉林区别于其他植被类型的重要特征。

在乔木层中，一般可以分为 4 个植物层片。一是常绿针叶大高位芽植物层片，二是落叶阔叶大高位芽植物层片，三是落叶针叶大高位芽植物层片，四是落叶阔叶中高位芽植物层片。常绿针叶大高位芽植物层片为森林的建群层片，主要以鱼鳞云杉和臭冷杉所组成；落叶阔叶大高位芽植物层片主要以枫桦为主，并常常有岳桦混生，在小兴安岭的云杉林中还混生有花楸；落叶针叶大高位芽植物层片多出现在人为或其他因子影响下，或者由于林木枯死或风倒而导致阳光比较充足的鱼鳞云杉林内。在长白山主要组成树种为长白落叶松，落叶阔叶中高位芽植物层片处于乔木的第二亚层中，该层片主要由花楷槭和毛阿穆尔花楸（*Sorbus amurensis* var. *lanata*）组成。

灌木层在鱼鳞云杉臭冷杉林中发育不良，分布稀疏，比较主要的层片是矮高位芽植物层片。组成该层片的种类因生境不同而有所变化。在小兴安岭较为常见的有刺蔷薇，其次是光萼溲疏（*Deutzia glabrata*）、尖叶茶藨子（*Ribes maximowiczianum*）等。在长白山较常见的种除刺蔷薇外还有紫枝忍冬（*Lonicera maximowiczii*），在海拔 1600m 以下的中等坡度的山坡上有刺人参（*Opolopanax elatus*）和翅卫矛（*Euonymus macroptera*），而在地形平坦的台地和缓坡上有刺五加（*Acanthopanax senticosus*）、朝鲜荚蒾（*Viburnum koreanum*）、长白瑞香（*Daphne koreana*）等。组成这种层片的植物对光的要求不很严格，但在具有一定光照的林下生长较多。由木质藤本组成的层外植物层片也分布在灌木丛中，但数量一般很少。

在草本层中，优势层片是地面芽和地下芽植物层片。长白山鱼鳞云杉臭冷杉林中地面芽植物层片的种类丰富，小兴安岭鱼鳞云杉臭冷杉林中地面芽植物层片的种类相对较少。在长白山地面芽植物层片中处于优势的有一枝黄花（*Solidago virgaurea* var. *dahurica*）、七筋姑等，地下芽植物层片主要是由具营养繁殖能力的耐阴草本构成。在林中常见的种类有舞鹤草、山酢浆草、深山露珠草、斑叶兰、七瓣莲和蕨类地下芽植物。在地势平坦、土壤较肥沃的阴湿生境中地下芽植物发育最好，它们与地面芽植物层片构成草本层的共优层片，蕨类地面芽植物在排水良好的中等坡度地段上也可构成草本层的优势层片，而蕨类地上芽和地下芽植物一般为次要的从属层片。

如前所述，鱼鳞云杉臭冷杉林内苔藓植物层特别发育，常常覆满地表，在腐朽的倒木和乔木的树干上也有苔藓生长，常见的种类有塔藓、拟垂枝藓、大金发藓，树枝附生的多为小白齿藓（*Leucodon pendulus*）及松萝（*Usnea longissima*），树干附生皮藓（*Neckera pennata*）等。

对于东北山地云杉冷杉林的层次结构图解，可以归纳为 E 形、下短 E 形和半框形 3 类，现举例如下。①溪旁臭冷杉（拟垂枝藓臭冷杉）林，分布于溪旁有活水影响的沿岸阶地或缓坡地。有良好的乔木层（盖度 80%以上）和反映立地潮湿的苔藓层片（盖度 90%），以及不甚发育的灌木层和草本层是其特点。②灌木云杉冷杉林型组的蕨类（尖齿蹄盖蕨）灌木臭冷杉红皮云杉林，分布于肥沃、中生（湿润）生境，以发育良好的乔木层和中生性的灌木（以忍冬为主）层，中生性的蹄盖蕨为主的草本层为特点。苔藓层也相当发育。以上两林型都属 E 形。③属于草类榛子林型组的薹草毛榛子臭冷杉鱼鳞云杉林，也属中生性的肥沃湿润生境，土壤的生草化过程略比上述蕨类灌木林型组的要强一些，但未发展到草类林型组的程度。乔木层发育（盖 70%以上），而灌木层、草本层为中等以下发育（盖度 30%以下），林型层次结构图解近下短 E 型。苔藓层基本上不发育。④杜香冷杉云杉林型组的拟垂枝藓杜香红皮云杉臭冷杉林，有中等以上的乔木层发育（盖度 60%）。中等或较好发育的以杜香、越橘为优势的草本-半灌木层，盖度 40%，苔藓层，盖度也近 40%，林下灌木层由于土层薄、潜育化、粗腐殖质分解不良，土壤相对贫瘠而不见发育，层次结构图解呈半框形。其图解可见图 3-25。

（四）云杉冷杉红松林的生活型组成、层次及层片结构

云杉冷杉红松林为温带针阔混交林区域植被分布垂直带中，山地寒温性针叶林带山

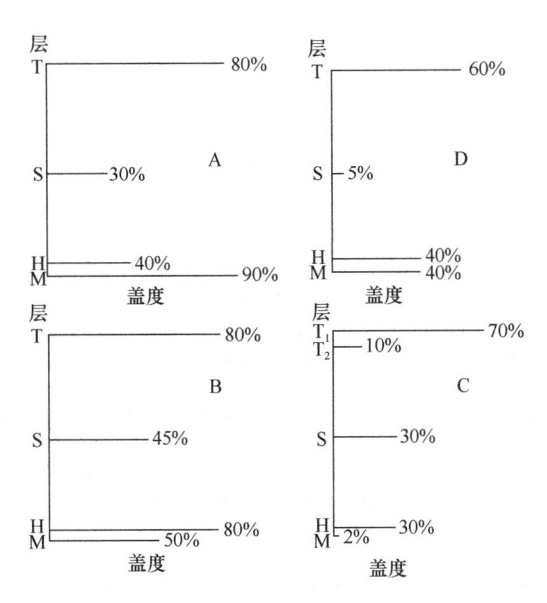

图 3-25 东北云杉冷杉林的层次结构图解

A. 溪旁臭冷杉林（拟垂枝藓臭冷杉林）；B. 蕨类灌木臭冷杉红皮云杉林；C. 薹草毛榛子臭冷杉鱼鳞云杉林；D. 藓类杜香红皮云杉臭冷杉林

T_1，T_2. 乔木一层，二层；S. 灌木层；H. 草本层；M. 苔藓、地衣层

地下部寒温性针叶林亚带的典型植被。在小兴安岭北部分布在海拔 700～800m 地段，在长白山分布在 1100～1400m 地段。在小兴安岭北部局部冷湿气候条件下，也可随着云杉冷杉林分布到低海拔地带，镶嵌在云杉冷杉林与阔叶红松林之间。在外貌与组成上，具有从阔叶红松林到云杉冷杉林的交错性质，与分布在苏联境内高纬度地区的“北方红松林”相近，其主要特征是以红松占优势，其次为云杉、红皮云杉、臭冷杉。但是长白山的云杉冷杉红松林与小兴安岭云杉冷杉红松林也有一些差别，主要表现是在长白山的此类林分中有长白落叶松分布，在此垂直带的某些地段还可见到较大面积且连续分布的长白落叶松林，而在小兴安岭见不到这种现象。长白山长白落叶松林的出现与近期（300 年前）的火山爆发有关，是火山活动后的次生森林植被。

1. 云杉、冷杉、红松林的生活型组成

由于云杉冷杉红松林的生境、林龄、成林过程及人为干扰程度不同，根据外貌、组成上的差异，可区分为若干林型或群丛，植物生活型的研究也可在各群丛或林型水平进行，但考虑到各林型或群丛之间，生活型特征比较一致这一特点，我们仅以长白山长白落叶松红松林和在小兴安岭各地较高海拔（600～700m）以上地带分布的小叶芹毛榛子臭冷杉红皮云杉红松林（Ass. *Aegopodium alpestre*、*Corylus mandshurica*、*Abies nephrolepis*、*Picea koraiensis*、*Pinus koraiensis*）为例，阐述云杉冷杉红松林的生活型特征及层片结构。

图 3-26 为根据调查资料绘制的长白山和小兴安岭典型群落的生活型谱。

按照图 3-26 对云杉冷杉红松林的生活型组成进行分析，可以发现，在云杉冷杉红松林中，仍是以地面芽和地下芽植物占优势，种类系数较大，且有大量苔藓植物，反映出群落的环境仍比较冷湿。其次是高位芽植物（在长白山，高位芽植物略高于地面芽植物），地上芽植物和一年生植物较少，这些特征与云杉冷杉林是一致的。不同的是在云

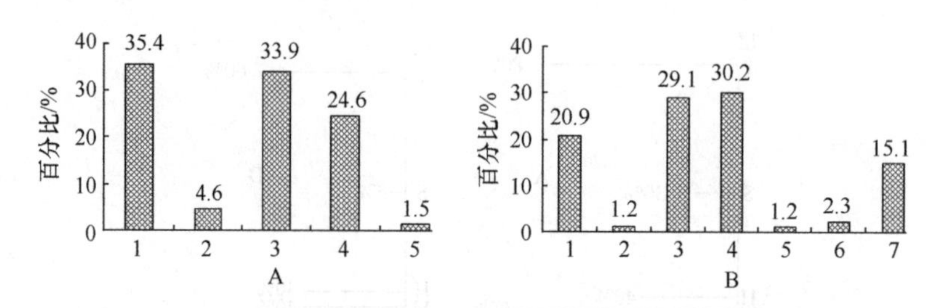

图 3-26　云杉冷杉红松林的生活型谱

A. 长白山长白落叶松红松林；B. 小兴安岭小叶芹毛榛子臭冷杉红皮云杉红松林

1. 高位芽植物；2. 地上芽植物；3. 地面芽植物；4. 地下芽植物；5. 一年生植物；6. 藤本植物；7. 苔藓植物

杉冷杉红松林中，高位芽植物的种数及种类系数较云杉冷杉林增多，地面芽和地下芽植物的种类也明显增加，而地上芽植物有所减少，藤本植物也占有一定比例。产生这种差异的原因主要是由于云杉冷杉红松林所处的海拔较云杉冷杉林低，气候条件得到了改善。

按照 Raunkiær 的叶子大小等级划分标准，对云杉冷杉红松林中各叶型植物所占比例进行计算，其结果是以小型叶植物和中型叶植物种类最多（图 3-27），其次是微型叶植物、大型叶植物和细型叶植物。对照云杉冷杉林中各叶型植物所占比例可知，在这些特征方面，云杉冷杉红松林与云杉冷杉林基本上是一致的。

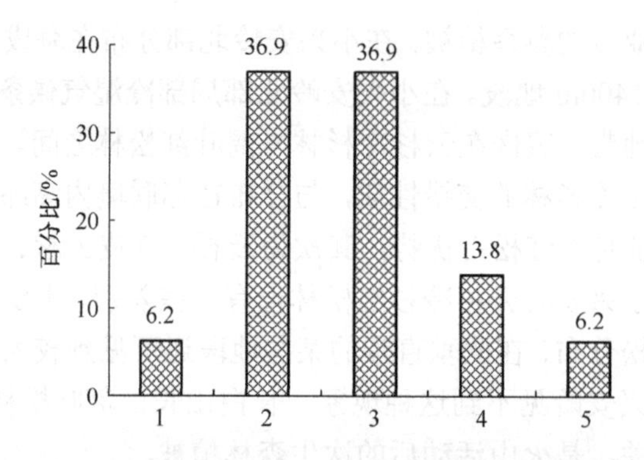

图 3-27　长白落叶松红松林组成植物的叶级谱

1. 大型叶；2. 中型叶；3. 小型叶；4. 微型叶；5. 细型叶

2. 云杉冷杉红松林的层次及层片结构

此类针叶林可分为乔木、灌木、草本植物和苔藓植物 4 层。

在乔木层中，红松、臭冷杉、云杉所构成的常绿针叶大高位芽植物层片为建群层片。在长白山，长白落叶松组成的落叶针叶大高位芽植物层片可构成次优势层片。白桦、色木槭、水曲柳、枫桦、岳桦、花楷槭、花楸、青楷槭等落叶阔叶大、中高位芽植物，混生于常绿和落叶针叶大高位芽植物层片之中。

灌木层主要由单一的矮高位芽植物层片所构成，优势种类因地而异，在小兴安岭除有云杉冷杉林中常见的发育不良的花楷槭和青楷槭及蓝靛果忍冬、长白蔷薇等外，还有阔叶红松林下常见的毛榛子、黄花忍冬、光萼溲疏。在长白山主要种类还有紫枝忍冬、刺玫蔷薇、蓝果忍冬（*Lonicera caerulea* var. *edulis*）等。在云杉冷杉红松林中，矮高位芽植物层片一般发育不良。

草本层中主要优势层片为草本地下芽植物层片和地上芽植物层片，种类繁多的地面芽植物层片也占有重要位置。主要种类除含有云杉冷杉林下典型的耐阴小植物，如舞鹤草、红花鹿蹄草、山酢浆草、七瓣莲、唢呐草（*Mitella nuda*），以及草本状小灌木林奈草、北悬钩子（*Rubus arcticus*）外，还有阔叶红松林中典型的草本植物，如披针薹草、四花薹草、黑水鳞毛蕨、山茄子、木贼（*Equisetum hiemale*）、透骨草（*Phryma leptostachya*）等。在该层片中，苔藓层相当茂密，但比云杉冷杉林稀疏。在组成上除拟垂枝藓（*Rhytidiadelphus triquetrus*）、塔藓（*Hylocomium splendens*）外，以阔叶红松林下的典型藓类植物万年藓（*Climacium dendroides*）较多。随着云杉、冷杉数量的增多，林内阴湿程度增大，林下植被则趋于云杉冷杉林下的植物种类。此外，尚有分布在苔藓覆盖的树干基部和倒木上的由深山露珠草、水金凤（*Impatiens nolitangere*）、爬拉秧（*Galium spurium* var. *echinospermum*）等组成的一年生植物层片。

云杉冷杉红松林的层次结构图解基本上与云杉冷杉林相似，主要为E形、下短E形、半框形。

（五）紫椴枫桦红松林的生活型组成、层次及层片结构

在温带针阔叶混交林区域，紫椴枫桦红松林的分布极为广泛，为该区域的优势群系，也是本区域植被垂直带谱中山地针阔叶混交林带山地上部针叶阔叶混交林亚带的典型植被。所谓“红松针阔叶混交林”从狭义上讲主要是指该群系。该群系与苏联境内的“典型红松林”相近，其主要特征是以红松为优势，以紫椴、枫桦为标志种，并混生有十多种阔叶树。本群系中含有一些古近纪和新近纪孑遗种，如水曲柳、黄檗、核桃楸等。林内有发育良好的藤本植物，如北五味子、狗枣猕猴桃、山葡萄等，使得这类森林群落多少带有亚热带森林的景观。另外，林内还伴生一些寒温性的针叶树种，如鱼鳞云杉、红皮云杉和臭冷杉。

在中国东北，椴树枫桦红松林垂直分布变化的规律是：从南到北，上限海拔逐渐降低，下限海拔的变化也具有相同的趋势。在北纬43°40′左右的镜泊湖（黑龙江省宁安市）附近以北，则成为水平地带性植被（图3-28）。

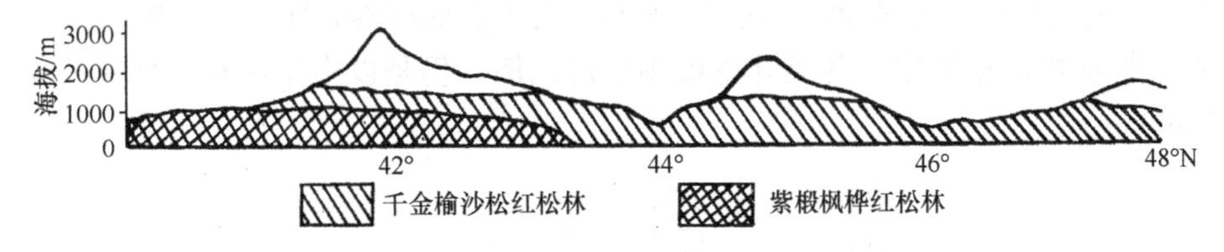

图3-28　红松针阔叶混交林分布规律示意图（引自《中国植被》，1980年）

紫椴、枫桦红松林分布地带的气候条件较云杉、冷杉、红松林分布地带有了进一步改善，主要表现为气候更加温暖、湿润。相应群落的生活型组成，层片结构也产生了一定的变化。以下我们仍以长白山和小兴安岭地区的典型群落为例，对紫椴、枫桦红松林的生活型、层次及层片结构进行分析。

1. 紫椴枫桦红松林的生活型组成

根据典型群落的调查资料，绘制的紫椴枫桦红松林的生活型谱见图 3-29。

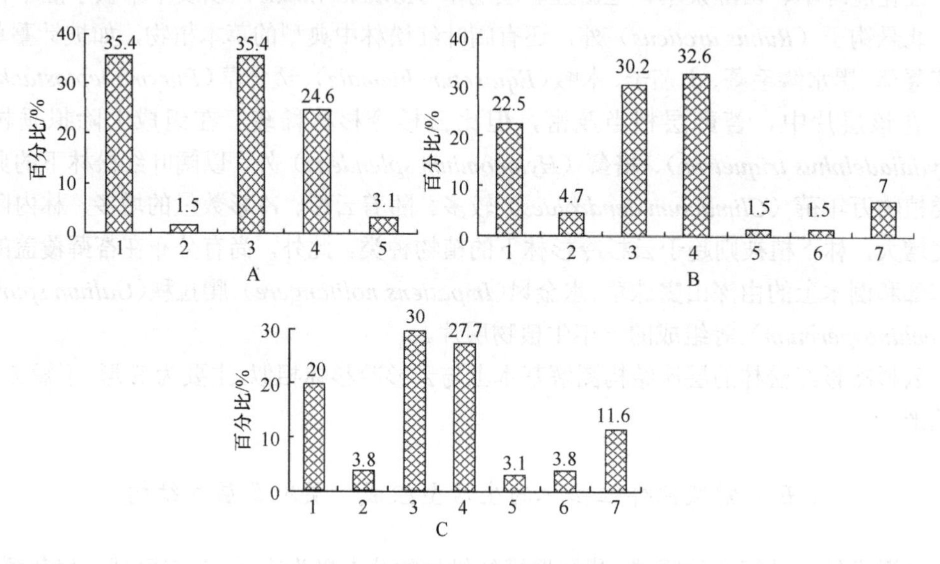

图 3-29 紫椴枫桦红松林的生活型谱

A. 长白山红松落叶阔叶混交林；B. 小兴安岭四花薹草毛榛子紫椴红松林；C. 黑水鳞毛蕨光萼溲疏紫椴红松林

1. 高位芽植物；2. 地上芽植物；3. 地面芽植物；4. 地下芽植物；5. 一年生植物；6. 藤本植物；7. 苔藓植物

从图 3-29 可知，在小兴安岭，紫椴枫桦红松林的植物生活型组成是以地面芽和地下芽植物种类系数最大，其次是高位芽植物，地上芽和一年生植物比较贫乏。在长白山地面芽植物和高位芽植物相等，其他生活型组分所占比例与小兴安岭的森林群落类似。紫椴枫桦红松林的生活型组成特征，与云杉冷杉红松林基本上是一致的。主要区别在于，组成高位芽植物的各类大高位芽植物的建群作用不同，在紫椴枫桦红松林中，红松为群落的主要建群成分，这一点与云杉冷杉红松林是相同的，但是在紫椴枫桦红松林中落叶阔叶大高位芽植物在群落结构中占有相当大的比例，仅次于红松而居第 2 位。在群落外貌上区别明显，紫椴枫桦红松林是由常绿针叶与落叶阔叶成分相互交织而构成的致密林冠，而云杉冷杉红松林是由单一的常绿针叶树种所构成。另外组成群落的种类有显著增加。

在紫椴枫桦红松林中，各类叶型植物所占比例，仍是以中型叶和小型叶植物为主（图 3-30）。

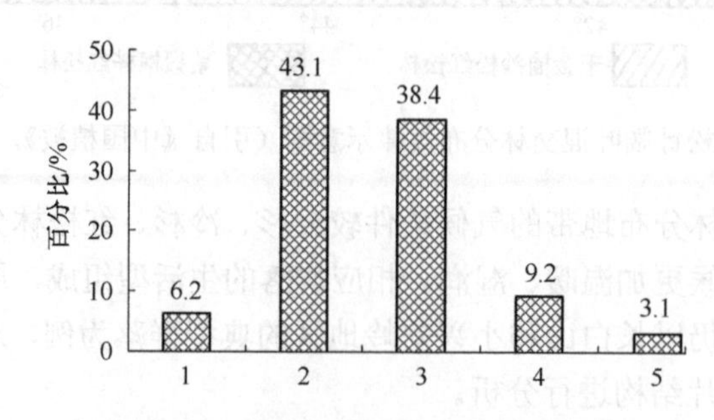

图 3-30 紫椴、枫桦、红松林叶级谱

1. 大型叶；2. 中型叶；3. 小型叶；4. 微型叶；5. 细型叶

2. 紫椴枫桦红松林的层次及层片结构

紫椴枫桦红松林一般可分为乔木、灌木、草本层、苔藓 4 层。在过分阴湿地段，苔藓层发达，灌木层有时不很明显。

乔木层主要由 3 类高位芽植物层片组成，总盖度可达 80%以上，其中常绿针叶大高位芽植物层片为群落的建群层片，建群种为红松，在较冷湿的生境中，有鱼鳞云杉和臭冷杉伴生构成第一林层。落叶阔叶大高位芽植物层片为群落的次优势层片，盖度 10%～20%或以上，构成第二林层的主要种类有紫椴、枫桦、色木槭等，由于群落分布地段局部生境的差异，该层片的伴生种类有一定的区别，在湿度较大的河谷地段，有水曲柳出现，在比较干燥的山坡上生长着蒙古栎，在人为干扰比较严重的地段有白桦伴生。落叶阔叶中高位芽植物层片是林内重要的从属层片，其优势种类成分因地而异，在长白山有比较喜温暖、湿润的柠筋槭（*Acer triflorum*）、假色槭（*Acer pseudo-sieboldianum*）等多种槭树。小兴安岭的紫椴枫桦红松林中伴生较多的槭树种类是花楷槭、青楷槭。

灌木层种类较多，而且发育良好，盖度达 50%或以上。主要是由单一的落叶阔叶矮高位芽植物层片构成。在小兴安岭地区，该层片的优势植物为毛榛子（*Corylus mandshurica*）或光萼溲疏，在长白山灌木层中，组成该层片的主要种类有毛榛子、暖木条荚蒾、瘤枝卫矛（*Euonymus verru-cosus*）等喜光又能忍受一定荫蔽的灌木树种，同时也有一些东北山梅花（*Philadelphus schrenkii*）、刺五加、紫枝忍冬、尖叶茶藨子（*Ribes maximowczianum*）、东北茶藨子（*Ribes mandshuricum*）、乌苏里绣线菊（*Spiraea ussuriensis*）等。

草本层盖度 70%以上，主要植物层片是草本地下芽植物层片和草本地面芽植物层片，次优势或重要层片为蕨类地下芽植物层片和蕨类地面芽植物层片。草本地上芽植物层片中，大部分是耐阴的草本植物，例如，在长白山针叶落叶阔叶混交林中，该层片的优势种是山茄子，主要伴生种为二叶舞鹤草。草本地面芽植物层片，种类成分丰富，生态学特性复杂，在群落内由于林冠郁闭度和微地形变化相联系的光照条件和土壤湿度的不同出现了不同的优势种。在排水良好、中等坡度的山坡上乌苏里薹草或四花薹草占有优势，在海拔较高且郁闭度较大的林下，生长着矮小的草本植物如唢呐草（*Mitella nuda*）、山酢浆草、七瓣莲（*Trientalis europaea*）；蕨类地面芽和地下芽植物层片的优势种有黑河鳞毛蕨（*Dryopteris amurensis*），其次是猴腿蹄盖蕨（*Athyrium multidentatum*）、粗茎鳞毛蕨（*Dryopteris crassirhizoma*）等。

苔藓植物层盖度约 20%，层片的优势种有万年藓（*Climacium dendroides*）、塔藓、尖叶提灯藓（*Mnium cuspidatum*）。另外，在树上可见小白齿藓（*Leucodon pendulus*），树皮上有皮藓（*Neckera pennata*）等。

层外藤本植物有狗枣猕猴桃、山葡萄（*Vitis amurensis*）、北五味子等。

一年生植物层片中优势成分为水金凤、爬拉秧、深山露珠草等。

本类型由于生境较肥沃湿润，乔木层有良好发育，而林下主要是耐阴的灌木和草本群落，层次结构呈 E 形。良好的耐阴灌木层片、草本层片是其主要特点。现以榛子红松阔叶混交林型组的毛榛子紫椴水曲柳红松林型和蕨类灌木红松阔叶混交林型组的鳞毛蕨灌木紫椴枫桦红松林型的层次结构为例，见图 3-31。

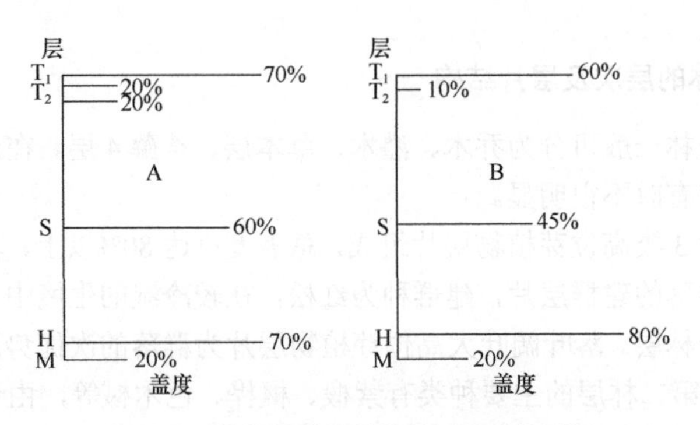

图 3-31　紫椴枫桦红松林的层次结构图解

A. 毛榛子紫椴水曲柳红松林（榛子红松阔叶混交林）；B. 鳞毛蕨灌木紫椴枫桦红松林（蕨类灌木红松阔叶混交林）；T_1、T_2. 乔木一层、二层；S. 灌木层；H. 草本层；M. 苔藓、地衣层

（六）春榆、色木槭针阔叶混交林的生活型组成、层次及层片结构

红松春榆色木槭针阔叶混交林主要分布在长白山北坡，海拔 500～800m，排水良好的地段。位于温带针阔叶混交林区域山地针阔叶混交林带山地下部针叶落叶阔叶混交林亚带。

《中国植被》曾经介绍温带针阔叶混交林区域山地针阔混交林带山地下部针叶落叶阔叶混交林亚带的地带性植被为红松沙冷杉千金榆针阔叶混交林。但目前这些地带性植被绝大部分受到破坏，并垦为农田，或衍生成次生的阔叶混交林、栎树林、山杨林等。相比较而言，红松春榆色木槭针阔叶混交林为本带较接近于原生的一种森林类型。为此，我们以红松春榆色木槭针阔叶混交林为研究对象探讨山地下部针叶落叶阔叶混交林亚带森林群落的生活型层次及层片结构的主要特征。

1. 红松春榆色木槭针阔叶混交林的生活型组成

组成红松春榆色木槭混交林的 3 类主要的生活型——高位芽、地面芽和地下芽植物的种数与群落内所有植物种的总数之比差别不明显（图 3-32），但是各类生活型植物在群落中的建群作用是不同的。在高位芽植物中，以落叶阔叶大高位芽植物为群落的建群成分，它的优势度压倒了其他各类生活型植物。

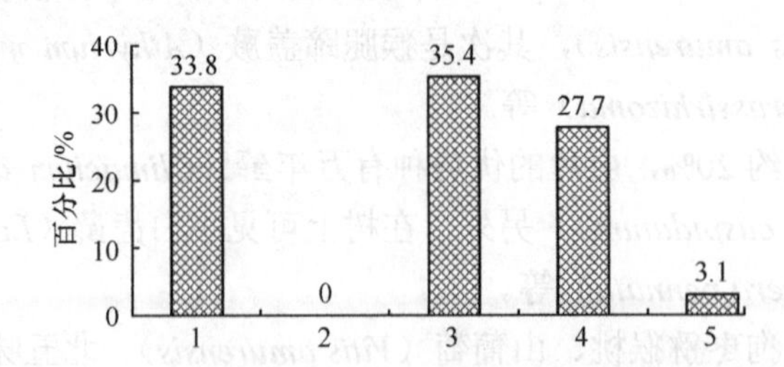

图 3-32　红松春榆色木槭针阔叶混交林的生活型谱

1. 高位芽植物；2. 地上芽植物；3. 地面芽植物；4. 地下芽植物；5. 一年生植物

群落的叶级谱（图 3-33）显示，红松春榆色木槭混交林是以中型叶及小型叶植物种类最丰富。森林外貌是以落叶阔叶树为主，含有少量针叶树的混交林。

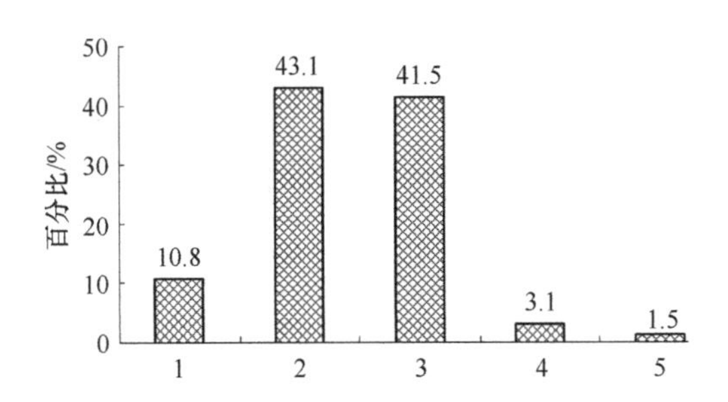

图 3-33 红松春榆色木槭针阔叶混交林的叶级谱
1. 大型叶；2. 中型叶；3. 小型叶；4. 微型叶；5. 细型叶

2. 红松春榆色木槭针阔叶混交林的层次及层片结构

该混交林可分为乔木、灌木和草本 3 层。各层都很发达。

乔木层总盖度 70%以上。组成乔木层的植物层片有落叶阔叶大高位芽植物层片和常绿针叶大高位芽植物层片。其中前者为群落的建群层片，构成第一林层。落叶阔叶大高位芽植物层片，构成第二林层，盖度 20%～50%，主要组成种的多度也有一定的差异。色木槭是林内分布最普遍的种类，它的生态幅度很广，在中生、湿中生、郁闭或较透光的生境下都是林内优势度较大的种类，春榆也是林内优势度较大的种类，该树种喜温暖湿润，在群落中具有明显的建群作用。红松在林内的数量不多，但分布均匀。以生态适应性很广的暴马丁香占优势的落叶阔叶小高位芽植物层片在群落结构中也起着较明显的作用。

灌木层有良好发育，盖度 60%～90%，由落叶阔叶矮高位芽植物构成，其组成的种类及多度与林内的透光度及土壤湿度有比较密切的关系。在郁闭度较大，局部土壤较湿润的地段上，堇叶山梅花（*Philadelphus tenuifolia*）、紫枝忍冬的优势度最大，在上层郁闭、排水良好的中生生境下，以乌苏里绣线菊和刺五加为主，在阳光比较充足的林窗或林缘，毛榛或榛（*Corylus heterophylla*）生长茂密。

草本层也有良好发育，盖度 60%以上，其优势层片是草本地下芽植物层片，优势种山茄子（*Brachybotrys paridiformis*）是生态幅度很广的中生草本植物。草本层的从属层片是草本地面芽植物层片，其组成种类比较复杂，主要有美汉花（*Meehania urticifolia*）、鸡爪芹（*Sanicula rubriflora*）和麻根薹草（*Carex arnellii*）等。前两种是中生耐阴的草本，经常在林内同时出现，后一种在土壤湿润或轻度沼泽化的地段最为丰富。在草本层中蕨类地面芽植物层片虽然组成种类和数量不多，但盖度较大。它的高度超出草本层，其主要种类是猴腿蹄盖蕨。

苔藓层不甚发育，或有一定程度的发育，盖度可达 40%。

本类型的群落层次结构是 E 形，现以河岸春榆红松林型和灌木春榆水曲柳红松林型为例（图 3-34）。由于林下的灌木和草本基本上是耐阴湿的种类而且均有良好的发育，苔藓层也有发育，因此，乔木层、灌木层、地被层均良好发育是本类型的特点。

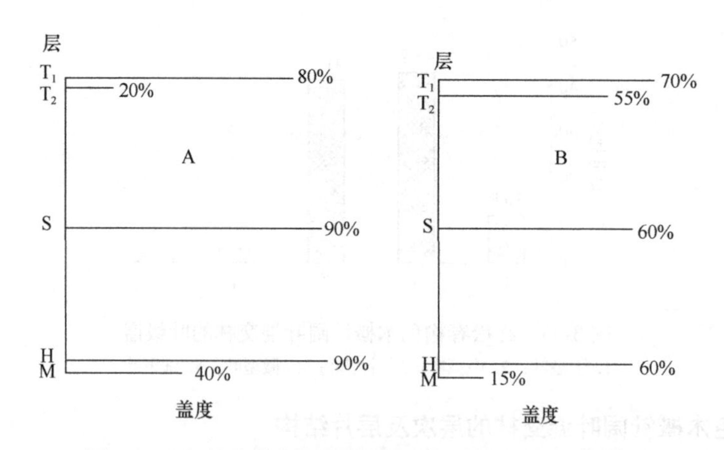

图 3-34　红松春榆色木槭针阔叶混交林的层次结构图解

A. 河岸春榆红松林（毛缘薹草、春榆、大青杨、红松）；B. 灌木春榆水曲柳红松林

T_1、T_2. 乔木一层、二层；S. 灌木层；H. 草本层；M. 苔藓、地衣层

三、温带针阔叶混交林分布区不同垂直带（亚带）典型群落生活型组成及层片结构特征比较

（一）不同垂直带（亚带）典型群落生活型的变化

温带针阔叶混交林中的植物种类较多，植物的生活型表现也多种多样，但也可以找出一些共同特征，如组成群落的主要生活型为地面芽植物、高位芽植物和地下芽植物，并以地面芽植物种类最丰富。这种生活型谱系的构成，可充分反映温带地区的气候特点。这一特征也是中纬度地区落叶阔叶林、针叶林等森林类型所共有的特征。在山地随着海拔的变化，气候条件发生改变，相应地各生活型谱也产生一定的变化，但这种变化不是杂乱无章的，而是具有一定的规律性。为了便于总结，我们根据各垂直带（亚带）典型群落的生活型谱资料，按植物生活型的类别汇总绘制了比较图（图 3-35，图 3-36）。

从图 3-35、图 3-36 中，我们不难概括出温带针阔叶混交林各垂直植被带（亚带）典型群落的生活型随着山地海拔的变化而反映出的规律性。①高位芽植物的变化趋势是随着海拔的升高，植物的种类系数减少。特别是在高山冻原中，几乎没有高位芽植物出现。②地下芽植物种类系数的变化，与高位芽植物的变化趋势相似，不同的是在高山冻原中，地下芽植物也占有一定的比例。③地上芽植物是以高山冻原最多，随着海拔降低，植物的种类系数变小。④地面芽植物也是以高山冻原最丰富，其变化趋势与地上芽一致。⑤一年生植物在不同垂直带（亚带）的典型植被中普遍较少，仅是在海拔较低的山地针阔叶混交林带的群落中略有增加，从高海拔地段到低海拔地段变化规律不甚明显。应该指出的是，各垂直带（亚带）之间，各植物种类系数变化的急剧程度存在一定的差异。作为一种普遍性的特点是，自云杉冷杉红松林或长白落叶松红松林开始，经鱼鳞云杉臭冷杉林，岳桦矮曲林到高山冻原之间的变化最为明显，而云杉冷杉红松林或长白落叶松红松林与落叶阔叶红松林及含有红松的落叶阔叶混交林之间的变化较小。

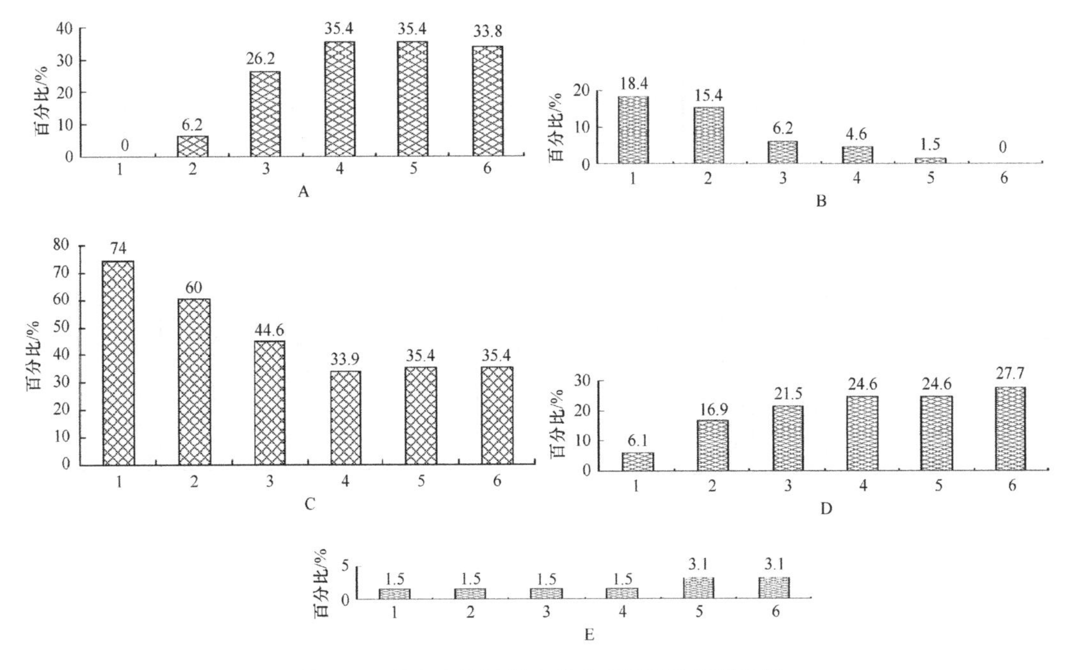

图 3-35　长白山植被垂直带典型群落生活型比较

A. 高位芽植物种类系数的比较；B. 地上芽植物种类系数的比较；C. 地面芽植物种类系数的比较；D. 地下芽植物种类系数的比较；E. 一年生植物种类系数的比较

1. 高山冻原；2. 岳桦矮曲林；3. 鱼鳞云杉臭冷杉林；4. 红松长白落叶松林；5. 红松落叶阔叶林；6. 含有红松的春榆色木槭混交林

（二）不同垂直带（亚带）典型群落组成植物叶子大小的变化

综合不同植被垂直带（亚带）典型群落的叶级谱，分叶级进行汇总绘制成的比较图，见图 3-37。

由图 3-37 可以看出，在各垂直带（亚带）的群落中，大多是以小型叶和中型叶植物为主，大型叶植物和微型叶及细型叶植物较少。仔细分析各类叶型随着海拔变化，可概括出如下规律：①不同植被垂直带（亚带）大型叶植物所占比例呈现出随着海拔升高而逐渐降低的趋势，高山冻原缺乏大型叶植物；②中型叶植物所占比例呈现出同样的变化趋势，而且随着海拔上升中型叶植物所占比例逐渐下降的趋势非常明显；③小型叶植物在各植被垂直带（亚带）中都很丰富，但也存在随海拔降低逐渐增加的趋势，而且小型叶植物所占的比例大小相似；④微型叶植物明显地呈现出随着海拔上升而逐渐增加的趋势，特别是高山冻原中微型叶植物最为丰富；⑤细型叶植物所占比例随着海拔的变化趋势与微型叶植物的变化趋势相似，也是随着海拔升高而逐渐增加。

以上各植被垂直带（亚带）同一类叶型植物所占比例大小随海拔变化的趋势，与大兴安岭地区寒温带针叶林同一类叶型植物所占比例大小随海拔变化的趋势基本一致。

（三）不同垂直带（亚带）典型群落层片结构的比较

通过生活型的比较，不难推论各植被垂直带（亚带）之间层片结构的差异。

从组成乔木层的层片结构分析，高山冻原植被是以缺乏高位芽植物层片，即缺乏乔

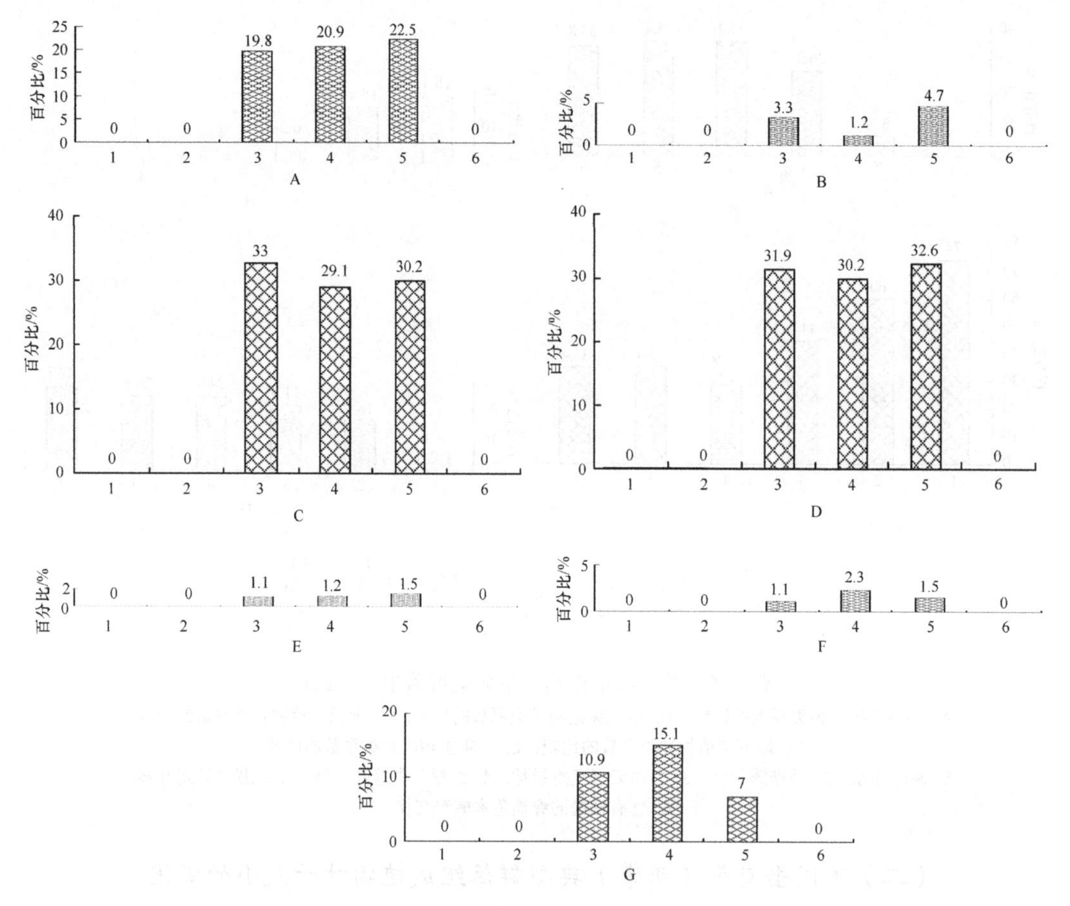

图3-36　小兴安岭植被垂直带典型群落生活型比较

A. 高位芽植物比较；B. 地上芽植物比较；C. 地面芽植物比较；D. 地下芽植物比较；E. 一年生植物比较；F. 藤本植物比较；G. 苔藓植物比较

1. 高山冻原；2. 岳桦矮曲林；3. 塔藓蓝靛果忍冬红皮云杉鱼鳞云杉臭冷杉林；4. 小叶芹毛榛子臭冷杉红皮云杉红松林；5. 四花薹草毛榛子紫椴红松林；6. 红松落叶阔叶林

木层为其特点。岳桦矮曲林存在乔木层，其中落叶阔叶中高位芽植物层片为乔木层的主要层片。紧接岳桦矮曲林的云杉冷杉林，可以明显地分为乔木层、灌木层、草本层和苔藓层4层。常绿针叶大高位芽植物层片为乔木层的主要层片，也是森林的建群层片；云杉冷杉红松林与云杉冷杉林为同一植被垂直带但为不同的亚带。组成云杉冷杉红松林乔木层的主要层片，同云杉冷杉林一样，优势层片也是常绿针叶大高位芽植物层片，但组成常绿针叶大高位芽植物层片的优势树种是红松。在群落中有落叶阔叶大、中高位芽植物混生于云杉冷杉红松林之中。这些特征与云杉冷杉林具有一定的可比性；在椴树、枫桦、红松林中，虽然仍以红松为主的常绿针叶大高位芽植物层片为群落的建群层片，但是由多种落叶阔叶树种组成的落叶阔叶大高位植物层片已构成群落的次优势层片。与紫椴枫桦红松林处于同一植被垂直带的红松阔叶林，主要特征是落叶阔叶大高位芽植物层片为优势层片，红松数量很少。

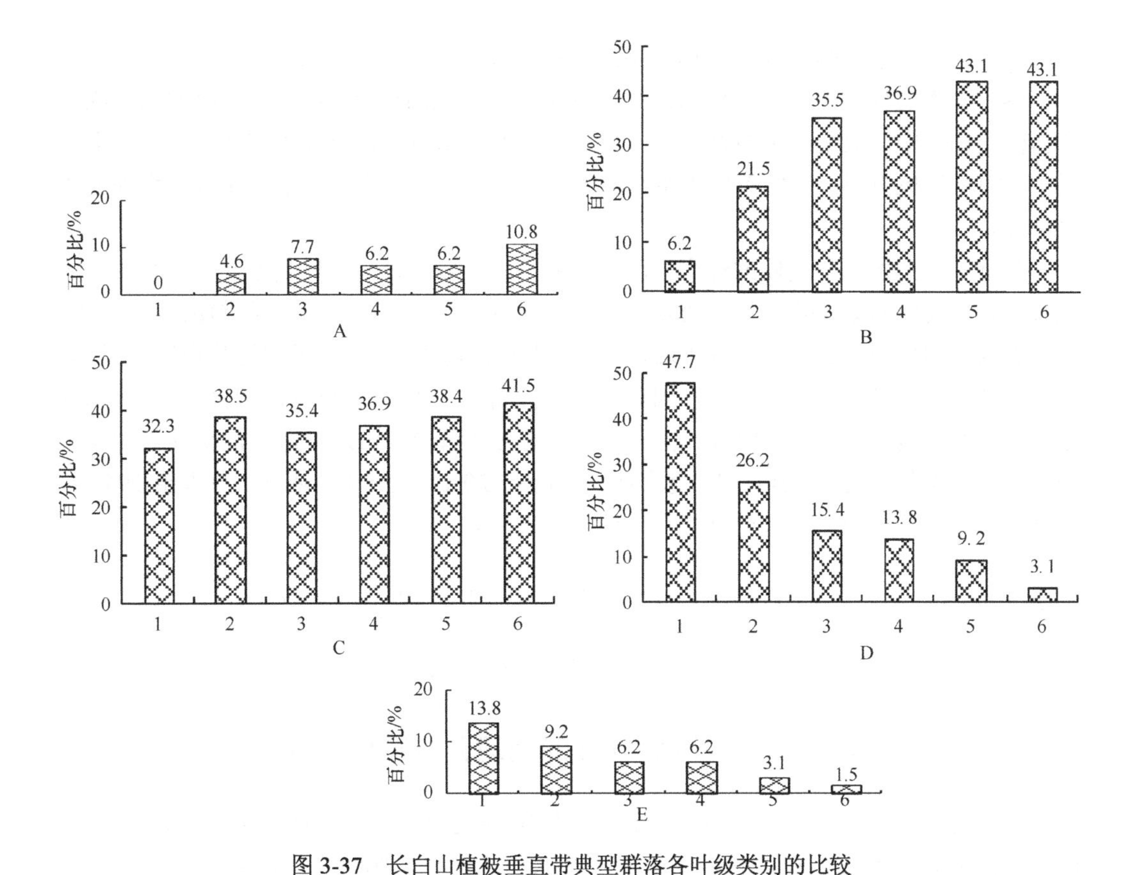

图 3-37　长白山植被垂直带典型群落各叶级类别的比较

A. 大型叶；B. 中型叶；C. 小型叶；D. 微型叶；E. 细型叶

1. 高山冻原；2. 岳桦矮曲林；3. 鱼鳞云杉臭冷杉林；4. 红松长白落叶松林；5. 红松落叶阔叶林混交林；6. 含有红松的春榆色木槭混交林

灌木层的层片构成，在各垂直带（亚带）之间也有明显的差异。高山冻原的建群层片主要是由不同种类的小灌木形成的地上芽植物层片，其建群种为牛皮杜鹃；岳桦矮曲林的灌木和草本处于同一高度层次，其优势层片为草本地面芽植物层片，草本地下芽植物层片为次优势层片，以牛皮杜鹃为主的小灌木地上芽植物层片，为该层重要的从属层片；在云杉冷杉林和云杉冷杉红松林中，灌木层发育不良，比较主要的层片是矮高位芽植物层片。这种现象与林分郁闭度高、林地阴暗及冷湿的生境条件有关。在山地针阔叶混交林带的紫椴枫桦红松林和红松阔叶林中，组成灌木层的主要植物层片与上带的云杉冷杉林和云杉冷杉红松林是相同的，即也是以落叶阔叶矮高位芽植物层片为主，不同之处在于，组成这一垂直带（亚带）灌木层的落叶阔叶矮高位芽植物层片的种类比较丰富，而且发育良好，这种表现与该植被带较上带的气候更加温暖有关。

构成各垂直带（亚带）草本层的层片结构比较复杂。在高山冻原中，草本地面芽植物层片为群落的次优势层片，组成种类多是一些矮小的莲座状或丛生状植物。岳桦矮曲林中草本层和小灌木层难以划分。在云杉冷杉林中，地面芽和地下芽植物在草本层中构成共优势层片，蕨类地上芽和地下芽植物构成草本层的从属层片；云杉冷杉红松林中，草本层的优势层片为草本地下芽植物和草本地上芽植物层片，种类繁多的地面芽植物层片也占有重要位置。构成椴树枫桦红松林草本层的优势层片为草本地下芽和草本地面芽植物层片；红松落叶阔叶林中，草本层的优势层片为地下芽植物层片。

藤本植物的变化也可反映出山地垂直气候梯度变化的特点，在气候寒冷的高山冻原和岳桦矮曲林中，缺乏藤本植物；在云杉冷杉林的灌木丛中，有藤本植物分布，但数量很少。随着海拔下降，气候条件逐步得到改善，藤本植物也不断增加，而且发育程度越来越好。

苔藓层片的发育与气候的湿润程度非常密切。一般来说，气候越湿润、苔藓层片的发育越好。高山冻原苔藓层片比较发达，局部地段可形成苔藓群落；岳桦矮曲林中，在岩屑裸露的向风坡及山地苔原的下端，林下草本植物稀疏的地段，苔藓层片也比较发达。云杉冷杉林和云杉冷杉红松林中，因林内阴暗、潮湿，林下植物单纯，苔藓层片特别发达，几乎满覆地表，而且在树枝、树干常附生着各种藓类。山地针阔叶混交林带的群落中，苔藓植物发育较弱，其盖度一般不超过10%～20%。在林下，灌木、草本植物较少，湿度比较大的群落中，苔藓植物层片也能良好发育。

第四节　中国暖温带落叶阔叶林区域主要森林群落的生活型组成层次及层片结构

一、暖温带落叶阔叶林的地理分布及自然概况

中国暖温带落叶阔叶林区域位于北纬32°30′～42°30′，东经103°30′～124°10′，全区域东部宽阔而西部狭窄，略呈三角形。其东北界约以沈阳丹东一线与温带针阔叶混交林区域相接，北接温带草原区域，其界线自开原向西，大致经彰武、阜新到河北的围场，沿坝上的南缘通过山西恒山北坡到兴县，过黄河进入陕西的吴堡、清涧、安塞、志丹等地，沿子午岭西坡到甘肃的天水，此线以北为温带草原区域；天水向西南经礼县到武都，此线以西为青藏高原；本区域的南界从武都进入陕西后即沿淮河主流经安徽凤台、蚌埠到江苏蒋坝、盐城后至黄海之滨，此线以南为亚热带常绿阔叶林区域。

气候特点是：夏季酷热而多雨，冬季严寒而晴燥，年均气温一般为8～14℃，年降水量平均为500～1000mm，由东南向西北递减，雨量的季节分配不均，冬季仅占年降水量的3%～7%，春季占10%～14%，夏季雨水充沛，可占60%～70%。本区域地带性土壤为褐色土和棕色森林土，部分地区分布着黑垆土。

组成本区域植被的建群种颇为丰富，由落叶的栎属为主要种类的植物群落为本区域的主要类型，其次是松科的松属（*Pinus*）种类。栎属植物种类丰富，分布区域广阔。辽东栎林分布于辽东半岛北部并沿燕山山脉向西南到河北、山西、陕西、甘肃、河南各省，麻栎主要分布于辽东半岛南部、山东、河南、安徽、江苏等省，栓皮栎在西部各省多见于东部地区，锐齿槲栎多见于南部各省海拔较高处，其他各省则多零星分布。油松则广泛分布于整个华北山地的丘陵上，其他如华山松则分布于西部各省，而白皮松则多零星分布；组成针叶林的另外一树种为侧柏属的侧柏，分布也比较普遍，在山区还可以见到云杉属、冷杉属与落叶松属等属树种组成的针叶林。

根据掌握的资料，在该区域中重点选择了分布最广的地带性植被——栎林，以及油松、侧柏等针叶林为研究对象，以揭示中国暖温带落叶阔叶林的生活型组成、层次及层

片结构特征。

二、暖温带落叶阔叶林的生活型组成、层次及层片结构

（一）辽东栎林的生活型组成、层次及层片结构

1. 辽东栎林的地理分布概况

辽东栎是暖温带落叶阔叶林区域北部分布最普遍的森林群落。主要分布于辽东半岛北部丘陵，河北北部山地，山西恒山以南山地，四川西北部地区，陕西和甘肃的黄土高原及秦岭西部山地。温带针阔混交林区域的南部和内蒙古东部山地及河南西部山地也有零星分布，但纯林较少，多是与其他树种混生的混交林。具体分布情况概括如下。

在四川，主要分布于川西北的岷山和岷江上游，海拔 1700～2800m（2900m）地带。常与油松、白桦、红桦、山杨等树种组成混交林，或散生于上述林分之中，仅局部地段保存着人为破坏后残留的以辽东栎为优势的辽东栎林，分布于南坪、松潘、黑水、藏县、理县和汶川东北部、若尔盖东部山地，垂直分布海拔为 2000～2650m，局部地区达到 2800m，多见于山坡中、下部和河谷阶地，阳坡、半阳坡和半阴坡。在其分布区内，辽东栎林常与油松林、桦木林、山杨林，或其他混交林交错分布；其上限接以青杆等云杉属的树种为优势的针叶林或铁杉、槭树、桦木组成的针叶阔叶混交林，下限一般接森林破坏后形成的灌丛或落叶阔叶矮林（砍伐后萌生的次生群落）。

在秦岭主要分布在北坡海拔 1700～2100m 地段，多集中在秦岭西段，至中段已逐渐减少，在东段多呈个体出现。南坡辽东栎很少，也仅见于西段，秦岭的夏绿林主要是由多种栎林构成，辽东栎居栎林带的最上部。

在陕北的黄土高原上，可一直分布到安塞和志丹的南部，海拔为 1000～1600m，接近草原地带。

在山西，北起恒山，南至中条山，从管涔山北部边缘到吕梁山南端，包括太行山、五台山、太岳山、黑茶山、关帝山等所有的土石山区，凡有天然次生林的地带，基本上都有辽东栎的分布。以关帝山林区、吕梁山林区、太岳山林区最为集中。在北部地区，辽尔栎林中有蒙古栎混生，太岳山区有少量槲栎和槲树混生，向南，辽东栎则逐渐减少，槲栎、槲树逐渐增多，翼城县尚有少量辽东栎分布，到中条山的闻喜县、夏县等辽东栎已经很少，主要为槲栎、栓皮栎、槲树等栎类混交林，以纬度表示，从 39°30′向南逐渐增多，以北纬 36°～38°一带最为集中，再向南则显著减少。辽东栎在山西省垂直分布的海拔为 800～2000m。

在河北，主要分布在燕山山脉的青龙、遵化市和山海关等地；太行山系和冀北山地也有少量分布，或在蒙古栎林内夹杂少量的辽东栎。与其他地区比较，在河北辽东栎较少，而且多与蒙古栎混生。

在北京山区分布很广，垂直分布的幅度为海拔 400～1700m，阴阳坡均有分布，但以海拔 500～1700m 面积最大，通常在海拔较低的地区，辽东栎林分布在阴坡，在海拔

较高处分布在阳坡。

在辽宁，主要分布在千山山脉的西北部，南起盖州市，北到开原，以海拔200～500m的低山丘陵地区向阳山坡的下腹生长最好。

2. 辽东栎林的生活型组成

由于辽东栎林分布区域广阔，各地的气候条件存在一定的差异，因此在生活型组成上也有许多不同之处，以下我们重点以秦岭、陕北黄土区及北京山区的辽东栎林为例进行讨论。

根据有关调查资料（陈灵芝，1985；朱志诚，1982）绘制的3个地区辽东栎林的生活型谱如图3-38所示。

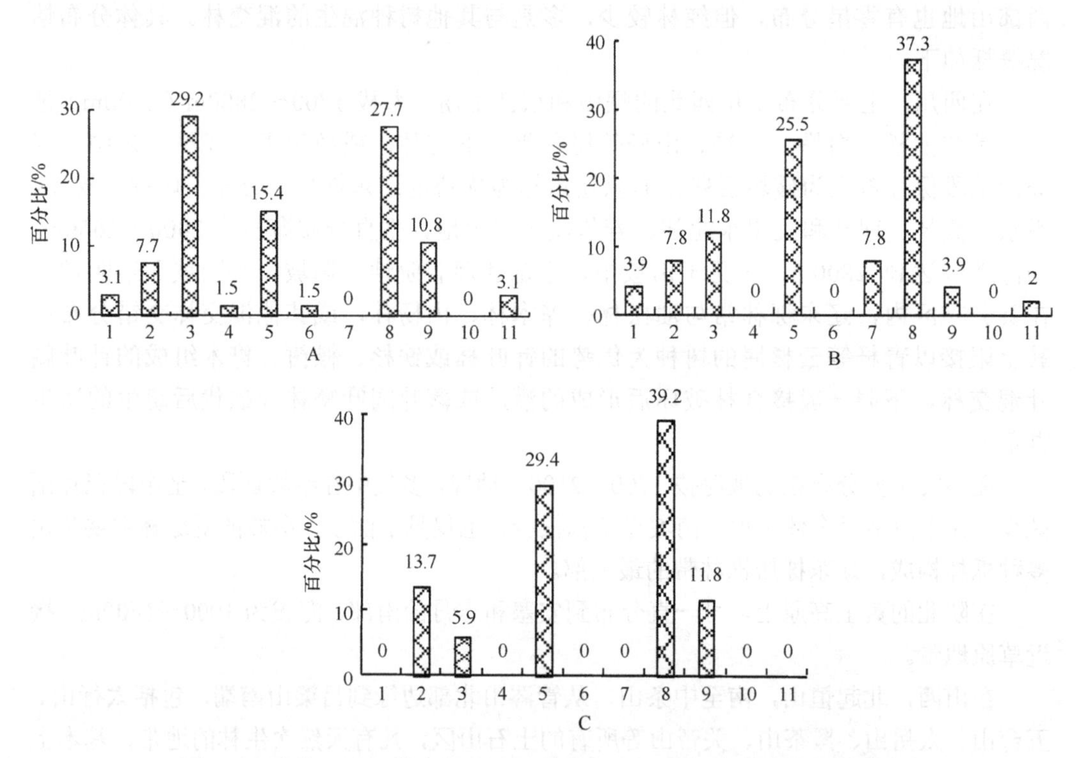

图3-38 秦岭（A）、黄土区（B）、北京山区（C）辽东栎林的生活型谱

1. 常绿针叶中高位芽植物；2. 落叶阔叶中高位芽植物；3. 落叶阔叶小高位芽植物；4. 常绿阔叶矮高位芽植物；5. 落叶阔叶矮高位芽植物；6. 常绿草本地上芽植物；7. 落叶地上芽植物；8. 地面芽植物；9. 地下芽植物；10. 一年生植物；11. 落叶阔叶层外植物

从上述3个地区辽东栎的生活型谱可以发现，在辽东栎林中，高位芽植物（未包括落叶阔叶层外植物）占有优势（秦岭为56.9%，黄土区和北京山区分别为49%），其次为地面芽植物（秦岭为27.7%，黄土区为37.3%，北京山区为39.2%）。一般认为，凡高位芽植物层片占优势，就反映了群落所在地的植物生长季温热多湿，地面芽植物层片占优势，反映了群落所在地区有较长的严寒季节，地下芽植物层片占优势，反映环境比较冷湿。从辽东栎林的生活型谱来分析，可以认为与暖温带夏季温热多雨，严冬季节较长这一气候特征是吻合的。但由于3个地区气候条件的差异，各地辽东栎林的生活型谱也有一定差别，主要表现为：秦岭地区的辽东栎林与北京山区和黄土区的辽东栎林相比，

秦岭地区高位芽植物比较丰富，从图 3-38 可见，秦岭地区的高位芽植物在生活型谱中所占比例为 56.9%，而北京山区和黄土区为 49%。其原因主要是秦岭北坡地处亚热带与暖温带的过渡区域，因此，无论是热量还是水分条件均优于北京山区和黄土区。另外，北京山区的辽东栎林，主要分布在海拔 500～1200m，在这一生境范围内，人为活动频繁，也是种类成分相对贫乏的原因之一。

从地面芽植物在生活型谱中所占比例来看，北京山区辽东栎林中的地面芽植物所占比例>黄土区>秦岭地区。北京山区为 39.2%，黄土区为 37.3%，所差无几，但与秦岭地区（27.7%）的差距明显拉大。地面芽植物所占比例，在地理上从北向南减少的这一变化趋势，与中国暖温带从北向南温度增高等气候条件变化的规律是吻合的。

对辽东栎林组成植物叶子的性质进行分析的结果（图 3-39）表明，辽东栎林是以小型叶植物为主，中型叶植物次之，微型叶植物最少。巨型、大型、细型叶植物在林内缺乏。

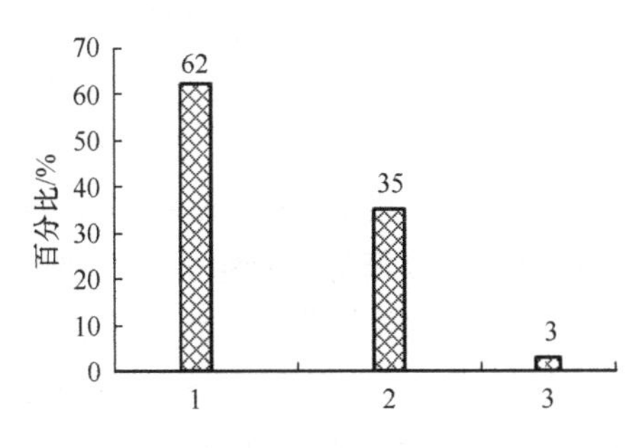

图 3-39　北京山区辽东栎林的叶级谱

1. 小型叶；2. 中型叶；3. 微型叶

3. 辽东栎林的层次及层片结构

辽东栎林的层次结构明显，一般可分为乔木层、灌木层和草本层，缺乏苔藓层。各层中构成层片的成分因地而异。

乔木层主要是由以辽东栎为主的落叶中高位芽植物层片所构成，该层片也是群落的建群层片，盖度一般为 50%～80%，在辽东半岛和河北山地，林内的伴生树种主要有大叶白蜡（*Fraxinus chinensis* var. *rhynchophylla*）、色木槭、蒙椴、蒙古栎、黑桦、山杨，有些林分内还混生有北鹅耳枥（*Carpinus turczaninowii*）。在秦岭山地，伴生树种多为华山松、油松、锐齿槲栎、山杨、槲栎、漆（*Toxicodendron vernicifluum*）等，在黄土区伴生树种多为山杨、槲树、白桦、油松等。

灌木层主要由落叶阔叶小高位芽植物层片、落叶阔叶矮高位芽植物层片、常绿阔叶矮高位芽植物层片等组成。在秦岭组成落叶阔叶小高位芽植物层片的主要植物有刺榛（*Corylus ferox*）、五尖槭（*Acer maximowiczii*）、湖北花楸（*Sorbus hupenensis*）、色木槭、鹅耳枥、角榛（*Corylus sieboldiana* var. *mandshurica*）、陕西山楂（*Crataegus shensiensis*）、秦岭米面翁（*Buckleya graebneriana*）、蜀五加（*Acanthopanax setchuenensis*）、三桠乌药（*Lindera obtusiloba*）、红毛五加（*Acanthopanax giraldii*）、黄脉八仙花（*Hydrangea xanthoneura*）、祖师麻（*Daphne giraldii*）、山梅花（*Philadelphus incanus*）、金银忍冬

(*Lonicera maackii*)、狭翼卫矛(*Euonymus cornulus*)、珍珠梅(*Sorbaria arborea*)等。落叶阔叶矮高位芽植物层片的主要组成成分有华北绣线菊(*Spivaea fritschiana*)、青荚叶、黄蘗刺(*Berberis dielsiana*)、紫花卫矛(*Euonymus porphyreus*)、密毛尖叶栒子(*Cotoneaster acutifolius* var. *villosulus*)、纤齿卫矛(*Euonymus giraldii*)、卫矛(*E. alatus*)、桦叶荚、冰川茶藨子、鞘柄菝葜等。常绿阔叶矮高位芽植物层片的主要种类是箭竹。在黄土区,主要是华北绣线菊、虎榛子、水栒子(*Cotoneaster multiflorus*)、杭子梢(*Campylotropis macrocarpa*)、木蓝(*Indigofera bungeana*)、黄蔷薇(*Rosa hugonis*)、山丁香(*Syringa pekinensis*),灌木层中缺乏常绿阔叶矮高位芽植物。在北京山区以三桠绣线菊(*Spiraea trilobata*)、荆条为优势。优势植物因生境条件变化较大。二色胡枝子主要在海拔 800m 以上阴坡土层较厚的林下,土庄绣线菊在相似海拔的阴坡上有时可取代二色胡枝子成为局部地段的优势种,此外,在海拔较高局部凉湿地段的林下,大花溲疏(*Deutzia grandiflora*)、毛榛往往成为优势种。

草本层主要以地面芽植物层片为优势层片,组成种类多是以中生、旱中生类型为主,也有一些湿中生的植物,地下芽植物层片不占重要地位。在北京山区,地面芽植物层片的主要植物为矮丛薹草(*Carex humilis* var. *nana*)、披针薹草(*Carex lanceolata*)、紫花野菊(*Dendranthema zawadskii*)、宽叶薹草(*Carex siderosticta*);在黄土区主要是由大披针苔、山萝花、苔参、狼尾巴花、败酱等植物组成,在秦岭则以索骨丹、披针薹草,宽叶薹草、淫羊藿、假升麻、异变青木香等为主要组成成分。地下芽植物层片的主要成分是藜芦(*Veratrum nigrum*)、细茎鸢尾(*Iris ruthenica*)、大油芒(*Spodiopogon sibiricus*)、黄精(*Polygonatum sibiricum*)等。一年生植物主要是狗尾草(*Setaria viridis*)。

辽东栎林的层次结构图解为 E 形或下短 E 形(图 3-40)。在辽东栎林中无论乔木、灌木或草本层都有一定发育,但发育都不充分。

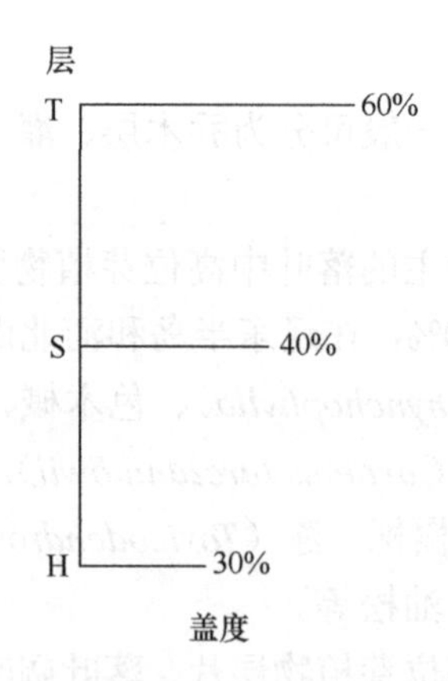

图 3-40 山西吕梁山阳坡辽东栎林层次结构图解

T. 乔木层;S. 灌木层;H. 草本层

(二)栓皮栎林的生活型组成、层次及层片结构

1. 栓皮栎林的地理分布概况

栓皮栎林是栎属的高大乔木。栓皮栎林主要分布在离海洋稍远的山地及丘陵地区。

北起吉林西南部的鸭绿江岸，辽东半岛南部，河北燕山山脉南坡、小五台山，山西阳泉，沿吕梁山南部的蒲县至陕西乔山、黄龙山；西北至甘肃的小陇山、麦积山，经甘肃南部到四川盆地、川西高山峡谷、川西南山地到云贵高原，滇西北德钦、中甸、维西的河谷地带仍有其分布，南达云南西双版纳、河口、文山，广西的百色等地，广东的乐昌一带，一直延至广东东北部的沿海地区，东南可抵福建沿海低山丘陵地区，跨海到台湾。国外分布到朝鲜、韩国、日本，向西南分布到印度、不丹（Fischer，1976），以及缅甸、老挝、越南的北部山地。

在暖温带落叶林区域，栓皮栎是主要的造林树种和成林树种之一。河南、河北、山西及山东等省的山地、丘陵分布非常普遍，但集中分布地为鄂西、秦岭、大别山区。

栓皮栎多生长在海拔 400～1600m 的低、中山区，浅山区因人为影响严重多呈丛林（萌生林），深山区多为高大乔木林。其垂直分布在各地的差别很大，总的趋势是自北向南、自东向西不断上升。栓皮栎一般不自生于平原地区，栓皮栎林的垂直分布情况见表 3-4。

2. 栓皮栎林的生活型组成

秦岭地区为中国栓皮栎林较集中分布的地区之一，并以秦岭的南五台分布较普遍。以下重点以南五台栓皮栎林为例进行讨论。

根据调查资料（王文杰，1965）进行统计，绘制的生活型谱如图 3-41 所示。为了便于比较，同时绘制了北京山区栓皮栎林的生活型谱（图 3-42）。

由图 3-41 可知，南五台栓皮栎林的优势生活型为高位芽植物（包括藤本高位芽植物），占 51.9%。次优势生活型为地面芽植物，占 38.3%。在高位芽植物中主要是落叶阔叶矮高位芽植物，占 27.2%。其次是中位芽植物和小高位芽植物，分别占 6.2%和 6.1%。北京地区的栓皮栎林（图 3-42），优势生活型为地面芽植物和高位芽植物，种类系数分别为 36.2%和 36.1%。这些差距的存在，反映了秦岭地区与北京山区气候上的差异。

表 3-4　栓皮栎林的垂直分布

序号	分布地区	主要分布海拔/m	海拔极限/m
1	辽东半岛	100～400	
2	燕山南坡、北京山区	100～650	800（潭柘寺）
3	山东沂蒙、泰山地区	100～800	1000（泰山）
4	冀南山地、晋南山地	500～1300	1500（垣曲）
5	秦岭	600～1300	1600（光头山、太白山）
6	甘肃麦积山	400～1000	1600（天水）
7	巴山	600～1500	2500（四川平武）
8	桐柏山、大别山、黄山、天目山	200～1300	
9	川东鄂西山地	300～1500	2000（巫溪）
10	川西、川西南高山谷地	300～2600	2800（汉源）
11	湘西山地、贵州	600～1500	2300（梵净山）
12	滇东北、黔西北	1100～2300	2800（威宁）
13	云南高原	1200～2600	3400（德钦）
14	两广北部山区	100～800	1900（广东连州市）
15	台湾	600～2000	

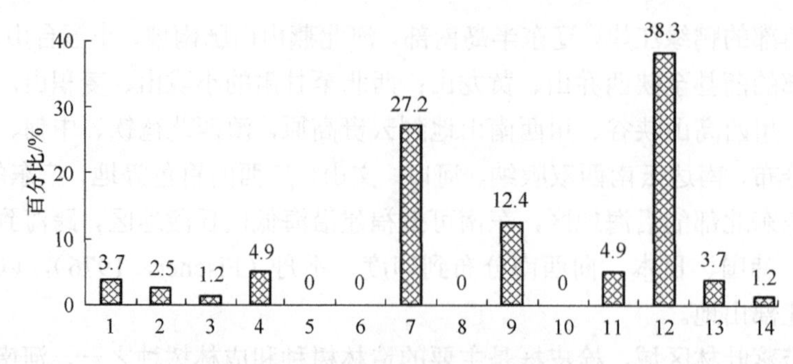

图 3-41　南五台栓皮栎林的生活型谱

1. 常绿针叶中高位芽植物；2. 落叶阔叶中高位芽植物；3. 常绿针叶小高位芽植物； 4. 落叶阔叶小高位芽植物；5. 常绿阔叶小高位芽植物；6. 半常绿阔叶矮高位芽植物；7. 落叶阔叶矮高位芽植物；8. 半常绿阔叶层外植物；9. 落叶阔叶层外植物；10. 常绿地上芽植物；11. 落叶阔叶地上芽植物；12.地面芽植物；13. 地下芽植物；14. 一年生植物

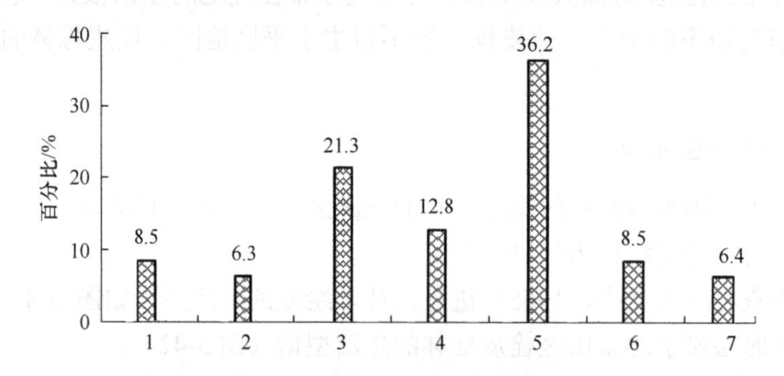

图 3-42　北京山区栓皮栎林的生活型谱

1. 落叶阔叶中高位芽植物；2. 落叶阔叶小高位芽植物；3. 落叶阔叶矮高位芽植物；4. 地上芽植物；5. 地面芽植物；6. 地下芽植物；7. 一年生植物

对栓皮栎林组成植物叶子的性质进行分析，其结果见图 3-43。

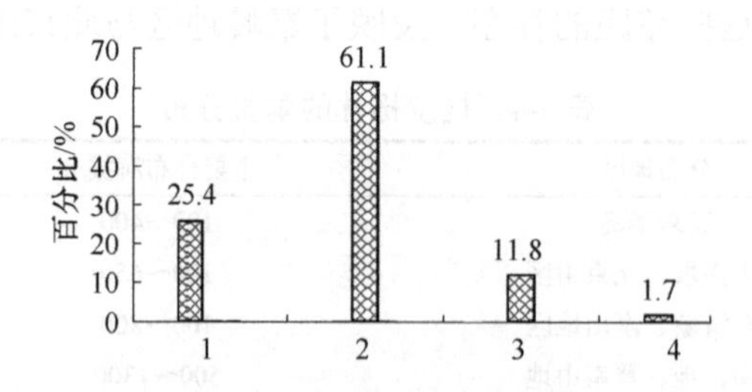

图 3-43　栓皮栎林的叶级谱

1. 中型叶；2. 小型叶；3. 微型叶；4. 细型叶

由图 3-43 可知，栓皮栎林是以小型叶植物为主，中型叶植物次之，再次为微型叶植物，细型叶植物较少。与上述辽东栎林比较，微型叶比例增大，并有细型叶植物出现。

3. 栓皮栎林的层次、层片结构

栓皮栎林的层次分化比较明显，一般可分为乔木层、灌木层和草本层，乔木层的盖度多在 30%～60%，灌木层盖度为 40%～50%，草本层盖度为 30%～40%。层次结构图解为窄 E 形。

乔木层主要由落叶阔叶中高位芽植物层片所构成，该层片也是群落的建群层片，建群种为栓皮栎。其次是落叶阔叶小高位芽植物层片和常绿针叶中高位芽植物层片。构成落叶阔叶中高位芽植物层片的组成成分主要是锐齿槲栎，在北京山区的栓皮栎林中，常见的树种还有槲树，偶见成分是栾树。构成落叶阔叶小高位芽植物层片的主要成分有青肤杨（*Rhus potaninii*）、翼朴（*Pteroceltis tatarinowii*）、槲树、绒毛樱桃（*Prunus tomentosa*）等。构成常绿针叶中高位芽植物层片的主要成分是刺柏（*Juniperus chinensis*）和油松。

灌木层是以落叶矮高位芽植物为优势层片。仅就这一特征而言，北京山区与秦岭南五台是一致的。但构成层片的优势成分不尽相同。在南五台常见的落叶阔叶矮高位芽植物有孩儿拳头（*Grewia biloba* var. *parviflora*）、黄素馨（*Jasminum giraldii*）、杭子梢、栓翅卫茅、黄檀、对节木（*Sagretia pycnophylla*）、潘氏雁皮（*Wikstroemia pampaninii*）、冠果忍冬（*Lonicera stephanocarpa*）、黄栌、胡颓子、多花胡枝子（*Lespedeza floribunda*）、马棘、红柄白鹃梅（*Exochorda giraldii*）、山楂（*Crataegus pinnatifida*）、迎春（*Jasminum nudiflorum*）、黄皮忍冬（*Lonicera ferdirnandii*）、麦氏蔷薇（*Rosa moyesii*）、桦叶荚蒾、榛子、陕西金银花（*Lonicera koehneana*）、二色胡枝子、陕西荚蒾（*Viburnum schensianum*）等，另外还有由粗榧构成的常绿针叶小高位芽植物层片，以及由僧蒿（*Artemisia sacrorum*）、短梗胡枝子（*Lespedeza cyrtobetrya*）、长萼鸡眼草（*Kummerowia stipulacea*）、大金丝桃（*Hypericum sampsonii*）等构成的落叶阔叶地上芽植物层片。落叶阔叶层外植物层片也分布于灌木层中，主要种类有三叶木通（*Akebia trifoliata*）、粉葛（*Pueraria pseudoacacia*）、蔓生蛇葡萄（*Ampelopsis micans*）、五角叶葡萄（*Vitis pentagona*）、野葡萄（*Vitis thunbergii*）、苍叶南蛇藤（*Celastrus hypoleuca*）、猕弥猴桃、鞘柄菝葜、阿穆尔葡萄（*Vitis amurensis*）。

草本层主要由地面芽植物层片和地下芽植物层片所构成，其中地面芽植物层片为草本层的优势层片。组成成分主要是披针薹草、羽裂紫菀（*Aster pinnatifidus*）、薄雪草（*Leontopodium leontopodtoides*）、三脉紫菀（*Aster trinervius*）、地榆、土三七（*Sedum aizoon*）、牛尾蒿（*Artemisia subditigitata*）、败酱、防风（*Saposhnikovia divaricatum*）、甘遂（*Euphobia kansui*）、中国石竹（*Dianthus chinensis*）、深山青木香（*Saussurea subotrigillosa*）、兔儿伞（*Cacalia krameri*）、牛皮肖（*Cynanchum auriculatum*）、山薄荷（*Plectranthus inflexus*）、野菊（*Chrysanthemum indicum*）、野青茅、苍术、桔梗、唐松草、碱茅（*Puccinellia distans*）、沙参（*Adenophora axilliflora*）、细叶沙参（*Adenophora paniculata*）、芒（*Miscanthus sinensis*）、糙苏（*Phlomis umbrosa*）、北京隐子草（*Cleistogenes hancei*）、鹿药（*Smilacina japonica*）等多种植物。地下芽植物层片的组成成分主要是淫羊霍、麦冬（*Liriope graminifolia*）和大油芒（*Spodiopogon sibiricus*）等。一年生植物层片的组成植物主要是荩草（*Arthraxon hispidus*）、龙葵（*Solanum nigrum*）、狗尾草（*Setaria viridis*）、草木樨（*Melilotus suaveolens*）等。

（三）槲栎林的生活型组成、层次及层片结构

1. 槲栎林的地理分布概况

槲栎林也是暖温带地带性植被类型之一，主要分布在暖温带落叶阔叶林区域的河南、山东、陕西、河北、北京等省（直辖市）的山地上，广泛分布于中国暖温带至北亚

热带地区，北自辽宁南部，南至湖北、安徽，东起江苏、河北、山东，西至陕西的中南部、甘肃的东部。此外，在内蒙古的东部山地、东北东部的山地针阔叶混交林中也有零星分布。在长江以南各省的高山地带，槲栎的分布也很广，但数量很少。

在河南伏牛山南坡，槲栎林多分布在海拔1000～1800m的山地。在河北西部山地，这类森林分布在海拔700m左右的低山，在辽东半岛槲栎林分布的海拔为200m左右。在北京山区槲栎林主要分布在北部山区海拔600～1350m的山地阳坡和半阳坡。土壤大多为花岗岩、片麻岩母质上发育的褐色土和棕色森林土（陈灵芝，1985）。

2. 槲栎林的生活型组成

以北京山区槲栎林为例，其生活型组成见图3-44。

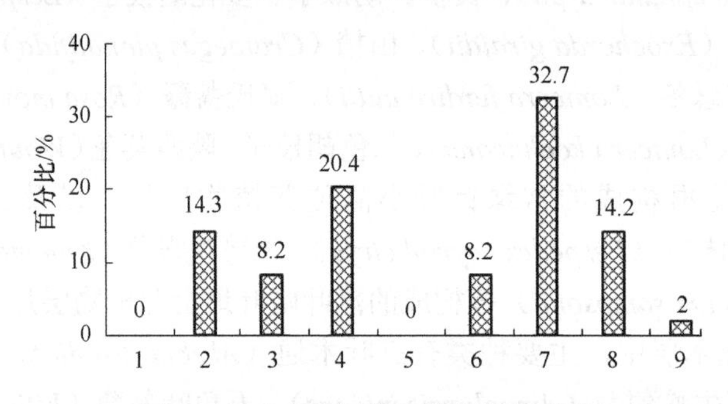

图3-44　北京山区槲栎林的生活型谱

1. 常绿针叶中高位芽植物；2. 落叶阔叶中高位芽植物；3. 落叶阔叶小高位芽植物；4. 落叶阔叶矮高位芽植物；5. 常绿草本地上芽植物；6. 落叶草本地上芽植物；7. 地面芽植物；8. 地下芽植物；9. 一年生植物

由图3-44可知，槲栎林生活型组成中的优势生活型为高位芽植物，占42.9%，次优势生活型为地面芽植物，占32.7%，其次是地下芽植物，占14.2%。在高位芽植物中是以落叶阔叶矮高位芽植物为优势，占20.4%，其次是落叶阔叶中高位芽植物。槲栎林生活型谱的这种组成形式，与其他栎林也基本相同。

根据植物的叶级分析（图3-45），这类森林以小型叶植物所占的比例最大，中型叶植物次之。乔木大多为中型叶植物，灌木则以小型叶植物为主，草本植物的叶型变化较大。

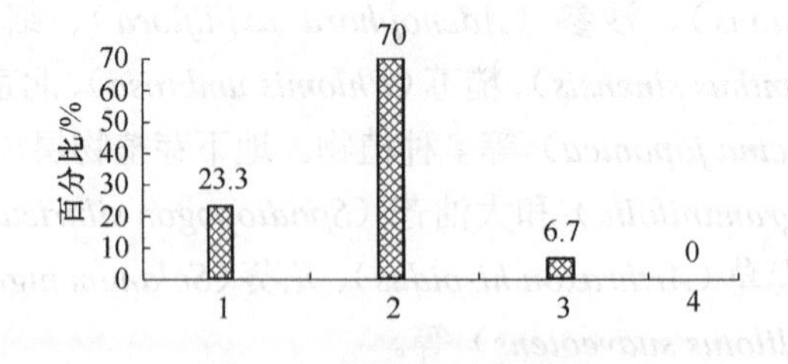

图3-45　槲栎林的叶级谱

1. 中型叶；2. 小型叶；3. 微型叶；4. 细型叶

3. 槲栎林的层次及层片结构

槲栎林的层次分化也很明显，一般可分出乔木层、灌木层、草本层。乔木层的盖度为50%，平均高5～7m，灌木层的盖度为40%，草本层盖度为20%。其层次结构图解形式为下窄的E形。

乔木层主要由落叶阔叶中高位芽植物层片所构成，该层片也是群落的建群层片，建群种为槲栎。其他伴生树种以大叶白蜡较常见，辽东栎也有出现，其他乔木种类很少，偶见色木槭，并有山杨幼树及朴树，呈灌木状生长，林下乔木树种以槲栎幼树最多，其次为大叶白蜡，偶见有槲树的幼树。

灌木层主要由落叶小高位芽植物层片和落叶矮高位芽植物层片为主，小高位芽植物层片是以山杏为主要成分，分布均匀，常为灌木层的优势种，其次为大果榆。矮高位芽植物层片由三桠绣线菊和二色胡枝子为主要成分，分布比较均匀。三桠绣线菊也可成为林下优势种。荆条和雀儿舌头（*Andrachne chinensis*）也是该层片的常见成分。

草本层是以地面芽植物层片为优势层片，其优势种以矮丛薹草分布最为均匀。苍术、翻白草也是常见种。地上芽植物层片在草本层中也占有较重要的地位。

（四）槲树林的生活型组成、层次及层片结构

槲树林主要分布在河南、山东、河北等省海拔1000m左右的山地。在河南伏牛山南坡多分布在海拔1000～1800m的山地上，在河北西部山地分布在海拔700m左右的低山上，在辽东半岛分布的海拔为200m左右，在北京山区槲栎林分布面积不大，主要分布在北部山区海拔600～1350m的山地阳坡和半阳坡。土壤大多为花岗岩、片麻岩母质上发育的褐色土和棕色森林土，土层浅薄（陈灵芝，1985）。

1. 槲树林的生活型组成

槲树林的生活型谱和叶级谱如图3-46和图3-47所示。

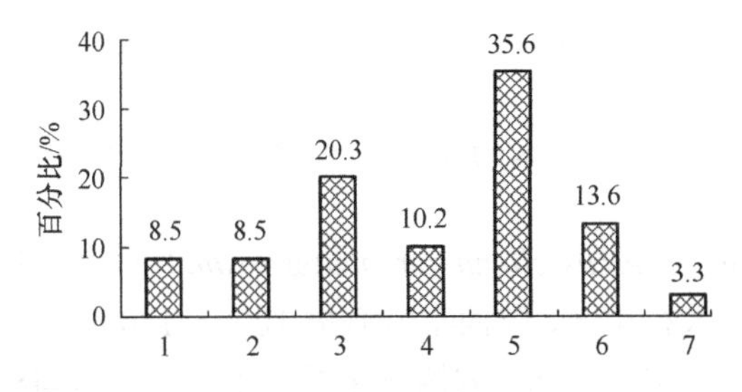

图3-46　槲树林的生活型谱

1. 落叶阔叶中高位芽植物；2. 落叶阔叶小高位芽植物；3. 落叶阔叶矮高位芽植物；4. 地上芽植物；5. 地面芽植物；6. 地下芽植物；7. 一年生植物

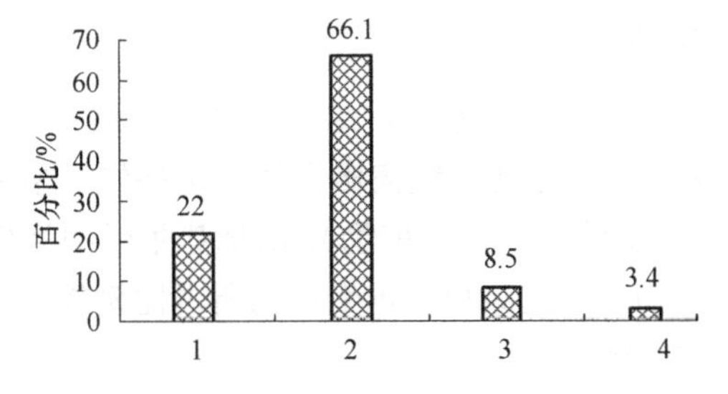

图3-47　槲树林的叶级谱

1. 小型叶；2. 中型叶；3. 微型叶；4. 细型叶

由图 3-46 可知，组成槲树林植物生活型的特点是以地面芽和高位芽植物为优势，生活型组成分别占 35.6%和 37.3%，其次是地下芽植物、地上芽植物和一年生植物。

从槲树林的叶级谱（图 3-47）可以看出，组成槲树林植物的叶型是以中型叶植物为主，小型叶植物次之。乔木大多为中型叶植物，灌木则以小型叶植物种类较多，草本植物也是以小型叶植物数量较多。

2. 槲树林的层次及层片结构

与前述栎林相似，槲树林也可分为 3 层，即乔木层、灌木层和草本层。乔木层盖度一般在 40%左右，灌木层盖度为 35%左右，草本层盖度为 40%左右。乔木层主要由落叶阔叶中高位芽植物层片所构成，该层片是群落的建群层片，槲树为建群种，高 5～7m。在有些地段的林分中，可见到油松这一常绿针叶高位芽植物。乔木层植物种类较少，较常见的有色木槭。偶见的有辽东栎和大叶白蜡。

灌木层高 1m 左右，以落叶小高位芽和矮高位芽植物层片为优势层片，小高位芽植物层片的优势种为山杏，其次是大果榆，矮高位芽植物层片种类丰富，以荆条的多度、盖度和存在度最大。三桠绣线菊和土庄绣线菊在林下局部地段可成为优势种，在灌木层中还见有多种鼠李（*Rhamnus* spp.），这些植物种类的存在反映了林内比较干燥的生境。

草本层是以地面芽植物为优势层片，并以矮丛薹草分布较均匀，苍术、翻白草在林下虽常见，但不占优势。其他种类还有北柴胡（*Bupleurum pekinensis*）、苦荬菜（*Ixeris sonchifolia*）、祁州漏芦（*Rhaponticum uniflorum*）、鸦葱（*Scorzonera glabra*）、白头翁（*Pulsatilla chinensis*）、远志（*Polygala tenuifolia*）等。这些种类的出现，反映了林下光照条件较好，生境温暖且干燥。地下芽植物层片在草本层也占有一定地位，组成植物有大油芒和野古草（*Arundinella hirta*），在某些地段为常见种，盖度也较大。

（五）锐齿槲栎林的生活型组成、层次及层片结构

锐齿槲栎林（Form. *Quercus aliena* var. *acuteserrata*）分布在华北暖温带落叶阔叶林区域的河南西部山区和太行山区，陕西秦岭海拔 1000～1800m 的山坡上。锐齿栎槲栎林也可分布到北亚热带的河南、湖北、安徽一带的山地上，但多与槲栎形成混交林。锐齿槲栎林分布区的气温较低，湿度较大。土壤为山地棕色森林土或弱灰化的棕色森林土，土层较厚，地面的死地被物层和腐殖质层都比较丰富（《中国植被》，1980 年）。

1. 锐齿槲栎林的生活型组成

根据调查资料（王文杰，1965）整理，绘制的生活型谱见图 3-48。

由图 3-48 可知，秦岭南五台地区锐齿槲栎林的优势生活型为高位芽植物，占群落植物种类总数的 63.3%（包括藤本高位芽植物），次优势生活型为地面芽植物，占 23.6%，处于第 3 位的是地下芽植物，地上芽和一年生植物所占比例较小。锐齿槲栎林的生活型组成与其他落叶栎林具有一致性。

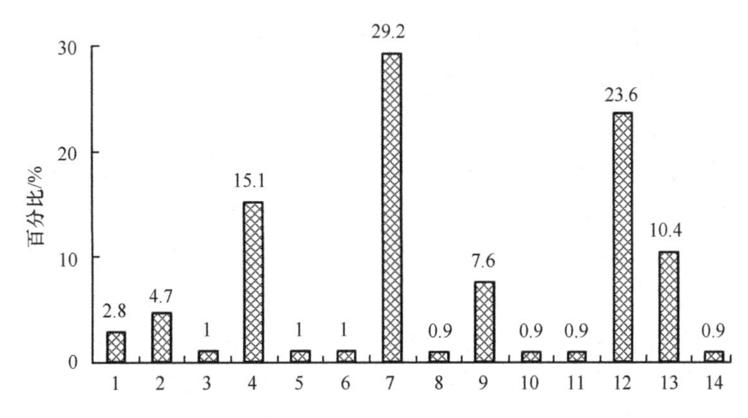

图 3-48 秦岭北坡南五台地区锐齿槲栎林的生活型谱

1. 常绿针叶中高位芽植物；2. 落叶阔叶中高位芽植物；3. 常绿针叶小高位芽植物；4. 落叶阔叶小高位芽植物；5. 常绿阔叶小高位芽植物；6. 半常绿阔叶矮高位芽植物；7. 落叶阔叶矮高位芽植物；8. 半常绿阔叶层外植物；9. 落叶阔叶层外植物；10. 常绿地上芽植物；11. 落叶阔叶地上芽植物；12. 地面芽植物；13. 地下芽植物；14. 一年生植物

2. 锐齿槲栎林的层次及层片结构

锐齿槲栎林的层次分化比较明显，可分为乔木层、灌木层和草本层及层外植物。乔木层盖度为 70%～90%，灌木层盖度为 30%～40%，草本层盖度为 20%～40%。层次结构图解形式为上长，中、下稍短的 E 形。

乔木层主要由落叶阔叶中小高位芽植物层片所组成，并有常绿针叶中高位芽植物层片混生。在秦岭南五台地区，组成落叶阔叶中高位芽植物层片的植物，除了锐齿槲栎外，尚有栓皮栎、茅栗、鄂椴（*Tilia oliveri*）、穗子榆（*Carpinus erosa*）等。组成落叶阔叶小高位芽植物层片的植物主要是色木槭、血皮槭（*Acer griseum*）、少脉椴（*Tilia pancicostata*）、四照花（*Cornus kousa* var. *chinensis*）、白蜡、刺楸、膀胱果（*Staphylea holocarpa*）、四蕊槭（*Acer tetramerum*）等。常绿针叶中高位芽植物层主要是侧柏、刺柏、油松等。

灌木层主要由常绿针叶小高位芽植物层片、常绿阔叶小高位芽植物层片、落叶阔叶小高位芽植物层片、半常绿阔叶矮高位植物层片、落叶阔叶矮高位芽植物层片、落叶阔叶地上芽植物层片等多种植物层片所组成，其中灌木层的优势层片为落叶阔片矮高位芽植物层片。

常绿针叶小高位芽植物层片的组成植物主要是粗榧；常绿阔叶小高位芽植物层片的组成植物主要是苦竹（*Pleioblastus amarus*）；落叶阔叶小高位芽植物层片的主要组成植物有盐肤木（*Rhus chinensis*）、秦岭米面翁（*Buckleya graebneriana*）、三桠乌药、钓樟、青皮槭（*Acer hersii*）、山梅花（*Philadelphus incanus*）等。半常绿阔叶矮高位芽植物片的主要组成成分为猫儿屎（*Decaisnea fargesii*）；组成落叶阔叶矮高位芽植物层片的植物种类较多，其中多度和盖度较大的植物有：栓翅卫矛、西北栒子（*Cotoneaster zabellii*）、黄栌、胡颓子、桦叶荚蒾、榛子、长芽绣线菊（*Spiraea longigomma*）、二色胡枝子、陕西荚蒾、棣棠、牛尾菜（*Smilax herbacea* var. *nipponica*）；落叶阔叶地上芽植物层片的主要组成植物是短梗胡枝子。

草本层主要是由地面芽植物层片、地下芽植物层片、一年生植物层片及常绿地上芽植物层片所组成。其中地面芽植物层片为草本层的优势植物层片。

组成地面芽植物层片的植物种类较多，优势成分有披针薹草、薄雪草、牛尾蒿（*Artemisia subditigitata*）、茜草（*Rubia cordifolia*）、艾蒿（*Artemisia vulgaris*）、野菊、野青茅、唐松草、糙苏、荠尼（*Adenophora remotiflora*）、普通耧斗菜（*Aquilegia viridiflora*）、易变泥胡菜（*Saussurea murabilis* var. *dipiochata*）等；地下芽植物层片主要由淫羊霍、白芷（*Angelica miqueliana*）等组成，一年生植物层片仅由草藤（*Vicia sativa*）组成。常绿草本地上芽植物层片的组成植物为鹿蹄草。

层外植物层片包括落叶阔叶层外植物层片和半常绿阔叶层外植物层片，其中落叶阔叶层外植物层片为优势层片。落叶阔叶层外植物层片的组成种类是三叶木通、粉葛、苍叶南蛇藤、华中五味子（*Schisandra sphenanthera*）、鸡矢藤（*Paederia chinensis*）、短梗菝葜（*Smilax scobinicaulis*）、复叶葡萄（*Vitis piasezkii* var. *pagnuccii*）等，常绿阔叶层外植物主要是金银花（*Lonicera japonica*）。

（六）油松林的生活型组成、层次及层片结构

在暖温带落叶阔叶林区域中，除了辽东半岛东南部亦即千山山脉以东和胶东半岛有赤松林分布外，全区域的山地、丘陵上都广泛分布着油松林。因此，油松林被认为是华北地区有代表性的针叶林类型之一。油松林分布的北界位于内蒙古自治区阴山山脉的大青山、乌拉山及西部的贺兰山。其西南界线为川陕鄂的秦巴山地海拔 1000～1600m 地段；在南部，油松林为马尾松林所取代，在秦岭，分布于山地海拔 1400～2000m，向东至淮河流域则可分布到低矮的丘陵上。由于受到资料的限制，本部分仅以秦岭地区油松林为例，讨论油松林的生活型组成、层次及层片结构特征。

1. 油松林的生活型组成

对调查资料（王文杰，1965）进行整理，绘制的生活型谱见图 3-49。

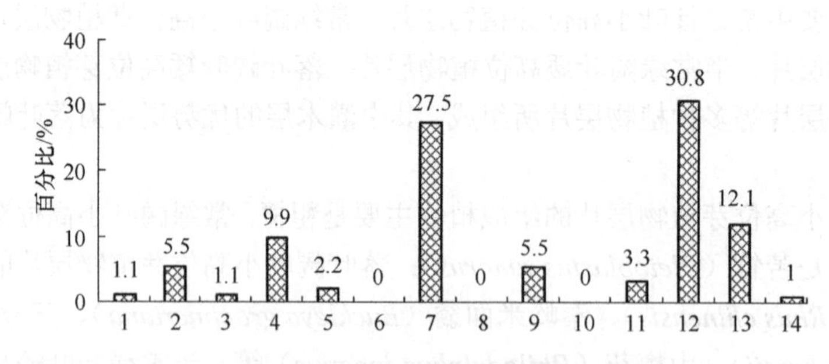

图 3-49　秦岭北坡油松林的生活型谱

1. 常绿针叶中高位芽植物；2. 落叶阔叶中高位芽植物；3. 常绿针叶小高位芽植物；4. 落叶阔叶小高位芽植物；5. 常绿阔叶小高位芽植物；6. 半常绿阔叶矮高位芽植物；7. 落叶阔叶矮高位芽植物；8. 半常绿阔叶层外植物；9. 落叶阔叶层外植物；10. 常绿地上芽植物；11. 落叶阔叶地上芽植物；12. 地面芽植物；13. 地下芽植物；14. 一年生植物

由图 3-49 可知，油松林的生活型谱是以高位芽植物为优势，占 52.8%，次优势生活型为地面芽植物，占 30.8%，地下芽植物位于第 3 位。在高位芽植物中，是以落叶阔叶矮高位芽为主，占 27.5%，其次是小高位芽植物，占 13.2%，再次为中高位芽植物，占

6.6%，落叶阔叶地上芽植物和层外植物及一年生植物，占群落植物种类总数的比例较低。

2. 油松林的层次及层片结构

油松林的层次分化明显，一般可分为乔木层、灌木层、草本层。乔木层盖度多在60%～70%，灌木层在25%～35%，草本层盖度多在50%～60%。由于油松适应性较强，分布范围较广，所以其层片结构因分布地区的不同而有所差异。以下仅以秦岭北坡油松林为例，讨论其层片结构。

乔木层主要由以油松为优势的常绿针叶中高位芽植物层片和落叶阔叶中高位芽植物层片所组成。构成落叶阔叶高位芽植物层片的主要树种是栓皮栎、锐齿槲栎、辽东栎、野核桃（*Juglans cathayensis*）、槲树等。

灌木层主要由常绿针叶小高位芽植物层片、常绿阔叶小高位芽植物层片、落叶阔叶小高位芽植物层片、半常绿阔叶矮高位芽植物层片、落叶阔叶地上芽植物层片等组成。其中，落叶阔叶矮高位芽植物层片为灌木层的优势层片。常绿针叶小高位芽植物层片的组成种类主要是粗榧，常绿阔叶小高位芽植物层片的组成成分有刺叶栎（*Quercus spinosa*）、铁橿子，落叶阔叶小高位芽植物层片主要由钓樟、山梅花等。组成落叶阔叶矮高位芽植物层片的组成成分较多，其中最常见的、多度和盖度较大的种类成分是黄栌、胡颓子、红柄白鹃梅（*Exochorda giraldii*）、布氏胡枝子（*Lespedeza buergeri*）、榛子、陕西荚蒾、中华绣线菊（*Spiraea chinensis*）、野蔷薇（*Rosa multiflora*）等。落叶阔叶地上芽植物层片主要由僧蒿、短梗胡枝子组成。

草本层主要由地面芽植物层片、地下芽植物层片、一年生植物层片等组成。其中地面芽植物层片为优势层片，组成地面芽植物层片的主要成分有披针薹草、柴胡、薄雪草、三脉紫菀、黄芩（*Scutellaria baicalensis*）、牛蒡（*Arcitum lappa*）、苍术、糙苏、荠尼、易变泥胡菜、白藓、牧场繁缕（*Stellaria palustris*）、石刁柏（*Asparagus officinalis* var. *altilis*）、大油芒；一年生植物层片主要由草藤组成。

层外植物层片组成种类较少，常见有五角叶葡萄、苍叶南蛇藤、鞘柄菝葜、五味子等。

（七）侧柏林的生活型组成、层次及层片结构

侧柏林广泛分布于华北山地、丘陵及平原地区，以黄河流域诸省如山东、河南、河北、山西、陕西为最多。在河北的兴隆，北京的妙峰山、周口店上方山，山西的吕梁山、太行山、太岳山和中条山，陕西的秦岭，甘肃东部等地区均有一定面积的侧柏天然林分布。平原区的侧柏林多系人工栽培而成，主要分布在村边、寺庙和一些坟地周围，形成了华北平原区特有的景观之一。此外，在云南地区西北部的德钦一带的澜沧江河谷，海拔2500m左右地带，也有侧柏天然林分布，在垂直分布系列上居于干热河谷灌丛之上，高山松、高山栎林带下部。

1. 生活型组成

中国的侧柏林相对集中分布的地区主要在秦岭北坡及陕北黄土区。以下我们着重以这些地区的侧柏林为例进行讨论。

根据有关资料（朱志诚，1982）进行统计，绘制的侧柏林的生活型谱如图 3-50 所示。

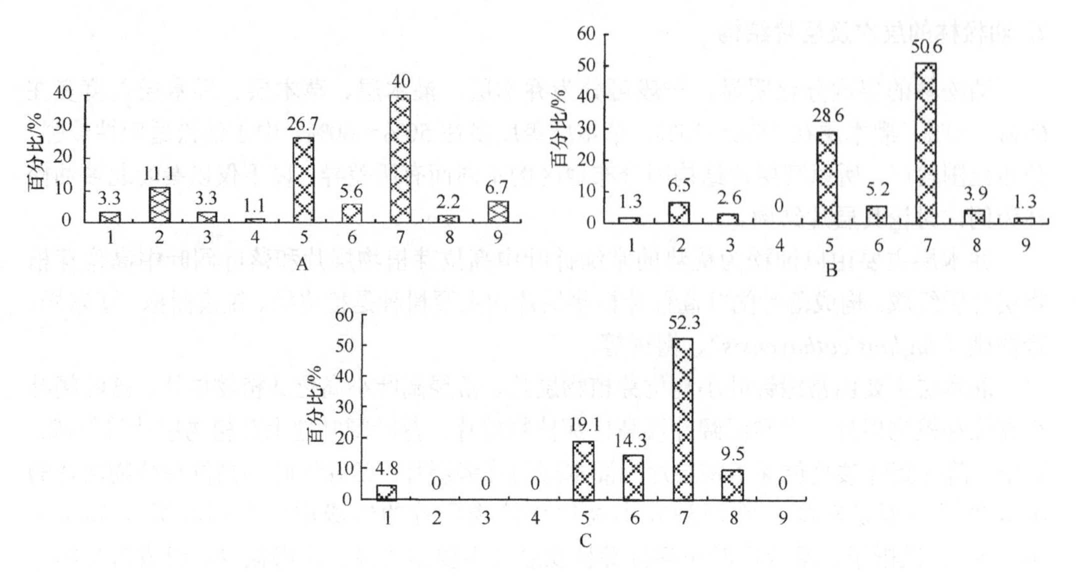

图 3-50　秦岭（A）、黄土区南部（B）、黄土区北部（C）侧柏林的生活型谱

1. 常绿针叶中高位芽植物；2. 落叶阔叶中高位芽植物；3. 落叶阔叶小高位芽植物；4. 半常绿阔叶矮高位芽植物；5. 落叶阔叶矮高位芽植物；6. 地上芽植物；7. 地面芽植物；8. 地下芽植物；9. 层间植物

由图 3-50 可以看出，组成侧柏林的优势生活型为地面芽植物和高位芽植物。在上述 3 个地区中，地面芽植物分别为 40%、50.6%、52.3%，高位芽植物分别为 45.5%、39%、23.9%。这种现象表明，侧柏林生存地区具有夏季温热多雨及较长的严冬气候。侧柏林的生活型组成与暖温带地区其他落叶阔叶林比较也是非常相似的。

由于秦岭、黄土区南部和黄土区北部气候上的差异，组成各区侧柏林的生活型谱的成分之间也存在一定的差异。其表现是：黄土区北部的侧柏林中，中、小高位芽植物，特别是阔叶中、小高位芽植物极其贫乏，这种现象可能是与黄土区北部半干旱的森林草原气候和贫瘠、干燥的生境有关。另外，从秦岭到黄土区北部，地面芽植物和地下芽植物逐渐增加，而层间植物则逐渐减少，产生这种现象的原因在于，前者主要是由热量减少所致，而后者很大程度上与降水量减少有关。陈灵芝对北京山区的侧柏林曾进行过研究，研究结果表明，北京山区的侧柏林中，地面芽和高位芽植物所占比例分别为 38%和 37%，地上芽植物占 12%，一年生植物和地上芽植物分别为 8%和 5%。对高位芽植物进一步分析的结果是，常绿针叶中高位芽植物的种类系数为 1%，落叶阔叶中高位芽植物为 8%，落叶阔叶小高位芽植物为 6%，落叶阔叶矮高位芽植物为 22%。与上述 3 个地区比较，北京山区侧柏林的生活型谱更接近于秦岭地区和黄土区南部的侧柏林，但北京山区侧柏林中缺乏半常绿的阔叶矮高位芽植物，而且地下芽植物的比例较高。

2. 侧柏林的层次及层片结构

天然侧柏林的层次结构明显，一般可分为乔木层、灌木层、草本层 3 个层次。乔木层盖度为 40%～60%，灌木层盖度为 20%～50%，草本层盖度为 25%～55%。由于侧柏林分布地区之间的气候存在差别，其层片结构也略有不同，下面以秦岭北坡南五台地区

（北纬 33°58′～34°02′，东经 108°57′～108°59′，海拔 680m）的侧柏林为例，讨论侧柏林的层片结构，并与其他地区的侧柏林进行对照比较。

在秦岭北坡南五台地区的侧柏林中，构成乔木层的优势层片是以侧柏为主的常绿针叶中高位芽植物层片，这一层片也是群落的建群层片。这一现象与黄土区的侧柏林是一致的。在乔木层中，除了常绿针叶中高位芽植物层片外，还有落叶阔叶中高位芽植物层片和落叶阔叶小高位芽植物层片。组成常绿针叶中高位芽植物层片的树种有侧柏、刺柏和油松；在落叶阔叶中高位芽植物层片中，主要是栓皮栎、榉树、槲栎，在落叶阔叶小高位芽植物层片中，主要有君迁子（*Diospyros lotus*）和栾树等。

与各地侧柏林比较，其差别主要是在组成落叶阔叶中高位芽植物层片的种类及数量上，总的表现是，分布越靠南部的侧柏林中，层片的构成成分越复杂，组成种类的数目越多。

灌木层中的层片结构比较复杂，主要是落叶阔叶地上芽植物层片、落叶阔叶层外植物、半常绿阔叶矮高位芽植物层片、落叶阔叶矮高位芽植物层片等。优势层片为落叶阔叶矮高位芽植物层片。

半常绿阔叶矮高位芽植物层片的组成种类为小叶女贞；组成落叶阔叶矮高位芽植物层片的主要种类是孩儿拳头（*Grewia biloba* var. *parviflora*）、酸枣（*Ziziphus jujuba*）、黄素馨、圆叶鼠李（*Rhamnus globosa*）、葹子梢、栓翅卫矛、黄檀、欧李（*Prunus humilis*）、对节木（*Sagretia pycnophlla*）、灰栒子、潘氏雁皮（*Wikstroemia pampaninii*）、兴安胡枝子、南蛇藤、白檀、胡颓子、陕西金银花、陕西荚蒾等。组成落叶阔叶地上芽植物层片的主要种类是小金丝桃（*Hypericum attenuatum*）、僧蒿、短梗胡枝子；与黄土区北部比较，黄土区北部缺乏半常绿阔叶矮高位芽植物层片，落叶阔叶矮高位芽植物层片的组成种类也很少。北京山区侧柏林的灌木层也主要是由落叶阔叶小高位芽和矮高位芽植物层片构成。小高位芽植物层片组成种类以小叶白蜡和山杏较普遍，分布较均匀。但数量不多，锐齿鼠李（*Rhammus arguta*）、山桃（*Prunus davidiana*）的数量也较少；大果榆和黄栌仅局部出现，但大果榆的数量较多。该层片在灌木层中不占重要地位。矮高位芽植物层片是灌木层的优势层片，荆条为优势种，数量多，分布均匀。其次为小叶鼠李（*Rhamnus parvifolius*），并在局部占有优势。偶见种有榆叶白鹃梅（*Exochorda serratifolia*）、二色胡枝子、酸枣等。

草本层主要是由地面芽植物层片所构成，其次是地下芽植物层片、一年生植物层片和常绿草本地上芽植物层片。组成地面芽植物层片的优势植物有黄菅草（*Themeda triandra*）、披针薹草、羽裂紫菀（*Aster pinnatifidus*）。其次是柴胡（*Bupleurtum balcatum*）、白草（*Andropogon ischaemum*）、薄雪草、三脉紫菀、远志（*Polygala tenuifolia*）、阿尔泰紫菀（*Aster altaicus*）、刺儿菜（*Cirsium setosum*）、一花山牛蒡（*Centaurea monantha*）、射干（*Belamcanda chinensis*）、地榆、茜草（*Rubia cordifolia*）、远东芨芨草（*Achnatherum extremiorientale*）、野菊、野青茅、牡蒿（*Artemisia japonica*）等；地下芽植物层片的主要组成种类有淫羊藿、日本荻（*Miscanthus japonicus*）、阔叶麦冬（*Liriope platyphylla*）、大油芒等；一年生植物层片的主要种类有荩草、龙葵、狗尾草（*Setaria viridis*）、草木樨（*Melilotus suaveolens*）等。各地构成草本层优势层片的种类差别较大，在黄土区南部，构成地面芽植物层片的优势植物为披针薹草，盖度可达 15%，在黄土区北部，狼尾巴花

（*Lysimachia barystachys*）为优势，盖度可达20%；北京山区的侧柏林中有矮丛薹草、隐子草、白羊草（*Bothriochloa ischaemum*）、远志，前两者盖度可达20%。一年生植物层片的代表种类有狗滩草、小花鬼针草（*Bidens parviflora*）等，盖度很小。

层间（层外）植物种类很少，主要是三叶木通、大芽南蛇藤（*Clematis montana*）、金银花等；黄土区南部偶见蛇葡萄、蛇白蔹（*Ampelopsis brevipedunculata*）和葎叶白蔹（*A. humulifolia*）；黄土区北部缺乏层间植物。藤本植物的变化趋势是，分布于南部的侧柏林中的藤本植物无论是种类还是数量均多于北部地区。

侧柏林群落无论是在秦岭、黄土高原还是华北的山西东部、北京山区，其群落层次结构都属窄E形，苔藓层基本上不发育。

（八）暖温带落叶阔叶林生活型谱的垂直变化

同温带、寒温带森林群落一样，暖温带落叶阔叶林生活型谱随山地海拔梯度的垂直变化也非常明显，下面以位于北京市区的东灵山为例，讨论暖温带落叶阔叶林生活型谱的垂直变化特点。

1. 东灵山植被概况

东灵山位于北京市区西北约100km处，属于五台山向东延伸的支脉，太行山系。地理位置在东经115°26′～115°30′，北纬40°00′～40°02′。最高峰海拔2303m，最低海拔为1000m，相对高差为1300m左右。

东灵山地区的森林群落主要是由落叶栎类组成，在山沟等地比较湿润的局部地区有椴属（*Tilia* spp.）、小叶白蜡、核桃楸、槭属（*Acer* spp.）、青杨等落叶阔叶混交林，在高海拔（1000～1500m及以上），原来分布着耐寒的针叶林，如华北落叶松、青杆和白杆等，由于原生植被遭破坏，现存的是山杨及桦木（*Betula* spp.）类的次生林。中海拔及低山还有油松、白皮松、侧柏、杜松、赤松、华山松等针叶林类型。森林破坏严重的低山及干旱山坡、岗地有以荆条为主的灌草丛，其他如黄栌、黄刺玫、绣线菊（*Spiraea* spp.）、鼠李（*Rhamnus* spp.）、溲疏（*Deutzia* spp.）、山梅花（*Philadelphus* spp.）、蚂蚱腿子等也很常见。

从东灵山下部至上部，植被依次分布有：次生灌丛（多为荆条、绣线菊、山杏等），落叶阔叶林，针叶林和亚高山草甸。由于人为活动的干扰，原生植被多被破坏，主要是次生植被。

山地母岩主要是石灰岩、花岗岩、页岩、片麻岩和石英砂岩。土壤以棕色森林土、褐色土和亚高山草甸土为主。

2. 东灵山植物群落的生活型谱及其垂直变化特点

根据调查资料（江洪，1994）编制的植物生活型谱见表3-5。

由表3-5可以看出，东灵山植被生活型谱的共同特征是：在各群落中均是以高位芽植物或地面芽植物为优势生活型，其次是地下芽植物，地上芽植物很少，无大高位芽植物。各群落的特点是，位于亚高山（2150～2303m）的亚高山锦鸡儿（*Caragana jubata*）灌丛和硕桦（*Betula costata*）林中，地面芽和地下芽植物比例相同，高位芽植物所占比

表 3-5　东灵山植被生活型组成

群落	海拔/m	中高位芽/%	小高位芽/%	矮高位芽/%	地上芽/%	地面芽/%	地下芽/%	一年生/%
1	2303	0.00	4.76	4.76	0.00	42.86	42.86	4.76
2	2130	0.00	0.00	5.88	0.00	52.94	23.53	17.56
3	2150	8.00	4.00	0.00	0.00	44.00	44.00	0.00
4	1630	22.73	18.18	0.00	0.00	27.27	27.27	4.55
5	1620	8.33	12.50	8.33	0.00	29.17	41.67	0.00
6	1410	17.14	17.14	5.71	0.00	25.71	25.71	8.57
7	1480	17.24	20.69	6.90	0.00	31.03	24.14	0.00
8	1470	14.29	10.71	10.71	0.00	42.86	21.43	0.00
9	1130	20.00	14.29	7.14	0.00	32.86	22.86	2.86
10	1500	21.86	11.88	3.13	3.15	25.63	31.25	3.13
11	1480	18.52	7.41	14.81	0.00	33.33	22.86	0.00
12	1270	16.13	3.23	12.90	0.00	41.94	25.93	0.00
13	1140	13.16	5.26	13.16	0.00	30.47	25.81	0.00
14	1210	13.79	0.00	10.34	0.00	37.93	23.68	3.45
15	1170	11.43	0.00	11.43	0.00	37.14	34.48	8.57
16	1230	23.08	0.00	11.54	0.00	34.62	31.43	0.00
17	1150	31.58	10.53	10.53	0.00	21.05	30.77	0.00
18	1130	8.33	10.53	10.53	0.00	41.76	15.67	0.00
19	850	7.14	7.14	28.57	0.00	28.57	28.57	0.00
20	850	3.85	7.69	30.77	0.00	34.62	19.23	3.85

注：1. 锦鸡儿灌丛；2. 亚高山草甸；3. 硕桦林（1）；4. 硕桦林（2）；5. 白桦林（1）；6. 白桦林（2）；7. 黑桦林（1）；8. 黑桦林（2）；9. 其他落叶阔叶次生林（1）；10. 其他落叶阔叶次生林（2）；11. 辽东栎林（1）；12. 辽东栎林（2）；13. 辽东栎林（3）；14. 油松林（1）；15. 油松林（2）；16. 华北落叶松林（1）；17. 落叶松林（2）；18. 山杏灌丛；19. 荆条灌丛；20. 三桠绣线菊灌丛

例很小，在锦鸡儿灌丛中缺乏中高位芽植物，仅有小高位芽植物和矮高位芽植物；在亚高山草甸（海拔 2130m 左右）缺乏中高位芽、小高位芽植物和地上芽植物，仅有矮高位芽植物，而且所占比例非常小，地面芽植物占绝对优势，处于次优势的为地下芽植物，一年生植物占有相当大的比例；中低山（850～1130m）的山杏灌丛、荆条灌丛、三桠绣线菊灌丛的生活型组成与亚高山的锦鸡儿灌丛不同，在这些灌丛中有少量的中高位芽植物及零星的萌生幼树；硕桦林、部分油松林（海拔 1170m 左右）和华北落叶松林（海拔 1150～1230m）中缺乏小高位芽植物，辽东栎林（海拔 1480m）、黑桦林（海拔 1470m）、落叶松林、山杏灌丛和荆条灌丛群落内基本上无一年生植物。将东灵山主要植物群落生活型谱的特点，与前述栎林及油松林、侧柏林生活型谱比较，可以看出其基本特征是一致的。

生活型谱垂直变化的明显趋势是：地下芽植物随着海拔的升高而增加，中高位芽植物正好相反，表现出随海拔升高而降低的趋势，代表温带植物生活型谱主要特征的地面芽植物在东灵山地区的植物群落中表现得比较稳定，不随山地海拔的变化发生较大的波动，这种现象显示出了地带性的强大约束力。

三、暖温带落叶阔叶林的生活型、层次及层片结构的基本特征

通过以上对辽东栎林、栓皮栎林、槲栎林、槲树林、锐齿槲栎林、油松林、侧柏林

等群落的生活型组成、层次及层片结构的分析，可以概括出暖温带落叶阔叶林的基本结构特征如下。

（一）生活型组成的基本特征

暖温带落叶阔叶林中的大多数森林群落，是以高位芽植物为优势生活型，地面芽植物为次优势生活型，位于第3位的是地下芽植物。在暖温带南部的森林群落中，存在极少量的常绿阔叶小高位芽植物，而北部地区缺乏；藤本植物也是以南部地区较丰富。地上芽植物是以北部地区较丰富，越向南部越少。一年生植物总的表现是北部地区多于南部地区。暖温带落叶阔叶林和温带针阔叶混交林的生活型组成具有一定的相似性，但较明显的差异是暖温带落叶阔叶林中，高位芽植物所占比例偏大，而地面芽植物所占比例偏小。

根据落叶栎类林中组成植物的叶级谱分析，暖温带落叶阔叶林是以小型叶植物占绝对优势，中型叶植物次之，与长白山红松、阔叶混交林比较，后者是以中型叶的植物种类多于小型叶植物，或两者近似。这种现象反映出红松阔叶混交林分布区的气候条件比较湿润，而华北暖温带地区相对比较干燥。

（二）成层现象和层片结构特征

暖温带落叶阔叶林的成层现象明显，可以清晰地分出乔木层、灌木层和草本层，层次结构图解形式多为E形或下稍短的E形。

层片结构的特点是：乔木层中均无大高位芽植物层片，仅有中高位芽、小高位芽植物层片，在灌木层中，主要是由小高位芽和矮高位芽植物层片组成。在各群落中，均是以落叶阔叶中高位芽植物层片或常绿针叶中高位芽植物层片、落叶阔叶小高位芽植物层片和落叶阔叶矮高位芽植物层片占优势。

层间植物层片在群落中不起显著作用。位于暖温带分布区南部的森林群落中，藤本高位芽植物层片有所发育，北部地区发育不良或不发育。

构成群落的乔木树种和灌木树种，主要是冬季落叶的阔叶树种及常绿温性针叶树种，草本植物在冬季，或是地上部分枯死，或是以种子越冬。整个群落在冬季基本上处于休眠状态，而茂盛生长的季节为夏季。

以上种种特征与暖温带落叶阔叶林区域夏季酷热而多雨，冬季严寒而晴燥的气候特点是对应的。

第五节　中国亚热带常绿阔叶林区域主要森林群落的生活型组成、层次及层片结构

一、亚热带常绿阔叶林的地理分布及自然概况

常绿阔叶林（evergreen broad-leaf forest）是指以壳斗科、樟科、山茶科、木兰科等科的常绿树种为主组成的森林，因为分布于亚热带的湿润气候条件下，故称其为

亚热带常绿阔叶林。也有人称其为常绿樟栲林或常绿栎类林。同样，由于常绿阔叶林中乔木的叶子具有樟科植物叶子特有的特征，叶片是以小型叶为主，椭圆形、单叶，质地稍坚硬而且带革质，表面具光泽被蜡层，且常与光线照射方向垂直，故亦称其为照叶林。

常绿阔叶林是发育在亚热带气候条件下的一种常绿植被类型；它是亚热带大陆东岸湿润气候和季风气候下的产物，是一种湿润性的常绿森林类型。全球亚热带常绿阔叶林分布于热带以南或以北的中纬度地区，居南北纬22°～40°，包括中国的东南部、朝鲜半岛南部、日本列岛南部、美国东南部、智利、阿根廷、玻利维亚、澳大利亚东南部、巴西的一部分，以及大洋洲的新西兰、非洲的东南沿海等地区。其中尤以中国的常绿阔叶林分布面积最大，发育最为典型。

中国的亚热带常绿阔叶林分布的北界在淮河-秦岭一线，大致相当于北纬34°；南界大致在北回归线附近。东界为东南海岸和台湾岛及所属的沿海诸岛。西界基本上是沿青藏高原的东坡向南延至云南的西疆国界线上。南北界之间纬度相距11°～12°；东西界横跨经度约28°。总面积250余万平方千米。在行政区域上包括：浙江、福建、江西、湖南、贵州等省全境，江苏、安徽、湖北、四川等省的大部分地区，河南、陕西、甘肃等省的南部和云南、广西、广东、台湾等省（自治区）的北部，以及西藏的东部，共涉及17个省（自治区）（《中国植被》，1980年）。

中国的亚热带常绿阔叶林分布区西依青藏高原，东临太平洋，西南与印度洋相距也不很远，这样的海陆位置对本区的气候产生了强烈的影响，其特征是：夏季炎热多雨、冬季稍为干燥而温凉，春秋温和，四季分明。年平均温度14～22℃，最冷月均温2.2～13℃，最热月均温28～29℃，≥10℃的年积温（4000～）4500～7500（～8000）℃，年降水量800～3000mm，干燥度0.75～1.0。东部分四季，南部无冬，春夏多雨，西部干湿明显，夏秋多雨，冬春干暖（武吉华，1983）。由于中国亚热带常绿阔叶林分布区水热条件优越，被认为是亚热带自然条件最好的地带，是地中海、中亚、南亚次大陆，日本西南部、北美佛罗里达半岛、大洋洲东部等狭小的亚热带地区所不能相比的。世界上与中国亚热带同纬度的地区和国家，如南亚次大陆西部、伊朗、利比亚、埃及、阿尔及利亚、墨西哥等多为荒漠或干旱区，唯独中国的亚热带地区森林植被十分繁茂。

由于中国亚热带地域辽阔，热量分布的纬度地带性明显，根据地带性典型植被类型——亚热带常绿阔叶林的生态外貌及其所反映的生境水湿条件的差异，可先按经向划分为东部和西部两个“亚区域”，即东部（湿润）常绿阔叶林亚区域，西部（半湿润）常绿阔叶林亚区域。然后，根据生境热量差异，在两个亚区域内各按纬向划分出不同的植被地带，如东部可分为北亚热带、中亚热带、南亚热带，西部可分为中亚热带和南亚热带。

本节主要是以中亚热带常绿阔叶林为重点，选择有代表性的，保存较完整的森林和一些典型的森林类型，对其生活型组成及层片、层次结构进行讨论，并在比较的基础上揭示亚热带常绿阔叶林的生活型、层次及层片结构等群落学特征。

二、亚热带常绿阔叶林的生活型组成、层次及层片结构

本章节重点讨论的亚热带常绿阔叶林类型如下。

（1）浙皖山丘的青冈苦槠常绿阔叶林。

（2）浙闽山丘的甜槠木荷常绿阔叶林。

（3）湘赣丘陵山地的青冈栲类常绿阔叶林。

（4）三峡、武陵山地的栲类润楠常绿落叶阔叶林。

（5）四川盆地周围山地（以缙云山为代表）的润楠青冈常绿阔叶林和横断山区（以卧龙为代表）的亚高山常绿落叶阔叶混交林。

（6）南岭山地（以莽山为代表）的栲类蕈树常绿阔叶林。

（7）三江流域石灰岩山地的栲类、木荷喀斯特常绿落叶阔叶混交林。

（8）贵州山原石灰岩区的栲类、青冈常绿阔叶林和山地落叶常绿阔叶林。

（9）珠江三角洲丘陵蒲桃黄桐常绿阔叶林。

（10）粤桂丘陵山地的越南栲黄果厚壳桂常绿阔叶林。

（11）滇中南中山峡谷的栲类红木荷思茅松山地湿性常绿阔叶林。

上述（1）～（5）位于东部（湿润）常绿阔叶林区域中亚热带的北部，（6）～（8）位于中亚热带的南部，（9）～（10）位于南亚热带季风常绿阔叶林地带，（11）位于西部（半湿润）常绿阔叶林区域南亚热带季风常绿阔叶林地带，以下按上述顺序分别予以讨论。

（一）浙皖山丘的青冈苦槠常绿阔叶林的生活型组成、层次及层片结构

浙皖山丘北部有较多的常绿落叶阔叶混交林，常绿阔叶林多见于其西部，主要由青冈（*Cyclobalanopsis glauca*）、苦槠（*Castanopsis sclerophylla*）组成，往西则出现要求更加温暖湿润的种类，如甜槠（*C. eyrei*）、米槠（*C. carlesii*）等。本区最高山峰为黄山，海拔 1873m（莲花峰），常绿阔叶林主要分布在海拔 900m 以下，在本区具有一定的代表性。

黄山地处皖南，其北坡（黄山市黄山区）位于北纬 30°03′～30°30′，东经 117°58′～118°20′。气候特点为中国亚热带湿润地区东部亚热带季风气候，温暖湿润，阳光充足，四季分明。年平均气温为 15.5℃，最冷月（1 月）平均气温为 2.9℃，最热月（7 月）平均气温为 27.6℃，年较差 23.7℃，极端最低气温–10.5℃，极端最高气温 37.5℃，全年有效积温（≥10℃）为 4718.3～5002.4℃。年均降水量为 1540mm，全年无霜期 226 天。土壤以黄壤和黄红壤为主。本区分布的代表性植物群系为苦槠群系、甜槠群系、青冈群系和细叶青冈（*Cyclobalanopsis gracilis*）群系。

1. 生活型组成

对 29 个样地 9800m^2 上的植物进行调查的结果表明，常绿阔叶林内共有维管植物 204 种，分属于 81 科，150 个属（蔡飞，1993）。按着 Raunkiær 生活型系统制定的生活型谱，以及为了比较绘制的其他生物气候带和亚热带南部地区的森林的生活型谱见图 3-51。

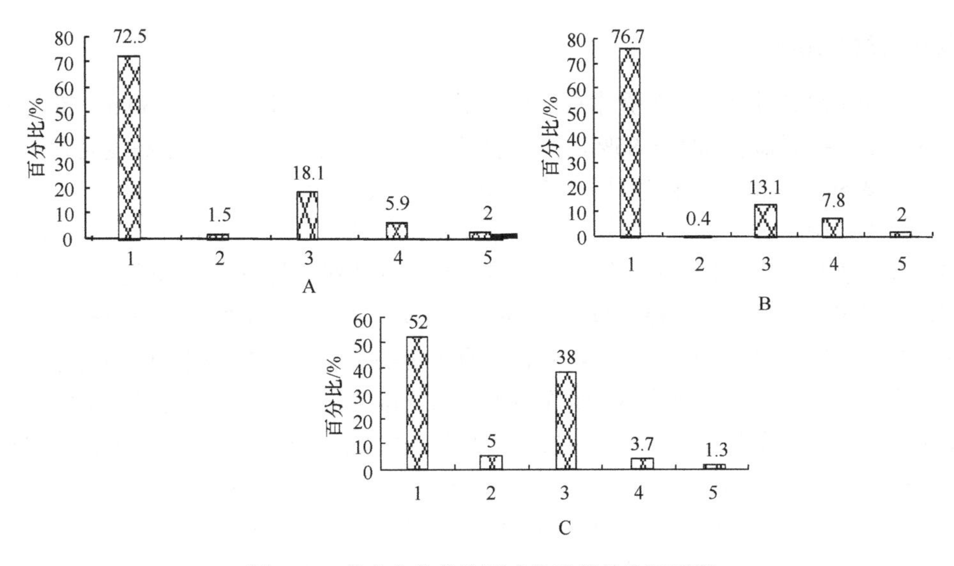

图 3-51　黄山和其他地区森林群落的生活型谱

A. 黄山北坡的常绿阔叶林的生活型谱；B. 浙江常绿阔叶林的生活型谱；C. 秦岭北坡暖温带落叶阔叶林的生活型谱
1. 高位芽植物；2. 地上芽植物；3. 地面芽植物；4. 地下芽植物；5. 一年生植物

由图 3-51A 可以看出，在黄山北坡的常绿阔叶林中，优势生活型是高位芽植物，其次是地面芽植物，再次是地下芽植物，一年生植物和地上芽植物所占比例较小。对调查资料进一步统计的结果表明，在高位芽植物中有 55%以上的树种是常绿的，而且这些常绿树种是群落的主要组成成分。与暖温带落叶阔叶林的生活型谱进行比较（图 3-51C），本地高位芽植物所占比例明显偏大，而地面芽植物所占比例明显偏小；与浙江常绿阔叶林比较（图 3-51B），高位芽植物所占比例非常相似，但本地地面芽植物、地上芽植物所占比例略高。比较结果可以反映出黄山地区地处亚热带北缘温暖而有季节变化的气候特点及中亚热带北缘植物群落的性质。

对本区常绿阔叶林植物的叶子，按性质统计的结果（图 3-52）表明，群落中是以小型叶为主，中型叶略次，大型叶、微型叶和细型叶很少；单叶比例很高；叶缘方面是非全缘叶为主；叶的质地是以草质叶最多，厚革质和革质叶次之。叶的这些性质反映出群落是处于热带和温带森林之间的一种过渡类型。

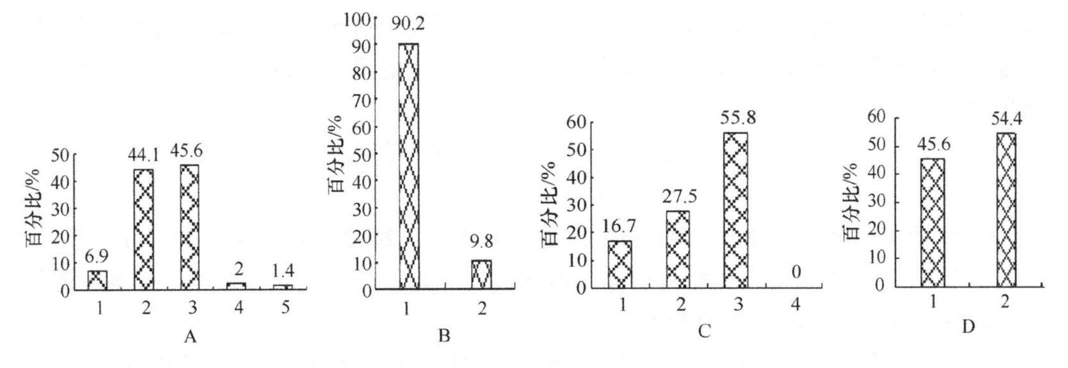

图 3-52　黄山北坡常绿阔叶林叶级（A）、叶型（B），叶质（C）、叶缘（D）谱

A：1. 大型叶；2. 中型叶；3. 小型叶；4. 微型叶；5. 细型叶。B：1. 单叶；2. 复叶。
C：1. 厚革质；2. 革质；3. 草质；4. 薄质。D：1. 全缘；2. 非全缘

2. 层次及层片结构

本区的常绿阔叶林可分为乔木层、灌木层、草本层。乔木层高 5～30m，超过 30m 的大树稀少，投影盖度 50%～85%，乔木层可分为两个亚层，第一亚层高度大多在 10m 以上，盖度 50%～80%，第二亚层高 5～9m，盖度 30%～50%。

在乔木层中，落叶高位芽植物层片出现了较高的比例（常绿种数占 43%，落叶种数占 57%），这主要是由于该区地处中亚热带北缘，受北亚热带植被影响较大。群落的建群层片是以苦槠、青冈、绵槠（*Lithocarpus henryi*）等有芽鳞保护的常绿中高位芽植物构成。这种现象表明，该区的常绿阔叶林具有一定的耐寒性；落叶阔叶中高位芽植物层片在乔木层中常见，但比例较小。组成乔木第二亚层的植物层片主要是常绿阔叶小高位芽植物层片。该层片中除含有第一亚层的树种外，主要组成成分是檵木、豺皮樟（*Litsea coreana*）、马银花（*Rhododendron ovatum*）、米饭花（*Vaccinium sprengelii*）等。

灌木层高 0.5～4.5m，盖度 20%～50%。主要由常绿的小高位芽和矮高位芽，以及落叶的小高位芽和矮高位芽植物层片构成。其中大多数种类在乔木层中出现过，从组成成分分析，以山茶科、樟科、杜鹃花科、山矾科、紫金牛科、茜草科等科植物为主。该层与乔木第二亚层相互交错，造成层次划分困难。

草本层稀疏，盖度 1%～10%，主要由地上芽、地面芽、地下芽植物层片组成，其中多年生草本植物为该层的主要成分。主要种类为狗脊、鳞毛蕨（*Dryopteris pychopteroides*）、淡竹叶（*Lophatherum gracile*）等。草本层中含有较多的藤类植物是本地区常绿阔叶林的特征之一。

层外植物层片主要由木通（*Akebia* sp.）、络石（*Trachelospermum jasminoides*）等组成，但发育较差。

（二）浙闽山丘的甜槠木荷常绿阔叶林生活型组成及其层片结构

本区位于浙闽丘陵东端，包括浙江省大部分地区和闽北及赣东一角，东部海岸蜿蜒曲折，岛屿错列，平行于海岸线有一系列山地，南支由浙闽边境的洞宫山脉延伸到省内的雁荡山和括苍山，另外一支则从闽赣交界处的武夷山脉延至省内的仙霞岭、天台山，然后东伸入海升起为舟山群岛。这些山脉都作西南-东北方向平行延伸。地势从西南向东北逐渐降低，西南部海拔以上的中山连绵不断，超出 1800m 以上的山峰也不罕见，东北部丘陵山地海拔多在 500m。山脉的这种排列方向为北来的寒潮，南来的季风形成天然屏障，对气候与植被产生明显的影响。

全区年均温 16～19℃，1 月均温 5～8.3℃，极端最低温度–8.4℃，7 月均温 26～29.5℃，年积温在 5500℃左右，无霜期 270～290 天。年降水量在沿海地区为 1200～1600mm，西南山区为 1500～2000mm，武夷山区可高达 2600mm。雨量的季节分配不匀，多集中在 5～6 月的梅雨期和 9 月的台风频发季节。夏季 7～8 月雨量较少。土壤多为黄壤和红壤（《中国植被》，1980 年）。

本区为典型的常绿阔叶林分布区，北部是以甜槠、木荷为代表，渐向西南种类增多，并以栲树（*Castanopsis fargesii*）、钩栲（*Castanopsis tibetana*）、云山青区（*Cyclobalanopsis nubium*）为代表。

本部分从植被区中选择了保存比较完整且有代表性的洞宫山山脉的乌岩岭、仙霞岭南侧的龙泉市住溪、武夷山地区的常绿阔叶林进行讨论，同时对武夷山植被垂直带中的典型群落进行对比分析。

1. 生活型组成

根据调查资料（宋永昌等，1982；何绍箕，1984；何建源，1994），绘制的生活型谱如图 3-53 所示。

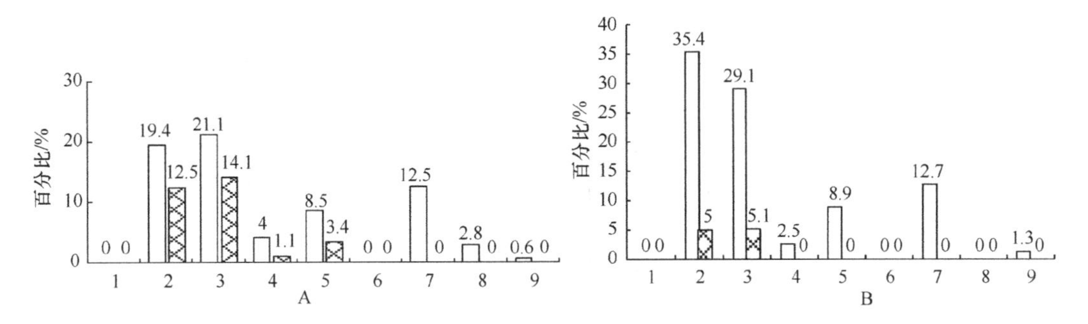

图 3-53　乌岩岭（A）、住溪（B）常绿阔叶林的生活型谱

1. 大高位芽植物；2. 中高位芽植物；3. 小高位芽植物；4. 矮高位芽植物；5. 藤本植物；6. 地上芽植物；7. 地面芽植物；8. 地下芽植物；9. 一年生植物

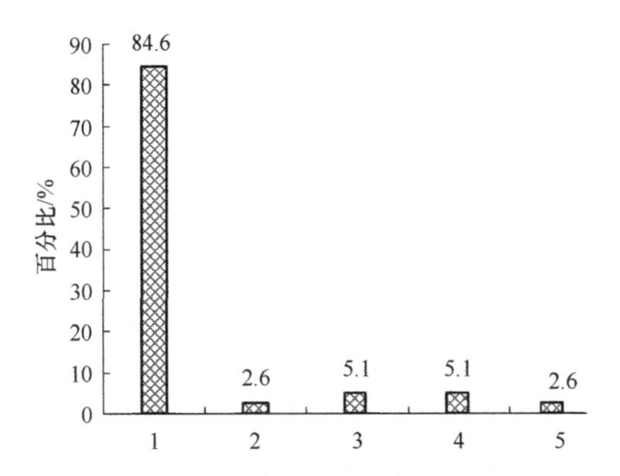

图 3-54　武夷山常绿阔叶林的生活型谱

1. 高位芽植物；2. 地上芽植物；3. 地面芽植物；4. 地下芽植物；5. 一年生植物

据图 3-53、图 3-54 对不同地区常绿阔叶林的生活型谱进行比较，可以概括出本区常绿阔叶林生活型组成的共同特点：即以高位芽植物占绝对优势，而且各地区高位芽植物在群落中所占的比例非常相似，其次是地面芽植物，除住溪常绿阔叶林中缺乏地下芽植物外，其他地区地下芽植物也占有一定的比例，而地上芽和一年生植物普遍较少。在高位芽植物中是以小、中高位芽植物最丰富。对调查资料进一步统计的结果表明，在各地区的常绿阔叶林中，超过 30m 的大高位芽植物非常罕见；在高位芽植物中，常绿的种类均占有较大比例，如乌岩岭的常绿阔叶林中，常绿阔叶高位芽植物可占植物总数的 60%，住溪的常绿高位芽植物占 86.7%，武夷山常绿高位芽植物占 75%～88%。这些常绿的种类是群落的主要建群种，它们无论在群落的外貌上、结构上及对森林环境的影响

等方面，都发挥着重要作用。与前述纬度偏北的黄山北坡常绿阔叶林比较，较明显的区别在于本区高位芽植物所占的比例增加，而地面芽和地下芽植物所占比例减小。整个生活型组成反映了本地区冬无严寒，夏无酷暑，终年湿润的亚热带季风气候，以及中亚热带偏南地带性植被的典型特征。

为了反映本区常绿阔叶林组成植物叶的特征，我们对乌岩岭地区常绿阔叶林的组成植物按叶的性质进行统计，其结果见图 3-55。

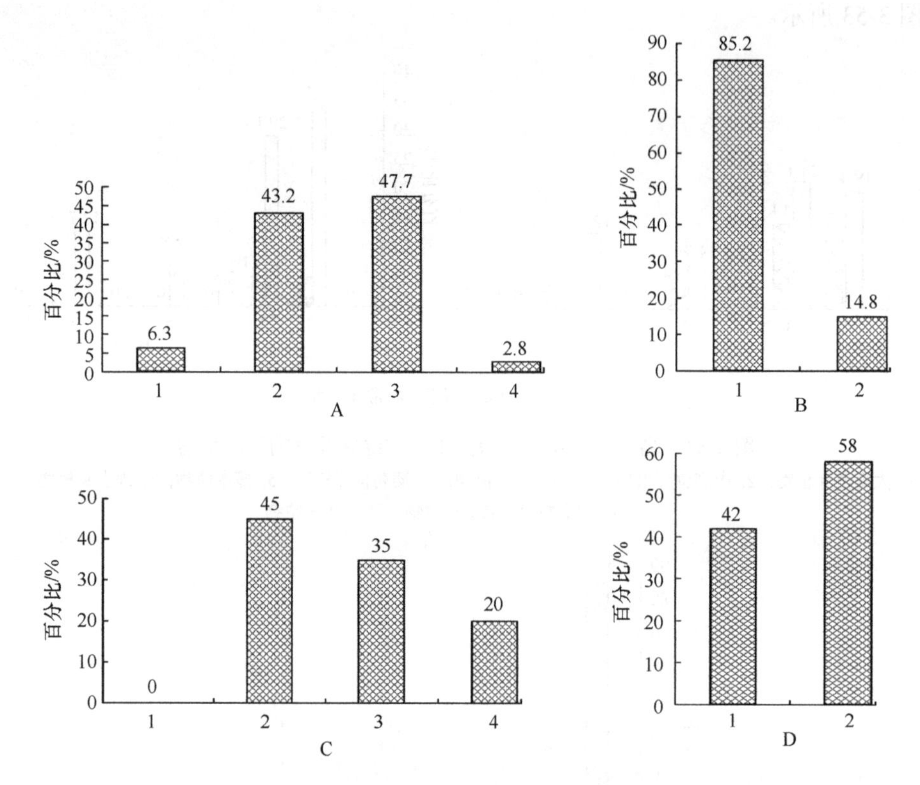

图 3-55 乌岩岭常绿阔叶林植物的叶级（A），叶型（B），叶质（C）、叶缘（D）谱

A：1. 大型叶；2. 中型叶；3. 小型叶；4. 微型叶。B：1. 单叶；2. 复叶。C：1. 薄叶；2. 草质叶；3. 革质叶；4. 厚革质叶。D：1. 全缘；2. 非全缘

从图 3-55 可以看出，本区的常绿阔叶林是以小型叶植物为主，中型叶植物次之，大型叶和微型叶植物都很少。单叶比例很高；非全缘叶略多于全缘；叶的质地以草质最多，革质叶和厚革质叶次之。叶的这些特征反映了群落处于温带森林和热带森林之间的过渡性质。由于草质叶植物种类在地面芽植物、地下芽植物占有较大比例，而革质叶植物多集中于林冠层，因此整个群落的外貌是由小型和中型常绿革质和厚革质单叶的高位芽植物所决定的。

2. 层次及层片结构

综合分析上述 3 个地区的常绿阔叶林可知，本区常绿阔叶林的垂直结构并不很复杂，群落高度一般在 20～30m，很少有超过 30m 的大树。分层现象较明显，一般可分为乔木层、灌木层和草本地被层及层间植物。虽然组成各层次的种类因地而有些差异，但层片结构类似。以下仅以乌岩岭常绿阔叶林的层片结构为例进行讨论。

乌岩岭常绿阔叶林的乔木层分化现象比较清楚，一般可分出3个亚层。各亚层的优势层片不尽相同。第一亚层的高度多在16m以上，盖度常在30%～40%，主要由常绿阔叶高位芽植物层片构成，组成种类有甜槠、鹿角栲（*Castanopsis lamontii*）、细叶青冈（*Cyclobalanopsis gracilis*）、云山青冈、多穗柯（*Lithocarpus polystachya*）、红楠（*Maahilus thunbergii*）、木荷（*Schima superba*）等。也有一些由紫树（*Nyssa sinensis*）、枫香、南酸枣（*Choerospondias axillaris*）和长柄水青冈（*Cyclobalanopsis longinux*）等落叶树种组成的落叶中高位芽植物层片。第二亚层高8～15m，多数在10m左右，为森林的重要层次。盖度多在50%，组成种类除第一亚层的树种外，主要是由浙江木姜子、日本杜英、树参和虎皮楠等植物组成的常绿阔叶中高位芽植物层片。落叶阔叶高位芽植物层片处于极次要地位。第三亚层高4～7m，盖度40%左右，主要是由多种柃木、尖叶茶、山木蟹、山羊角、马银花等多种常绿植物构成的常绿阔叶小高位芽植物层片组成，此外上述乔木两亚层的幼树也经常出现于这一亚层中。

灌木层高3m以下，其盖度因乔木层疏密程度而有不同，一般在30%左右。主要种类大都是第三乔木亚层出现过的种类，此外，还有由朱砂根、杜茎山、中华野海棠、光叶铁仔及多种紫珠等矮高位芽植物组成的层片。

草本层稀疏，盖度在10%左右，主要种类是狗脊、里白、耳形瘤足蕨和十字薹草。草本层中蕨类植物层片发育较好是本区常绿阔叶林的特色之一。

本区常绿阔叶林中藤本和附生植物层片也占有一定的位置。一些附生苔藓植物常长满树干，有的从树枝上悬挂下来。地面的岩石表面和土壤上也常铺满苔藓。常绿的藤本植物层片在群落中也占有一定的地位，落叶的藤本植物层片也存在，但不及常绿藤本植物层片发达。主要的藤本植物有多种菝葜、两种野木瓜、多种络石（*Trachelospermum* spp.）、鸡血藤、藤黄檀和流苏子（*Thysanospermum diffusum*）。它们常攀缘到乔木层中，有些可达树顶，但缺少粗大的藤本植物。

（三）湘赣丘陵山地的青冈栲类常绿阔叶林的生活型组成、层次及层片结构

本区地貌以湘中丘陵盆地、赣西及赣西北山地和武夷山西麓为主，中间贯以南北走向的罗霄山脉北端（井冈山北部）、东西走向的武功山、九岭山和幕阜山脉，以及孤峰独峙的庐山等。海拔一般为50～100m，丘陵山地海拔500～1500m，极少超过1800m。土壤为红壤、紫色土、黄壤和红色石灰土。

常绿阔叶林广泛分布于1000m以下的山地和丘陵地区，其中江西省的常绿阔叶林占有广阔的区域。王梅峒（1988）曾对江西省的井冈山、云居山、九连山、新建、莲花山、庐山、大岗山等地的常绿阔叶林进行过广泛的实地考察，现以江西省的常阔叶林为本区的代表并分析如下。

1. 生活型组成

江西省位于北纬24°29′～30°05′，东经113°24′～118°29′。气候特点是温暖湿润、四季分明，为典型的季风亚热带中部气候。年平均温度16～19℃。最冷月（1月）均温3～8℃，最热月（7月）均温28～30℃，年积温（≥10℃）为5000～6100℃，年降水最为

1400～2100mm。由于这种气候条件有利于常绿阔叶林的发育，因此，无论是植物种类组成还是群落类型都非常丰富，优势森林群落类型（群系组）包括栲类林、青冈林、石栎林、润楠林、木荷林、红淡林等。综合江西井冈山、云居山、莲花山、九连山等11个地区的常绿阔叶林生活型资料（王梅峒，1988），绘制的生活型谱如图3-56所示。

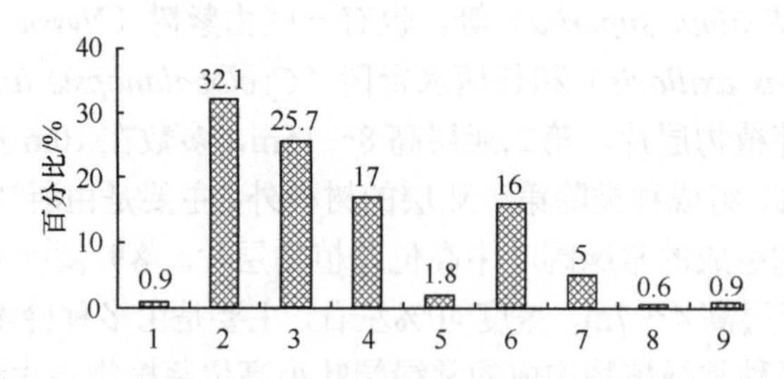

图3-56　江西常绿阔叶林的生活型谱

1. 大高位芽植物；2. 中高位芽植物；3. 小高位芽植物；4. 矮高位芽植物；5. 地上芽植物；6. 地面芽植物；7. 地下芽植物；8. 一年生植物；9. 藤本植物

从图3-56可以看出，组成本区常绿阔叶林生活型谱的优势生活型为高位芽植物，其次是地面芽植物，再次为地下芽植物，地上芽和一年生植物较少。在高位芽植物中，以中高位芽和小高位芽植物所占比例较大，其次是矮高位芽植物，大高位芽植物和藤本附生植物最少。调查结果还表明，中高位芽植物，几乎都有鳞芽，如壳斗科、樟科、山茶科、木兰科的种类。

对江西省常绿阔叶林组成植物叶的性质进行统计的结果见图3-57。

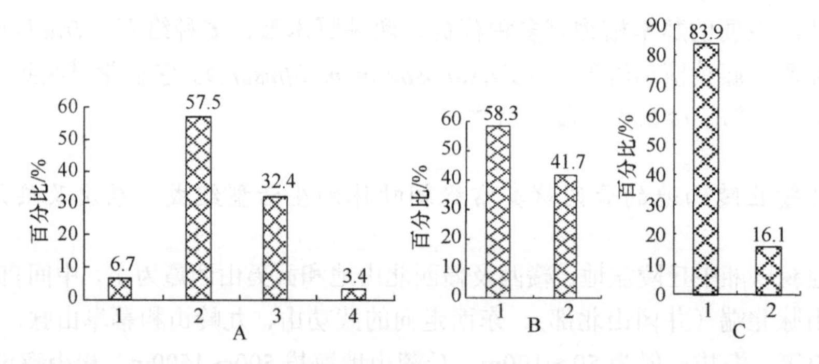

图3-57　江西亚热带常绿阔叶林的叶级（A）、叶型（B）、叶质（C）谱

A：1. 大型叶；2. 中型叶；3. 小型叶；4. 微型叶。B：1. 单叶；2. 复叶。C：1. 革质；2. 草质

从图3-57可以看出，江西常绿阔叶林的叶级谱是以小型叶、中型叶为主，大型叶和微型叶较少，缺乏巨型叶和鳞型叶。从叶型谱分析，是以单叶为主，复叶较少；从叶质谱分析，是革质叶略多于草质叶。

综上所述可以看出，本区常绿阔叶林的外貌主要是由小型叶、单叶、革质叶为优势的常绿、落叶高位芽植物所决定的。

2. 层次及层片结构

本区常绿阔叶林可分为乔木层、灌木层和草本层。乔木层高9～25m，盖度60%～95%。在乔木层中，主要是由常绿高位芽植物层片组成，落叶高位芽植物层片也占有相当大的比例，这说明本区受北亚热带植物的影响较大。

乔木层可分出 3 个亚层。在第一亚层中，有芽鳞保护的常绿高位芽植物层片占优势，主要组成树种有青冈、石栎、苦槠等，也有一些裸芽高位芽植物，如冬青（*Ilex* spp.）等。在这一亚层中，落叶阔叶中高位芽植物层片也较常见，但比例较小，主要树种有枫香、麻栎、合欢等。乔木层的第二、三亚层主要由常绿小高位芽和矮高位芽植物层片、落叶小高位芽和矮高位芽植物层片构成。构成乔木层的植物种类多达 50 种以上。

灌木层高 0.5～3.0m，盖度 10%～60%，也主要是由常绿小高位芽、矮高位芽和落叶小高位芽、矮高位芽植物层片构成。山茶科、茜草科、樟科、紫金牛科、杜鹃科、乌饭树科，以及山矾属（*Symplocos* spp.）、柃木属（*Eurya* spp.）、山茶属、乌饭树属等科属的植物为主要组成成分。灌木层的植物种类组成丰富，多达 100 种以上。

草本层高度多在 1m 以下，盖度为 10%左右，地上芽、地面芽、地下芽植物层片集中于这一层。多年生草本植物为该层的主要成分。常见的蕨类植物有狗脊蕨（*Woodwardia japonica*）、鳞毛蕨（*Dryopteris* spp.）、观音莲座（*Angiopteris*）等，组成草本层的植物约有 30 种。

层外植物比较丰富，约有 15 种，常见植物有桑寄生（*Loranthus parasiticus*）、流苏子、络石（*Trachelospermum* spp.）、木通（*Akebia* spp.）等。

以上这些丰富多彩、复杂多样的层片结构决定了本区常绿阔叶林终年常绿的基本特征，乔木层的分化和较丰富的层外植物，从另外一个侧面反映了本区常绿阔叶林生境条件的优越性。

（四）三峡、武陵山地的栲类润楠常绿落叶阔叶林的生活型谱、层次及层片结构

本区包括湖北西南部、湖南西部、四川东南角及贵州东部边缘地区，所属山地主要有武陵山、雪峰山、巫山、齐岳山等。山脉多为东北-西南走向。海拔一般为 500～1000m，山峰多在 1000～1500m，高峰可达 2000m 左右。

气候属贵州高原与江南气候的过渡类型，以温和湿润、雨水均匀为特点。由于地形复杂，因此气候变化较大。年均温 16～27℃，7 月均温 26～28℃，1 月均温 3.5～5℃，极端最低温–9℃，极端最高温 39℃（盆地），年积温 4500～5300℃，年降水量 1200～1800mm，阴雨天多，水热同季，植物生长条件优越。山地母岩主要是紫色砂页岩（河谷盆地）、灰岩及砂页岩（武陵山及巫山）、变质砂页岩、板岩及千枚岩（雪峰山）。本区北部石灰岩岩溶地貌十分发育，这对植被分布有一定的影响（《中国植被》，1980 年）。

本植被区为常绿阔叶林区，山地植被垂直带明显。海拔 300～500m 的山间盆地多已垦殖为农田，500～1000m 的低山沟谷中，尚存有一些常绿林，但面积较小，海拔 1000～1500m 中山地区分布着以落叶树为主的常绿落叶混交林，保存尚好，以多脉青冈（*Cyclobalanopsis multinervis*），或曼青冈与亮叶水青冈为主，并且有许多稀有的珍贵树种分布，如大果紫茎（*Stewartia rostrata*）、紫茎（*S. sinensis*）、珙桐等。海拔 1500～1900m 为亮叶水青冈、米心水青冈林。

湖北省西部鹤峰县北部的木林子国家级自然保护区，位于武陵山东北部，为中国

东南低山丘陵向西部高原过渡的地带，地理位置为北纬 30°27'，东经 110°23'，地势南北高，中间低，一般海拔 1200m 以上。最高峰牛池海拔 2093.6m。由于这里地形复杂，北有秦岭、大巴山作屏障，从地质年代的古近纪以来，没有受到大陆冰川的侵袭，常绿落叶阔叶混交林为木林子植被的主体。虽然该自然保护区划入中亚热带，但因接近于中、北亚热带的分界线，所以也可以看作由中亚热带常绿阔叶林向温带落叶林过渡的北亚热带常绿落叶阔叶混交林。由于分布区的海拔较高，因此，对于中亚热带中山地带的植被也具有一定的代表性。为此，本部分主要对这一地区森林的群落结构特征进行重点讨论。

1. 生活型组成

根据调查资料（李博等，1995）进行整理，作出的生活型谱如图 3-58 所示。

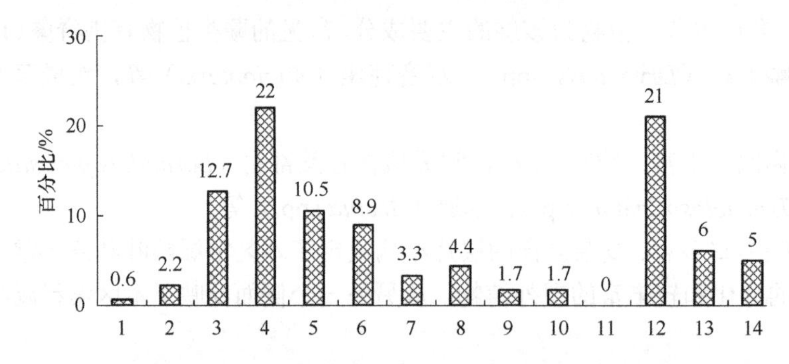

图 3-58　木林子国家级自然保护区植被的生活型谱

1. 常绿针叶中高位芽植物；2. 落叶阔叶中高位芽植物；3. 常绿针叶小高位芽植物；4. 落叶阔叶小高位芽植物；5. 常绿阔叶小高位芽植物；6. 落叶小高位芽植物；7. 常绿矮高位芽植物；8. 落叶矮高位芽植物；9. 常绿藤本高位芽植物；10. 落叶藤本高位芽植物；11. 地上芽植物；12. 地面芽植物；13. 地下芽植物；14. 一年生植物

由图 3-58 可以看出，木林子植被是以高位芽植物为优势生活型，次优势生活型为地面芽植物，地下芽、一年生植物所占比例较小，这一特征也反映出木林子地区在植物生长季节温热高湿，冬无严寒、夏无酷暑且四季分明的亚热带气候特点。在高位芽植物中，落叶高位芽植物的比例较高，占 39.2%，而常绿高位芽植物仅占 28.8%。此外，在中高位芽植物中，落叶种类的比例远远高于常绿种类，这表明木林子植被中落叶成分较多，植被的性质应是以落叶、常绿阔叶混交林占优势。即是由中亚热带常绿阔叶林向温带落叶阔叶林过渡的北亚热带常绿落叶阔叶混交林。

对不同地区植物群落中的各类生活型的数量对比，更能反映植物群落与气候的关系。图 3-59 将木林子植被的生活型谱与位于东部典型的亚热带常绿阔叶林——乌岩岭常绿阔叶林和北部秦岭北坡落叶阔叶林的生活型谱进行了比较。

由图 3-59 所示数据可知，作为木林子森林群落优势生活型的高位芽植物处在乌岩岭常绿阔叶林与秦岭北坡温带落叶阔叶林之间，而次优势生活型地面芽植物也是如此。从优势生活型的这一表现也可以看出木林子植被具有亚热带常绿阔叶林向温带落叶阔叶林的过渡性质。从图 3-59 中还可以发现，在木林子植被中，地下芽植物、一年生植物较其他植被类型比例稍高，这可能是受干湿季节明显的西南季风轻度影响的结果。

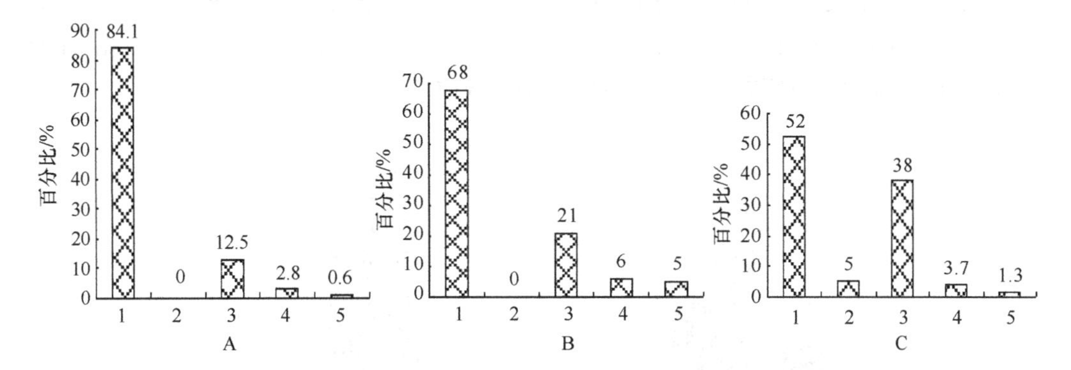

图 3-59　木林子国家级自然保护区植被与其他植被类型的生活型谱比较

A. 浙江泰顺县乌岩岭常绿阔叶林；B. 木林子自然植被；C. 秦岭北坡落叶阔叶林

1. 高位芽植物；2. 地上芽植物；3. 地面芽植物；4. 地下芽植物；5. 一年生植物

对木林子植被组成植物叶的性质进行分类统计的结果（图 3-60）表明，木林子植被的组成植物是以小型叶为主，中型叶次之；叶质以纸质叶为主，其次是革质叶；叶型以单叶为主，叶缘以非全缘的比例较高。将叶的这些特征与乌岩岭常绿阔叶林比较，可以看出，虽然木林子植被与乌岩岭常绿阔叶林一样，都是以中型叶和小型叶植物所占比例最大，但各叶级在叶级谱的优势程度不同，木林子植被是小型叶占优势，而乌岩岭常绿阔叶林是以中型叶占优势；在叶质方面，纸质叶（大部分落叶种均属此类）的比例是以木林子为高。高比例的纸质叶是落叶阔叶林的特点。这种高比例的纸质叶和相对较高比例的膜质叶存在，可能是因为木林子所处纬度和海拔较高，这里的气候比纬度较低、海拔不高的乌岩岭一带较为凉爽所致。两地的叶型都是以单叶为优势，而且单叶和复叶所占的比例基本相同，在叶缘方面，木林子植被全缘叶的比例较乌岩岭常绿阔叶林为低，叶缘的这种变化与气候的温暖湿润程度有关。

综上所述，木林子植被的外貌主要是由纸质、革质叶、单叶、小型叶及非全缘叶为主的常绿、落叶阔叶高位芽植物决定的，但不是温带落叶阔叶林景观，实为一种中亚热带中山植被垂直带谱中的常绿、落叶混交林，其中只有少数具耐寒性的常绿树种组成的小面积常绿阔叶林，在落叶阔叶林中呈镶嵌分布。

2. 层次及层片结构

木林子自然植被保存较好，具有原生性质，其垂直结构明显，可分为乔木、灌木及草本 3 层，有些林分中还具有苔藓层。乔木层一般可分为两层，少有 3 层，乔木层高度在 10～40m。

乔木层覆盖度较大，均在 85%～95%。主要由常绿阔叶中、大高位芽植物层片和落叶阔叶中、大高位芽植物层片构成。组成常绿阔叶高位芽层片的主要种类有小枝青冈（*Cyclobalanopsis ciliaris*）、木荷、曼青冈（*Cyclobalanopsis oxyodon*）、包果柯（*Lithocarpus cleistocarpus*）、灰柯（*Lithocarpus henryi*）、巴东栎（*Quercus engleriana*）、红茴香（*Illicium henryi*）、紫楠（*Phoebe sheareri*）及常绿针叶树铁杉（*Tsuga chinensis*）。组成落叶阔叶高位芽植物层片的主要种类有锥栗（*Castanea henryi*）、白辛树（*Pterostyrax psilophylla*）、鄂椴（*Tilia oliveri*）、米心水青冈（*Fagus longipetiolata*）等，乔木下层主要有短柱柃（*Eurya brevistyla*）、茶条果（*Symplocos ernestii*）、总状山矾（*Symplocos botryantha*）、尖叶山茶（*Camellia cuspidata*）及城口桤叶树（*Clethra fargesii*）等。乔木层中物种丰富，据24个500m^{2}的样地统计，组成乔木层的植物种类多达81种。

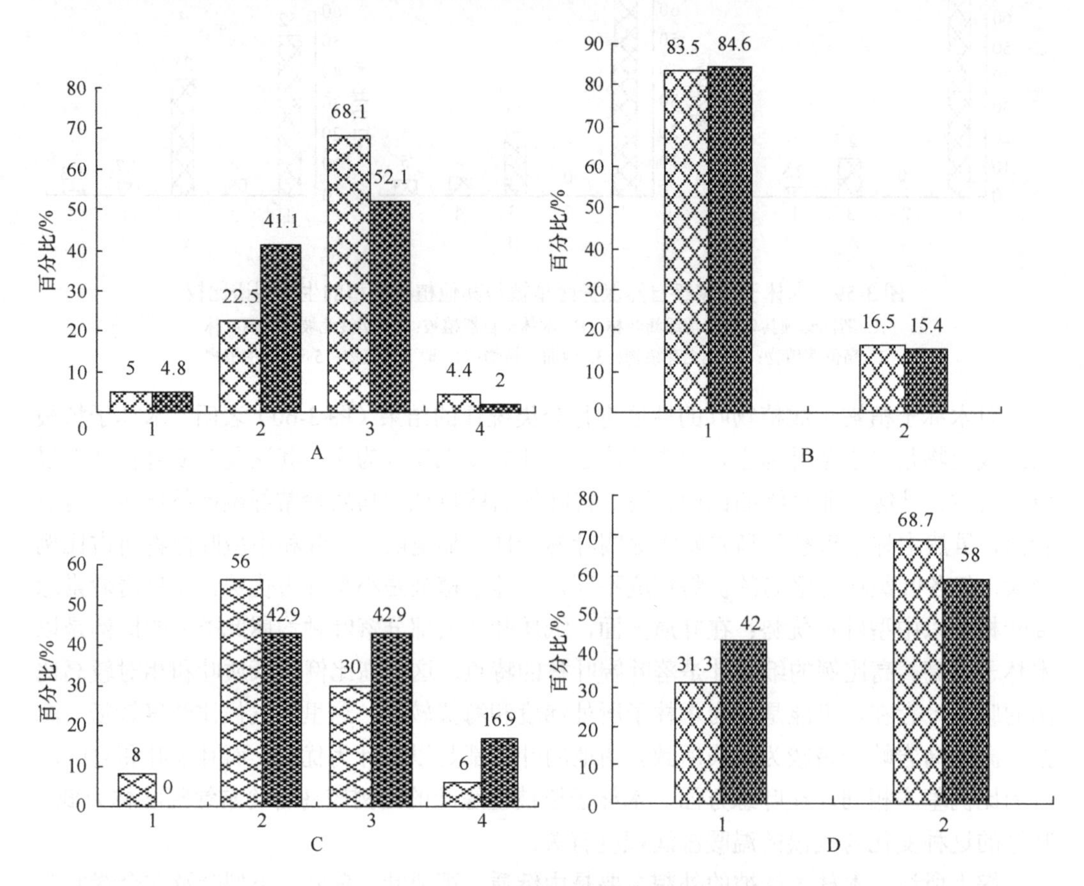

图3-60 木林子植被与乌岩岭植被的叶子性质比较

A. 叶级谱：1. 大型叶；2. 中型叶；3. 小型叶；4. 微型叶。B. 叶型谱：1. 单叶；2. 复叶。
C. 叶质谱：1. 膜质叶；2. 纸质叶；3. 革质叶；4. 厚革质叶。D. 叶缘谱：1. 全缘；2. 非全缘

灌木层覆盖度在30%左右，高度0.6～2m。主要是由拐棍竹（*Fargesia robusta*）、尖叶山茶、宜昌荚蒾、青荚叶（*Helwingia japonica*）、狭叶海桐（*Pittosporum glabratum*）等矮高位芽植物层片组成。灌木层种类的多寡与乔木层林冠郁闭度关系较大。

草本层覆盖度15%～95%，包括地面芽、地下芽、一年生植物层片。常见的草本植物有：粗齿冷水花（*Pilea fasciata*）、三花马蓝（*Strobilanthes triflorus*）、苞叶景天（*Sedum amplibracteatum*）、日本金星蕨（*Parathelypteris nipponica*）、镰叶瘤足蕨（*Plagiogyria distinctissima*）等。

层外植物层片的主要种类有冠盖藤（*Pileostegia viburnoides*）、冠盖绣球（*Hydrangea anomala*）、常春藤（*Hedera nepalensis* var. *sinensis*）等。

在海拔较高地段和阴坡高湿的林下，苔藓层片发育良好，地面、树干、枝丫上均长满了苔藓植物，林地苔藓层厚达5～8cm，盖度80%～85%。

（五）四川盆地周围山地的润楠青冈常绿阔叶林和横断山区亚高山常绿、落叶阔叶混交林的生活型组成及其层次、层片结构

四川盆地的盆周山区因冬季从西伯利亚或蒙古高原南下的寒潮被大巴山、秦岭、邛崃山脉所阻挡，加之温暖湿润的太平洋季风的影响，致使本区具有冬季温暖、夏季高温湿润多雨，春来早，霜雪少的气候特点，为亚热带植物生长发育提供了优越的生态地理条件。盆地内部的土壤为红色砂页岩和砂岩上发育的紫色土和冲积土，红砂土及黄砂土也有分布，山地随海拔增高土壤种类发生变化，主要有山地黄壤、棕色森林土、灰化棕色森林土及山地草甸土。地带性植被为常绿阔叶林，目前在西部和北部山地尚有部分保存，多分布在 1600m 或 1800m 以下的山地。本部分主要以缙云山国家级自然保护区常绿阔叶林为代表，并与其相距不远、横断山区的川西卧龙国家级自然保护区的亚高山常绿落叶阔叶混交林相对照，揭示本区常绿阔叶林的生活型组成、层次及层片结构特征。

1. 缙云山常绿阔叶林的生活型组成、层次及层片结构

缙云山位于北纬 29°49′，东经 106°20′，保护区面积 1400km^2，山体海拔一般在 850～895m，相对高差 640m 左右。全山无论是水平地理位置，还是垂直高度都属于亚热带生物气候，四季分明，夏热多雨。7 月平均温度为 28.6℃，1 月平均温度为 7.5℃、热量丰富，≥10℃的年积温 5950℃。年均降水 1143mm，4～9 月降雨量占全年降水量的 78.2%，冬暖少雨，10 月至翌年 3 月降雨量占全年的 21.8%。无霜期平均为 334 天，植被类型的分布没有垂直带谱的特点。

1）生活型组成

根据资料（彭丽萍等，1988），按照 Raunkiær 的生活型系统分类方法重新整理作出的缙云山常绿阔叶林的生活型谱和用于比较的亚热带东部常绿阔叶林的生活型谱见图 3-61。

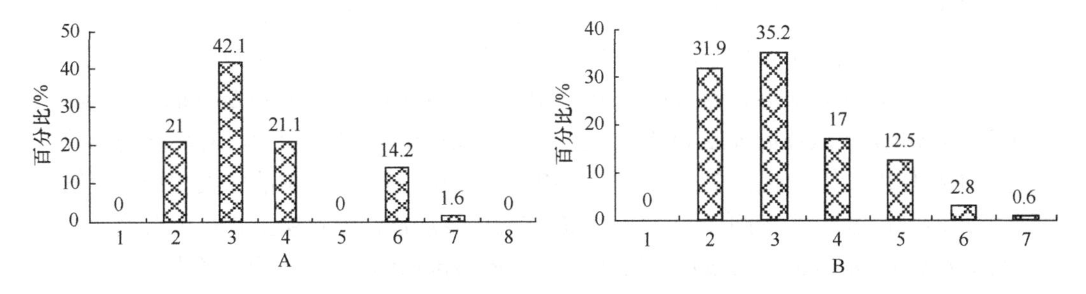

图 3-61　不同地区的常绿阔叶林生活型谱

A. 缙云山常绿阔叶林；B. 乌岩岭常绿阔叶林

1. 大高位芽植物；2. 中高位芽植物；3. 小高位芽植物；4. 矮高位芽植物；5. 地上芽植物；6. 地面芽植物；7. 地下芽植物；8. 一年生植物

由图 3-61 可以看出，缙云山常绿阔叶林的生活型组成是以高位芽植物为优势，其次是地面芽植物，再次为地下芽植物，其他各类生活型所占比例较小。缙云山常绿阔叶林生活型组成的这些总体特征与亚热带其他地区的常绿阔叶林基本上是一致的。但与中国亚热带东部常绿阔叶林比较，一些细微的差别还是存在的，主要表现为：在高位芽植物中，缙云山是以小高位芽植物最多，矮、中高位芽植物次之，而东部常绿阔叶林（乌

岩岭）是以小高位芽植物最多，其次是中高位芽植物、矮高位芽植物，而且矮高位芽植物明显地表现出缙云山多于乌岩岭。另外，地面芽植物也比乌岩岭多。这种现象与缙云山所处位置偏西北，水分条件稍差可能有一定的关系。

对缙云山常绿阔叶林组成植物叶的性质分别进行统计的结果见图 3-62。

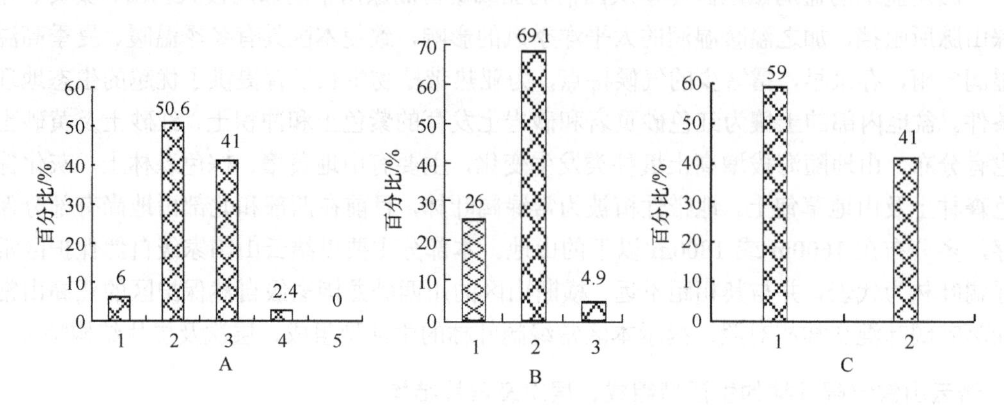

图 3-62　缙云山常绿阔叶林叶的性质

A. 叶级谱：1. 大型叶；2. 中型叶；3. 小型叶；4. 微型叶；5. 鳞型叶。B. 叶质谱：1. 革质叶；2. 草质叶；3. 厚革质叶。C. 叶缘：1. 全缘；2. 非全缘

由图 3-62 可知，缙云山常绿阔叶林是以中型叶为主，小型叶次之，大型叶和微型叶植物较少。从叶质来看，是以草质叶为主，其次是革质叶，厚革质叶较少；从叶缘来看，是以全缘的为多，非全缘的处于次要地位。缙云山常绿阔叶林组成植物叶子的性质，与前述的常绿阔叶林类似，这些特征表现也是缙云山常绿阔叶林适应于亚热带季风气候的结果。

2）层次及层片结构

缙云山常绿阔叶林的层次结构明显，一般可分为乔木层、灌木层、草本 3 个层次及层间植物。群落高度一般在 15～20m，很少有超过 25m 的大树。

乔木层一般还可细分为 3 个亚层：第一亚层高在 15m 以上，胸径多在 25～35cm，郁闭度较大。主要由山毛榉及山茶科的一些植物组成的常绿中高位芽植物层片构成，如小叶栲（*Castanopisis carlesii* var. *spinulosa*）、栲树（*C. fargesii*）、银木荷（*Schima argentea*）、大头茶（*Gordonia szechuanensis*）等，这一层片也是群落的建群层片，对群落的环境形成起着主导作用。第二亚层 7～14m，主要集中在 10～14m，林木的种类和株数较第一亚层多，而且树冠连续，郁闭度较大，是森林的主要层次。该亚层主要是由白毛新木姜子（*Neolitsea aurata* var. *glauca*）、大果杜英（*Elaeocarpus duclouxii*）、四川杨桐（*Adinandra bockiana*）、广东山胡椒（*Lindera kwangtungensis*）、黄杞（*Engelhardtia roxburghiana*）、薯豆（*Elaeocalpus faponicus*）等植物组成的常绿中高位芽植物层片，以及由枫香树（*Liquidainbar formosana*）、赤杨叶（*Alniphyllum fortunei*）、缙云四照花（*Dendrobenthamia jinyunensis*）等树种组成的落叶中高位芽植物层片组成。乔木第三亚层高 4～7m，因冠幅小，故郁闭度不大，主要由常绿阔叶小高位芽植物层片构成，组成树种除见于上两层的外，还有腺萼马银花（*Rhododendron bachii*）、长蕊杜鹃（*Rhodododron stamineum*）、老鼠矢（*Symplocos stellaris*）等。

灌木层在 3m 以下，盖度依乔木疏密而变化，此层中有许多乔木树种的幼苗和四川山矾（*Symplocos setchuenenis*）、山矾（*S. caudata*）、米饭花（*Vaccinium sprengelii*）、杜

茎山（*Maesa japonica*）等树种组成的矮高位芽植物层片所构成。

草本层较稀疏，主要由地面芽和地下芽及一年生植物层片所构成。主要组成成分是一些藓类和被子植物中的报春花科、百合科和荨麻科的一些种类，常见的种有鳞毛蕨、复叶耳蕨、狗脊、里白、大叶排草、蝴蝶花、大叶冷水花等。

在缙云山常绿阔叶林的地面、裸岩及土壤表面上，苔藓植物层片发育良好。有些苔藓还在一些乔木的树干上附生。常绿藤本植物层片也较发达，但多散生铺在地面上。少数缠绕和攀缘于乔木上。常见的种有香花崖豆藤（*Millettia dielsiana*）、柠檬叶（*Sabia limoniacea*）、酸藤子（*Embelia rudis*）、菝葜（*Smilax china*）、牛姆瓜（*Holboellia grandiffora*）、光叶高梁泡（*Rubus lambertianus*）等，它们都是小型的种类，这与热带雨林中粗大的木质藤本植物有显著不同，也与温带落叶林中少或无藤本植物存在有明显的区别。

2. 卧龙地区亚高山常绿、落叶阔叶混交林的生活型组成、层次及层片结构

卧龙位于四川汶川县境内，在北纬 30°45′～31°25′，东经 102°52′～103°24′，属于四川盆地边缘山地，系盆地向川西高原过渡的高山深谷地带。由于河流的强烈侵蚀作用，境内山高谷深，相对高差在 1000～5000m，为中国研究大熊猫的中心，属国家级自然保护区。本区的气候特点是温暖，降水量丰富，蒸发量小，相对湿度大。这种气候条件有利于常绿、落叶阔叶林的生长发育。从本地区的植被垂直带谱来看，常绿落叶阔叶林下界发育着亚热带常绿阔叶林，在其上界，随着海拔升高，垂直气候带发生变化，依次出现针阔叶混交林带、亚高山针叶林带、高山灌丛草甸和流石滩植被（钟章成，1988）。以珙桐为优势的常绿落叶阔叶混交林是中亚热带亚高山垂直带谱上典型的常绿落叶阔叶混交林。下面以珙桐群落作为中亚热带亚高山常绿阔叶林的代表，对其生活型组成、层次及层片结构特征进行讨论。

1）生活型组成

根据统计资料（钟章成，1988），编制了珙桐群落的生活型谱，为了找出与其他地区珙桐群落及不同植被类型的相似特征和区别特征，特与鄂西七姊妹山珙桐群落和位于本植被区的缙云山常绿阔叶林，以及秦岭北坡的温带落叶阔叶林的生活型进行对比分析（图 3-63）。

由图 3-63 可以看出，四川卧龙地区珙桐群落的生活型谱是以高位芽植物占优势，但比例不高，其次是地下芽和地面芽植物，一年生植物也占有一定的比例，缺乏地上芽植物。与鄂西七姊妹山珙桐群落的生活型谱比较，两者非常相似，如图中数值所示，四川卧龙珙桐群落的高位芽植物、地上芽植物、地面芽植物、地下芽植物、一年生植物的种类系数分别 48%、0、20%、22%、10%，而鄂西珙桐群落对应的种类系数为 46.5%、0、23.2%、21.2%、9.1%，这种生活型的相似性暗示着两地珙桐群落外貌的一致性及环境一致性。七姊妹山位于鄂西宣思县东北部，位于东经 109°42′～109°46′，北纬 30°00′～30°05′，武陵山余脉其最高峰火烧堡海拔 2014.5m、北坡最低海拔 600m（溜岩板河），南坡最低海拔 650m，珙桐群落集中分布在 1400～1800m 的山谷中，气候属于亚热带季风湿润气候，据当地椿木营（海拔 1660m）气象资料表明，鄂西七姊妹山珙桐所在地年平均气温比四川卧龙低 2℃。最热月均温 19.3℃（比四川卧龙低 3.2℃），极端最高温 35℃，极端最低温–22.7℃，最冷月均温–2.1℃，年降水量 1876.6mm，年均相对湿

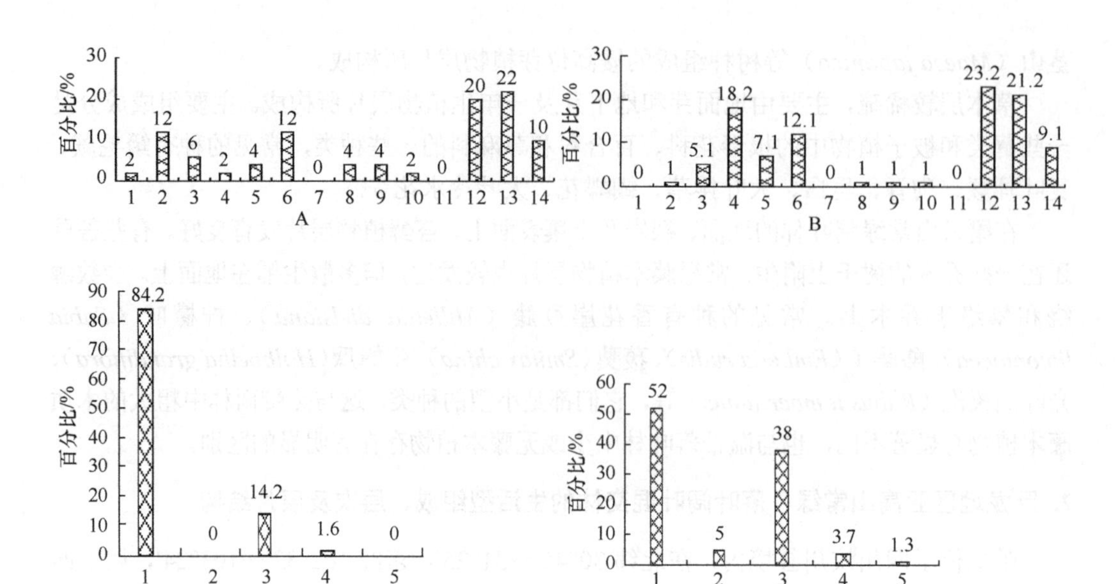

图 3-63 珙桐群落及其他植被类型的生活型谱

A. 四川卧龙珙桐群落；B. 鄂西七姊妹山珙桐群落

1. 常绿大高位芽植物；2. 落叶大高位芽植物；3. 常绿中高位芽植物；4. 落叶中高位芽植物；5. 常绿小高位芽植物；6. 落叶小高位芽植物；7. 常绿矮高位芽植物；8. 落叶矮高位芽植物；9. 常绿藤本高位芽植物；10. 落叶藤本高位芽植物；11. 地上芽植物；12. 地面芽植物；13. 地下芽植物；14. 一年生植物

C. 缙云山常绿阔叶林；D. 秦岭北坡温带落叶阔叶林

1. 高位芽植物；2. 地上芽植物；3. 地面芽植物；4. 地下芽植物；5. 一年生植物

度为 83%。可见七姊妹山的气候特点也是温暖，降水量丰富，蒸发量小，相对湿度大。四川卧龙与七姊妹山珙桐群落比较，常绿成分更多一些，这可能是因为卧龙地区有较高的极端最低温。两地群落的相似之处，如高位芽植物中都包括常绿高位芽植物和落叶高位芽植物，以落叶成分占多数，而地面芽和地下芽植物几乎都是落叶的，因此两者都是亚热带亚高山垂直带谱上的典型常绿落叶阔叶混交林植被。

与温带落叶阔叶林比较，两者高位芽植物所占比例比较接近，在位序上，地面芽植物都占有重要地位，这说明珙桐群落所处的气候条件与温带落叶阔叶林相近，其气候表现是夏季炎热多雨，并有一个较长的严冬季节。但又不同于温带落叶阔叶林的气候条件，主要表现在地下芽植物与地面芽植物比例相似，这反映出珙桐群落所在地区是一个比较冷湿的环境，与典型温带落叶阔叶林所处的严冬时且降水量少等气候特点有所区别。一年生植物占总数的 10%，这可能是受干湿季明显的西南季风影响的结果。

与本区的缙云山常绿阔叶林比较，卧龙高位芽植物所占比例显著降低，地面芽植物所占比例明显增大，特别是常绿植物所占比例较小。这些都反映出，珙桐群落分布区的植被具有中亚热带常绿阔叶林向温带落叶阔叶林过渡的北亚热带常绿落叶阔叶混交林的特征。

对珙桐群落叶的性质分类分级统计的结果如图 3-64 所示。

由图 3-64 可知，珙桐群落的外貌主要是由草质（属于落叶的种类）、单叶、中型叶为主的落叶阔叶高位芽植物决定的。但不是温带落叶阔叶林景观，因为还有一定数量的常绿高位芽植物。但它与中亚热带中山地区的常绿阔叶林及常绿落叶阔叶混交林不同，后者常绿种类成分为优势或常绿与落叶种类数量相近。

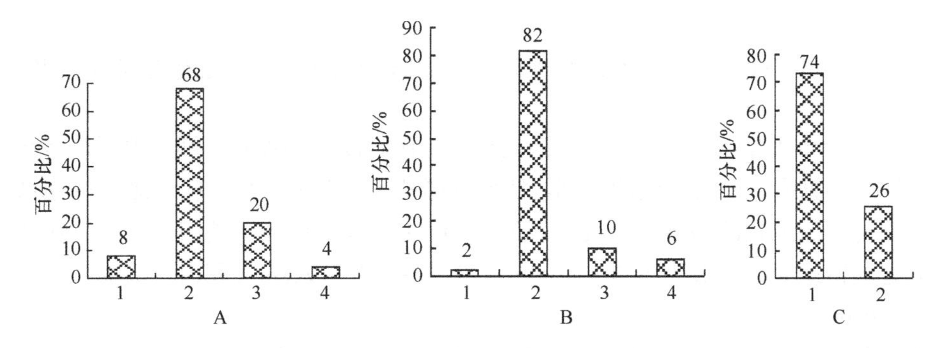

图 3-64　珙桐群落的叶级谱（A）、叶质谱（B）、叶型谱（C）

A：1. 大型叶；2. 中型叶；3. 小型叶；4. 微型叶。B：1. 薄质叶；2. 草质叶；3. 革质叶；4. 厚革质叶。
C：1. 单叶；2. 复叶

2）层次及层片结构

珙桐群落的成层现象明显，可分为乔木层、灌木层和草本层，活地被物层不发达，此外还有少量的层外植物。

从四川卧龙的珙桐群落来看，乔木层可分为两个亚层（钟章成，1988）。第一亚层 12～16m，胸径 11～28.5cm，林内个别植株的胸径达 36cm，覆盖度 10%～20%，主要树种有珙桐、光叶珙桐（*Davidia vilmoriniana*）、白楠（*Phoebe neuraratha*）、曼青冈（*Cyclobaanopsis oxyodom*）、华西枫杨（*Pterocarya insignis*）、长叶乌药（*Lindera pulchernma* var. *kemalyana*）、五裂槭（*Acer oliverianum*）、天师栗（*Aesculus willsonii*）等。第二亚层 7～12m，胸径 7～16.5cm，盖度 65%～70%，主要树种除川灰木（*Symplocos setchuanensis*）、汶川钓樟（*Litsea limprichtii*）外，主要是第一亚层中的一些种类，在有些地段的林分中还混生有水青树（*Tetracentron sinense*）、连香树（*Cercidiphyllum japonicum*）。在乔木第一亚层中主要是由落叶阔叶中高位芽和常绿阔叶中高位芽植物层片构成群落的建群层片或优势层片，落叶小高位芽和常绿小高位芽植物出现在第二亚层。其中，特别是落叶小高位芽植物层片发育良好，并处于优势地位。

灌木层也可分为两个亚层，第一亚层 2.5～5.0m，有猫儿刺（*Ilex pernyi*）、青荚叶（*Helwingia japonica*）、海州常山（*Clerodendrum trichotomum*）、少花荚蒾（*Viburnum oliganthum*）、糙叶五加（*Acanthopanax henryi*）；第二亚层 0.8～2.0m，有小蜡树（*Ligustrum sinense*）、十大功劳（*Mahonia fortunei*）、山梅花（*Philadelphus incanus*）等。在海拔较高处有箭竹（*Fargesia spathacea*）出现。灌木层总盖度 10%～15%。在层片结构中，落叶矮高位芽植物层片为优势层片，而常绿矮高位芽植物层片居次要地位。在灌木层中的幼苗，主要是常绿树种的幼苗，落叶树种的幼苗较少。

草本层总盖度可达 80%～85%，高度为 10～80cm。草本层以地下芽植物层片为优势层片。其次是蕨类地面芽植物和一年生植物层片，地上芽植物少见。

层外植物层片不发达，常见有菝葜（*Smilax china*）、木香马兜铃（*Aristolochia moupinensis*）、狗枣猕猴桃，它们多属落叶藤本高位芽植物，常绿藤本高位芽植物较少。散生的有常春藤（*Hedera nepalensis*）。苔藓植物层片的组成种类有尖叶提灯藓（*Mnium cuspidatum*）、细叶小羽藓（*Hapocladium microphyllum*）、大叶藓（*Rhodobryum giganteum*）等。它们主要附生在树干基部或裸地上。

（六）南岭山地的栲类蕈树常绿阔叶林的生活型组成、层次及层片结构

本区处于北纬24°～27°，包括广西的桂林地区，湖南的零陵、郴州地区的南部，广东韶关地区、惠阳、梅县地区的北部，江西的赣州地区和井冈山、抚州地区的南部。本区地貌以南岭山地丘陵为主，海拔一般为500～1000m，广西、湖南、广东、江西四省区交界处的山地海拔一般为500～1200m，最高峰海拔1922m（莽山石坑崆）（《中国植被》，1980年）。

本区年平均气温18～21.1℃，1月平均气温8～10℃，极端最低气温–6～–2℃，7月平均气温28～30℃，年积温为5300～6800℃（7000℃）。南岭在气候上是华南阻挡北来寒潮的重要屏障，南部和北部的气温有差异，为华中与华南气候上的过渡地带。南岭北部冬季有降雪，中部及南部一般无雪，形成比较暖和的“岭南风光”，致使岭南的常绿阔叶林更为发达。年降水量1400～2000mm，春夏多雨，秋冬少雨，为亚热带常绿阔叶林的生长发育创造了适宜的条件。

地带性植被为常绿阔叶林、次生松杉林和毛竹林。常绿阔叶林分布在海拔1200m以下的山地丘陵上，组成常绿阔叶林的种类主要有罗浮栲、南岭栲、鹿角栲、钩栲、米槠、甜槠、蕈树、红楠、木荷等，其中也含有较多樟科成分。山茶科、木兰科成分及特产种类红苞木（*Rhodoleia championii*）、大果马蹄荷（*Exbuklandia tonkinensis*），构成具有热带成分的常绿阔叶林。

湖南莽山位于北纬24°57′，东经112°59′，山地海拔最高，居南岭之首。低山常绿阔叶林分布在海拔1200m以下，面积较大，保存良好。20世纪70年代末期，许多学者（祁承经、刘克旺等）对莽山植被进行过调查和研究，并积累了较丰富的资料。为此，我们以莽山植被为本区的代表，就其生活型组成特点及层次、层片结构进行讨论。

1. 生活型组成

根据有关调查资料（祁承经等，1979），绘制的生活型谱，以及为了比较绘制的位于中亚热带北部的江西亚热带常绿阔叶林的生活型谱见图3-65。

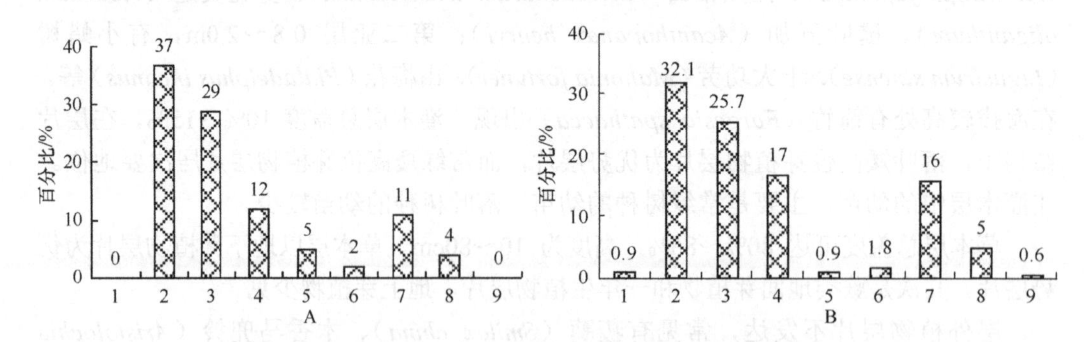

图3-65 湖南莽山（A）和江西（B）常绿阔叶林的生活型谱

1. 大高位芽植物；2. 中高位芽植物；3. 小高位芽植物；4. 矮高位芽植物；5. 藤本植物；6. 地上芽植物；7. 地面芽植物；8. 地下芽植物；9. 一年生植物

从图3-65可以看出，莽山常绿阔叶林的优势生活型为高位芽植物，其次是地面芽

植物，再次是地下芽植物和地上芽植物，一年生植物缺乏。在高位芽植物中以中高位芽植物占优势，其次是小高位芽植物、矮高位芽植物、藤本植物，缺乏 30m 以上的大高位芽植物。与中亚热带北部的江西常绿阔叶林比较，优势生活型及次优势生活型是一致的，均是高位芽植物和地面芽植物，反映了亚热带常绿阔叶林生活型组成的总体特征。从数值比较，可以看出江西存在一些大高位芽植物，但所占比例极小。莽山也有个别 30m 以上的大树，只是在调查样地中未出现。两地生活型组成上的差异，反映出莽山所处纬度偏低、水热条件较优越的气候特点。

对莽山常绿阔叶林组成植物按叶级分类，绘制的叶级谱如图 3-66 所示。

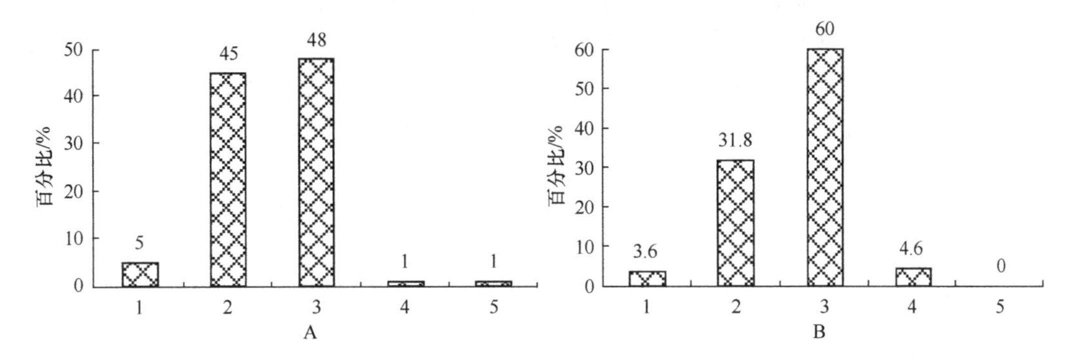

图 3-66　莽山（A）、江西云居山（B）常绿阔叶林的叶级谱

1. 大型叶；2. 中型叶；3. 小型叶；4. 微型叶；5. 鳞型叶

由图 3-66 可以看出，莽山常绿阔叶林的叶级谱是以小型和中型叶为优势（两者差距很小），其次是大型叶，而微型叶和鳞型叶极少。与江西常绿阔叶林的叶级谱比较，总体表现特征也是一致的。各叶级之间较大的差距是，莽山常绿阔叶林中，中型叶和大型叶植物的比例增大，而小型叶和微型叶明显减少。从以上叶级的比较，也可以看出两地气候上的差异。

2. 层次及层片结构

莽山低山常绿阔叶林可以分出乔木层、灌木层、草本层及苔藓层。乔木层还可以进一步分出 2～4 个亚层。

乔木层一般高 16～20m，由常绿阔叶和落叶阔叶中小高位芽植物层片组成，其中常绿阔叶高位芽层片所占比例较大，可达 96%以上。主要组成树种有甜槠、马蹄荷、木荷、小叶槠、青栲、长叶木姜子、阿丁枫、垂果木莲、光叶木兰、栲树、黄杞、黄樟等。

灌木层极不发达，植株稀疏，主要由常绿阔叶小高位芽植物层片和竹类层片组成。种类成分主要是唐竹及喜温的野牡丹科、茜草科、紫金牛科等科的植物。

草本层盖度很小，主要由地面芽、地上芽和地下芽植物层片组成。常见种类有：狗脊蕨（*Woodwardia japonica*）、野鸡尾金粉蕨（*Onychium japonicum*）、大片复叶耳蕨（*Arachniodes cavalereii*）、鳞毛蕨（*Dryopteris* spp.）等。

藤本植物层片较发达，种类也较多，常见的有瓜馥木（*Fissistigma oldhamii*）、香港瓜馥木（*F. uonicum*）、香花崖豆藤（*Millettia dielsiana*）等。

从各层片的特征比较中可以看出，由于莽山植被的乔木层非常发达，草本层和灌层几乎处于微不足道的从属地位，林下灌木为了竞争光照条件，多向乔木习性发展，多呈单干状态，这种特点类似热带雨林的特征。

（七）三江流域石灰岩山地的栲类、木荷喀斯特常绿落叶阔叶混交林的生活型组成、层次及层片结构

本区位于桂北和黔东南地区，东与南岭山地植被区相接，西界至黔东南清水江和都江上游，北界至苗儿山地，南界即为南亚热带与中亚热带的分界线。

本区森林植被覆盖面积较大，还保存着较好的原生类型。虽然地带性植被为常绿阔叶林，但在本区南部石灰岩山地上分布着大面积的石灰岩山地常绿落叶阔叶混交林。这类森林是在亚热带湿润气候下，在喀斯特地貌石灰土等特殊生境影响下形成的非地带性植被，是一种稳定的土壤、地形顶极群落，也有人称为喀斯特森林。

在贵州省茂兰林区，于1975年发现有大片原生性喀斯特森林后，1988年该地区被批准建立国家级自然保护区，并开展了一系列的考察和研究，积累了较丰富的资料。为此，我们以茂兰林区为代表，并从生活型组成、层次、层片结构的角度对该类森林的群落结构进行讨论。

1. 生活型组成

茂兰喀斯特林区，位于贵州南部的荔波县，地理坐标为东经 107°52'～108°05'，北纬 25°09'～25°10'，总面积 2 万 hm^2。山地海拔 430～1100m，年平均气温 15.3℃，1 月平均气温为 5.2℃，7 月平均气温为 23.5℃，≥10℃的活动积温为 4598.6℃，年降水量 1752.5mm，集中分布于 4～10 月，年相对湿度 83%，具有温暖湿润、冬无严寒、夏无酷暑、雨量充沛的中亚热带山地气候特色。

根据典型样地的植被调查资料（朱守谦，1993）绘制的生活型谱如图 3-67 所示。

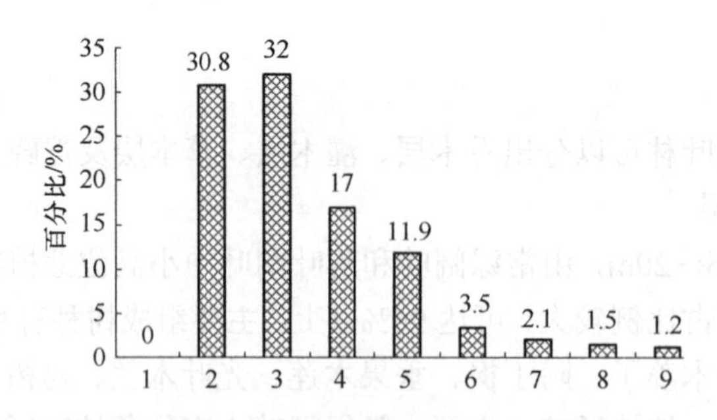

图 3-67　茂兰喀斯特森林的生活型谱

1. 大高位芽植物；2. 中高位芽植物；3. 小高位芽植物；4. 矮高位芽植物；5. 藤本高位芽植物；6. 地上芽植物；7. 地面芽植物；8. 地下芽植物；9. 一年生植物

由图 3-67 可以看出，在构成茂兰喀斯特森林的生活型谱中（不包括苔藓、菌、藻类），优势生活型为高位芽植物，其次是地上芽植物、地面芽植物和一年生植物。在高位芽植物中，是以小高位芽和中高位芽占优势，两者的比例近乎相等。矮高位芽植物次之。藤本高位芽也占有一定的比例。缺乏大高位芽植物和蕨类高位芽植物。进一步统计表明，在中高位芽植物中，常绿植物占 60.8%，落叶植物占 39.2%。小高位芽植物中常

绿植物占 61.8%，落叶植物占 38.2%。矮高位芽植物中，常绿植物占 68.9%，落叶植物占 31.1%。藤本高位芽植物中，落叶植物占 57.4%，常绿植物占 42.6%。在整个高位芽植物中，常绿植物所占比例为 61.3%，落叶植物占 38.7%。由此可见，对本地群落外貌起决定性作用的高位芽植物是以常绿植物略占优势。

对茂兰喀斯特森林组成树种的叶子按性质分别统计的结果见图 3-68。

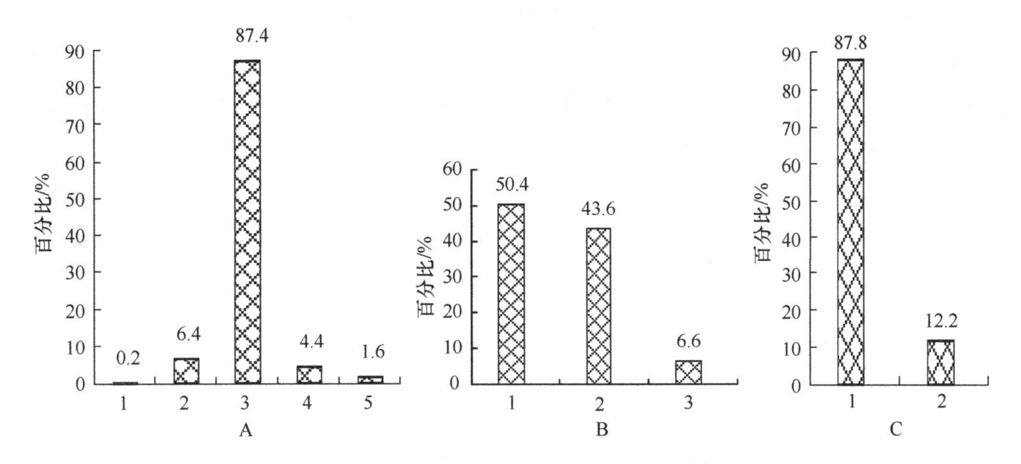

图 3-68　茂兰喀斯特森林的叶级谱（A）、叶质谱（B）、叶型谱（C）

A：1. 大型叶；2. 中型叶；3. 小型叶；4. 微型叶；5. 鳞型叶。B：1. 草质；2. 革质；3. 厚革质。C：1. 单叶；2. 复叶

由图 3-68 可以看出，组成茂兰喀斯特森林树种的叶级谱是以小型叶为主，其次是中型叶、微型叶、鳞型叶、大型叶；从叶的质地看，草质叶所占比例较大（50.4%），革质叶次之（43.6%）；叶型是以单叶为主。

综上所述，茂兰喀斯特森林外貌是由草质和革质叶、单叶、小型叶为主的常绿落叶中、小高位芽植物决定的。这种外貌特征与亚热带湿润的气候背景下喀斯特地貌和石灰土造成的干旱生境有着非常密切的联系。

2. 层次及层片结构

茂兰喀斯特森林的层次结构较完整。乔木层、灌木层、草本层、层间植物的分化清晰。乔木层大多有 2 个亚层。乔木层的高度较低，绝大多数树种都未达到生物学高度。

乔木层主要由常绿阔叶高位芽植物层片和落叶阔叶高位芽植物层片共同构成，而且所占比例近似。乔木第一亚层通常高 8～15m，盖度不很大，一般为 40%～79%。由 20～30 个树种组成，落叶阔叶高位芽植物层片的组成种类中，常见的有圆果化香（*Platycarya longipes*）、栾树（*Koelreuteria paniculata*）、鹅耳枥（*Capinus cordata*）、朴树（*Celtis sinensis*）、小叶柿（*Diospyros dumetorum*）、掌叶木（*Handeliodendron bodinieri*）等。组成常绿阔叶高位芽植物层片的主要种类有青冈栎（*Cyclobalanopsis glauca*）、山矾（*Symplocos caudata*）、丝栗栲（*Castanopsis fargesii*）等。乔木第二亚层高 3～8m，盖度 45%～70%，组成种类较第一亚层为多，一般可达 35～45 种，除含有乔木第一亚层的树种外，还有一些常绿小高位芽植物，如香叶树（*Lindera communis*）、多种荚蒾（*Viburnum* spp.）、齿叶黄皮（*Clausena dumniana*）、棱果海桐（*Pittosporum trigonocarpum*）、杨梅

叶蚊母树（*Distylium myricoides*）、多种木姜子（*Litsea* spp.）等。竹类植物层片在第二亚层，甚至灌木层中发育良好，常见的种类有贵州悬竹（*Ampelocalamus calcareus*）、箬竹（*Indocalamus longiauritus*）、黔竹（*Dendrocalamus tsiangii*）、方竹（*Chimonobambusa quadrangularis*）等。

灌木层通常只有一层，组成种类多为乔木层的幼小个体，真正的灌木树种较少。坡中、上部常见贵州悬竹、箬竹等构成的极醒目的竹类植物层片。

草本层极不发达，存在发育不良的地下芽、地面芽、地上芽植物层片。在漏斗和洼地中以蕨类为主。裸露岩石的缝隙中常见有多种兰科植物和瓦韦（*Lepisorus thunbergianus*）、石韦（*Pyrrosia lingua*）等蕨类。

藤本植物层片中常见的种类有多花鹰爪（*Wisteria floribunda*）、鸡血藤（*Millettia reticulata*）等。漏斗森林中苔藓层片较发育，由近 30 种苔藓植物组成，叶附生苔藓亦不稀见。

（八）贵州山原石灰岩地区的栲类、青冈常绿阔叶林和山地落叶常绿阔叶林的生活型组成、层次及层片结构

本区主要位于贵州省境内，并包括四川省东南角的一小部分，是一个侵蚀隆起的山原，境内北部海拔一般为 300～1300m，东部为武陵山脉，最高峰梵净山海拔 2552m，西部海拔多在 1700～1900m，最高峰为大小韭菜坪，高达 2700～2900m。南部逐渐向桂北丘陵盆地过渡。由于本区位于中亚热带高原，冬季受寒潮影响较小，夏季受东南海洋季风影响较显著，因此气候特征是“冬无严寒、夏无酷暑”。由于静止锋后的冷气团控制着全省，常年多雾。

本区地带性植被为以栲、樟为主的常绿阔叶林，一般分布海拔 1000～1500m，西部可达 1800m。1400～2200m 为常绿落叶混交林。海拔 2200m 以上山地为杜鹃箭竹灌丛，或以杂草类为主的山地草甸。

本部分重点讨论以栲类为主的常绿阔叶林和山地垂直带上的常绿落叶混交林的生活型组成、层次及层片结构等群落学结构特征。

1. 栲树林的生活型组成、层次及层片结构

以各种栲属（*Castanopsis*）树种为优势的常绿阔叶林，是亚热带分布较广的类型之一，栲树林为其泛称。贵州省现已知栲属树种有 19 种，其中有 17 种自然分布于中国东部湿润亚热带地区。

在贵州省，栲树林分布于海拔 1200～1300m（1500m）及以下的中山、低山、丘陵地区，各种地形如峡谷、山冲、坡地、台地、坡顶等都有分布。栲树林分布区的年平均气温 16～18℃，1 月平均气温 2～8℃，7 月平均气温 26～29℃，≥10℃的年积温 5000～6500℃，年降水量 1000～1600mm，分配较均匀，生长季节降雨量占 60%～80%，年平均相对湿度 80%以上。由于地形作用，林区的雨量较上述为多，如梵净山局部地区的年降水量可达 2600mm。栲树林分布区的土壤多为各种板岩、砂岩、页岩等风化的残积、坡积物上发育的山地黄红壤和山地黄壤。

1）生活型组成

根据调查资料（朱守谦等）进行整理，绘制的生活型谱如图 3-69 所示。

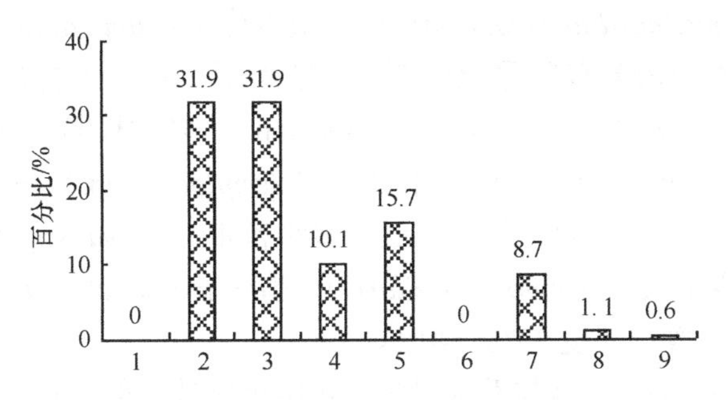

图 3-69　栲树林的生活型谱（梵净山）

1. 大高位芽植物；2. 中高位芽植物；3. 小高位芽植物；4. 矮高位芽植物；5. 藤本高位芽植物；6. 地上芽植物；7. 地面芽植物；8. 地下芽植物；9. 一年生植物

从图 3-69 可知，在栲树林的生活型组成中，是以高位芽占绝对优势，高达 90%，其中常绿高位芽植物占 66%以上，地面芽、地下芽及一年生植物较少，缺乏地上芽植物。在高位芽植物中，以中、小高位芽植物为主，有一定数量的藤本高位芽植物、矮高位芽植物，蕨类高位芽、棕榈型高位芽和芭蕉型高位芽缺乏，偶有针叶高位芽植物。

对栲树林组成植物叶的性质分别统计的结果见图 3-70。

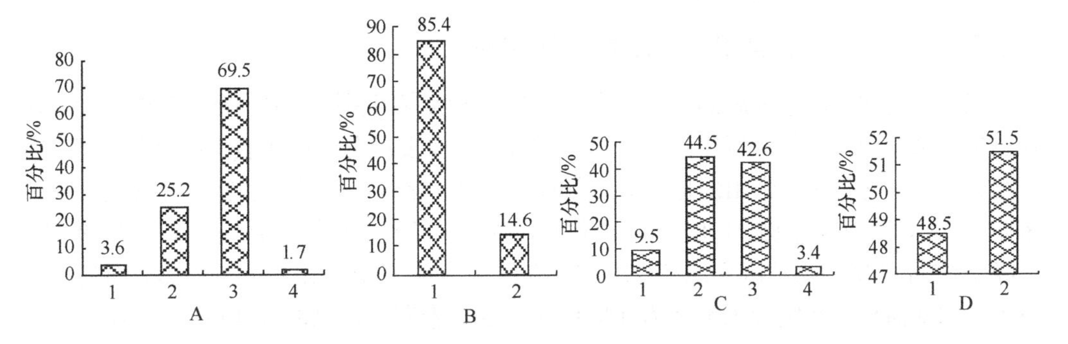

图 3-70　栲树林的叶级（A）、叶型（B）、叶质（C）、叶缘（D）谱（梵净山）

A：1. 大型叶；2. 中型叶；3. 小型叶；4. 微型叶。B：1. 单叶；2. 复叶。C：1. 纸质；2. 草质；3. 革质；4. 厚革质。D：1. 全缘；2. 非全缘

由图 3-70 可知，栲树林的组成植物是以小型和中型叶植物为主，多数为单叶，复叶较少，全缘叶片植物或具锯齿叶片植物各半，质地以革质为主，叶面具角质层，并常与光线照射方向垂直。常绿草本多为草质叶。

栲树林的生活型谱和叶性质的特点说明它是一种从热带高温高湿、四季不明显的雨林生境向温带夏暖冬寒、四季分明的落叶阔叶林生境过渡的湿润亚热带气候的常绿阔叶林生态系统。

2）层次及层片结构

栲树林的层次结构较丰富。乔木层、灌木层、草本层及层外植物俱全。乔木层高达 20～22m，可明显地划分为 2～3 个亚层。

乔木层主要由常绿阔叶高位芽植物层片所构成。各层片的优势种类因地而异。以雷

公山甜栲林为例，组成常绿阔叶高位芽植物层片的树种有丝栗栲、小红栲、钩栲、甜槠栲、狭叶润楠（*Machilus rehderi*）、白楠（*Phoebe neurantha*）、虎皮楠（*Daphniphyllum oldhami*）、黄杞（*Engelhardtia roxburghiana*）、银木荷（*Schima argentea*）等。落叶阔叶高位芽植物层片的组成成分有枫香、赤杨叶、山柳等。乔木第一亚层的盖度为50%～70%。第二亚层除上述树种外还有多种木姜子（*Litsea* spp.）、多种杜鹃（*Rhododendron* spp.）、大果蜡瓣花（*Corylopsis multiflora*）、多种山矾（*Symplocos* spp.）等，盖度50%～60%，第三亚层除上述一、二亚层的树种外，还有多种柃木（*Eurya* spp.）、山黄皮（*Randia cochinchinensis*）、老鼠矢（*Symplocos stellaris*）、鹅掌柴（*Schefflera octophylla*）、蚊母树（*Distylium chinense*）等，盖度30%～40%。

灌木层一般高3m以下，常与乔木层第三亚层相交错，盖度视乔木层郁闭度而变化。组成树种以乔木层的幼小个体为主，真正灌木树种很少。主要有紫金牛科的杜茎山（*Maesa japonica*）、茜草科的粗叶木（*Lasianthus chinensis*）、虎耳草科的绣球花（*Hydrangea chinensis*）等。

草本层主要由地面芽植物层片、地下芽植物层片构成。种类稀少。盖度20%～30%。常绿蕨类植物层片发育较好，主要组成种类有狗脊（*Woodwardi japonica*）、鳞毛蕨（*Dryopteris pychopteroides*）、蹄盖蕨（*Athyrium sinense*）、柳叶蕨（*Cyrtogonellum* sp.）等。

层外植物主要是由藤本高位芽植物层片组成。个别地段有较粗大的木藤本攀缘至乔木第一亚层。组成种类有多种菝葜、鸡血藤、络石等。

2. 亮叶水青冈林的生活型组成、层次及层片结构

亮叶水青冈（*Faguslucida*）起源古老，是中国水青冈属植物中分布较广的树种，在亚热带东部东南季风气候区中山地带常形成以其为主要成分的面积较大的森林群落。在垂直分布上，它是亚热带山地植被垂直带谱中落叶、常绿阔叶林带和针阔叶混交林带中重要的森林类型（朱守谦，1985）。在贵州省，亮叶水青冈天然林主要分布在北纬28°11′，东经107°11′的宽阔水林区和北纬27°54′，东经108°41′的梵净山林区，天然分布的海拔范围，因地而异，在宽阔水地区为1400～1751m（泰阳山最高海拔1751m），在梵净山为1400～2000m（凤凰山最高海拔2572m）。土壤为酸性黄棕壤。由于林区缺乏系统气象记录，现以邻近的梵净山小黑湾（1200m）的气象记录加以说明。该气象记录显示，年降水量为2600.9mm，年均温为12.4℃，最热月均温22℃，最冷月均温0.4℃，全年≥10℃的积温为4153℃，年均相对湿度资料缺乏。由于亮叶水青冈分布的位置比上述气象台站高，因而气候将更为温凉湿润，常年多雾，冬季不干燥，夏季多暴雨。

1）生活型组成

根据亮叶水青冈林中160种植物的生活型资料统计（朱守谦，1985），在亮叶水青冈林中，是以高位芽植物占绝对优势，尤以中、小高位芽植物为多，分别占46.3%和25%，大高位芽和藤本高位芽植物较少，分别占8.1%和6.3%。在这些植物中，落叶种类略占优势，为52.3%，常绿种类占47.7%。

对142种植物的叶子，按性质进行分类，绘制的叶级、叶型、叶质、叶缘谱见图3-71。

由图3-71可知，亮叶水青冈林是以中小型单叶植物为主，大型叶植物和微型叶植物贫乏，一般落叶种类为草质叶，常绿种类为革质叶，少数为厚革质。

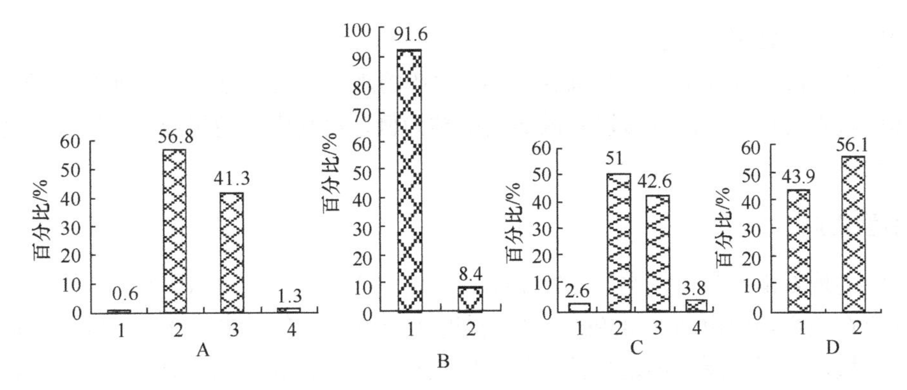

图 3-71　亮叶水青冈林组成树种的叶级（A）、叶型（B）、叶质（C）、叶缘（D）谱

A：1. 微型叶；2. 小型叶；3. 中型叶；4. 大型叶。B：1. 单叶；2. 复叶。C：1. 膜质；2. 草质；3. 革质；4. 厚革质。D：1. 全缘；2. 非全缘

由上述统计结果可知：亮叶水青冈林是由具扁平宽大的草质中型叶的落叶阔叶高位芽植物和具革质中型叶的常绿阔叶高位芽植物组成的落叶常绿阔叶混交林。

2）层次及层片结构

亮叶水青冈林的层次结构明显，可分为乔木层、灌木层和草本层及活地被物层，存在层间植物。乔木层、灌木层及活地被物层中，苔藓发育较好，草本层及层间植物中的藤本发育较差。

大部分林地中乔木层仅分化出两个亚层。乔木第一亚层高 16～20m，最高可达 26m，盖度 60%～70%，树冠不连接；乔木第二亚层高 4～12m，盖度 70%～90%，树冠连接。

灌木层的变化较大，以金佛山方竹和大箭竹为主时，常形成两个亚层，盖度可达 90% 以上。

不同地区亮叶水青冈林在种类组成上虽互有差异，但层片结构颇为稳定。据 24 个样地资料统计（朱守谦，1985），组成乔木层的落叶阔叶高位芽层片的株数约占总株数的 70.5%，常绿阔叶高位芽层片的株数约占 29.5%。分层统计结果表明，乔木第一亚层中，落叶阔叶高位芽占 69.34%，常绿阔叶高位芽占 30.66%，第二亚层则相反，落叶阔叶高位芽占 31.76%，常绿阔叶高位芽占 68.24%。由于乔木第二亚层的常绿阔叶高位芽植物是以多种常绿的荚蒾、山矾、杜鹃等为主要成分，虽然密度和盖度较大，但均为小乔木，不可能进入上层林冠。相反，常需要上层林冠的庇护才得以正常发育。因而在长期的适应协调过程中，具有不同特性的种类各自占有自己的生态位，从而保证了这种结构的稳定性。

（九）珠江三角洲丘陵蒲桃黄桐常绿阔叶林的生活型组成、层次及层片结构

本区位于广东省大陆的中南部，地貌以珠江三角洲冲积平原为主，外围则为砂页岩及花岗岩构成的低丘台地。丘陵台地海拔多在 100m 以下，个别孤山可达 800～1000m。因南临南海，受热带海洋气候影响较大，境内高温且多雨。年均温度为 22℃，1 月均温 12～14℃。极端最低温度大部分地区在 0℃以上。但受北方寒潮影响强烈，间有短暂的霜期和偶见的结薄冰现象，因此年温差较大。年降水量为 1600～2000mm，降水较集中在夏、秋，并多台风，干湿季节分明。地带性土壤为砖红壤性红壤，三角洲为冲积土。本区的地带性植被类型为季风常绿阔叶林，组成群落的成分热带性很强，其结构特征异

于典型的亚热带常绿阔叶林。

以黄桐（*Endospermum chinensis*）等为优势的森林群落，是我国南亚热带低地常绿阔叶林的代表类群，本部分拟以香港岛黄桐林为例，对其生活型组成、层次及层片结构进行讨论。

1. 生活型组成

香港岛地处南亚热带南端，地处北纬22°10'～22°20'，东经114°0'～114°10'。黄桐森林群落所在地金马伦山高达439m，研究样地在金马伦山东南坡，海拔120～150m。土壤为赤红壤，土层较厚，林地覆盖着较多的枯枝朽木，腐殖质层厚达10～15cm，母岩为花岗岩。气候属于东亚季风气候，具有夏季高温潮湿，冬季温暖干燥的季风亚热带、热带海洋性气候特点。

根据调查资料（王伯荪等，1987），按照Raunkiær生活型系统和叶级分类系统作出的群落生活型谱和叶级谱如图3-72和图3-73所示。为了便于比较，特绘制了江西常绿阔叶林生活型谱和叶级谱。

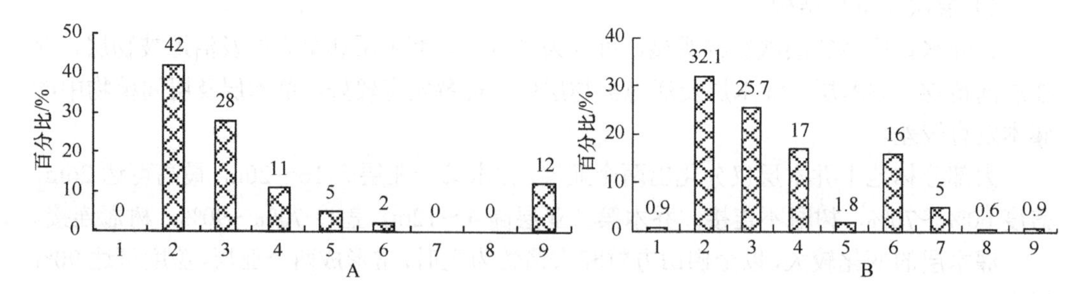

图3-72　黄桐林的生活型谱与典型的亚热带常绿阔叶林比较

A. 香港黄桐林；B. 江西亚热带常绿阔叶林

1. 大高位芽植物；2. 中高位芽植物；3. 小高位芽植物；4. 矮高位芽植物；5. 地上芽植物；6. 地面芽植物；7. 地下芽植物；8. 一年生植物；9. 附生及藤本植物

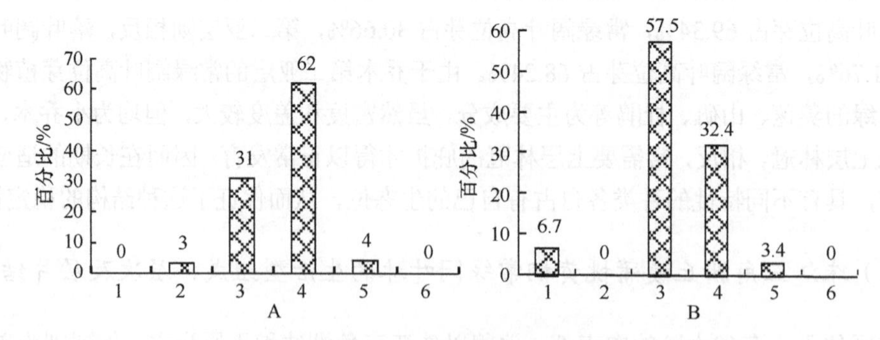

图3-73　黄桐林的叶级谱与典型的亚热带常绿阔叶林比较

A. 香港黄桐林；B. 江西亚热带常绿阔叶林

1. 微型叶；2. 细型叶；3. 小型叶；4. 中型叶；5. 大型叶；6. 巨型叶

由图3-72A可以看出，该群落的生活型是以高位芽植物占绝对优势，达81%，其中尤以中高位芽植物为优，约占42%，小高位芽和矮高位芽各占28%和11%，地面芽和地上芽植物贫乏，一年生植物缺乏，而附生和藤本植物却占有较大的比例，达12%左右，落叶和半落叶植物罕见。由图3-73A可以看出，该群落是以中型叶占最大优势，达62%

左右，小型叶次之，占31%左右，大型叶与细型叶贫乏，微型叶和巨型叶缺乏。

将该群落的生活型谱和叶级谱与处于同一经度范围，但位于较高纬度的典型亚热带常绿阔叶林比较，可以清晰地看出它们之间的差异。

与图3-72B比较，黄桐群落的中、小高位芽植物和地上芽植物，以及附生藤本植物所占比例均高于江西典型的亚热带常绿阔叶林，特别是附生藤本植物所占比例的差异尤为明显。而矮高位芽植物、地面芽植物均低于江西典型的常绿阔叶林，并以地面芽植物的差异最为显著，两者差可达7倍。黄桐群落缺乏地下芽和一年生植物，而在江西典型的常绿阔叶林中却占有一定的比例。另外在江西的常绿阔叶林中有极少量的大高位芽植物，但微不足道。

对叶级谱进行比较的结果表明（图3-73），黄桐群落的大型叶和细型叶植物也比较多。相反，小型叶和微型叶植物明显减少。黄桐群落中落叶和半落叶植物非常罕见，而江西典型的常绿阔叶林中落叶成分达24%。

综上所述可以看出，香港岛黄桐群落是一个有别于亚热带常绿阔叶林、位于南亚热带南缘的一个常绿阔叶林类群。

2. 层次及层片结构

黄桐群落层次结构分化明显，一般可分为乔木层、灌木层和草本层，并富有层间植物。乔木层可分为3个亚层，各层中主要层片为常绿阔叶高位芽植物层片。第一亚层高20～26m，盖度在80%以上，个别植株可高达28～30m，突出于林冠层之上。该亚层主要树种为黄桐、白桂木（*Artocarpus hypargyraeus*）和黄樟（*Cinnamomum porrectum*）等，形成连续树冠层的主体。第二亚层乔木高10～18m，以亮叶肉实树（*Sarcospermalaurinum*）、假苹婆（*Sterculia lanceolata*）、白车（*Syzygium levinei*）、建楠（*Machilus oreophlia*）、簕篸（*Scoiopia chinensis*）、山杜英（*Elaeocarpus sylvestris*）、土沉香（*Aquilaria sinensis*）等常见。上层乔木黄桐、黄樟及白桂木的部分个体在本亚层中也占有一定优势，本层的个体密度虽较大，但出现或大或小的空隙，树冠层不连续，盖度在60%左右。第三亚层乔木高4～8m。由于上层乔木的幼树和下层灌木的高大植株嵌入其中，种类组成较为复杂，常见的种类有降真香（*Acronychia pedunculata*）、亮叶白颜树、谷木（*Memecylon ligustrifolium*）、多花山竹子（*Garcinia multiflora*）、银柴（*Aporosa chinensis*）、绒楠（*Machilus velutina*）等，并见有亮叶肉实树（*Sarcosperma laurinum*）、假苹婆（*Sterculia lanceolata*）、白车、山杜英、建楠等树种的幼树，以及罗伞树（*Ardisia quinquegona*）、九节（*Psychotria rubra*）等灌木种类的高大植株。此层植物的个体修长，胸径多在10cm以下，树冠不规则地伸展于空间之中。

灌木层一般高2m左右，主要由常绿矮高位芽植物层片构成，其中以紫金牛科的罗伞树和茜草科的九节占绝对优势，并常见有楔叶杜英（*Elaeocarpus decipiens*）、狗骨柴（*Tricalysia dubia*）、毛茶（*Antirhea chinensis*）等种类，以及上层乔木的幼龄植株。此外，省藤也是灌木层的重要成员。

草本层通常极为稀疏，主要由蕨类植物层片构成，常见的蕨类植物有风尾蕨（*Pteris nervosa*）、新月蕨（*Pronephrium gymnopteridifrons*）、铁线蕨（*Adiantum capillus-veneris*）。

藤本植物层片发育良好，无论在种数还是个体数上都占有较高的比例，常见的有买麻藤（*Gnetum montanum*）、鸡血藤（*Millettia reticulata*）、紫玉盘、瓜馥木（*Fissistigma oldhamii*）、马钱（*Strychnos henryi*）、省藤（*Calamus platyacanthoides*）、锡叶藤（*Tetracera* spp.）、匙羹藤（*Gymnema* spp.）等，一般径粗为5～6cm，最大12cm以上。

附生植物层片发育相对较差，除瓜子金（*Dischidia chinensis*）、石蒲藤（*Pothos chinensis*）等少数有花植物外，较常见的则多是一些附生蕨类和苔藓。

综上所述可知，黄桐群落虽属南亚热带常绿阔叶林，但与典型常绿阔叶林有较大的区别，与热带雨林也有一定的差异，比亚热带常绿阔叶林富有木质大藤本和更多的棕榈植物，在结构上近似于热带雨林，但缺乏热带雨林所具有的板根和有花附生植物等现象。因此，它是亚热带常绿阔叶林向热带雨林过渡的水平地带性的代表类群，也是南亚热带低地常绿阔叶林的代表类群。

（十）粤桂丘陵山地的越南栲黄果厚壳桂常绿阔叶林的生活型组成、层次及层片结构

本区位于广东的西部和广西的东南部，郁江-西江从西往东流贯穿本区中部。本区以丘陵山地地貌为主。低丘、台地的土壤为砖壤性红壤，呈强酸性反应，海拔700m以下的山地、丘陵为红壤，呈酸性反应。海拔700m以上为山地黄壤，呈强酸反应。

本区热量较丰富，其中西部略高于东部，年平均气温20～22℃，1月平均气温10～13℃，年较差16～17℃，年积温7000～7500℃，极端最高气温38～40℃。但由于北面山地间缺口成为冷空气入侵的主要通道，冬季气温约有1/3的年份出现负值，极端最低气温-4.1～0.7℃。本区水分条件较好，年降水量为1500～1700mm，山区可达2000mm。但冬季雨水较少，12月的雨量只有33mm左右（《中国植被》，1980年）。

本区仅在少数自然保护区中保存一部分地带性植被。地处南亚热带北缘粤西的黑石顶保护区，由于长期交通不便，曾一度受到人为活动较大影响的森林得到了较好的恢复。王伯荪等（1987）对该地区植物群落的一些特征进行过研究，并积累了丰富的资料。为此，我们以黑石顶常绿阔叶林作为本区常绿阔叶林的代表，从生活型组成、层次及层片结构等方面进行讨论。

1. 生活型组成

粤西的黑石顶自然保护区，位于北纬23°27′，东经111°53′，一般海拔为150～700m，主峰黑石顶高达927m。该区位于南亚热带北缘，年平均气温19.6℃，最冷月均温10.6℃，无霜期297天，年降水量1743.8mm，降雨集中在4～9月，约占全年的79%，相对湿度在80%以上。因此，该区属于亚热带湿润季风气候。

根据调查资料统计（王伯荪，1987），按照Raunkiær的生活型分类系统，选择3个代表性较强的群落绘制的生活型谱如图3-74所示。为了便于与中亚热带常绿阔叶林的谱系比较，特选择了位于本区北部，经度类似的湖南莽山常绿阔叶林的生活型谱（图3-74D）。

由图3-74可以明显地看出，黑石顶常绿阔叶林群落的生活型组成与其他常绿阔叶林是一致的，即以高位芽植物为优势生活型，地面芽植物次之，尚未出现藤本植物。

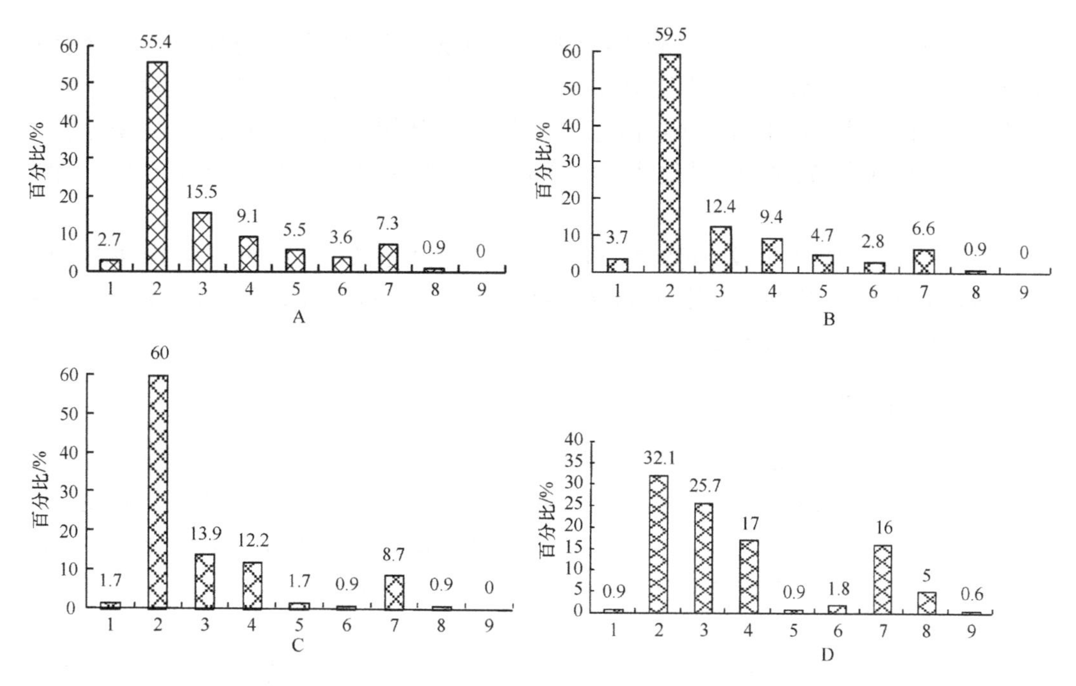

图 3-74　黑石顶有代表性的群落和湖南莽山中亚热带常绿阔叶林的生活型谱

A、B. 黑石顶低山（350～500m）常绿阔叶林；C. 黑石顶山地（700m 以下）常绿阔叶林；D. 湖南莽山常绿阔叶林

1. 大高位芽植物；2. 中高位芽植物；3. 小高位芽植物；4. 矮高位芽植物；5. 地上芽植物；6. 地面芽植物；7. 地下芽植物；8. 一年生植物；9. 藤本植物

在高位芽植物中，占群落植物种数 50%以上的是中高位芽植物，与位于中亚热带的湖南莽山常绿阔叶林比较，显然提高了中高位芽植物所占的比例，大高位芽植物所占比例也明显增大。相反，地面芽植物、地下芽植物及高位芽植物中的小高位芽植物、矮高位芽植物有所减少。

尽管黑石顶山体并不很高大，但是位于低山的常绿阔叶林和山地 700m 左右的山地常绿阔叶林之间，在生活型谱组成上也可以看出两者之间的差异。例如，在高海拔地段的森林群落中大高位芽植物贫乏，地面芽植物有所增加，这也反映出海拔变化带来的气候上的变化，进而在群落上的必然反应。但又因有较高的雨量和湿度条件，其高位芽植物的比例仍然较高，特别是与中亚热带常绿阔叶林比较还是比较明显的。

组成植物叶的性质分析见图 3-75。

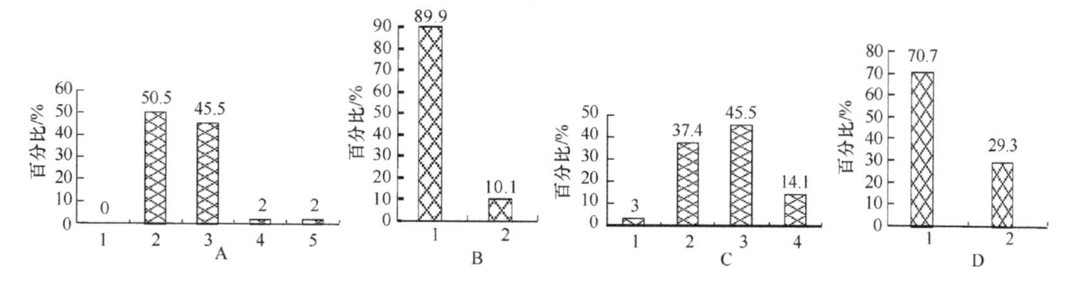

图 3-75　黑石顶常绿阔叶林叶子性质

A. 叶级谱：1. 大型叶；2. 中型叶；3. 小型叶；4. 细型叶；5. 微型叶。B. 叶型谱：1. 单叶；2. 复叶。C. 叶质谱：1. 薄质；2. 草质；3. 革质；4. 厚革质。D. 叶缘谱：1. 全缘；2. 非全缘

由图 3-75 可知，黑石顶常绿阔叶林的叶级组成是以中型叶占优势，小型叶处于次优势地位，细型叶、微型叶所占比例很小，缺乏大型叶。这与其北部的湖南莽山常绿阔叶林有一定的差距。莽山常绿阔叶林是以小型叶所占比例较大（占 60%），中型叶也占有一定的比例（占 31.8%）。其他特征与中亚热带基本相似，均是以单叶、革质、全缘叶为主。

其他方面的差异为组成该地常绿阔叶林的植物绝大多数是常绿的，落叶植物很少，仅占 5.6%～6.5%，这些极少数的落叶树种并不影响群落终年常绿的外貌。另外，群落中全年都有植物开花、结果。

2. 层次及层片结构

本区常绿阔叶林可以分出乔木层、灌木层和草本层，乔木层也可分为 3 个亚层，但各亚层的界线不十分清晰。第一亚层高度在 20m 以上，植株很少，但树冠较大，盖度可达 75%以上，主要由常绿高位芽层片构成，组成成分主要是栲属（*Castanopsis* spp.）、石栎属（*Lithocarpus* spp.）、蕈树属（*Altingia* spp.）、木荷属（*Schima* spp.）、桂木属（*Artocarpus* spp.）等属的种类。第二亚高度 14～18m，植株稍多，盖度可达 35%～40%，其发育状况深受第一亚层的影响，在第一亚层发育不良的群落中，第二亚层较为突出，或成为建群层片。第三亚层高度在 10～12m 及以下，植株很多，高低参差不齐，因包含上述两个亚层树种的小树，在不同的群落中表现不同，在低山常绿阔叶林中盖度可达 10%左右。

灌木层高度小于 2m，盖度较小，约 5%以下，主要由上层幼树组成，分布不连续，多呈大小不一的斑块。真正的灌木种类很少，比较常见的是紫金牛科、野牡丹科、金粟兰科和茜草科的种类。

草本层高度在 0.5m 以下，以地面芽植物层片为主，其次是地上芽植物层片。其发育程度及盖度大小，依乔木层的盖度大小而异。总的来看发育不良。

层间植物不很发达，常见的是木质藤本，缠绕攀缘可至树冠之上，粗者胸径可达 10～15cm。在低山常绿阔叶林中，普遍存在华南省藤层片，盖度 1.5%～10%，在遭受自然和人为干扰较重的林分中，竹类植物层片发育良好。在有些群落中存在棕榈科藤木状藤本植物层片。典型群落的层次结构图解如图 3-76 所示。

由图 3-76 可知本区典型的常绿阔叶林的层次结构为上宽下窄的 F 形。

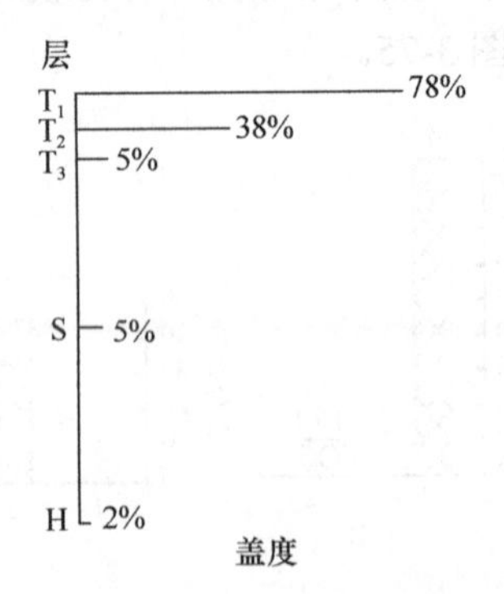

图 3-76　米椎、生虫树、阿丁枫、木荷群落层次结构图解

T_1、T_2、T_3：乔木一层、二层、三层；S. 灌木层；H. 草本层

（十一）滇中南中山峡谷的栲类红木荷思茅松山地湿性常绿阔叶林生活型组成、层次及层片结构

本区位于云南中南部偏西地区，东以哀牢山分水岭为界，北界为云县、昌宁、保山至泸水一线，南界东起绿春、江城，经普文、澜沧、西盟、沧源、镇康、芒市、梁河，北上经尖高山沿国界与缅甸毗邻。全区包括思茅、临沧、保山的大部分地区，位于北纬 22°30′～26°，东经 98°10′～103°。全区主要是中山与峡谷相间的地貌，大部分宽谷海拔 1000～1300m，中山高达 2000m 左右（个别有 3000m 以上者），河谷底部一般在 800m 左右。气候特点是：夏秋热而湿，冬春暖且干燥。峡谷因受焚风影响，特别干热，中山上部温凉多湿，气候的垂直变化十分明显，土壤的主要类型为在花岗岩、砂页岩上发育的砖红壤性红壤，低中山多见山地红壤和黄壤。地带性植被类型为以刺栲、印栲、红木荷为主的季风常绿阔叶林，分布于海拔 1100～1300m 低山丘陵和阶地上，山地湿性常绿阔叶林主要分布在海拔 2000～2400m（2600m），从该海拔到山顶（3000m 左右）出现山地针、阔叶混交林，局部地段有云南铁杉纯林（《中国植被》，1980 年）。

位于滇中高原与横断山系南段帚状山脉或滇西纵谷区分界处的哀牢山国家级自然保护区（也是云南高原东西地貌的分界），分布着大面积的亚热带山地湿性常绿阔叶林，目前保存较好的湿性常绿阔叶林分布在海拔 2400～2600m 的山丘坡面上，为原生植被。以下主要以该地区的湿性常绿阔叶林为代表，讨论本区山地湿性常绿阔叶林的生活型组成、层次及层片结构等特征。

1. 生活型组成

徐家坝地区常绿阔叶林，是南亚热带山地垂直带上部的一种植被类型，亦即它本身不是水平地带性植被，而是垂直带植被类型。而此垂直带的基带为南亚热带。基带植被以哀牢山景东坝海拔 1200～1300m 为准，为季风常绿阔叶林及思茅松林。从徐家坝中山湿性常绿阔叶林本身所反映的热量和水分条件来分析，它的存在反映了一定海拔垂直带上的（海拔 2400～2600m）水热条件。据徐家坝气象站（海拔 2400m，位于北纬 24°32′N，101°02′E），这里的年均温约 11℃，最冷至最热月平均气温 5～17℃，极端低温–8℃，≥10℃的年积温 4000℃，本地的热量季节分配大致是长冬（5 个月）无夏，春秋相连达 7 个月之久，年均降水量 1840mm，年相对湿度 86%。从这些气候状况来看，应属山地温凉气候类型。其生活型组成较明显地反映了上述气候特点（图 3-77）。

由图 3-77 可以看出中山湿性常绿阔叶林的生活型组成，是以高位芽植物占优势，占全部种类的 54.8%，而在高位芽植物中，又是以常绿高位芽植物为优势生活型，约占全部高位芽植物种类的 86%。除高位芽植物以外，藤本附生植物、地面芽和地下芽植物较为突出，反映出所在地段环境较为湿润。以各类生活型植物的盖度系数的统计（图 3-78）来分析，更能说明各类生活型植物在群落中的地位和作用，在高位芽植物中，中高位芽植物的盖度系数达 55.7%，表明构成群落外貌的中高位芽植物在群落中的地位和作用尤为突出，而其他各类生活型植物的盖度系数相应降低，它们在群落中的地位和作用相应降低。

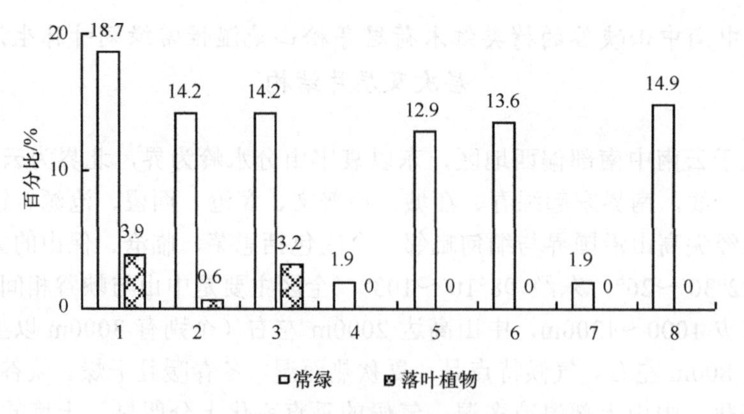

图 3-77　中山湿性常绿阔叶林的生活型谱

1. 中高位芽植物；2. 小高位芽植物；3. 矮高位芽植物；4. 地上芽植物；5. 地面芽植物；6. 地下芽植物；7. 一年生植物；8. 藤本附生植物

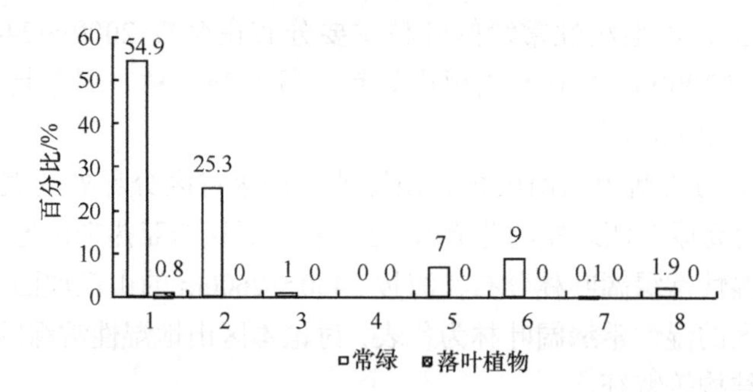

图 3-78　中山湿性常绿阔叶林各类生活型的盖度系数（图中序号的意义同图 3-77）

对组成中山湿性常绿阔叶林植物叶的性质分类统计的结果见图 3-79。

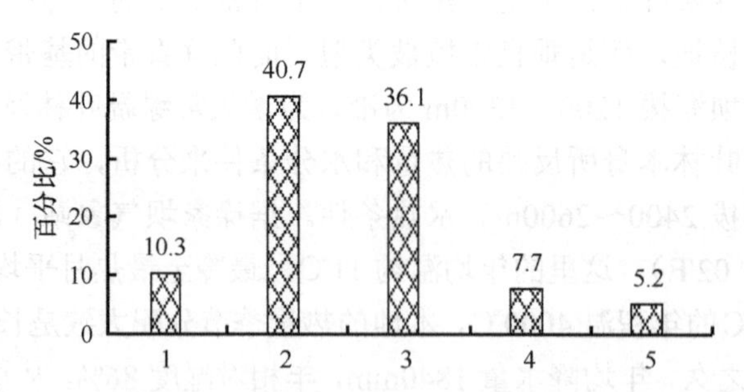

图 3-79　中山湿性常绿阔叶林的叶级谱

1. 大型叶；2. 中型叶；3. 小型叶；4. 微型叶；5. 鳞型叶

由图 3-79 可知，中山湿性常绿阔叶林是以中型叶为主，其次是小型叶，大型叶较少，微型叶和鳞型叶最少。

作为该类群落几个突出的生态表现是，滴水叶尖植物较普遍，约占高位芽植物的67.4%，而且在草本植物中也有滴水叶尖现象；乔木树干上密被苔藓，藤本附生植物丰富；乔木有板状根突起和气生根。这些现象反映了该群落所在地潮湿的气候条件。

综上所述，徐家坝地区的中山湿性常绿阔叶林的外貌是由中型叶为主的常绿中高位芽植物决定的。虽然从气候上看，徐家坝地区的降雨在全年内分配不均，有一个明显的干季存在，但气温低，终年大气湿润。所以生境潮湿是这类森林的特点，这也是群落内滴水叶尖普遍，藤本附生植物丰富，乔木板根、气生根出现的主要原因。

2. 层次及层片结构

哀牢山徐家坝地区的木果石栎、景东石栎、腾冲栲群落（*Lithocarpus xylocarpus*，*L. chintungensis*，*Castanopsis wattii* community）为亚热带山地中山湿性常绿阔叶林的一种类型，以下重点以这一类型为例，讨论中山湿性常绿阔叶林的层次及层片结构。

该群落的高度一般在 20～25m，在群落中也可见到达 30m 的大树。群落的垂直分层明显，一般可分为乔木层、灌木层和草本层，层间植物也很丰富。乔木层可以分出两个亚层，由于各乔木树种的更新，很多种的个体在乔木一亚层，也有一些个体在乔木二亚层，还有一些个体在灌木层内。乔木一亚层平均盖度 90%。林冠郁闭，具常绿外貌。组成该亚层的常绿阔叶高位芽植物层片发育良好，优势种类主要是壳斗科的木果石栎、景东石栎、腾冲栲和茶科的滇木荷等，处于次优势的是红花木莲（*Manglietia insignis*）、舟柄茶（*Hartia sinensis*），另外还有多花含笑（*Michelia floribunda*）、长尾青冈（*Cyclobalanopsis stewardiana* var. *lorgicaudata*）、绿背石栎（*Lithocarpus hypoviridis*）等。乔木二亚层高度在 5～15m，平均盖度在 50%。其特点是树种多，无明显的优势种。种类和种群个体比较多的有樟科的润楠属、木姜子属、新木姜子属，茶科的茶属、柃木属，山矾科的山矾属，冬青科的冬青属，五加科的鹅掌柴属。种群个体比较多的种有薄叶马银花（*Rhododendron leptothrium*）、米饭树（*Vaccinium ducloxii*）、南亚枇杷（*Eriobotrya bengalensis*）、山安息香（*Styrax perkinside*）等。

灌木层高度 1～3m，平均盖度 70%，灌木层中存在一个明显的箭竹层片，这是该群落灌木层盖度较大的主要原因。同时这也是中山湿性常绿阔叶林的特征之一。灌木层中真正的灌木种类较少，这些灌木多具有明显主干，如朱砂根（*Ardisia crenata*）、大黄连（*Mahonia mairei*）等，而不是从基部或地下分枝的丛生灌木。

草本层高度小于 0.5m，平均盖度 30%。由于光照条件及小地形的变化，无论在种类组成上，还是在盖度上，变化都比较大。常绿蕨类层片是草本层的重要组成部分。瘤足蕨属（*Plagiogyria*）和短肠蕨属（*Allantodia*）的植物是中山湿性常绿阔叶林林下草本层的标志植物。

藤本植物层片发育良好，大木质藤本枝叶多伸入乔木层，以粉叶猕猴桃（*Actinidia glaucocallosa*）、常绿蔷薇（*Rosa longcuspis*）、冷饭团（*Kabsura coccinea*）为主。小藤本的高度一般不超过灌木层，几乎也都是木质藤本，但多是一些耐阴的种类，常见的是葡萄科的狭叶崖爬藤（*Tetrastigma hypoglaucum*）和菝葜科的多种菝葜，如肖菝葜（*Heterosmilax japonica*）等。

附生植物层片的组成成分，主要是附生苔藓，常包裹树干、树枝或附生地面枯枝落叶层上，林冠小枝上和林内少数叶面上也有苔藓附生。附生的苔藓厚度在树干上可达 3～5cm。另外是蕨类附生植物，特别是基径粗度达 1m 以上的壳斗科的大树上，蕨类植物及种子植物附生较多，而小树上少见。

三、亚热带常绿阔叶林的生活型组成、层次及层片结构的基本特征

通过对亚热带各植被区或主要森林群落的生活型组成，层次及层片结构的分析，概括出亚热带常绿阔叶林的基本结构特征如下。

（一）生活型组成的基本特征

在亚热带不同地区，不同类型的常绿阔叶林中，其生活型组成都是以高位芽植物为优势生活型，排在第2位的是地面芽植物，一般群落中地上芽和地下芽植物很少，一年生植物也很少见到。在高位芽植物中，以中高位芽、小高位芽植物所占比例较大，大高位芽和矮高位芽植物较少。典型的常绿阔叶林是以常绿树种占优势。在南亚热带，常绿木质藤本植物也较常见，棕榈型高位芽植物也有少量分布，但在中亚热带地区缺乏，在温带或暖温带中占优势或次优势的地面芽植物，以及占有重要地位的地下芽植物在常绿阔叶林中并不处于显著地位。

生活型谱的地理变化趋势是：高位芽植物的比例从南往北逐渐降低，其中落叶种类逐渐增加；从东到西，地面芽植物和地下芽植物的比例则逐渐增加。

从叶的性质分析，中亚热带常绿阔叶林的小型叶植物多于中型叶植物，而南亚热带地区的常绿阔叶林则是中型叶植物多于小型叶植物，其他叶级植物所占比例很小。温带、暖温带地区是以小型叶植物占优势。这也从另外一个侧面反映出亚热带地区较优越的水热条件。常绿阔叶林的外貌是由革质、单叶，小、中叶型为主的常绿高位芽植物决定的，与暖温带落叶阔叶林的特征有显著区别。

（二）成层现象和层片结构特征

常绿阔叶林的成层现象也比较明显，主要由乔木层、灌木层和草本层所组成。乔木层还可分出2～3个亚层。第一亚层主要由壳斗科、茶科、樟科的常绿植物种类组成的常绿阔叶高位芽植物层片，也是群落的建群层片。第二亚层的林木种类和植株数量常较第一亚层多，主要由樟科、杜英科、茶科等常绿种类组成的常绿阔叶中高位芽植物层片组成。有些林分有第三亚层，但种类很少，盖度也较低，主要由茶科、冬青科、灰木科等科常绿植物组成的常绿小高位芽植物层片。此外，还有以漆树科、金缕梅科、壳斗科、紫树科、茜草科等科的落叶种类所组成的落叶阔叶高位芽植物层片，以及由野茉莉科、清风藤科、柿树科的种类构成的落叶阔叶中高位芽植物层片，但在典型的常绿阔叶林中不占主要地位。

灌木层主要由紫金牛科、桃金娘科、杜鹃花科、蔷薇科、茜草科等科植物组成的常绿阔叶矮高位芽植物层片所组成。另外，在灌木层中，由上层林木的幼树形成的所谓的常绿阔叶幼树层片也非常发达。

在上层林冠郁闭的情况下，草本植物分布星散，并以常绿蕨类地面芽植物层片为主，从而形成亚热带常绿阔叶林草本层的一个突出特点。此外，常绿阔叶树幼苗在草本层中也占有一定的地位。在阴湿地段还有百合科、莎草科、石蒜科、马兜铃科、天南星科等科植物组成的地下芽植物层片，苔藓只是零星或小片生长在树干或树根的基部。

层外植物（或称层间植物）如藤本、附生和寄生植物也较普遍，其优势程度是暖温带落叶阔叶林难以相比的。

第六节　中国热带季雨林、雨林区域主要森林群落的生活型组成、层次及层片结构

一、中国热带季雨林、雨林的地理分布及自然概况

季雨林(monsoon forest)是分布在热带有周期性干湿季节交替地区的一种森林类型，是热带季风气候区一种稳定的植被类型。其特征是在旱季部分落叶或全部落叶，具有比较明显的季节变化，其种类成分、结构、高度等均不及雨林发达。辛伯尔（Schimper）在描述亚洲东南部的季雨林时曾说过："季雨林在旱季多少是无叶的，特别是旱季末期，具季节性变化的特性，高度通常不及雨林，富于木质藤本，草本附生植物很多，但木本附生植物贫乏。"

在地球上，季雨林呈不连续状态分布于亚洲、非洲和美洲的热带地区。由于东南亚季风最为盛行，故季雨林在那里分布面积最大，且发育最为典型。中国的季雨林，根据外貌、结构、种类组成和生境条件，又进一步划分为落叶季雨林、半常绿（或半落叶）季雨林、石灰岩季雨林等三类，也有一些学者划分出常绿季雨林（蒋有绪等，1991)。

热带雨林（tropical rain forest）是地球上种类成分最丰富的一种植被类型。辛伯尔曾做过扼要的解说："常绿喜湿、高逾 30m 的乔木，富有厚茎的藤本、木质及草质的附生植物。"典型热带雨林大体上分布在赤道南北有限的范围内，形成一带。全世界的热带雨林可分为 3 个区：美洲热带雨林区、印度-马来西亚热带雨林区和非洲热带雨林区。其中印度-马来西亚热带雨林区主要包括亚洲的马来半岛、苏门答腊附近岛屿、加里曼丹、伊里安，以及斯里兰卡、印度的西部、泰国、越南、菲律宾等地区。中国的雨林是印度-马来西亚雨林区的一部分。根据中国雨林的组成种类、结构特征和生境特点，以群落主要层的代表性种类为标志，又进一步划分出湿润雨林、季节雨林、山地雨林等三类。

中国的热带地区地处热带北缘，属于热带季风气候区。热带季雨林、雨林分布区的北界基本上是在北回归线以南，蜿蜒于北纬 21°～24°。在广东北界的中部，由于受到西伯利亚冷气团引起的寒潮影响，分布的北界纬度偏低，到广西的西部，由于受太平洋东南季风的影响，分布的北界纬度升高，到云南西南部，由于受到孟加拉湾暖气团的影响，分布的北界再次上升，可达北纬 25°附近；到西藏的东南部，分布的北界又进一步上升到北纬 28°～29°。分布区的南界位于北纬 4°附近，已属于赤道热带的范围。东起东经 123°附近的台湾静浦以南地区，西至东经 85°的西藏南部亚东、聂拉木附近。整个分布区南北跨纬度达 25°左右，东西跨经度 38°左右，呈东南到西北的斜长带状，包括台湾、广东、广西、云南和西藏 5 省（自治区）南部和海南省全部。

中国的热带季雨林、雨林分布区内的地貌类型多种多样，有冲积平原、珊瑚岛、台地、丘陵、山地、高原和石灰岩峰丛、峰林等。地势从东到西逐渐抬升。东西部的地貌也有显著差异，东部属于东南沿海孤山丘陵区，大部分为海拔 150m 以下的丘陵台地；

在台湾南部，一般山地海拔高达500～1000m（最高峰玉山高达3950m）。海南省多数山体海拔在500～800m，超过1000m的山峰也有。广西的南部、西南部及云南部分地区，有石灰岩丘陵山地分布，一般海拔为500～600m，局部地区可超过1000m。此外，在东部的南海海面上有星罗棋布的珊瑚岛屿（南海诸岛），发育着各种类型的滨海植物和珊瑚岛植被。西部属于云南高原的南缘和喜马拉雅山南翼的侧坡。在云南南部，河谷盆地一般海拔在300～600m，大部分山地在1000～1500m。东喜马拉雅山的南侧，背靠青藏高原、南向开阔的阿萨姆平原，雅鲁藏布江纵贯其间。境内地形特点是，高山深谷，低谷底海拔200m以下，而高峰常超过5000～6000m，低海拔河谷中发育着各种热带植被类型，山地植被有显著的垂直分异。

中国热带季雨林、雨林分布区的气候特点是高温多雨，但干湿季较分明，年平均气温一般在20～22℃，南部偏高，可达25～26℃，最冷月平均气温一般在12～15℃及以上，≥10℃的年积温为7500～9000℃及以上，极端最低温度多年平均值为5℃以上；全年基本无霜。年降水量大多超过1500mm，在海南省的西部和广西南宁等地，年降水量较少，仅900～1200mm，海南的东南部可达3000mm左右，台湾南部可达3000～5000mm，西藏东南端的河谷地可达5000mm以上。降雨量的分配多集中在4～10（11）月，其余为少雨季节或称干季。在分布区的东部，蒸发量大致与降雨量相同，在分布区的西部和海南的西部，年蒸发量大于降雨量，其生境条件比较干燥。

由于热带季雨林、雨林分布区的生境条件多样，因此植被类型也比较丰富。中国的热带季雨林、雨林区可进一步划分出3个亚区域，即东部（偏湿性）季雨林、雨林亚区域，西部（偏干性）季雨林、雨林亚区域，南海珊瑚岛植被亚区域。

东部（偏湿性）季雨林、雨林亚区域，位于中国东部沿海地区，西起自广西百色的秦皇老山，东至台湾，北至北回归线以南，南至海南的南缘。西部（偏干性）季雨林、雨林亚区域包括云南南部和西藏东南部东喜马拉雅山的南翼地区，其北界东段在北回归线以南，至西段逐渐向北推移，到西藏境内达到北纬29°左右。南海珊瑚岛植被亚区域，位于海南南部的南海中，包括中国南海四大珊瑚群岛。

目前，在中国从生活型和层片角度研究热带季雨林、雨林的系统报道还很少，因此，我们也难以做到对热带季雨林、雨林中各种类型的特点进行全面讨论，但我们还是尽量选择了一些对中国热带季雨林、雨林有代表性的森林类型或林区进行研究。它们是：北热带有周期干、湿交替气候环境和石灰岩土壤生境下发育的独特的群落类型——广西石灰岩地区热带季雨林；位于西部（偏干性）季雨林、雨林亚区域的西双版纳热带季节雨林；位于东部（偏湿性）季雨林、雨林区域的海南热带森林。以下将对这些林区的森林进行重点讨论。

二、热带季节雨林的生活型组成、层次及层片结构

西双版纳位于云南省南部，地处北纬21°08′～22°36′，东经99°55′～101°56′，含景洪、勐海、勐腊等3县，面积近2万km^2、海拔40～1900m，最高峰为勐海县的华竹梁子山，高达2420m。总的地势是西北高、东南低。澜沧江呈西北东南向纵贯其间，山地面积占总面积的95%，在不同的群山之中，分布着大小不等的盆地是两双版纳地貌的基

本特征。

本地气候具有全年湿热的特点。据景洪大勐龙、勐腊的多年气象观测记录，该地区的年降水量为1515～1606mm，一年中有干热季（3～4月）、雨季（5～10月）、雾季（11月至翌年2月）之分，相对湿度85%～87%，年平均气温20～21℃，≥10℃的年积温7500～7600℃。日照1835～2034h，极端最低温3～6℃，但为期很短。

西双版纳热带季节雨林是印度-马来西亚雨林北延的部分，西双版纳季节雨林是云南省面积最大的季节雨林。在西双版纳季节雨林中有以见血封喉（*Antiaris toxicaria*）、龙果（*Pouteria grandifolia*）、白榄（*Canarium album*）等树种为标志的低丘混合季节雨林和以千果榄仁（*Terminalia myriocarpa*）、番龙眼（*Pometia tomentose*）、翅子树（*Pterospermum lanceaefolium chinensis*）、版纳青梅（*Vatica fleuryana*）为标志的单优龙脑香林。前者广泛分布于低丘、沟谷和山麓，后者局限于东南边境勐腊县补蚌、广纳里及南沙河中段一带。群落外貌上的共同特点是：最高乔木层立木稀疏，林冠彼此不连接，突出在中下层林冠之上。立木高大，一般为30～38m，单优树高可达40～50m，林内藤本植物丰富，种类组成复杂，具板根、茎花、绞杀、附生、半附生、寄生、附生性寄生、滴水叶尖等典型雨林的特征。

换叶树种多为林冠上层的乔木大树。这些换叶树种的换叶，是老叶的脱落和新叶的抽出几乎同时或交叉进行的。真正的落叶树种很少。落叶树种加上换叶树种约占总植物种数的20%，其他80%的乔木均属于常绿种类，因而在外貌上仍保持终年常绿。

1. 西双版纳热带季节雨林的生活型组成

根据大勐龙、勐仑、勐腊1.5hm^{2}样地，168种高等植物绘制的生活型谱如图3-80所示。

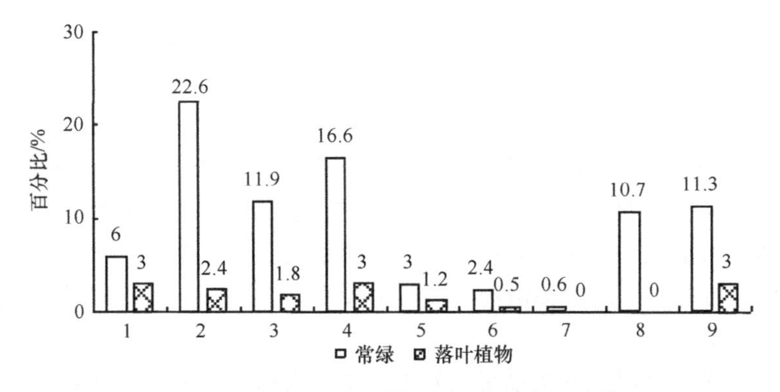

图3-80　西双版纳热带季节雨林的生活型谱

1. 大高位芽植物；2. 中高位芽植物；3. 小高位芽植物；4. 矮高位芽植物；5. 地上芽植物；6. 地面芽植物；7. 一年生植物；8. 附生植物；9. 藤本植物

由图3-80可以看出，西双版纳季节雨林的生活型组成是以高位芽植物为绝对优势，占总种数的67.3%，其次是藤本植物占14.3%，附生植物占10.7%，地上芽植物占4.2%，地面芽植物占2.9%，一年生植物占0.6%。在各类生活型中，常绿植物占84.6%，落叶植物占15.4%，就盖度系数而言，高位芽植物为74.3%，其中常绿高位芽植物为61%，其他各类生活型的盖度系数都比较低，特别是藤本植物，尽管其种类多，但盖度系数仅 6.5%，故在雨林群落中的作用不大。中高位芽植物达 43.3%，在群落中的作用居首位。地面芽和大高位芽植物达 13.2%和 11.6%，所起的作用居第二。矮高位芽植物为 5.2%，起次要作用。综上所述可以看出，在西双版纳热带季节雨林中，大中高位芽植物起的作用最为重要，从构成森林的外貌来看，主要是高位芽植物，无论是生活型的种类系数，还是盖度系数都居首位，因此高位芽植物在构成群落的外貌中起着主导作用。

西双版纳的叶级、叶型、叶质、叶缘、滴水尖谱见图 3-81。

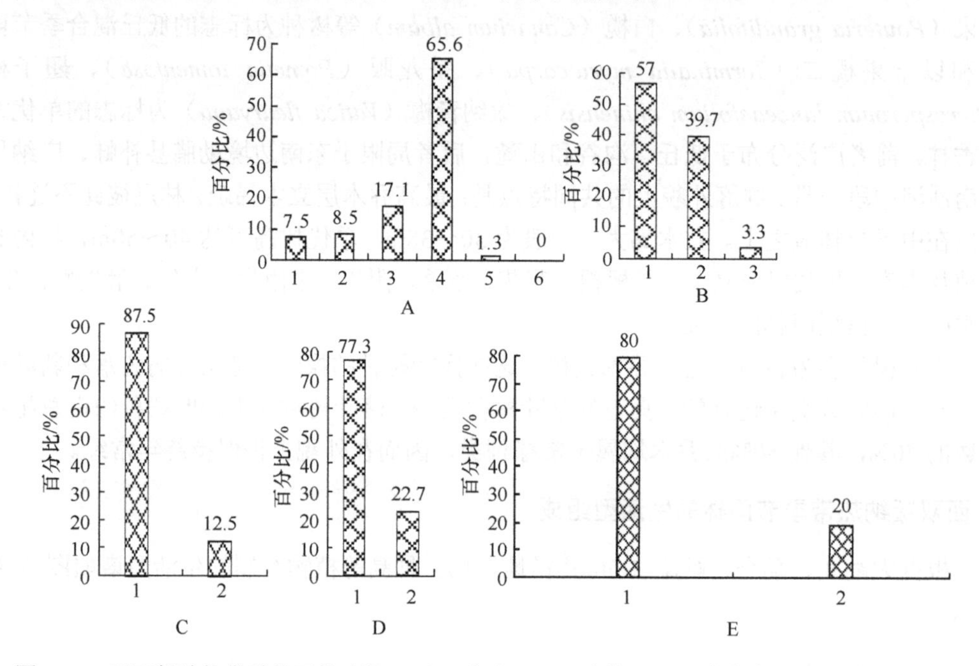

图 3-81　西双版纳热带季节雨林叶级（A）、叶质（B）、叶缘（C）、滴水尖（D）、叶型（E）谱

A：1. 鳞型叶；2. 细型叶；3. 小型叶；4. 中型叶；5. 大型叶；6. 巨型叶。B：1. 革质；2. 纸质；3. 厚革质。C：1. 全缘；2. 非全缘。D：1. 滴水尖；2. 非滴水尖。E：1. 单叶；2. 复叶

从叶级谱来看，在西双版纳的热带季节雨林中，大、中、小、细、鳞等 5 种叶型的植物都存在，但缺乏巨型叶植物。以中型叶植物居多。小、细、鳞及大型叶植物次之。值得指出的是，在各类生活型中，中、小型叶植物主要集中在小、矮高位芽和地上芽植物中。细、鳞型叶植物以地面芽植物较多，大型叶、薄、软、多汁和具色彩的叶子少见，说明林地比较干燥。

从叶型、叶质、叶缘、叶尖谱可以看出，季节雨林是以单叶、革质、全缘和滴水尖叶为主。具有单叶、革质、全缘叶的植物主要是中、小高位芽植物，大高位芽、矮高位芽及地上芽植物次之，非全缘叶、纸质叶、滴水尖叶的植物是以小高位芽、矮高位芽及地上芽植物居多。这种现象说明，季节雨林内的环境比较阴湿，厚革质叶植物多是大高位芽和中高位芽植物，说明林冠层环境较林内干燥。这种不同叶型、叶质植物空间分布的差别，是林冠至林内气候垂直梯度的反应。

2. 西双版纳热带季节雨林的层次及层片结构

西双版纳热带季节雨林的成层性不明显。只能大致上分为 5 层，其中包括乔木 3 个

亚层，由木质藤本、幼树及部分灌木组成的幼灌层（或称灌木层）和草本层。

据吴邦举（1991）对大勐龙曼养广季节雨林的调查，乔木层主要由高位芽植物层片组成，其中包括常绿大高位芽植物层片、常绿中高位芽植物层片、常绿小高位芽植物层片及处于极次要地位的落叶高位芽植物层片。

乔木第一亚层主要由大高位芽植物层片组成，树高多在30～38m，盖度10%～15%。从水平上看，远远高出下层林冠之上，主要组成成分有见血封喉（*Antiaris toxicaria*）、假鹊肾树（*Pseudostreblus indica*）、红椿（*Toona ciliata*）等，树冠之间不连接。

乔木第二亚层主要由中高位芽植物层片组成，树高多在16～28m，盖度60%～70%，组成种类丰富，高达36种。其中主要树种是：白颜树（*Gironniera subaequalis*）、翅子树（*Pterospermum lanceaefolium*）、黄叶树（*Xanthophyllum hainanense*）等，树冠多呈长圆柱形、圆锥形或偏伞形，彼此较连续。乔木第二亚层为群落垂直结构中的骨干层，对森林的结构、外貌、生长发育、更新及林内环境梯度的形成起着主要作用。

乔木第三亚层主要由小高位芽植物层片和部分中高位芽植物层片组成。树高5～16m，盖度30%～40%，组成树种多达52种，主要成分有伞罗夷（*Saurauia gigantifolia*）、大叶桂（*Cinnamomum iners*）、空管榕（*Ficus fistulosa*）、五月茶（*Antidesma ccidum*）、假黄果（*Garcinia bracteata*）、香花木姜（*Litsea panamonja*）、艳酸藤子（*Embelia pulchella*）、毛五月茶（*Antidesma paxii*）、滨木患（*Arytera littoralis*）、饼树（*Suregada glomeratum*）等，树冠较连续。

幼树、灌木层，高1.5～5m，盖度20%～30%。在该层中，除乔木各亚层树种的幼树及木质藤本幼株外，真正的灌木树种很少。

草本层高0.7～1.5m，其层片组成复杂，有上层乔木及木质、草质藤本幼苗层片，以及中叶型、小叶型草本、中叶型蕨类植物组成的地面芽植物层片，盖度较小，一般在10%左右。常见的草本植物有黄腺羽蕨（*Pleocnemia winttii*）、实蕨（*Bolbites heteroclita*）、爱地草（*Geophila herbacea*）等。

由于热带季节雨林具有林内暗晦、林内气温随着各层高度增加而增加、相对湿度随各层高度增加而减少的环境梯度存在，林内的附生、半附生、绞杀、半寄生、寄生和腐生植物按自身的生理生态要求，形成各自的空间分布格局，成为各层组成成分或相应层片。其中附生层片、藤本层片和乔木层片一样纵贯全局，特别是在乔木第一亚层和乔木第二亚层中尤为明显。半附生植物层片多出现在乔木第三亚层和幼树、灌木层，其他层次中较少。纹杀植物层片多出现在乔木第三亚层和幼树、灌木层，半寄生植物层片多出现在乔木第一亚层和乔木第二亚层。

半附生、绞杀、半寄生植物居林内空间，并具有制造有机物的能力，但需依赖附主或寄主获取阳光，同时长出吸附根固着附（寄）主或插入土中吸收水分和养料。除绞杀者外，不杀死附（寄）主。从生态学观点分析，半附生层片介于独立和非独立层片之间，绞杀和半寄生层片介于自养和异养层片之间，因此这类层片有联系层片之间关系的特性，从而深化了热带季节雨林结构的复杂性和动态上的联系。

热带季节性雨林的群落层次结构都属于中短的F形。草本及苔藓层不发育，灌木层也不甚发育，但有着极度发育的乔木层。其图例可参见西双版纳的阿萨姆娑罗双-羯布罗香林（图3-82）。

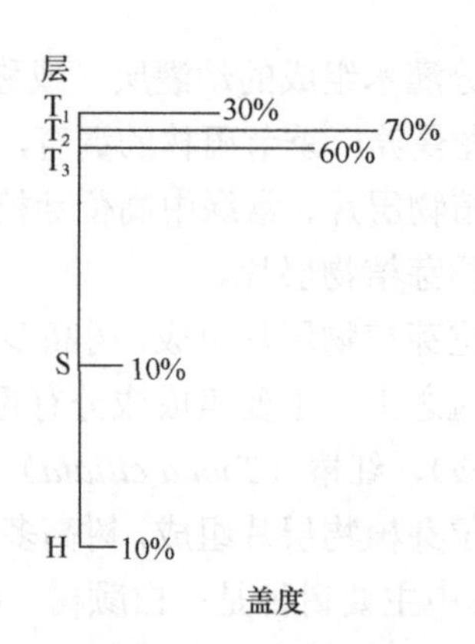

图 3-82　阿萨姆娑罗双-羯布罗香林的层次盖度结构

T_1、T_2、T_3：乔木一层、二层、三层；S. 灌木层；H. 草本层

3. 西双版纳热带季节雨林特征与典型雨林比较

通过以上讨论，我们可以从生活型和层片结构的角度看出，西双版纳热带季节雨林有以下几个特点：①雨林特征明显。主要表现是高位芽植物占绝对优势，并以常绿高位芽植物为主，外貌上表现出整个森林终年常绿；组成植物叶的性质虽然存在差异，但可以明显地表现出是以中型、全缘、常绿、单叶植物占优势，许多树种的叶子具有滴水尖；在群落的垂直结构上虽然可以分出乔木、灌木和草本等层次，但整个群落种类繁多，所占空间较大，故显得十分复杂；在乔木层中虽然可以分出 3 个亚层，但界限不明显；在灌木层和草本层中有大量上层乔木、幼树和幼苗，而灌木和草本植物较少，藤本植物、绞杀植物、附生、腐生、寄生植物等层片在群落结构中起着重要作用；乔木具有高大而整齐的树干，作为热带湿润气候下的一种特殊生态现象——板状根，在西双版纳的热带林中表现得非常明显。②具有热带北缘雨林性质。通过生活型谱比较可以看出与典型雨林有一定的差距（图 3-83）。

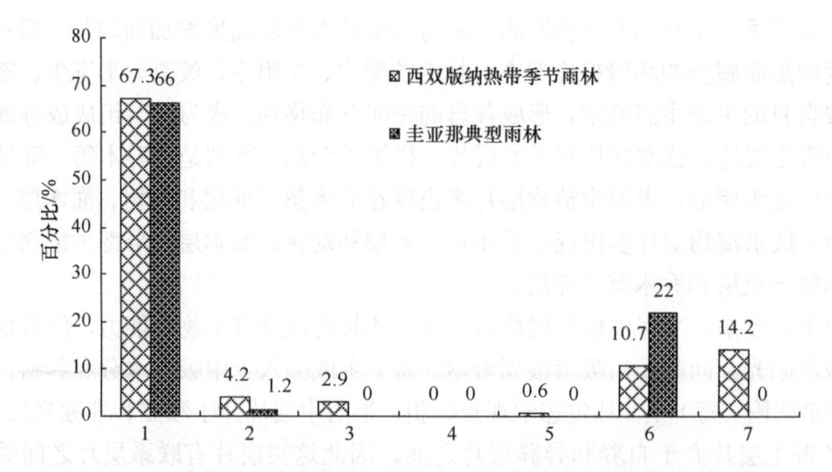

图 3-83　西双版纳热带季节雨林的生活型谱与圭亚那典型雨林比较

1. 高位芽植物；2. 地上芽植物；3. 地面芽植物；4. 地下芽植物；5. 一年生植物；6. 附生植物；7. 藤本植物

由图 3-83 可以看出二者之间的共同特点是以高位芽植物占优势，不同之处在于西双版纳热带季节雨林中具有一定数量的地面芽和一年生植物（虽然所占比例不大），附

生植物比圭亚那典型雨林低。

进一步对组成植物的叶子性质进行比较，也可以看出与典型热带雨林的不同之处（图 3-84，图 3-85）。

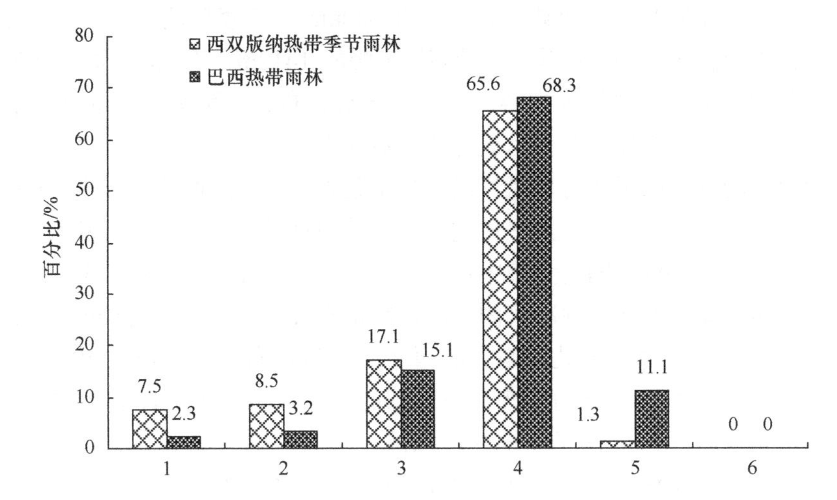

图 3-84　西双版纳季节雨林与巴西热带雨林（1°27′S）的叶级谱比较

1. 鳞型叶；2. 细型叶；3. 小型叶；4. 中型叶；5. 大型叶；6. 巨型叶

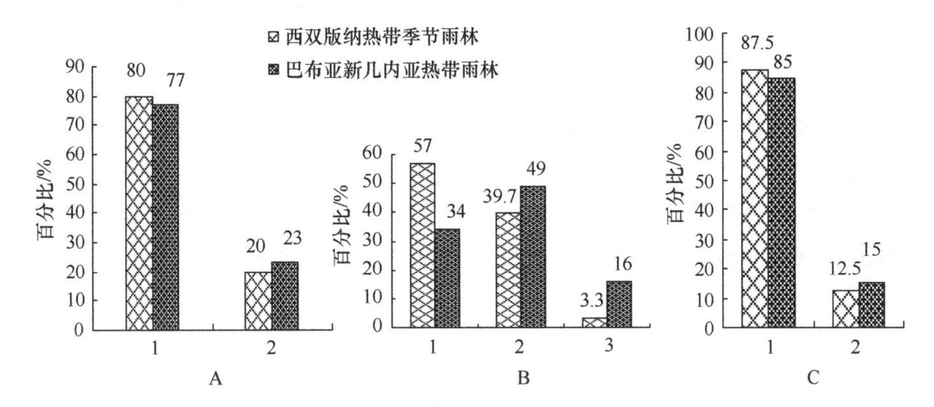

图 3-85　西双版纳热带季节雨林的叶型（A）、叶质（B）和叶缘（C）谱与巴布亚新几内亚热带雨林的比较

A：1. 单叶；2. 复叶。B：1. 草质；2. 纸质；3. 原革质。C：1 全缘；2 非全缘

由图 3-84、图 3-85 可见，西双版纳热带季节雨林与巴西热带雨林的共同特征是：以中型叶植物占绝对优势，并且都存在一定数量的大型叶植物。但是这些植物在群落当中所占的比例不同，较明显的表现是西双版纳热带季节雨林的大型叶植物所占比例较小，中型叶植物的种类系数也比巴布亚新几内亚热带雨林低。而鳞型叶、细型叶、小型叶植物的种类系数较高。

从叶型、叶质、叶缘植物所占比例的比较中可以看出，西双版纳热带季节雨林中的复叶、纸质、全缘、厚革质植物所占的比例均低于巴布亚新几内亚热带雨林。

上述所有这些特征上的差异，均可表明西双版纳热带雨林的北缘性及热带季节雨林的典型性，这与西双版纳地处东南亚北缘、纬度偏高，并与具干旱季风气候相联系的砖红壤发育等地理环境条件有着非常密切的关系。

三、海南省尖峰岭热带林的生活型组成、层次及层片结构

海南省尖峰岭位于海南省的西南部，地处北纬 18°23'～18°52'，东经 108°46'～109°02'，跨海南省乐东和东方两县。总面积约 600km^2，丘陵台地占总面积的 10%，山地占 90%。山地海拔多在 500m 以上，最高峰尖峰岭 1412m，次高峰黑岭 1300m，山地峰峦重叠，起伏连绵，以主峰为中心，山体呈环状分布。山脉呈东北-西南走向，水系与地形相关，多随山脊的枝状分布呈放射状汇流入海。

尖峰岭地区的气候属于热带季风气候，全年温暖；分干湿两季，湿季 5～10 月，此间主要受热带海洋气团控制，为太平洋副高压、南海低压及热带气旋互相转换的季节，高温高湿。全年 80%～90%的雨量集中在此期间。干季在 11 月至翌年 4 月，气温季节变动大，受海洋气团与大陆变性冷气团控制，经常有 1～3 次冷空气入侵，偶尔出现短暂的降温现象。由于尖峰岭地处海南省的西南端，为东南季风、台风的背风面和西南季风的袭击区，冬天大陆南下的寒潮又被北部的雅加大岭等阻挡，因而本区西部、西北部沿海地区成为岛上闻名的干热地区，东部、东南部则相反。尖峰岭地区年平均气温 24.5℃，≥10℃的年积温为 9000℃左右，最冷月平均气温为 19℃，终年无霜。年降水量平均为 1600～2600mm，各月的平均相对湿度均在 80%～88%，是中国雨量较多的地区。山地垂直气候变化明显，随着海拔上升，气温下降，蒸发量减少，而降雨量、相对湿度则依次增加。低海拔地区一般 1000mm 左右，到高海拔可增至 3600mm，另外，高海拔地区雨季较长，干旱期较短，旱季虽无雨，但多雾，仍不很干旱。

地带性土壤为砖红壤，在低海拔处还分布着燥红土，在更高海拔处分布着砖黄壤、黄壤等土类。

尖峰岭的地带性植被为热带季雨林，但由于海拔梯度的变化而引起的水热条件的差异，从低海拔到高海拔可划分出明显的植被垂直分布带（图 3-86）。

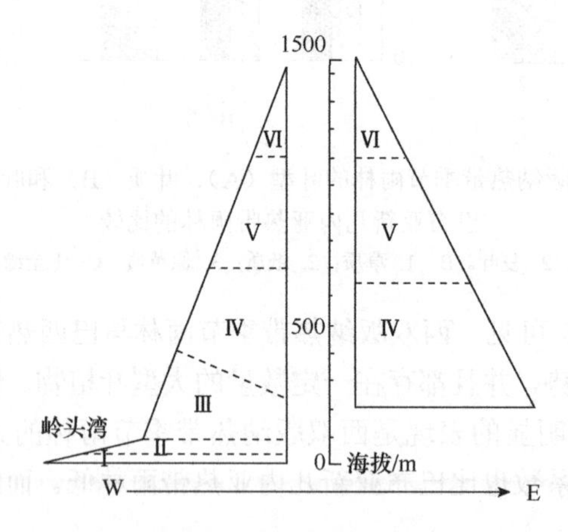

图 3-86　尖峰岭地区植被垂直分布示意图（蒋有绪和卢俊培，1991）

Ⅰ. 滨海有刺灌丛；Ⅱ. 稀树草原；Ⅲ. 热带半落叶季雨林；Ⅳ. 热带常绿季雨林；Ⅴ. 热带山地雨林；Ⅵ. 山顶苔藓矮林

尖峰岭热带林区是海南省天然林中保存较好、代表性较强的林区，分布在山地植被垂直带谱中的几种植被类型，不仅是海南省天然林的缩影，而且在一定程度上也反映了具有中国特色的热带森林景观，以这些植被类型为研究对象，揭示的生活型组成层次及

层片结构对于分布在热带类似地区的森林来说也具有一定的代表性。

本部分除了对几乎没有乔木树种存在的滨海有刺灌丛不进行讨论外，对植被垂直带谱中出现的植被类型将一一进行讨论。

（一）稀树草原的生活型组成、层次及层片结构

稀树草原是在热带干旱地区以多年生耐旱的草本植物为主所构成的大面积的热带草地，混杂其间的还有耐旱的灌木和非常稀疏的孤立乔木，呈现出特有的群落结构和生态外貌。稀树草原在非洲分布最广，也最为典型，称为“萨王纳”。各地稀树草原的出现，主要受气候干热所制约，此外土壤条件和火烧及频繁放牧的影响也是形成和保持这种植被类型存在的主要因素。在中国云南南部、广东阳江以西的低丘和台地上也有分布，在尖峰岭主要分布在南部及西部山前的海成阶地上，分布区海拔30～80m。

气候特点是干热，日照强，常风大，年平均气温25℃左右，≥10℃的年积温为9100℃，1月平均气温20℃，年降水量<1300mm，为尖峰岭降雨量及雨日较少的地区。土壤为燥红土，植被的显著特点是立木非常稀疏，个体间的平均距离约在50m以上，由于农业生产的发展，农用地面积的不断扩大，稀树草原景观已极为少见，目前只在极少数不便于开垦的地带残存。

1. 稀树草原的生活型组成

从图3-87可以看出稀树草原的生活型组成特点是：矮高位芽植物和小高位芽植物为优势生活型，其次是地面芽植物，中高位芽植物和藤本植物很少，缺乏大高位芽植物、附生植物和肉质植物。

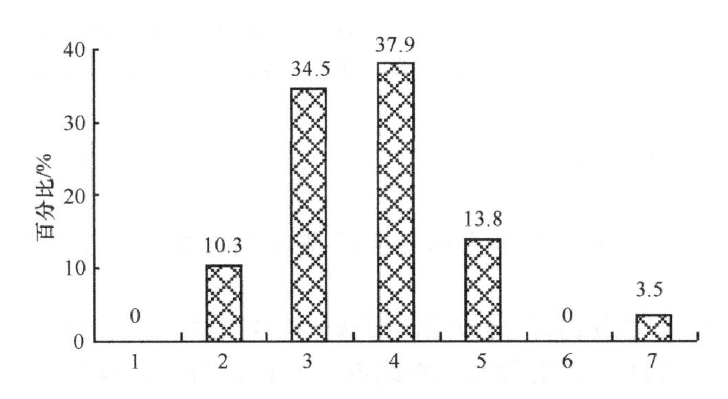

图3-87 尖峰岭稀树草原生活型谱

1. 大高位芽植物；2. 中高位芽植物；3. 小高位芽植物；4. 矮高位芽植物；5. 地面芽植物；6. 附生植物；7. 藤本植物

根据稀树草原组成植物叶的性质，分别对叶级、叶型、叶质、叶缘绘制的谱系见图3-88。

从图3-88可以看出，在稀树草原中，是以中型叶植物为主，其次是小型叶植物、大型叶植物，缺乏巨型叶、微型叶和鳞型叶植物。从叶型、叶质、叶缘角度来看，是以单叶、纸质、全缘叶的植物为主，复叶、革质、非全缘及厚革质叶植物也占有一定比例。缺乏膜质叶植物。这些特征是稀树草原干热生境条件的反应。

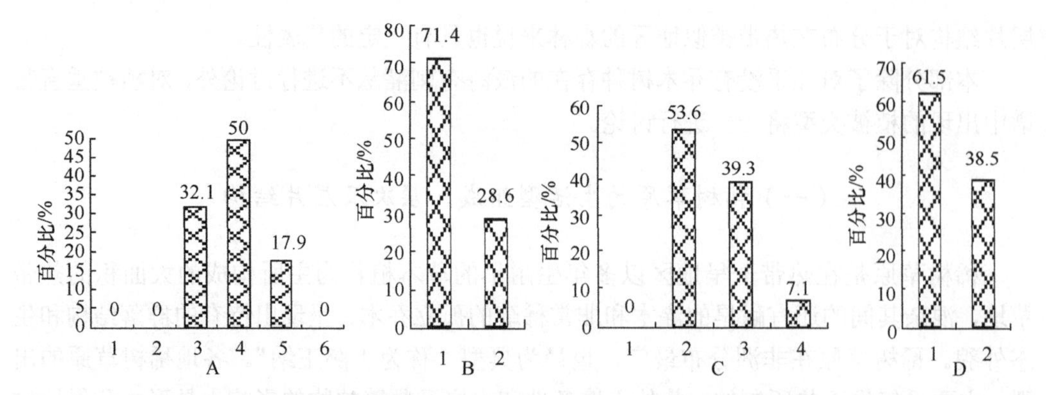

图 3-88　尖峰岭稀树草原叶级（A）、叶型（B）、叶质（C）、叶缘（D）谱

A：1. 鳞型叶；2. 微型叶；3. 小型叶；4. 中型叶；5. 大型叶；6. 巨型叶。B：1. 单叶；2. 复叶。C：1. 膜质；2. 纸质；3. 革质；4. 厚革质。D：1. 全缘；2. 非全缘

2. 稀树草原的层片结构

稀树草原的垂直分层明显，主要有稀疏乔木层和草本层两层。

乔木层树冠不连续。覆盖度 10%左右。组成乔木层的植物层片为落叶小高位芽和部分中高位芽植物层片，高度多在 5～10m。乔木树种仅有木棉（*Gossampinus malabaricus*）、酸豆（*Tamarindus indica*）、鹊肾树（*Streblus asper*）、海棠（*Calophyllum inophyllum*）等，又以前两种占优势。这些植物多具旱生适应特征，如多茸毛，树皮厚而粗糙，旱季落叶，季相变化明显等。

草本层植物茂密，主要由地面芽植物层片构成，平均高 0.5～1.0m，覆盖度 80%以上，这些草本层的植物层片，也是稀树草原的建群层片。组成草本植物层片的优势种，有甜根草（*Saccharum spontaneum*）、扭黄茅（*Heteropogon contortus*）、石芒草（*Arundinella nepalensis*）、茅根（*Perotis indica*）、羽芒菊（*Tridax procumbens*）、加拿大飞蓬（*Erigeron canadensis*）等。

无灌木层，层间植物也很少。

（二）热带半落叶季雨林的生活型组成、层次及层片结构

本类型为分布在尖峰岭林区海拔最低的森林植被类型。主要分布在尖峰岭西侧海拔 100（80）～250（400）m 的丘陵和河谷地带。年平均气温为 24.5℃，≥10℃的年积温为 8680℃，1 月平均气温为 19℃，年降水量 1634.3mm，年蒸发量 1858.4mm，年平均相对湿度 80%，旱季长而且干热，雨季湿润，土壤为富盐基砖红壤。由于气候干热，植物种类组成中出现部分落叶树种。由于刀耕火种和滥伐的结果，该类型的热带森林被破坏得比较严重，只有在人为干扰较轻的地段外可见到较为完整的群落。

1. 半落叶季雨林的生活型组成

半落叶季雨林的生活型谱如图 3-89 所示。

由图 3-89 可以看出，组成半落叶季雨林的优势生活型为高位芽植物，其中以小高位芽植物的种类系数最大，接近于小高位芽植物的是矮高位芽植物，中高位芽植物的种

类系数较小，仍缺乏大高位芽植物和巨高位芽植物，藤本植物的种类系数较稀树草原明显增加，而地面芽植物减少。

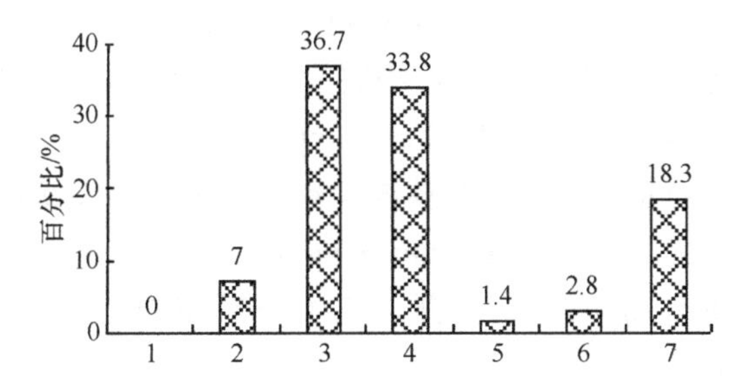

图 3-89　尖峰岭热带半落叶季雨林生活型

1. 大高位芽植物；2. 中高位芽植物；3. 小高位芽植物；4. 矮高位芽植物；5. 地面芽植物；6. 附生植物；7. 藤本植物

从组成植物叶的性质分析（图 3-90），在半落叶季雨林中，是以中型叶植物占绝对优势。小型叶植物次之，大型叶植物排在第 3 位，缺乏巨型叶、鳞型叶、微型叶植物。从叶型、叶质、叶缘谱可以看出，该类型仍是单叶、革质、全缘叶植物为主，复叶、纸质、非全缘叶植物也占有一定比例。与稀树草原比较，低质、厚革质叶植物有所减少，而革质、全缘叶植物有所增加，缺乏膜质叶植物。

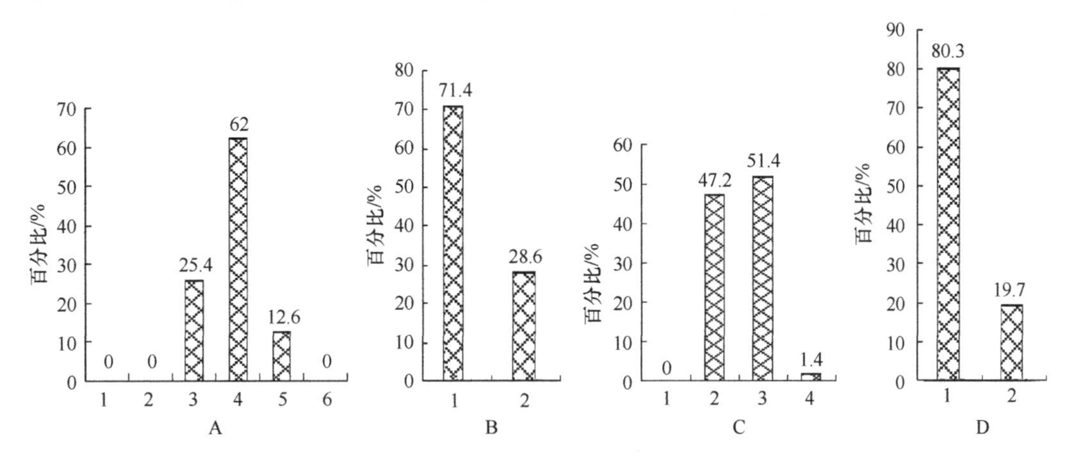

图 3-90　尖峰岭热带半落叶季雨林的叶级（A）、叶型（B）、叶质（C）、叶缘（D）谱

A：1. 鳞型叶；2. 微型叶；3. 小型叶；4. 中型叶；5. 大型叶；6. 巨型叶。B：1. 单叶；2. 复叶。C：1. 膜质；2. 纸质；3. 革质；4. 厚革质。D：1. 全缘；2. 非全缘

2. 半落叶季雨林的层次及层片结构

从群落的垂直结构来看，半落叶季雨林可划分出乔木层、灌木层、草本层 3 个层次。

乔木层主要由落叶乔木组成的落叶中高位芽和小高位芽植物层片，以及由常绿乔木组成的常绿中高位芽和小高位植物层片构成。乔木层的高度为 7～13m。落叶中、小高位芽植物层片的常见种类有鸡占（*Terminalia hainanensis*）、厚皮树（*Lannea grandis*）、木棉、黄豆树（*Albizia procera*）、香须树（*A. odoratissima*）等，常绿中、小高位芽植物层片的常见种类有大沙叶（*Aporosa chinensis*）、乌墨（*Syzygium cumini*）、花梨（*Dalbergia odorifera*）、黄牛木（Gratoxylon *ligustrinum*）、海南栲（*Castanopsis hainanensis*）、台湾

栲（*C. formosana*）、印度栲（*C. indica*）、龙眼（*Dimocarpus longan*）、尖尾楠（*Phoebe henryi*）等；在河旁湿处还有秤果榕（*Ficus auriculata*）、楹树（*Albizia chinensis*）、秋枫（*Bischofia javanica*）、岭南山竹子（*Garcinia oblongifolia*）等树种。

灌木层主要由小高位芽、矮高位芽植物层片组成。各层片的组成成分，因生境条件而异，干热林内以耐旱带刺的圆叶刺桑（*Toxotrophis aquifolioides*）、叶被木（*phyllochlamys taxoides*）占优势，并为特征种；稍湿的林内有裸花紫珠（*Callicarpa nudiflora*）、闭花木（*Cleistanthus sachikii*）、赤才（*Erioglossum rubiginosum*）、柏启木（*Blachia pentzii*）等，河旁则为水柳（*Homonoia riparis*）所占据。作为该类型灌木层的一个突出特点是生长茂密，以至于在林内很难通行。

草本层不发达，干热的林下灌木密集处仅见扇叶铁线蕨（*Adiantum flabellulatum*）、感应草（*Biophytum sensitivum*），在林缘全光下，落地生根（*Kalanchoe pinnate*）呈块状分布，而淡竹叶（*Lophatherum gracile*）等喜湿种类则在沟谷湿地林下呈块状分布。

层间植物层片较为逊色，主要以小型藤本为主，常见的种类有蛇王藤（*Passiflora cochinchinensis*）、瓜子金（*Dischidia chinensis*）及多种球兰（*Hoya* spp.）等。附生植物少见。

典型的热带半落叶季雨林的层次结构图解（图 3-91）也可以视为典型的 F 形，乔木层总盖度 80%，以第二亚层的盖度（50%）为主体，充塞于第一亚层的孔隙中，灌木层两个亚层的盖度为 50%～70%，含第二灌木亚层的盖度 10%～30%，无草本层和苔藓层。

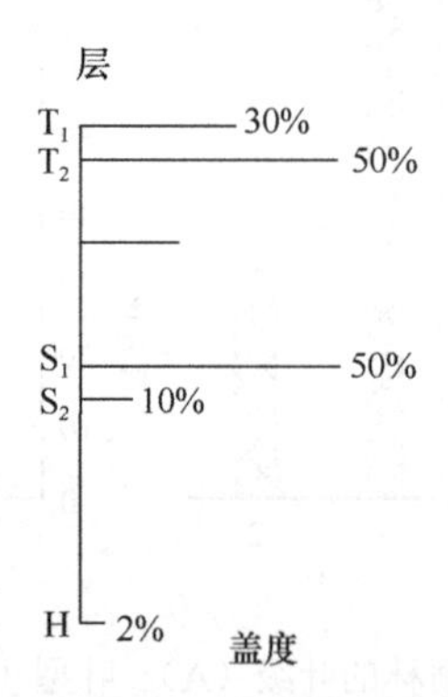

图 3-91 尖峰岭热带半落叶季雨林的层次盖度结构

T_1、T_2. 乔木一层、二层；S_1、S_2. 灌木一层、二层；H. 草本层

（三）热带常绿季雨林的生活型组成、层次及层片结构

本类型在尖峰岭分布于海拔 200～700（600）m 的山坡中下部比较开阔的地带。年平均气温 22℃，≥10℃的年积温 7900℃，1 月平均气温 17℃，年降水量 2000mm 左右，土壤为砖红壤及砖黄壤。由于本类型较热带半落叶季雨林分布的海拔高，旱期缩短且干旱程度较轻，因此在本类型中，落叶成分很少。此类型的树种以青皮（*Vitica astrotricha*）为优势，占 30%～50%，并常与荔枝（*Litchi chinensis*）、紫荆（*Madhuca hainanensis*）、盘壳栎（*Quercus patelliformis*）、细子龙（*Amesiodendron chinense*）等组成各种林型。这一类型为尖峰岭地区最具代表性的一种森林植被类型。

1. 热带常绿季雨林的生活型组成

热带常绿季雨林的生活型谱如图 3-92 所示。

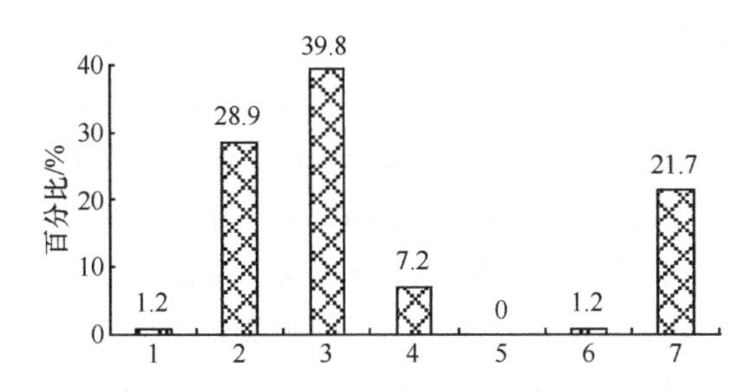

图 3-92　尖峰岭热带常绿季雨林生活型谱

1. 大高位芽植物；2. 中高位芽植物；3. 小高位芽植物；4. 矮高位芽植物；5. 地面芽植物；6. 附生植物；7. 藤本植物

由图 3-92 可知，组成热带常绿季雨林的优势生活型仍是高位芽植物，并以小高位芽植物种类系数最大，其次是中高位芽植物。与相邻类型（热带半落叶季雨林）比较，中高位芽植物和小高位芽植物均有所增加，但增加幅度不同，特别是中高位芽植物增加幅度较大。矮高位芽、地面芽植物的种类减少，并以矮高位芽减少的幅度最大，大高位芽植物从无到有，缺乏地面芽植物，附生植物仍然很少。

根据组成植物叶的性质，绘制的叶级、叶型、叶质、叶缘谱见图 3-93。

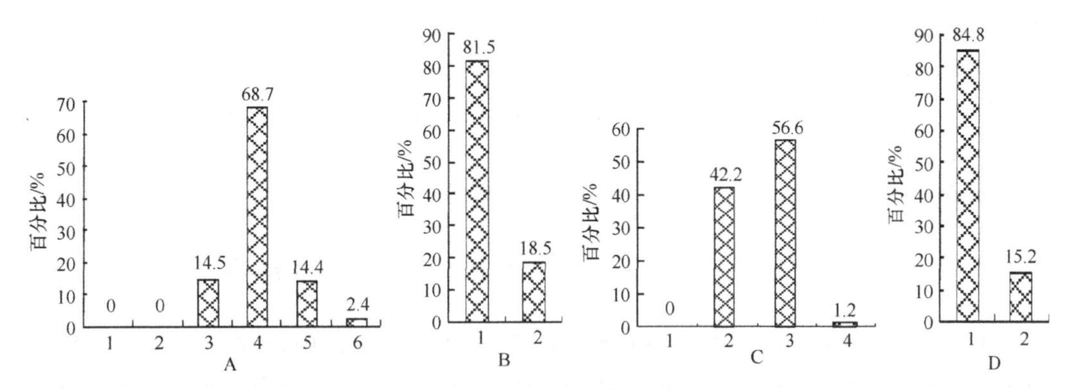

图 3-93　尖峰岭热带常绿季雨林的叶级（A）、叶型（B）、叶质（C）、叶缘（D）谱

A：1. 鳞型叶；2. 微型叶；3. 小型叶；4. 中型叶；5. 大型叶；6. 巨型叶。B：1. 单叶；2. 复叶。C：1. 膜质；2. 纸质；3. 革质；4. 厚革质。D：1. 全缘；2. 非全缘

由图 3-93 可以看出，组成热带常绿季雨林的植物是以中型叶为优势，其次为小型叶植物，再次为大型叶植物，同时有巨型叶植物出现，与热带半落叶季雨林比较，中型叶和大型叶植物有所增加。从叶型、叶质、叶缘谱分析，以单叶、革质、全缘叶植物为主，这些特征与热带半落叶季雨林基本上是一致的，仅是略有增加。

2. 热带常绿季雨林的层次及层片结构

由于本类型所处地带的气候条件较优越，旱季较短，且干旱程度较轻，因此群落结构也比较复杂。

从垂直结构上看，可大致分为 5 层，其中包括乔木 3 个亚层、灌木层和草本层。

乔木层主要是由常绿中高位芽植物层片所组成，并以樟科、大戟科、番荔枝科、桃金娘科等科植物为主。在种群个体数量上，则以龙脑香科的青皮、小叶青皮及无患子科（Sapindaceae）的细子龙、野生荔枝（*Litchi chinensis* var. *euspontanea*）为主，在个别地段上还有以青皮或小叶青皮为单优的森林群落。组成乔木第一亚层的常见种类还有紫荆、盘壳栎、倒卵阿丁枫（*Altingia obovata*）、木荷（*Schima superba*）等，同时，油丹（*Alseodaphne hainanensis*）、油楠（*Sindora grabra*）、香楠（*Cinnamomum ovatum*）、长眉红豆（*Ormosia balansis*）、荔枝红豆（*O. semicastrata* f. *litchiifolia*）、高山榕、红楠（*Machilus thunbergii*）等种类也有一定的比例。另外在乔木第一亚层之上，分布着比较稀疏的大高位芽植物层片。在乔木第二亚层、第三亚层中除上层乔木的幼树外，还有长苞柿（*Diospyros Iongibracteata*）、多花山竹子（*Garcinia multiflora*）、光叶巴豆（*Croton laevigatus*）、多种蒲桃（*Syzygium* spp.）、白茶（*Coelodepas hainanensis*）、长柄山油柑（*Acronychia pedunculata*）、毛脉柿（*Diospyros strigosa*）、黄柄木（*Gonocaryum maclurei*）、谷木（*Memecylon ligusstrifolium*）及多种灰木（*Symplocos* spp.）。

灌木层盖度较大，多在60%～90%，主要由棕榈科（Palmae）植物为主的常绿小高位芽植物层片组成。常见植物有穗毛轴榈（*Licuala fordiana*）、红藤、白藤、钩叶藤（*Plectocomia microstachys*）等。但在山坡上部或山脊局部地段则被唐竹（*Sinobambusa tootsik*）所代替，并占优势。

草本层种类稀少，仅见海南砂仁（*Amomum longiligulare*）、多种山姜（*Alpinia* spp.）等零星分布。局部地段有单叶新月蕨（*Abacopteris simplex*），阴湿沟旁有密齿露兜（*Pandanus forceps*）等植物。

层间植物层片是以大型木质藤本为主，如买麻藤（*Gnetum montanum*）、小叶买麻藤（*G. parvifolium*）、过江龙（*Entada phaseoloides*）、黄连藤（*Arcangelisia loureiri*）、鸡血藤（*Millettia reticulata*）等。附生植物层片发育较差。

（四）热带山地雨林的生活型组成层次及层片结构

山地雨林是雨林植被型中的一种植被亚型（《中国植被》，1980年），是热带山地垂直带上的一种典型的热带山地类型。尖峰岭地区的山地雨林保存比较完整，并多为原生性森林。

该类型主要分布在海拔（650）700～1000（1100）m地带各种地形上。年平均气温19.7℃，≥10℃的年积温6820℃，1月平均气温15.1℃，年降水量2651.3mm，年蒸发量1310.9mm，相对湿度88%。土壤为砖黄壤或黄壤。组成该类型的植物种类繁多，每公顷林地上的乔木树种常在100种以上，林木高大，优势树种不明显，林冠凹凸不平，层次不清，层间植物极为丰富。主要群落类型有陆均松红椆长柄琼楠（*Beischmiedia longipetiolata*）群落和陆均松紫荆丛竹叶栎（*Quercus bambusaefolia*）群落。陆均松为该类型的一个标志种，不仅数量多，而且多为高大树木，其他雨林特征也很明显。

1. 热带山地雨林的生活型组成

热带山地雨林的生活型谱如图3-94所示。

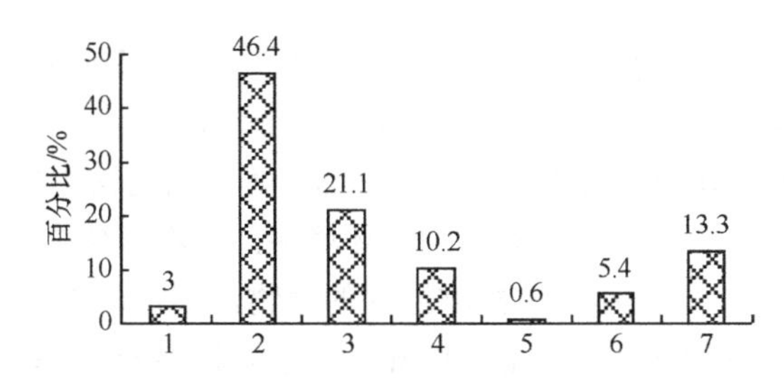

图 3-94　尖峰岭热带山地雨林生活型谱

1. 大高位芽植物；2. 中高位芽植物；3. 小高位芽植物；4. 矮高位芽植物；5. 地面芽植物；6. 附生植物；7. 藤本植物

从图 3-94 可以看出，热带山地雨林的生活型组成特点是：以中高位芽植物占优势，这与其他植被类型不尽相同，其次是小高位芽植物，大高位芽植物、藤本植物也占有一定的比例。与邻近的热带常绿季雨林相比，主要差别在于大高位芽植物与中高位芽植物的比例有显著增加，附生植物略有增加。

组成热带山地雨林植物叶的性质如图 3-95 所示。

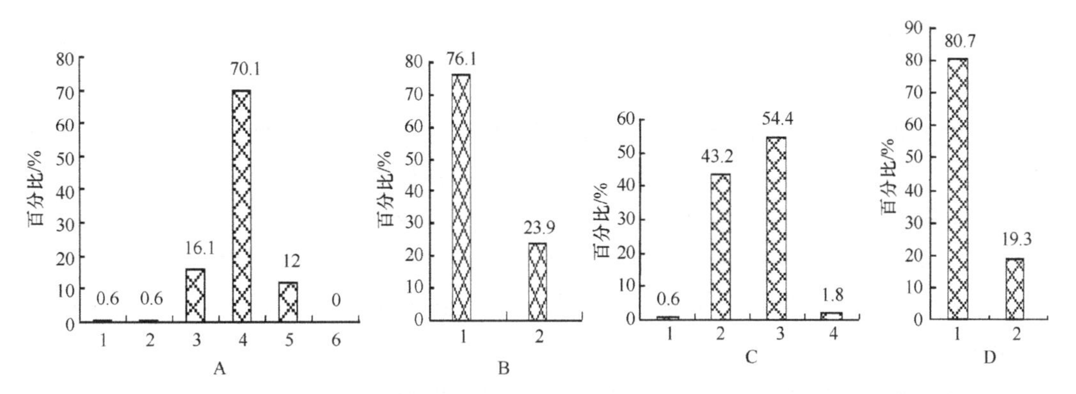

图 3-95　尖峰岭热带山地雨林叶级（A）、叶型（B）、叶质（C）、叶缘（D）谱

A：1. 鳞型叶；2. 微型叶；3. 小型叶；4. 中型叶；5. 大型叶；6. 巨型叶。B：1. 单叶；2. 复叶。C：1. 膜质；2. 纸质；3. 革质；4. 厚革质。D：1. 全缘；2. 非全缘

由图 3-95 可知，该类型是以中型叶植物占绝对优势，其次是小型叶植物，再次是大型叶植物；在叶型、叶质、叶缘谱上的表现是以单叶、革质、全缘植物为主，与邻近的热带常绿季雨林相比，中型叶与小型叶植物有所增加，复叶植物的比例增大，纸质、非全缘植物稍有增加，其他方面变化不大。

上述这些特征表明，尖峰岭热带山地雨林的雨林特征还是很明显的，但是由于尖峰岭所处纬度偏北，海拔较高，巨高位芽植物尚未出现，这与典型的热带雨林相比还存在一定的差异。

2. 热带山地雨林的层次及层片结构

热带山地雨林的垂直结构与常绿季雨林较为相似，但层次清晰程度更差。一般是人为地把乔木分成 3 个亚层，另外是灌木层和草本层。地表多被枯枝落叶所覆盖。

组成乔木第一亚层的主要植物层片为常绿中高位芽和大高位芽植物层片，平均高 20～25m，其优势种是红稠、竹叶栎、盘壳栎、紫荆、木荷、倒卵阿丁枫、绿楠（*Manglietia hainanensis*）、乐东木兰（*Magnolia lotungensis*）、吊兰苦梓（*Michelia mediocris*）、五列木（*Pentaphylax euryoides*）、海南油丹（*Alseodaphne hainanensis*）、海南杨桐（*Adinandra hainanensis*）、黄叶树（*Xanthophyllum hainanensis*）等。陆均松生长在山脊上，而鸡毛松（*Podocarpus imbricatus*）则生长在沟谷的阴湿环境中，为本植被类型较明显的特征种。

组成乔木第二亚层、第三亚层的植物层片的植物，多是一些耐阴树种。第二亚层平均高 14～16m，第三亚层平均高 10～12m。常见的树种有中华厚壳桂（*Cryptocarya chinensis*）、浅枝蒲桃（*Syzygium araiocladum*）、占氏蒲桃（*S. championii*）、海南韶子（*Nephelum lappaseum topengii*）、大叶白颜、多种冬青（*Ilex* spp.）、灰木（*Symplocos* spp.）、谷姑茶（*Mallotus hookerianus*）等，许多树木如盘壳栎、绢毛木兰（*Magnolia fistulosa*）和樟属的一些树种具有放射状板根，另外根蘖现象比较常见，具滴水尖叶的种类也很多。

灌木层中大多数是乔木的幼树，真正属于灌木的种类不超过 30%，主要是由常绿小、矮高位芽植物层片所组成，平均高 4m 以下。棕榈科的种类为灌木层最显著的代表。除了刺轴榈属（*Licuala* spp.）的种类外，常见的还有各种藤本植物的幼树。

草本层是由一些矮小的草本植物层片、蕨类及苔藓植物层片构成，各层片发育较差，种类稀少，主要种类有黑珠莎（*Scleria ciliaris*）、露兜（*Pandanus tectorius*）、卷柏（*Selaginella* spp.）、单叶新月蕨等。

本类型层间植物层片发育良好，种类丰富，除了热带常绿季雨林的木质藤本外，还可见到瓜馥木（*Fissistigma* spp.）、假鹰爪（*Demoscochin chinensis*）、丁公藤（*Erycibe hainanensis*）等。这些藤本植物蜿蜒于林下或攀缘于乔木之上，最长可达 80m，总种数 20 多种。附生植物层片属山地雨林内发育最好。这些附生植物不仅个体大而且附生面积广，主要种类有鸟巢蕨、崖姜蕨、书带蕨、石仙桃（*Pholidota chinensis*）、多种石槲（*Dendrobium* spp.）、多种石豆兰（*Bulbophyllum* spp.）等，天南星科（Araceae）的粤万年青（*Aglaonema modestum*）及茜草科的九节藤（*Psychotria serpens*）也极为常见。

（五）山顶苔藓矮林的生活型组成、层次及层片结构

本植被类型为分布在尖峰岭林区海拔最高的一种植被类型，多在海拔 1230（1100）m 以上的孤峰和狭窄山脊上出现，面积不大。总的气候特点是风大，气温低，云雾多，湿度大，日照少，温差也比较大。据推测，本植被类型分布地带的年平均气温在 17℃左右，≥10℃的年积温 6000℃，1 月平均气温 13℃，年降水量 3500mm，相对湿度 88%。土壤为表潜黄壤及黄壤，本植被类型植物组成的明显特点是热带成分减少，温带成分增加，林木矮小且弯曲，乔木的枝干多被苔藓植物所包裹，有些枝干苔藓的厚度可达 5cm 以上，地面也布满了厚厚的苔藓植物，草本植物及层间植物贫乏。

1. 山顶苔藓矮林的生活型组成

山顶苔藓矮林的优势生活型为矮高位芽植物，其次是中高位芽植物和小高位芽植物，缺乏大高位芽植物，藤本植物、附生植物所占比例较小。地面芽植物较山地雨林增加（图 3-96）。

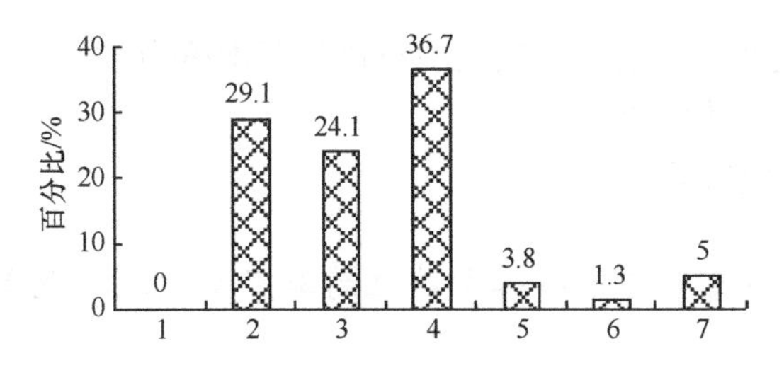

图 3-96　尖峰岭山顶苔藓矮林的生活型谱

1. 大高位芽植物；2. 中高位芽植物；3. 小高位芽植物；4. 矮高位芽植物；5. 地面芽植物；6. 附生植物；7. 藤本植物

对组成植物按叶级、叶型、叶质和叶缘分类统计的结果见图 3-97。

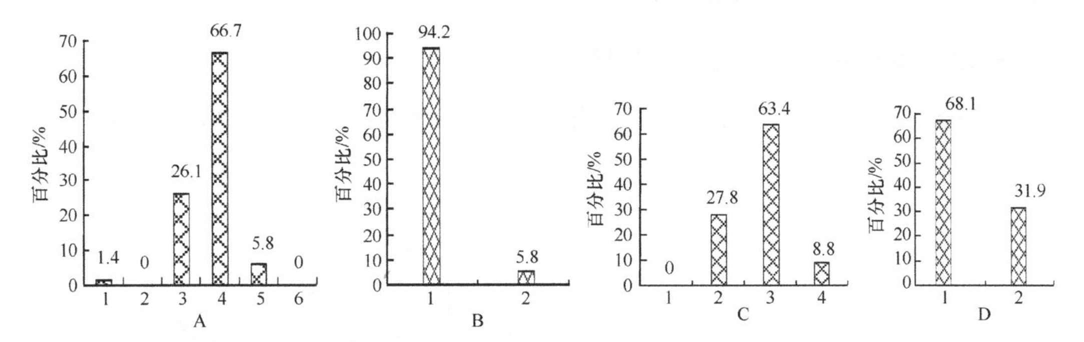

图 3-97　尖峰岭山顶苔藓矮林的叶级（A）、叶型（B）、叶质（C）、叶缘（D）谱

A：1. 鳞型叶；2. 微型叶；3. 小型叶；4. 中型叶；5. 大型叶；6. 巨型叶。B：1. 单叶；2. 复叶。C：1. 膜质；2. 纸质；3. 革质；4. 厚革质。D：1. 全缘；2. 非全缘

由图 3-97 可以看出，在山顶苔藓矮林中，中型叶植物仍占最大的比例，其次是小型叶植物、大型叶植物、鳞型叶植物，缺乏巨型叶植物，这些特征的顺序排列与相邻的热带山地雨林基本上是一致的。显著的区别是，小型叶植物增加较多，大型叶植物显著减少，中型叶植物也有所减少，鳞叶型植物有所增加。从叶型、叶质、叶缘来看，以单叶、革质、全缘植物为主，这一点与相邻的热带山地雨林是一致的，但所占比例大小有一定的变化，其表现是单叶、革质、厚革质、非全缘叶植物较热带山地雨林增加，而复叶、膜质、纸质、全缘叶植物减少。这些特征表现与山顶地带温度较低、云雾多、风大、光照少的环境条件是相适应的。

2. 山顶苔藓矮林的层次及层片结构

山顶苔藓矮林的垂直结构比较简单，一般仅分为乔木层、灌木层、草本层，其层片结构也较单纯。

乔木层主要由中高位芽植物层片构成，林木平均高 4～10m，组成种类以吊罗栎（*Quercus tiaoloshanica*）、大头茶（*Polyspora axillaris*）、厚皮香（*Ternstroemia gymnanthera*）、海南车轮梅（*Rhaphiolepis lanceolata*）、密毛树（*Rapanea neriifolia*）、南亚杜鹃（*Rhododendron klossii*）、毛棉杜鹃等为优势。在本植被类型分布带的下限尚有常绿针叶中高位芽植物海南五针松（*Pinus fenzelianus*）、陆均松等出现。

灌木层由矮高位芽植物层片组成，以林仔竹（*Semiarundinaria nuspicula*）为多，还有红脉南烛（*Lyonia rubrovenia*）、海南杜鹃（*Rhododendron hainanense*）等。

草本层稀疏，仅在灌木层下有散生的小块状草本植物层片，以里珠莎、长叶耳草（*Hedyotis philippensis*）为常见。

层间植物层片比较缺乏。

（六）尖峰岭各典型植被群落学特征的垂直变化规律及其生态学解释

森林群落特征上的变化，是生态系统整体在时空上对生态环境梯度长期适应和协同进化的结果。在尖峰岭，随着山地海拔的变化，生境条件的改变，森林群落的结构特征变化明显，并表现出一定的规律性。本部分在上述讨论的基础上，仍采用群落学比较分析的方法，对其变化的规律进行讨论。

1. 各植被类型的生活型谱垂直变化规律

对各植被类型的生活型谱成分，按类别汇总，绘制的生活型比较图见图 3-98。

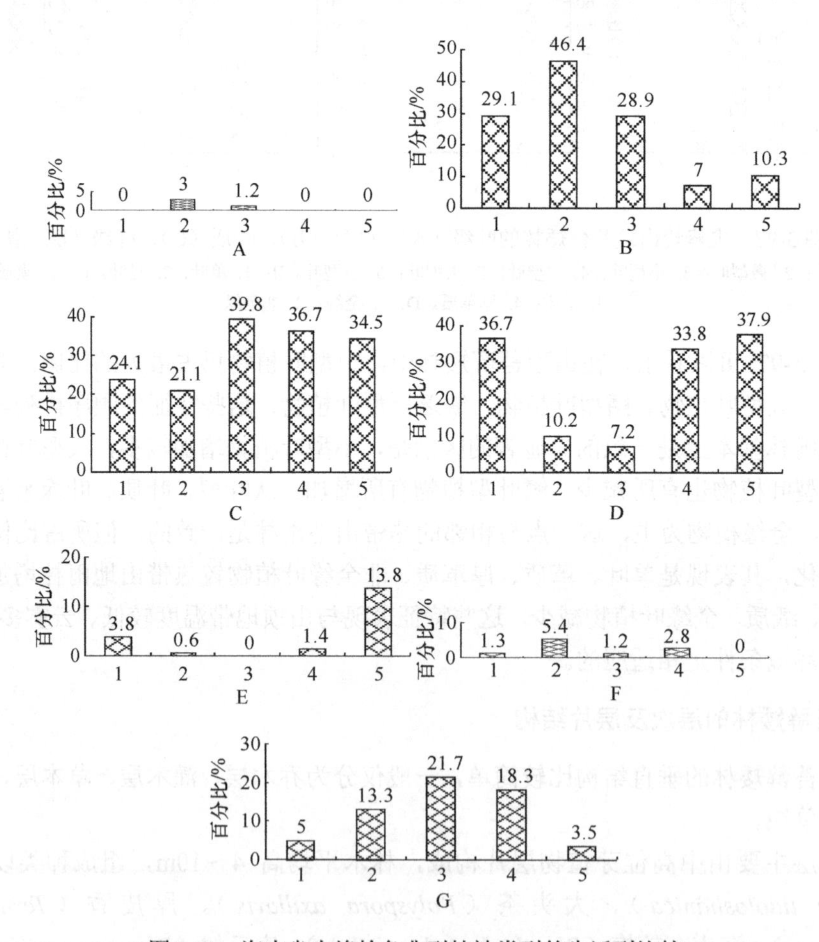

图 3-98　海南省尖峰岭各典型植被类型的生活型比较

A. 大高位芽植物；B. 中高位芽植物；C. 小高位芽植物；D. 矮高位芽植物；E. 地面芽植物；F. 附生植物；G. 藤本植物
1. 山顶苔藓矮林；2. 热带山地雨林；3. 热带常绿季雨林；4. 热带半落叶季雨林；5. 稀树草原

从图 3-98 可以看出，尖峰岭热带森林生活型组成的总体特征是以高位芽植物占优势，突出的特点是中、小、矮高位芽植物所占比例较大，其次是藤本植物。

中高位芽植物种类系数随海拔的变化趋势是，从低海拔的稀树草原、热带半落叶季雨林到较高海拔的热带山地雨林逐步增加，而到高海拔处的山地苔藓矮林开始下降；矮高位芽植物的种类系数与中高位芽植物的变化相反，即随着海拔的升高，种类系数减小。而到高海拔的山地苔藓矮林，种类系数增大；总体上看，小高位芽植物的种类系数变化不十分明显，比较而言，在较高海拔处的热带山地雨林内小高位芽植物所占比例较小，大高位芽植物仅在海拔较高处的热带山地雨林和热带常绿季雨林中出现；地面芽植物和附生植物在各类型中所占比例不大，较明显的表现是在低海拔处的稀树草原中地面芽植物的种类系数最大，而在较高海拔处的热带山地雨林中附生植物的种类最多；藤本植物的变化近似于正态分布，以较高海拔处的热带常绿季雨林内藤本植物的种类最为丰富。而向高海拔的山地苔藓矮林和低海拔的稀树草原递减。

尖峰岭各植被类型的生活型随着海拔的变化与不同海拔地带的水热条件之间的联系密切。在尖峰岭的低海拔处温度高、雨量少、干燥、常风大和贫瘠的燥红壤等条件，不能发挥高温对植物生长的促进作用，反而加剧了蒸发，因此只能形成以矮、小高位芽为优势，中高位植物最少，藤本植物稀少的稀树草原和半落叶季雨林；随着海拔升高，到较高海拔区，降雨量增加，干旱期缩短，风速小，这种生境条件则对喜欢湿润的常绿季雨林、山地雨林有利，因此，中高位植物种类最丰富，同时出现大高位芽植物。藤本植物、附生植物的种类也得以增加；由此再往高处，光照少、温度低、风大，进而又对中、大高位芽植物的生长发育带来不利的影响，矮、小高位芽植物处于优势，植物种类贫乏，而且温带地区的种属植物增多。

2. 各植被类型的叶级、叶质、叶缘谱的垂直变化规律

对各植被类型组成植物的叶级分类并统计的结果如图 3-99 所示。

图 3-99 的结果表明，尖峰岭热带森林的植物是以中型叶植物为主，其次是小型叶和大型叶植物，微型叶、鳞型叶、巨型叶植物仅在极少数植被类型中出现，而且所占比例很小。这种叶级谱特征与巴西、非洲的热带林很相似（黄全，1986），特别是山地雨林的特征，在中国的热带林中具有一定的代表性。

中型叶植物随着海拔变化的趋势是，由低海拔的稀疏草原至热带山地雨林，随着海拔升高而逐渐增加，到高海拔处山地苔藓矮林开始减少；大型叶植物的变化趋势是随着海拔升高而缓慢减少；小型叶植物的比例在高海拔处山地苔藓矮林中有所增加，低海拔处的半落叶季雨林和稀树草原也有增加，对各植被类型的小型叶植物所占比例进行比较的结果是，以稀树草原中小型叶植物所占比例最大。这种现象可能与环境干燥化有关。

对各植被类型的叶型、叶质、叶缘分类统计的结果见图 3-100。

从图 3-100 可以看出，尖峰岭各植被类型的组成植物都是以单叶、革质、全缘为主。叶型随海拔的变化是以高海拔处的山地苔藓矮林单叶植物最多，而低海拔半落叶季雨林和稀树草原较少，但总的来说差距不大。纸质叶植物随着海拔升高而减少，以稀树草原纸质叶植物最多。稀树草原纸质叶植物较多的原因在于，在这一类型中乔木树种的种类和数量少，草本植物多。全缘叶植物的变化近似于正态分布，以较高海拔处的热带常绿季雨林最多，向高海拔或低海拔逐渐减少。

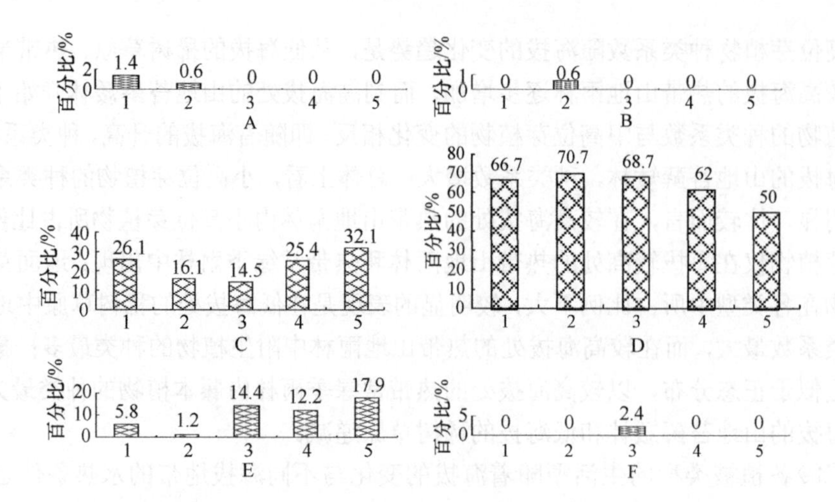

图 3-99　海南尖峰岭各植被类型的叶级谱比较

A. 鳞型叶；B. 微型叶；C. 小型叶；D. 中型叶；E. 大型叶；F. 巨型叶

1. 山顶苔藓矮林；2. 热带山地雨林；3. 热带常绿季雨林；4. 热带半落叶季雨林；5. 稀树草原

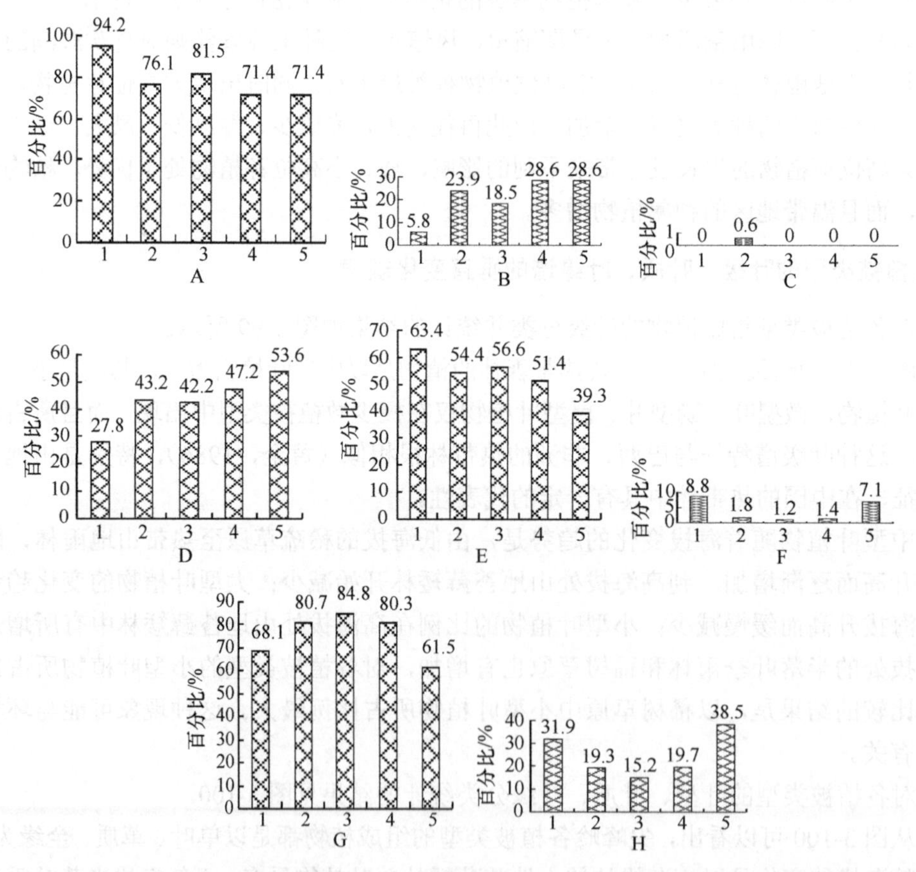

图 3-100　海南尖峰岭各植被类型的叶型（A、B）、叶质（C、D、E、F）、叶缘（G、H）谱的比较

A. 单叶；B. 复叶；C. 膜质；D. 纸质；E. 革质；F. 厚革质；G. 全缘；H. 非全缘

1. 山地苔藓矮林；2. 热带山地雨林；3. 热带常绿季雨林；4. 热带半落叶季雨林；5. 稀树草原

四、石灰岩山季雨林的生活型组成、层次及层片结构

在世界热带范围内，石灰岩地区的分布面积并不很大，因此，对于热带石灰岩地区森林群落的研究报道很少。在中国的北热带地区，特别是广西西南部，石灰岩山地分布面积相当大，而且保存一定面积的原生性森林。对于这类森林，许多学者曾进行过多次详细的调查并对其类型做了初步划分。但从划分结果来看很不一致，《中国植被》把这一纬度地区的森林作为热带季雨林植被型下的一种植被亚型，并称为石灰岩山季雨林（本部分暂引用这一名称），胡舜士、王献溥、苏宗明等（1988）持有与《中国植被》分类不同的意见，他们认为这类森林与雨林类似，与季雨林不同，应把它归属到季节性雨林（季节雨林），并以地貌命名加以区别。究竟应该把它归属到哪一类型中去，这一问题只有在详细研究这种植被的群落学特点的基础上才能够得到解决。

群落特点主要是指群落的种类组成、外貌和结构 3 个方面，而生活型组成和层片结构是这几个方面的重要内容。通过对这类森林的生活型和层片结构的研究，可以加深我们对这类森林的认识，为进一步探讨其归属问题奠定基础。

1. 广西石灰岩山季雨林的地理分布及生境特点

本类型主要分布在广西西南部左、右江流域一带，即北热带季雨林阔叶林地带，桂西南山原山地地区。位于北纬 22°22′～23°18′。分布区内的低平地海拔一般在 150～200m，山地海拔 400～500m，超过 700m 的山峰较少。年均温 19.1～22.0℃，最冷月（1 月）平均气温 10.9～13.9℃，最热月（7 月）平均气温 25.1～28.4℃，极端最低温-1.9～0.8℃，但 0℃以下的低温仅在个别年份大寒潮侵入之后，年降水量 1100～1550mm，集中于 4（5）～9 月。干湿交替明显。由于雨热同季，有利于热带树种生长；旱、冷虽同期，但因空气湿度高，月平均相对湿度一般不低于 75%，可缓和旱季供水困难的矛盾，成为形成热带森林及生长发育的有利条件。土壤主要是黑色石灰土和褐色石灰土。石灰岩季雨林分布地段多岩石裸露，但岩石缝隙间土层较厚，而且腐殖质含量较高，一般可达 8%～13%，因土壤中钙的含量较高，所以分布着许多喜钙植物和石灰岩山特有的种类，如蚬木（*Burretiodendron hsienmu*）、肥牛树（*Cephalomappa sinensis*）、金丝李（*Garcinia paucinervis*）、密花核实（*Drypetes confertifolia*）、割舌树（*Walsura robusta*）、三角车（*Rinorea bengalensis*）等。

2. 石灰岩山季雨林的生活型组成

据调查（胡舜士和王献溥，1980），在广西南部不同地区，不同类型的石灰岩山季雨林中，都表现出以高位芽植物居多，种类系数多在 70%～80%，最高可达 87%；地面芽植物一般较少，仅占总种数的 15%～25%，有些地方仅占 1%。地上芽和地下芽植物更为稀少，仅占 1%～3%，少数地段由于蕨类地下芽植物较多，地下芽植物的种类系数可提高到 6%左右，一年生植物极为罕见。

在高位芽植物中，是以常绿阔叶树种占优势，可达 50%～60%，落叶成分占 20%～30%。在常绿植物成分中，是以常绿大高位芽植物为主，可占 20%～30%，常绿阔叶中

高位植物 9%～14%；常绿阔叶小高位芽和微高位芽植物所占比例较小，分别为 1%～4.5%，1%～3%；棕榈型植物所占比例为 1%～1.5%，虽然此类植物所占比例不大，但在林中比较常见，竹类高位芽植物和蕨类高位芽植物偶见。在落叶阔叶成分中，所占比例较大者为落叶木质藤本高位芽植物，占植物总种数的 4.5%～11.5%，最高可达 17.5%。落叶阔叶大高位芽植物 4.5%～8.0%，落叶阔叶中高位芽植物，落叶阔叶小高位芽及落叶阔叶微高位芽植物都比较少见，大多出现在林中局部空隙或林缘。比较突出的是在海拔较低的山麓和坡下部比较典型的季雨林中，还出现少数落叶阔叶巨高位芽植物，所占比例可达 1.5%～3.5%。不论是常绿成分，还是落叶成分，都没有见到针叶植物。

地面芽植物中，也是以常绿的种类为主，其中常绿蕨类地面芽植物所占比例较大，常占植物总种数的 5%～10%，占地面芽植物总种数的 14.5%～55.5%；常绿丛状地面芽植物也占有一定的比例，一般占总种数的 3%～5%，占地面芽的 10%～30%，常绿直立茎地面芽植物也较常见，但分布不均匀，一般在 3%以下，少数环境阴湿的地方较多，常达 6%～10.5%，占地面芽植物种数的 7%～23%，冬枯种类约比常绿的种类少一半，以冬枯直立茎地面芽植物较多，占 3%～8%；其他冬枯攀缘和冬枯丛状地面芽植物都比较少，只占 1%～2%，分布也不普遍，很多地方尚未出现。

地上芽和地下芽植物一般都较少，大多在 3%以下，许多地方没有分布。一年生植物只在个别地方出现，数量很少。总的说来，常绿种类占总种数的 62%～75%，落叶种类占 25%～36%，个别地段可高达 38%。

石灰岩山季雨林的叶级特点是以中型叶占优势，占总种数的 60%～70%；小型叶次之，一般占 18%～28%；大型叶也有一定的比例，常占 5%～12%，细型叶和鳞型叶所占比例极小，一般在山坡上部环境比较干燥的地段内才有少量出现，仅占 1%左右。

从叶型、叶质方面来看，具单叶的种类占 70%～80%，具复叶的种类占 20%～30%；革质叶植物多于草质叶植物，但两者相差无几。一般前者占 52%～60%，后者占 40%～48%。

从上述生活型组成和叶子性质的情况，可以看出石灰岩山季雨林生活型组成主要的特点是以常绿高位芽植物为主，群落中还有少量落叶阔叶巨高位芽植物，从叶的性质来看是以单叶、革质、中型叶植物为主，而且纸质、复叶、小型叶植物也占有一定的比例。这些特征反映出北热带区域具有一定干湿季，但也不太干旱的气候特点。

3. 石灰岩山季雨林的层次及层片结构

典型的石灰岩季雨林一般都可分为 5 层，包括 3 个亚乔木层、灌木层和草本层。乔木第一亚层的林木高度多在 16cm 以上，大多数集中在 20m 左右，该层乔木的胸径多在 25～40cm，最大可达 50～60cm，在大多数情况下林冠不连接，盖度 50%～70%，林木的板状根现象常可见到，在这层之上，还有个别落叶阔叶大乔木高高突起，一般高 35m 左右，600m^2 有 1～2 株，第二亚层林木一般高 8～15m，主要集中在 10～14m，该层林木分布较上层密集，树冠基本连接，盖度 70%～80%；第三亚层林木高 4～7m，林木生长较稀疏，树冠基本上不连接，盖度 40%左右。在乔木第一亚层中，常绿阔叶大高位芽植物层片占主要地位，构成建群层片，在第二亚层中也占有一定的地位，常绿阔叶中高位芽植物层片，在第二、三亚层中起主要作用，而常绿阔叶小高位芽植物层片为第三亚层所特有。落叶阔叶大高位芽植物层片在第一亚层中也很常见，但不占主要地位，一般在陡坡或山顶环境比较干燥的地方出现较多，在乔木第一亚层林冠之上，还出现落叶阔叶巨高位芽植物层片，在垂直结构上反映出这类森林的热带性质。落叶阔叶中高位芽植物层片在乔木第二、三亚层局部阳光较充足的地方有少数种类出现；落叶阔叶小高位芽植物层片在第三亚层中也有出现，但不占主要地位，棕榈型高位芽植物层片的种类虽不多，占据面积也不大，但在第二、三亚层中常可见到，也能够反映出群落的热带性质。在典型的石灰岩热带季节雨林中，一般都有1～2种林木（占总种数的0.89%～3.4%），在各层中的数量都比较多，它们不仅在乔木第一亚层中占优势，而且起着明显的建群作用，控制着整个群落的组成、结构和生境，有时还是第二、三亚乔木层，甚至灌木层的优势种，如蚬木、石山樟（*Cinnamomum calcarea*）、铁屎米（*Canthjum dicoccum*）、蚁花（*Lysidice rhodestegia*）等树种。

灌木层一般高2m以下，盖度常受上层林木疏密程度的影响，当上层林木比较稀疏时，盖度可达50%～60%；常绿阔叶幼树层片在灌木层中占据优势地位，真正的灌木种类不多，主要被常绿阔叶矮高位芽植物层片所占据，局部空隙的地方也有落叶阔叶矮高位芽植物层片出现，有些地方还分布着竹类高位芽植物层片，但大多是一些矮生的竹类。组成灌木层的优势种常常是上层林木，特别是建群种和优势种的幼树所构成。形成优势的灌木有逻罗九节木（*Psychotria siamica*）、紫麻（*Oreocnide frutescens*）、龙船花（*Ixora chinensis*）、浦竹仔（*Indosasa hispida*）、龙州棕竹（*Rhapis robusta*）、圆齿紫金牛（*Ardisia virens*）等。

草本层大多在1m以下，由于上层林冠比较密闭，其盖度较小，大多在20%左右。局部空旷的地方生长较茂密，盖度可达40%～50%。该层是以常绿直立茎地面芽植物层片占优势，但有些地方也会以常绿蕨类地面芽植物层片占据主要地位，但有些地方则以常绿丛状地面芽植物层片为主。冬枯直立茎地面芽植物层片和冬枯攀缘地面芽植物层片主要见于局部空隙的地方。常绿蕨类地下芽植物层片有时也可以见到。苔藓植物在林地表面不成层，仅在局部裸露的岩石、树根和树干基部呈小片状分布，此外，常绿阔叶幼苗层片也占有一定的地位。组成草本层优势层片的主要种类有多种沿阶草（*Ophiopogon* spp.）、广东万年青（*Aglaonema modestum*）、卵叶蜘蛛抱蛋（*Aspidistra typica*）、越南冰水花（*Pilea alongensis*）等。

层外植物主要是藤本和附生植物。在石灰岩热带季雨林中，层外植物相当繁茂，不仅种类丰富，而且数量也多，特别是本质藤本植物相当发达，常可遇到直径10～15cm的巨大木质藤本形成悬挂起来的大藤环。常绿木质藤本高位芽和落叶木质藤本高位芽植物层片都占有一定的比例，一般可占总种数的10%左右，最高可达17%。附生植物层片虽然不很普遍，但树干上附生的兰科、天南星科、蕨类和苔藓植物也是很常见的。山坡下部比较湿润的地方，中下层乔、灌木叶子上还常见有附生苔藓分布，寄生植物层片也较普遍，但数量不多。组成藤本植物层片的植物种类很多，有天南星科（崖角藤属）、葡萄科（崖爬藤、爬山虎等4属）、苏木科（羊蹄甲属）等16科、29属的多种藤本植物组成。附生植物层片主要由鸟巢蕨科、铁角蕨科、水龙骨科、凤尾蕨科、铁线蕨科、卷柏科、金星蕨科、三叉蕨科的多种植物组成。在这些植物中，多数为藤本兼附生的种类，具有一定的耐旱结构。它们并不经常附生在树干上，多数情况下是伏于岩石表面。它们处于何种附生状态主要取决于林内的湿度条件。

五、石灰岩山季雨林与热带雨林和热带半落叶季雨林特征比较

在广西石灰岩山季雨林保存比较完整的地区属龙州弄岗地区（22°13′N～22°33′N，106°42′E～107°40′E）。在弄岗森林中，植物种类组成丰富，据调查在 1000m^2 中有 52～67 种（分属于 35～40 科，46～60 属），在乔木层中约有 26 科 61 属 75 种，其中属于热带性质的约有 72 种，占乔木层总种数的 96%；从区系组成分析，有南海和北部湾地区的，也有我国云南、缅甸、泰国等地区的。属于典型热带龙脑香科和肉豆蔻科的各 1 属 1 种。多数种类只产或主产于石灰岩山地。乔木上层 92%～95%的种类为常绿成分，乔木中下层几乎全为常绿阔叶成分（包括在换叶时有短暂落叶期的种类）。林冠上层有少数落叶阔叶成分，它们往往是林分中最高大者，不少种类具薄而平滑浅色的树皮，具板状根和茎花现象，“绞杀”现象也有出现，在森林的生活型组成中，是以高位芽植物为优势，并以大高位芽植物为主，其次是中高位芽植物，小高位芽植物较少，有一定数量的常绿木质藤本高位芽植物，棕榈型的高位芽植物有时也成为中、下层的优势层片。地上芽植物占有一定的比例，而且多为常绿的种类，另外，附生或藤本状附生植物也占有一定的比例。鉴于弄岗热带森林在广西石灰岩山地的代表性，以下我们主要以该地区森林的生活型谱及其他群落学特征与热带雨林及热带半落叶季雨林进行比较。

1. 生活型谱之间的比较

按照各类型的生活型谱成分的类别统计，作出的生活型谱比较如图 3-101 所示。

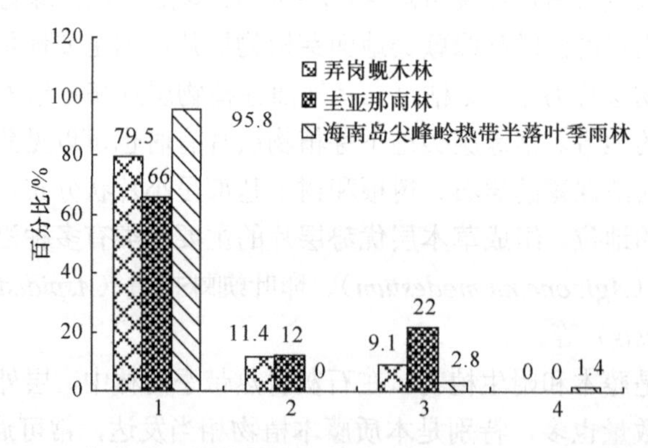

图 3-101　蚬木林、热带雨林、热带半落叶季雨林生活型谱比较

1. 高位芽植物；2. 地上芽植物；3. 附生植物；4. 地面芽植物

由图 3-101 可以看出，三者生活型谱之间的共同特点是以高位芽植物为优势生活型，而且都具有一定数量的附生植物；不同之处在于，弄岗森林和热带雨林中未出现地面芽植物，尖峰岭热带半落叶季雨林中缺乏地上芽植物。对三者之间的高位芽植物的种类系数进行数值比较可以发现，弄岗森林与热带雨林的差距较小，而弄岗森林和热带雨林地上芽植物的种类系数非常近似。通过以上比较可以认为，弄岗森林的生活型谱更接近于热带雨林，而与热带半落叶季雨林的差距较大。弄岗森林与热带雨林最大差距表现是在附生植物上，明显地表现出热带雨林的附生植物所占比例高于弄岗森林。其中原因主要

是弄岗森林分布地区的湿度条件不如热带雨林地区。

2. 叶级谱之间的比较

按照叶级大小对各类型组成植物进行分类并统计的结果见图 3-102。

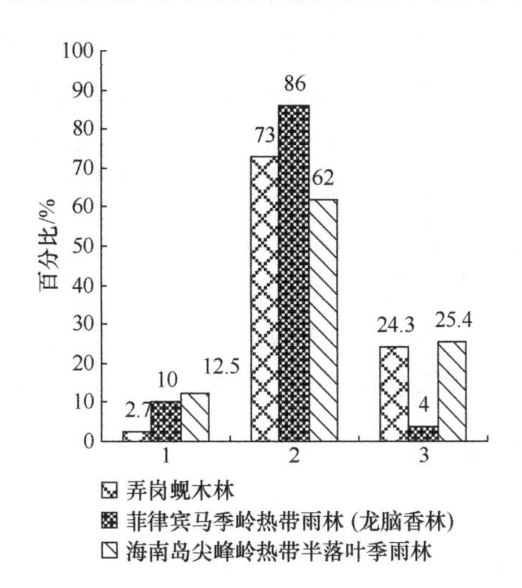

图 3-102　蚬木林、热带雨林、热带半落叶季雨林的叶级谱比较

1. 大型叶；2. 中型叶；3. 小型叶

通过比较可以发现，三者之间的共同点是以中型叶植物为优势，并有一定数量的大型叶植物和小型叶植物，缺乏巨型叶植物。不同点在于热带雨林的中型叶植物所占比例较大，其次是弄岗蚬木林，以海南尖峰岭热带半落叶季雨林所占比例最小。从中型叶这一优势叶型所占比例的差距可以看出，各群落之间的差异性是存在的。热带雨林的大型叶植物多于小型叶植物，而弄岗蚬木林和海南尖峰岭热带半落叶季雨林的小型叶植物多于大型叶植物，并以海南尖峰岭热带半落叶季雨林的小型叶植物最多。

生活型组成和叶子的性质是群落特征的重要表现，通过比较可以认为石灰岩山季雨林的季雨林特征不是很明显，而更接近于热带雨林。综合考虑其他群落学特征（如前所述），并与雨林的基本特征比较也是如此。因此，我们认为《中国植被》将中国热带石灰岩山的类似森林归属于季雨林这一植被型中，并作为其中的一个植被亚型的分类方法是一个值得深入研究的问题。

第七节　中国主要森林群落的植物生活型谱与环境因子之间的统计数学模型及环境解析

一、概　　论

植物生活型是植物对于综合生境条件长期适应而在外貌上反映出来的植物类型。对多个植物群落的生活型谱进行比较，可以发现控制植物群落的主要气候因素，以及植物群落与环境之间的关系，了解群落组成种的外貌特征随着地理位置或生境的改变而发生的变化。Raunkiær 认为，从不同纬度地区或垂直带的植物群落生活型谱的分析中，可以了解到植物分布随气候梯度的变化，但是，由于这些分析受制于当时的研究方法和手段及人们的认识水平，仅停留在定性的比较之中。这些研究对于我们认识大范围植被结构的变化趋势有着重要意义，但是很难揭示植被生活型随环境变化的规律及生活型与环境之间相互作用的许多重要细节问题，目前国内外从定量的角度研究植物生活型与环境因子之间关系的文献还很少，特别是对全国范围内主要森林群落的生活型谱与环境因子之间的定量研究尚未见报道。本节旨在应用丹麦学者 Raunkiær 提出的生活型分类系统，编制中国主要森林群落统一的植物生活型谱，并应用生态信息系统（GREEN），较准确地查取各森林群落所在地的生态气候信息，在此基础上，采用“多对多”线性回归及“多对多”双重筛选逐步回归等多元统计分析方法，分别建立中国主要森林群落的植物生活型谱与地理因子和气候因子之间的统计数学模型，并从定量的角度揭示中国主要森林群落的植物生活型谱与环境之间的相互关系。具体的研究方法如下。

1. 编制全国统一的植物生活型谱

将中国主要森林群落的生活型谱资料，按着 Raunkiær 生活型分类系统中制定的五大生活型类群的划分标准，重新进行计算和整理，构建中国主要森林群落生活型谱数据库（表 3-6）。

表 3-6　中国主要森林群落的生活型谱

序号	地点	群落类型	高位芽植物	地上芽植物	地面芽植物	地下芽植物	一年生植物	基础资料来源
1	海南尖峰岭	常绿季雨林	100	0	0	0	0	蒋有绪等，1991
2	海南尖峰岭	山地雨林	99.4	0	0.6	0	0	蒋有绪等，1991
3	云南西双版纳	热带雨林	94.7	5.3	0	0	0	武吉华，1983
4	云南西双版纳	季节雨林	91.4	4.7	5.2	0	0.7	吴邦举，1991
5	香港	黄桐群落	93	5	2	0	0	王伯荪，1987
6	广西弄岗	石灰岩山季雨林	87.5	12.5	0	0	0	木论喀斯特林区综合考查队，1995
7	广东鼎湖山	常绿阔叶林	84.5	5.4	6	4.1	0	王梅峒，1987
8	广东黑石顶	常绿阔叶林	82.7	5.5	3.6	7.3	0.9	王伯荪，1987
9	广西大瑶山	青构栲常绿阔叶林	87	7	6	0	0	木论喀斯特林区综合考查队，1995
10	湖南莽山	常绿阔叶林	83	2	11	1	0	
11	贵州茂兰	常绿阔叶林	97.9	1.1	0.5	0	0.5	祁承经等，1979
12	贵州茂兰	亚热带喀斯特林	91.8	3.5	2	1.4	1.2	贵州省林业厅，1993
13	贵州雷公山	石灰岩秃杉林	88.7	0	6	5.3	0	贵州省林业厅，1993
14	浙江乌岩岭	常绿阔叶林	84.1	0	12.5	2.8	0.6	肖育檀，1985
15	武夷山	常绿阔叶林	84.6	2.6	5.1	5.1	2.6	宋永昌等，1982
16	武夷山	甜槠林	74	4	6	12	4	何建源，1994
17	武夷山	甜槠林	86	0	9	5	0	何建源，1994

续表

序号	地点	群落类型	高位芽植物	地上芽植物	地面芽植物	地下芽植物	一年生植物	基础资料来源
18	贵州梵净山	栲树林	89.6	0	8.7	1.1	0.6	何建源，1994
19	贵州梵净山	常绿阔叶林	89.6	0	8.7	1.1	0.6	贵州省林业厅，1993
20	浙江住溪	常绿阔叶林	86	0	12.7	0	1.3	贵州省林业厅，1993
21	江西云居山	云山青冈林	88	0	4	8	0	何绍箕，1984
22	江西莲花山	米槠林	80	3	14	3	0	王梅峒，1987
23	四川缙云山	常绿阔叶林	84.2	0	14.2	1.6	0	王梅峒，1987
24	安徽黄山	常绿阔叶林	72.5	1.5	18.1	5.9	2	钟章成，1988
25	湖北木林子	常绿落叶阔叶林	68	0	21	6	5	蔡飞，1993
26	湖北玉泉山	常绿落叶阔叶林	73.7	1.9	9.9	10.8	3.7	班继德和漆根生，1995
27	河南宝大曼	落叶阔叶林	35.9	7.1	33.2	13.1	10.7	宋朝枢，1994
28	秦岭中部	侧柏林	52.2	5.6	40	2.2	0	朱志诚，1982
29	秦岭北坡	落叶阔叶林	52	5	38	3.7	1.3	班继德和漆根生，1995
30	秦岭南五台	栓皮栎林	51.9	4.9	38.3	3.7	1.2	王文杰，1965
31	河南嵩山	落叶阔叶林	32	7	34	16	11	宋朝枢，1994
32	陕北安塞	辽东栎林	51	7.8	37.3	3.9	0	朱志诚，1982
33	北京山区	槲栎林	42.9	8.2	32.7	14.2	2	陈灵芝，1985
34	北京山区	槲栎林	37.3	10.2	35.6	13.6	3.3	陈灵芝，1985
35	北京山区	栓皮栎林	36.1	12.8	36.2	8.5	6.4	陈灵芝，1985
36	长白山	岳桦矮曲林	6.2	15.4	60	16.9	1.5	陈灵芝，1985
37	长白山	长白落叶松洪林	35.4	4.6	33.9	24.6	1.5	陈灵芝，1985
38	长白山	紫椴枫桦红松林	35.4	1.5	35.4	24.6	3.1	陈灵芝，1985
39	长白山	红松春榆色木槭林	33.8	0	41.9	27.7	3.1	陈灵芝，1985
40	小兴安岭	兴安杜鹃蒙古栎林	13.9	3.5	37.1	39.6	1.1	周以良等，1994
41	小兴安岭	红皮云杉林	22.2	3.7	37.1	35.8	1.2	周以良等，1994
42	小兴安岭	冷杉红皮云杉红松林	27.3	1.4	34.3	35.6	1.4	周以良等，1994
43	小兴安岭	蒙古栎红松林	27.5	7.4	33.7	28.9	2.5	周以良等，1994
44	小兴安岭	紫椴红松林	27	4.3	33.9	31.3	3.5	周以良等，1994
45	小兴安岭	黑桦红松林	21.8	4.6	34.5	38	1.1	周以良等，1994
46	小兴安岭	紫椴枫桦红松林	26.9	4.3	33.9	31.4	3.5	周以良等，1994
47	小兴安岭	黄檗紫椴红松林	29.5	4.8	32.3	29.6	3.8	周以良等，1994
48	小兴安岭	臭冷杉林	21.8	6.3	28.2	43.7	0	周以良等，1994
49	小兴安岭	毛榛子枫桦林	21.8	4.1	37.9	34.7	1.5	周以良等，1994
50	小兴安岭	紫椴红松林	25.7	5.1	32.5	35.1	1.6	周以良等，1994
51	小兴安岭	兴安杜鹃樟子松林	20.4	7.5	61	11.1	0	周以良等，1994
52	小兴安岭	色木槭紫椴林	17.5	3.6	42.5	35.4	1	周以良等，1991
53	小兴安岭	鱼鳞云杉红松林	28.5	2.1	33.7	32.6	3.1	周以良等，1991
54	小兴安岭	兴安杜鹃黑桦林	14.3	4.3	44	36.3	1.1	周以良等，1991
55	小兴安岭	红皮云杉臭冷杉林	28.5	2.9	31.4	35.7	1.5	周以良等，1991
56	大兴安岭	花楷槭兴安落叶松林	24	5.1	34.2	35.4	1.3	周以良等，1991

续表

序号	地点	群落类型	高位芽植物	地上芽植物	地面芽植物	地下芽植物	一年生植物	基础资料来源
57	大兴安岭	榛子山杨林	18.2	5.7	34.1	41	1	周以良等，1991
58	大兴安岭	蒙古栎兴安落叶松林	23.1	4	58.9	14	0	周以良等，1991
59	大兴安岭	胡枝子蒙古栎林	14.7	4	40.2	38.6	1.6	周以良等，1991
60	大兴安岭	冷杉鱼鳞云杉林	20.8	4.2	29.2	45.8	0	周以良等，1991
61	大兴安岭	胡枝子白桦林	19.2	2.3	40	37.1	1.4	周以良等，1991
62	大兴安岭	杜鹃兴安落叶松林	26.8	7.6	55.7	9.9	0	周以良等，1991
63	大兴安岭	榛子蒙古栎林	9.4	4.7	42.6	41.3	2	周以良等，1991
64	大兴安岭	草类白桦林	14.7	6.3	43.3	35.1	0.6	周以良等，1991
65	大兴安岭	兔毛蒿樟子松林	23.1	3.1	63	10.8	0	周以良等，1991
66	云南大雪山	常绿阔叶林	68.8	13.8	12.2	3.5	1.7	彭鉴，1984
67	云南徐家坝	中山湿性常绿阔叶林	64.4	2.2	15.2	16	2.2	吴征镒，1983
68	云南哀牢山	中山湿性常绿阔叶林	69.7	1.9	12.9	13.6	1.9	吴征镒，1983
69*	长白山	高山冻原植被	0	18.4	74	6	1.5	钱家驹，1980
70	湖北	玉泉山落叶常绿阔叶林	73.7	1.9	9.9	10.8	3.7	钟超，1995

*非森林群落

2. 应用生态信息系统 GREEN 确定各森林群落的生态气候信息

为了定量研究生活型谱和气候因子之间的相互关系，准确地确定各森林群落的生态气候信息是非常必要的。此项工作我们主要是应用生态信息系统 GREEN 软件（Yan，1995）来完成的。该软件可以查询中国版图上不同经度、纬度、海拔等任一地点的气候信息。其降水的误差不超过 10%，温度的误差不超过 5%。经纬度分辨率为 1/10，这一高精度的生态信息系统软件，可以为我们获取某一具体群落的生态气候信息，以及准确地揭示生活型和环境之间的相互关系提供有力的帮助。查询结果如表 3-7 所示。

3. 中国主要森林群落的植物生活型谱与环境因子之间的数学模型及其分析

选用多元统计分析中多对多多元线性回归及双重筛选逐步回归分析方法。定量分析中国主要森林群落的植物生活型谱与环境因子之间的相互关系。具体过程是：首先建立生活型与纬度、经度、海拔等地理因子，以及与植物生活型有关的气候因子的多对多多元线性回归模型，而后应用双重筛选逐步回归旳分析方法将各生活型分组，并对每一组生活型选择最优的（关系紧密且不能代替）环境因子与其建立多元线性模型。在此基础上确定影响各生活型的主要因子和主导因子并作出环境解释。

二、中国主要森林群落的植物生活型谱与地理因子之间的统计数学模型及分析

1. 中国主要森林群落的植物生活型谱与地理因子的多元线性回归模型

在建立中国主要森林群落的植物生活型谱与地理因子之间统计数学模型的过程中，

表 3-7　中国主要森林群落的生态信息库

序号	地点	群落类型	纬度/（°）	经度/（°）	海拔/m	年均温度/℃	最冷月平均最低温度/℃	最热月平均最高温度/℃	年均降水量/mm	旱季（月）	极端最低温度/℃	干燥度
1	海南尖峰岭	常绿季雨林	18.7	108.9	450	22.2	13	29	1528	4	2.0	1.2
2	海南尖峰岭	山地雨林	18.8	108.9	805	20.3	11	27	1737	4	0.3	1.0
3	云南西双版纳	热带雨林	22.1	100.7	1271	17.7	6	27	1549	4	–0.7	0.8
4	云南西双版纳	季节雨林	21.9	100.8	1000	19.2	8	29	1419	4	1.0	0.9
5	香港	黄桐群落	22.6	113.9	50	22	10	32	1737	3	0.6	0.8
6	广西弄岗	石灰岩季雨林	22.7	107.4	250	21.3	10	31	1302	4	–1.5	1.0
7	广东鼎湖山	常绿阔叶林	23.3	112.4	449	19	6	30	1818	2	–4.0	0.7
8	广东黑石顶	常绿阔叶林	22.7	112	440	19.6	7	30	1830	3	–2.8	0.7
9	广西大瑶山	青构栲林	23.8	110	749	17	4	28	1723	0	–6.4	0.7
10	湖南莽山	常绿阔叶林	24.9	112	371	18.9	4	32	1634	0	–6.8	0.8
11	贵州茂兰	常绿阔叶林	25.2	107.9	687	17.1	4	30	1451	3	–6.2	0.8
12	贵州茂兰	亚热带喀斯特林	25.2	107.9	687	17.1	4	30	1451	3	–6.2	0.8
13	贵州雷公山	石灰岩秃杉林	26.4	108.4	1000	14.1	0	28	1314	3	–9.3	0.7
14	浙江乌岩岭	常绿阔叶林	27.1	119.0	1000	14.3	0	29	1936	0	–8.8	0.5
15	武夷山	常绿阔叶林	28.0	118.8	673	15.2	0	31	1874	0	–10.2	0.6
16	武夷山	甜槠林	27.8	118.7	518	16.1	1	32	1810	0	–9.0	0.6
17	武夷山	甜槠林	27.8	119.0	999	13.7	0	29	1996	0	–11.2	0.5
18	贵州梵净山	栲树林	27.7	108.7	999	13.2	0	28	1347	3	–10.1	0.6
19	贵州梵净山	常绿阔叶林	28.0	107.5	1000	13.0	1	28	1209	3	–7.7	0.7
20	浙江住溪	常绿阔叶林	28.2	118.9	533	15.1	0	31	1848	0	–10.5	0.6
21	江西云居山	常绿阔叶林	29.1	115.5	500	14.9	0	30	1676	0	–12.5	0.7
22	江西莲花山	米槠林	29.6	117.3	392	15.4	–1	32	1772	0	–12.8	0.7
23	四川缙云山	常绿阔叶林	29.8	106.3	344	17.4	4	32	1096	4	–3.5	0.8
24	安徽黄山	常绿阔叶林	30.2	118.1	500	14.3	–2	31	1684	0	–14.9	0.7

续表

序号	地点	群落类型	纬度/（°）	经度/（°）	海拔/m	年均温度/℃	最冷月平均最低温度/℃	最热月平均最高温度/℃	年均降水量/mm	旱季（月）	极端最低温度/℃	干燥度
25	湖北木林子	常绿落叶阔叶林	30.8	110.3	1282	11.3	−2	25	1608	3	−15.2	0.6
26	湖北玉泉山	常绿落叶阔叶林	30.8	110.9	127	16.9	1	33	1119	3	−11.8	1.1
27	河南宝天曼	落叶阔叶林	33.7	111.5	1153	9.9	−7	26	944	5	−20.9	1.3
28	秦岭中部	侧柏林	33.9	106.5	984	11.5	−4	28	662	5	−13.3	1.6
29	秦岭北坡	落叶阔叶林	34	109.0	1126	10.4	−5	27	759	5	−18.0	1.5
30	秦岭南五台	栓皮栎林	34.1	109.1	654	12.9	−4	30	674	5	−17.9	0.9
31	河南嵩山	落叶阔叶林	34.2	112.8	473	12.8	−5	30	740	5	−19.6	2.0
32	陕北安塞	辽东栎林	37.2	109.3	1384	7	−14	27	522	8	−27.0	2.8
33	北京山区	槲树林	40.3	116.4	739	7.2	−15	27	599	8	−27.0	2.4
34	北京山区	槲树林	40.3	116.4	739	7.2	−15	27	599	8	−27.0	2.4
35	北京山区	栓皮栎林	40.3	116.4	739	7.2	−15	27	599	8	27.0	2.4
36	长白山	岳桦矮曲林	42	128.1	1950	0	−26	22	761	7	−41.2	1.2
37	长白山	长白山落叶松红松林	42.3	128.2	1167	0	−26	22	761	7	−41.2	1.2
38	长白山	紫椴枫桦红松林	42	128.1	987	1.2	−26	24	727	7	−40.2	1.3
39	长白山	红松春榆色木槭林	42.3	127.5	645	2.7	−24	25	762	5	−40.7	1.2
40	小兴安岭	兴安杜鹃蒙古栎林	44.3	129.1	460	2.2	−27	25	549	7	−38.6	1.8
41	小兴安岭	红皮云杉林	45.6	130.7	711	0.2	−27	23	585	7	−39.2	1.6
42	小兴安岭	臭冷杉红皮云杉红松林	45.2	130	686	0.6	−26	23	580	7	−39.0	1.4
43	小兴安岭	蒙古栎红松林	45.7	130.1	422	1.7	−26	25	555	7	−38.5	1.5
44	小兴安岭	紫椴红松林	45.5	127.6	449	1.5	−27	26	627	7	−42.0	1.6
45	小兴安岭	黑桦红松林	45.5	128.2	454	1.4	−27	25	636	7	−41.7	1.5
46	小兴安岭	紫椴枫桦红松林	45.8	127	331	2	−27	26	551	7	−41.1	2.0
47	小兴安岭	黄檗紫椴红松林	46.2	128.1	507	0.7	−28	25	638	7	−42.4	1.6
48	小兴安岭	臭冷杉林	46.5	129	452	0.8	−28	25	626	7	−41.2	1.5

续表

序号	地点	群落类型	纬度/（°）	经度/（°）	海拔/m	年均温度/℃	最冷月平均最低温度/℃	最热月平均最高温度/℃	年均降水量/mm	旱季（月）	极端最低温度/℃	干燥度
49	小兴安岭	毛榛子枫桦林	46.5	128	404	1.1	–28	25	627	7	–42.2	1.5
50	小兴安岭	紫椴红松林	46.6	131	731	0.7	–27	23	595	7	–39.8	1.5
51	大兴安岭	兴安杜鹃樟子松林	46.7	120.3	639	0.5	–26	25	418	8	–38.8	2.8
52	小兴安岭	色木槭紫椴林	47	129.9	355	1	–26	26	594	7	–39.1	1.6
53	小兴安岭	鱼鳞云杉红松林	47.4	128.9	487	–0.1	–30	25	654	7	–42.9	1.4
54	小兴安岭	兴安杜鹃黑桦林	48	130	300	0.5	–28	26	612	7	–40.4	1.5
55	小兴安岭	红皮云杉臭冷杉林	49	126	475	–1.3	35	25	525	7	–45.5	1.8
56	小兴安岭	花楷槭兴安落叶松林	49	126	475	–1.3	–35	25	525	7	–45.5	1.8
57	大兴安岭	榛子山杨林	49.2	125.3	297	–0.3	–30	26	480	8	–44.2	2.1
58	大兴安岭	蒙古栎兴安落叶松林	49.1	125.3	305	–0.4	–30	26	482	8	–44.1	2.1
59	大兴安岭	胡枝子蒙古栎林	49.4	125.7	500	–1.8	–32	24	519	7	–45.9	1.8
60	大兴安岭	臭冷杉鱼鳞云杉林	50	127.1	494	–2.5	–32	24	549	7	–47.7	1.5
61	大兴安岭	胡枝子白桦林	50	125.1	286	–1.2	–31	26	482	8	–45.1	2.0
62	大兴安岭	杜鹃兴安落叶林	51.6	123	524	–4.2	–34	24	459	8	–46.8	1.8
63	大兴安岭	榛子蒙古栎林	51.7	126	500	–3.9	–36	24	490	8	–48.5	1.8
64	大兴安岭	草类白桦林	52	125.9	362	–3.3	–36	25	464	8	–48.1	1.8
65	大兴安岭	兔毛蒿樟子松林	52.3	125.9	497	–4.2	–36	24	472	8	–49.1	1.6
66	云南大雪山	常绿阔叶林	24.7	99.1	2259	12	0	21	1459	4	–5.9	.0.8
67	云南徐家坝	中山湿性常绿阔叶林	24.5	101.0	2175	13	0	23	1132	5	–5.6	1.2
68	云南哀牢山	中山湿性常绿阔叶林	24.5	101.0	2167	13	7	23	1118	5	–5.7	1.2
69	长白山	高山冻原植被	42	128.1	2100	–1.8	–30	22	681	7	–45.2	1.3
70	湖北	玉泉山落叶常绿阔叶林	30.8	110.9	127	16.9	1	33	1119	3	–11.8	1.1

我们分别将调查样本所处的纬度、经度、海拔等设为自变量（X_1、X_2、X_3），将相应的生活型谱（高位芽植物、地上芽植物、地面芽植物、地下芽植物、一年生植物）设为因变量（Y_1、Y_2、Y_3、Y_4、Y_5），建立的多对多统计数学模型见表 3-8。

表 3-8　中国主要森林群落的植物生活型谱与地理因子的多元线性回归模型

生活型	模型	偏相关系数（r_i）	复相关系数（R_i）
高位芽植物	Y_1=225.9934–2.1284X_1–0.7544X_2–0.0112X_3	r_1= –0.7501 r_2= –0.3152 r_3= –0.4010	R_1=0.9263
地上芽植物	Y_2=0.3404+0.1270X_1–0.0207X_2+0.0028X_3	r_1=0.2239 r_2=–0.0310 r_3=0.3490	R_2=0.4397
地面芽植物	Y_3= –49.5019+1.3675X_1+0.1589X_2+0.0096X_3	r_1=0.6642 r_2=0.0850 r_3=0.4156	R_3=0.8566
地下芽植物	Y_4= –78.6324+0.6246X_1+0.6216X_2–0.0016X_3	r_1=0.4176 r_2=0.3538 r_3= –0.0837	R_4=0.8285
一年生植物	Y_5=0.3709+0.0090X_1+0.0062X_2+0.0003X_3	r_1=0.0263 r_2=0.0150 r_3=0.0655	R_5=0.0848

对表 3-8 各生活型与地理因子之间数学模型的相关系数大小进行比较可以看出，以高位芽植物与纬度、经度、海拔等地理因子的相关关系最为密切（R_1=0.9263），其次是地面芽植物（R_3=0.8566）和地下芽植物（R_4=0.8285），再次为地上芽植物（R_2=0.4397）。这几种生活型与纬度、经度、海拔等地理因子基本上呈线性相关，而一年生植物的线性拟合效果较差（R_5=0.0848）。

2. 中国主要森林群落的植物生活型谱与地理因子的多对多双重筛选逐步回归统计模型及其分析

为了进一步判别哪些地理因素对哪一组生活型有影响，以及哪些地理因素对生活型起显著作用，我们在建立的中国主要森林群落的植物生活型谱与地理因子的多元线性回归模型的基础上，又进行了两次多对多双重筛选逐步回归。作为地理因子（自变量）和生活型谱（因变量）的取舍标准，第一次指定的入选 F 值为 F_x=3，F_y=3，第二次指定的入选的 F 值为 F_x=5，F_y=5。计算结果见表 3-9 和表 3-10。

表 3-9　中国主要森林群落的植物生活型谱与地理因子的第一次多对多双重筛选逐步回归统计模型

生活型	模型	偏相关系数（r_i）	复相关系数（R_i）
高位芽植物	Y_1=225.9912–2.1284X_1–0.7544X_2–0.0112X_3	r_1= –0.750 r_2= –0.315 r_3= –0.401	R_1=0.926
地上芽植物	Y_2=0.3403+0.1270X_1–0.0207X_2+0.0028X_3	r_1=0.224 r_2= –0.031 r_3=0.349	R_2=0.440
地面芽植物	Y_3= –49.5013+1.3675X_1+0.1589X_2+0.0096X_3	r_1=0.664 r_2=0.085 r_3=0.416	R_3=0.857
地下芽植物	Y_4= –78.6328+0.6246X_1+0.6216X_2–0.0016X_3	r_1=0.418 r_2=0.354 r_3= –0.084	R_4=0.828
一年生植物	Y_5=0.3708+0.0090X_1+0.0062X_2+0.0003X_3	r_1=0.026 r_2=0.015 r_3=0.065	R_5=0.085

表 3-10　中国主要森林群落的植物生活型谱与地理因子的第二次多对多双重筛选逐步回归统计模型

组别	生活型	模型	偏相关系数（r_i）	复相关系数（R_i）
一组	高位芽植物	Y_1=225.9912–2.1284X_1–0.7544X_2–0.0112X_3	r_1= –0.750 r_2= –0.315 r_3= –0.401	R_1=0.926
	地上芽植物	Y_2=0.3403+0.1270X_1+0.0207X_2+0.0028X_3	r_1=0.224 r_2= –0.031 r_3=0.349	R_2=0.440
	地面芽植物	Y_3= –49.5013+1.3675X_1+0.1588X_2+0.0096X_3	r_1=0.664 r_2=0.085 r_3=0.416	R_3=0.857
	地下芽植物	Y_4= –78.6328+0.6246X_1+0.6216X_2–0.0016X_3	r_1=0.418 r_2=0.354 r_3= –0.084	R_4=0.828
二组	一年生植物	Y_5=1.6586		R_5=0.085

从表 3-9 可以看出，当入选 F 值取 F_x=3、F_y=3 时，5 种生活型（因变量）并未因此而分组，但当入选 F 值取 F_x=5，F_y=5 时，则明显地把 5 种生活型分成两组，第一组为 Y_1、Y_2、Y_3、Y_4，第二组为 Y_5。由计算结果可以看出，高位芽植物、地上芽植物、地面芽植物、地下芽植物均受到相同地理因素（纬度、经度、海拔）的影响，而一年生植物基本上不受地理因素的约束。

数理统计理论表明，偏相关系数可以反映多元线性回归中因变量（Y）与各个自变量两两之间的本质联系，可以通过偏相关系数绝对值的大小直接判断自变量对因变量的影响程度，一般说来，偏相关系数越大说明该自变量对因变量的影响也越大（北京林学院数学教研组，1980）。结合第二次双重筛选回归结果进行分析，可以发现：对高位芽植物影响最大的地理因素为纬度（r_1= –0.750），其次是海拔（r_3= –0.401），再次为经度（r_2= –0.315）。高位芽植物与这几种地理因素的偏相关系数均为负值。这表明高位芽植物在群落中所占的比例存在着随纬度、经度、海拔的增加而减少的趋势。

地面芽植物与纬度、经度、海拔等地理因子的偏相关系数均为正值，反映出一种正相关关系，这表明在中国主要森林群落中，地面芽植物在群落中所占的比例存在着随纬度、经度、海拔的增加而增大的趋势。这种变化趋势与高位芽植物正好相反。从偏相关系数的大小可以看出，对地面芽植物影响最大的地理因子为纬度（r_1=0.664），其次是海拔（r_3=0.416），而经度的影响作用较小（r_2=0.085）。

地下芽植物与纬度和经度的偏相关系数和地面芽植物一样均为正值，表明地下芽植物与纬度和经度也存在着正相关关系，但地下芽植物与海拔的偏相关系数为负值，这一点和地面芽植物与海拔的相关关系有所区别。从偏相关系数的大小判别，对地下芽植物影响最大的地理因素为纬度（r_1=0.418），其次是经度（r_2=0.354），尽管地下芽与海拔呈负相关关系，但因偏相关系数较小（r_3= –0.084），因此，可以认为海拔对地下芽植物的影响不大。

地上芽植物与纬度和海拔呈正相关关系，这表明在中国的主要森林群落中地上芽植物在群落中所占的比例也是随着纬度和海拔增高而逐渐增加的；地上芽植物与经度呈负相关关系。从偏相关系数的大小判断，对地上芽植物影响最大的地理因子为海拔（r_3=0.349），其次是纬度（r_1=0.224），而经度与地上芽植物的偏相关系数较小（r_2= –0.031），可见经度对地上芽植物的影响不大。

一年生植物与地理因子基本上不呈线性相关关系。这说明一年生植物对地理因子的变化反应较小。

三、中国主要森林群落的植物生活型谱与气候因子之间的统计数学模型

地理因子是通过对其他生态因子如光照、温度、水分等间接地对森林群落产生影响，因此它是森林群落的间接生态因子。为了更深入地揭示森林群落的植物生活型与环境因子之间的内在联系，找出影响各植物生活型的主导环境因子，仅仅研究植物生活型与地理因子的相关关系是不够的，还必须研究植物生活型与直接影响作用的气候因子之间的关系。为此，我们设年平均温度、年平均降水量、旱季（月降水量小于40mm的月数）、极端最低温度、干燥度等为自变量（X_1，X_2，…，X_7），以高位芽植物、地上芽植物、地面芽植物、地下芽植物、一年生植物等各植物生活型为因变量（Y_1，Y_2，…，Y_5），建立了多对多线性回归模型，在此基础上，经过双重筛选逐步回归，建立植物生活型与生态因子之间的优化模型，进而找出影响各生活型的主导生态因子。

应用表3-6提供的生活型资料和表3-7提供的各森林群落的生态信息，建立的多对多元线性回归统计模型如表3-11所示。

表3-11　中国主要森林群落的植物生活型谱与气候因子的多元线性回归统计模型

生活型	模型	偏相关系数（r_i）	复相关系数（R_i）
高位芽植物	$Y_1=58.7567+0.7520X_1-0.7910X_2+0.2517X_3+0.134X_4-0.0437X_5+1.5694X_6-3.5486X_7$	$r_1=0.0914$ $r_2=-0.1133$ $r_3=0.0918$ $r_4=0.2160$ $r_5=-0.0045$ $r_6=0.3001$ $r_7=-0.1142$	$R_1=0.9625$
地上芽植物	$Y_2=-1.5897+0.1517X_1-0.0316X_2-0.1719X_3+0.0026X_4+0.7285X_5-0.0081X_6+1.9371X_7$	$r_1=0.0463$ $r_2=-0.1394$ $r_3=-0.1554$ $r_4=0.1071$ $r_5=0.1884$ $r_6=-0.0041$ $r_7=0.1549$	$R_2=0.4786$
地面芽植物	$Y_3=47.1061-2.7414X_1+1.1869X_2+0.2531X_3-0.0080X_4-1.2130X_5-0.4793X_6+8.7054X_7$	$r_1=-0.3188$ $r_2=0.1696$ $r_3=0.0928$ $r_4=-0.1305$ $r_5=-0.1246$ $r_6=-0.0961$ $r_7=0.2726$	$R_3=0.8927$
地下芽植物	$Y_4=-9.0298+1.9298X_1-0.8785X_2-0.2841X_3-0.0055X_4+0.7090X_5-0.7021X_6-6.8170X_7$	$r_1=0.2382$ $r_2=-0.1305$ $r_3=-0.1076$ $r_4=-0.0946$ $r_5=0.0758$ $r_6=-0.1450$ $r_7=-0.2240$	$R_4=0.8447$
一年生植物	$Y_5=1.6114+0.0315X_1+0.4725X_2-0.0726X_3-0.0019X_4-0.1692X_5-0.4082X_6+0.2579X_7$	$r_1=0.0166$ $r_2=0.2815$ $r_3=-0.1137$ $r_4=-0.1324$ $r_5=-0.0748$ $r_6=-0.3323$ $r_7=0.0359$	$R_5=0.4156$

从表 3-11 各植物生活型与气候因子建立的多元线性回归统计模型的复相关系数大小可以看出，高位芽植物与气候因子的相关最为密切（R_1=0.9625），其次是地面芽植物（R_3=0.8927）和地下芽植物（R_4=0.8447），再次为地上芽植物（R_2=0.4786）和一年生植物（R_5=0.4156），这一计算结果和应用地理因子与各生活型建立的多元线性回归统计模型反映的情况是一致的，即高位芽植物、地面芽植物、地下芽植物的多元统计数学模型的线性相关程度较高，相比之下，地上芽植物和一年生植物的多元统计数学模型的线性相关程度较低。

为了判别哪些气候因子对哪一组生活型有影响，并从众多的气候因子中筛选出对各生活型起主导作用的气候因子，与研究各生活型与地理因子相关关系方法一样，仍进行了两次双重筛选逐步回归运算。第一次双重筛选逐步回归过程中，作为气候因子（自变量）和各生活型（因变量）的取舍标准。指定的入选 F 值为：F_x=3，F_y=3；第二次双重筛选逐步回归指定的入选 F 值为：F_x=5，F_y=5，运算结果见表 3-12。

表 3-12　中国主要森林群落的植物生活型谱与气候因子的第一次多对多双重筛选逐步回归统计模型

级别	生活型	模型	偏相关系数（r_i）	复相关系数（R_i）
一组	高位芽植物	Y_1=64.1595–0.2465X_2+0.0188X_4+1.4128X_6	r_2= –0.046 r_4=0.510 r_6=0.281	R_1=0.961
	地上芽植物	Y_2=9.9758–0.1243X_2–0.0035X_4–0.1417X_6	r_2= –0.056 r_4= –0.254 r_6=0.070	R_2=0.365
	一年生植物	Y_5= –0.8886+0.4810X_2–0.0014X_4–0.4071X_6	r_2=0.364 r_4=0.192 r_6= –0.346	R_3=0.399
二组	地面芽植物	Y_3=26.8900–0.0142X_4–0.5391X_6	r_4= –0.391 r_6= –0.483	R_5=0.873
	地下芽植物	Y_4= –1.4213–0.0002X_4–0.7124X_6	r_4=0.007 r_6= –0.614	R_4=0.828

从表 3-12 可以看出，在取 F_x=3，F_y=3 这一表示自变量和因变量的取舍标准下，通过第一次对中国主要森林群落的植物生活型与气候因子的双重筛选逐步回归，则把生活型谱中的各种生活型（因变量）分成了两组，第一组包括高位芽植物、地上芽植物、一年生植物；第二组包括地面芽植物和地下芽植物。作为对第一组植物生活型有显著影响的气候因子（自变量）是最冷月平均最低温度（X_2）、年平均降水量（X_4）、极端最低温度（X_6），在双重筛选逐步回归过程中剔除的对植物生活型均无显著影响的气候因子是年平均温度（X_1）、最热月平均最高温度（X_3）、旱季（月降水量小于 40mm 的月数）、干燥度（X_7）；作为第二组中对植物生活型有显著影响的气候因子（自变量）是年平均降水量（X_4）和极端最低温度（X_6），在双重筛选逐步回归过程中剔除的对植物生活型没有显著影响的气候因子（自变量）里，除包括第一组中剔除的所有气候因子外，还剔除了最冷月平均最低温度（X_2）。取 F_x=5，F_y=5 作为自变量和因变量的取舍标准，对中国主要森林群落的植物生活型与气候因子的第二次双重筛选逐步回归的结果见表 3-13。

表 3-13　中国主要森林群落的植物生活型谱与气候因子的第二次多对多双重筛选逐步回归统计模型

级别	生活型	模型	偏相关系数（r_i）	复相关系数（R_i）
一组	高位芽植物	Y_1=62.0201+0.0187X_4+1.1949X_6	r_4=0.508 r_6=0.790	R_1=0.961
	地上芽植物	Y_2=8.8974–0.0035X_4+0.0318X_6	r_4= –0.259 r_6=0.082	R_2=0.361
	一年生植物	Y_5=3.2857–0.0011X_4+0.0179X_5	r_4= –0.149 r_6=0.079	R_5=0.175
二组	地面芽植物	Y_3= –3.2519–0.6949X_6+9.0254X_7	r_4= –0.717 r_7=0.405	R_3=0.875
	地下芽植物	Y_4= –0.7689–0.7584X_6–2.3341X_7	r_6= –0.768 r_7= –0.121	R_4=0.831

从表 3-13 可以看出，第二次多重筛选逐步回归对生活型谱中的 5 种生活型的分组结果与第一次多重筛选逐步回归完全一致，但是对各组生活型有显著影响的气候因子，与第一次多重筛选逐步回归的结果有所不同。在第一组生活型中，作为有显著影响的气候因子仅保留了年均降水量（X_4）和极端最低温度（X_6），而筛除了第一次双重筛选逐步回归中保留的最冷月平均最低温度。在第二组生活型中，入选的气候因子有极端最低温度（X_6）和干燥度（X_7），而剔除了在第一次双重筛选逐步回归模型中保留的年均降水量（X_4），经过两次双重筛选逐步回归得到的多元线性优化模型及其各生活型与气候因子的相关检验结果，为我们深入揭示植物生活型与气候因子之间相互作用的基本规律提供了有力的帮助。以下我们仅就第二次双重筛选逐步回归结果作一简要分析。

从模型的偏相关系数来看，高位芽植物与年平均降水量（r_4=0.508）和极端低温度（r_6=0.790）均存有正相关关系，这一结果表明，年平均降水量愈大，极端最低温度愈高（愈温暖）的地区，高位芽植物在群落中所占比例愈大，反之，年平均降水量愈小，极端最低温度愈低（愈寒冷）的地区，高位芽植物在群落中所占的比例愈小。由此可见，高温多雨的气候，是高位芽植物充分发育的必要条件。作为例证，我们可以从云南西双版纳的热带雨林和大兴安岭的兴安落叶松林作一比较即可明显看到这一变化规律。在云南西双版纳（22.1°N，100.7°E），年平均降水量为 1549mm，极端最低温度为–0.7℃，高位芽植物在群落所占的比例 94.7%；而在大兴安岭地区（49.1°N，125.3°E），年均降水量为 482mm，极端最低温度为–44.1℃，高位芽植物在群落中所占的比例仅为 24.0%，进一步对高位芽植物与年均降水量和极端最低温度的偏相关系数进行比较可知，高位芽植物与极端最低温度的偏相关系数较高位芽植物与年平均降水量的偏相关系数为大。这一结果表明，在年平均降水量与极端最低温度这两个气候因子中，极端最低温度为影响高位芽植物的主导因子。

从地上芽植物与年平均降水量和极端最低温度的偏相关系数来看，地上芽植物与年均降水量存在着负相关关系（r_4= –0.259），以及与极端最低温度存在着正相关关系（r_2=0.082）。这一结果表明，在年均降水量较大，而极端最低温度较低（较寒冷）的地区，地上芽植物在群落中所占的比例最较小，反之，在年均降水量较小，而极端最低温度较高（较温暖）的地区，地上芽植物在群落中所占比例较大。从地上芽植物与这两个气候因子的偏相关系数比较结果判断，年平均降水量对地上芽植物的影响较大，为影响地上芽植物的主导因子。

一年生植物与平均降水量呈负相关（r_4= –0.149）关系，与极端最低温度呈正相关

（r_6=0.079）关系，一年生植物的这种相关表现和地上植物与这两个气候因素的相关表现是一致的。对一年生植物与年平均降水量的偏相关系数进行比较可知，年平均降水量为影响一年生植物的主导因子。很多研究表明，一年生植物是在具有干燥季节的气候中具有良好代表性的生活型，特别是在干旱炎热的沙漠区和草原区，明显地是以一年生植物占优势（朱忠保，1991），本模型反映的年平均降水量愈小，极端最低温度愈高（愈温暖）的地区，一年生植物在群落中所占比例愈大的变化趋势，是符合一年生植物与气候之间相互作用的基本规律的。

地面芽植物与极端最低温度呈负相关（r_4= –0.717），与干燥度呈正相关（r_7=0.405）。这一结果表明，在极端最低温度愈低（愈寒冷）、气候愈干燥的地区，地面芽植物在群落中所占的比例愈大，反之，在极端最低温度愈高（愈温暖）、气候愈湿润的地区，地面芽植物在群落中所占的比例愈小。对地面芽植物与极端最低温度和干燥度的偏相关系数进行比较可以看出，极端最低温度为影响地面芽植物的主导因子。

地下芽植物与极端最低温度和干燥度均呈负相关关系（r_6= –0.768，r_7= –0.121），这一结果表明，极端最低温度愈低（愈寒冷）、干燥度愈小（愈湿润）的地区，地下芽植物在群落中所占的比例愈大，反之，极端最低温度愈高（愈温暖）、干燥度愈大（愈干燥）的地区，地下芽植物在群落中所占的比例愈小。从偏相关系数比较可以看出，极端最低温度也是影响地下芽植物的主导因子。

综合上述分析可知，在各生活型与气候因子的双重筛选回归模型中，均保留极端最低温度这一气候因子，而且在高位芽植物、地面芽植物和地下芽植物中，极端最低温度均是起主导作用的因子，由此可见，极端最低温度对生活型的影响非常大，其次是年均降水量和干燥度。

对经过双重筛选建立的生活型与气候因子优化模型的复相关系数进行比较，还可以看出各生活型与气候因子的线性相关程度的大小。高位芽植物与年平均降水量（X_4）和极端最低温度（X_6）的复相关系数最高（R_1=0.961），说明高位芽植物与年平均降水量和极端最低温度的线性相关程度最高，地面芽植物和地下芽植物与极端最低温度（X_6）和干燥度（X_7）的复相关系数仅次于高位芽植物（R_3=0.875，R_4=0.831），其线性相关程度也较高，居于第 2 位和第 3 位，地上芽植物与年降水量（X_4）和极端最低温度（X_6）的线性相关程度居于第 4 位（R_2=0.361），一年生植物与年降水量（X_4）和极端最低温度（X_6）的线性相关程度较差（R_5=0.175）

生活型与气候因子的线性相关程度也可反映出各生活型对气候环境变化的敏感程度。从以上分析比较可以认为高位芽植物、地面芽植物、地下芽植物是对气候环境变化反应较灵敏的生活型，其次是地上芽植物，最差的是一年生植物。

四、结论与讨论

（1）中国主要森林群落的高位芽植物、地面芽植物、地下芽植物等植物生活型与纬度、经度、海拔存在着较强的线性相关关系，其次是地上芽植物，一年生植物与这些地理因素基本上不存在线性相关关系。

（2）各种生活型与气候因子的线性相关表现和各种生活型与地理因子的线性相关表

现基本一致。影响高位芽植物、地上芽植物、一年生植物等生活型的主要气候因子是极端最低温度和年平均降水量，影响地面芽植物和地下芽植物的主要气候因子是极端最低温度和干燥度。由此得出结论为：极端最低温度对各地生活型谱的形成起着主要作用。影响高位芽植物和地面芽植物，以及地下芽植物的主导气候因子是极端最低温度，影响地上芽植物和一年生植物的主导气候因子是年均降水量。

（3）一年生植物对地理因子的变化反应较迟钝，而对气候因子的影响反应较灵敏，因此，建立生活型与气候因子的统计数学模型较建立生活型与地理因子的统计数学模型，更容易较准确地揭示生活型与环境之间的内在联系。

（4）从定量的角度研究生活型与环境因子之间的关系是一种新的尝试，虽然本章节所取的研究资料还很有限，但其结果有很强的说服力，它比单纯的定性研究能够更为深入地揭示植物对环境的趋同适应现象，这种适应现象的原理和对气候环境的指示性在“全球变化”的研究中也具有非常重要的意义。

第四章　中国森林群落物种多样性空间变化特征

中国地处欧亚大陆的东南端，幅员辽阔，气候类型多样，地形条件复杂，植物的发展及分布具有其特殊性。从森林分布情况来看，其有显著的水平地带性分异规律和垂直地带性分异规律，因此，森林群落及其物种无论在数量上还是在种类组成上均表现了一定的地带性特征。

本章从地理学时空变化的角度分析和研究我国森林群落物种多样性在三维地理空间（纬向、经向、山地海拔梯度）的变化特征。涉及物种仅为植物物种，森林群落物种多样性仅限于分析植物群落内乔木层、灌木层、草本层、层外植物层物种及其数量特征的空间变化特征。研究的范围为我国季风气候条件下森林区域，包括大兴安岭—吕梁山—六盘山—青藏高原东缘一线以东的东南半壁区。

第一节　中国森林群落物种多样性概况

一、森林物种丰富、特有种类多

中国森林区域跨越寒带、温带、亚热带和热带4个气候带，地形复杂，生态环境多样，孕育了丰富的物种资源。同时，在中国，地质时期的气候变化对于整个植物界的发生、发展和演化都是极为有利的，从中生代裸子植物繁盛时期到新近纪被子植物发展时期均为温暖的气候类型，第四纪冰期中国没有直接受到北方大陆冰盖的破坏，只受到局部山岳冰川和气候移动的影响，整体上保持了新近纪古热带比较稳定的气候，致使植物区系保存比较完整，加之中国境内的许多植物避难所存在着许多起源古老和孑遗成分，从而使现代物种丰富。但是由于人类社会的发展，原始森林的破坏很大，大都只在偏远山区保存较为完好。因此，给调查物种资源方面带来了许多困难，至今调查仍在进行，新的物种仍不断增加。根据吴征镒（1991）院士提出的中国被子植物的分类系统，计有329科，3172属，30 000多种，郑万钧提出的裸子植物的分类系统，计有10科，36属，197种，合计我国种子植物现有339科，3208属，26 450种（王荷生，1992）。除水生、沼生及仅分布于干旱、荒漠草原或青藏高原的40余科小种、属植物外，其他绝大多数科在森林或森林区域中都有分布。其中，含200种以上的大科有30科，合计含1793属，17 370多种，是中国森林区系的优势科。此外，苔藓植物约2200种，蕨类植物约2600种。特有种有15 000～18 000种，占高等植物的50%～60%，其中，种子植物有7个特有科，243特有属，特有种分布中心大致位于横断山区、华中和滇桂黔3个分化中心。

二、森林物种分布不均匀

我国森林物种不仅表现出种类的丰富性，而且物种数量、组成等也表现出地域上的分布差异。从我国5个森林植被区域的分化来看，物种分布情况大致如下。

（1）寒温带针叶林区域　包括东经127°20'以西，北纬49°20'以北的大兴安岭北部及其支脉伊勒呼里山地区，主要为大兴安岭北部山地的兴安落叶松林区。区域内植物种类贫乏，野生维管束植物仅800余种，地带性植被主要是以兴安落叶松为优势种的落叶针叶林。

（2）温带针阔混交林区域　地理范围在北纬45°15'～50°20'，东经126°～135°30'，包括小兴安岭、完达山地红松针阔混交林和长白山地的红松、沙冷杉针阔混交林两个林区。区域内植物种类繁多，仅维管束植物大约有2000种，地带性植被主要以红松为优势种，伴生有多种阔叶林的红松阔叶混交林。

（3）暖温带落叶阔叶林区域　位于北纬32°30'～42°30'，东经103°30'～124°10'，包括辽东丘陵和平原的赤松、蒙古栎和麻栎林区；冀辽山地丘陵的油松、辽东栎、槲栎林区；黄海河平原的栽培林区；晋陕黄土高原的油松辽东栎槲树林区；胶东丘陵的赤松麻栎栓皮栎锐齿槲栎林区，晋南、关中平原的油松栓皮栎锐齿槲栎林区。植物种类估计有种子植物3500种左右，特有种子植物达40多种。地带性植被以栎林为主。

（4）亚热带常绿阔叶林区域　分布于以秦岭—淮河一线以南。南界大致于北回归线附近，东界为东南海岸和台湾岛及所属沿海岛屿，西界基本上与沿青藏高原的东坡向南延伸至云南西疆国界线的范围内，是我国最大的一个植被区域，占总国土面积的1/4左右。由于地域面积广，林区地域分化显著，物种不论在数量和种类上还是在空间上均有显著变化。南北分化为北亚热带、中亚热带和南亚热带，东西分化为湿润区、半湿润区域组合，植物种类相当丰富。据统计，区域内共有种子植物14 600种，分属200科，2600属，约占全国植物总种数的60%，总属数的59.6%，总科数的60%。特有化程度高，其中，特有单种属的比例大，特产于中国的单种属中，就有77属分布于此。孑遗植物多，著名的有银杏、水杉、银杉、鹅掌楸和珙桐等。本区典型的种类组成为壳斗科中的常绿种类、樟科、山茶科和竹亚科植物。

（5）热带季雨林、雨林区域　东起台湾静浦以南，西至西藏南部亚东、聂拉木附近，北界位于北纬21°～24°，基本位于北回归线以南。区域内植物种类丰富，具有热带性质。地带性植被以热带季雨林、雨林为主，但由于人为破坏，原始林仅存于局部山前地带。

尽管我国森林物种丰富，但由于社会的发展，森林物种丧失也相当严重，目前，我国已成为世界上物种丧失最严重的区域之一。2000年前的中国，森林覆盖率达50%，而今仅存13.93%，天然森林所剩无几，森林质量也在退化，数以百计的高等植物被列为中国濒危植物物种红皮书名录，以及国际濒危野生动植物物种国际贸易公约和国际濒危物种的红色名录，濒危植物种比例估计高达15%～20%。因此，我国是森林物种丰富的国家，也是其物种受威胁的国家之一。那么如何认识我们森林物种及其多样性的空间分布规律，制定区域性保护物种多样性的策略，则是本章要涉及的关于森林群落的物种多样性空间变化特征编写的意义所在。

第二节　中国森林群落物种多样性的空间变化特征分析

我国森林分布面积广，种类组成的多样化程度高。从北到南，跨越寒温带、温带、暖温带、亚热带和热带等热量区，从东向西，穿过湿润区半湿润区。由于气候条件的差异，我国森林植被表现出一定的纬向变化和经向变化的水平地带性分布规律和山地的垂直地带性分布规律，这些规律在一定程度上也体现了森林群落及其物种多样性存在着一定的空间变化特征。本节在讨论森林物种多样性的空间变化特征时，是基于中国森林植被的分布规律来探索森林群落物种多样性的分布及空间变化规律的，即根据地带性森林植被典型的植物群落，计算其相应的森林群落物种多样性指数来代表其物种多样性数量特征，从而定量地分析我国森林群落物种多样性的地带性分布及变化特征。这种在一定的植被区内典型群落的物种多样性的沿一定经度、纬度变异的特点，称为森林群落物种多样性的水平地带性。其中沿纬度方向有规律的变化称纬向地带性，沿经度方向有规律的变化称经向地带性。在山地上沿一定海拔有规律的变化称森林群落物种多样性的垂直地带性。

一、森林群落物种多样性空间变化的分析指标

对于物种多样性的分析指标，自 1934 年 Fischer 第一次提出物种多样性（species diversity）以来，由于研究者所涉及的研究领域和研究目的的差异，提出的定义和测量的指标也不完全相同。从总的情况来看，通常物种的多样性主要包括 3 种含义，一是种的丰富度和多度，二是种的均匀度和平衡性，三是种的多样性。从物种多样性的测定来看，方法很多，各自的方法也是基于研究者的研究重点不同而不同，主要有 6 种计算方式：①以一定面积或单位面积内种的数量来表示多样性，如 Patrick 指数、Gleason 指数和 Dahl 指数。②以种的数目（S）和全部种的个体总数（N）综合表示的多样性，如 Margalet 指数、Menhinick 指数。③以种的数目（S），全部种的个体总数（N）及每个的个体数（N_i）综合表示的多样性，如 Simpson 指数、Hill 指数。④以相对密度、相对盖度、重要值或生物量等为基础的物种多样性指数，如 Whittaker 指数、Andair 指数和 Goff 指数。⑤用信息公式表示的多样性指数。⑥基于总的多样性指数的均匀性指数，等等。每个指数的提出均在生态学中具有一定的重要性，有一定具体的、实际的分析意义。

研究中国森林群落物种多样性的空间变化的特征，选用分析指标时需考虑物种多样性地区间比较和分析实际的可操作性。据我国丰富的物种资源及其地区间的差异性，结合本研究的目的，确定选择指标的原则如下。

（1）物种多样性分析指标简单易操作，而且物理意义明确。

（2）空间分析单元大小尺度的选择。在分析空间变化特征时，若选择单元太大，物种在大范围空间上的统计具有一定的不严密性，而且过大的面积分析的样点少，分析结果必然很粗略，不能真实地反映我国复杂的气候和地形条件下物种多样性的地带性变化特征。太小的单元分析起来过于烦琐，空间样点多但存在不必要的重复计算和分析过程，不适合系统地、宏观地分析体现我国物种多样性的变化趋势。

（3）选用的指标必须为分析空间变化的一个标准量。即可以定量地表示各地区物种多样性的相对大小，又可以在空间的任何区域进行数学意义上和生态意义上的比较、分析。

根据上述原则，采取的具体方法是：

（1）选择空间分析单元尺度时，以我国森林类型区为分析单元，在各林区选取典型的植物群落为分析样点。山体的垂直分布点则以森林垂直带谱中的典型植物群落为样点。这样，在我国各地带性森林植被带内选择一个或几个代表性植物群落组成系列分析样点，宏观地反映我国森林群落物种多样性的水平方向的空间变化特征。山地中，在各森林垂直带谱中选择一个典型植物群落组成一系列分析样点，反映山地物种多样性垂直方向的空间变化特征。

（2）物种多样性指数选择 Gleason 指数为分析指标。

$$I_{\text{Gleason}}=S/\ln A$$

式中，S 为物种总数；A 为调查物种的面积。I_{Gleason} 表示单位面积的物种数，这样既消除了区域间植物群落调查面积的差异性，又定量地描述了各植物群落物种多样性的相对大小，还可以作区间比较。

在计算中，A 的面积选用的是森林群落的调查面积。因此，计算的结果只表现了一种相对大小。例如，文中分析植物群落各层次物种多样性变化时，I_{Gleason} 的计算包括了 I_{t}（乔木层物种多样性）、I_{sh}（灌木层的物种多样性）、I_{h}（草本层的物种多样性）等，其中 $I_{\text{t}}=S_{\text{t}}/\ln A$、$I_{\text{sh}}=S_{\text{sh}}/\ln A$、$I_{\text{h}}=S_{\text{h}}/\ln A$，公式中面积均选用的是该植物群落的调查面积，而不是乔木层、灌木层和草本层物种的各自的调查面积，原因主要是调查资料不完整。尽管这样，也能宏观反映各层物种多样性的相对的大小，反映其数量的空间变化的特征。

群落物种多样性在物种数量上的空间变化主要表现在空间趋势变化和地区间波动变化两个方面。趋势变化用多样性指数变化速率 k 定量表示，波动变化用多样性指数的变异系数 Cv 定量表示。这样，既可以表示物种多样性在空间的增加或减小的趋势，又可以定量地描述这种趋势的相对大小，同时定量比较物种多样性地区间变化程度差异。

二、森林群落物种多样性的空间变化

（一）水平地带性的变化特征

1. 分析样点的空间分布及特点

为宏观地、全面地反映我国森林区域内的物种多样性水平地带变化特征，在选择典型植被群落时，以吴征镒院士等主编的《中国植被》巨著中所划分的植物区划为依据，在其划分的各森林类型区都尽量地选择典型群落的样方调查资料为分析材料。这样，从北至南，得到了 30 多个典型群落样方作为分析样本点。具体情况如下。

以上各样方点在我国森林区分布状况如图 4-1 所示。

图 4-1　本章采用的中国森林区典型群落与分布示意图

从表 4-1 中可以看到，样方点的布局几乎遍布了我国主要的典型地带性植被类型区，样方点的空间格局代表了我国典型森林植物群落分布总体特点，因此，可以用来宏观反映中国森林群落物种多样性水平地带性变化特征。

表 4-1　中国森林群落物种多样性分析样点的空间分布及典型群落系列

植物区域	植被地带	森林	分布区域	典型群落名称	样方地点	群落号	北纬/（°）	东经/（°）
寒温带针叶林区域	寒温带针叶林* 落叶针叶林地带	兴安落叶松林	大兴安岭北部山地					
温带针阔混交林区域	温带针阔混* 交林地带	红松针阔混交林	小兴安岭、完达山地					
	温带南部针阔混交林地带	红松沙冷杉针阔混交林	长白山地					

续表

植物区域	植被地带	森林	分布区域	典型群落名称	样方地点	群落号	北纬/（°）	东经/（°）
暖温带落叶阔叶林区域	暖温带落叶*阔叶林地带（北部栎林）*	赤松蒙古栎麻栎林	辽东丘陵-平原					
		油松辽东栎槲栎林	冀辽山地丘陵	栎林	北京山地	J_1	39.40	115.33～117.5
		油松辽东栎槲树林	晋陕黄土高原	栎林	黄土高原	J_2	37	108
		赤松麻栎林	胶东丘陵	赤松林	江苏云台山	J_3	34.3	119.29
	暖温带落叶阔叶林地带（南部栎林）	油松麻栎栓皮栎林	鲁中、南山地丘陵					
		油松栓皮栎锐齿槲栎林	晋南、关中平原	落叶栎林	河南宝天曼	J_4	33.25	111.11
				落叶栎林	秦岭北坡	J_5	33.5	108
亚热带常绿阔叶林区域（东部湿润常绿阔叶林亚区域）	北亚热带常绿落叶阔叶混交林地带	*栽培植被	江淮平原					
		落叶栎林、苦槠马尾松林	江淮丘陵	薹草椎木栓皮栎皮栎	安徽安在、广德	J_6	30.5	117
		落叶栎林、青冈林、黄山松林	桐柏山、大别山山地丘陵	薹草米饭树枫香栓皮栎	太湖口	J_7	30.4	116
		栎类林、巴山松、华山松林	秦巴山地丘陵	短柄枹	化龙山	J_8	32.02	109.35
				青冈毛黄栌栓	神农架	J_9	31.5	110
	中亚热带常绿阔叶林地带（北部）	青冈、苦槠林栽培植被	浙皖山丘	细叶土麦冬连蕊茶苦槠青冈	安徽安在附近	J_{10}	30	118.5
		甜槠、木荷林	浙、闽山丘	鹿角栲红楠甜槠	浙江乌岩岭	J_{11}	27.5	119.5
		*栽培植被水生植被	两湖平原					
		青冈栲类林	湘赣丘陵	红皮树青冈	桃源	J_{12}	29	111
				钩栗林	浏阳	J_{13}	28	114
		栲类润楠林	三峡、武陵山地	钩栗林栲树	会同	J_{14}	27	110
亚热带常绿阔叶林区域（东部湿润常绿阔叶林区域）				利川楠木	大庸	J_{15}	29	110.5
		润楠青冈林	四川盆地	白夹竹油樟	卧龙	J_{16}	30.45	102
				细龄柃木薯豆栲	缙云山	J_{17}	29.8	106.5
	中亚热带常绿阔叶林地带（南部）	栲类细柄蕈树林	浙南闽中山丘	马银花荷草赤楠木荷	武夷山	J_{18}	27.8	118
				白橡蕈树红楠	武夷山	J_{19}	27.5	118
		栲类蕈树林	南岭山地	罗浮栲	城步	J_{20}	26.5	110.5
				大果马蹄荷红钩栲	八面山	J_{21}	26	114
				红缘大果马蹄荷蕈树	南岭	J_{22}	24.5	114

续表

植物区域	植被地带	森林	分布区域	典型群落名称	样方地点	群落号	北纬/（°）	东经/（°）
	南亚热带季风常绿阔叶林带	*栲类木荷林石灰岩植被	三江流域山地					
		栲类青冈林石灰岩植被	贵州山原	箭竹亮叶水青冈	梵净山	J_{23}	27.49	108.45
		栲类木荷林	川滇黔山丘	杜茎山青冈栎栲树	金佛山	J_{24}	28.53	107.27
		*青钩栲厚壳桂林	台北丘陵					
		刺栲、厚壳桂林	闽粤沿海台地丘陵	大果厚壳桂厚壳椎栗	鼎湖山	J_{25}	23.5	112
				厚壳锥荷木锥栗	鼎湖山	J_{26}	23.8	112.35
		蒲桃黄桐林	珠江三角洲	亮叶肉实猴耳朵黄桐	罗岗	J_{27}	23.8	114
		*越南栲黄果厚壳桂林	粤桂丘陵山地					
		*青冈麻炆木林	黔贵石灰岩丘陵山地					
亚热带常绿阔叶林区域（西部）	中亚热带常绿阔叶林地带	滇青冈栲类云南松林	滇中高原盆谷	爆仗杜鹃滇青冈黄毛青冈	禄劝	J_{28}	25.5	102.5
		*云南松干热河谷植被	川滇金沙江峡谷					
半湿润常绿阔叶林亚区域	南亚热带季风常绿阔叶林地带	*铁杉冷杉林	滇西高山纵谷	帽头栎长花木城	中甸		27	100
		润楠青冈细叶云南松林	滇黔桂石灰岩峰林	异叶鹅掌栲桢楠	哀牢山东部	J_{29}	23.9	105
		栲类红木荷思芽松林	滇中南中山峡谷	刺栲毛木荷	哀牢山西部	J_{30}	22	100.6
热带季雨林雨林区域（东部湿润亚区域）	北热带半常绿季雨林、雨林地带	*季雨林湿润雨林	台南丘陵山地					
		*半常绿季雨林	粤东南滨海丘陵					
		半常绿季雨林热性灌丛	琼雷台地	毛粤紫薇幌伞枫麻栎	海南东方盆地	J_{31}	18	110
		季雨林	陕西南石灰岩丘陵山地	尖叶白颜凸胶榕海南菜豆树	海南西北部	J_{32}	18.2	110.4
				鸡毛松长柄栲密脉蒲桃海南杨树	云开大山	J_{33}	22.5	110
	南热带季雨林、湿润雨林	季雨林、湿润雨林	琼南丘陵山地	蝴蝶树青梅亮叶肉实坡垒群落	吊罗山	J_{34}	18	110
西部半湿润亚区域	北热带季节雨林、半常绿雨林地带	*半常绿季雨林湿润雨林	滇东南峡谷中山					
		季节雨林、季雨林	西双版纳间山盆地	龙果大叶白颜罗马黄叶树	勐腊	J_{35}	21.7	101.5
		半常绿季雨林	滇西南河谷山地	阿萨姆婆罗双羯布罗香桄榔	盈江	J_{36}	24.4	97.34
				马蹄果-刺栲	盈江	J_{37}	24.4	97.34
		*季雨林雨林	东喜马拉雅南翼河谷					

*表示缺少群落调查资源

注：J_1～J_{37}为群落代码，按表中的排序为顺序编码

2. 森林群落物种多样性的纬向变化特征

如前所述，为定量分析我国森林物种多样性的空间变化特征，本章选用了 Gleason 物种多样性作为分析指标。为全面、立体地分析物种多样性变化特点，我们分别计算并分析了典型群落内总体物种的 Gleason 多样性指数（I_t）及乔木层、灌木层、草本层和层外植物的 Gleason 多样性指数变化特点（分别为 I_t、I_{sh}、I_k 和 I_c）。同时考虑到，为保证分析物种多样性变化时主要生态因子气候条件的相对一致性，在分析纬向空间变化时，主要选取东南季风气候区（110°E～120°E）的典型群落为分析样点。具体的选取样方点及各点的物种多样性指数计算结果见表 4-2。

表 4-2　东南季风气候区 110°E～120°E 纬向变化典型群落及其物种多样性指数值

序号	典型群落代码	I_0	群落内各层次的 $I_{Gleason}$			
			I_t	I_{sh}	I_h	I_r
1	J_1	7.35	1.01	2.61	3.76	0
2	J_2	7.51	2.00	1.84	3.50	0.17
3	J_3	7.38	1.59	1.74	3.33	0.58
4	J_5	11.02	4.38	2.17	4.17	0.33
5	J_4	8.85	2.34	3.34	3.67	1.17
6	J_8	6.28	2.99	2.09	1.35	0
7	J_9	2.41	0.80	0.97	0.48	0
8	J_{16}	4.51	1.50	0.67	1.50	0.33
9	J_6	7.35	2.34	3.28	0.78	0.94
10	J_7	7.19	2.10	3.16	1.93	1.05
11	J_{10}	4.53	1.70	1.89	0.19	0.19
12	J_{17}	8.69	2.41	2.90	3.38	0
13	J_{12}	5.24	2.99	1.20	0.90	1.15
14	J_{15}	6.53	3.34	2.00	1.17	0
15	J_{24}	13.52	5.79	3.86	2.74	0.80
16	J_{13}	5.83	3.29	0.80	0.60	0.15
17	J_{11}	10.30	4.99	5.31	2.74	1.45
18	J_{18}	5.78	2.74	2.43	0.30	0.30
19	J_{23}	3.44	1.20	0.90	1.35	0
20	J_{14}	4.79	2.39	1.94	0.45	0
21	J_{20}	4.06	2.19	1.09	0.78	0
22	J_{21}	6.51	3.47	1.74	0.72	0.58
23	J_{22}	8.68	4.84	3.00	0.67	0.17
24	J_{26}	18.08	9.85	4.70	2.35	1.18
25	J_{27}	15.63	7.17	5.65	3.26	3.91
26	J_{25}	9.18	4.34	1.67	1.00	1.50
27	J_{33}	9.99	5.65	2.82	1.09	0.43
28	J_{31}	13.85	11.35	0.50	0.17	2.17
29	J_{32}	12.37	6.18	3.16	1.18	1.97
30	J_{34}	7.17	3.69	2.17	无记录	1.30

注：序号的排列顺序 1……30 是以纬度从北至南由低到高排列的；典型群落代码从表 4-1 和图 4-1 可查询群落名称及分布点；在计算 Gleason 指数时，I_o、I_t、I_{sh}、I_r 中，$I_{Gleason}=S/\ln A$，其中 A 均为乔木层的调查面积

森林群落总体物种及群落内各层次的物种多样性指数的变化曲线见图 4-2 和图 4-3。从森林物种分布状况来看，各热量带情况见表 4-3。

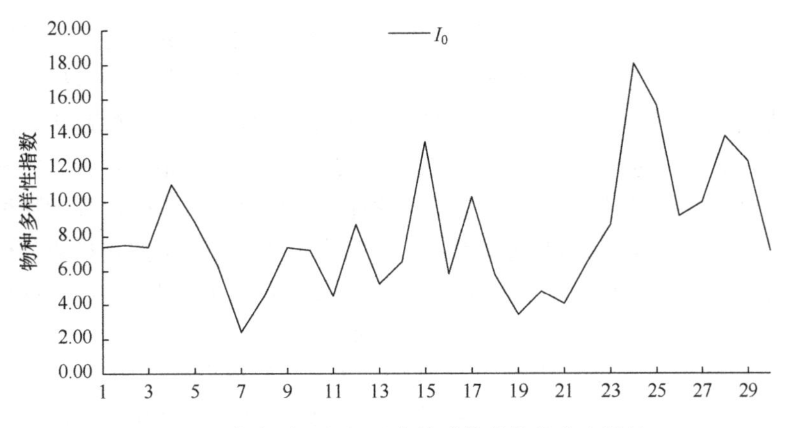

图 4-2 东南季风气候区森林群落总体物种多样性

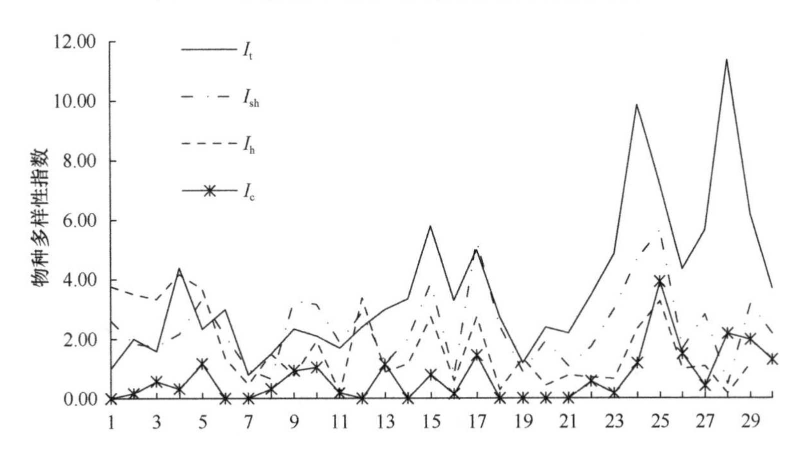

图 4-3 东南季风区森林群落各层次物种多样性纬向变化曲线图

表 4-3 各热量带典型森林群落总体物种及各结构层次物种平均物种多样性数值

指数	I_0	I_t	I_{sh}	I_h	I_c
暖温带	6.92	2.07	1.93	2.72	0.20
亚热带	8.16	3.83	2.70	1.39	0.24
热带	11.13	7.07	1.94	0.68	1.44

注：I_0 平均物种多样性指数；I_t 乔木层平均物种多样性指数；I_{sh} 灌木层平均物种多样性指数；I_h 草本层平均物种多样性指数；I_c 层外植物平均物种多样性指数

从表 4-3 中可知，森林总体物种多样性指数（I_0）最大的是热带，随纬度增加而逐渐减小，说明在我国，纬度越高，森林总体物种越贫乏，纬度越低，森林总体物种越丰富。但这种状态并不体现在森林各结构层次的物种变化中。对于乔木层和层外植物层物种的变化与森林总体物种的数量变化在空间上是相对一致的，即随纬度的增加，乔木和层外植物的物种趋于减少，其中，森林总体物种的变化与乔木层物种变化的相关系数最高，相关系数达 0.90。但灌木层和草本层物种变化不尽相同。灌木最丰富的地区是亚热带，其次依次为热带和暖温带（热带的灌木层中，乔木的幼苗占一定比例），草本最丰富的地区是暖温带，其次依次为亚热带和热带。

从森林物种的空间变化来看，森林总体物种及各层次的物种多样性指数的变化曲线呈一定趋势的波动变化的特征。书中选用了两个统计分析的参数定量分析这种变化特征。森林总体物种及各层次的物种多样性空间的波动变化，用各物种多样性指数的变异系数 Cv 来描述，Cv 值越大，表示空间波动变化越强，地区间差异性越大，用各曲线的变化斜率（k）来表示物种多样性空间趋势变化速率，k 值为正值时，表示物种多样性在空间上呈增加的趋势，k 值越大，增加的速率越快；k 值为负值时，表示物种多样性呈减少的趋势，k 值越大，减小的速率越慢。k 值的计算方法采用的是趋势分析法。分别作 I_0、I_t、I_{sh}、I_h 和 I_c 曲线从高纬度到低纬度序列变化的一元回归模拟。模拟方程为

$$y=kx+h$$

式中，y 表示物种多样性的模拟值，x 为从高纬度到低纬度的排列序号（1，2，3，…，30），k 为此趋势方程的斜率，其物理意义相当于物种多样性在空间上的变化速度（v）。具体分析结果如下。

I_0、I_t、I_{sh}、I_h 和 I_c 的趋势模拟曲线分别如图 4-4～图 4-8 所示。

I_0、I_t、I_{sh}、I_h 和 I_c 的空间变率系数 Cv 和变化速率 k 值如表 4-4 和表 4-5 所示。

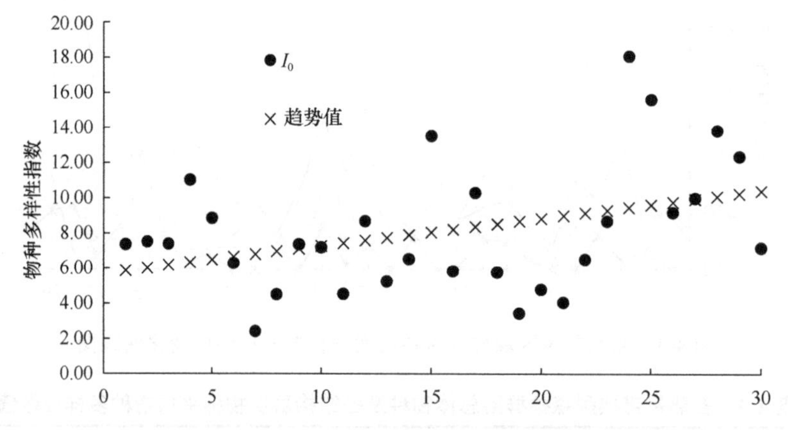

图 4-4　森林物种多样性按纬度的 I_0 的趋势变化曲线图

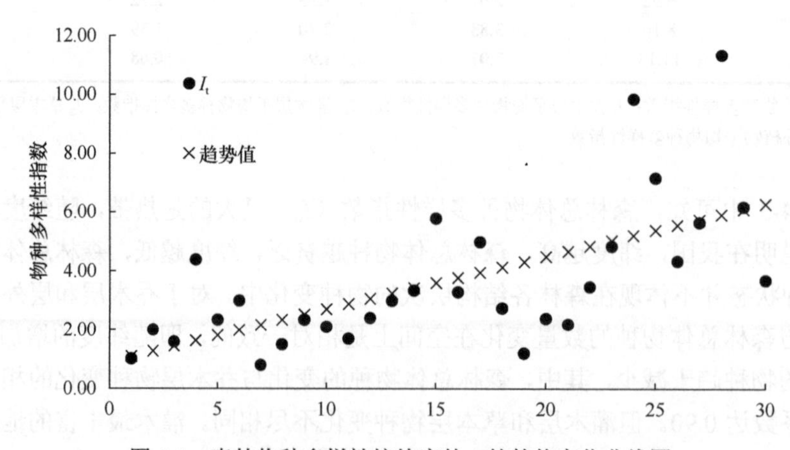

图 4-5　森林物种多样性按纬度的 I_t 的趋势变化曲线图

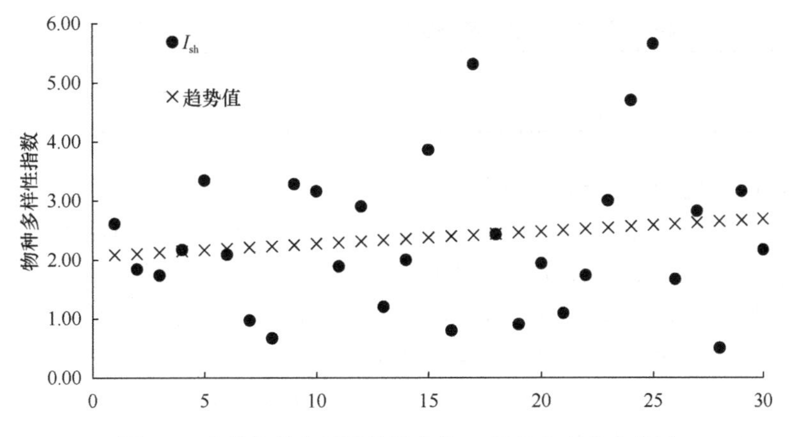

图 4-6　森林物种多样性按纬度的 I_{sh} 的趋势变化曲线图

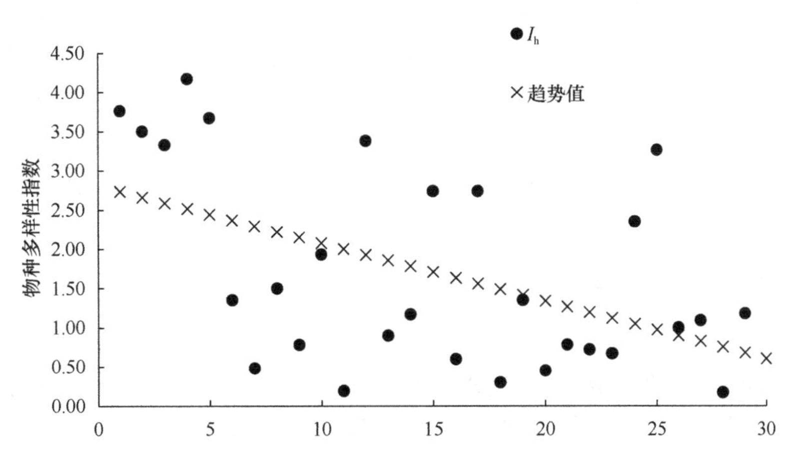

图 4-7　森林物种多样性按纬度的 I_h 的趋势变化曲线图

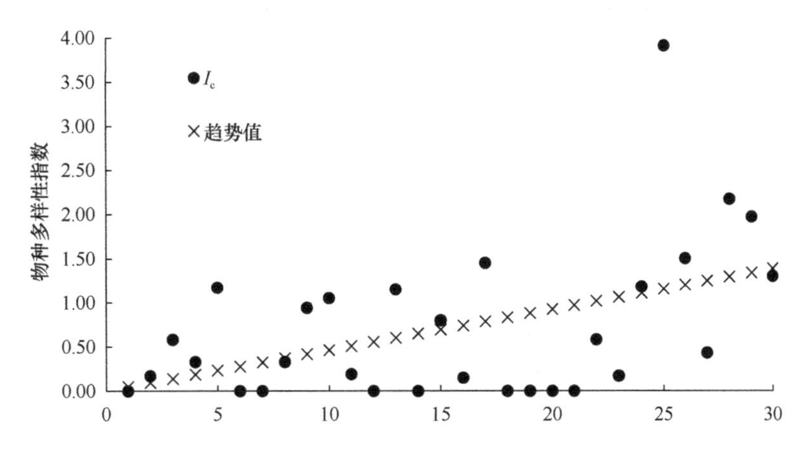

图 4-8　森林物种多样性按纬度的 I_c 的趋势变化曲线图

表 4-4　森林总体物种及各层次物种多样性的纬向变异系数值

Cv_o	Cv_l	Cv_{sh}	Cv_h	Cv_c
0.45	0.67	0.53	0.78	1.26

表 4-5　森林总体物种及各层次物种多样性的纬向变化速率值

k_0	k_t	k_{sh}	k_h	k_c
0.16	0.18	0.02	0.07	0.05

综合表 4-4 和表 4-5 的结果，可以得到以下结论。

在我国东南季风气候区，从高纬度到低纬度的序列变化中，森林总体的物种呈增加的变化趋势，其中乔木、灌木和层外植物呈此趋势变化，而草本层物种则呈下降的趋势。从趋势变化速率数值上看，乔木层物种的增长速率最快，是灌木层的 9 倍，是层外植物的 3.6 倍，因此，在森林总体物种数量趋势变化中，乔木层物种起到相当的决定作用。空间的波动变化各层次亦表现不同特点，层外植物物种变异最大，草本层物种次之，然后分别是乔木层物种和灌木层物种的变化，波动变化表现了物种多样性变化地区间的差异，乔木层和灌木层物种多样性表现出了比草本层和层外植物层物种多样性的空间变化的地区间稳定性。综合森林物种多样性变化，总体物种多样性与乔木层物种多样性变化相关性最大，相关系数高达 0.90。其次是与灌木层和层外植物物种多样性相关，相关系数分别为 0.7。各层次相互间物种多样性变化相关系数较低。那么，导致这种趋势波动的原因何在，各结构层次物种变化特征说明了一个什么生态问题等是以后研究中应注意的问题。

3. 森林群落物种多样性的经向变化特征

在湿润区向半湿润区过渡中，森林总体物种及各结构层次物种多样性具一定的空间变化特征。为全面分析这种变化特征，选择了 3 条跨越湿润区和半湿润区的路线为分析目标，这 3 条路线分别位于中亚热带、南亚热带和热带区域。具体选择样点如表 4-6 所示。

表 4-6　中亚热带、南亚热带和热带经向变化的典型群落代码

序号	中亚热带	南亚热带	热带
1	J_{11}	J_{27}	J_{31}
2	J_{10}	J_{26}	J_{32}
3	J_{18}	J_{26}	J_{33}
4	J_{13}	J_{29}	J_{34}
5	J_{21}	J_{30}	J_{35}
6	J_{22}		J_{35}
7	J_{18}		J_{17}
8	J_{15}		
9	J_{20}		
10	J_{14}		
11	J_{23}		
12	J_{24}		
13	J_{17}		
14	J_{22}		
15	J_{16}		

注：表中序号以经度从东到西顺序依次排列

各群落代码所代表的群落名称及它们各自的分布点参照表 4-1 和图 4-1。

1）中亚热带森林群落物种多样性的变化特征

中亚热带各典型群落的 I_0、I_t、I_{sh}、I_h 和 I_c 值如表 4-7 所示。

表 4-7　中亚热带森林群落各 Gleason 物种多样性指数值

序号	群落代码	I_0	I_t	I_{sh}	I_h	I_r
1	J_{11}	10.30	4.99	5.31	2.74	1.45
2	J_{10}	4.53	1.70	1.89	0.19	0.19
3	J_{18}	5.78	2.74	2.13	0.30	0.30
4	J_{13}	5.83	3.29	1.80	0.60	0.15
5	J_{21}	6.51	3.47	1.74	0.72	0.58
6	J_{22}	8.68	4.84	3.00	0.67	0.17
7	J_{12}	5.24	2.99	1.20	0.90	0.15
8	J_{15}	6.51	3.34	2.00	1.17	0.00
9	J_{20}	4.06	2.19	1.09	0.78	0.00
10	J_{14}	4.79	2.39	1.94	0.45	0.00
11	J_{23}	3.70	1.29	0.97	1.45	0.00
12	J_{24}	13.52	5.79	3.86	2.74	0.80
13	J_{17}	8.69	2.41	2.90	3.38	0.00
14	J_{28}	8.51	2.17	2.00	3.50	0.83
15	J_{16}	4.51	1.50	0.67	1.50	0.33

I_0、I_t、I_{sh}、I_h和I_c的变化图如下（图 4-9～图 4-14）。

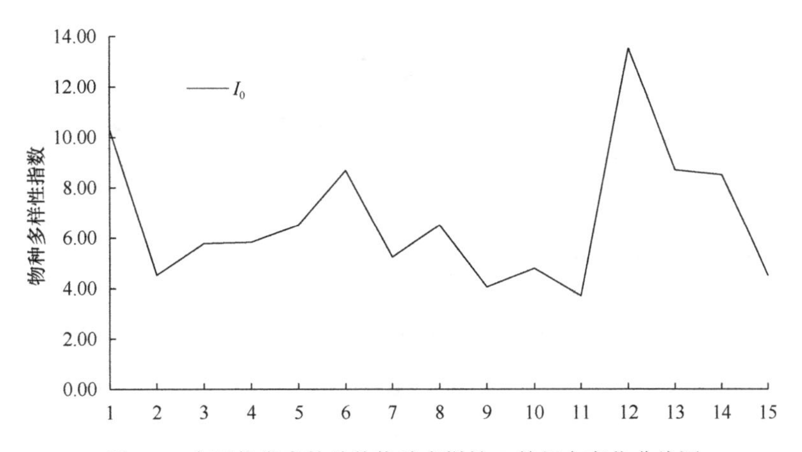

图 4-9　中亚热带森林总体物种多样性 I_0 的经向变化曲线图

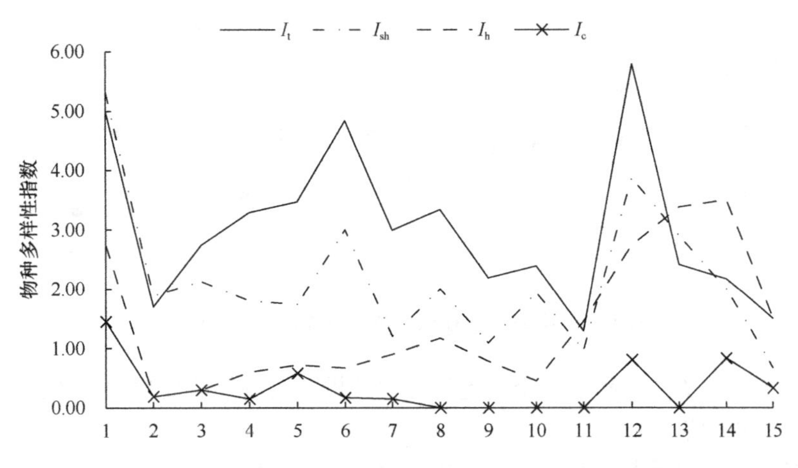

图 4-10　中亚热带森林群落各层次物种多样性经向变化图

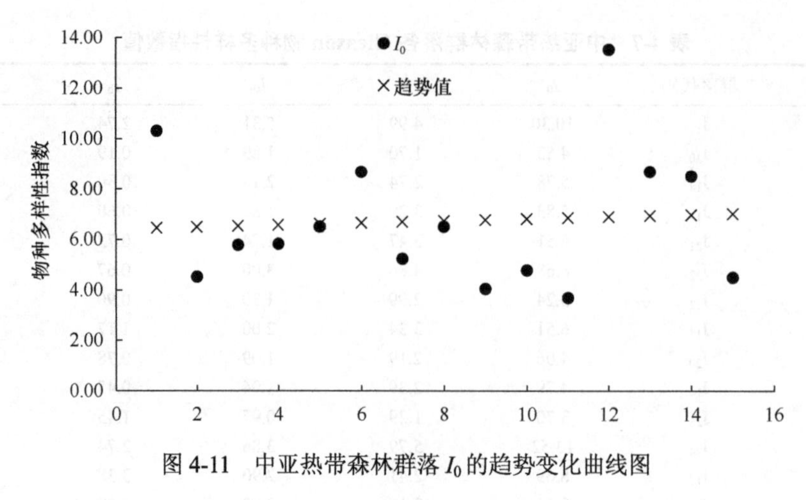

图 4-11　中亚热带森林群落 I_0 的趋势变化曲线图

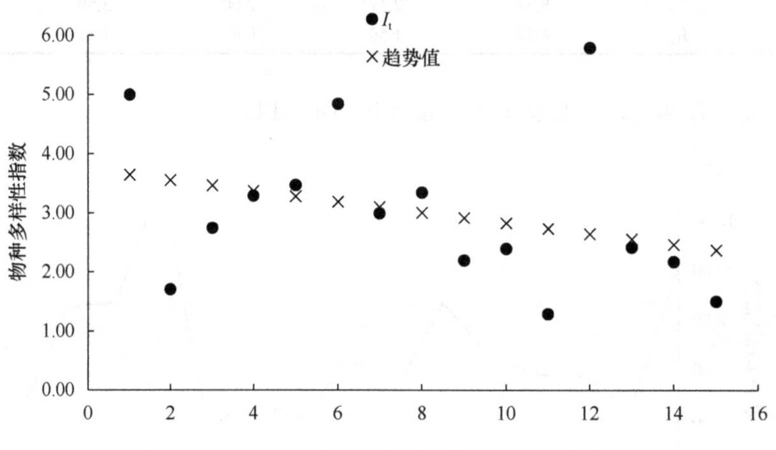

图 4-12　中亚热带森林群落 I_t 的趋势变化曲线图

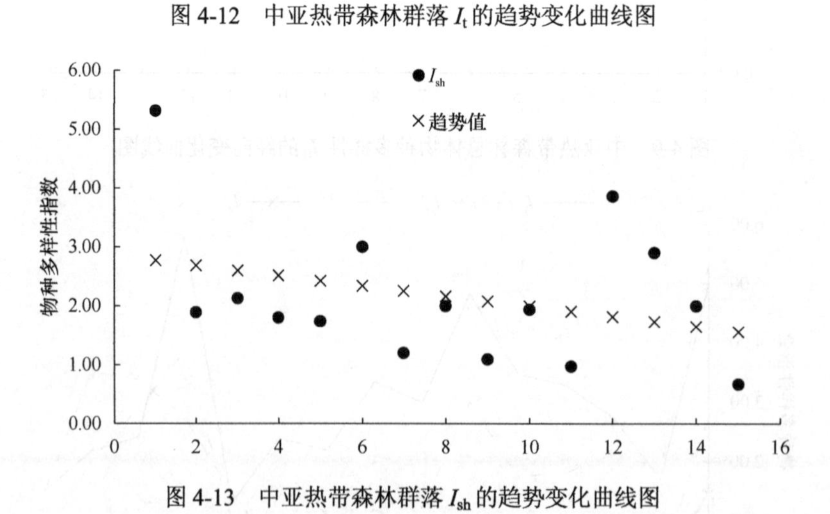

图 4-13　中亚热带森林群落 I_{sh} 的趋势变化曲线图

分别对 I_0、I_t、I_{sh}、I_h 和 I_c 作空间趋势变化分析并绘制趋势变化曲线图，计算它们的相应的 Cv 值和 k 值。

它们各自的变异系数和变化速率分别见表 4-8、表 4-9。

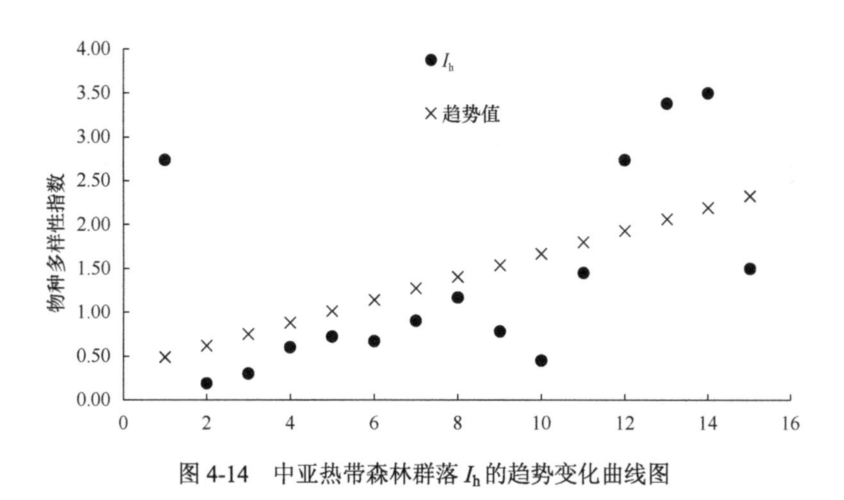

图 4-14　中亚热带森林群落 I_h 的趋势变化曲线图

表 4-8　中亚热带森林总体物种及各层次物种多样性纬向变异系数值

Cv_0	Cv_t	Cv_{sh}	Cv_h	Cv_c
0.40	0.44	0.55	0.80	1.27

表 4-9　中亚热带森林总体物种及各层次物种多样性经向变化速率值

k_0	k_t	k_{sh}	k_h	k_c
0.40	–0.09	–0.09	0.13	–0.02

综合表 4-8 和表 4-9 可以看出，在中亚热带的常绿阔叶林从东向西的变化中，森林总体物种多样性是呈增加的趋势，这主要是由于草本层物种大量增加。而森林中乔木层、灌木层和层外植物层的物种均呈下降的趋势，其中乔、灌物种下降速度相当，在这种变化趋势下，层外植物和草本层物种波动变化很大，高于乔、灌物种 1 倍以上。森林各层次间物种多样性变化中，相关性最好的是乔、灌物种变化，相关系数为 0.78。森林总体物种多样性的变化与乔木层和灌木层物种多样性变化相关度最高，相关系数分别为 0.82 和 0.83。说明在中亚热带森林群落物种多样性的经向变化中，尽管由于草本层物种多样性的增加导致森林总体物种的增加，但森林总体物种多样性整个空间变化是与乔木层和灌木层物种多样性密切相关的，变化总体特征受乔、灌物种多样性变化控制。

2）南亚热带森林群落物种多样性变化特征

南亚热带各典型群落的 I_0、I_t、I_{sh}、I_h 和 I_c 值如表 4-10 所示。

表 4-10　南亚热带森林群落各 Gleason 物种多样性指数值

序号	群落代码	I_0	I_t	I_{sh}	I_h	I_c
1	J_{27}	15.63	7.17	5.55	3.26	3.91
2	J_{26}	18.08	9.85	4.70	2.35	1.18
3	J_{25}	9.18	4.34	1.67	1.00	1.50
4	J_{29}	10.15	3.73	1.16	4.11	1.16
5	J_{30}	20.21	10.36	3.37	2.72	3.50

I_0、I_t、I_{sh}、I_h 和 I_c 的变化如图 4-15、图 4-16 所示。

I_0、I_t、I_{sh} 和 I_h 的空间趋势变化如图 4-17～图 4-20 所示。

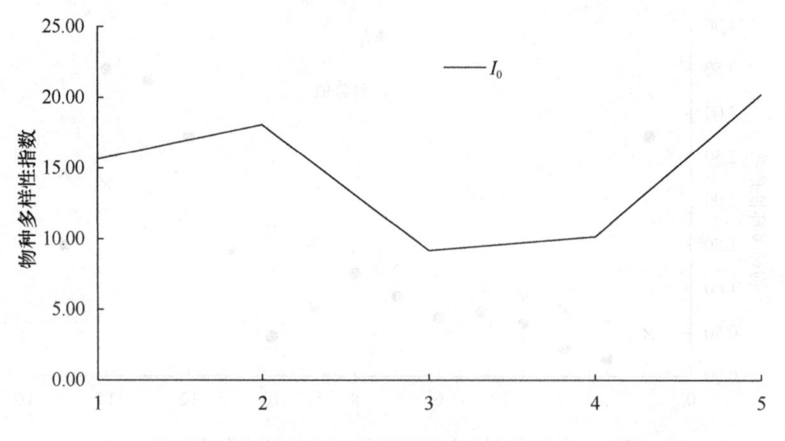

图 4-15　南亚热带森林总体物种多样性 I_0 的经向变化曲线图

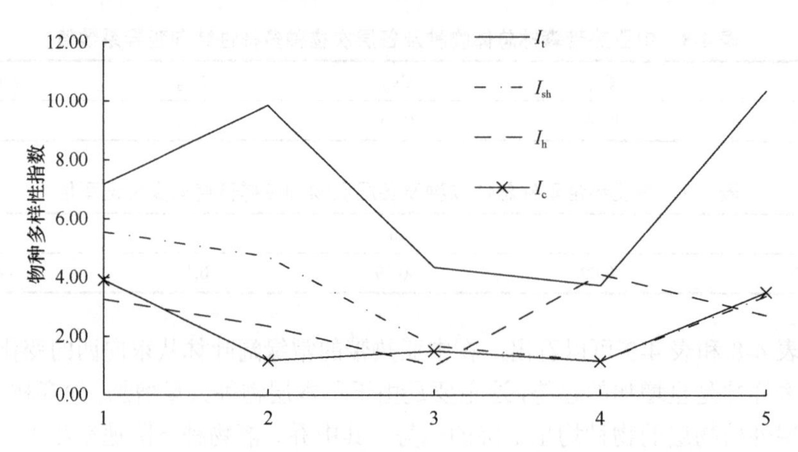

图 4-16　南亚热带森林群落各层次物种多样性经向变化曲线图

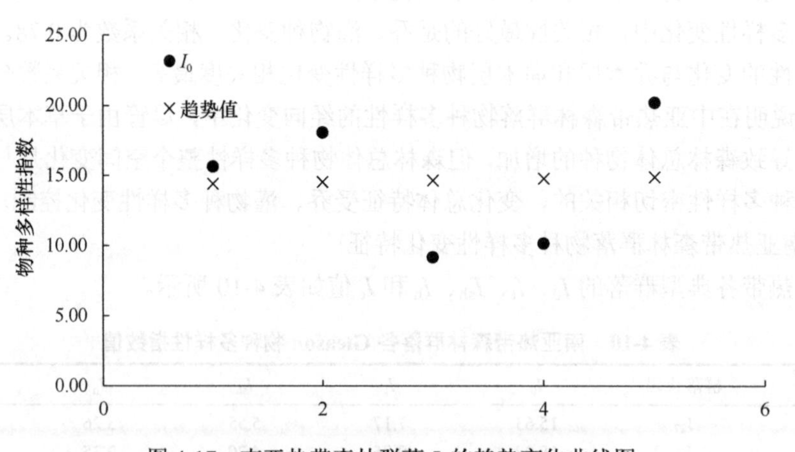

图 4-17　南亚热带森林群落 I_0 的趋势变化曲线图

它们各自的变异系数和变化速率分别如表 4-11 和表 4-12 所示。

如表 4-11 和表 4-12 所示在南亚热带季风常绿阔叶林从东向西的变化中，森林总体物种是呈增加的变化趋势，这一点与中亚热带常绿阔叶林地带相似，但增加的速率是它的 3 倍。其中，乔木层物种和草本层的物种同呈增加趋势，草本层物种多样性增加的速

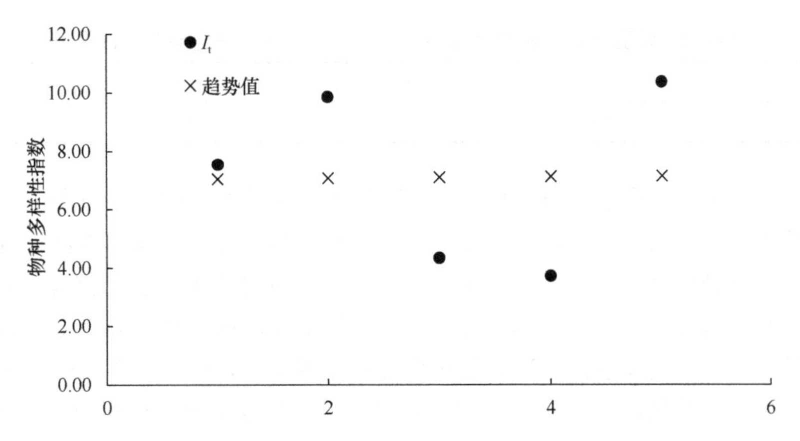

图 4-18　南亚热带森林群落 I_t 的趋势变化曲线图

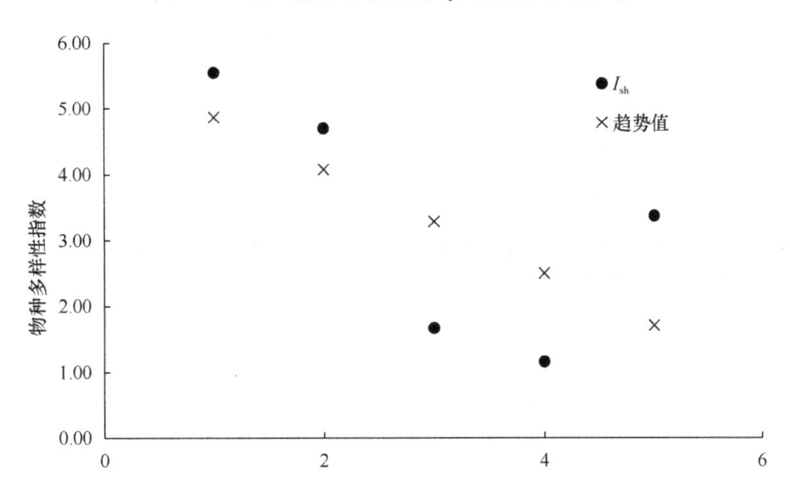

图 4-19　南亚热带森林群落 I_{sh} 的趋势变化曲线图

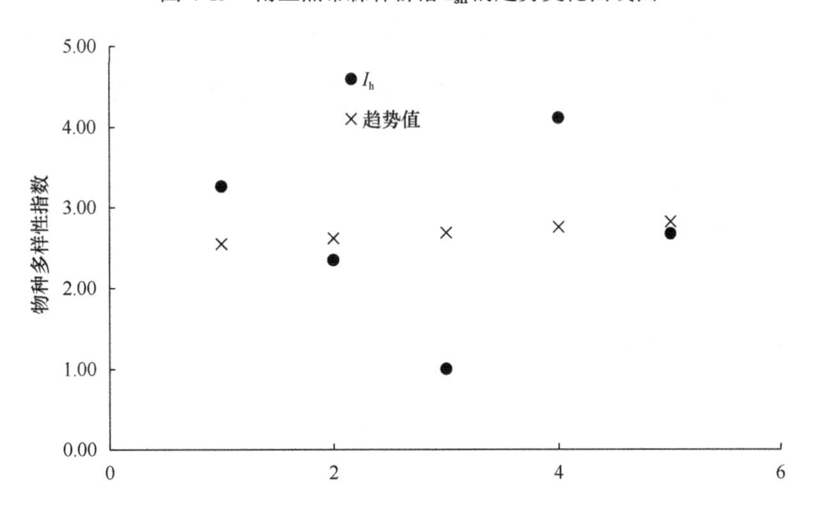

图 4-20　南亚热带森林群落 I_h 的趋势变化曲线图

表 4-11　南亚热带森林总体物种及各层次物种多样性经向变异系数值

Cv_0	Cv_t	Cv_{sh}	Cv_h	Cv_c
0.33	0.43	0.58	0.43	0.60

表 4-12　南亚热带森林总体物种及各层次物种多样性经向变化速率值

k_0	k	k_{sh}	k_h	k_c
0.12	0.03	0.81	0.07	−0.08

率是乔木层的 2.3 倍。乔木层的这种从东向西物种多样性增大的特点与在中亚热带区逐渐减小的特点相反，这主要是由于南亚热带西部地区尽管进入我国半湿润地区，但它位于我国云南省西部山区，这里山体高大，地形复杂，山地受西南季风影响，水分条件也相当优越，而且这些地区遥远偏僻，受人为干扰影响小，从自然社会历史发展的角度来看，植物是呈自然连续发展的状况，物种保存和发展完好，因此，乔木层的物种多样性较高。灌木层和层外植物层物种尽管与中亚热带一样从东至西呈逐渐减小的变化趋势，但减小的速率分别大于中亚热带 9 倍和 4 倍。在整个变化过程中，南亚热带东西向地区间波动变化平均小于中亚热带，森林总体物种多样性与乔木层物种多样性变化相关性最高，相关系数高达 0.98，其次以灌木层物种多样性相关，相关系数为 0.70。各层次间以乔木层和灌木层物种多样性变化相关性最高，相关系数为 0.68。

3）热带森林群落物种多样性的变化特征

热带森林东西向典型群落的 I_0、I_t、I_{sh}、I_h 和 I_c 值如表 4-13 所示。

表 4-13　热带森林群落各 Gleason 物种多样性指数值

序号	群落代码	I_0	I_t	I_{sh}	I_h	I_c
1	J_{31}	13.85	11.35	0.50	0.17	2.17
2	J_{32}	12.37	6.18	3.16	1.18	1.97
3	J_{33}	9.99	5.65	2.82	1.09	0.43
4	J_{34}	7.17	3.69	2.17	0.43	1.30
5	J_{35}	24.53	7.48	10.92	4.19	1.94
6	J_{36}	11.34	4.40	2.94	1.60	2.67
7	J_{37}	12.35	7.06	1.91	1.32	2.06

热带森林东西向典型群落的 I_0、I_t、I_{sh}、I_h 和 I_c 的变化图如图 4-21、图 4-22 所示。

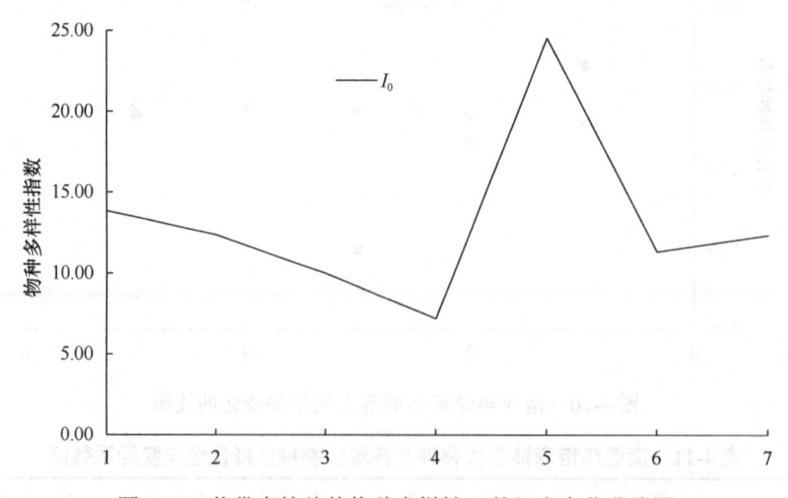

图 4-21　热带森林总体物种多样性 I_0 的经向变化曲线图

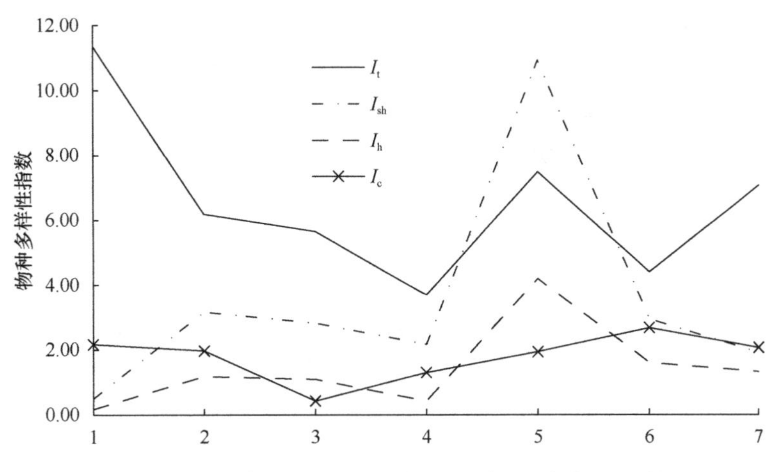

图 4-22　热带森林群落各层次物种多样性经向变化曲线图

I_0、I_t、I_{sh}和I_h的空间趋势变化如图 4-23～图 4-26 所示。

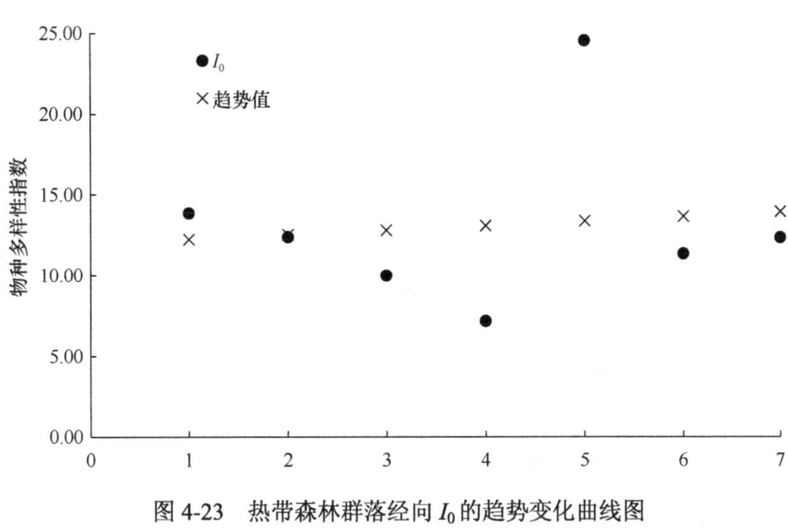

图 4-23　热带森林群落经向I_0的趋势变化曲线图

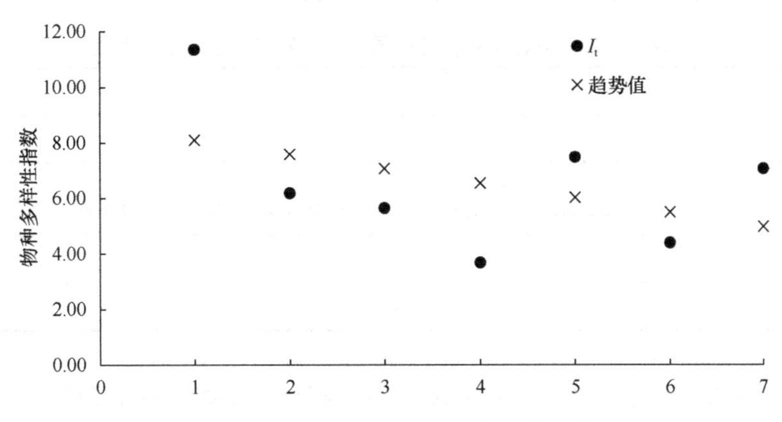

图 4-24　热带森林群落经向I_t的趋势变化曲线图

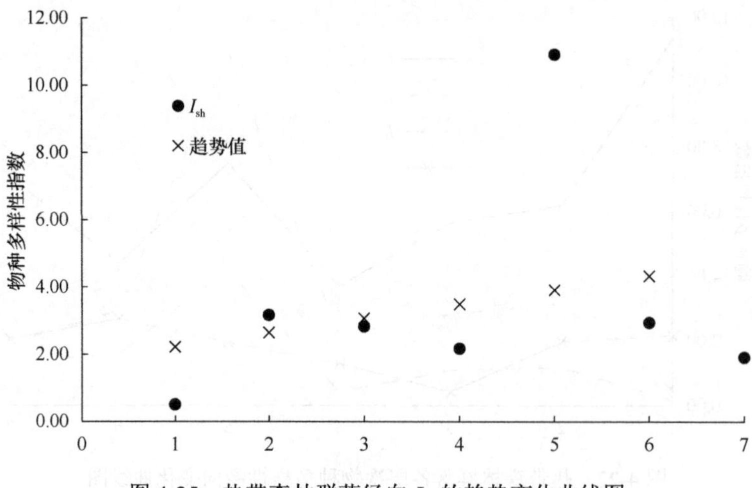

图 4-25　热带森林群落经向 I_{sh} 的趋势变化曲线图

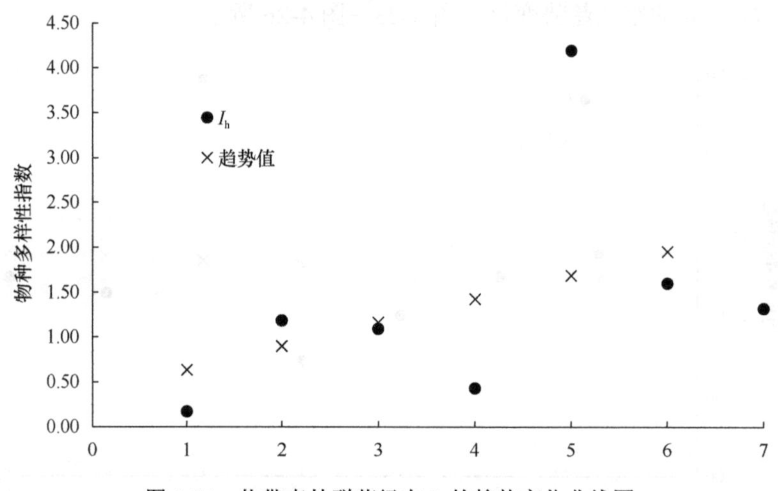

图 4-26　热带森林群落经向 I_h 的趋势变化曲线图

它们各自的变异系数和变化速率见表 4-14 和表 4-15。

表 4-14　热带森林总体物种及各层次物种多样性经向变异系数值

Cv_0	Cv_1	Cv_{sh}	Cv_h	Cv_c
0.42	0.38	0.97	0.92	0.4

表 4-15　热带森林总体物种及各层次物种多样性经向变化速率值

K_0	k_t	k_{sh}	k_h	k_c
0.28	–0.52	0.42	0.26	0.09

可以看出，在热带季雨林和雨林区域从东向西变化中，森林物种多样性呈增加趋势，主要是由于灌木层、草本层和层外植物物种多样性不同程度地增加。灌木层的物种增加速率最快，是草本层物种的 1.6 倍。增长缓慢的是层外植物物种。与此同时，乔木层的物种多样性呈减小的趋势，且变化速率居各层物种之首。在各层次物种多样性的变化中，

灌木和草本表现的地区差异最大，变异系数分别高达 0.97 和 0.92。森林总体物种多样性变化与灌、草物种多样性变化相关性最高，相关系数均为 0.90。各层次间灌木与草本物种多样性变化相关性最好，相关系数高达 0.97。

纵观我国中亚热带、南亚热带和热带三带东西向森林物种多样性空间变化的分析可以看出，三带森林总体物种多样性从东向西呈增加的趋势，而且从北至南增加的速度加快，数值从中亚热带的 0.04 增加到南亚热带的 0.12 再增至热带的 0.28，而南北地区间波动变异程度基本相当，平均变异系数为 0.38。森林总体物种这种增加的趋势是乔、灌、草和层外植物的物种综合影响后的结果。乔木层物种多样性除南亚热带区域有缓慢增加外，基本上表现了从东向西、从湿润区向半湿润过渡中减小的趋势，而且在热带区域减小得最快，同时，乔木层物种多样性在三带南北地区间变异系数也基本相当，平均为 0.41。尽管乔木层物种与森林总体的物种多样性增减变化趋势不尽相同，但它们之间变化的相关系数很高，说明了乔木层物种多样性实质上在整个森林物种变化中起着举足轻重的作用，它的地区波动差异的变化控制着森林物种多样性变化。灌木层物种从东向西在亚热带表现了减小的趋势，地区间变异比乔木层大，在热带区呈增加的变化趋势，表现了比乔木层更高的地区变异特点，三带灌木层物种的变化也表现了与森林总体的物种多样性之间变化的较高的相关性。因此，灌木层在整个森林物种多样性的地区间波动变化中亦起重要作用。草本层的变化趋势与总体的森林物种多样性变化趋势相似，但变化的相关性并不高，说明草本层物种在决定森林总体物种多样性的数量上有相当的作用，但不控制森林物种在空间的数量变化状况。

（二）森林群落物种多样性垂直变化特征

我国是一个多山的国家，山地占总国土面积的 2/3 以上。森林物种多样性在山地的垂直分布上存在一定规律。随着山地海拔的增加，山地依次出现不同的植被带，构成某一山地的植被的垂直带谱，各垂直带由相应变化的物种组成。因为植被的垂直带谱存在着两种山地森林类型，一种是湿润条件下以森林为主体的类型，另一种是以干旱气候条件下草原和荒漠区为代表的山地森林植被类型，森林物种多样性变化也相应地存在着类型上的差异。文中仅考虑在我国季风气候区以森林为主体的森林群落物种多样性的垂直变化特点。选择的分析样点为山地垂直带谱中的森林植被的典型植物群落。

1. 分析样点分布及特点

为全面分析我国从北到南、从东向西的山地垂直带中森林物种多样性的变化特征，我们尽可能在各林区选取典型山地作为分析对象，具体山地及其典型森林群落特征如表 4-16 所示。

以上列举的 16 座山地基本上代表了我国东西、南北向的水热变化序列。通过它们可宏观、综合分析森林群落物种多样性在山地内垂直方向的分布及变化特点，以及各山地间的森林群落物种多样性变化特征。

表 4-16　中国山地森林物种多样性分析样点及其典型群落系列

植物地带	水平地带植被类型	山地名称	北纬/(°)	东经/（°）	海拔/m	典型群落	群落代码
暖温带落叶阔叶林地带	晋南关中平原油松栓皮栎锐齿槲栎林	宝天曼	33.3	111.6	1020	• 绿叶胡枝子茅栗栓皮栎	M_1/J_4
					1180	• 蔓草胡枝子栓皮栎山杨短柄枹	M_2
					1440	• 桦叶荚蒾绿叶胡枝子锐齿栎	M_3
					1640	• 华山松锐齿栎	M_4
					1780	• 红脉钓樟鹅耳枥红桦	M_5
					1820	• 菰帽悬钩子色木槭锐齿栎	M_6
亚热带常绿阔叶林地带（东部）	北亚热带秦巴山地丘陵栎类巴山松华山松林	神农架	31.4	110	1050	• 毛黄栌栓皮栎	M_7J_9
					1450	• 刺叶栎林	M_8
					1700	• 胡枝子锐齿槲林	M_9
					1850	• 红桦华山松	M_{10}
					2350	• 山杨华山松	M_{11}
					2500	• 槭红桦巴山冷杉	M_{12}
					3000	• 粉红杜鹃巴山冷杉	M_{13}
	北亚热带桐柏山大别山丘陵落叶栎林青冈栎黄山松林	大别山	31	116	70～300	• 蔓草檵木苦槠	M_{14}/J_6
					750	• 蔓草檵木石栎青冈	M_{15}
					1000	• 胡颓子麻栎栓皮栎	M_{16}
					1500	• 短柄枹芽栗	M_{17}
					1700	• 蔓草黄山栎黄山松	M_{18}
					1800	• 黄山栎林（矮林）	M_{19}
	中亚热带常绿阔叶林北部四川盆地润楠青区林	卧龙	30.45	102.9	1300	• 白夹竹油樟	M_{20}/J_{16}
					1900	• 拐棍竹千筋树巴东栎	M_{21}
					1450	• 珙桐林	M_{22}
					2000	• 拐棍竹红桦疏花槭	M_{23}
					2650	• 峨眉玉山竹麦吊杉铁杉	M_{24}
					2700	• 峨眉玉山竹岷江冷杉	M_{25}
	中亚热带常绿阔叶林北部浙皖山丘槠林	黄山	30	118	250	• 苦槠青冈	M_{26}/J_{10}
					500	• 乌饭青冈甜槠	M_{27}
					800	• 红脉钓樟甜槠	M_{28}
					1200	• 蔓草胡颓子麻栎栓皮栎	M_{29}
					1630	• 蔓草黄山栎黄山松	M_{30}
亚热常带绿阔叶林地带（东部）	中亚热带常绿阔叶林南部川滇黔山丘栲类木荷林	金佛山	28.53	107～27	1400	• 杜茎山青冈栲树	
					1650	• 银杉树	M_{31}/J_{24}
					1750	• 金佛山方竹木荷峨眉栲曼青冈	M_{32}
					1800	• 金佛山方竹荷峨眉栲曼青冈	M_{33}
					1900	• 金佛山方竹方氏鹅耳栎云杉青冈峨眉栲	M_{34}
					1980	• 箭竹西南花椒巴东栎	M_{35}
					2000	• 箭竹鹅耳枥巴东栎	M_{36}
						• 多种杜鹃金佛山方竹矮林	M_{37}
					2100	• 鼠刺冬青茶条果石栎	M_{38}
	中亚热带常绿阔叶林南部贵州山原栲类青冈林石灰岩林	梵净山	27.79	108	1300	• 山茶珙桐	M_{39}/J_{23}
					1435	• 箭竹亮叶青冈	M_{40}
					1588	• 大箭竹黔桐落叶水青冈	M_{41}
					1680	• 光尾山茶巴东栎林	M_{42}
					1300	• 杜鹃铁杉	M_{43}
					2218	• 梵净山冷杉	M_{44}
	中亚热带常绿阔叶林北部浙闽山丘甜槠木荷林	乌岩岭	27.5	121	850	• 鹿角栲红楠甜槠	M_{44}/J_{11}
					890	• 红皮多穗荷	M_{46}
					1000	• 云山椆木荷	M_{47}
					1270	• 长柄山毛榉细叶青冈	M_{48}

续表

植物地带	水平地带植被类型	山地名称	北纬/(°)	东经/(°)	海拔/m	典型群落	群落代码
	中亚热带南部浙南闽中山丘栲类细柄蕈树林	武夷山	27.35	117.248	898	• 华里白马银花荷山赤楠木荷珙桐	M_{49}/J_{18}
					1350	• 乌饭蕨细齿柃鹿角杜鹃木荷黄山松	M_{50}
					1500	• 薹草细齿柃肿节竹木荷马尾松	M_{51}
					1625	• 箭竹福建山樱花黄山松	M_{52}
	中亚热带南部南岭山地栲类蕈树林	南岭	24.5	114	700	• 蕈树大果马蹄荷红缘甜槠	M_{53}/J_{22}
						• 冷箭竹羊角花木荷甜槠	M_{54}
					1500	• 福建柏冷箭竹木荷红缘甜槠	M_{55}
					1570	• 冷箭竹美丽南烛华南杜鹃	M_{56}
	南亚热带闽粤沿海台地丘陵刺栲厚壳桂林	鼎湖山	23.08	112.35	50	• 鱼尾藻凸脉榕	M_{57}
					150	• 厚壳桂木荷椎栗	M_{58}/J_{25}
					300	• 细叶石斑木红缘甜楠	M_{59}
亚热带常绿阔叶林地带（西部）	中亚热带滇西高山低谷滇青冈栲类云南松林	中甸哈巴雪山	27	100	2600	• 长花木樨帽头栎	M_{60}
					2700	• 箭竹大果红杉	M_{61}
					3200	• 黄背栎帽头栎云南松	M_{62}
					3210	• 箭竹云南铁杉	M_{63}
					3250	• 丽江云杉	M_{64}
					3800	• 杜鹃长苞冷杉	M_{65}
	中亚热带滇中高原盆谷滇青冈栲类云南松林	禄劝	25.5	102.5		• 爆仗杜鹃滇青冈黄毛青冈	M_{66}/J_{28}
						• 包斗栎元江栲	M_{67}
						• 旱冬瓜黄毛青冈云南松	M_{68}
	南亚热带滇中南山地栲类红木荷思茅松林	哀牢山	24.3	101.02	1162	• 腾冲石栎木果石栎景东石栎	M_{69}/J_{29}
					2200	• 疏齿椎林	M_{70}
					2490	• 毛蕨菜云南松	M_{71}
					2650	• 乌饭露珠杜鹃倒卵石栎	M_{72}
					2742	• 箭竹杜鹃云南铁杉	M_{73}
热带季雨林雨林地带（东部）	南热带琼南丘陵山地季雨林湿润雨林	海南省西南部山地	18	110	400	• 亮叶肉实坡垒青梅蝴蝶树	M_{74}/J_{24}
					800	• 海南杨枫冠脉蒲桃长柄栲鸡毛松	M_{75}
					1190	• 上思蒲桃滨樨榄栲陆均松	M_{76}
热带季雨林雨林地带（西部）	北热带西双版纳间山盆地季节雨林	西双版纳	21.5	101.5	500	• 逻马黄叶树大叶白颜龙果	M_{76}/J_{35}
					750	• 假含笑野橡胶	M_{78}

注：①群落代码编号 M_1……M_{77} 是以表中顺序排列的

②M_{n1}/J_{n2} 表示山地基带群落代码 *nt* 在水平分布点中对应的群落代码 *n*2。因此 M_{n1} 可以在图 4-1 中找到相应的地理位置 J_{n2}

2. 森林群落物种多样性垂直变化特征

计算各山地的垂直带谱中的森林总体物种及各层次物种多样性指数，结果如表 4-17 所示。

各山地的森林物种多样性指数变化曲线如图 4-27～图 4-42 所示。

表 4-17　各山地垂直带谱中森林总体物种及各层次物种多样性指数值

群落代码	山地群落序号	I_0	群落层次物种多样性			
			I_t	I_{sh}	I_h	I_c
M_1	1	8.85	2.34	3.34	3.67	1.17
M_2	2	12.02	2.00	3.36	4.84	1.50
M_3	3	14.35	1.07	5.17	7.51	0.50
M_4	4	15.52	1.05	3.84	9.51	0.67
M_5	5	12.85	2.00	3.17	6.34	0.33
M_6	6	13.19	1.50	5.17	5.84	0.67
M_7	1	2.25	0.80	0.97	0.48	0.00
M_8	2	2.09	0.64	0.80	0.48	0.00
M_9	3	4.34	1.93	1.77	0.64	0.00
M_{10}	7	4.18	1.29	0.80	0.97	0.80
M_{11}	5	4.99	0.97	1.45	0.64	0.32
M_{12}	6	7.88	2.74	2.09	2.09	0.64
M_{13}	7	2.57	0.16	0.97	0.97	0.80
M_{14}	1	7.36	0.94	4.72	0.19	1.51
M_{15}	2	4.53	1.70	1.89	0.19	0.75
M_{16}	3	5.61	1.23	1.93	1.58	0.88
M_{17}	4	8.98	2.32	3.18	2.61	087
M_{18}	5	7.35	0.16	4.69	2.03	0.47
M_{19}	6	5.43	1.23	2.10	2.10	0.00
M_{20}	1	4.51	2.00	0.67	1.50	0.33
M_{21}	2	3.50	1.17	1.34	0.67	0.33
M_{22}	3	19.19	7.68	2.50	8.01	1.00
M_{23}	4	10.92	3.14	2.69	2.69	2.39
M_{24}	5	7.03	1.50	2.69	2.54	0.30
M_{25}	6	8.55	12.14	2.14	2.59	1.68
M_{26}	1	5.51	0.67	3.00	0.83	1.00
M_{27}	2	3.40	1.70	1.13	0.00	0.57
M_{28}	3	3.70	1.61	1.45	0.32	0.32
M_{29}	4	5.61	1.23	1.93	1.58	0.88
M_{30}	5	7.35	0.16	4.69	2.03	0.47
M_{31}	1	13.84	5.79	4.51	2.74	0.80
M_{32}	2	3.50	0.33	2.00	0.50	0.67
M_{33}	3	9.84	6.08	1.45	1.45	0.87
M_{34}	4	7.88	4.34	2.25	9.98	0.32
M_{35}	5	5.78	2.81	0.70	1.05	1.23
M_{36}	6	5.85	3.02	0.57	1.89	0.38
M_{37}	7	5.47	3.86	0.80	0.48	0.32
M_{38}	8	4.67	2.67	0.67	1.00	0.33
M_{39}	1	3.60	1.88	1.41	0.31	0.00
M_{40}	2	3.70	1.29	0.97	0.45	0.00
M_{41}	3	4.47	2.76	0.79	0.66	0.26
M_{42}	4	4.53	2.64	1.13	0.75	0.00
M_{43}	5	4.15	1.70	0.57	1.32	0.55
M_{44}	6	6.08	2.32	1.01	2.30	1.45
M_{45}	1	14.48	4.99	5.31	2.74	1.45
M_{46}	2	10.16	4.06	2.66	1.41	2.08
M_{47}	3	11.35	3.50	4.57	1.67	1.67
M_{48}	4	11.59	3.54	4.67	1.98	1.43

续表

群落代码	山地群落序号	I_0	群落层次物种多样性			
			I_t	I_{sh}	I_h	I_c
M_{49}	1	5.78	2.74	2.48	0.30	0.30
M_{50}	2	5.17	1.67	1.67	0.01	0.92
M_{51}	3	6.38	1.22	1.37	1.52	0.92
M_{52}	4	3.46	1.57	1.10	0.16	0.63
M_{53}	1	8.68	4.84	3.00	0.67	0.17
M_{54}	2	8.33	4.01	3.00	0.50	0.83
M_{55}	3	6.68	4.67	1.34	0.33	0.33
M_{56}	4	4.78	3.04	1.52	0.22	0.00
M_{57}	1	9.12	4.13	1.74	1.09	2.17
M_{58}	2	18.08	9.85	4.70	2.35	1.18
M_{59}	3	9.95	3.26	3.91	1.52	1.52
M_{60}	1	7.51	0.33	3.00	4.17	0.00
M_{61}	2	13.39	1.15	3.76	10.48	0.00
M_{62}	3	7.68	2.34	2.00	3.00	0.00
M_{63}	4	8.01	2.50	2.00	3.34	0.17
M_{64}	5	7.34	1.67	1.34	2.50	1.84
M_{65}	6	6.49	1.40	1.58	1.58	1.93
M_{66}	1	8.51	2.17	2.00	3.50	0.83
M_{67}	2	9.01	1.00	2.50	4.84	0.57
M_{68}	3	9.18	2.00	2.00	3.50	1.57
M_{69}	1	19.47	6.23	2.11	5.01	6.12
M_{70}	2	9.34	4.34	1.18	1.48	1.97
M_{71}	3	4.32	0.69	1.38	2.25	0.00
M_{72}	4	10.42	3.00	2.57	1.86	3.00
M_{73}	5	12.27	3.81	2.40	2.54	3.50
M_{74}	1	7.17	5.86	2.17	0.00	1.30
M_{75}	2	9.99	4.78	3.69	1.09	0.43
M_{76}	3	10.42	8.47	1.30	0.65	0.22
M_{77}	1	24.53	7.48	10.92	4.19	1.94
M_{78}	2	10.79	5.16	3.13	1.72	0.78

注：山地群落序号是以某一山地低海拔向高海拔方向的序列

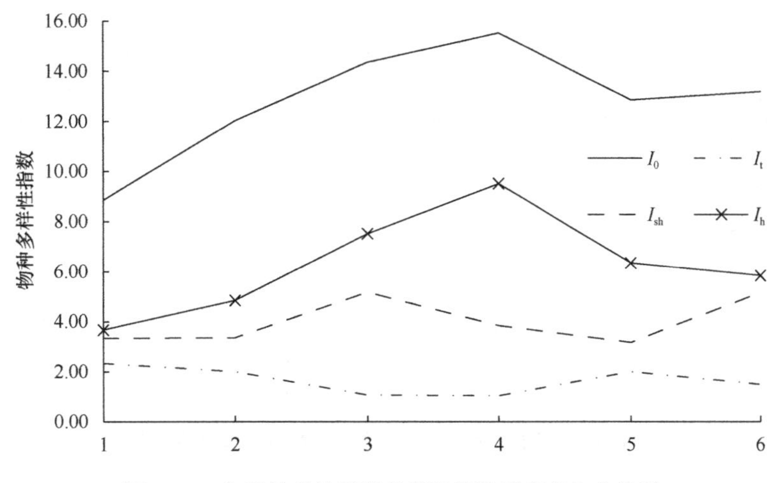

图 4-27　宝天曼森林群落多样性指数垂直变化曲线图

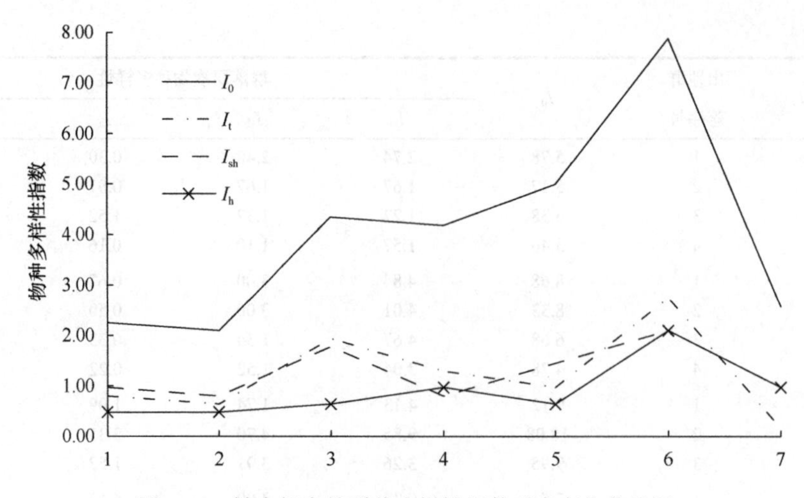

图 4-28　神农架森林群落多样性指数垂直变化曲线图

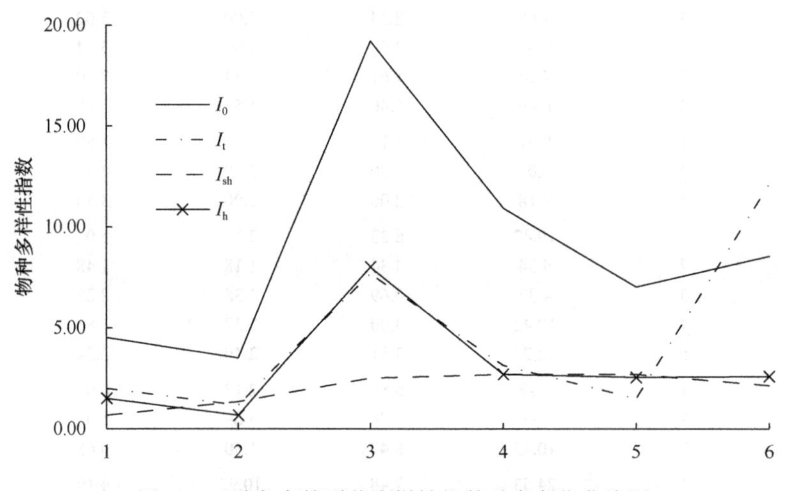

图 4-29　卧龙森林群落多样性指数垂直变化曲线图

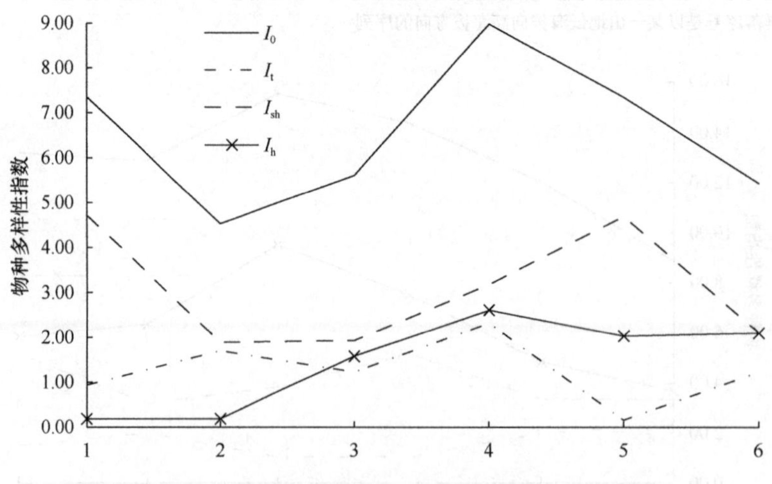

图 4-30　大别山森林群落多样性指数垂直变化曲线图

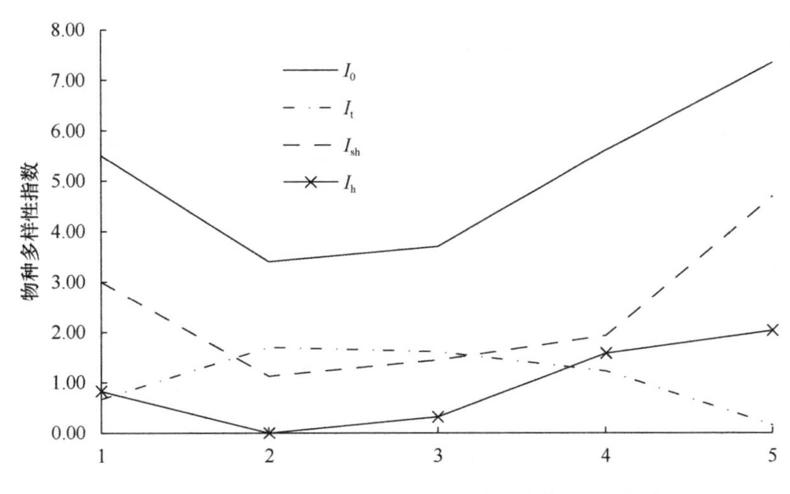

图 4-31　黄山森林群落多样性指数垂直变化曲线图

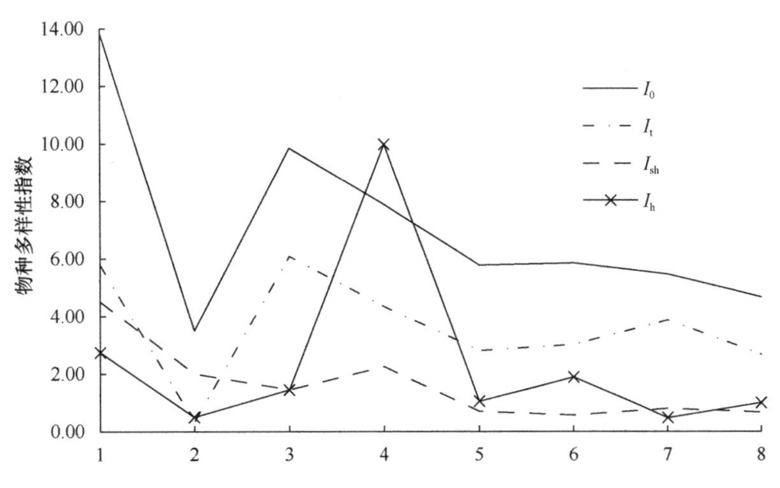

图 4-32　金佛山森林群落多样性指数垂直变化曲线图

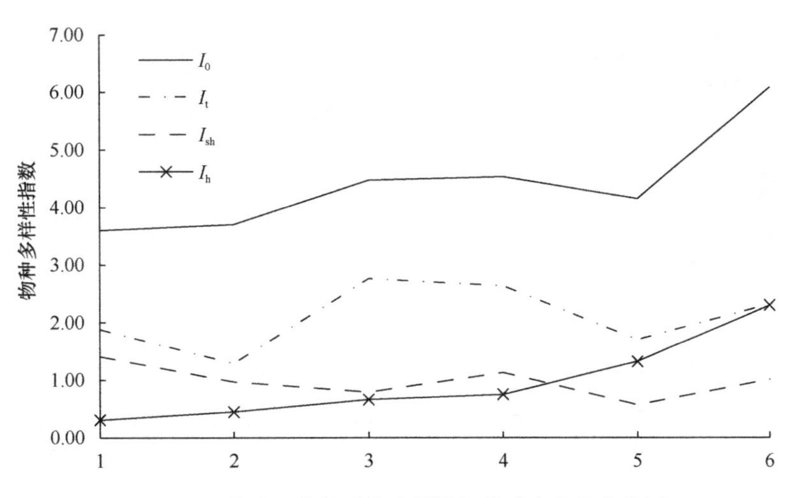

图 4-33　梵净山森林群落多样性指数垂直变化曲线图

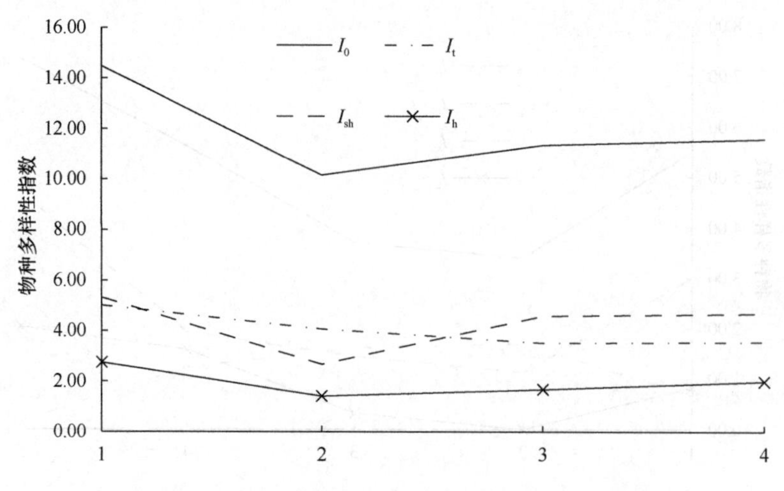

图 4-34　乌岩岭森林群落多样性指数垂直变化曲线图

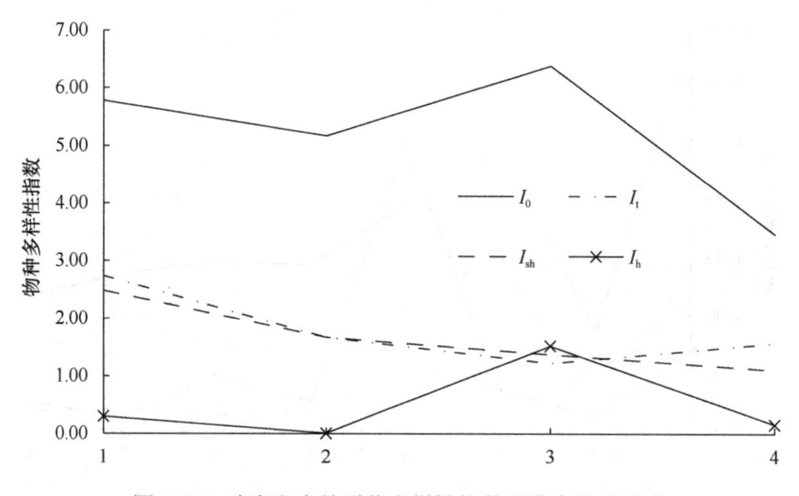

图 4-35　武夷山森林群落多样性指数垂直变化曲线图

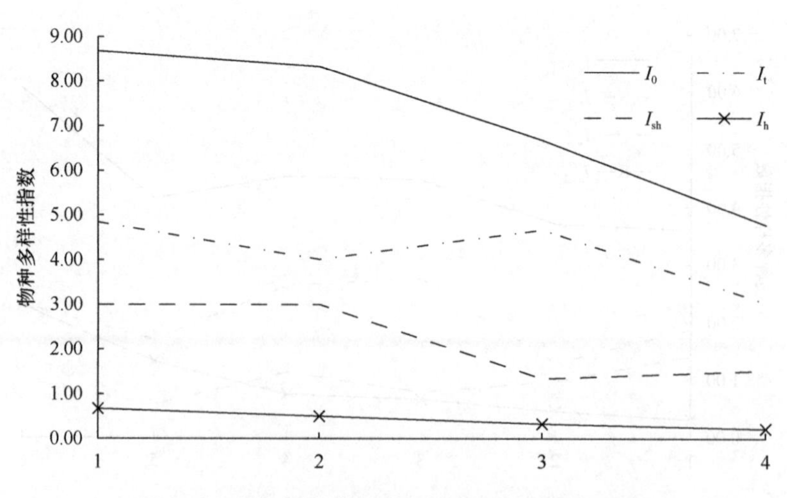

图 4-36　南岭森林群落多样性指数垂直变化曲线图

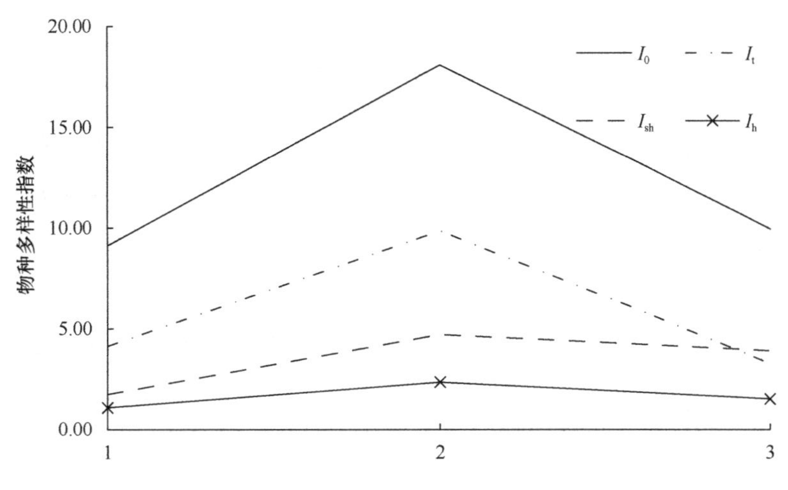

图 4-37　鼎湖山森林群落多样性指数垂直变化曲线图

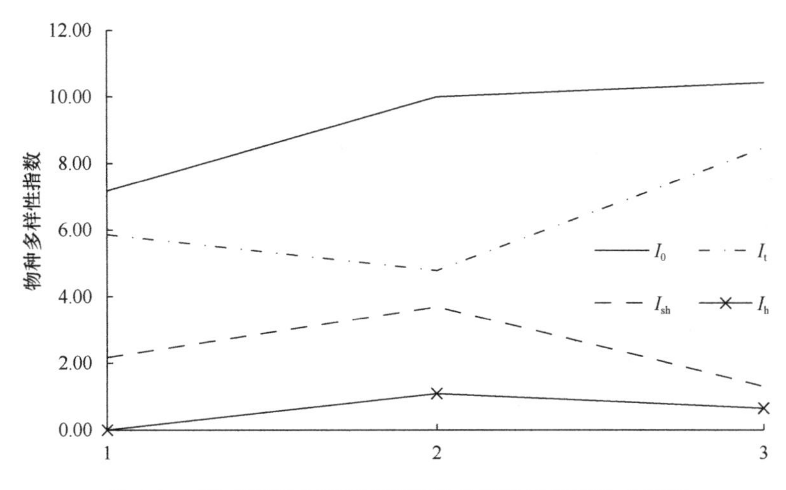

图 4-38　海南吊罗山森林群落多样性指数垂直变化曲线图

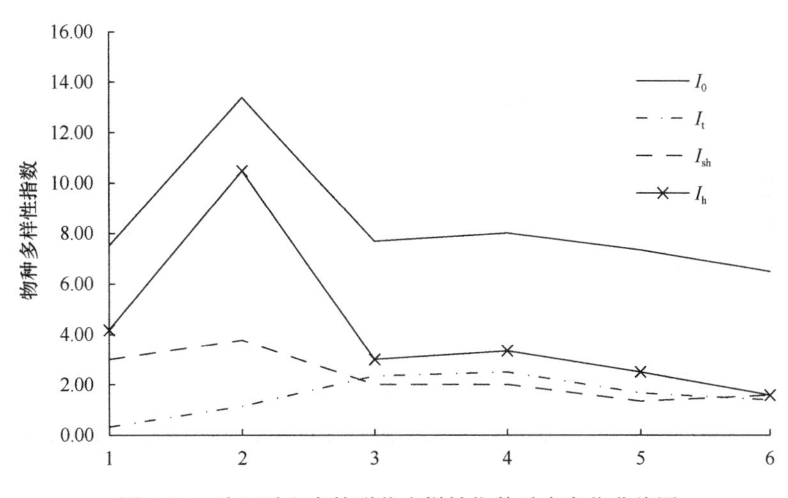

图 4-39　哈巴雪山森林群落多样性指数垂直变化曲线图

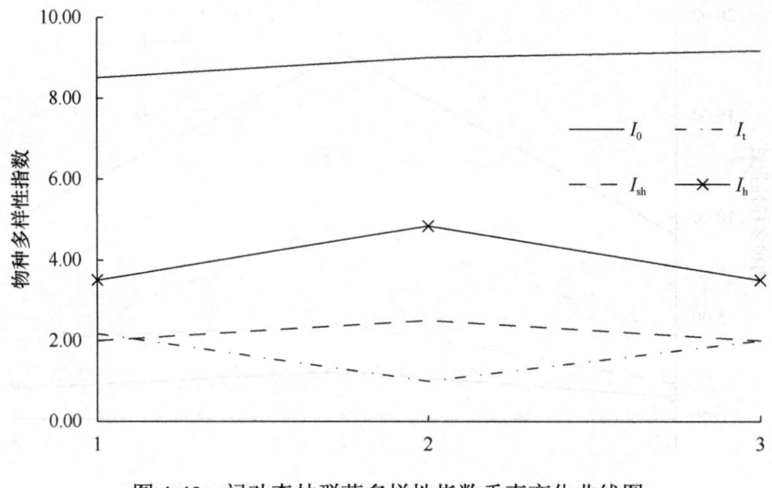

图 4-40　禄劝森林群落多样性指数垂直变化曲线图

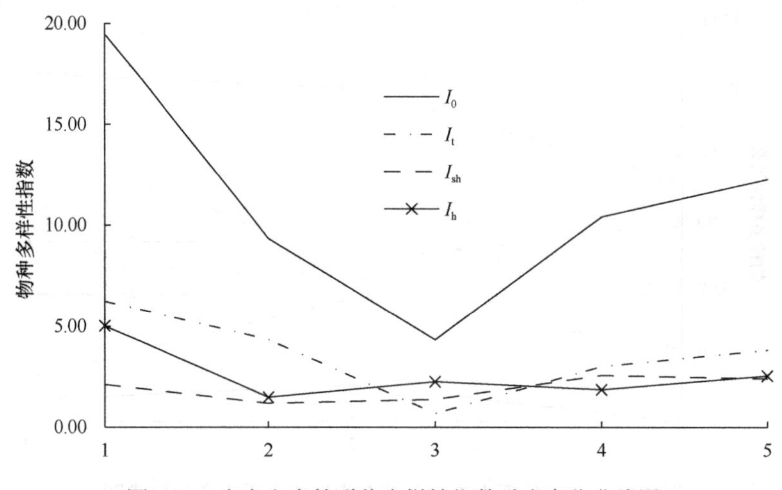

图 4-41　哀牢山森林群落多样性指数垂直变化曲线图

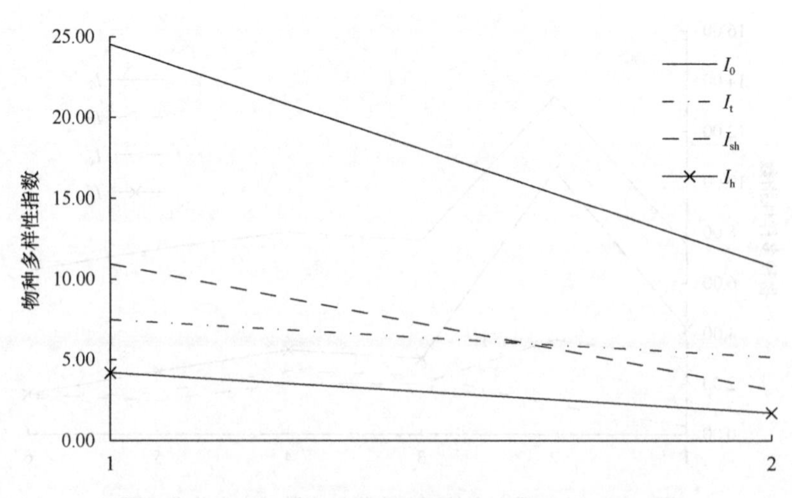

图 4-42　西双版纳森林群落多样性指数垂直变化曲线图

计算各山地内群落物种多样性指数的垂直变化速率 k 和变异系数 Cv，结果如表 4-18

所示。

表 4-18　山地森林群落物种多样性垂直变化速率和变异系数值

山地名称	森林物种多样性变化值		森林各层次物种多样性变化值							
	k_0	Cv_0	k_t	Cv_t	k_{sh}	Cv_{sh}	k_h	Cv_h	k_c	Cv_c
宝天曼	0.73	0.18	–0.11	0.25	0.18	0.22	0.5	0.33	–0.17	0.55
神农架	0.47	0.5	0.00	0.7	0.08	0.41	0.17	0.63	0.14	1.03
大别山	0.063	0.25	–0.06	0.57	–0.1	0.43	0.46	0.71	–0.24	0.67
卧龙山	0.64	0.64	–0.08	0.82	0.33	0.41	0.16	0.86	0.23	0.86
黄山	0.59	0.31	–0.1	0.6	0.42	0.59	0.4	0.89	–0.08	0.439
金佛山	–0.81	0.47	–0.2	0.5	–0.44	0.82	–0.24	1.32	–0.07	0.544
梵净山	0.395	0.203	0.09	0.27	–0.08	0.29	0.13	0.47	0.248	1.501
黄山	–0.75	0.154	–0.49	0.17	–0.01	0.27	–0.22	0.30	–0.04	0.167
武夷山	–0.57	0.24	–0.4	0.4	–0.4	0.35	–0.02	0.86	0.098	0.42
南岭	–1.34	0.251	–0.47	0.2	–0.61	0.41	–0.15	0.46	–0.1	1.08
鼎湖山	0.43	0.40	–0.4	0.6	1.09	0.45	0.22	0.39	–0.33	0.312
海南吊罗山	1.629	0.192	1.3	0.3	–0.43	0.51	0.33	0.94	–0.54	0.882
哈巴雪山	–0.826	0.38	0.20	0.51	–0.41	0.41	–1.04	0.77	0.43	1.29
哀牢山	–1.332	0.49	–0.62	0.56	0.2	0.32	–0.49	0.49	–0.42	0.77

从山地的森林物种多样性指数的变化中不难看出，对于于某一山地，在从低海拔到高海拔的垂直变化序列中，山地内并没有某一固定的变化模式，这是因为决定一个具体山地的森林物种多样性变化的因子是复杂的、多样的，既与山体的垂直高度、走向及地貌特征，所处的气候背景和垂直气候带变化有关，又与植被垂直带谱中所选择的典型群落的位置和发育特征有关。通过分析、比较，山地森林物种多样性大致可归纳为 3 个区域模式的变化特征。

1）东部沿海低山丘陵区模式

本区地处我国第三级阶梯，分析的山地从北到南依次为大别山、黄山、乌岩岭、武夷山、南岭、鼎湖山和海南的吊罗山等。这些山地的相对海拔低，总体来说，森林总体物种及各层次物种多样性变化速率相对比较缓慢而且空间变化速率相对较小。随着海拔的增加，森林总体物种的多样性呈缓慢的增加趋势，增加的相对平均速率值为–0.007。而在各层次的趋势变化中，只有草本层物种多样性表现出这种增加趋势，而乔木层、灌木层和层外植物的物种多样性均为不同程度的下降趋势，下降速率最快的是层外植物物种，相对的下均速率为–0.18，其次为乔木层物种，下降的相对平均速率为 0.07，乔木层的物种多样性的这种趋势变化还表现出一定的从北到南的逐渐变化速率逐渐加快的特征，即南方的山地的乔木层物种多样性变化速率比北方山地的减小速率相对快（表 4-18，变化值）；同时随着海拔的增加，森林总体物种多样性在整个垂直空间上的变化速率相对较小，总体平均变化速率值为 0.25，其中，乔木层物种多样性空间变化速率最小，保持了各层次物种中的相对稳定性。从各层次间物种多样性的变化来看，森林总体物种多样性的变化与灌木层和草本物种变化的相关性最高。也就是说，灌木层和草本层的物种多样性的变化在这些区域的山地森林总体物种多样性变化特征中起很重要的作用。同时还可看到这样一个特点：在整个山地垂直空间序列变化中，乔木层的物种多样性和灌木层的物种多样性体现出了垂直带谱序列间趋势变化相反的特征。以黄山为例说明，随着海拔的升高，黄山在山地垂直空间上森林物种多样性的变化存在着图 4-31 所示的横坐标中表示的 5 个变化序列。在序列 1→2 间，灌木层物种多样性呈下降的趋势，而乔木层则呈增加的变化趋势，序列 2→3→4→5 中，灌木层物种多样性呈不同程度的增加变化的趋势，而乔木层则呈相应的不同程度的下降变化的趋势。

2）中部地区的中山山地模式

本区地处我国第二级阶梯上，选择分析的主要山地从北到南顺次为宝天曼、神农架、卧龙、金佛山、梵净山等。这些山地相对海拔较高，地形复杂。从整个山地的变化情况来看，随着海拔的增加，森林物种总体多样性亦呈增加趋势，增加的相对平均速率较东部低山丘陵区山地快，数值为 0.28，其中除乔木层物种多样性呈下降趋势变化外，其余的灌木层、草本层和层外植物物种均有不同程度的增加。森林总体物种多样性的变化与乔木层物种多样性的变化相关度最高，也就是说，这一区域的森林总体物种多样性的变化特征受乔木层物种多样性变化的影响最大。在整个变化过程中，各层次物种的趋势变化平均速率与东部低山丘陵区山地相当，但空间变异程度明显较东部低山丘陵区山地的高，空间变化差异加大。同时，乔木层与灌木层物种多样性同样表现垂直序列中相反的变化趋势特征。

3）西部高大山地模式

这是我国横断山区纵横河谷的高山地区，这里地形复杂、山体高大，物种多样性的变化表现得更为复杂。由于这部分典型群落调查资料的缺乏，我们只能就已有山地的资料作典型分析。实际上，该地区变化远比我们分析得要复杂，也是今后研究山地森林物种多样垂直空间变化的重点区域。

在这个区域中，我们选择了中甸的哈巴雪山和哀牢山作典型分析。从总的变化来看，随着海拔的增加，森林总体物种及各层次的物种多样性平均呈快速下降的变化趋势，而且空间变异性比东部低山丘陵区山地大，与中部中山地基本相当。对比东部、中部和西部的山地变化特点，我们得出了以下对比指标（表 4-19）。

表 4-19　东部、中部和西部山地森林群落物种多样性变化平均指标对比

	k_0	k_t	k_{sh}	k_h	k_c	Cv_0	Cv_t	Cv_{sh}	Cv_h	Cv_c	森林物种多样性变化相关性
东部	0.007	–0.07	–0.01	0.15	–0.18	0.25	0.38	0.43	0.65	0.56	与灌木、草层物种变化相关
中部	0.28	–0.06	0.01	0.14	0.08	0.44	0.51	0.43	0.72	0.90	与乔木层物种变化相关
西部	–1.07	0.21	–0.11	–0.77	0.01	0.43	0.53	0.36	0.63	1.03	

综合表 4-19 和表 4-18 的结果，三区域的总体特征表现为以下几点。

（1）各区内山地的乔木层物种多样性随着海拔的增加呈不同程度的下降趋势，由北至南随纬度的降低，乔木层物种多样性下降的速度加快。

（2）在森林群落各结构层次物种多样性的变化中，乔木层物种和灌木层物种在山地垂直序列中变化呈不同程度的相反趋势变化的特点。

（3）各区内山地的森林物种多样性在从东向西的低山丘陵区向中山、高山变化的过程中，森林总体物种多样性特征是从与灌木层和草本层物种多样性变化的高相关性向与乔木层物种转化的。同时，森林总体物种及各层次物种多样性的趋势和波动变化的强度逐渐增强，变化更趋复杂化。

主要参考文献

von Humboldt A. 1805. Ideen zu einer geographie der pflanzen. Cotta: Tübingen

Beeking R W. 1957. The zurich montpelier school of phytosociology. Botanieal Review, 23(7): 411-488

Braun-Blanquet J. 1928. Pflanzensoziologie. Grundzüge der Vegetationskunde. 3. Aufl. Wien/New York: Springer

Clements F E. 1934. The relict method in dynamic ecology. Jour Ecolog, 22(189): 39-68

Daget P, Godron M, Guillerm J L, et al. 1972. Profils Écologiques et Information Mutuelle Entre Especes et Facteurs Écologiques//Grundfragen und Methoden in der Pflanzensoziologie / Basic Problems and Methods in Phytosociology. Netherlands: Springer: 121-149.

Dombois-Muellcr D, Ellenberger H. 1987. 植被生态学的目的与方法. 鲍显诚, 等译. 北京: 科学出版社: 71-77

Du-Rietz E. 1936. Classification and nomenclature of vegetation units. Sevens, Bot, Jidskrift Greig-Smith M A. 1957 Quantitative Plant Ecology. L.

Duvigneaud P. 1949. Classification phytosociologique des tourbiÈres de l'europe. Bulletin De La Société Royale De Botanique De Belgique, 81(1/2): 58-129

Ellenberg H. 1950. Unkrautgemeinschaften als Zeiger für Klima und Boden. Ludwigsburg: Eugen Ulmer

Ellenberg H. 1952. Wiesen und Weiden und ihre stand ortliche Bewertung. Ludwigsburg: Eugen Ulmer

Ellenberg H. 1956. Grundlagen der Vegetationsgliederung, Part 1: Aufgaben und Methoden der Vegetationskunde, "Einführung in die Phytosoziologie". Stuttart: Eugen Ulmer: 136

Fischer F. 1976. The Importance of the Forests for a Continuous Development of Human Ecology in High Mountain Conditions. Zurich: Forest Consult

Fosberg F R. 1967. A classification of vegetation for general purposes//Peterken G F. Guide to the checklist for I. B. P. areas. I. B. P. Handbook, Number 4. Oxford, UK: Blackwell Scientific: 73-120

Gounot M. 1969. Méthodes d'études quantitative de la végétation. Paris: Masson

Grisebach A H R. 1839. Genera et Species Gentianearum. J. G. Cotta, Stuttgart & Tubingen

Guillerm J L. 1971. Calcul de l'information fournie par un profil écologique et valeur indicatrice des espèces. Oecologia Plantarum, 6: 209-225

Karajina V J. 1959. Can We Find a Common Platform for the Different Schools of Forest Classification? Proceeding of the 9th international Botanical Congress. Montreal, August 24th

Mueller-Dombois D, Ellenberg H. 1986. 植被生态学的目的和方法. 鲍显诚, 张绅, 杨邦顺, 等译. 北京: 科学出版社: 254-260

Oosting H J. 1956. The Study of Plant Communities. San Francisco: Freeman: 33-37

Oosting H L. 1962. 植物群落的研究. 吴中伦译. 北京: 科学出版社

Raunkiær C. 1907. Planterigets Livsformer og deres Betydning for Geografien. Gyldendalske Boghandel-Nordisk Forlag, København and Kristiania: 132

Rcmmert H. 1980. Okologic. Berlin: Springer-Verlag: 114-118

Scamoni A, Passarge H. 1959. Gedanken zu einer natürlichen Ordnung der Waldgesellschaften. Arch Forstwesen, 8: 386-426

Warming E. 1884. Om Skudbygning, Overvintring og Foryngelse [translated title: On shoot architecture, perennation and rejuvenation]. Naturhistorisk Forenings Festskrift: 1-105

Whittaker R H. 1975. Communities and Ecosystems. 2nd Ed. 385 Macmillan

Yan H. 1995. GREEN-a climatic mapping program for China and its use in forestry. Matching Trees and Sites: ACIAR Proceedings, (63): 24-29

安徽植被协作组. 1983. 安徽植被. 合肥: 安徽科学技术出版社: 35-157

安树青, 等. 1994. 生态学词典. 哈尔滨: 东北林业大学出版社

班继德, 漆根深. 1995. 鄂西植被研究. 武昌: 华中理工大学出版社: 1-235

北京林学院数学教研组. 1980. 数理统计. 北京: 中国林业出版社

蔡飞. 1993. 黄山北坡常绿阔叶林的特征分析. 植物学报, 35(10): 799-806
曹新孙, 南寅镐, 朱廷曜, 等. 1982. 内蒙古大青沟残遗森林植物群落与西辽河流域造林问题的初步探讨. 植物生态学报, 6(3): 185-206
查普曼(Chapman S B), 等. 1980. 植物生态学的方法. 阳含熙, 等译. 北京: 科学出版社
陈昌笃, 张立运, 胡文康. 1983. 吉尔班通古特沙漠的沙地植物群落区系及其分布的基本特征. 植物生态学报, 7(2): 89-99
陈存根, 彭鸿. 1994. 秦岭太白红杉林的群落学特征及类型划分. 林业科学, S30(6): 487-496
陈封怀. 1930. 吉敦路线间植物生态初步观察. 清华大学学报(自然科学版), 6(2): 131-144
陈灵芝. 1963. 长白山西南坡鱼鳞云杉林结构的初步研究. 植物生态学报, 1(1-2): 69-80
陈灵芝. 1985. 北京山区的栎林. 植物生态学报, 9(2): 101-110
陈灵芝, 鲍显诚, 李才贵. 1964. 吉林省长白山北坡各垂直带内主要植物群落的某些结构特征. 植物生态学报, 2(2): 207-225
单人骅, 刘昉勋. 1964. 安徽大别山区的植被及其地理分布纪要. 植物生态学报, 2(1): 93-102
邓樊彬, 魏宏图, 姚淦. 1983. 皖西霍山县白马尖植物区系和植被. 植物生态学报, 7(2): 113-121
董厚德. 1981. 辽宁东部的主要植被类型及其分布. 植物生态学报, 5(4): 1-257
梵净山科学考察集编辑委员会. 1982. 梵净山科学考察. 贵阳: 贵州省环境保护局: 93-156
福建森林编辑委员会. 1993. 福建森林. 北京: 中国林业出版社: 30-214
高尚武. 1959. 山西省西部的森林. 林业科学, 2(2): 109-114
顾云春. 1986. 大兴安岭的森林资源. 北京: 林业部调查规划设计院: 5-19
管中天. 1982. 四川松杉植物地理. 成都: 四川人民出版社: 1-106
管中天, 陈尧, 徐润青. 1984. 峨眉冷杉林森林类型的研究. 植物生态学报, 18(2): 13-145
广东森林编委会. 1990. 广东森林. 广州: 广东科学技术出版社: 57-177
广东省植物研究所. 1976. 广东植被. 北京: 科学出版社: 41-227, 326-341
贵州森林编辑委员会. 1892. 贵州森林. 贵阳: 贵州科学技术出版社: 1-193
贵州省林业厅. 1987. 茂兰喀斯特森林科学考察集. 贵阳: 贵州人民出版社: 148-261
贵州省林业厅. 1993. 喀斯特森林生态研究(2). 贵阳: 贵州科学技术出版社
贵州省黔东南苗族族自治州人民政府. 1989. 雷公山自然保护区科学考察. 贵阳: 贵州人民出版社: 115-233
何建源. 1994. 武夷山研究. 厦门: 厦门大学出版社: 60-492
何绍箕, 蔡壬侯, 洪利兴, 等. 1984. 浙江龙泉县住溪常绿阔叶林调查简报. 植物生态学报, 8(3): 228-234
河北森林编辑委员会. 1988. 河北森林. 北京: 中国林业出版社: 78-169
黑龙江森林编辑委员会. 1993. 黑龙江森林. 哈尔滨: 东北林业大学出版社: 106-231
侯宽昭, 徐祥浩. 1955. 海南岛的植物和植被与广东大陆植被概况. 植物态学与地植物学资料丛刊第 4 号. 北京: 科学出版社: 52
胡舜士. 1979. 广西常绿阔叶林的群落学特征. 植物学报, 21(4): 66-74
胡舜士, 王献溥. 1980. 广西石灰岩地区季节性雨林的群落学特点. 东北林学院学报, 8(4): 11-26
湖北森林编辑委员会. 1991. 湖北森林. 长沙: 湖北科学技术出版社: 93-189, 157-272
湖南省生态学会, 湖南省林学会, 等. 1982. 湘西八大公山自然资源综合科学考察报告(内部出版物资料). 84-142
华东师范大学生物系. 1960. 武夷山脉邵武建阳山区植物调查研究报告. 上海: 华东师范大学出版社: 1-58
黄净, 韩进轩, 阳含熙. 1993. 长白山北坡阔叶红松林的 DCA 排序分析. 植物生态学与地植物学学报, 17(3): 193-206
黄全, 李意德, 郑德璋, 等. 1986. 海南岛尖峰岭地区热带植被生态系列的研究. 植物生态学报, 10(2): 90-105

江洪. 1994. 东灵山植物群落生活型谱的比较研究. 植物学报, 36(11): 884-894
江西大学生物系. 1978. 南岭山地九连山自然保护区的植被与动植物资源(资料). 中国动物学会江西省分会第二届学术年会论文: 4-14
江西森林编委会. 1986. 江西森林. 南昌: 江西科学技术出版社: 115-298
蒋有绪. 1963. 川西亚高山暗针叶林的群落特点及其分类原则. 植物生态学报, 1(1-2): 42-50
蒋有绪. 1982. 川西亚高山森林植被的区系种间关系和群落排序的生态分析. 植物生态学报, 6(4): 281-301
蒋有绪, 卢俊培, 等. 1991. 中国海南岛尖峰岭热带林生态系统. 北京: 科学出版社: 52-99
金振洲. 1981. 云南急尖长苞冷杉的地植物学初步研究. 植物生态学报, 5(4): 258-270
李博, 班继德. 1989. 鄂西木林子自然保护区自然植被群落学特点的研究. 华中师范大学学报(自然科学版), 23(3): 393-403
李世英. 1956. 广西龙津西南部及其邻近地区的植物群落. 植物生态学与地植物学资料丛刊第 8 号. 北京: 科学出版社: 35
李世英, 张新时. 1966. 新疆山地植被垂直带结构类型的划分原则和特征. 植物生态学报, 4(1): 134-143
李信贤, 等. 1993. 广西森林生态系统研究综合报告(资料). 广西农业大学林学院森林生态研究室: 1-26
李旭光. 1984. 四川省峨眉山森林植被垂直分布研究. 植物生态学报, 8(1): 52-66
林鹏. 1986. 福建三明瓦坑的赤枝栲林. 植物生态学与地植物学学报, 10(4): 241-252
林业部调查规划院. 1981. 中国山地森林. 北京: 中国林业出版社: 33-403
林英, 龙迪宗, 杨祥学, 等. 1981. 江西省九连山自然保护区的植被. 植物生态学报, 5(2): 110-120
林裕松. 1963. 关于四川滇北地区硬叶常绿阔叶林分类的一些意见. 植物生态学报, 1(2): 151-152
刘慎谔. 1934. 中国北部及西部植物地理概论. 北平研究院植物研究所汇刊, 2(9): 423-451
刘慎谔. 1937. 黄山植物分布概要. 生物学杂志, 1(4): 1-18
陆阳. 1982. 鼎湖山森林群落数量分析——厚壳桂 *Cryptocarya* 群落的乔木优势种群分布格局的初步探讨. 生态科学, (1): 76-82
木论喀斯特林区综合考察队. 1995. 木论喀斯特林区科学考察报告(内部发行). 1-129
内蒙古森林编辑委员会. 1989. 内蒙古森林. 北京: 中国林业出版社: 93-254
聂绍荃, 等. 1902. 紫椴种群生态学研究. 哈尔滨: 东北林业大学出版社: 10-29
聂绍荃, 吴德成. 1963. 东北大兴安岭北部的植被. 植物生态学报, 1(2): 155
宁夏森林编辑委员会. 1990. 宁夏森林. 北京: 中国林业出版社: 125-155
彭鉴. 1984. 云南镇康大雪山常绿阔叶林群落类型的研究. 植物生态学报, (4): 44-54
彭少麟, 周厚诚, 陈天杏, 等. 1989. 广东森林群落的组成结构数量特征. 植物生态学与地植物学学报, 13(1): 10-17
祁承经, 等. 1979. 湖南莽山植被的研究. 中南林业科技, (1): 1-45
祁承经, 喻勋林, 肖育檀, 等. 1995. 华中植物区种子植物区系的研究. 云南植物研究(增刊 7): 535-592
钱崇澍, 吴征镒, 陈昌笃, 等. 1956. 中国植被的类型. 地理学报, 22(1): 37-92
钱家驹. 1956. 长白山西侧中部森林植物调查报告. 北京: 科学出版社: 7-18
青海森林编辑委员会. 1993. 青海森林. 北京: 中国林业出版社: 148-322
邱喜昭, 林鹏. 1989. 福建中亚热带常绿阔叶林壳斗科树种的水平分布特点. 植物生态学与地植物学学报, 13(1): 10-17
山本由松. 1940. 台湾植物概论. 帝国大学理农学部: 1-34
山东森林编辑委员会. 1986. 山东森林. 北京: 中国林业出版社: 49-168
山西森林编辑委员会. 1992. 山西森林. 北京: 中国林业出版社: 162-163
陕西森林编辑委员会. 1989. 陕西森林. 西安: 陕西科学技术出版社: 146-260
四川森林编辑委员会. 1992. 四川森林. 北京: 中国林业出版社: 39-779, 1392-1467
宋朝枢. 1994. 宝天曼自然保护区科学考察集. 北京: 中国林业出版社: 223

宋永昌, 等. 1980a. 浙江省常绿阔叶林的基本特征(一). 上海师范大学学报(自然科学版), (3): 62-78
宋永昌, 等. 1980b. 浙江省常绿阔叶林的基本特征(二). 上海师范大学学报(自然科学版), (4): 92-100
宋永昌, 张绅, 刘金林, 等. 1982. 浙江泰顺县乌岩岭常绿阔叶林的群落分析. 植物生态学报, 6(1): 14-35
苏宗明, 赵天林, 黄庆昌. 1988. 弄岗自然保护区植被调查报告. 广西植物, (增刊 1): 185-214
台湾省植被编辑小组. 1979. 台湾植被. 贵阳: 贵阳师范学院: 44-69, 93-123(未出版稿)
唐守正. 1985. 多元统计分析方法. 北京: 中国林业出版社: 231-263
王伯荪. 1987. 黑石顶自然保护区的植被特点. 生态科学, (1, 2)
王伯荪, 陆阳, 张宏达, 等. 1987. 香港岛黄桐森林群落分析. 植物生态学与地植物学学报, 11(4): 241-251
王荷生. 1992. 植物区系地理. 北京: 科学出版社
王梅峒. 1987. 中国亚热带常绿阔叶林的生活型的研究. 生态学杂志, 6(2): 21-23
王梅峒. 1988. 江西亚热带常绿阔叶林的生态学特性. 生物学报, 8(3): 249-255
王世绩, 陈炳浩, 李护群. 1995. 胡杨林. 北京: 中国环境科学出版社: 11-46
王文杰. 1965. 秦岭北坡南五台地区主要森林群落的结构和生态特征的初步研究. 植物生态学报, 3(2): 287-306
王文静. 1955. 暖温带宝天曼自然保护区杂木林群落结构特征与物种多样性研究. 郑州: 河南农业大学硕士学位论文.
王献溥, 王建菊, 陈伟烈, 等. 1965. 贵州绥阳县宽阔水林区的植被概括及其合理利用方向. 植物生态学报, 3(2): 264-286
王献溥. 1956. 广西临桂雁山附近的植物群落. 植物生态学与地植物资料学丛刊第 7 号. 北京: 科学出版社: 45
王义弘, 李俊青, 王政权, 等. 1990. 森林生态学实验实习方法. 哈尔滨: 东北林业大学出版社: 35-48
温远光, 李信贤. 1991. 田林老山南坡森林植被的生态学研究二: 森林植被主要类型和分布. 广西农学院学报, 10(4): 40-51
文焕然. 1938. 太白山森林调查报告. 西北农林(森林专刊)
吴邦举. 1991. 云南西双版纳季节雨林垂直结构的研究. Journal of Intergrative Plant Biology, 33(3): 232-239
吴春林. 1988. 广西热带石灰岩森林的类型和性质(资料). 北京: 中国科学院植物研究所: 14-48
吴刚, 冯宗炜. 1995. 中国主要五针松群落学特征及其生物量的研究. 生态学报, 15(3): 260-267
吴鲁夫 E B. 1964. 历史植物地理学. 仲崇信, 等译. 北京: 科学出版社
吴征镒. 1983. 云南哀牢山森林生态系统研究. 昆明: 云南科学技术出版社: 63-67
吴征镒. 1991. 中国种子植物属的分布区类型. 云南植物研究, S4: 1-139
吴征镒, 等. 1980. 中国植被. 北京: 科学出版社
吴征镒, 等. 1987. 云南植被. 北京: 科学出版社: 60-492
吴中伦. 1956. 中国松属所分类与分布. 植物分类学报, 5(3): 131-163
吴中伦, 等(中苏西南高山林区森林综合考察队). 1959. 川西高山林区森林采伐方式和更新技术的综合考察报告. 林业科学, 5(5): 337-362
武吉华. 1983. 植物地理学. 北京: 高等教育出版社: 1-200
西南师范学院. 1982. 四川植被专辑. 西南师范学院学报, (2): 5-108
肖育檀. 1985. 湖南江永石灰岩地区常绿落叶阔叶混交林的群落学特征. 中南林学院学报, 5(1): 13-24
新疆森林编辑委员会. 1989. 新疆森林. 乌鲁木齐: 新疆人民出版社: 49-57, 93-254
徐化成, 孙肇凤, 郭广荣, 等. 1981. 油松天然林的地理分布和种源区的划分林. 林业科学, (3): 258-270
徐化成. 1993. 油松. 北京: 中国林业出版社: 18-40
徐近之. 1959. 青藏高原自然地理资料(植物部分). 北京: 科学出版社
徐文铎. 1993. 内蒙古白音敖包自然保护区沙地云杉林的基本特征存在问题与解决途径. 生态学杂志,

(5): 39-44
徐文铎, 李维典, 郑沅. 1994. 内蒙古沙地云杉分类的研究. 植物研究, 14(1): 59-68
徐祥浩, 钟章成, 王灵昭, 等. 1958. 广东英德县滑水山森林植物群落. 植物生态学报, 2(1): 1-59
薛纪如. 1957. 丽江玉龙山云南松林型的初步鉴定. 云南大学学报(自然科学), (4)
阳含熙, 王本楠, 韩进轩, 等. 1985. 长山北坡阔叶红松林的数量分类. 森林生态系统研究, (5): 15-32
杨龙. 1983. 梵净山黔林的结构和动态. 植物生态学报, 7(3): 204-214
杨一光. 1960. 湖南衡山的植被. 植物生态学报, 4(1): 161-226
尹柞栋, 赫卓峰. 1991. 白龙江、洮河林区综合考察论文集. 上海: 上海科学技术出版社: 130-153
尤作亮. 1992. 千佛山侧柏林种群和群落的特征研究. 植物学报, 34(1): 66-75
云南森林编写委员会. 1986. 云南森林. 昆明: 云南科学技术出版社: 1-352, 537-561
张宏达, 张超常, 王伯荪, 等. 1957. 雷州半岛的植被. 植物生态学与地植物学资料丛刊 17 号. 北京: 科学出版社: 94
张宏达. 1963. 海南岛植被分类方案. 植物生态学报, 1(21): 141
张玉良. 1955. 大兴安岭山脉的植物群落. 北京: 科学出版社: 7-26
张玉良. 1959. 四川木里沙鲁里山脉南端高山地区的植被. 植物生态学与地植物学资料丛刊. 第 3 辑. 北京: 科学出版社
赵光仪, 等. 1991. 大兴安岭西伯利亚红松研究. 哈尔滨: 东北林业大学出版社: 1-5
浙江森林编辑委员会. 1993. 浙江森林. 北京: 中国林业出版社: 64-230
郑德璋, 李立, 蒋有绪. 1988. 海南岛尖峰岭热带林型的主分量排序. 林业科学研究, 1(4): 418-423
郑度, 陈伟烈. 1981. 东喜马拉雅植被垂直带的初步研究. 植物学报, 23(3): 62-68
郑万钧. 1938. 四川峨边森林调查报告. 四川的森林
郑万钧. 1993. 中国树木志. 北京: 中国林业出版社: 1-94
中国科学院《中国自然地理》编委会. 1983. 中国自然地理. 植物地理(上册). 北京: 科学出版社: 1-126
中国科学院《中国自然地理》编委会. 1988. 中国自然地理. 植物地理(下册). 北京: 科学出版社
中国科学院昆明分院生态研究室. 1983. 云南哀牢山森林生态系统研究. 昆明: 云南科学技术出版社: 174-246
中国科学院林业土壤研究所. 1980. 红松林. 北京: 农业出版社: 4-17
中国科学院内蒙古宁夏综合考察队. 1985. 内蒙古植被. 北京: 科学出版社: 371-397, 724-746
中国科学院青藏高原综合考察队. 1985. 西藏森林. 北京: 科学出版社: 38-152
中国科学院青藏高原综合考察队. 1988. 西藏植被. 北京: 科学出版社: 98-147
中国科学院西藏科学考察队. 1966. 西藏中部的植被. 北京: 科学出版社: 9-48
中国科学院新疆综合考察队, 等. 1978. 新疆植被及其利用. 北京: 科学出版社: 151-188
中国科学院自然区划工作委员会. 1959. 中国植被区划. 北京: 科学出版社
中国林业科学研究院林业研究所. 1986. 中国森林土壤. 北京: 科学出版社: 1-958
中国植被编辑委员会. 1983. 中国植被. 北京: 科学出版社: 1-1037
中国植物学会. 1983. 中国植物学会 50 周年年会学术报告及论文摘要汇编. 594-683
中华人民共和国林业部. 1955. 大兴安岭森林资源源报告. 第四卷. 大兴安岭森林林型调查报告(内部资料): 26-50
钟超. 1995. 玉泉山植被研究//班继德, 漆根深, 等. 鄂西植被研究. 武昌: 华中理工大学出版社: 43-151
钟年钧. 1995. 台大实验林沙里仙区植群生态之研究. (一)植群分析之研究. 台湾大学农学院实验林研究报告: 1-20
钟章成. 1984. 四川卧龙地区珙桐群落特征的研究. 植物生态学报, 8(4): 253-263
钟章成. 1988. 常绿阔叶林生态学研究. 重庆: 西南师范大学出版社: 315-477
周纪伦, 韩也良. 1979. 亚热带次生林的定量分析. 植物学报, 21(4): 352-351
周纪伦. 1963. 安徽黄山植物群落分类和地理的研究. 植物生态学报, 1(1-2): 146-147

周纪伦. 1965. 黄山的植物群落. 黄山植物的研究. 上海: 上海科学技术出版社
周以良, 等. 1991. 中国大兴安岭植被. 北京: 科学出版社: 44-144
周以良, 等. 1994. 中国小兴安岭植被. 北京: 科学出版社: 12-187
周以良, 李世友, 等. 1990. 中国的森林. 北京: 科学出版社: 106-384
周映昌. 1930. 中国西部天然林初步研讨. 农报, 5(7-9)
朱守谦, 杨业勤. 1985. 贵州亮叶水青冈林的结构和动态. 植物生态学报, 9(3): 183-191
朱守谦, 杨业勤. 1987. 贵州梵净山苔藓矮林初步研究. 植物生态学报, 11(2): 92-105
朱守谦. 1987. 贵州部分森林群落物种多样性初步研究. 植物生态学与地植物学学报, 11(4): 286-295
朱守谦. 1993. 喀斯特森林生态研究(Ⅰ). 贵阳: 贵州科学技术出版社: 1-51
朱志诚. 1982. 关于秦岭及黄土高原区辽东栎林的初步研究. 植物生态学报, 6(2): 95-104
朱忠保. 1991. 森林生态学. 北京: 中国林业出版社: 33-40.
祝廷成, 钟章成, 李建东. 1988. 植物生态学. 北京: 高等教育出版社
卓正大, 张宏建. 1987. 六盘山森林植被的数量分类. 植物生态学报, 11(4): 252-263

植物中文名、拉丁学名对照

一画

一花山牛蒡 *Centaurea monantha*

一枝黄花 *Solidago virgaurea* var. *dahurica*

二画

二叶舞鹤草 *Maianthemum bifolium*

二色胡枝子 *Lespedeza bicolor*

二色香青 *Anaphalis bicolor*

二色桂木 *Artocarpus styrocifolius*

二色琼楠 *Beilschmiedia intermedia*

二色锦鸡儿 *Caragana bicolor*

二花堇 *Viola biflora*

二室棒柄花 *Cleidion spiciflorum*

丁公藤 *Erycibe hainanensis*

丁香 *Syringa oblata*

十大功劳 *Mahonia fortunei*

十大功劳属 *Mahonia*

七叶鬼灯檠（索骨丹）*Rodgersia aesculifolia*

七瓣莲 *Trientalis europaea*

七瓣莲属 *Trientalis*

人参 *Panax ginseng*

人面子 *Dracontomelun duperreanum*

八月瓜属 *Holboellia*

八角枫属 *Alangium*

八角属 *Illicium*

八宝树 *Duabanga grandiflora*

九丁树 *Ficus nervosa*

九节 *Psychotria rubra*

九节属 *Psychotria*

九节藤 *Psychotria serpens*

刀把木 *Cinamomun pittosporoides*

三画

三叉苦（三桠苦）*Evodia lepta*

三毛草 *Trisetum clarkei*

三叶木通（八角棒）*Akebia trifoliata*

三叶草 *Trifolium lupinaster*

三对节 *Clerodendron laceaefolium*

三尖杉 *Cephalotaxus fortunei*

三尖杉属 *Cephalotaxus*

三花马蓝 *Strobilanthes triflorus*

三花冬青 *Ilex triflora*

三花兔儿风 *Ainsliaea triflora*

三角车 *Rinorea bengalensis*

三角瓣花 *Prismatomeris linearis*

三果石栎 *Lithocarpus ternaticupulus*

三春柳 *Myricaria squamosa*

三脉紫菀 *Aster trinervius*

三桠乌药 *Lindera obtusiloba*

三桠绣线菊 *Spiraea trilobata*

三裂叶蛇葡萄 *Ampelopsis delarayana*

三蕊柳 *Salix amygdalina*

干香柏 *Cupressus duclouxiana*

土三七 *Sedum aizoon*

土庄绣线菊 *Spiraea pubescens*

土麦冬 *Liriope spicata*

土沉香 *Aquilaria sinensis*

土密树 *Bridelia monoica*

土楠 *Endiandra coriacea*

寸薹草 *Carex duriuscula*

大山龙眼 *Helicia grandis*

大山茶 *Camellia reticulata*

大节竹 *Indosasa crassiflora*

大节藤竹 *Dinochloa utilis*

大叶三七 *Panax japvmcus* var. *major*

大叶小檗 *Berberis amurensis*

大叶山楝 *Aphanamixis grandifolia*

大叶子 *Astilboides tabularis*

大叶石头花 *Gypsophila pacifica*

大叶石栎 *Lithocarpus megalophyllus*

大叶仙茅 *Curculigo capitulata*

大叶白蜡 *Fraxinus rhynchophylla*

大叶白颜 *Gironniera subaequalis*

大叶百两金 *Ardisia crispa* var. *amplifolia*

大叶肉托果 *Semecarpus gigantifolia*

大叶合欢 *Albizia meyeri*

大叶杜鹃 *Rhododendron mucromulatum*
大叶青冈 *Cyclobalanopsis jensenniana*
大叶茶 *Camellia sinensis* var. *assamica*
大叶栎 *Quercus griffithii*
大叶复叶耳蕨 *Arachniodes cavaleriei*
大叶桂 *Cinnamomum iners*
大叶柴胡 *Bupleurum longiradiatum*
大叶铁线莲 *Clematis heracleifolia*
大叶野豌豆 *Vicia pseudo-orobus*
大叶章 *Deyeuxia langsdorffii*
大叶鼠李 *Rhamnus davuricus*
大叶蔷薇 *Rosa macrophylla*
大叶糙苏 *Phlomis maximoviczii*
大叶藓 *Rhodobryum roseum*
大白花地榆 *Sanguisorba sitchensis*
大白杜鹃 *Rhododendron decorum*
大头茶 *Gordonia axillaris*
大灰藓(变种)*Hypnum plumaeforme* var. *strictifolium*
大灰藓 *Hypnum plumaeforme*
大曲尾藓 *Dicranum majus*
大血藤 *Sargentodoxa cuneata*
大血藤属 *Sargentodoxa*
大字杜鹃 *Rhododendron schilippenhachii*
大羽茅 *Stipa pubicalyx*
大羽藓 *Thuidium cymbifolium*
大羽鳞毛蕨 *Dryopteris wallichiana*
大红鳞蒲桃 *Syzygium rehderianum*
大芽南蛇藤 *Clematis montana*
大花五桠果 *Dillenia turbineta*
大花罗布麻 *Poacynum hendersonii*
大花溲疏 *Deutzia grandiflora*
大花耧斗菜 *Aquilegia glandulosa*
大花糙苏 *Phlomis megalantha*
大别山松 *Pinus dabeshanensis*
大针茅 *Stipa grandis*
大沙叶 *Aporosa chinensis*
大青 *Clerodendron cyrtophyllum*
大青杨 *Populus koreana*
大苞越橘 *Vaccinium modestrum*
大枝桂绣球 *Hydrangea integrifolia*
大刺茶藨子 *Ribes alpestre*
大果马蹄荷 *Exbucklandia tonkinensis*
大果木姜子 *Litsea lancilimba*
大果石栎 *Lithocarpus alophylla*
大果冬青 *Ilex macrocarpa*
大果红杉 *Larix potaninii* var. *macrocarpa*
大果杜英 *Elaeocarpus duclouxii*
大果沙枣 *Elaeagnus moorcroftii*
大果青杆 *Picea neovitchii*
大果圆柏 *Sabina tibetica*
大果铁杉 *Tsuga chinensis* var. *robusta*
大果紫茎 *Stewartia rostrata*
大果榆 *Ulmus macrocarpa*
大果榕 *Ficus auriculata*
大果蜡瓣花 *Corylopsis multiflora*
大金发藓 *Polytrirhium commune*
大金丝桃 *Hypericum sampsonii*
大油芒 *Spodiopogon sibiricus*
大绢藓 *Pseudoscleropodium purum*
大菝葜 *Smilax ferox*
大黄皮 *Clausena dunniana* var. *robusta*
大黄柳 *Salix raddeara*
大黄莲 *Mahonia mairei*
大野古草 *Arundinella decempedalis*
大野芋 *Colocasia gigantea*
大萼木姜 *Litsea baviensis*
大萼铁线莲 *Clematis macropetala*
大黑桫椤 *Alsophila gigantea*
大蒜树 *Dysoxylum spicatum*
大箭竹 *Sinarundinaria chungii*
大藤菊 *Vernonia volkanerioefolia*
万年蒿 *Artemisia sacrorum*
万年藓 *Climacium dendroides*
小子密枝圆柏 *Sabina covallium* var. *microsperma*
小玉竹 *Polygonatum humile*
小叶三点金 *Desmodium microphyllum*
小叶莸子梢 *Campylotropis wilsonii*
小叶女贞 *Ligustrum quihoui*
小叶火绒草 *Leontopodium leontopodioides=L. hastioides*
小叶白蜡 *Fraxinus sogdiana*
小叶朴 *Celtis bungeana*
小叶年梣 *Fraxinus bungeana*
小叶羊角芹 *Aegopodium alpestre*
小叶买麻藤 *Gnetum parvifolium*
小叶花楸 *Sorbus microphylla*
小叶杜鹃 *Rhododendron parvifolium*
小叶谷木 *Mamecylon scntellatum*

小叶忍冬 *Lonicera microphylla*
小叶青冈 *Cyclobalanopsis myrsinaefolia*
小叶金老梅 *Dasiphora parvifolia*
小叶栎 *Quercus chenii*
小叶柿 *Diospyros dumetorum*
小叶栲（米槠）*Castanopsis carlesii*
小叶桦 *Betula microphylla*
小叶栒子 *Cotoneaster microphyllus*
小叶栾树 *Koelreuleria minor*
小叶菝葜 *Smilax microphylla*
小叶章 *Deyeuxia angustifolia*
小叶锦鸡儿 *Caragana microphylla*
小叶鼠李 *Rhamnus parvifolius*
小叶碱蓬 *Suaeda microphylla*
小白齿藓 *Leucodon pendulus*
小羽藓 *Bryoerthrophyllum*
小红柳 *Salix microstachya* var. *bordensis*
小花鬼针草 *Bidens parviflora*
小花溲疏 *Deutzia parviflora*
小花酸藤 *Embelia parvifolia*
小花耧斗菜 *Aquilegia parviflora*
小冻绿树 *Rhamnus rosthornii*
小枝青冈 *Cyclobalanopsis ciliaris*
小果白刺 *Nitraria sibirica*
小果垂枝柏 *Sabina recurva* var. *coxii*
小果南烛 *Lyonia ovalifolia* var. *elliptita*
小果栲 *Castanopsis fleuryi*
小果润楠 *Machilus microcarpa*
小果紫薇 *Lagerstroemia minuticarpa*
小金丝桃 *Hypericum attenuatum*
小草 *Microchloa kunthii*
小铁仔 *Myrsine africana*
小唐松草 *Thalictrum minus*
小黄花菜 *Hemerocallis minor*
小菅草 *Themedea hookeri*
小猪眼草（多枝金腰）*Chrysosplenium ramosum*
小斑叶兰 *Goodyera repens*
小楷槭 *Acer tschonoskii* var. *rubripes*
小颖短柄草 *Brachypodium sylvaticum* var. *breviglume*
小蜡树 *Ligustrum sinense*
小獐茅 *Aeluropus pungans*
小漆树 *Toxicodendron delavayii*
小糙野青茅 *Deyeuxia scabrescens* var. *humilis*
山一笼鸡 *Strobilanthes aprica*
山丁香 *Syringa pekinensis*
山土瓜（鱼黄草）*Merremia hungaiensis*
山牛蒡 *Synurus deltoides*
山龙眼 *Helicia cochinchinensis=Xanthophyllum siamense*
山白树 *Sinowilsonia henryi*
山白树属 *Sinowilsonia*
山丝瓜藓 *Pohlia cruda*
山地早熟禾 *Poa orinosa*
山芍药 *Paeonia obovata*
山芝麻 *Helicteres angustifolia*
山尖子 *Cacalia hastata*
山竹子属 *Garcinia*
山合欢 *Albizia macrophylla*
山羽藓 *Abietinella abietina*
山苍子 *Litsea cubeba*
山杜英 *Elaeocarpus sylvestris*
山杏 *Armeniaca sibirica*
山杨 *Populus davidiana*
山鸡椒（豹皮樟）*Litsea coreana* var. *sinensis*
山茄子 *Brachybotrys paridiformis*
山刺玫 *Rosa davurica*
山矾 *Symplocos caudata*
山矾一种 *Symplocos sumuntia*
山矾属 *Symplocos*
山育杜鹃 *Rhododendron oreotrephes*
山居柳 *Salix oritrepha*
山茶属 *Camellia*
山胡椒 *Lindera glauca*
山胡椒属 *Lindera*
山柏 *Sabina squamata* var. *furgesii*
山柳 *Salix aepressa*
山韭 *Allium senescens*
山蚂蝗 *Desmodium elegans*
山香圆属 *Turpinia*
山姜属 *Alpinia*
山桐子属 *Idesia*
山桃 *Prunus davidiana*
山核桃属 *Carya*
山黄皮 *Randia cochinchinensis*
山黄菊 *Anisopappus chinensis*
山黄麻 *Trema orientalis*
山萝卜 *Scabiosa fischer*

山萝花 *Melampyrum roseum*
山菊 *Chrysanthemum zawadzkii*
山梅花 *philadelphus incanus*
山野豌豆 *Vicia amoena*
山铜材属 *Chunia*
山琵琶 *Rhododendron sinogrande*
山葡萄 *Vitis amurensis*
山葱 *Allium senescens*
山棉花 *Anemone tomentosa*
山棕 *Arenga engleri*
山酢浆草 *Oxalis griffithii*
山蒟 *Piper hancei*
山楂 *Crataegus pinnatifida*
山楝 *Aphanamixis polystachya*
山榄科 Sapotaceae
山槐 *Maackia amurensis*
山韶子 *Nephelium chryseum*
山薄荷 *Plectranthus inflexus*
山橙 *Melodlnus suaveolens*
山橘树 *Glycosmis cochinchinensis*
山檀 *Lindera reflexa*
山黧豆 *Lathyrus himilis*
千里光属 *Senecio*
千张纸 *Oroxylum iudicum*
千果榄仁 *Terminalia myriacarpa*
千金榆 *Carpinus cordata*
千金藤属 *Stephania*
千筋树 *Carpinus fargesiana*
川白桦 *Betula platyphylla* var. *szechuanica*
川芒 *Miscanthus szechuanensis*
川西云杉 *Picea likiangensis* var. *balfouriana*
川西栎 *Quercus gilliana*
川西锦鸡儿 *Caragana erinacea*
川灰木 *Symplocos setchuanensis*
川钓樟 *Lindera subcaudata* var. *hemsleyana*
川陕风毛菊 *Saussurea licentiana*
川陕花椒 *Zanthoxylum piasezkii*
川桂 *Cinnamomum wilsonii*
川黄岑 *Scutellaria hypericifolia*
川滇异燕麦 *Helictotrichon roylei*
川滇杜鹃 *Rhododendron trailleanum*
川滇冷杉 *Abies forrestii*
川滇高山栎 *Quercus aquifolioides*
川滇绣线菊 *Spiraea schneideriana*
川滇薹草 *Carex schneideri*
川榛 *Corylus heterophylla* var. *sutchuenensis*
广布野豌豆 *Vicia cracca*
广东万年青 *Aglaonema modestum*
广东山胡椒 *Lindera kwangtungensis*
广东含笑 *Machilus tsoi*
广东润楠 *Machilus kwantungensis*
广舌泥炭藓 Sphagnum *russowii*
弓茎悬钩子 *Rubus floscullosus*
卫矛 *Euonymus alatus*
女贞 *Ligustrum lucidum*
飞龙掌血 *Toddalia asiatica*
飞机草 *Eupatorium odoratum*
叉子圆柏 *Sabina semiglbosa=Sabina vulgaris*
叉毛蓬 *Petrosimonia sibirica*
叉菊委陵菜 *Potentilla tanectifolia*
马尾松 *Pinus massoniana*
马尾树属 *Rhoiptelea*
马钱属 *Strychnos*
马桑 *Coriaria sinica*
马桑绣球 *Hydrangea aspera*
马银花 *Rhododendron ovatum*
马棘 *Indigofera pseudotinctoria*
马缨花 *Rhododendron delavayi*
马醉木 *Pieris polita*
马蹄荷 *Exbucklandia populnea*
马蹄荷属 *Exbucklandia*
马蹄蕨 *Anchengiopteris henryi*

四画

王氏红淡 *Adinandia wangii*
王氏银钩花 *Mitrephora wangii*
井边凤尾蕨 *Pteris multifida*
天山卫矛 *Euonymus semenovii*
天山方枝柏 *Sabina turkestanica=S. pseudosabina*
天山花楸 *Sorbus tianschanica*
天山桦 *Betula tianschanica*
天山悬钩子 *Rubus saxatilis*
天山槭 *Acer semenovii*
天平花 *Philadelphus pekinensis*
天师栗 *Aesculus wilsonii*
天竺桂 *Cinnamomum joponicum*
天南星 *Arisaema erubescens*
天南星科 Araceae
天料木 *Homaliam zeylanicum*

天麻 *Gastrodia elata*
元江栲 *Castanopsis orthacantha*
无毛山尖子 *Cacalia hastate*
无叶假木贼 *Anabasis aphylla*
无忧花 *Saraca chinensis= Saracagriffithiana*
无柄米槠 *Castanopsis carlesii* var. *sessilis*
无柄新乌檀 *Neonauclea sessilifolia*
无患子科 Sapindaceae
无患子属 *Sapidus*
云山青冈 *Cyclobalanopsis nubium*
云杉 *Picea asperata*
云杉属 *Picea*
云间杜鹃 *Rhododendron redouwskianum*
云南丁香 *Syringa yunnanensis*
云南山蚂蝗 *Desmodium yunnanense*
云南山梅花 *Philadeiphus delavayi*
云南木犀榄 *Olea yunnanensis*
云南勾儿茶 *Berchemia yunnanensis*
云南龙脑香 *Dipterocarpus tonkinensis*
云南龙船花 *Ixora yunnuanensis*
云南白颜 *Gironniera yunnanensis*
云南冬青 *Ilex yunnanensis*
云南肉豆蔻 *Myristica yunnanensis*
云南红景天 *Rhodiola yunnanensis*
云南杜鹃 *Rhododendron yunnanense*
云南含笑 *Michelia yunnanensis*
云南松 *Pinus yunnanensis*
云南兔儿风 *Ainsliaea yunnanensis*
云南沼兰 *Malaxis yunnanensis*
云南胡桐 *Calophyllum smilesianum*
云南莲座蕨 *Ardgiopteris yunnanensis*
云南铁杉 *Tsuga dumosa*
云南黄杞 *Engelhardtia spicata*
云南崖摩 *Amoora yunnanensis*
云南银柴 *Aporosa yunnanensis*
云南婆罗双 *Shorea assamica*
云南裂稃草 *Schizachyrium delavayi*
云南蕈树 *Altingia yunnanensis*
云南樟 *Cinamomun glanduliferum*
云树 *Garcinia cowa*
云雾薹草 *Carex nubigena*
云锦杜鹃 *Rhododendron fortunei*
木本铁线莲 *Clematis fruticosa*
木瓜属 *Chaenomeles*
木奶果属 *Baccaurea*
木竹 *Indocalamus scariosus*
木果石栎（腾冲栲）*Lithocarpus xylocarpus*
木波罗 *Artocarpus chaplasha*
木帚栒子 *Cotoneaster dielsianus*
木香马兜铃 *Aristolochia moupinensis*
木香薷 *Elsholtzia stauntoni*
木姜子 *Litsea pungens*
木姜子属 *Litsea*
木莲属 *Manglietia*
木荷 *Schima superba*
木荷属 *Schima*
木贼 *Equiestum hiemale*
木通马兜铃 *Aristolochia manshuriensis*
木通属 *Akebia*
木棉 *Bombax malabarica*
木紫珠 *Callicarpa arborea*
木蓝 *Indigofera bungeana*
五月瓜藤 *Holboellia fargesii*
五月茶 *Antidesma bunius=Antidesma ccidum*
五风藤 *Holboellia latifolia*
五节芒 *Miscanthus floridulus*
五台忍冬 *Lonicera kungeana*
五列木 *Pentaphylax euryoides*
五尖槭 *Acer maximowiczii*
五角叶葡萄 *Vitis quinquangularis=V. pentagono*
五桠果 *Dillenia indica*
五裂瑞香 *Daphne myrtilloides*
五裂槭 *Acer oliverianum*
太白杜鹃 *Rhododendron purdomii*
巨柏 *Cupressus gigantea*
互叶醉鱼草 *Buddleja alternifolia*
瓦山安息香 *Styrax perkinsiae*
瓦山栲 *Castanopsis ceratacantha*
瓦韦 *Lepisorus thunbergianus*
少花荚蒾 *Viburnum oliganthum*
少脉雀梅藤 *Sageretia paucicostata*
少脉椴 *Tilia pancicostata*
少蕊金丝桃 *Hypericum hookeriana*
日本五松针 *Pinus parviflora*
日本龙牙草 *Agrimonia pilosa* var. *japonica*
日本金星蕨 *Parathelypteris nipponica*
日本荻 *Miscanthus japonicus*
中平树 *Macaranga denticulata*

中华青荚叶 *Helwingia chinensis*
中华柳 *Salix cathayna*
中华厚壳桂 *Cryptocarya chinensis*
中华穿鞘花 *Amischotolype chinensis*
中华润楠 *Machilus chinensis*
中华绣线菊 *Spiraea chinensis*
中华猕猴桃 *Actinidia chinensis*
中华隐子草 *Cleistogenes chinensis*
中华槭 *Acer sinense*
中华槲蕨 *Drynaria baronii*
中华蹄盖蕨 *Athyrium sinense*
中甸冷杉 *Abies ferreana*
中国无忧花 *Saraca chinensis*
中国石竹 *Dianthus chinensis*
中国绣球 *Hydrangea chinensis*
中国旌节花 *Stachyurus chinensis*
水马桑 *Coriaria nepalensis*
水龙骨 *Polypodium nipponicum*
水曲柳 *Fraxinus mandshurica*
水红木 *Viburnum cylindricum*
水杉 *Metasequoia glyptostroboides*
水杉属 *Metasequoia*
水杨梅 *Geum aleppicum*
水青冈 *Fagus longipetiolata*
水青冈属 *Fagus*
水青树 *Tetracentron sinense*
水松 *Glyptostrobus pensilis*
水松属 *Glyptostrobus*
水金凤 *Impatiens nolitangere*
水柳 *Homonoia riparia*
水栒子 *Cotoneaster multiflorus*
水麻 *Debregeasia edulis*
贝加尔针茅 *Stipa baicalensis*
贝加尔野豌豆 *Vicia baicalensis*
见加尔唐松草 *Thalictrum baicaliensis*
见血封侯 *Antiaris toxicaria*
手掌参 *Gymnadenia conposea*
牛毛毡 *Eleocharis yokoscensis*
牛奶子 *Elaeagnus umbellata*
牛奶胡颓子 *Elaeagnus umbellata*
牛皮杜鹃 *Rhododendron aureum*
牛皮肖 *Cynanchum auriculatum*
牛皮桦 *Betula albo-svnensis* var. *septentrionalis*
牛至 *Origanum vulgare*
牛蒡 *Arctium lappa*
牛尾菜 *Smilax herbacea* var. *nipponica*
牛尾蒿 *Artemisia subditigitata*
牛姆瓜 *Holboellia grandiflora*
牛扁 *Aconitum ochranthum*
牛鼻栓 *Fortunearia sinensis*
牛鼻栓属 *Fortunearia*
毛九节 *Psyohotria siamica*
毛杭子梢 *Campylotropis hirtella*
毛五月茶 *Antidesma paxii*
毛叶水栒子 *Cotoneastor submultiflorus*
毛叶吊钟花 *Enkianthus deflexus*
毛叶杜英 *Elaeocarpus limitaneus*
毛叶杜鹃 *Rhododendron polifolium*
毛叶南烛 *Lyonia villosa*
毛叶柿 *Diospyros mollifolia*
毛叶高丛珍珠梅 *Sorbaria arborea* var. *subtomentosa*
毛叶黄杞 *Engelhardtia colebrookiana*
毛叶黄香青 *Anaphalis aureopunctata*
毛叶蔷薇 *Rosa mairei*
毛叶算盘子 *Glochidion hirsutum*
毛白杨 *Populus tomentosa*
毛冬青 *Ilex pubescens*
毛尖羽藓 *Thuidium philibertii*
毛尖藓 *Cirrphyllum piliferum*
毛竹 *Phyllostachys pubescens*
毛肋杜鹃 *Rhododendron augustinii*
毛花连蕊茶 *Camellia fraterna*
毛花柿 *Diospyros eriantha*
毛序花楸 *Sorbus keissleri*
毛阿穆尔花楸 *Sorbus amurensis* var. *lanata*
毛枝青冈 *Cyclobalanopsis helferiana*
毛齿叶黄皮 *Clausena dunniana*
毛果一枝黄花 *Solidago virgaurea*
毛果竹叶防风 *Sesile delavayi*
毛果青冈 *Cyclobalanvpsis pachyloma*
毛果珍珠花 *Lyonia villosa*
毛果椆 *Lithocarpus pseudovestitus*
毛茶 *Antirhea chinensis*
毛茛 *Ranucunlus japonicus*
毛胡枝子 *Lespedeza tomentosa*
毛南芥 *Arabis hilsuta*
毛柿 *Diospyros strigosa*
毛钩藤 *Uncaria hissuta*

毛俭草 *Mnesitha mollicoma*
毛脉槭 *Acer barbinerve*
毛莲蒿 *Artemisia vestita*
毛桂 *Cinamomun appeliunum*
毛核木属 *Symphoricarpos*
毛鸭嘴草 *Ischaemum aristatum* var. *barbatum*
毛接骨木 *Sambucus buergeriana*
毛黄栌 *Cotinus coggygria* var. *pubescens*
毛梳藓 *Ptilium crista castrensis*
毛麻楝 *Chukrasia tabularis* var. *velutina*
毛宿包豆 *Shuteria pampaniniana*
毛萼紫薇 *Lagerstroemia balansae*
毛棉杜鹃 *Rhododendron moulmainense*
毛喉杜鹃 *Rhododendron cephalanthum*
毛稃早熟禾 *Poa ladens*
毛缘薹草 *Carex campylorhina*
毛蒿豆 *Oxycocus microcarpa*
毛棯 *Melastoma sanquineum*
毛腺萼木 *Mycetia hirta*
毛榛 *Corytus mandshurica*
毛蕊杜鹃 *Rhododendron websterianum*
毛樱桃 *Prunus tomentosa*
毛嘴杜鹃 *Rhododendron tichosyomum*
升麻 *Cimicifuga foetida*
长片小膜盖蕨 *Araiostegia pseudocystopteris*
长叶云杉 *Picea smithiana*
长叶木姜子 *Litsea elongata*
长叶乌药 *Lindera pulcherrima* var. *hemslyana*
长叶火绒草 *Leontopodium longifolium*
长叶石栎 *Lithocarpus elaegnifolius*
长叶耳草 *Hedyotis philippensis*
长叶忍冬 *Loicera ruprechtiana*
长叶青毛藓 *Dicranodontium attenuatum*
长叶胡颓子 *Elaeagnus bockii*
长叶南烛 *Lyonia ovalifolia* var. *lanceolata*
长叶桂木 *Artocarpus lanceolatus*
长叶翅子树 *Pterospermum lancraefolium*
长叶溲疏 *Deutzia longifolia*
长白松 *Pinus sylvestriformis*
长白柴胡 *Bupleurum komaroviana*
长白棘豆 *Oxytropis anertii*
长白瑞香 *Daphne koreana*
长白蔷薇 *Rosa koreana*
长芒草 *Stipa bungeana*
长尖毛扭藓 *Aerobryidium longimucronatum*
长芽绣线菊 *Spiraea longigemma*
长花溲疏 *Deutzia grandiflora*
长角剪叶苔 *Herberta dicrana*
长序山芝麻 *Helicteres elongata*
长序齿冠菊 *Myriactis longepedunculata*
长尾青冈 *Cyclobalanopsis stewardiana* var. *longicaudata*
长苞冷杉 *Abies georgei*
长苞柿 *Diospyros longibracteata*
长苞铁杉 *Tsuga longibracteata*
长果栎 *Quercus flephyllus*
长果厚壳桂 *Cryptocarya metcalifrana*
长果桂 *Cinamomon subravenium*
长柄山油柑 *Acronychia pedunculata*
长柄山胡椒 *Lindera longipedunculata*
长柄水青冈 *Fagus longipetiolata*
长柄青冈（锥果稠）*Cyclobalanopsis longinux*
长柄金刀木 *Barringtonia longipes*
长柄绣球 *Helwingia longipes*
长柄琼楠 *Beilschmiedia longipetiolata*
长眉红豆 *Ormosia balansis*
长圆叶新木姜 *Neolitsea oblongifolia*
长萼鸡眼草 *Kummerowia stipulacea*
长喙牻牛儿苗 *Erodium hoefftianum*
长蕊杜鹃 *Rhododondron stamineum*
长穗栲（刺果锥）*Castanopsis echidnocarpa* = *C. longispicota*
长穗高山栎 *Quercus longispica*
化香 *Platycarya strobilacea*
化香属 *Platycarya*
分叉露兜 *Pandanus furcatus*
勿忘草 *Myosotis sylvatica*
风车藤 *Combretum yunnanense*
风吹箫 *Leycesteria formosa*
风桦 *Betula costata*
风箱果 *Physocarpus amurensis*
乌冈栎 *Quercus phillyraeoides*
乌头 *Aconitum carmichaelii*
乌苏里绣线菊 *Spiraea ussuriensis*
乌苏里椴 *Tilia ussuriensis*
乌苏里鼠李 *Rhumnus ussuriensis*
乌苏里薹草 *Carex ussuriensis*
乌饭树 V*acciuium bracteatum*

乌药 *Lindera strychnifolia*
乌鸦果 *Vaccinium fragile*
乌榄 *Canarium pimela*
乌蔹莓 *Cayratia japonica*
乌墨 *Syzygium cumini*
凤尾藓 *Fteris nervosa*
六月雪 *Serissa foetida*
六齿卷耳 *Cerastium cerastioides*
六道木 *Abelia biflora*
文山茶 *Camellia wenshanensis*
文冠果 *Xanthoceras sorbifolia* var. *cinerea*
方竹 *Chimonobambusa quadrangularis*
方竹属 *Chimonobambusa*
方枝圆柏 *Sabina saltuaria*
火索麻 *Helicteres isora*
火棘 *Pyracantha fortuneana*
火筒树 *Leea indica*
心叶荚蒾 *Viburnum cordifolium*
巴山水青冈 *Fagus pashanica*
巴山冷杉 *Abies fargesii*
巴山松 *Pinus henryi*
巴东栎 *Quercus engleriana*
双色耳蕨 *Polystichum bicolor*
双花木属 *Disanthus*
双花堇 *Viola biflora*
双参 *Triplostegia glandalifera*
双盖蕨属 *Diplazium*
双蝴蝶 *Tripterospermum affine*
书带蕨 *Vittaria flexuosa*
五画
玉山灰木 *Symplocos morrisonicola*
玉山竹 *Yushania niitakayamaensis*
玉山红果树 *Stranvaesia niitakayamaensis*
玉山茴芹 *Pimpinella niitakayamaensis*
玉山桧 *Juniperus morrisonicola*
玉山黄肉楠 *Actinodaphne morrisonensis*
玉山蔷薇 *Rosa morrisonensis*
玉兰属 *Magnolia*
玉竹 *Polygonatum odoratum*
玉蕊属 *Barringtonia*
甘西鼠尾草 *Salvia przewalskii*
甘育锦鸡儿 *Caragana tangutica*
甘肃荚蒾 *Viburnum kansuense*
甘草 *Glycyrrhiza uralensis*
甘遂 *Euphobia kansui*
艾蒿 *Artemisia vulgaris*
古乡鳞毛蕨 *Dryopteris gushaingensis*
节枝柳 *Salix dalungensis*
石刁柏（变种）*Asparagus officinalis* var. *altilis*
石刁柏 *Asparagus officinalis*
石山含笑 *Michelia calcarea*
石山樟（硬叶樟）*Cinnamomum calcareum*
石韦 *Pyrrosia lingua*
石仙桃 *Pholidota chinensis*
石芒草 *Arundinella nepalensis*
石灰花楸 *Sorbus folgneri*
石芥菜 *Dentaria tenuifolia*
石豆兰属 *Bulbophyllum*
石松 *Lycopodium clavatum*
石柑子 *Pothos chinensis*
石栎 *Lithocarpus glabra*
石栎属 *Lithocarpus*
石蚕叶绣线菊 *Spiraea chamasedryfolia*
石核木 *Litosathes biflora*
石笔木属 *Tutcheria*
石斛 *Dendrobium moniliforme*
石斛属 *Dendrobium*
石斑木属 *Raphiolopis*
石棒绣线菊 *Spiraea media*
石蒲藤 *Pothos chinensis*
石楠属 *Potinia*
布氏胡枝子 *Lespedeza buergeri*
布渣叶 *Microcos paniculata*
龙牙草 *Agrimonia pilosa*
龙州棕竹 *Rhapis robusta*
龙角 *Hydnocarpus hainanensis*
龙果 *Pouteria grandifolia*
龙须藤 *Bauhinia championii*
龙常草 *Diarrhena manshurica*
龙眼 *Dimocarpus longan=Euphoria longana*
龙船花 *Ixora chinensis*
龙葵 *Solanum nigrum*
平叉苔 *Metzgeria conjugata*
平枝灰栒子 *Cotoneaster horizontalis*
平脉柃木 *Eurya cavinervis*
平萼铁线莲 *Clematis platysepala*
平榛 *Corylus heterophylla*
平藓 *Necvera pennata*

东方草莓 *Fragaria orientalis*
东方铁线莲 *Clematis orientalis*
东方琼楠 *Beilschmiedia tungfangensis*
东北山梅花 *Philadelphus schrenkii*
东北赤杨 *Alnus mandshurica*
东北牡蒿 *Artemisia japonica* var. *mandshurica*
东北茶藨子 *Ribes mandschuricum*
东北香薷 *Elsholtzia mandshurica*
东北溲疏 *Deutzia amurensis*
东亚万年藓 *Climacium japonicum*
东京梭子果 *Eberhardtia tonkinensis*
东南露珠草 *Circaea pricei*
东陵绣球（八仙花）*Hydrangea bretschneideri*
东紫苏 *Elsholtzia bodinieri*
卡西亚松 *Pinus kesiya*
北七筋姑 *Clintonia udensis*
北五味子 *Schisandra incarnata=Schisandra chinensis*
北升麻 *Cimicifuga dahurica*
北方绣线菊 *Spiraea fritschiana*
北方雪层杜鹃 *Rhododendron nivale* subsp. *boreale*
北地拉拉藤 *Galium boreale*
北苍术 *Atractylodes chinensis*
北极果 *Arctous alpinus*
北京隐子草 *Cleistogenes hancei*
北细辛 *Asarum heterotropoides*
北枳椇 *Hovenia dulcis*
北重楼 *Paris verticillata=Paris verticillis*
北柴胡 *Bupleurum pekinensis*
北悬钩子 *Rubus arcticus*
北鹅耳枥 *Carpinus turczaninowii*
凸叶杜鹃 *Rhododendron pendulum*
凸脉薹草 *Carex lanceolata*
占氏蒲桃 *Syzygium championii*
业平竹属 *Semiarundinaria*
叶尔羌圆柏 *Sabina jarkendensis*
叶被木 *Phyllochlamys taxoides*
叶萼山矾 *Symplocos phyllocalyx*
叶藓 *Calyptothecium tumiclum*
凹叶柃木 *Eurya impressinervis*
凹叶瑞香 *Daphne retusa*
四川丁香 *Syringa sweginzowii*
四川大头茶 *Gordonia szechuanensis*
四川山矾 *Symplocos setchuenenis*
四川红杉 *Larix mastersiana*
四川杜鹃 *Rhododendron sutchuenense*
四川杨桐 *Adinandra bockiana*
四川栒子 *Cotoneaster ambiguus*
四川溲疏 *Deutzia setchuenensis*
四川嵩草 *Kobresia setchwanensis*
四川新木姜 *Neolitsea sutchuanensis*
四羽鳞毛蕨 *Dropteris quadripinnata*
四花薹草 *Carex quadriflora*
四药门花属 *Tetrathyrium*
四脉金茅 *Eulalia quadrinervis*
四照花 *Dendrobenthemia japonica* var. *chinensis*
四数木 *Tetrameles nudiflora*
四蕊槭 *Acer tetramerum*
禾叶风毛菊 *Saussurea graminae*
丘陵唐松草 *Thalictrum collinum*
仪花木 *Lysidice rhodostegia*
白山毛茛 *Ranunculus japonicus* var. *monticola*
白木通 *Akebia trifoliata* var. *australis*
白车 *Syzygium levinei*
白毛新木姜子 *Neolitsea aurata* var. *glauca*
白头翁 *Pulsatilla chinensis*
白皮云杉 *Picea aurantiaca*
白皮松 *Pinus bungeana*
白发藓 *Leucobryum javense*
白网籽榈 *Dictyosperma album*
白羊草 *Bothriochloa ischaemum*
白芷 *Angelica miqueliana*
白花丹 *Ixora cephalophora*
白花龙 *Styrax confusa*
白花细叶野豌豆 *Vicia tenuifolia*
白花野芝麻 *Lamium album*
白花酢浆草 *Oxalis acetosella*
白花碎米荠 *Cardamine leucanthe*
白花耧斗菜 *Aquilegia parviflora*
白杄 *Picea meyeri*
白豆杉 *Pseudotaxus chienii*
白豆杉属 *Pseudotaxus*
白辛树 *Pterostyrax psilophylla*
白茎盐生草 *Halogeton arachnoideus*
白茅 *Imperata cylindrica* var. *major*
白齿藓 *Leucodon secundus*
白果草莓 *Fragaria nelgeerensis* var. *mairei*
白草 *Andropogon ischaemum*
白茶 *Coelodepas hainanensis*

白栎 *Quercus fabri*
白柳 *Salix alba*
白背厚壳桂 *Cryptocarya maculrei*
白背铁线蕨 *Adiantum davidii*
白桂木 *Artocarpus hypargyraeus*
白桦 *Betula platyphylla*
白健杆 *Eulalia pallens*
白萼树属 *Dunnia*
白楠 *Phoebe neurantha*
白榄（橄榄）*Canarium album*
白榆 *Ulmus alba*
白蜡 *Fraxinus chinensis*
白颜树 *Cironniera subaequalis*
白藓 *Dictamnus dasycarpus*
白檀 *Symplocos paniculata*
白藤 *Calamus tetradactylus*
瓜子金 *Dischidia chinensis*
瓜馥木 *Fissistigma oldhamii*
丛藓科 Potliaceae
印栲 *Castanopsis indica*
乐东木兰 *Magnolia lotungensis*
冬叶 *Phrynium capitatum*
冬青（老鼠刺）*Ilex chinensis*
冬青 *Ilex pedunculosa*
鸟巢蕨 *Neottopteris nidus*
包斗栎 *Lithocarpus craibianus*
包石栎 *Lithocarpus cleistocarpus*
兰屿加 *Boerlagiodendron pectinatum*
兰屿坚木 *Dysoxylum cumingianum*
兰屿桃榄 *Pouteria duclitan*
半枫荷属 *Semiliquidamba*
半齿柃木 *Eurya semiserrulata*
头巾黄岑 *Scutillaria scordifolia*
头花杜鹃 *Rhododendron capitatum*
宁岗青冈 *Cyclobalanopsis ningangensis*
尼泊尔刺桐 *Mallotus nepalensis*
尼泊尔常春藤 *Hedera nepalensis*
辽东栎 *Quercus liaotungensis*
加拿大飞蓬 *Erigeron canadensis*
边缘鳞毛蕨 *Dryopteris marginalis*
发叶鳞毛蕨 *Dryopteris fibrillosa*
对节木 *Sageretia pycnophylla*
对叶细辛 *Asarum caulescens*
对叶盐蓬属 *Girgensohnia*
对叶黄精 *Polygonatum oppositifolium*
对叶榕 *Ficus hispida*
对叶藓 *Distichum capillacium*
对生蹄盖藤 *Athyrium oppasitipinnum*
对腿堇菜 *Viola acuminata*
台中荚蒾 *Viburnum taiwaniana*
台中蔷薇 *Rosa pricei*
台乌木 *Diospyros discolor*
台东荚蒾 *Viburnum taitoense*
台地黄属 *Titanotrichum*
台油木属 *Otherodendron*
台南石栎（恒春柯）*Lithocarpus shinsuiensis*
台钱草属 *Suzukia*
台紫云菜属 *Parachampionella*
台湾八角 *Illicium arborescens*
台湾小檗 *Berberis kawakamii*
台湾山龙眼 *Helicia formosana*
台湾山榄 *Planchonella duclitan*
台湾马钱 *Strychnos henryi*
台湾云杉 *Picea morrisonicola*
台湾五针松 *Pinus morrisonicola*
台湾水青冈 *Fagus hayatae*
台湾水锦树 *Wendiandia formosana*
台湾石栎 *Lithocarpus kawakamii*
台湾冬青 *Ilex formosana*
台湾肉豆寇 *Myristica cagayanensis*
台湾米仔兰 *Aglaia formosana*
台湾杉 *Taiwania cryptomerinoides*
台湾冷杉 *Abies kawakamii*
台湾忍冬 *Lonicera kawakamii*
台湾青冈 *Cyclobalanopsis morii*
台湾松（黄山松）*Pinus taiwanensis*
台湾果松 *Pinus armandii* var. *mastersiana*
台湾茶藨子 *Ribes formosanum*
台湾钩藤 *Uncaria formosana*
台湾狭叶青冈 *Cyclobalanopsis stenophylloides*
台湾扁柏 *Chamaecyparis obtusa* var. *formosana*
台湾栲 *Castanopsis formosana*
台湾翅子树 *Pterospermum niveum*
台湾原始莲座蕨 *Archangiopteris somai*
台湾铁杉 *Tsuga formasana*
台湾高山杜鹃 *Rhododendron mori*
台湾高山柳 *Salix taiwanalpina*

台湾黄杞 *Engelhardtia formosana*
台湾黄檗 *Phellodendron wilsonii*
台湾野蔷薇 *Rosa multiflora* var. *formosana*
台湾帽菊 *Mitella formosana*
台湾番龙眼 *Pometia pinnata*
台湾蒲桃 *Syzygium formosana*
台湾楠 *Phoebe formosana*
台湾榆 *Ulmus uyamatsui*
台湾蔷薇 *Rosa taiwanensis*
台湾榕 *Ficus formosa*
台湾翠柏 *Calocedrus macrolepis* var. *formosana*
台湾瘤足蕨 *Plagiogyria formosana*
台楠 *Phoebe formosana*
台蕉 *Musa formosana*
台爵床属 *Kudoacanthus*
台藤竹 *Schizostachyum diffusum*
矛叶荩草 *Arthraxon lanceolatus*
丝毛润楠 *Machilus bombycina*
丝叶扭藓 *Tortella caespitosa*
丝叶薹草 *Carex capilliformis*
丝带藓 *Floribundaria flortbunda*
丝栗栲（栲树）*Castanopsis fargesii*
丝颖针茅 *Stipa capillacea*

六画

吉拉柳 *Salix gilesshanica*
老虎楝 *Trichilia connaroides*
老鼠矢 *Symplocos stellaris*
地瓜榕 *Ficus tikoua*
地钱属 *Marchantia*
地榆 *Sanguisorba officinalis*
地檀香 *Gaultheria forrestii*
耳蕨属 *Phecatopteron*
芍药 *Paeonia albiflora*
芨芨草 *Achnatherum splendens*
芒 *Miscanthus sinensis*
芒齿小檗 *Berberis aristato-serrula*
芒齿耳蕨 *Polystichum acutedenta*
芒草（丝带草）*Phalaris arundinacea*
芒种花 *Hypericum patulum*
芒萁 *Dicranopteris dichotoma*
亚东冷杉 *Abies densa*
亚美蹄盖蕨 *Athyrium acrostichoides*
亚洲蓍 *Achillea asiatica*
亚高山锦鸡儿 *Caragana jubata*
朴 *Celtis sinensis*
朴叶扁担杆 *Grewia celtidifolia*
过江龙（榼藤子）*Entada phasevlvides*
西北栒子 *Cotoneaster zabelii*
西伯利亚小檗 *Berberis sibirica*
西伯利亚云杉（新疆云杉）*Picea obovata*
西伯利亚牛皮肖 *Cynanchum sibiricum*
西伯利亚红松（新疆五针松）*Pinus sibirica*
西伯利亚远志 *Polygala siribica*
西伯利亚冷杉（新疆冷杉）*Abies sibirica*
西伯利亚刺柏 *Juniperus sibirica*
西伯利亚铁线莲 *Clematis sibirica*
西伯利亚唐松草 *Thalictrum aquilegifolium* var. *sibiricum*
西伯利亚落叶松（新疆落叶松）*Larix sibirica*
西伯利亚蓍草 *Achillea sibirica*
西南花楸 *Sorbus rehderiana*
西南委陵菜 *Potentilla fulgens*
西南桦 *Betula alnoides*
西南栒子 *Cotoneaster francheti*
西南猫尾树 *Markhamia stipulata* var. *kerrii*
西康花楸 *Sorbus prettii*
西藏云杉 *Picea spinulosa*
西藏五叶松（西藏长叶松）*Pinus roxburghii*
西藏石栎 *Lithocarpus xizhangensis*
西藏龙胆 *Gentiana tibetica*
西藏白皮松 *Pinus gerardiana*
西藏红杉 *Larix griffithii*
西藏冷杉 *Abies spectabilis*
西藏柏木 *Cupressus torulosa*
西藏铁线蕨 *Adiantum tibeticum*
西藏润楠 *Machilus yunaanensis* var. *tibetana*
西藏菝葜 *Smilax glaucophylla*
西藏棒槌瓜 *Neoalsomitra clavigera*
西藏蹄盖蕨 *Athyrium tibeticum*
百山祖冷杉 *Abies beshanzuensis*
百花山花楸 *Sorbus pohuashanensis*
百两金 *Ardisia crispa*
百里香 *Thymus mongolicus*
灰毛费菜 *Sedum selskianum*
灰叶堇 *Viola delavayi*
灰叶稠李 *Padus grayana*
灰胡杨 *Populus pruinosa*
灰柯（绵石栎、绵槠）*Lithocarpus henryi*

灰背栎 *Quercus senescens*
灰背瘤足蕨 *Plagiogyria glaucescens*
灰栒子 *Cotoneaster acutifolius*
灰绿柳 *Salix glauca*
灰楸 *Catalpa fargesii*
灰榆 *Ulmus glaucesens*
灰藓 *Hypnum cupressiforme*
灰藤 *Calamus formosana*
达乌里（兴安）胡枝子 *Lespedeza dahurica*
尖叶山茶 *Camellia cuspidata*
尖叶石果杜鹃 *Rhododendron stenaulum*
尖叶红淡 *Adinandia acutifolia*
尖叶茶藨子 *Ribes maximowiczianum*
尖叶栒子 *Cotoneaster accuminatus*
尖叶提灯藓 *Mnium cuspidatum*
尖尾楠（乌心楠）*Phoebe henryi*
尖尾槭 *Acer kawakamii*
尖齿高山栎（岩栎）*Quercus acrodonta*
尖果沙棘 *Elaeagnus oxycarpa*
尖翅地肤 *Kochia odontoptetra*
尖峰栲 *Castanopsis jianfenlingensis*
光叶山楂 *Crataegus dahurica*
光叶天料木 *Homalium laoticum*
光叶巴豆 *Croton laevigatus*
光叶石楠 *Photinia glabra*
光叶羽藓 *Thuidium assimile*
光叶珍珠梅 *Sorbaria arborea* var. *glabrata*
光叶柃木（细齿叶柃）*Eurya nitida*
光叶栎 *Quercus oxyphylla*
光叶柳 *Salix rehderiara* var. *glabra*
光叶珙桐 *Davidia vilmoriniana*
光叶高山栎 *Quercus rehderiana*
光叶高粱泡 *Rubus lambertianus*
光叶榉 *Zelkova serrata*
光叶箭竹 *Sinarundinaria glabrifolia*
光叶薄鳞苔 *Leptolejeunea subacuta*
光皮桦 *Betula luminifera*
光里白 *Hicriopteris laeuissima*
光齿蹄盖蕨 *Athyrium spinulosum*
光齿鳞毛蕨 *Dryopteris acutodentata*
光果巴郎柳 *Salix sphaeronymphoides*
光果甘草 *Glycyrrhiza glabra*
光亮杜鹃 *Rhododendron nitidum*
光萼溲疏 *Deutzia glabrata*
当年枯 *Arctous ruber*
早田冬青 *Ilex hacyataiana*
早花忍冬 *Lonicera praeflorus*
早熟禾 *Poa annua*
曲尾藓 *Dicranum scoparium*
曲枝柏（曲枝圆柏）*Sabina recurva*
曲柄冬青 *Ilex purpurea*
曲桦 *Betula procurva*
团花 *Anthocephalus chinensis*
团香果 *Lindera latifolia*
团籽花属 *Apterosperma*
同齿樟味藜 *Camphorosma monspeliaca* subsp. *lesingii*
吊兰苦梓（白含笑）*Michelia mediocris*
吊罗青冈 *Castanopsis tiaoloshanica*
吊罗栎 *Quercus tiaoloshanica*
回头草 *Polyonum paleaceum*
刚毛忍冬 *Lonicera hispida*
刚毛柽柳 *Tamarix hispida*
网叶山胡椒 *Lindera dictyoplylla*
肉豆蔻属 *Myristica*
肉实属 *Sarcospermum*
肉柄琼楠 *Beilschmedia macropoda*
朱砂根 *Ardisia crenata*
舌蕨属 *Elaphoglossum*
竹节树属 *Carallia*
竹叶木荷 *Schima bambusifolia*
竹叶兰 *Arundina chinensis*
竹叶青冈（竹叶栎）*Cyclobalanopsis bambusifolia*
竹叶栎 *Quercus bambusaefolia*
竹柏 *Podocarpus nagi*
竹柴胡 *Bupleurum marginatum*
乔松 *Pinus griffithii*
伏树蕨 *Lemaphyllum microphyllum*
华三芒草 *Aristida chinensis*
华山乌头 *Aconitum sinomontanum*
华山松 *Pinus armandii*
华山矾 *Symplocos chinensis*
华中五味子 *Schisandra sphenanthera*
华火绒草 *Leontopodium nervosa*
华东瘤足蕨 *Plagiogyria japonica*
华东蹄盖蕨 *Athyrium nipponicon*
华北丁香 *Syringa oblata*
华北风毛菊 *Saussurea mongolica*

华北乌头 *Aconitum jeholanse*
华北珍珠梅 *Sorbaria kirilowii*
华北绣线菊 *Spiraea fritschiana*
华北落叶松 *Larix principis-rupprechtii*
华北耧斗菜 *Aquilegia yabeana*
华北薹草 *Carex hancokiana*
华白珠 *Gaultheria sinensis*
华西小檗 *Berberis silva-taroucana*
华西枫杨 *Pterocarya insignits*
华西银蜡梅 *Dasiphora glabra* var. *veitchii*
华西箭竹 *Sinarundinaria nitida*
华参 *Sinopanax formosana*
华参属 *Sinopanax*
华细辛 *Asarum chinensis*
华南五针松 *Pinus kwangtungensis*
华南石栎 *Lithocarpus fenestratus*
华南桦 *Befula austrosinensis*
华南紫萁 *Osmunda vachellii*
华须芒 *Andropogon chinensis*
华栲 *Castanopsis chinensis*
华雀麦 *Bromus sinensis*
华箬竹 *Sasamorpha sinica*
华箬竹属 *Sasamorpha*
伪曲尾藓 *Dicranum spurium*
伊犁小檗 *Berberis nummularia*
血皮槭 *Acer griseum*
血桐 *Macaranga tanarius*
向日樟 *Cinnamomum liangii*
舟柄茶 *Hartia sinensis*
全包石栎 *Lithocarpus cleisthocapus*
全绿荚蒾 *Viburnum integrifolium*
合头草 *Sympegma regelii*
合欢 *Albizia julibrissin*
合柄铁线莲 *Clematis connata*
伞花木属 *Eurycorymbus*
伞罗夷 *Saurauia gigantifolia*
肋毛蕨属 *Ctenitis*
肋巴木 *Epiprinus siletianus*
多毛坡垒 *Hopea mollissima*
多毛椴 *Tilia intosa*
多叶棘豆 *Oxytropis myiophylla*
多色杜鹃（岩生杜鹃）*Rhododendron rupicola*
多花山竹子 *Garcinia multiflora*
多花杭子梢（小雀花）*Campylotropis polyantha*
多花玉竹 *Polygonatum odoratum* var. *pluriforum*
多花白头树 *Garuga floribunda*
多花白蜡树 *Fraxinus floribunda*
多花杜鹃（羊角杜鹃）*Rhododendron cavaleriei*
多花含笑 *Michelia floribunda*
多花胡枝子 *Lespedeza floribunda*
多花柽柳 *Tamarix hohenackeri*
多花栒子（水栒子）*Cotoneaster multiflorus*
多花紫藤 *Wisterria floribunda*
多花溲疏 *Deutzia macrantha*
多花蔷薇 *Rosa multiflora*
多花樟 *Cinnamomum myrianthus*
多苞蔷薇 *Rosa multibracteata*
多茎野豌豆（山黧豆）*Vicia multicaulis*
多枝柽柳 *Tamarix ramosissima*
多刺轴榈 *Liculoda spinosa*
多刺省藤 *Calamus tetradactylus*
多刺绿绒蒿 *Meconopsis horridula*
多刺蔷薇 *Rosa spinosissima*
多果长拉草 *Calathodes polycarpa*
多果新木姜 *Neolitsea polycarpa*
多变石栎 *Lithocarpus variolosus*
多指地卷 *Peltigera polydactyla*
多脉青冈 *Cyclobalanopsis multinervis*
多脉鹅耳枥 *Carpinus polyneura*
多核果属 *Pyrenocarpa*
多蕊木 *Tupidanthus calyptratus*
多蕊金丝桃 *Hypericum hookerianum*
多穗石松 *Lycopodium aunetinum*
多穗石栎 *Lithocarpus polystachya*
多翼耳蕨 *Polystichum hecatopterum*
多瓣核果茶属 *Parapyrenaria*
多鳞杜鹃 *Rhododendron polylepis*
色木槭 *Acer mono*
冰草 *Agropyron cristatum*
冰霜委陵菜 *potentilla gelida*
交让木 *Daphniphyllum macropodum*
闭花木 *Clesistanthus saichikii*
闭花木属 *Clesistanthus*
闭鞘姜 *Costus specivsus*
羊角芹 *Aegopodium alpestre*
羊茅 *Festuca ovina*
羊齿天门冬 *Asparagus filicinus*
羊乳 *Codonopsis lanceolata*

羊草 *Aneurolepidium chinense*
羊胡子草 *Carex buergeriara*
羊胡子薹草 *Carex callitrichos*
羊蹄甲 *Bauhinia variegata*
关苍术 *Atractylodes japonica*
米心水青冈 *Fagus engleriana*
米饭花 *Vaccinium sprengelii*
米面翁 *Buckleya henryi*
米碎花柃木 *Eurya chinensis*
米槠 *Castanopsis carlesii*
灯台树 *Cornus controversa*
灯笼花 *Enkianthus chinensis*
江南油杉 *Keteleeria cyclolepis*
江浙钓樟 *Lindera chienii*
汝蕨属 *Rumohra*
汤饭子 *Viburnum setigerum*
兴安石竹 *Dianthus versidus*
兴安白头翁 *Pulsatilla dahurica*
兴安杜鹃 *Rhododendron dahuricum*
兴安刺柏 *Sabina davuricus*
兴安柳 *Sailx hsingenica*
兴安桧 *Sabina davurica*
兴安柴胡 *Bupleurum dahuricum*
兴安落叶松 *Larix gmelinii*
兴凯湖松 *Pinus takahasii*
祁州漏芦 *Rhaponticum uniflorum*
祁连山圆柏 *Sabina przewalskii*
祁连薹草 *Carex allivescens*
异叶梁王茶 *Nothopanax davidii*
异叶鹅掌柴 *Schefflera diversifoliolata*
异形固沙草（鸡爪草）*Orinus anomala*
异侧柃木 *Eurya inaequalis*
阴地薹草（披针）*Carex lanceolata*
阴香 *Cinamomum burmannii*
防己叶菝葜 *Smilax menispermoides*
防风 *Saposhnikova divaricatum*
羽节蕨 *Gymnocarpium longulum*
羽叶泡花树 *Meliosma pinnata*
羽叶楸 *Stereospermum tetragonum*
羽叶藤 *Connarus yunnanensis*
羽芒菊 *Tridax procumbens*
羽裂紫菀 *Aster pinnatifidus*
羽裂蟹甲草 *Cacalia tangutica*
羽藓 *Thuidium depicatulum*
观音莲座蕨 *Angiopteris fokiensis*
买麻藤 *Gnetum montanum*
红丁香 *Syringa villosa*
红木荷 *Schima wallichii*
红车蒲桃 *Syzygium rehderianum*
红水锦树 *Wendilandia uvarifolia*
红毛山楠 *Phoebe hungmaoensis*
红毛五加 *Acanthopanax giraldii*
红毛花楸 *Sorbus rufopilosa*
红毛薹草 *Carex haemastostoma*
红叶藤属 *Santaloides*
红皮云杉 *Picea koraiensis*
红光树 *Knema furfuracea*
红花木莲 *Manglietia insignis*
红花五味子 *Schisandra rubriflora*
红花忍冬 *Lonicera syringantha*
红花柴 *Indigofera pulchella*
红花鹿蹄草 *Pyrola incarnata*
红花锦鸡儿 *Caragana rosea*
红花蔷薇 *Rosa moyesii*
红杉 *Larix potaninii*
红杉属（古）*Sequoia*
红豆杉 *Taxus chinensis*
红豆属 *Ormosia*
红苞木 *Rhodoleia championii*
红松 *Pinus koraiensis*
红果越橘 *Vaccinium vitisidaea*
红果葱臭木 *Dysoxylum binectariferum*
红果蔷薇 *Rosa masei* var. *plurijaga*
红茴香 *Illicium henryi*
红柄白鹃梅 *Exochorda giraldii*
红厚壳属 *Calophyllum*
红背杜鹃 *Rhododendron refescens*
红脉忍冬 *Lonicera nervosa*
红脉钓樟 *Lindera rubroncrvia*
红脉南烛 *Lyonia rubrovenia*
红桂木 *Artocarpus lingnanensis*
红桦 *Betula albosinensis*
红桧 *Chamaecyparis formosensis*
红翅槭 *Acer fabri*
红胶木属 *Tristania*
红粉白株 *Gaultheira hookeri*
红淡 *Adinandla formosana*
红椤 *Amoora dasyclada*

红椎（刺栲）*Castanopsis hystrix*
红椆 *Lithocarpus fenzelianus*
红裂稃草 *Schizachyrium sanguineum*
红帽金发藓 *Poligonatum subricrostomum*
红瑞木 *Cornus alba*
红椿 *Toona ciliata*
红楠 *Machilus thunbergii*
红藤子 *Tripterygium regelii*
纤齿卫矛 *Euonymus giraldii*
纤细老鹳草 *Geranium robertianum*
纤根鳞毛蕨 *Dryopteris sinofibrillosa*
纤腺萼木 *Mycetia graciles*

七画

麦氏蔷薇 *Rosa moyesii*
麦冬 *Liriope graminifolia*
麦冬草（沿阶草）*Ophiopogon japonicus*
麦吊云杉 *Picea brachytyla*
麦瓶草 *Silene jenissensis*
远东芨芨草 *Achnatherum extremiorientale*
远志 *Polygala tenuifolia*
走灯藓 *Plagiomnium cuspidatum*
赤才 *Erioglossum rubiginosum*
赤皮青冈 *Cyclobanopsis gilva*
赤芍药 *Paeonia veitchii*
赤竹属 *Sasa*
赤杨叶 *Alniphyllum fortunei*
赤茎藓 *Pleurozium schreberi*
赤松 *Pinus densiflora*
赤点红淡 *Adinandra hainanensis*
扭瓦苇 *Lepisorus contortus*
扭叶镰刀藓 *Drepanocladus revolvens*
扭黄茅 *Heteropogon contortus*
拟多脉柃木 *Eurya pseudopolyneura*
拟垂枝藓 *Rhytididelphus triquetrus*
拟金灰藓 *Pylaisiopsis speciosa*
拟单性木兰属 *Parakmeria*
芜菁还阳参 *Crepis napifera*
花木蓝 *Indigofera kirilowii*
花皮胶藤 *Ecdysanthera utilis*
花曲柳 *Fraxinus chinensis* var. *rhynchoplylla*
花竹 *Phyllostachys nidularia*
花花柴 *Karelinia caspica*
花尾槭 *Acer caudatum*
花荵 *Polemonium coeruleum*
花梨（降檀香）*Dalbergia adorifera*
花楷槭 *Acer ukurunduense*
花楸 *Sarbus pohuashanensis*
芬氏石栎 *Lithocarpus fenzelianus*
苍山冷杉 *Abies delavayi*
苍术 *Atractylodes ovata*
苍叶南蛇藤 *Celastrus hypoleucus*
苍白花楸 *Sorbus pallescens*
杜仲属 *Eucommia*
杜仲藤属 *Parabarium*
杜英 *Elaeocarpus decipiens*
杜英属 *Elaeocarpus*
杜茎山 *Maesa japonica*
杜松 *Juniperus rigida*
杜香 *Ledum palustre*
杜梨 *Pyrus betulaefolia*
杏叶石栎 *Lithocarpus amygdalifolius*
杏叶石栎 *Lithocarpus amygdalifolius*
杏叶茴芹 *Pimpinella candolleana*
杉木 *Cunninghamia lanceolata*
极地叶衣 *Nephroma arcticum*
极地茶藨子 *Ribes arcticum*
杧果属 *Mangifera*
李叶溲疏 *Deutzia prunifolia*
李榄属 *Linociera*
杨叶木姜子 *Listea populifolia*
杨梅 *Myrica rubra*
杨梅叶蚊母树 *Distylium myricoides*
两色杜鹃 *Rhododendron dichroanthum*
丽江云杉 *Picea likiangensis*
丽江铁杉 *Tsuga forrestii*
丽江绣线菊 *Spiraea likiangensis*
丽江槭 *Acer forrestii*
连香树 *Cercidiphyllum japonicum*
连蕊茶 *Camellia fraterna*
坚桦 *Betula chinensis*
肖菝葜 *Heterosmilax japonica*
肖韶子 *Dimocarpus fumatus* subsp. *indonchinensis*
旱毛青冈 *Cyclobalanopsis vestita*
旱毛栎 *Quercus vestita*
旱冬瓜 *Alnus nepalensis*
旱麦草 *Eremopyrum triticeum*
旱茅 *Eremopogon delavayi*
吴茱萸叶五加 *Acanthoponax evodiaefolius*

足状薹草 *Carex pediformis*
岗松 *Baeckea frutescens*
针葵 *Phoenix hanceana*
钉柱委陵菜 *Potentilla saundersiana*
牡竹 *Dendrocalamus strictus*
牡蒿 *Artemisia japonica*
秃疮花 *Dicranostigma leptopodum*
秃疮花属 *Dicranostigma*
秀丽水柏枝 *Myricaria elegans*
秀丽莓 *Rubus amabilis*
秀雅杜鹃 *Rhododendron concinnum*
皂荚属 *Gleditsia*
皂帽花 *Dasymaschalon trichophorum*
近纤维鳞毛蕨 *Dryopteris fibrillosissima*
余甘子 *Phyllanthus emblica*
谷木 *Memecylon ligustrifolium*
谷姑茶 *Mallotus hookerianus*
谷蓼 *Circaea erubescens*
含轴荚蒾 *Viburnum sympodiale*
含笑属 *Michelia*
狄氏小檗 *Berberis gilgiana*
角果藜 *Ceratocarpus arenarius*
角榛 *Corylus sieboldiana* var. *mandshurica*
角藓 *Anthoceros levis*
条叶银莲花 *Anemone trullifolia* var. *linearis*
卵叶钓樟 *Lindera limprichtii*
卵叶兔儿风 *Ainsliaea triflora* var. *obovanta*
卵叶蜘蛛抱蛋 *Aspidistra typica*
卵叶樟 *Cinamomum ovatum*
迎红杜鹃 *Rhododendron mucronulatum*
迎春 *Jasminum nudiflorum*
饭增青冈（毛果青冈）*Cyclobalanopsis fleuryi*
冷水花 *Pilea japonica*
冷地毛茛 *Ranunculus gelidus*
冷杉 *Abies fobri*
冷饭团 *Kadsura cocinea*
冷蒿 *Artemisia frgida*
冷蕨 *Cystopteris fragilis*
冷箭竹 *Sinarundinaria fangiana*
庐山石韦 *Pholidota sheareri* = *Pyrrosia shearieii*
羌活 *Notopterygiun incisum*
沙冬青属 *Ammopiptanthus*
沙皮蕨属 *Hemigramma*
沙地柏 *Sabina semiglobosa*
沙拉藤 *Salacia polysperma*
沙松（沙冷杉）*Abies holophylla*
沙枣 *Elaeagnus oxycarpa*
沙参（轮叶）*Adenophora verticillata*
沙棘 *Hippophae rhamnoides*
沟叶羊茅 *Festuca ovina* var. *sulcata*=*Festuca sulcata*
汶川钓樟 *Litsea limprichtii*
沉水樟 *Cinnamomum micranthum*
君迁子 *Diospyros lotus*
尾叶山茶 *Camellia caudata*
尾叶甜槠 *Castanopsis eyrei* var. *caudata*
尾叶蓼 *Polygonum urophyllum*
陆均松 *Dacrydium pierrei*
阿氏忍冬 *Lonicera altamanni*
阿尔泰山楂 *Crataegus chlorosarca*
阿尔泰方枝柏 *Sabina peudo-sabina*
阿尔泰百金花 *Centaurium pulchellum* var. *altaicum*
阿尔泰花楸 *Sorbus amurensis*
阿尔泰紫苑 *Aster altaicus*
阿尔塔蔷薇 *Rosa albertii*
阿里山山茶 *Camelia transarisanensis*
阿里山石栎 *Lithocarpus kawakamii*
陇蜀杜鹃 *Rhododendron przewalskii*
陇塞忍冬 *Lonicera tangutica*
附地菜 *Trigonostis prduncularis*
劲直菝葜 *Smilax rigida*
鸡毛松 *Podocarpus imbricatus*
鸡爪芹 *Sanicula rubriflora*
鸡爪刺 *Rubus delavayii*
鸡占 *Terminalia hainanensis*
鸡矢藤 *Paederia scandens*
鸡头参 *Polygonatum roseum*
鸡血藤 *Millettia reticulata*
鸡树荚蒾 *Viburnum sargenti*
鸡屎树 *Lasianthus cyanocarpus*
鸡膀鳞毛蕨（粗茎）*Dryopteris crassirhizoma*
纳槁润楠 *Machiluq nakao*
纸叶杜鹃 *Rhododendron chartophyllum*

八画

青冈 *Cyclobalanopsis glauca*
青甘锦鸡儿 *Caragana tangutica*
青皮 *Vatica astrotricha*
青皮槭 *Acer hersii*
青杄 *Picea wilsonii*

青杨 *Populus cathayana*
青肤杨 *Rhus potaninii*
青荚叶 *Helwingia japonica*
青钩栲 *Castanopsis bornaensis= C. kawakamii*
青钩栲 *Castanopsis kawakamii*
青钱柳属 *Cyclocarya=Pterocarya*
青海固沙草 *Orinus kokonorica*
青海黄芪 *Astragalus tanguticus*
青楷槭 *Acer tegmentosum*
青榨槭 *Acer davidii*
青藓 *Brachythecium albicans*
青檀（翼朴）*Pteroceltis tatarinowii*
拐棍竹 *Fargesia spathacea=Fargesia robusta*
抱石莲 *Leriaogram matis*
抱茎柴胡 *Bupleurum longicaule* var. *amplexicaule*
拉拉藤 *Galium triflorum*
拂子茅 *Calamagrostis epigeios*
坡垒 *Hopea hainanensis*
披叶红果树 *Stranvaesia davidiana* var. *undulata*
披针叶（柳叶）忍冬 *Lonicera lanceolata*
披针叶胡颓子 *Elaeagnus lanceolata*
披针薹草 *Carex lanceolata*
苦木 *Picrasma qaassioides*
苦皮藤 *Celastrus angulatus*
苦竹 *Pleioblastus amarus*
苦竹属 *Pleioblastus*
苦杨 *Populus laurifolia*
苦豆子 *Sophora alopecuroides*
苦枥木 *Fraxinus retusa*
苦参 *Sophora flavescens*
苦荬菜 *Ixeris sonchifolia*
苦树 *Picrasma javanica*
苦槠 *Castanopsis sclerophylla*
苦糖果 *Lonicera standishii*
苹婆猴欢喜 *Sloanea sterculiacea*
苞叶杜鹃 *Rhododendron bracteatum*
苞叶景天 *Sedum amplibracteatum*
苞润楠 *Machilus brateata*
直立老鹳草 *Geranium rectum*
直角荚蒾 *Viburnum foetidum* var. *rectangulatum*
直梗高山唐松草 *Thalictrum alpinum* var. *elatum*
茅叶荩草 *Arthraxon lanceiolatus*
茅根 *Perotis indica*
茅栗 *Castanea seguinii*
林仔竹 *Semiarundinaria nuspicula*
林地水苏 *Stachys sylvatica*
林地早熟禾 *Poa nemoralis*
林地铁线莲 *Clematis brevicaudata*
林地猪殃殃 *Galium kamtschaticum*
林芝云杉 *Picea likiangensis* var. *linztiensis*
林奈草 *Linnaea borealis*
杯腺柳 *Sailix cupuralis*
枇杷荚蒾 *Viburnum rhytidophyllum*
枇杷属 *Eriobotrya*
板栗 *Castanea mollisima*
松毛翠 *PhyUodoce caerulea*
松萝 *Usnea longissima*
松潘叉子圆柏 *Sabina vulgaris* var. *erectopatens*
枫香 *Liquidambar formosana*
构树 *Broussonetia papyrifera*
刺人参 *Opolopanax elatus*
刺儿菜 *Cirsium setosum*
刺天茄 *Solanum indicum*
刺五加 *Acanthopanax senticosus*
刺毛果忍冬 *Lonicera hispida* var. *chaetocarpa*
刺斗石栎 *Lithocarpus echinotholus*
刺叶冬青 *Ilex bioritsensis*
刺叶栎 *Quercus spinosa*
刺芒野古草 *Arundinella setosa*
刺竹 *Bambusa stenostachya*
刺红珠 *Berberis dectyophylla*
刺矶松 *Acantholimon alatavicum*
刺苞南蛇藤 *Celastrus flagellaris*
刺虎耳草 *Saxifraga spinulosa*
刺果米槠 *Castanopsis carlesii* var. *spinulosa*
刺柏 *Juniperus chinensis*
刺柊 *Scolopia chinensis*
刺轴榈 *Licuala spinosa*
刺栲 *Castanopsis histrix*
刺桐属 *Erythrina*
刺梨 *Ribes burejense*
刺楸 *Kalopanax pictus*
刺榆属 *Hemiptelea*
刺蔷薇 *Rosa acicularis*
奇花柳 *Salix atopantha*
欧山黧豆 *Lathyrus palustris*
欧亚绣线菊 *Spiraea media*
欧灰藓 *Hypnum*

欧李 *Prunus humihs*
欧荚蒾 *Viburnum opulus*
欧洲山杨 *Populus tremula*
欧洲赤松 *Pinus sylvestris*
欧腐木鲜 *Heterophyllium haldeuianum*
轮叶马先蒿 *Pedicularis verticiilata*
轮叶王孙 *Paris quadrifolia*
轮叶木姜子 *Litsea verticillata*
轮叶沙参 *Adenophora tetraphylla*
轮叶黄精 *Polygonum verticillatrum*
软枣猕猴桃 *Actinidia arguta*
鸢尾 *Iris ensata*
齿叶风毛菊 *Saussurea amurensis*
齿叶忍冬 *Lonicera setifera*
齿叶铁线莲 *Clematis serratifolia*
齿叶黄皮 *Clausena dentata*
虎氏野桐 *Mallotus hookerianus*
虎皮楠 *Daphniphynum oldhami*
虎榛子 *Ostryopsis davidiana*
肾叶金腰 *Chrysosplenium griffjithi*
具脉香茶菜 *Rabdosia nervosa*
具脉囊苞草 *Triplostegia glandulifera*
具腺杜鹃 *Rhododendron glanduliferum*
昆仑方枝柏 *Sabina centrasiatica*
昆仑多子柏 *Sabina vulgaris* var. *arkandensis*
昆仑锦鸡儿 *Caragana polourensis*
昆栏树 *Trochodendron aralioides*
昆栏树属 *Trochodendron*
昌都锦鸡儿 *Caragana changduensis*
易变泥胡菜（变种）*Saussurea mutabilis* var. *diplochaeta*
易变泥胡菜 *Saussuera mutabilis*
岩败酱 *Patrinia rupestris*
岩爬藤属 *Tetrastigma*
岩栎 *Quercus acrodonta*
岩须 *Cassiope selaginoides*
岩高兰 *Empetrum nigrum* var. *japonicum*
岩高兰属 *Empetrum*
岩鼠李 *Rhamnus virgata* var. *silvestris*
岩蕨 *Woodsia ilvensis*
罗布麻 *Apocynum venetum*
罗汉松 *Podocarpus macrophyllus*
罗汉松属 *Podocarpus*
罗汉柏属 *Thujopsis*
罗伞树 *Ardisia quinquegona*
罗浮柿 *Diospyros morrisiana*
罗浮栲 *Castanopsis fabri*
罗曼藤蕨 *Lomariopsis leptocarpa*
岭南山竹子 *Garcinia oblongifolia*
岭南石栎 *Lithocarpus harlandii*
岭南青冈 *Cyclobalanopsis championii*
岷山色木槭 *Acer mono* var. *minshanicum*
岷江冷杉 *Abies faxoniana*
岷江柏 *Cupressus chengiana*
岷谷木蓝 *Indigofera lonticellata*
钓樟 *Lindera umbellata*
垂头虎耳草 *Saxifraga nutans*
垂枝香柏 *Sabina pingii* var. *wilsonii*
垂枝藓 *Rhytidium rugosum*
垂果南芥 *Arabis pendula*
垂穗披碱草 *Lymus nutans*
垂穗鹅观草 *Roegneria nutans*
牧场繁缕 *Stellaria palustris*
委陵菜 *Potentilla chinensis*
岳桦 *Betula ermanii*
版纳青梅 *Vatica fieuryana*
侧枝提灯藓 *Mnium maximoviczii*
侧柏 *Platycladus orientalis*
侧柏属 *Platycladus*
爬山虎 *Parthenocissus tricuspidata*
爬拉秧 *Galium spurium* var. *echinospermum*
爬树蕨 *Arthropteris obliterata*
金毛石栎 *Lithocarpus chrysocomus*
金毛狗蕨（鲸口蕨）*Cibotium barometz*
金毛铁线莲 *Clematis chrysocoma*
金叶柃木 *Eurya nitida* var. *aurescens*
金发藓 *Polytrichum strictum*
金丝李 *Garcinia paucinervis*
金丝草 *Pogonatherum criniturn*
金老梅 *Potentilla fruticosa*
金刚鼠李 *Rhamnus diamantiacus*
金江槭 *Acer paxii*
金花小檗 *Berberis wilsonae*
金花杜鹃 *Rhododendron chrysanthum*
金佛山方竹 *Chimonobambusa utilis*
金茅 *Fulalia speciosa*
金松属（古）*Sciadopitys*
金狗尾草 *Setaria glauca*

金背杜鹃 *Rhododendron przewalskii*
金星蕨 *Parathelypteris glanduligera*
金钱松 *Pseudolarix kaempferi=P. antabilis*
金钱松属 *Pseudolarix*
金钱槭 *Dipteronia sinensis*
金铁锁 *Psammosilene tunicoides*
金粉蕨属 *Onychium*
金银花 *Lonicera japonica*
金银忍冬 *Lonicera maackii*
金缕梅属 *Hamamelis*
乳白香青 *Anaphalis lactea*
乳苣 *Cicerbita azurea*
念珠藤 *Alyxia sinensis*
肺衣属 *Lobaria*
肿足蕨 *Hydrodematium crenatum*
胀果甘草 *Clycyrrhiza jnflata*
肥牛树 *Cephalomappa sinensis*
鱼骨木 *Canthium dicoccum*
鱼腥草 *Houttuynia cordata*
鱼鳞云杉 *Picea jazoensis*
兔儿风 *Cacalia krameri*
兔儿伞 *Syneilesis aconitifolia*
兔毛蒿 *Filifolium sibiricum*
兔耳伞 *Cacalia aconitifolia*
狗尾草 *Setaria viridis*
狗枣猕猴桃 *Actinidia kolomikta*
狗骨柴 *Tricalysia dubia*
狗脊蕨 *Woodwardia japonica*
变豆菜 *Sanicula chinensis*
变绿异燕麦 *Helictotrichon virescens*
京假报春花 *Cortusa marthiolii* var. *pekinensis*
育皮木 *Schoepfia jasminodora*
卷柏 *Selaginella tamariscina*
单叶新月蕨 *Abacopteris simplex*
单竹属 *Lingnania*
单花鸢尾 *Iris uniflora*
单花栒子 *Cotoneaster uniflorus*
单花橐吾 *Ligularia jamesii*
单穗升麻 *Cimicifuga simplex*
单穗鱼尾葵 *Caryota monostachya*
单瓣狗牙花 *Ervatamia divaricata*
单瓣黄刺玫 *Rosa xanthina* f. *spontanea*
河谷青杨（香杨）*Populus cathayana*
油丹 *Alseodaphne hainanensis*
油麦吊杉 *Picea brachytyla* var. *complanata*
油杉属 *Keteleeria*
油松 *Pinus tabulaeformis*
油茶 *Camellia oliefera*
油柴属 *Tetraena*
油麻藤属 *Mucuna*
油葫芦 *Pyrularia sinesis*
油楠 *Sindora glabra*
油楂果 *Hodgsonia macrocarpa*
沿阶草 *Ophiopogon bodinieri*
泡花润楠 *Machilus pauhoi*
泡桐属 *Paulownia*
泥炭藓 *Sphagnum cymbifolium*
泥锥（华南）石栎 *Lithocarpus fenestratus*
波叶山蚂蝗 *Desmodium sinuatum*
波叶平藓 *Neckera pennata*
波叶提灯藓 *Mnium undulatum*
波密小檗 *Berberis gyalaica*
泽兰 *Eupatorium japonicum*
宝兴草莓 *Fragaria moupinensis*
宜昌荚蒾 *Viburnum ichangense*
宜昌润楠 *Machilus ichangensis*
空管榕 *Ficus fistulcsa*
实蕨 *Bolbitis heteroclita*
房县槭 *Acer franchetii*
建润楠（建楠）*Machilus oreophila*
帚状鼠李 *Rhamnus virgata*
陕甘花楸 *Sorbus koehensis*
陕西山楂 *Crataegus shensiensis*
陕西金银花 *Loniceru koehneana*
陕西荚蒾 *Viburnum schensianum*
陕西绣线菊 *Spiraea wilsonii*
降真香 *Acronychia pedunculata*
线叶柳 *Salix wilhelmsiana*
线叶菊 *Filifolium sibiricum*
线叶蒿草 *Kobresia capillifolia*
线苞米面翁 *Buckleya graebneriana*
线枝蒲桃 *Syzygium araiocladum*
细子龙 *Amesiodendron chinense*
细水岛蓼 *Polygonum delicatulum*
细毛叶薹 *Ptilidium pulcherroimum*
细石蕊 *Cladonia gracilis* f. *subpellucida*
细叶小羽藓 *Haplocladium microphyllum*
细叶云南松 *Pinus yunnanensis* var. *tenuifolia*

细叶石斑木（海南车轮梅）*Rhaphiolepis lanceolata*
细叶百合 *Lilium pumilum*
细叶灰石藓 *Orthothecium strtictum*
细叶早熟禾 *Poa angustifolia*
细叶曲尾藓 *Dicranum fulvum*
细叶沙参 *Adenophora paniculata*
细叶青冈 *Cyclobalanopsis gracilis*
细叶柃 *Eurya nitida*
细叶薹草 *Carex jiebata*
细尖栒子 *Cotoneaster apiculatus*
细青皮 *Altingia excelsa*
细茎鸢尾 *Iris ruthenica*
细枝（冰川）茶藨子 *Ribes gracile*
细枝柃 *Eurya loquaiana*
细枝绣线菊 *Spiraea myrtilloides*
细齿叶柃 *Eurya nitida*
细柄草 *Capillipedium parviflorum*
细脉新乌檀 *Neonauciea reficulata*
细株短柄草 *Brachypodium sylvaticum* var. *gracile*
细圆齿火棘（细叶）*Pyracantha crenaluta* var. *kansuensis*
细裂毛莲蒿 *Artemisia santolinaefolia*
细穗石松 *Lycopodium phlegrmaria*
贯众 *Cyrtomium fortunei*

九画

春榆 *Ulmus davidiana* var. *japonica*
珍珠花 *Lyonia ovalifolia*
珍珠菜 *Lysimachia clethroides*
珍珠梅 *Sorbaria sorbifolia*
城口桤叶树 *Clethra fargesii*
垫状驼绒藜 *Ceratoides compacta*
垫状点地梅 *Androsace tapete*
荆条 *Vites negundo* var. *heterophylla*
革叶耳蕨 *Polystichum nevlobatum*
革叶算子 *Glochidion dultonii*
茜草 *Rubia cordifolia*
茜草 *Rubia cordifolia*
茜草树属 *Randia*
荚果蕨 *Matteuccia struthiopteris*
荚蒾 *Viburnum dilatatum*
带红槭 *Acer rubescens*
带岭云杉 *Picea intercedens*
草山木蓝 *Indigofera hancockii*
草木樨 *Melilotus suaveolens*
草玉梅 *Anemone rivularis*
草地早熟禾 *Poa pratensis*
草野柳 *Salix kusanoi*
草藤 *Vicia sativa*
茶叶沙拉木 *Salacia theifolia*
茶条木 *Delavaya toxocarpa*
茶条木属 *Delavaya*
茶条果 *Symplocos ernestii*
茶梨 *Anneslea fragrans*
茶藨子 *Ribes procumbens*
荠尼 *Adenophora remotiflora*
荩草 *Arthraxon hispidus*=*A. ciliaris*
胡杨 *Populus euphratica*
胡枝子 *Lespedeza bicolor*
胡桃 *Juglans regia*
胡桃楸 *Juglans mandshurica*
胡颓子 *Elaeagnus pungens*
荔枝 *Litchi chinensis*
荔枝叶红豆 *Ormosia semicastrata* f. *litchiifolia*
南天竹 *Nandina domestica*
南天竹属 *Nandina*
南五味子 *Kadsura longipedunculata*
南方六道木 *Abelia dielsii*
南方红豆杉 *Taxus mairei*
南方铁杉 *Tsuga hwangshanensis*=*T. formosana*
南亚枇杷 *Eriobotrya bengalensis*
南亚杜鹃 *Rhododendron klossii*
南亚松 *Pinus latteri*
南岭栲 *Castanopsis fordii*
南岭楝 *Melia dubia*
南岭箭竹 *Sinarundinaria basihirsuta*
南烛 *Lyonia ovalifolia*
南蛇藤 *Celastrus angulatus*=*C. orbiculatus*
南紫薇 *Lagerstroemia subcostata*
南酸枣 *Choerospondias axillaris*
柯氏粗穗石栎 *Lithocarpus spicata* var. *collettii*
柄果木 *Mischacarpus fuscescens*
柄果石栎 *Lithocarpus longipedicellatus*
柄薹草 *Carex pediformis*
栌菊木属 *Nouelia*
枳属 *Poncirus*
柏木 *Cupressus funebris*
柏木属 *Cupressus*
柏科 Cupressaceae

栀子 *Gardenia jasminoides*
柃木 *Eurya japonica*
柃木属 *Eurya*
栎子青冈（栎子树）*Cyclobalanopsis blakei*=*Quercus blakei*
栎属 *Quercus*
柳叶木姜 *Litsea lancifolia*
柳叶风毛菊 *Saussurea salicifolia*
柳叶忍冬 *Lonicera lanceolata*
柳叶润楠 *Machilus salicina*
柳叶蕨属 *Cyrtogonellum*
柳杉属 *Cryptomeria*
枹栎 *Quercus glandulifera*
枹树 *Quercus serrata*
柠筋槭 *Acer triflorum*
柠檬叶 *Sabia limoniacea*
树生越橘 *Vaccinium dendrocharis*
树形杜鹃 *Rhododendron arboreum*
树花属 *Ramalina*
树柃属 *Euryodendron*
树蕨（白桫椤）*Sphaeropteris brunoniana*
树藓 *Pleuroziopsis ruthenica*
威氏蹄盖蕨 *Athyrium wilsonii*
歪头菜 *Vicia unijuga*
厚叶石栎 *Lithocarpus pachyphyllus*
厚皮树 *Lannea grandis*
厚皮香 *Ternstroemia gymnanthera*
厚皮栲 *Castanopsis chunii*
厚壳桂 *Cryptocarya chinensis*
厚果鸡血藤 *Millettia pachcarpa*
厚穗滨麦 *Leymus secalinus*
面盆架 *Alstonia glaucescens*
鸦头梨 *Melliodendron xylocarpum*
鸦骨柴 *Elsholtzia fruticosa*
鸦葱 *Scorzonera glabra*
省藤 *Calamus platyacanthoides*
显子草 *Phaenosperma globosa*
显脉猕猴桃 *Actinidia venosa*
显脉新木姜 *Neolitsea phanerophlebia*
映山红 *Rhododendron simsii*
星毛杜鹃 *Rhododendron asterochnoum*
星毛委陵菜 *Potentilla acaulis*
星蕨属 *Microsorium*
贵州石栎 *Lithocarpus elizabathae*
贵州青冈 *Cyclobalanopsis stewardiana*
贵州悬竹 *Ampelocalamus calcareus*
虾子花 *Woodfordia fruticosa*
蚁花 *Lysidice rhodestegia*
思茅松 *Pinus kesiya* var. *langbianensis*
思茅栲 *Castanopsis ferox*
思茅黄肉楠 *Actinodaphae henryi*
蚂蚱腿子 *Myripnois dioica*
骨牌蕨属 *Lepidogrammitis*
钝叶单侧花 *Orthilia obtusata*
钝叶树平藓 *Homaliodendron microdendron*
钝叶厚壳桂 *Cryptocarya impressinerve*
钝叶桂 *Cinamomun bejolghota*=*C.obutusfolium*
钝叶栒子 *Cotoneaster hebephyllus*
钝叶獐牙菜 *Swertia obtusa*
钝叶樟 *Cinnamomum bejolghota*
钟花杜鹃 *Rhododendron companulatum*
钟萼树 *Bretschneidera sinensis*
钩叶藤 *Plectocomia microstachys*
钩栲 *Castanopsis tibetana*
钩栲 *Castanopsis tibetana*
钩藤 *Uncaria rhynchophylla*
矩鳞铁杉 *Tsuga chinensis* var. *oblongis-quamata*
香叶子 *Lindera fragrans*
香叶树 *Lindera communis*
香花木姜子 *Litsea panamonja*
香花崖豆藤 *Millettia dielsiana*
香杨 *Populus koreana*
香青 *Anaphalis cuneifolia*
香果树 *Emmenopterys henryi*
香柏 *Sabina pingii* var. *wilsonii*
香须树 *Albizia odoratissima*
香桦 *Betula insignis*
香根芹 *Osmorhiza aristata*
香唐松草 *Thalictrum foetidum*
香港瓜馥木 *Fissistigma unonicum*
香椿 *Toona sinensis*
香楠 *Cinnamomum ovatum*
香榧 *Torreya grandis*
香豌豆 *Lathyrus gmelinii*
秋枫（重阳木）*Bischofia javanica*
重阳木 *Bishofia trifoliata*=*B. javanica*
重楼 *Paris polaphylla*
复叶耳蕨属 *Arachniodes*

复叶葡萄 *Vitis piasezkii* var. *pagnuccii*
笃斯越橘 *Vaccinium uliginosum*
鬼眼 *Elaeocarpus braceanus*
剑叶木姜 *Citsea lancifolia*
剑叶球兰 *Hoya lancibimba*
盆架树 *Winchia calophylla*
匍匐栒子 *Cotoneaster adpressus*
狭叶坡垒 *Hopea chinensis*
狭叶泥炭藓 *Sphagnum cuspidatum*
狭叶砂藓 *Rhacomitum angustifolium*
狭叶柴胡 *Bupleurum scorzonerifolum*
狭叶海桐 *Pittosporum glabratum*
狭叶润楠 *Machilus rehderi*
狭叶崖爬藤 *Tetrastigma hypoglaucum*
狭叶假悬藓 *Pseudobarbella angustifolia*
狭叶锦鸡儿 *Caragana stenophylla*
狭顶鳞毛蕨 *Dryopteris lacera*
狭翼卫矛 *Euonymus cornutus*
独叶草 *Kingdonia uniflora*
独活 *Heracleum hemsleyanum*
急尖长苞冷杉 *Abies georgei* var. *smithii*
饼树 *Suregada glomeratum*
峦大花楸 *Sorbus randaiensis*
峦大檫 *Sassafras rardaiensis*
弯果杜鹃 *Rhododendron campylocarpum*
弯果胡卢巴 *Trigonella arcuatata*
弯管花 *Chasalis carviflora*
亮叶水青冈 *Fagus lucida*
亮叶肉实树 *Sarcosperma laurinum*
亮叶杜鹃 *Rhododendron vernicosum*
亮叶桦 *Betula gracilis*
亮叶绢藓 *Entodon aeruginosus*
疣皮桦 *Betula pendula*
疣枝小檗 *Berberis verruculosa*
疣枝卫矛 *Euonymus pauciflorum*
疣枝白桦 *Betula pendula*
差不嘎蒿 *Artemisia halodendron*
美汉花 *Meehania urticifolia*
美丽马醉木 *Pieris formosa*
美丽胡枝子 *Lespedeza formosana*
美被杜鹃 *Rhododendron calostrotum*
类叶升麻 *Actaea asiatica*
总状山矾 *Symplocos botryantha*
总状花山蚂蝗 *Desmodium spicatum*
炮仗杜鹃 *Rhododenron spinuliferum*
恒春山榄 *Planchonella duclitan*
恒春柯 *Lithocarpus shiusuiensis*
恒春莲叶桐 *Hernandia sonora*
恒春楠木 *Machilus obovata*
冠果忍冬 *Lonicera stephanocarpa*
冠盖绣球 *Hydrangea anomala*
冠盖藤 *Pileostegia viburnoides*
扁平棉藓 *Plagiothecium neckoroideum*
扁杆薹草 *Carex planiculmis*
扁担杆 *Grewia biloba*
扁刺栲（峨眉栲）*Castanpsis platyacantha*
扁刺蔷薇 *Rosa sweginozowii*
扁柏属 *Chamaecyperis*
扁核木 *Prinsepia uniflora*
扁穗早熟禾 *Poa compressa*
祖师麻 *Daphne giraldii*
神圣卫矛 *Euonymus sacrosanctus*
费氏羽藓 *Thuidium philibertii*
孩儿拳头 *Grewia biloba* var. *parviflora*
怒江红杉 *Larix speciosa*
怒江冷杉 *Abies nukiangensis*
柔毛胡枝子 *Lespedeza pubescens*
绒毛杜鹃 *Rhododendron pachytrichum*
绒毛栎 *Quercus gomeziana*
绒毛润楠 *Machilus velutina*
绒毛绣线菊 *Spiraea velutina*
绒毛樱桃 *Prunus tomentosa*
络石 *Trachelospermum jasminoides*
骆驼刺 *Alhagi pseudalhagi*

十画

艳酸藤子 *Embelia pulchella*
秦岭小檗 *Berberis circamserrata*
秦岭白蜡 *Fraxinus paxiana*
秦岭米面翁 *Buckleya graebneriana*
秦岭冷杉 *Abies chensiensis*
珙桐 *Davidia involucrata*
珙桐属 *Davidia*
珠米草 *Oplismenus undulatifolius*
珠芽蓼 *Polygomum viviparum*
珠眼柯 *Lithocarpus iteaphylliodes*
盐爪爪 *Kalidium foliatum*
盐肤木 *Rhus chinensis*
盐穗木 *Halostachys caspica*

莱江藤 *Brandisia hancei*
莲桂 *Dehassia cairocan*
莲座蕨属 *Angiopteris*
桂木属 *Artocarpus*
桂南木莲 *Manglietia chingii*
桔梗 *Platycodon grandiflorus*
桔梗属 *Platycodon*
栲树 *Castanopsis fargesii*
桢楠 *Machilus kurzii*
桤木 *Alnus cremastogyne*
桤叶树属 *Clethra*
桦叶荚蒾 *Viburnum betulifolium*
栓皮栎 *Quercus variabilis*
桃叶卫矛 *Euonymus bungeanus*
桃金娘 *Rhodomyrtus tomentosa*
桃金娘科 Myrtaceae
格郎央 *Acrocarpus fraxinifolius*
核桃楸 *Juglans mandshurica*
哥兰叶 *Celastrus gemmatus*
栗柄金粉蕨 *Onychium lucidum*
栗属 *Castanea*
翅卫矛 *Euonymus macropterus*
翅子树 *Pterospermum lanceaefolium*
翅果龙脑香 *Dipterocarpus alatus*
翅荚木 *Zenia insignis*
翅蒴麻 *Kydia calycina*
唇边书带蕨 *Vittaria elongata*
夏枯草 *Prunella asiatica*
破子草 *Torilis japonica*
破布木 *Cordia dichotoma*
破茎松萝 *Usnea diffracta*
原始莲座蕨 *Archangiopteris hanryi*
致细柄茅 *Ptilagrostis concinna*
柴胡 *Bupleurum balcatum*
柴胡 *Bupleurum chinense*
柴胡状大戟 *Euphorbia bupleuroides*
鸭脚木 *Schefflea octophylla*
蚬木 *Burretiodendron hsienmu*
蚊子草 *Filipendula palmata*
蚊母树 *Distylium chinense*
蚊母树属 *Distylium*
唢呐草 *Mitella nuda*
峨眉石栎 *Lithocarpus cleistocarpus* var. *meiensis*
峨眉冷杉（冷杉）*Abies fabri*
峨眉栲 *Castanopsis platycantha*
峨眉蔷薇 *Rosa omeiensis*
峨眉蕨 *Lunathyrium acrostichoides*
圆叶乌桕 *Sapium rotundifolium*
圆叶杜鹃 *Rhododendron williamsianum*
圆叶桦 *Betula rotundifolia*
圆叶菝葜 *Smilax cyclophylla*
圆叶鹿蹄草 *Pyrota rotundifolia*
圆叶鼠李 *Rhamnus globosus*
圆叶蹄盖蕨 *Athyrium crenatum*
圆齿紫金牛 *Ardisia virens*
圆果化香 *Platycarya longipes*
圆果刺桑 *Taxtrophis aquifolioies*
圆柏属 *Sabina*
圆籽荷属 *Hemiptelea*
圆锥山蚂蝗 *Desmodium elegans*
圆锥水锦树 *Wendlandia panicuiata*
钱氏水青冈 *Fagus chienii*
钻天柳 *Chosenia arbutifolia*
钻地风属 *Schizophragma*
铁刀木 *Mesua ferrea*
铁叶狗尾草 *Setaria excurences*
铁叶菝葜 *Smilax siderophylla*
铁仔 *Myrsine africana*
铁冬青 *Ilex rotunda*
铁扫帚 *Indigofera bungeana*
铁杆蒿 *Artemisia gmelinii*
铁杉 *Tsuga chinensis*
铁坚杉 *Keteleeria davidiana*
铁角蕨 *Asplenium trichomanes*
铁线莲 *Clematis florida*
铁线蕨 *Adiantum capillus-veneris*
铁棒锤 *Aconitum pendulum*
铁橡栎 *Quercus cocciferoides*
铁橿子 *Quercus baronii*
铃木老鹳草 *Geranium suzukii*
铃兰 *Convallaria majalis*
铃铛刺 *Halimodendron halodendron*
缺萼枫香 *Liquidambar acalycina*
秤果（大果）榕 *Ficus auriculata*
秤锤树 *Sinojackia xylocarpa*
透骨草 *Phryma leptostachya*
笔管榕 *Ficus superba* var. *japonica*
倒吊笔属 *Wrightia*

倒卵阿丁枫（海南蕈树）*Altingia obovata*
臭木 *Lyonia ovalifolia* var. *elliptica*
臭牡丹 *Clerodendrum bungei*
臭冷杉 *Abies nephrolepis*
臭椿 *Ailathus altissima*
臭辣树 *Evodia fargesii*
臭樟 *Cinnamomum wilsonii*
臭檀 *Evodia deniellii*
射干 *Belamcanda chinensis*
射毛苦竹 *Pleioblastus actinotrichus*
爱地草 *Geophila herbacea*
豺皮樟 *Litsea rotundifolia* var. *oblongifolia*
豹皮樟 *Litsea coreana* var. *sinensis*
狼牙刺 *Sophora devidii*
狼尾巴花 *Lysimachia barystachys*
狼毒 *Stellera chamaejasme*
皱皮杜鹃 *Rhododendron wiltonni*
皱脉润楠 *Machilus obscurinervia*
皱萼蒲桃 *Syzygiun rysoposum*
皱蒴藓属 *Aulacomium*
栾树 *Koelreuteria paniculata*
浆果乌桕子 *Sapium baccatum*
高山小金发藓 *Pogonatum alpinium*
高山小檗 *Berberis alpicola*
高山羊角芹 *Aegopodium alpestre*
高山红叶藓 *Bryoerythrophyllum alpigeum*
高山花椒 *Zanthoxylum nitidum*
高山茅香 *Hierochloe alpina*
高山松 *Pinus densata*
高山柏 *Sabina squamata*
高山栎 *Quercus semicarpifolia*
高山神木 *Cornus hemsleyi*
高山栲 *Castanopsis delavayi*
高山桦 *Betula delavayii*
高山唐松草 *Thalictrum alpinum*
高山黄花茅 *Anthoxanthum odoratum*
高山蛇床 *Cnidium ajanense*
高山猫尾草 *Phleum alpinum*
高山蒲葵 *Livistona saribus*
高山榕 *Ficus altissima*
高山薹草 *Carex alpina*
高山露珠草 *Circaea alpina*
高丛珍珠梅 *Sorbaria arborea*
高良姜 *Alpinia officinarum*
高岭石蕊 *Cladonia alpestris*
高和柳 *Salix tagawana*
高砂柳 *Salix takaagoalpina*
高雄崖摩 *Amoora rohituka*
准噶尔山楂 *Crataegus songorica*
准噶尔柳 *Salix songarica*
唐古特青兰 *Dracocephalum tanguticum*
唐竹 *Sinobambusa tootsik*
唐竹属 *Sinobambusa*
唐松草 *Thalictrum aquilegifolium*
凉山悬钩子 *Rubus fockeanus*
瓶蕨属 *Trichomane*
粉叶猕猴桃 *Actinidia glaucocallosa*
粉叶藤山柳 *Clemathoclethra integrifolia*
粉白杜鹃 *Rhododendron hypoglaucum*
粉苹婆 *Sterculia euosma*
粉枝柳 *Salix rorida*
粉背忍冬 *Lonicera hypoglauca*
粉背菝葜 *Smilax hypoglauca*
粉背黄栌 *Cotinus coggygria* var. *glaucophylla*
粉背琼楠 *Beilschmiedia glauca*
粉背薯蓣 *Dioscorea hypoglauca*
粉绿虎皮楠 *Daphniphyllum glaucescens*
粉绿野丁香 *Leptodermis potaninii* var. *glauca*
粉葛 *Pueraria pseudoacacia*
益母草 *Leonurus heterophyllus*
烟斗石栎 *Lithocarpus corneus*
烟管荚蒾 *Viburnum utile*
浦竹仔 *Indosasa hispida*
娑罗双 *Shorea robusta*
海半 *Alocasia macrorrhiza*
海州常山 *Clerodendrum trichotomum*
海金砂 *Lygodium japonicum*
海茜树 *Timonius arborescens*
海南木莲 *Manglietia hainanensis*
海南五针松 *Pinus fenzeliana*
海南白椎 *Castanopsis carlesii* var. *hainanica*
海南杜鹃 *Rhododendron hainanense*
海南杨桐 *Adinandra hainanensis*
海南苹婆 *Sterculia hainanensis*
海南松 *Pinus latteri*
海南油丹 *Alseodaphne hainanensis*
海南油杉 *Keteleeria hainanenisis*
海南砂仁 *Amomum longiligulare*

海南栲 *Castanopsis hainanensis*
海南菜豆树 *Radermachera hainanensis*
海南粗榧 *Cephalotaxus hainanensis*
海南鹅耳枥 *Carpinus landoniana* var. *lanceolata*
海南蒲桃 *Syzygium cumini*
海南椴 *Hainania trichosperma*
海南暗罗 *Polyalthia laui*
海南韶子 *Nephelium lappaseum* var. *topengii*
海南蕈树 *Altingia obovata*
海南藤春 *Alphonsea hainanensis*
海桐 *Pittosporum tobira*
海棠 *Calophyllum inophyllum*
流苏子 *Thysanospermum diffusum*
润楠 *Machilus pingii*
润楠属 *Machilus*
宽叶山蒿 *Artemisia stolonifera*
宽叶兔儿风 *Ainsliaea latifolia*
宽叶薹草 *Carex siderosticta*
窄叶杜香 *Ledum palustre* var. *angustum*
窄叶蓝盆花（蒙古山萝卜）*Scabiosa comosa*
窄叶鲜卑木（窄叶鲜卑花）*Sibiraea angustata*
窄头橐吾 *Ligularia stenocephala*
扇叶桦 *Betula middendorffii*
扇叶铁线蕨 *Adiantum flabellulatum*
扇叶槭 *Acer flabellatum*
扇棕 *Licuala fordiana*
展毛野牡丹 *Melastoma normale*
通脱木 *Tetrapanax papyriferus*
桑寄生 *Loranthus parasiticus*
绢毛木兰 *Magnolia fistulosa*
绢毛金发藓 *Pylaisia entodontea*
绢毛绣线菊 *Spiraea sericea*
绢毛蔷薇 *Rosa sericea*
绣线菊 *Spiraea media*
绣球藤 *Clematis montana*
十一画
球兰属 *Hoya*
球花荚蒾 *Viburnum glomeratum*
球果堇菜 *Viola collina*
球核荚蒾 *Vibunum propinquum*
理查木 *Richarell gracilis*
理塘杜鹃 *Rhododendron litangense*
接骨木 *Sambucus williamsii*
探春花 *Jasminum floridum*
基脉润楠 *Machilus decursinervis*
菝葜 *Smilax china*
菱叶海桐 *Pittosporum truncatum*
菱花独丽花 *Moneses rhombifolia*
萙子梢 *Campylotropis macrocarpa*
堇叶山梅花 *Philadelphus tenuifolia*
堇色大花淫羊霍 *Epimedium grandiflorum*
黄牛木 *Cratoxylum ligustrinum*
黄毛青冈 *Cyclobalanopsis delavayi*
黄毛柿 *Diospyros fulvotomentosa*
黄丹木姜子 *Litsea elongata*
黄叶树 *Xanthophyllum hainanense*
黄皮忍冬 *Lonicera ferdinandii*
黄肉楠属 *Actinodaphne*
黄羽藓 *Thuidium pycnothallum*
黄花木 *Piptanthus concolor*
黄花乌头 *Aconitum coreanum*
黄花杜鹃 *Rhododendron lutescens*
黄花忍冬 *Lonicera chrysantha*
黄花败酱 *Patrinia scabiosaefolia*
黄花柳 *Salix caprea*
黄花堇 *Viola delavayi*
黄花落叶松 *Larix olgensis* var. *changpaiensis*
黄杉 *Pseudotsuga sinensis*
黄杞 *Engelhardtia roxburghiana*
黄豆树 *Albizia procera*
黄连木 *Pistacia chinensis*
黄连藤 *Arcangelisia loureiri*
黄岑 *Scutellaria baicalensis*
黄茅 *Heteropogon aontortus*
黄枝油杉 *Keteleeria culcarea*
黄杯杜鹃 *Rhododendron wardii*
黄刺 *Berberis diaphana*
黄刺玫 *Rosa xanthina*
黄刺梅 *Rosa davurica*
黄果冷杉 *Abies ernestii*
黄果厚壳桂 *Cryptocarya concinna*
黄荆 *Vitex negundo*
黄柄木 *Gonocaryum maclurei*
黄栌 *Cotinus coggygria* var. *cinerea*
黄栀子 *Gardenia jasminoides*
黄柳 *Salix gordejevii*
黄背勾儿茶 *Berchemia flavescens*
黄背草 *Themeda triandra*

黄背草 *Themedea triandra* var. *japonica*
黄背栎 *Quercus pannosa*
黄脉八仙花 *Hydrangea xanthoneura*
黄素馨 *Jasminum giraldii*
黄栲 *Castanopsis formosana*
黄桐 *Endospermum chinense*
黄润楠 *Machilus grisjii*
黄椿木姜子 *Litsea variabilis*
黄榆（大果榆）*Ulmus macrocarpa*
黄腺羽蕨 *Pleocnemia winttii*
黄腺香青 *Anaphalis aureopunctata*
黄蔷薇 *Rosa hugonis*
黄精 *Polygonatum sibiricum*
黄樟 *Cinnamomum porrectum*
黄檀 *Dalbergia hupehana*
黄檗 *Phelllodendron amurense*
黄檗刺 *Berberis dielsiana*
黄藤（红藤）*Daemonorops margaritae*
菲律宾肉豆蔻 *Myristica simiarum*
菅草 *Themeda gigantea* var. *villosa*
梅花衣 *Parmelia physodes*
梅笠草 *Chimaphila japonica*
检翅卫矛 *Euonymus phellomamus*
梓树 *Catalpa ovata*
桫椤风 *Cyathea*
梭子果 *Eberhardtia aurata*
梭果黄芪 *Astragalus ernestii*
梭梭柴 *Haloxylon ammodendron*
硕桦 *Betula costata*
雪山杜鹃 *Rhododendron ganniphum*
雪白点地梅 *Androsace lactiflora*
雪报春 *Primula nivalis*
雪岭云杉 *Picea schrenkiana*
雀儿舌头 *Andrachne chinensis=Leptopus chinensis*
常山属 *Orixa*
常春藤 *Hedera nepalensis* var. *sinensis*
常绿女贞 *Ligustrum sempervirens*
常绿蔷薇 *Rosa longicuspis*
匙叶栎 *Quercus spathulata*
匙羹藤属 *Gymnema*
眼镜藤 *Entada phaseoloides*
悬藓属 *Barbella*
野丁香 *Leptodermis potaninii*
野山茶 *Camellia cordifolia*
野木瓜 *Stauntoinia chinensis*
野古草 *Arundinella hirta*
野生荔枝 *Litchi chinensis* var. *euspontanea*
野鸡尾金粉蕨 *Onychium japonicum*
野青茅 *Deyeuxia arundinace=D. sylvatica*
野拔子 *Elsholtzia rugulosa*
野茉莉属 *Styrax*
野胡桃 *Juglans cathayensis*
野香茅 *Cymbopogon tortilis*
野桐 *Mallotus tenuifolius*
野菊 *Dendranthema indicum=Chrysanthemum indicum*
野葛藤 *Pueraria lobata*
野葡萄 *Vitis thunbergii*
野棉花 *Anemone tomentosa*
野蔷薇 *Rosa multiflora*
野罂粟 *Papaver nudicaule*
野漆 *Toxicodendron succedaneum*
野樱桃 *Prunus serrulata*
曼青冈 *Cyclobalanopsis oxyodom*
蛇土藤 *Passiflora cochinchinensis*
蛇白蔹 *Ampelopsis brevipedunculata*
蛇莓 *Duchesnea india*
蛇葡萄 *Ampelopsis aconitifolia*
鄂西玉山竹 *Yushania confusa*
鄂西绣线菊 *Spiraea veitchii*
鄂椴 *Tilia oliveri*
崖爬藤属 *Tetrastigma*
崖柏 *Thuja sutchuenensis*
崖柏属 *Thuja*
崖柳 *Salix xerophylla*
崖姜蕨 *Pseudodrynaria coronans*
逻罗九节木 *Psychotria siamica*
铜钱叶白珠 *Gaultheira nummularioides*
银木荷 *Schima argentea*
银叶樟 *Cinnamomum mairei*
银白杨 *Populus alba*
银灰杨 *Populus canescens*
银杏 *Ginkgo biloba*
银杏属 *Ginkgo*
银杉 *Cathaya argyrophylla*
银杉属 *Cathaya*
银钟花 *Halesia macrgregorii*
银钩花 *Mitrephora thorelii*

银莲花 *Anemone cathayensis*
银柴 *Aporosa chinensis*
银柴属 *Aprosa*
银穗草 *Leucopoa albida*
银露梅 *Potentilla glabra*
甜杨 *Populus suaveolens*
甜果藤 *Mappianthus iodioides*
甜根草 *Saccharum spontaneum*
甜槠 *Castanopsis eyrei*
偃松 *Pinus pumila*
偃茶藨子 *Ribes procumbens*
偏叶榕 *Ficus semicordata*
假马蹄荷属 *Chunia*
假木豆 *Desmodium triangulare*
假升麻 *Aruncus dioicus*
假华箬竹 *Indocalamus pseudosinicus*
假色槭 *Acer pseudo-sieboldianum*
假苇拂子茅 *Calamagrostis pseudophragmites*
假含笑 *Paramichelia baillonii*
假冷蕨 *Pseudocystopteris spinulosa*
假苹婆 *Sterculia lanceolata*
假虎刺 *Carissa spinarum*
假乳黄杜鹃 *Rhododendron fictolacteum*
假桂钓樟 *Lindera tonkinensis*
假海桐 *Pittosporopsis kerrii*
假黄皮 *Clausena excavata*
假黄果 *Garcinia bracteata*
假粗齿鳞毛蕨 *Dryopteris pseudodontoloma*
假鹊肾树 *Pseudostreblus indica*
假箬竹（茶杆竹）属 *Pseudosasa*
假瘤蕨属 *Phymatopsis*
假鹰爪 *Desmos chinensis*
盘叶忍冬 *Lonicera tragophylla*
盘壳青冈 *Cyclobalanopsis patelliformis*
斜须裂稃草 *Schizachyrium obliquiberbe*
斜脉暗罗 *Polyalthia plagioneura*
脚板石栎 *Lithocarpus handeliana*
象牙参 *Roscoea chamaeleon*
猪毛菜 *Salsola collina*
猪刺 *Berberis julianae*
猫儿子属 *Decaisnea*
猫儿刺 *Ilex pernyi*
猫儿屎 *Decaisnea fargesii*
猫儿屎属 *Decaisnea*
猕猴桃 *Actinidia chinensis*
猕猴桃叶藤山柳 *Clematoclethra actinodioides*
麻（米乙）木 *Lysidice rhodostegia*
麻栎 *Quercus acutissima*
麻根薹草 *Carex arnellii*
麻楝 *Chukrasia tabularis*
庵闾 *Artemisia keiskeana*
康定云杉 *Picea likiangensis* var. *montigena*
康定樱桃 *Prunus tatsienensis*
鹿角石蕊 *Cladonia rangiferina*
鹿角栲 *Castanopsis lamontii*
鹿药 *Smilacina japonica*
鹿蹄草 *Pyrola rotundifolia* subsp. *Chinensis*
望天树 *Parashorea chinensis*
粘木属 *Ixonanthes*
粘毛蒿 *Artemisia mattfeldii*
粗叶木 *Lasianthus chinensis*
粗叶木属 *Lasianthus*
粗叶拟垂枝藓 *Rhytidium squarrosus*
粗叶泥炭藓 *Sphagnum squarrosum*
粗壮润楠 *Machilus robusta*
粗青毛藓 *Dicranodontium asperulum*
粗茎鳞毛蕨 *Dryopteris crassirhizoma*
粗枝云杉 *Picea asperata*
粗枝蔓藓 *Meteorium helminhocladum*
粗齿冷水花 *Pilea fasciata*
粗根老鹳草 *Geranium dahuricum*
粗榧 *Cephalotaxus sinensis*
粗榧属 *Cephetotaxus*
粗糙薹草 *Carex crebra*
粗穗石栎 *Lithocarpus grandifolius*
粗糠柴 *Mallotus philippinensis*
剪股颖属 *Agrostis*
清风藤 *Sabia japonica*
清香 *Pistacia weinmunnifolia*
淡竹叶 *Lophatherum gracile*
淡红荚蒾 *Viburnum pebescens*
淡黄香青 *Anaphalis flavescens*
深山青木香 *Saussurea subotrigillosa*
深山露珠草 *Circaea caulescens*
深灰槭 *Acer caesium*
梁王茶 *Nothopanax delavayi*
密毛山姜 *Alpinia elwesii*
密毛尖叶栒子 *Cotoneaster acutifolius* var. *villosulus*

密叶杨 *Populus talassica*
密花树 *Rapanea neriifolia*
密花厚壳桂（大果铜锣桂）*Cryptocarya densiflora*
密花核实 *Drypetes confertiflora*
密枝杜鹃 *Rhododendron fastigiatum*
密枝圆柏 *Sabina convallium*
密刺蔷薇 *Rosa spinosissima*
密齿露兜 *Pandanus forceps*
密脉石栎 *Lithocarpus fordianus*
密穗野古草 *Arundinella bengalensis*
密鳞耳蕨 *Polystichum squarrosum*
弹弓藤（华南省藤）*Calamus rhabdocladus*
隐子草 *Cleistogenes serotina*
隐翼木 *Crypteronia paniculata*
维氏假瘤蕨 *Phymatopsis veitchii*
绵石栎（绵槠）*Lithocarpus henryi*
绵刺 *Potaninia mongolica*
绿叶甘橿 *Lindera fruticosa*
绿叶石栎（硬叶石栎）*Lithocarpus viridis=L. hancei*
绿叶胡枝子 *Lespedeza buergeri*
绿羽藓 *Thuidium assimile*
绿背石栎 *Lithocarpus hypoviridis*
绿楠 *Manglietia hainanensis*

十二画

琵琶柴 *Reaumuria soongarica*
琼中石栎 *Lithocarpus chiungchungensis*
琼崖石栎 *Lithocarpus fenzelianus*
琼榄 *Gonocaryum calleryanum*
斑叶兰 *Goodyera schlechtendaliana*
斑叶杓兰 *Cypripedium guttatum*
斑茅 *Saccharum arundinaceum*
斑枝卫矛 *Euonymus pauciflorus*
斑点杜鹃 *Rhododendron maculiferum*
塔枝圆柏 *Sabina komarovii*
塔藓 *Hylocomium proliferum*
塔藓 *Hylocomium splendens*
越北露兜 *Pandanus tonkinansis*
越南山龙眼 *Helicia cochinchinensis*
越南冬青 *Ilex cochinchinensis*
越南冰水花 *Pilea alongensis*
越南栲 *Castanopsis tonkinensis*
越橘 *Vaccinium vitis-idaea*
越橘柳 *Salix myrtilloides*
提灯藓 *Mnium maximowiczii*
博乐蒿 *Artemisia borotalensis*
喜马拉雅小壶藓 *Tayloria subglabra*
喜马拉雅小锦藓 *Brotherella himalayma*
喜马拉雅红杉 *Larix himalaica*
喜马拉雅戟柳 *Salix hastata* var. *himalayensis*
喜树 *Camptotheca acuminata*
散生栒子 *Cotoneaster divaricatus*
散穗野青茅 *Deyeuxia effusa*
葛枣猕猴桃 *Actinidia polygama*
葶悬钩子 *Rubus calyeinoides*
葎叶白蔹 *Ampelopsis humulifolia*
葎草 *Humulus scandens*
葡萄 *Vitis vinifera*
葱臭木 *Dysoxylum gobara*
菭草 *Koeleria gracilis=K. cristata*
落地生根 *Kalanchoe pinnata*
落羽杉 *Taxodium distichum*
落新妇 *Astilbe chinensis*
韩可薹草 *Carex hancockiana*
朝鲜荚蒾 *Viburnum koreanum*
朝鲜崖柏 *Thuja kaoraiensis*
棱果玉蕊 *Barringtonia macrostachya*
棱果海桐 *Pittosporum trigonocarpum*
棱萼茜属 *Hayataella*
椰子 *Cocos nucifera*
森柳（台东柳）*Salix morii*
棉团铁线莲 *Clematis hexapetala*
棕榈 *Trachycarpus fortunei*
榔色木 *Lansium dubium*
榔榆 *Ulmus parvifolia*
椭圆新木姜 *Neolitsea ellipsoides*
粟草 *Milium effusum*
棘豆属 *Oxytropis*
硬斗石栎 *Lithocarpus hancei*
硬叶吊兰 *Cymbidium pendulum*
硬刺杜鹃 *Rhododendron barbatum*
硬齿小檗 *Berberis bergmanniae*
硬果鳞毛蕨 *Dryopteris fructuosa*
硬质早熟禾 *Poa sphondylodes*
裂叶榆 *Ulmus laciniata*
雅氏桦 *Betula jarmolenkoona*
紫丁杜鹃 *Rhododendron violaceum*
紫玉盘属 *Uvaria*
紫花卫矛 *Euonymus porphyreus*

紫花杜鹃 *Rhodoelendron edegarianum*
紫花针茅 *Stipa purpurea*
紫花野菊 *Dendranthema zawadskii*
紫花槭 *Acer microsieboldianum*
紫杉 *Taxus cuspidata* var. *latifolia*
紫茎 *Stewartia sinensis*
紫枝忍冬 *Lonicera maximowiczii*
紫果云杉 *Picea purpurea*
紫果冷杉 *Abies recurvata*
紫金牛 *Ardisia japonica*
紫金牛属 *Ardisia*
紫荆（子京）*Madhuca hainanensis*
紫柄假瘤蕨 *Phymatopsis crenato-pinnata*
紫枹鸢尾 *Iris ruthenica*
紫珠 *Callicarpa japonica*
紫萁 *Osmunda japonica*
紫菀 *Aster tataricus*
紫麻 *Oreocnide frutescens*
紫萼藓属 *Grimmia*
紫楠 *Phoebe sheareri*
紫椴 *Tilia amurensis*
紫薇属 *Lagerstroemia*
紫藤 *Wisteria sinensis*
棠棣(棣棠花）*Kerria japonica*
掌叶木 *Handeliodendron bodinieri*
掌叶木属 *Handeliodendron*
掌叶白头翁 *Pulsatilla patens*
掌叶报春花 *Primula palmata*
掌叶铁线蕨 *Adiantum pedatum*
喀什小檗 *Berberis kaschgarica*
喀什菊 *Kaschgaria komarovii*
喀什膜果麻兰 *Ephedra prezenoalskii* var. *kachgarica*
喙核桃属 *Annamocarya*
帽斗栎 *Quercus guyavaefolia*
黑风藤 *Fissistigma polyanthum*
黑石耳 *Gyrophora proboscidea*
黑壳楠 *Lindera megaphylla*
黑松 *Pinus thunbergi*
黑刺菝葜 *Smilax scobinicaulis*
黑果小檗 *Berberis heteropoda*
黑果荀子 *Cotoneaster melanocarpus*
黑果枸杞 *Lycium ruthenicum*
黑果越橘 *Vaccinium myrtillus*
黑河鳞毛蕨 *Dryopteris amurensis*
黑柃木 *Eurya macartneyi*
黑柿 *Diospyros nitida*
黑面神 *Breynia fruticosa*
黑珠莎 *Scleria ciliaris*
黑桦 *Betula dahurica*
黑桫椤 *Cyathea podophylla*
黑榆 *Ulmus davidiana*
黑穗石蕊 *Cladonia amaurocraea*
黑鳞假瘤蕨 *Phymatopsis ebenipes*
铸色羽藓 *Thuidium rubiginosum*
锈毛黛豆 *Mucuna ferruginea*
锈叶杜鹃 *Rhododendron siderophyllun*
锐齿鼠李 *Rhammus argutus*
锐齿槲栎 *Quercus aliena* var. *acuteserrata*
短毛芒 *Miscanthus brevipilus*
短叶金茅 *Eulalia brevifolia*
短叶黄杉 *Pseudotsuga brevifolia*
短叶锦鸡儿 *Caragana brevifolia*
短叶瘤足蕨 *Plagiogyria decrescens*
短芒薹草 *Koeleria litwinowii*
短肠蕨属 *Allantodia*
短角淫羊霍 *Epimedium brevicorum*
短齿变齿藓 *Zygodon brevisetus*
短柄草 *Brachypodium sylvaticum*
短柄枹 *Quercus glandulifera*
短柄枹栎（变种）*Quercus glandulifera* var. *brevipetiolata*
短柄鹅观草 *Roegneria brevipes*
短柱杜鹃 *Rhododendron brevistylum*
短柱柃 *Eurya brevistyla*
短柱鹿蹄草 *Pyrola minor*
短梗胡枝子 *Lespedeza cyrtobetrya*
短梗南蛇藤 *Celastrus rosthorianus*
短梗枹茅 *Hyparrhenia eberhardtii*
短梗菝葜 *Smilax scobinicaulis*
短穗石栎 *Lithocarpus brachystachys*
短穗柽柳 *Tamarix laxa*
短穗箭竹 *Sinarundinaria brevipaniculata*
鹅耳枥 *Carpinus turczaninowii*
鹅观草 *Roegneria kamoji*
鹅掌柴 *Schefflera octophylla*
鹅掌楸属 *Liriodendron*
粤万年青 *Aglaonema modestum*
粤山柑 *Capparis cantoniensis*

番龙眼 *Pometia tomentosa*
腋花杜鹃 *Rhododendron racemosum*
猴子尾 *Rhaphidophora hongkongensis*
猴头杜鹃 *Rhododendron simiarum*
猴腿蹄盖蕨 *Athgrium multidentatum*
阔叶十大功劳 *Mahonia bealei*
阔叶麦冬 *Liriope platyphylla*
普通耧斗菜 *Aquilegia viridiflora*
港口木荷 *Schima superba* var. *kankoensis*
湖北木姜子 *Litsea coreana* var. *hupehana*
湖北花楸 *Sorbus hupenensis*
湖北栲 *Castanopsis hupehensis*
湖北野青茅 *Deyeuxia hupehemsis*
湘楠 *Phoebe hunanensis*
溲疏 *Dentzia scabra*
溲疏属 *Deutzia*
割舌树 *Walsura robusta*
疏毛忍冬 *Lonicera ferdinandii* var. *induta*
疏叶骆驼刺 *Alhagi sparsifolia*
疏花（疏穗）野青茅 *Deyeuxia effusiflora*
疏花早熟禾 *Poa polycolea*
疏花拂子茅 *Calamagrostis arundinarea* var. *laxiflora*
疏花槭 *Acer laxiflorum*
疏花箭竹 *Sinarundinaria sparsifolia=Arundinaria sparsifolia*
疏穗柽柳 *Tamarix laxa*
隔药柃木 *Eurya muricata*
缅漆 *Semecarpus reticulata*

十三画

瑞丽润楠 *Machilus shweliensis*
填紫草（狗舌草）*Antiotrema dunnianum*
蓝果七筋姑 *Clintonia udensis*
蓝果忍冬 *Lonicera caerulea* var. *edulis*
蓝果树（紫树）*Nyssa sinensis*
蓝果树属 *Nyssa*
蒿柳 *Salix viminalis*
蒺藜栲 *Castanopsis tribuloides*
蒲公英属 *Taraxacum*
蒲桃 *Syzygium jampos*
蒙古荚蒾 *Viburnum mongolicum*
蒙古栎 *Quercus mongolica*
蒙古扁桃 *Prunus mongolica*
蒙古绣线菊 *Spiraea mongolica*
蒙椴 *Tilia mongolica*
楔叶绣线菊 *Spiraea cenescens*
楠木 *Phoebe zhennan*
楠木属 *Phoebe*
楝 *Melia azedarach*
榄仁 *Terminalia catappa*
楸 *Catalpa bungei*
椴属 *Tilia*
槐蓝 *Indigofera bungeana*
榆 *Ulmus pumila*
榆叶白鹃梅 *Exochorda serratifolia*
榆属 *Ulmus*
榉树 *Zelkova sinica*
楹树 *Albizia chinensis*
赖草 *Aneurolepidium dasystachys*
感应草 *Biophytum sensitivum*
碎米花杜鹃 *Rhododendron spiciferum*
雷公青冈 *Cyclobalanopsis hui*
雷公枥 *Carpinus viminea*
暖木条荚蒾 *Viburnum burejaeticum*
暖叶大叶藓（暖地大叶藓）*Rhodobryum giganteum*
暗红栒子 *Cotoneaster obscurus*
照山白 *Rhododendron micranthum*
蜈蚣草 *Pteris vitata*
置疑小檗 *Berberis dubia*
蜀五加 *Acanthopanax setchuenensis*
幌伞枫 *Heteropanax fragrans*
嵩草属 *Kobresia*
错枝榄仁 *Terminalia intricata*
错草 *Equisetum hiemale*
锡叶藤属 *Tetracera*
锡金柳 *Salix sikkimensis*
锥花小檗 *Berberis aggregata*
锥连栎 *Quercus franchetii*
锥栗 *Castanea henryi*
锦丝藓 *Actinothuidium hookeri*
锦带花 *Weigela floreda*
锦带花属 *Weigela*
矮小杜鹃 *Rhododendron pumilum*
矮山黧豆 *Lathyrus humilis*
矮生栒子 *Cotoneaster dammeri*
矮生胡枝子 *Lespedeza forrestii*
矮生嵩草 *Kobresia humilis*
矮丛薹草 *Carex humilis* var. *nana*
矮竹 *Shibataea chinensis*

矮杨梅 *Myrica nana*
矮齿羽苔 *Plagiochila vexans*
矮高山栎 *Quercus monimotricha*
矮探春 *Jasmimum humile*
矮棕 *Didymospermum nanum*
稠李 *Padus racemosa*
鼠李 *Rhamnus davurius*
鼠掌老鹳草 *Geranium sibiricum*
鼠麴草果柃 *Eurya gnaphalocarpa*
粤桂石栎 *Lithocarpus calophyllus*
微毛柃 *Eurya hebeclados*
微花藤 *Iodes cirrhosa*
微花藤属 *Iodes*
腰果小檗 *Berberis johannis*
腺毛唐松草 *Thalictrum foetidum*
腺边山矾 *Symblocos punctato-marginata*
腺花香茶菜 *Rabdosia adenantha*
腺齿蔷薇 *Rosa albertii*
腺柄山矾 *Symplocos adenopus*
腺萼马银花 *Rhododendron bachii*
腾冲栲 *Castanea wattii=Castanopsis wattii*
新木姜 *Neolitsea aurata*
新木姜子属 *Neolitsea*
新月蕨 *Pronephrium gymnapteridifrons*
新月蕨属 *Pronephrium=Abacopteris*
新彊鼠尾草 *Salvia deserta*
新疆野苹果 *Malus sieversii*
新疆假龙胆 *Gentianella turkestanora*
新疆锦鸡儿 *Caragana turkestanica*
慈竹属 *Sinocalamus*
满山红 *Rhododendron mariesii*
滇山楂 *Crataegus scabrifolia*
滇川瘤足蕨 *Plagiogyria communis*
滇木花生 *Mahduca pasquieri*
滇木荷 *Schima noronhae*
滇丹参 *Salvia yunnanensis*
滇石栎 *Lithocarpus dealbatus*
滇北蔷薇 *Rosa maires*
滇杨梅（矮杨梅）*Myica nana*
滇含笑 *Michelia yunnanensis*
滇青冈 *Cyclobalanopsis glaucoides*
滇金丝桃 *Hypericum delavayi*
滇油杉 *Keteleeria evelyniana*
滇南木姜子 *Litsea garretti*
滇南风吹楠 *Horsfieldia tetratepala*
滇南茶 *Camellia tsaii*
滇南溪砂 *Chisocheton siamensis*
滇柿 *Dryoptris yunnanensis*
滇须芒草 *Andropogon yunnanensis*
滇桤木 *Alnus ferdinendi-coburgii*
滇铁杉 *Tsuga yunnanensis=T. domosa*
滇润楠 *Machilus yunnanensis*
滇黄果冷杉 *Abies ernestii* var. *salouenensis*
滇茜草 *Rubia yunnanensis*
滇野山茶 *Camellia pitardii* var. *yunnanensis*
滇粤山胡椒 *Lindera metcalfiana*
滇缅鸡菊花 *Vernonia parishii*
滇蒲桃 *Syzygium yunnanensis*
滇楠 *Phoebe nanmu*
滇榄仁 *Terminalia franchetii* var. *memibrenifolia*
滇榛 *Corylus yunnanensis*
滇橄榄 *Canarium reziniferum*
滇藏方枝柏 *Sabina wallichiana*
溪边凤尾蕨 *Pteris excelsa*
滨木患 *Arytera littoralis*
裸花紫珠 *Callicarpa nudiflora*
福建青冈 *Cyclobancpsis longinux*
福建柏 *Fokiana hodginsii*
福建柏属 *Fokiana*
缙云四照花 *Dendrobenthamia jinyunensis*

十四画

截叶拟平藓 *Neckeropsis lepineana*
截果石栎 *Lithocarpus truncatus*
聚花风铃草 *Campanula punctata*
聚花艾纳香 *Blumea fistulosa*
蔓生蛇葡萄 *Ampelopsis micans*
蔓白齿藓 *Leucodon pendulus*
蔓麦瓶草 *Silene repens*
蔓藓 *Meteorium helmiuthocladium*
榛子 *Corylus heterophylla*
榧属 *Torreya*
榼藤子 *Entada phaseoloides*
槟榔 *Areca catechu*
槟榔青 *Spandias pinnata*
榕树 *Ficus microcarpa*
酸豆 *Tamarindus indica*
酸枣 *Ziziphus jujuba*
酸藤子 *Embelia rubis*

碱茅 *Puccinellia distans*
蜡莲绣球 *Hydrangea strigosa*
蜡梅属 *Chimonanthus*
蜡瓣花 *Corylopsis sinensis*
蜡瓣花属 *Corylopsis*
舞鹤草 *Maianthemum bifolium*
箬竹 *Indocalamus longiauritus*
算盘子 *Glochidion wilsonii*
管花杜鹃 *Rhododendron teysii*
僧蒿 *Artemisia sacrorum*
膜蕨属 *Hymenophyllum*
膀胱果 *Staphylea holocarpa*
鲜卑花 *Sibiraea laevigata*
鲜黄小檗 *Berberis diaphana*
獐牙菜 *Swertia perennis*
辣蓼铁线莲 *Clematis mandshurica*
韶子 *Nephelium chryseum* var. *topengii*
滇桐属 *Craigia*
漆 *Toxicodendron vernicifluum*
赛木患 *Sapindopsis oligophylla*
察隅冷杉 *Abies chayuensis*
蜜花豆属 *Spatholobus*
褐叶青冈 Cyclobalanopsis stewardiana
褐鳞树 *Astronia ferruginea*
翠柏 *Calocedrus macrolepis*

十五画

耧斗菜 *Aqluiegia vividifiora*
髯毛松萝 *Usnea barbata*
蕨状薹草 *Carex filicina*
蕨菜 *Pteridium aqeilinum* var. *latiusculum*
蕊台属 *Diplocarex*
蕊帽忍冬 *Lonicera pileata*
槭叶翅子树 *Pterospermum acerifolium*
槲栎 *Quercus aliena*
槲树 *Quercus dentata*
槲蕨 *Drynaria fortunei*
樟 *Cinnamomum camphora*
樟子松 *Pinus sylvestris* var. *mongolica*
樟叶朴 *Celtis cinnamonifolia*
樟科 Lauraceae
樟属 *Cinnamonum*
橄榄 *Canarium album*
橄榄属 *Cararium*
蝴蝶果属 *Cleidiocarpon*
蝴蝶荚蒾 *Viburnum tomentosa*
蝴蝶树 *Heritieria parvifolia*
墨马丁香 *Syringa reticulata* var. *mandshurica=S. amurensis*
墨脱玉叶金花 *Mussaenda decipiens*
墨脱石栎 *Lithocarpus obscurus*
墨脱冷杉 *Abies delavayi* var. *motuoensis*
黎蒴栲 *Castanopsis fissa*
篦筹竹 *Schizostachyum pseudolima*
箭叶大油芒 *Spodiopogon sagittifolius*
箭竹 *Fargesia spathacea*
箭竹 *Sinarundinaria nitida*
箭竹属 *Sinarundinaria*
瘤足蕨属 *Plagiogyria*
瘤枝（疣枝）卫矛 *Euonymus pauciflorus*
瘤果石栎 *Lithocarpus handelianus*
瘤蕨 *Phymatodes scolopendria*
羯布罗香 *Dipterocarpus turbinatus*
羯布罗香 *Dipterocarpus turbinatus*
潘氏雁皮 *Wikstroemia pampaninii*
潺槁木姜子 *Litsea glutinosa*
鹤顶兰 *Phaius tankervilliae*

十六画

鞘柄菝葜 *Smilax stans*
薯豆 *Elaeocarpus japonicus*
薯蓣 *Dioscorea japonica*
擎天树 *Parashorea chinensis* var. *kwangsiensis*
薄叶马银花 *Rhododendron leptothrium*
薄叶胡桐 *Calophyllum membraraceum*
薄叶柃 *Eurya leptophylla*
薄叶润楠 *Machilus leptophylla*
薄叶鼠李 *Rhamnus leptophylla*
黔竹 *Dendrocalamus tsiangii*
赞赏杜鹃 *Rhododendron admirabile*
膨囊薹草 *Carex lehmanii*
瘿椒树属 *Tapiscia*
凝毛杜鹃 *Rhododendron agglutinatum*
糙叶五加 *Acanthopanax henryi*
糙叶水锦树 *Wendlandia seabra*
糙叶早熟禾 *Poa acperifolia*
糙叶树 *Aphananthe aspera*
糙叶薹草 *Carex scabrifolia*
糙皮桦 *Betula ultilis*
糙苏 *Phlomis umbrosa*

糙柄菝葜 *Smilax trachypoda*
糙野青茅 *Deyeuxia scabrescens*
糙隐子草 *Cleistogenes squarrosa*
糖胶树 *Altsonia scholaris*
褶叶藓属 *Palamocladium*

十七画

藏木通 *Aristolochia griffithii*
藏布杜鹃 *Rhododendron charitopes* var. *tsangpoense*
藏瓜 *Indofevillea rhasiana*
藏异燕麦 *Helictorichon tibeticum*
藏豆属 *Stracheya*
藏刺榛 *Corylus ferox* var. *tibetica=Corylus tibelica*
藏野青茅 *Calamagrostis tibetica=Deyeuxia tibetica*
藏麻黄 *Ephedra saxatilis*
藏落芒草 *Oryzopsis tibetica*
橿子栎 *Quercus baronii*
穗三毛草 *Trisetum spicatum*
穗子榆 *Carpinus erosa*
穗毛轴榈 *Licuala fordiana*
穗花杉 *Amentotaxus argotaenia*
穗花豆属 *Cochliantus*
穗序野古草 *Arundinella chenii*
穗序鹅掌柴 *Schefflera delavayi*
簇毛槭 *Acer barbinerve*
簇叶新木姜 *Neolitsea confertifolia*
簇花茶镳子 *Ribes fasciculatum*
糠椴 *Tilia mandshurica*
臀形果 *Pygeum topengii*
翼茎香青 *Anaphalis pterocaulon*
翼核果属 *Ventilago*

十八画及以上

虉草 *Phalaris arundinacea*
藜芦 *Veratrum nigrum*
藜蒴栲 *Castanopsis fissa*
藤山柳属 *Clematoclethra*
藤竹属 *Dinochloa*
藤黄檀 *Dalbergia hancei*
藤蕨属 *Lomariopsis*
藤檀 *Dalbergia hancei*
檫木 *Sassafras tsumu*
檵木 *Loropetalum chinense*
檵木属 *Loropetalum*
覆盆子 *Rubus coreanus*
镰刀藓 *Drepanocladus aduncus*
镰刀藓属 *Drapanocladus*
镰叶瘤足蕨 *Plagiogyria distinctissima*
翻白菜 *Potentilla discolor*
鹰爪枫 *Holboellia coriacea*
藿香蓟 *Ageratum conyzoides*
攀援星蕨 *Microsorium buergerianum*
簿片青冈 *Cyclobalanopsis lameliosa*
簿雪草 *Leontopodium japonicum*
蟹甲草 *Cacalia hastata*
麒麟叶 *Epipremnum pinnatum*
瓣蕊唐松草 *Thalictrum petaloideum*
爆仗杜鹃 *Rhododendron spinuliferum*
黧蒴栲（红椎）*Castanopsis fissa*
鳞毛羽节蕨 *Gymnocarpium dryopteris*
鳞毛蕨 *Dryopteris pychopteroides*
鳞皮云杉 *Picea retroflexa*
鳞皮冷杉 *Abies squamata*
鳞盖蕨属 *Microlepia*
鳞藓 *Bellincinia platyphylla*
露珠杜鹃 *Rhododendron irroratum*
露珠草 *Circaea lutetiana*
露兜勒 *Pandanus tectorius*
鬣刺 *Spinifex littoreus*

植物拉丁学名、中文名对照

A

Abacopteris simplex=*Pronephrium simplex* 单叶新月蕨
Abelia biflora 六道木
Abelia dielsii 南方六道木
Abies beshanzuensis 百山祖冷杉
Abies chensiensis 秦岭冷杉
Abies delavayi 苍山冷杉
Abies delavayi var. *motuoensis* 墨脱冷杉
Abies densa 亚东冷杉
Abies ernestii 黄果冷杉
Abies ernestii var. *salouenensis* 云南黄果冷杉
Abies fabri 峨眉冷杉（冷杉）
Abies fargesii 巴山冷杉
Abies faxoniana 岷江冷杉
Abies ferreana 中甸冷杉
Abies forrestii 川滇冷杉
Abies georgei 长苞冷杉
Abies georgei var. *smithii* 急尖长苞冷杉
Abies holophylla 沙松（沙冷杉）
Abies kawakamii 台湾冷杉
Abies nephrolepis 臭冷杉
Abies nukiangensis 怒江冷杉
Abies recurvata 紫果冷杉
Abies sibirica 西伯利亚冷杉
Abies spectabilis 西藏冷杉
Abies squamata 鳞皮冷杉
Abietinella abietina 山羽藓
Acantholimon alatavicum 刺叶彩花
Acanthopanax giraldii 红毛五加
Acanthopanax henryi 糙叶五加
Acanthopanax senticosus 刺五加
Acanthopanax setchuenensis 蜀五加
Acanthopanax evodiaefolius 吴茱萸叶五加
Acer barbinerve 簇毛槭
Acer caesium 深灰槭
Acer caudatum 花尾槭
Acer davidii 青窄槭
Acer fabri 红翅槭
Acer flabellatum 扇叶槭
Acer forrestii 丽江槭
Acer franchetii 房县槭
Acer griseum 血皮槭
Acer cappado cicum 青皮槭
Acer kawakamii 尖尾槭
Acer laxiflorum 疏花槭
Acer maximowiczii 五尖槭
Acer microsieboldianum 紫花槭
Acer mono 色木槭
Acer mono var. *minshanicum* 岷山色木槭
Acer oliverianum 五裂槭
Acer paxii 金沙槭
Acer pseudo-sieboldianum 假色槭
Acer rubescens 带红槭
Acer semenovii 天山槭
Acer sinense 中华槭
Acer tegmentosum 青楷槭
Acer tetramerum 四蕊槭（卵叶红色木）
Acer triflorum 柠筋槭
Acer komarovii 小楷槭
Acer ukurunduense 花楷槭
Achillea asiatica 亚洲蓍
Achillea sibirica 西伯利亚蓍草
Achnatherum extremiorientale 远东芨芨草
Achnatherum splendens 芨芨草
Aconitum coreanum 黄花乌头
Aconitum soongaricum var. *angustius* 华北乌头
Aconitum carmichaelii 乌头
Aconitum barbatum var. *puberulum* 牛扁
Aconitum pendulum 铁棒锤
Aconitum sinomontanum 高乌头
Acrocarpus fraxinifolius 格郎央
Acronychia pedunculata 降真香（山油柑）
Actaea asiatica 类叶升麻

Actinidia glaucocallosa 粉叶猕猴桃
Actinidia arguta 软枣猕猴桃
Actinidia chinensis 中华猕猴桃
Actinidia kolomikta 狗枣猕猴桃
Actinidia polygama 葛枣猕猴桃
Actinidia venosa 显脉猕猴桃
Actinodaphne 黄肉楠属
Actinodaphne henryi 思茅黄肉楠
Actinodaphne morrisonensis 玉山黄肉楠
Actinothuidium hookeri 锦丝藓
Adenophora paniculata 细叶沙参
Adenophora remotiflora 薄叶荠尼
Adenophora tetraphylla=*A. verticillata* 轮叶沙参
Adiantum flabellulatum 扇叶铁线蕨
Adiantum capillus-veneris 铁线蕨
Adiantum davidii 白背铁线蕨
Adiantum pedatum 掌叶铁线蕨
Adiantum tibeticum 西藏铁线蕨
Adinandra acutifolia 尖叶红淡
Adinandra wangii 王氏红淡
Adinandra formosana 红淡
Adinandra bockiana 四川杨桐
Adinandra hainanensis 赤点红淡（海南杨桐）
Aegopodium alpestre 小叶羊角芹菜
Aeluropus pungans 小獐茅
Aerobryidium longimucronatum 长尖毛扭藓
Aesculus wilsonii 天师栗
Ageratum conyzoides 藿香蓟
Aglaia formosana 台湾米仔兰
Aglaonema modestum 广东万年青
Agrimonia pilosa 龙牙草
Agrimonia pilosa var. *japonica* 日本龙牙草
Agropyron cristatum 冰草
Agrostis 剪股颖属
Ailanthus altissima 臭椿
Ainsliaea latifolia 宽叶兔儿风
Ainsliaea triflora 三花兔儿风
Ainsliaea triflora var. *obovata* 卵叶兔儿风
Ainsliaea yunnanensis 云南兔儿风
Akebia 木通属
Akebia trifoliata 三叶木通（八角禅）
Akebia trifoliata var. *australis* 白木通
Alangium 八角枫属
Albizia chinensis 楹树
Albizia julibrissin 合欢
Albizia macrophylla 山合欢
Albizia meyeri 大叶合欢
Albizia odoratissima 香须树
Albizia procera 黄豆树
Alhagi pseudalhagi 骆驼刺
Alhagi sparsifolia 疏叶路蛇刺
Allantodia 短肠蕨属
Allium senescens 山韭
Alniphyllum fortunei 赤杨叶
Alnus cremastogyne 桤木
Alnus ferdinendi-coburgii 滇桤木
Alnus mandshurica 东北赤杨
Alnus nepalensis 旱冬瓜
Alocasia macrorrhiza 海芋
Alphonsea hainanensis 海南藤春
Alpinia 山姜属
Alpinia elwesii 密毛山姜
Alpinia officinarum 高良姜
Alseodaphne hainanensis 海南油丹
Alsophila gigantea 大黑桫椤
Alstonia glaucescens 面盆架
Altingia excelsa 细青皮
Altingia obovata 倒卵阿丁枫（海南蕈树）
Altingia yunnanensis 云南蕈树
Altsonia scholaris 糖胶树
Alyxia sinensis 念珠藤
Amentotaxus argotaenia 穗花杉
Amesiodendron chinense 细子龙
Amischotolype chinensis 中华穿鞘花
Ammopiptanthus 沙冬青属
Amomum longiligulare 海南砂仁
Amoora dasyclada 红椤
Amoora rohituka 高雄崖摩
Amoora yunnanensis 云南崖摩
Ampelocalamus calcareus 贵州悬竹
Ampelopsis aconitifolia 蛇葡萄
Ampelopsis brevipedunculata 蛇白蔹
Ampelopsis delavayana 三裂叶蛇葡萄
Ampelopsis humulifolia 葎叶白蔹
Ampelopsis micans 蔓生蛇葡萄
Anabasis aphylla 无叶假木贼
Anaphalis aureopunctata 毛叶黄香青（黄腺香青）
Anaphalis bicolor 二色香青

Anaphalis cuneifolia 香青
Anaphalis flavescens 淡黄香青
Anaphalis lactea 乳白香青
Anaphalis pterocaulon 翼莲香青
Anchengiopteris henryi 马蹄蕨
Andrachne chinensi= Leptopus chinensis 雀儿舌头
Andropogon chinensis 华须芒
Andropogon ischaemum 白草
Andropogon yunnanensis 滇须芒草
Androsace lactiflora 雪白点地梅
Androsace tapete 垫状点地梅
Anemone cathayensis 银莲花
Anemone rivularis 草玉梅
Anemone tomentosa 大火草（野棉花）
Anemone trullifolia var. *linearis* 条叶银莲花
Aneurolepidium chinense 羊草
Aneurolepidium dasystachys 赖草
Angelica miqueliana 白芷
Angiopteris 莲座蕨属
Angiopteris fokiensis 观音莲座蕨
Anisopappus chinensis 山黄菊
Annamocarya 喙核桃属
Anneslea fragrans 茶梨
Anthocephalus chinensis 团花
Anthoceros levis 角藓
Anthoxanthum odoratum 高山黄花茅
Antiaris toxicaria 见血封喉
Antidesma bunius=Antidesma ccidum 五月茶
Antidesma paxii 毛五月茶
Antiotrema dunnianum 滇紫草（狗舌草）
Antirhea chinensis 毛茶
Aphanamixis grandifolia 大叶山楝
Aphanamixis polystachya 山楝
Aphananthe aspera 植叶树
Apocynum venetum 罗布麻
Aporosa 银柴属
Aporosa chinensis 大沙叶（银柴）
Aporosa yunnanensis 云南银柴
Apterosperma 团籽花属
Aquilaria sinensis 土沉香
Aquilegia glandulosa 大花耧斗菜
Aquilegia paruiflora 小花（白花）耧斗菜
Aquilegia viridiflora 耧斗菜
Aquilegia viridiflora 普通耧斗菜
Aquilegia yabeana 华北耧斗菜
Arabis hilsuta 毛南芥
Arabis pendula 垂果南芥
Araceae 天南星科
Arachniodes 复叶耳蕨属
Arachniodes cavaleriei 大叶复叶耳蕨
Araiostegia pseudocystopteris 长片小膜盖蕨
Arcangelisia loureiri 黄连藤
Archangiopteris hanryi 原始莲座蕨
Archangiopteris somai 台湾原始莲座蕨
Arctium lappa 牛蒡
Arctous alpinus 北极果
Arctous ruber 当年枯
Ardgiopteris yunnanensis 云南莲座蕨
Ardisia 紫金牛属
Ardisia quinquegona 罗伞树
Ardisia crenata 朱砂根
Ardisia crispa 百两金
Ardisia crispa var. *amplifolia* 大叶百两金
Ardisia japonica 紫金牛
Ardisia virens 圆齿紫金牛
Areca catechu 槟榔
Arenga engleri 山棕
Arisaema erubescens 天南星
Aristida chinensis 华三芒草
Aristolochia griffithii 藏木通
Arstolochia manshuriensis 木通马兜铃
Arstolochia moupinensis 木香马兜铃
Artemisia borotalensis 博乐蒿
Artemisia frigida 冷蒿
Artemisia gmelinii 铁杆蒿
Artemisia halodendon 差不嘎蒿
Artemisia japonica 牡蒿
Artemisia japonica var. *mandshurica* 东北牡蒿
Artemisia keiskeana 庵闾
Artemisia mattfeldii 粘毛蒿
Artemisia sacrorum 万年蒿（僧蒿）
Artemisia santolinaefolia 细裂毛莲蒿
Artemisia stolonifera 宽叶山蒿
Artemisia subditigitata 牛尾蒿
Artemisia vestita 毛莲蒿
Artemisia vulgaris 艾蒿
Arthraxon hispidus= Aciliaris hispidus 荩草
Arthraxon lanceiolatus 茅叶荩草

Arthropteris obliterata 爬树蕨
Artocarpus 桂木属
Artocarpus chaplasha 木菠萝
Artocarpus hypargyraeus 白桂木
Artocarpus lanceolatus 叶桂木
Artocarpus lingnanensis 红桂木
Artocarpus styrocifolius 二色桂木
Aruncus sylvester 假升麻
Arundina chinensis 竹叶兰
Arundinella bengalensis 密穗野古草
Arundinella chenii 穗序野古草
Arundinella decempedalis 大野古草
Arundinella hirta 野古草
Arundinella nepalensis 石芒草
Arundinella setosa 刺芒野古草
Arytera littoralis 滨木患
Asarum caulescens 对叶细辛
Asarum chinensis 华细辛
Asarum heterotropoides 北细辛
Asparagus filicinus 羊齿天门冬
Asparagus officinalis 石刁柏
Asparagus officinalis var. *altilis* 石刁柏（变种）
Aspidistra typica 卵叶蜘蛛抱蛋
Asplenium trichomanes 铁角蕨
Aster altaicus 阿尔泰紫菀
Aster pinnatifidus 羽裂紫菀
Aster tataricus 紫菀
Aster trinervius 三脉紫菀
Astilbe chinensis 落新妇
Astilboides tabularis 大叶子
Astragalus ernestii 梭果黄芪
Astragalus tanguticus 青海黄芪
Astronia ferruginea 褐鳞树
Athyrium acrostichoides 亚美蹄盖蕨
Athyrium crenatum 圆叶蹄盖蕨
Athyrium multidentatum 猴腿蹄盖蕨
Athyrium nipponicon 华东蹄盖蕨
Athyrium oppasitipinnum 对生蹄盖蕨
Athyrium sinense 中华蹄盖蕨
Athyrium spinulosum 光齿蹄盖蕨
Athyrium tibeticum 西藏蹄盖蕨
Athyrium wilsonii 威氏蹄盖蕨
Atractylodes lancea 苍术
Atractylodes chinensis 北苍术
Atractylodes japonica 关苍术
Aulacomium 皱蒴藓属

B

Baccaurea 木奶果属
Baeckea frutescens 岗松
Bambusa stenostachya 刺竹
Barbella 悬藓属
Barringtonia 玉蕊属
Barringtonia fuscicarpa 金刀木
Barringtonia longipes 长柄金刀木
Barringtonia macrostachya 棱果玉蕊
Bauhinia championii 龙须藤
Bauhinia variegata 羊蹄甲
Beilschmiedia glauca 粉背琼楠
Beilschmiedia intermedia 二色琼楠
Beilschmiedia longipetiolata 长柄琼楠
Beilschmiedia macropoda 肉柄琼楠
Beilschmiedia tungfangensis 东方琼楠
Belamcanda chinensis 射干
Bellincinia platyphylla 鳞藓
Berberis aggregata 锥花小檗
Berberis alpicola 高山小檗
Berberis amurensis 大叶小檗
Berberis aristato-serrula 芒齿小檗
Berberis bergmanniae 硬齿小檗
Berberis circamserrata 秦岭小檗
Berberis diaphana 黄刺（鲜黄小檗）
Berberis dictyophylla 刺红珠
Berberis dielsiana 黄檗刺
Berberis dubia 置疑小檗
Berberis gilgiana 狄氏小檗
Berberis gyalaica 波密小檗
Berberis heteropoda 黑果小檗
Berberis johannis 腰果小檗
Berberis julianae 猪刺
Berberis kaschgarica 喀什小檗
Berberis kawakamii 台湾小檗
Berberis nummularia 伊犁小檗
Berberis sibirica 西伯利亚小檗
Berberis silva-taroucana 华西小檗
Berberis verruculosa 疣枝小檗
Berberis wilsonae 金花小檗
Berchemia flavescens 黄背勾儿茶
Berchemia yunnanensis 云南勾儿茶

Betula albo-sinensis 红桦
Betula albo-sinensis var. *septentrionalis* 牛皮桦
Betula alnoides 西南桦木
Betula austrosinensis 华南桦
Betula chinensis 坚桦
Betula costata 风桦（硕桦）
Betula dahurica 黑桦
Betula delavayii 高山桦
Betula ermanii 岳桦
Betula gracilis 亮叶桦
Betula insignis 香桦
Betula jarmolenkoona 雅氏桦
Betula luminifera 光皮桦
Betula microphylla 小叶桦
Betula middendorffii 扇叶桦
Betula pendula 疣皮桦（疣枝桦）
Betula platyphylla 白桦
Betula platyphylla var. *szechuunica* 川白桦
Betula procurva 曲桦
Betula rotundifolia 圆叶桦
Betula tianschanica 天山桦
Betula ultilis 糙皮桦
Bidens parviflora 小花鬼针草
Biophytum sensitivum 感应草
Bischofia javanica（*B. trifoliata*）秋枫（重阳木）
Blumea fistulosa 聚花艾纳香
Boerlagiodendron pectinatum 兰屿加
Bolbitis heteroclita 实蕨
Bombax malabarica 木棉
Bothriochloa ischaemum 白羊草
Brachybotrys paridiformis 山茄子
Brachypodium sylvaticum 短柄草
Brachypodium sylvaticam var. *gracile* 细株短柄草
Brachypodium sylvaticum var. *breviglume* 小颖短柄草
Brachythecium albicans 青藓
Brandisia hancei 莱江藤
Bretschneidera sinensis 钟萼树
Breynia fruticosa 黑面神
Bridelia monoica 土密树
Bromus sinensis 华雀麦
Brotherella himalayma 喜马拉雅小锦藓
Broussonetia papyrifera 构树
Bryoerythrophyllum alpigeum 高山红叶藓
Bryoerythrophyllum angustifolium 狭叶小羽藓
Buckleya graehneriana 秦岭米面翁（线苞米面翁）
Buckleya henryi 米面翁
Buddleja alternifolia 互叶醉鱼草
Bulbophyllum 石豆兰属
Bupleurum balcatum 柴胡
Bupleurum dahuricum 兴安柴胡
Bupleurum komaroviana 长白柴胡
Bupleurum longiradiatum 大叶柴胡
Bupleurum longicaule var. *amplexicaule* 抱茎柴胡
Bupleurum marginatum 竹叶柴胡
Bupleurum pekinensis 北柴胡
Bupleurum scorzonerifolum 狭叶柴胡
Burretiodendron hsienmu 蚬木

C

Castanea seguinii 茅栗
Cacalia hastata 山尖子（无毛山尖子）
Cacalia hastata 蟹甲草
Cacalia krameri 兔儿伞
Cacalia aconitifolia 兔耳伞
Cacalia tangutica 羽裂蟹甲草
Calamagrostis arundinarea var. *laxiflora* 疏花拂子茅
Calamagrostis epigeios 拂子茅
Calamagrostis pseudophragmites 假苇拂子茅
Calamagrostis tibetica=Deyeuxia tibetica 藏野青茅
Calamus formosana 灰藤
Calamus platyacanthoides 省藤
Campylotropis hirtella 毛荒子梢
Caragana bicolor 二色锦鸡儿
Caragana brevifolia 短叶锦鸡儿
Caragana changduensis 昌都锦鸡儿
Caragana erinacea 川西锦鸡儿
Caragana jubata 亚高山锦鸡儿
Caragana microphylla 小叶锦鸡儿
Caragana polourensis 昆仑锦鸡儿
Caragana rosea 红花锦鸡儿
Caragana stenophylla 狭叶锦鸡儿
Caragana tangutica 甘青锦鸡儿
Caragana turkestanica 新疆锦鸡儿
Carallia 竹节树属
Cardamine leucanthe 白花碎米荠
Carex allivescens 祁连薹草
Carex alpina 高山薹草

Carex arnellii 麻根薹草
Carex buergeriara 羊胡子草
Carex callitrichos 羊胡子薹草
Carex campylorhina 毛缘薹草
Carex capilliformis 丝叶薹草
Carex crebra 粗糙薹草
Carex duriuscula 寸薹草
Carex filicina 蕨状薹草
Carex haemastostoma 红毛薹草
Carex hancockiana 韩可薹草（华北薹草）
Carex humilis var. *nana* 矮丛薹草
Carex jiebata 细叶薹草
Carex lanceolata 披针薹草（凸脉薹草、阴地薹草）
Carex lehmanii 膨囊薹草
Carex nubigena 云雾薹草
Carex pediformis 柄薹草（足状薹草）
Carex planiculmis 扇杆薹草
Carex quadriflora 四花薹草
Carex scabrifolia 糙叶薹草
Carex schneideri 川滇薹草
Carex siderosticta 宽叶薹草
Carex ussuriensis 乌苏里薹草
Carissa spinarum 假虎刺
Carpinus cordata 千金榆
Carpinus erosa 穗子榆
Carpinus fargesiana 千筋树
Carpinus londoniana var. *lanceolata* 海南鹅耳枥
Carpinus polyneura 多脉鹅耳枥
Carpinus turczaninowii 北鹅耳栎（鹅耳枥）
Carpinus viminia 雷公枥
Carya 山核桃属
Caryota monostachya 单穗鱼尾葵
Cassiope selaginoides 岩须
Castanea 栗属
Castanea henryi 锥栗
Castanea mollisima 板栗
Castanea seguinii 茅栗
Castanea wattii 腾冲栲
Castanopsis taiwaniana 栲树
Castanopsis bornaensis=*C. kawakamii* 青钩栲
Castanopsis carlesii 小叶栲(米槠)
Castanopsis carlesii var. *hainanica* 海南白椎
Cantanopsis carlesii var. *sessilis* 无柄米槠
Castanopsis carlessii var. *spinulosa* 刺果米槠
Castanopsis ceraiacantha 瓦山栲
Castanopsis chinensis 华栲
Castanopsis chunii 厚皮栲
Castanopsis ciliaris 小枝青冈
Castanopsis delavayi 高山栲
Castanopsis echinocarpa=*C. longispicota* 长穗栲（刺果锥）
Castanopsis eyrei 甜槠
Castanopsis eyrei var. *cauduta* 尾叶甜槠
Castanopsis fabri 罗浮栲
Castanopsis fargesii 丝栗栲（栲树）
Castanopsis ferox 思茅栲
Castanopsis fissa 黧蒴栲（红椎）
Castanopsis fleuryi 小果栲
Castanopsis fordii 南岭栲
Castanopsis formosana 黄栲（台湾栲）
Castanopsis hainanensis 海南栲
Castanopsis hickelii=*C. hystrix* 刺栲
Castanopsis hupehensis 湖北栲
Castanopsis hystrix 刺栲（红锥）
Castanopsis indica 印度栲
Castanopsis jianfenlingensis 尖峰栲
Castanopsis kawakamii（青构栲）格氏栲
Castanopsis lamotii 鹿角栲
Castanopsis orthacantha 元江栲
Castanopsis platyacantha 扁刺栲（峨眉栲）
Castanopsis sclerophylla 苦槠
Castanopsis tiaoloshanica 吊罗青冈
Castanopsis tibetana 大叶锥栗（钩栲）
Castanopsis tonkinensis 越南栲
Castanopsis tribuloides 蒺藜栲
Castanopsis wauii 腾冲栲
Catalpa bungei 楸
Catalpa fargesii 灰楸
Catalpa ovata 梓树
Cathaya 银杉属
Cathaya argyrophylla 银杉
Cayratia japonica 毛叶（乌蔹莓）
Celastrus angulatus（*C. orbiculatus*）苦皮藤（南蛇藤）
Celastrus flagellaris 刺苞南蛇藤
Celastrus gemmatus 哥兰叶
Celastrus hypoleucus 苍叶南蛇藤

Celastrus orbiculatus（*C. articulatus*）南蛇藤
Celastrus rosthornianus 短梗南蛇藤
Celtis bungeana 小叶朴
Celtis cinnamonifolia 樟叶朴
Celtis sinensis 朴
Centaurea monantha 一花山牛蒡
Centaurium pulchellum var. *altaicum* 阿尔泰百金花
Cephalomappa sinensis 肥牛树
Cephalotaxus 三尖杉属（粗榧属）
Cephalotaxus fortunei 三尖杉
Cephalotaxus hainanensis 海南粗榧
Cephalotaxus sinensis 粗榧
Cerastium cerastioides 六齿卷耳
Ceratocarpus arenarius 角果藜
Ceratoides compacta 垫状驼绒藜
Cercidiphyllum japonicum 连香树
Chaenomeles 木瓜属
Chamaecyparis 扁柏属
Chamaecyparis obtusa var. *formosana* 台湾扁柏（黄桧）
Chamaecyparis formosensis 红桧
Chasalis carviflora 弯管花
Chimaphila japonica 梅笠草
Chimonanthus 蜡梅属
Chimonobambusa 方竹属
Chimonobambusa quadrangularis 方竹
Chimonobambusa utilis 金佛山方竹
Chisocheton siamensis 滇南溪桫
Choerospondias axillaris 南酸枣
Chosenia arbutifolia 钻天柳
Chrysanthemum zawadzkii 山菊
Chrysosplenium griffithi 肾叶金腰
Chrysosplenium ramosum 小猪眼草（多枝金腰）
Chukrasia tabularis 麻楝
Chukrasia tabularis var. *velulina* 毛麻楝
Chunia 山铜材属（假马蹄荷属）
Cibotium barometz 金毛狗蕨（鲸口蕨、金毛狗）
Cicerbita azurea 乳苣
Cimicifuga dahurica 北升麻
Cimicifuga foetida 升麻
Cimicifuga simplex 单穗升麻
Cinnamomum 樟属
Cinnamomun appeliunum 毛桂
Cinnamomum bejolghota 钝叶章
Cinnamomum bejolghota=C. obutusfolium 钝叶桂
Cinnamomum burmannii 阴香
Cinnamomum calcareum 石山樟（硬叶樟）
Cinnamomum camphora 樟
Cinnamomun glanduliferum 云南樟
Cinnamomum iners 大叶桂
Cinnamomum joponicum 天竺桂
Cinnamomum liangii 向日樟
Cinnamomum mairei 银叶樟
Cinnamomum micranthum 沉水樟
Cinnamomum myrianthus 多花樟
Cinnamomum ovatum 香楠（卵叶樟）
Cinnamomun piuosporoides 刀把木
Cinnamomum porrectum 黄梅
Cinnamomun subravenium 长果桂
Cinnamomum wilsonii 川桂（臭樟）
Circaea alpina 高山露珠草（深山露珠草）
Circaea erubescens 谷蓼
Circaea luteliana 露珠草
Circaea pricei 东南露珠草
Cirrphyllum pilferum 毛尖藓
Cirsium setosum 刺儿菜
Cladonia alpestris 高岭石蕊
Cladonia amaurocraea 黑穗石蕊
Cladonia gracilis f. *subpellucida* 细石蕊
Cladonia rangiferina 鹿角石蕊
Clausen dentata 齿叶黄皮
Clausena dunniana 毛齿叶黄皮
Clausena dunniana var. *robusta* 大黄皮
Clausena excavata 假黄皮
Cleidiocarpon 蝴蝶果属
Cleidion spiciflorum 二室棒柄花
Cleistogenes chinensis 中华隐子草
Cleistogenes hancei 北京隐子草
Cleistogenes serotina 隐子草
Cleistogenes squarrosa 糙隐子草
Clematis brevicaudata 林地铁线莲
Clematis chrysocoma 金毛铁线莲
Clematis connata 合柄铁线莲
Clematis florida 铁线莲
Clematis fruticosa 木本铁线莲
Clematis heracleifolia 大叶铁线莲
Clematis hexapetala 棉团铁线莲
Clematis macropetala 大萼铁线莲

Clematis mandshurica 辣蓼铁线莲
Clematis montana 大芽南蛇藤（绣球藤）
Clematis orientalis 东方铁线莲
Clematis platysepala 平萼铁线莲
Clematis serratifolia 齿叶铁线莲
Clematis sibirica 西伯利亚铁线莲
Clematoclethra 藤山柳属
Clematoclethra actinodioides 猕猴桃叶藤山柳
Clematoclethra integrifolia 粉叶藤山柳
Clerodendrum bungei 臭牡丹
Clerodendron cyrtophyllum 大青
Clerodendron laceaefolium 三对节
Clerodendrum trichotcmum 海州常山
Clesistanhus saichikii 闭花木
Clethra 桤叶树属
Clethra fargesii 城口桤叶树
Climacium dendroides 万年藓
Climacium japonicum 东亚万年藓
Clintonia udensis 北七筋姑（蓝果七筋姑）
Cnidium ajanense 高山蛇床
Cochliantus 穗花豆属
Cocos nucifera 椰子
Codonopsis lanceolata 羊乳
Coelodepas hainanensis 白茶
Colocasia gigantea 大野芋
Combretum yunnanense 风车藤
Connarus yunnanensis 羽叶藤
Convallaria majalis 铃兰
Cordia dichotoma 破布木
Coriaria nepalensis 水马桑
Coriaria sinica 马桑
Cornus alba 红瑞木
Cornus controversa 灯台树
Cornus hemsleyi 高山桤木
Cortusa marthiolii var. *pekinensis* 京假报春花
Corylopsis 蜡瓣花属
Corylopsis multiflora 大果蜡瓣花
Corylopsis sinensis 蜡瓣花
Corylus ferox var. *thibetica*=*C. tibetica* 藏刺榛
Corylus heterophylla 平榛（榛子）
Corylus heterophylla var. *sutchuenensis* 川榛
Corylus mandshurica 毛榛子（毛榛）
Corylus yunnanensis 滇榛
Cosius speciosus 闭鞘姜
Cotinus coggygria var. *cinerea* 黄栌
Cotinus coggygria var. *glaucophylla* 粉背黄栌
Cotinus coggygria var. *pubescens* 毛黄栌
Cotoneaster accuminatus 尖栒子
Cotoneaster acutifolius 灰栒子
Cotoneaster acutifolius var. *villosulus* 密毛尖叶栒子
Cotoneaster adpressus 匍匐栒子
Cotoneaster ambiguus 四川栒子
Cotoneaster apiculatus 细尖栒子
Cotoneaster dammeri 矮生栒子
Cotoneaster dielsianus 木帚栒子
Cotoneaster divaricalus 散生栒子
Cotoneaster francheti 西南栒子
Cotoneaster hebephyllus 钝叶栒子
Cotoneaser horizontalis 平枝灰栒子
Cotoneaster melanocarpus 黑果栒子
Cotoneaster microphyllus 小叶栒子
Cotoneaster multiflorus 多花栒子（水栒子）
Cotoneaster obscurus 暗红栒子
Cotoneaster uni florus 单花栒子
Cotoneaster zabelii 西北栒子
Cotoneaster submultiflorus 毛叶水栒子
Craigia 滇桐属
Crataegus chlorosarca 阿尔泰山楂
Crataegus dahurica 光叶山楂
Crataegus pinnatifida 山楂
Crataegus scabrifolia 滇山楂
Crataegus shensiensis 陕西山楂
Crataegus songorica 准噶尔山楂
Cratoxylum ligustrinum 黄牛木
Crepis napifera 芜菁还阳参
Croton laevigatus 光叶巴豆
Crypteronia paniculata 隐翼木
Cryptocarya chinensis 中华厚壳桂（厚壳桂）
Cryptocarya concinna 黄果厚壳桂
Cryptocarya densiflora 密花厚壳桂（大果铜锣桂）
Cryptocarya impressinerve 钝叶厚壳桂
Cryptocarya maculrei 白背厚壳株
Cryptocarya metcalifrana 长果厚壳桂
Cryptomeria 柳杉属
Cryptomeria fortunei 柳杉
Ctenitis 肋毛蕨属
Cunninghamia lanceolata 杉木
Cuprcssaeeae 柏科

Cupressus 柏木属
Cupressus chengiana 岷江柏
Cupressus duclouxiana 干香柏
Cupressus funebris 柏木
Cupressus gigantea 巨柏
Cupressus torulosa 西藏柏木
Curculigo capitulata 大叶仙茅
Cyathea 桫椤属
Cyathea podophylla 黑桫椤
Cyclobalanopsis bambusaefolia 竹叶青冈（竹叶栎）
Cyclobalanopsis blakei 栎子青冈（栎子树）
Cyclobalanopsis championii 岭南青冈
Cyclobala ciliaris 小枝青冈
Cyclobalanopsis delavayi 黄毛青冈
Cyclobalanopsis fleuryi 饭增青冈（毛果青冈）
Cyclobalanopsis gilva 赤皮青冈
Cyclobalanopsis glauca 青冈
Cyclobalanopsis glaucoides 滇青冈
Cyclobalanopsis gracilis 细叶青冈
Cyclobalanopsis heeferiana 毛枝青冈
Cyclobalanopsis hui 雷公青冈
Cyclobalanopsis jenseniana 大叶青冈
Cyclobalanopsis lamellosa 薄片青冈
Cyclobalanopsis longinux 长柄水青冈
Cyclobalanopsis morii 台湾青冈
Cyclobalanopsis multinervis 多脉青冈
Cyclobalanopsis myrsinaefolia 小叶青冈
Cyclobalanopsis ningangensis 宁岗青冈
Cyclobalanopsis nubium 云山青冈
Cyclobalanopsis oxyodon 曼青冈
Cyclobalanopsis pachyloma 毛果青冈
Cyclobalanopsis patelliformis 盘壳青冈
Cyclobalanopsis stenophylloides 台湾狭叶青冈
Cyclobalanopsis stewardiana 褐叶青冈（贵州青冈）
Cyclobalanopsis stewardiana var. *longicaudata* 长尾青冈
Cyclobalanopsis vestita 旱毛青冈
Cyclocarya=Pterocarya 青钱柳属
Cymbidium pendulum 硬叶吊兰
Cymbupogon tortilis 野香茅
Cynanchum auriculatum 牛皮肖
Cynanchum sibiricum 西伯利亚牛皮肖
Cypripedium guttatum 斑叶杓兰
Cyrtogonellum 柳叶蕨属
Cyrtomium fortunei 贯众
Cystopteris fragilis 冷蕨

D

Dacrydium pierrei 陆均松
Daemonorops margaritae 黄藤（红藤）
Dalbergia hancei 藤黄檀（藤檀）
Dalbergia hupehana 黄檀
Dalbergia odorifera 花梨（降香檀）
Daphne giraldii 祖师麻
Daphne koreana 长白瑞香
Daphne myrtilloides 五裂瑞香
Daphne retusa 凹叶瑞香
Daphniphyllum glaucescens 粉绿虎皮楠
Daphniphyllum macropodum 交让木
Daphniphyllum oldhami 虎皮楠
Dasiphora glabra var. *veitchii* 华西银蜡梅
Dasiphora parvifolia 小叶金老梅
Dasymaschalon trichophorum 皂帽花
Davidia 珙桐属
Davidia involucrata 珙桐
Davidia vilmoriniana 光叶珙桐
Debregeasia edulis 水麻
Decaisnea 猫儿屎属（猫儿子属）
Decaisnea fargesii 猫儿屎
Dehassia cairocan 莲桂
Delavaya 茶条木属
Delavaya toxocarpa 茶条木
Dendranthema indicum=Chrysanthenmum indicum 野菊
Dendranthema zawadskii 紫花野菊
Dendrobenthemia japonica var. *chinensis* 四照花
Dendrobenthemia jinyunensis 缙云四照花
Dendrobium 石斛属
Dendrobium monihforme 石斛
Dendrocalamlls tsiangii 黔竹
Dtmdrocalamus strictus 牡竹
Dentaria tenuifolia 石芥菜
Dentzia scabra 溲疏
Desmodium elegans 山蚂蝗（圆锥山蚂蝗）
Desmodium microphyllum 小叶三点金草
Desmodium sinuatum 波叶山蚂蝗
Desmodium spicatum 总状花山蚂蝗
Desmodium triangulare 假木豆
Desmodium yunnanense 云南山蚂蝗

Desmos chinensis 假鹰爪
Deutzia 溲疏属
Deutzia amurensis 东北溲疏
Deutzia glabrata 光萼溲疏
Deutzia grandiflora 大花溲疏（长花溲疏）
Deutzia longifolia 长叶溲疏
Deutzia setchuenensis 多花溲疏
Deutzia parviflora 小花溲疏
Deutzia prunifolia 李叶溲疏
Deutzia setchuenensis 四川溲疏
Deyeuxia angustifolia 小叶章
Deyeuxia arundinacea=D. sylvatica 野青茅
Deyeuxia effusa 散穗野青茅
Deyeuxia effusiflora 疏花野青茅（疏穗野青茅）
Deyeuxia hupehensis 湖北野青茅
Deyeuxia langsdorffii 大叶章
Deyeuxia scabrescens 糙野青茅
Deyeuxia scabrescens var. *humilis* 小糙野青茅
Dianthus chinensis 中国石竹
Dianthus versidus 兴安石竹
Diarrhena manshurica 龙常草
Dicranodontium asperulum 粗青毛藓
Dicranodontium attenuatum 长叶青毛藓
Dicranopteris dichotoma 芒萁
Dicranostigma 秃疮花属
Dicranostigma leptopodum 秃疮花
Dicranum fulvum 细叶曲尾藓
Dicranum majus 大曲尾藓
Dicranum scoparium 曲尾藓
Dicranum spurium 伪曲尾藓
Dicranum dasycarpus 白藓
Dictyosperma album 白网籽桐
Didymospermum nanum 矮棕
Dillenia indica 五桠果
Dillenia turbineta 大花五桠果
Dimocarpus fumatus subsp. *indonchinensis* 肖韶子
Dimocarpus longan 龙眼
Dinochloa 藤竹属
Dinochloa utilis 大节藤竹
Dioscorea hypoglauca 粉背薯蓣
Dioscorea japonica 薯蓣
Diospyros discolor 台乌木
Diospyros dumetorum 小叶柿
Diospyros eriantha 毛花柿
Diospyros fulvotomentosa 黄毛柿
Diospyros longibracteata 长包柿
Diospyros lotus 君迁子
Diospyros mollifolia 毛叶柿
Diospyros nitida 黑柿
Diospyros strigosa 毛柿
Diospyros morrisiana 罗浮柿
Diplazium 双盖蕨属
Diplocarex 蕊台属
Dipterocarpus alatus 翅果龙脑香
Dipterocarpus tonkinensis 云南龙脑香
Dipterocarpus turbinatus 羯布罗香
Dipteronia sinensis 金钱槭
Disanthus 汉花木属
Dischidia chinensis 瓜子金
Distichum capillacium 对叶藓
Distylium 蚊母树属
Distylium chinense 蚊母树
Distylium myricoides 杨梅叶蚊母树
Dracocephalum tanguticum 唐古特青兰
Dracontomelun duperreanum 人面子
Drapanocladus 镰刀藓属
Drapanocladus aduncus 镰刀藓
Drapanocladus revolvens 扭叶镰刀藓
Dropteris quadripinnata 四羽鳞毛蕨
Drynaria baroii 中华槲蕨
Drymaria fortunei 槲蕨
Dryopteris acutodentata 光齿鳞毛蕨
Dryopteris amurensis 黑河鳞毛蕨
Dryopteris crassirhizoma 鸡膀鳞毛蕨（粗茎）
Dryopteris fibrillosa 发叶鳞毛蕨
Dryopteris fibrillosissima 近纤维鳞毛蕨
Dryopteris fructuosa 硬果鳞毛蕨
Dryopteris gushaingensis 古乡鳞毛蕨
Dryopteris lacera 狭顶鳞毛蕨
Dryopteris marginalis 边缘鳞毛蕨
Dryopteris pseudodomoloma 假粗齿鳞毛蕨
Dryopteris pychopteroides 鳞毛蕨
Dryopteris sinofibrillosa 纤根鳞毛蕨
Dryopteris wallichiana 大羽鳞毛蕨
Dryopleris yunnanensis 滇柿
Drypetes confertiflora 密花核实
Duabanga grandiflora 八宝树
Duchesnea india 蛇莓

Dunnia 白萼树属

Dysoxylum binectariferum 红果葱臭木

Dysoxylum cumingianum 兰屿坚木

Dysoxylum gobara 葱臭木

Dysoxylum spicaium 大蒜树

E

Eberhardtia aurata 梭子果

Eberhardtia tonkinensis 东京梭子果

Ecdysanthera utilis 花皮胶藤

Elaeagnus bockii 长叶胡颓子

Elaeagnus lanceolata 披针叶胡颓子

Elaeagnus moorcroftii 大果沙枣

Elaeagnus oxycarpa 尖果沙枣（沙枣）

Elaeagnus pungens 胡颓子

Elaeagnus umbellata 牛奶子（牛奶胡颓子）

Elaeocarpus japonicus 薯豆

Elaeocarpus 杜英属

Elaeocarpus sylvestris 山杜英

Elaeocarpus braceanus 鬼眼

Elaeocarpus decipiens 杜英

Elaeocarpus duclouxii 大果杜英

Elaeocarpus limitaneus 毛叶杜英

Elaeocarpus sylevesuris 山杜英

Elaphoglossum 舌蕨属

Eleocharis yokoscensis 牛毛毡

Elsholtzia bodinieri 东紫苏

Elsholtzia fruticosa 鸡骨柴

Elsholtzia mandshurica 东北香薷

Elsholtzia rugulosa 野拔子

Elsholtzia stauntoni 木香薷

Embelia parvifolia 小花酸藤

Embelia pulchella 艳酸藤子

Embelia rubis 酸藤子

Emmenopterys henryi 香果树

Empetrum 岩高兰属

Empetrum nigrum var. *japonicum* 岩高兰

Endiandra coriacea 土楠

Endospermum chinense 黄桐

Engelhardtia formosana 台湾黄杞

Engelhardtia roxburghiana 黄杞

Engelhardtia colebrookiana 毛叶黄杞

Engelhardtia spicata 云南黄杞

Enkianthus chinensis 灯笼花

Enkianthus deflexus 毛叶吊钟花

Entada phaseoloides 过江龙（榼藤子）

Entodon aeruginosus 亮叶绢藓

Ephedra prezenoalskii var. *kachgarica* 喀什膜果麻兰

Ephedra saxatilis 藏麻黄

Epimedium brevicorum 短角淫羊藿

Epimedium grandiflorum 堇色大花淫羊藿

Epipremnum pinnatum 麒麟叶

Epiprinus siletianus 肋巴木

Equisetum hiemale 木贼（错草）

Eremopogmn delavayi 旱茅

Eremopryum triticeum 旱麦草

Erigeron canadensis 加拿大飞蓬

Eriobotrya 枇杷属

Eriobotrya bengalensis 南亚枇杷

Erioglossum rubiginosum 赤才

Erodium hoefftianum 长喙牻牛儿苗

Ervatamia divaricata 单瓣狗牙花

Erycibe hainanensis 丁公藤

Erythrina 刺桐属

Eucommia 杜仲属

Eulalia brevofolia 短叶金茅

Eulalia pallens 白健杆

Eulalia quadrinervis 四脉金茅

Eulalia speciosa 金茅

Evodia deniellii 臭檀

Evodia fargesii 臭辣树

Euonymus alatus 卫矛

Euonymus bungeanus 桃叶卫矛

Euonymus cornutus 狭翼卫矛

Euonymus giraldii 纤齿卫矛

Euonymus macropterus 翅卫矛

Euonymus phellomanus 栓翅卫矛

Euonymus porphyreus 紫花卫矛

Euonymus sacrosanctus 神圣卫矛

Euonymus semenovii 天山卫矛

Euonymus verrucosus 瘤枝（疣枝卫矛）卫矛

Eupatorium japonicum 泽兰

Eupatorium odoratum 飞机草

Euphobia kansui 甘遂

Euphorbia bupleuroides 柴胡状大戟

Euphoria longana 龙眼

Eurya 柃木属

Eurya japonica 柃木
Eurya brevistyla 短柱柃木
Eurya cavinrvis 平脉柃木
Eurya chinenis 米碎花柃木
Eurya gnaphalocarpa 鼠草鞠果柃
Eurya hebeclados 微毛柃
Eurya impressinervis 凹叶柃木
Eurya inaequalis 异侧柃木
Eurya leptophylla 薄叶柃
Eurya loquaiana 细枝柃
Eurya macartneyi 黑柃木
Eurya muricata 隔药柃木
Eurya nitida 光叶柃木（细齿叶柃木、细叶柃木）
Eurya nitida var. *aurescens* 金叶柃木
Eurya pseudopolyneura 拟多脉柃木
Eurya semiserrulata 半齿柃木
Eurycorymbus 伞花木属
Euryodendron 树柃
Evodia lepta 三叉苦（三桠苦）
Exbucklandia 马蹄荷属
Exbucklandia populnea 马蹄荷
Exbucklandia tonkinensis 大果马蹄荷
Exochorda serratifolia 榆叶白鹃梅
Exochorda giraldii 红柄白鹃梅

F

Fagus 水青冈属
Fagus lucida 亮叶水青冈
Fagus chienii 钱氏水青冈
Fagus engleriana 米心水青冈
Fagus hayatae 台湾水青冈
Fagus longipetiolata 水水青冈（长柄青冈）
Fagus pashanica 巴山水青冈
Fargesia robusta 拐棍竹
Fargesia spathacea 箭竹
Festuca ovina 羊茅
Festuca ovina var. *sulcata* 沟叶羊茅
Ficus altissima 高山榕
Ficus auriculata 大果榕（秤果榕）
Ftcus fistulosa 空管榕（水同榕）
Ficus formosa 台湾榕
Ftcus hispida 对叶榕
Ficus microcarpa 榕树
Ficus nervosa 九丁树
Ficus sermicordata 偏叶榕
Ficus tikoua 地瓜榕
Ficus super var. *japonica* 笔管榕
Filifolium sibiricum 兔毛蒿（线叶菊）
Filipendula palmata 蚊子草
Fissistigma oldhamii 瓜馥木
Fissistigma polyanthum 黑风藤
Fissistigma unonicum 香港瓜馥木
Floribundaria floribunda 丝带藓
Fokiana 福建柏属
Fokienia hodginsii 福建柏
Fortunearia 牛鼻栓属
Fortunearia sinensis 牛鼻栓
Fragaria moupinesis 宝兴草莓
Fragaria nelgeerensis var. *mairei* 白果草莓
Fragaria orientalis 东方草莓
Fraxinus bungeana 小叶白蜡
Fraxinus chinensis 白蜡
Fraxinus chinensis var. *rhynchoplylla* 花曲柳（大叶白蜡）
Fraxinus floribunda 多花白蜡树
Fraxinus mandshurica 水曲柳
Fraxinus paxiana 秦岭白蜡
Fraxinus retusa 苦枥木
Fraxinus sogdiana 小叶白蜡
Fteris nervosa 凤尾藓

G

Galium boreale 北地拉拉藤（砧草）
Galium kamtschaticum 林地猪殃殃
Galium spurium var. *echinpermum* 爬拉秧
Garcinia 山竹子属
Garcinia bracteata 假黄果
Garcinia cowa 云树
Garcinia multiflora 多花山竹子
Garcinia oblongifolia 岭南山竹子
Garcinia paucinervis 金丝李
Gardenia jasminoides 黄栀子（栀子）
Garuga floribunda 多花白头树
Gastrodia elata 天麻
Gaultheira hookeri 红粉白珠
Gaultheira nummularioides 铜钱叶白珠
Gauitheria forrestii 地檀香
Gauitheria hookeri 红粉白珠
Gauitheria sinensis 华白珠
Glentiana tibetica 西藏龙胆

Gentianella turkestanora 新疆假龙胆
Geophila herbacea 爱地草
Geranium dahuricum 粗根老鹳草
Geranium forrestii 曲嘴老鹳草
Geranium rectum 直立老鹳草
Geranium robertianum 纤细老鹳草
Geranium sibiricum 鼠掌老鹳草
Geranium suzukii 铃木老鹳草
Geum aleppicum 水杨梅
Ginkgo 银杏属
Ginkgo biloba 银杏
Girgensohnia 对叶盐蓬属
Gironniera subaequalis 大叶白颜（白颜树）
Gironniera yunnanensis 云南白颜
Cleditsia 皂荚属
Glochidion wilsonii 算盘子
Glochidion daltonii 革叶算子
Glochidton hirsutum 毛叶算盘子
Glycosmis cochinchinensis 山橘树
Glycyrrhiza glabra 光果甘草
Glycyrrhiza inflata 胀果甘草
Glycyrrhiza uralensis 甘草
Glyptostrobus 水松属
Glyptostrobus pensilis 水松
Gnetum montanum 买麻藤
Gnetum parvifolium 小叶买麻藤
Gonocaryum calleryanum 琼榄
Gonocaryum maclurei 黄柄木
Goodyera repens 小斑叶兰
Goodyera schlechtendaliana 斑叶兰
Gordonia axillaris 大头茶
Gordonia szechuanensis 四川大头茶
Gratoxylon ligustrinum 黄牛木
Grewia biloba 扁担杆
Greiwia biloba var. *parviflora* 孩儿拳头
Grewia celtidifolia 朴叶扁担杆
Grimmia 紫萼藓属
Gymnadenia conposea 手掌参
Gymnema 匙羹藤属
Gymnocarpium dryopteris 鳞毛羽节蕨
Gymnocarpium longulum 羽节蕨
Gypsophila pacifica 大叶石头花
Gyrophora proboscidea 黑石耳

H

Hainania trichosperma 海南椴
Halesia macrgregorii 银钟花
Halimodendron halodendron 铃铛刺
Halogeton arachnoideus 白茎盐生草
Halostachys caspica 盐穗木
Haloxylon ammodendron 梭梭柴
Hamamelis 金缕梅属
Handeliodendron 掌叶木属
Handeliodendron bodinieri 掌叶木
Haplocladium microphyllum 细叶小羽藓
Hartia sinensis 舟柄茶
Hayataella 棱萼茜属
Hedera nepulensis 尼泊尔常春藤
Hedera nepalensis var. *sinensis* 常春藤
Hedyotis philippensis 长叶耳草
Helicia cochinchinensis 山龙眼(越南山龙眼）
Helicia formosana 台湾山龙眼
Helicia grandis 大山龙眼
Helicteres angustifolia 山芝麻
Helicteres elongata 长序山芝麻
Heiicteres isora 火索麻
Helictorichon tibeticum 藏异燕麦
Helictorichon roylei 川滇异燕麦
Helictorichon virescens 变绿异燕麦
Helwingia chinensis 中华青荚叶
Helwingia japonica 青荚叶
Helwingia longipes 长柄绣球
Hemerocallis minor 小黄花菜
Hemigramma 沙皮蕨属
Hemiptelea 圆籽荷属（刺榆属）
Heracleum hemsleyanum 独活
Herberta dicrana 长角剪叶苔
Heritieria parvifolia 蝴蝶树
Hernandia sonora 恒春莲叶桐
Heteropanax fragrans 幌伞枫
Heterophyllium haldeuianum 欧腐木藓
Heteropogon contortus 黄茅（扭黄茅）
Heterosmilax japonica 肖菝葜
Hicriopteris laeuissima 光里白
Hierochloe alpina 高山茅香
Hippophue rhamnoides 沙棘
Hodgsonia macrocarpa 油楂果
Holboellia 八月瓜属

Holboellia coriacea 鹰爪枫
Holboellia fargesii 五月瓜藤
Holboellia grandiflora 牛姆瓜
Holboellia latifolia 五风藤
Homalium laoticum 光叶天料木
Homalium zeylanicum 天料木
Homonoia riparia 水柳
Homaliodendron 树平藓属
Homaliodendron microdendron 钝叶树平藓
Hopea chinensis 狭叶坡垒
Hopea hainansisi 坡垒
Hopea mollissima 多毛坡垒
Horsfieldia tetratepala 滇南风吹楠
Houttuynia cordata 鱼腥草
Hovenia dulcis 北枳椇
Hoya 球兰属
Hoya lancibimba 剑叶球兰
Humulus scandens 葎草
Hydnocarpus hainanensis 龙角
Hydrangea anomala 冠盖绣球
Hydrangea aspera 马桑绣球
Hydrangea bretschneideri 东陵绣球
Hydrangea chinensis 中国绣球
Hydrangea intergrifolia 大枝桂绣球
Hydrangea strigosa 蜡莲绣球
Hydrangea xanthoneura 黄脉八仙花
Hydrodematium crenatum 肿足蕨
Hylocomium spendens 塔藓
Hymenophyllum 膜蕨属
Hyparrhfenia eberhardtii 短梗苞茅
Hypericum attenuatum 小金丝桃
Hypericum delavayi 滇金丝桃
Hypertcum hookerianum 多蕊金丝桃
Hypericum patulumf 芒种花（金丝梅）
Hypericum sampsonii 大金丝桃
Hypnum 欧灰藓属
Hypnum cupressiforme 灰藓
Hypnum plumaeforme var. *strctifolium* 大灰藓

I

Idesia 山桐子属
Ilex yunuanensis 云南冬青
Ilex bioritsensis 刺叶冬青
Ilex chinensis 冬青（老鼠刺）
Ilex cochinchinensis 越南冬青
Ilex formosana 台湾冬青
Ilex hacyataiana 早田冬青
Ilex macrocarpa 大果冬青
Ilex pedunculosa 具柄冬青
Iltx pernyi 猫儿刺
Ilex pubescens 毛冬青
Ilex purpurea 冬青
Ilex rotunda 铁冬青
Ilex triflora 三花冬青
Illicium 八角属
Illicium henryi 红茴香
Impatiens nolitangere 水金凤
Imperata cylindrica var. *major* 白茅
Indigofera bungeana 木蓝（槐蓝、铁扫帚）
Indigofera hancockii 草山木蓝
Indigofera kirilowii 花木蓝
Indigofera lonticellata 岷谷木蓝
Indigofera pseudotiactoria 马棘
Indigofera pulchella 红花柴
Indocalamus longiauritus 箬竹
Indocalamus pseudosinicus 假华箬竹
Indocalamus scariosus 木竹
Indofevillea rhasiana 藏瓜
Indosasa crassiflora 大节竹
Indosasa hispida 浦竹仔
Iodes 微花藤属
Iodes cirrhosa 微花藤
Iris ensata 鸢尾
Iris ruthenica 细茎鸢尾（紫苞鸢尾）
Iris uniflora 单花鸢尾
Ischaemum aristatum var. *barbatum* 毛鸭嘴草
Ixeris sonchifolia 苦荬菜
Ixonanthes 粘木属
Ixora cephalophora 白花丹
Ixora chinensis 龙船花
Ixora yunnanensis 云南龙船花

J

Jasminum giraldii 黄素馨
Jasminum floridum 探春花
Jasminum humile 矮探春
Jasminum nudiflorum 迎春
Juglans cathayensis 野胡桃（野核桃）
Juglans mandshurica 核桃楸（胡桃楸）
Juglans regia 胡桃（核桃）

Juniperus chinensis 刺柏
Juniperus morrisonicola 玉山桧
Juniperus rigida 杜松
Juniperus sibirica 西伯利亚刺柏
K
Kadsura coccinea 冷饭团
Kadsura longipedunculata 南五味子
Kalanchoe pinnata 落地生根
Kalidium foliatum 盐爪爪
Kalopanax pictus 刺楸
Karelinia caspica 花花柴
Kaschgaria komarovii 喀什菊
Kerria japonica 棣棠花（棠棣）
Keteleeria 油杉属
Keteleeria calcarea 黄枝油杉
Keteleeria cycloepis 江南油杉
Keteleeria davidiana 铁坚杉
Keteleeria evelyniana 滇油杉
Keteleeria hainanensis 海南油杉
Kingdonia uniflora 独叶草
Knema furfuracea 红光树
Kobresia 嵩草属
Kobresia capillifolia 线叶嵩草
Kobresia humilis 矮生嵩草
Kobresia setchwanensis 四川嵩草
Kochia odontoptetra 尖翅地肤
Koeleria gracilis=K. cristata 蓓草
Koeleria litwinowii 短芒䓬草
Koelreuteria paniculata 栾树
Koelreuteria minor 小叶栾树
Kudoacanthus 合爵床属
Kummerowia stipulacea 长萼鸡眼草
Kydia calycina 翅蒴麻
L
Lagerstroemia 紫薇属
Lagerstroemia balansae 毛萼紫薇
Lagerstroemia minuticarpa 小果紫薇
Lagerstroemia subcostata 南紫薇
Lamium album 白花野芝麻
Lannea grandis 厚皮树
Lansium dubium 榔色木
Larix gmelinii 兴安落叶松
Larix griffithii 西藏红杉
Larix himalaica 喜马拉雅红杉
Larix mastersiana 四川红杉
Larix olgensis var. *changpaiensis* 黄花落叶松
Larix potaninii 红杉
Larix potaninii var. *macrocarpa* 大果红杉
Larix principis-rupprechtii 华北落叶松
Larix sibirica 西伯利亚落叶松
Larix speciosa 怒江红杉
Lasianthus 粗叶木属
Lasianthus chinensis 粗叶木
Lasianthus cyanocarpus 鸡屎树
I.athyrus gmelinii 香豌豆
Lathyrus himilis 山黧豆（矮山黧豆）
Lathyrus palustris 欧山黧豆
Lauracaceae 樟科
Ledum palustre 杜香
Ledmn palustre var. *angustum* 窄叶杜香
Leea indica 火筒树
Lemaphyllum microphyllum 伏树蕨
Leontopodium hastioides 小叶火绒草
Leontopodium japonicum 薄雪草
Leontopodium leontopodioides 火绒草
Leontopodium longifolium 长叶火绒草
Leontopodium nervosa 华火绒草
Leonurus heterophyllus 益母草
Lepidogrammitis 骨牌蕨属
Lepisorus contortus 扭瓦苇
Lepisorus thunbergianus 瓦苇
Leptodermis potaninii 野丁香
Leplodermis potaninii var. *glauca* 粉绿野丁香
Leptolejeunea subacuta 光叶薄鳞苔
Leriaogram matis 抱石莲
Lespedeza bicolor 二色胡枝子（胡枝子）
Lespedeza buergeri 布氏胡枝子（绿叶胡枝子）
Lespedeza ayrtobetrya 短梗胡技子
Lespedeza dahurica 达乌里（兴安）胡枝子
Lespedeza floribunda 多花胡枝子（美丽胡枝子）
Lespedeza forrestii 矮生胡枝子
Lespedeza pubescens 柔毛胡枝子
Lespedeza tomentosa 毛胡枝子
Leucobryum javense 白发藓
I.eucodon pendulus 蔓白齿藓（小白齿藓）
Leucodon secundus 白齿藓
Leucopoa albida 银穗草
Leycesteria formosa 风吹箫

Leymus secalinus 厚穗滨麦
Licuala fordiana 扇棕（穗毛轴榈）
Licuala spinosa 刺轴榈（多刺轴榈）
Ligularia jamesii 单花橐吾
Ligularia stenocephala 窄头橐吾
Ligustrum lucidum 女贞
Ligustrum quihoui 小叶女贞
Ligustrum sempervirens 常绿女贞
Ligustrum sinense 小蜡树
Lilium pumilum 细叶百合
Lindera 山胡椒属
Lindera chienii 江浙钓樟
Lindera communis 香叶树
Lindera dictyoplylla 网叶山胡椒
Lindera fragrans 香叶子
Lindera fruticosa 绿叶甘橿
Lindera glauca 山胡椒
Lindera kwangtungensis 广东山胡椒
Lindera latifolia 团香果
Lindera limprichtii 卵叶钓樟
Lindera longipedunculata 长柄山胡椒
Lindera megaphylla 黑壳楠
Lindera metcalfiana 滇粤山胡椒
Lindera obtusiloba 三桠乌药
Lindera pulcherrima var. *hemslyana* 长叶乌药
Lindera reflexa 山橿
Lindera rubronervia 红脉钓樟
Lindera strychnifolia 乌药
Lindera subcaudata var. *hemsleyana* 川钓樟
Lindera tonkinensis 假桂钓樟
Lindera umbellata 钓樟
Lingnania cerosissima 单竹
Linnaea borealis 林奈草
Linociera 李榄属
Liquidambar acalycina 缺萼枫香
Liquidambar formosana 枫香
Liriodendron 鹅掌楸属
Liriope graminifolia 麦冬
Liriope platyphylla 阔叶麦冬
Liriope spicata 土麦冬
Litchi chinensis 荔枝
Litchi chinensis var. *euspontanea* 野生荔枝
Lithocarpus 石栎属
Lithocarpus alophylla 大果石栎
Lithocarpus amygdalifolius 薄皮石栎（杏叶石栎）
Lithocarpus brachystachys 短穗石栎
Lithocarpus catophyllus 粤桂石栎
Lithocarpus chiungchungensis 琼中石栎
Lithocarpus chrysocomus 金毛石栎
Lithocarpus cleistocarpus 全包石栎（包石栎）
Lithocarpus cleistocarpusus var. *omeiensis* 峨眉石栎
Lithocarpus corneus 烟斗石栎
Lithocarpus craibianus 包石栎
Lithocarpus dealbatus 滇石栎
Lithocarpus echinotholus 刺斗石栎
Lithocarpus elaegnifolius 长叶石栎
Lithocarpus elizabathae 贵州石栎
Lithocarpus fenestratus 华南石栎（泥锥石栎）
Lithocarpus fenzelianus 琼崖石栎（红椆）
Lithocarpus fordianus 密脉石栎
Lithocarpus glabra 石栎
Lithocarpus grandifolius 粗穗石栎
Lithocarpus hancei 硬斗石栎
Lithocarpus handelianus 瘤果石栎（脚板石栎）
Lithocarpus harlandii 岭南石栎
Lithocarpus henryi 灰柯（绵石栎、绵槠）
Lithocarpus hypoviridis 绿背石栎
Lithocarpus iteaphylliodes 珠眼柯
Lithocarpus kawakamii 台湾（阿里山）石栎
Lithocarpus longipedicellatus 柄果石栎
Lithocarpus megalophyllus 大叶石栎
Lithocarpus obscurus 墨脱石栎
Lithocarpus pachyphyllus 厚叶石栎
Lithocarpus polystachya 多穗石栎
Lithocarpus pseudovestitus 毛果椆
Lithocarpus shiusuiensis 台南石栎（恒春柯）
Lithocarpus spicata var. *collettii* 柯氏粗穗石栎
Lithocarpus ternaticupulus 三果石栎
Liihot urpus truncatus 截果石栎
Lithocarpus variolosus 多变石栎
Lithocurpus viridis=L. hancei 绿叶石栎
Lithocarpus xizhangensis 西藏石栎
Lithocarpus xylocarpus 木果石栎（腾冲栲）
Lithosathes biflora 石核木
Litsea 木姜子属
Litsea baviensis 大萼木姜
Litsea coreana var. *sinensis* 山鸡椒（豹皮樟）
Litsea coreana var. *hupehana* 湖北木姜子

Litsea cubeba 山苍子
Lusea elongata 长叶木姜子（黄丹木姜子）
Litsea garretti 滇南木姜子
Litsea glutinosa 潺槁木姜子
Litsea lancifolia 柳叶木姜（剑叶木姜）
Litsea lancilimba 大果木姜子
Litsea limprichtii 汶川钓樟
Litsea panamonja 香花木姜
Litsea populifolia 杨叶木姜子
Litsea pungens 木姜子
Litsea rotundifolia var. *oblongifolia* 豺皮樟
Litsea variabilis 黄椿木姜子
Litsea verticillata 轮叶木姜子
Livistona saribus 高山蒲葵
Lobaria 肺衣属
Lomariopsis 藤蕨属
Lomariopsis leptocarpa 罗曼藤属
Lonicera altamanni 阿氏忍冬
Lonicera caerulea var. *edulis* 蓝果忍冬
Lonicera chrysantha 黄花忍冬
Lonicera ferdinandii 黄皮忍冬
Lonicera ferdinandii var. *induta* 疏毛忍冬
Lonicera henryi 巴东忍冬
Lonicera hispida 刚毛忍冬
Lonicera hispida var. *chaetocarpa* 刺毛果忍冬
Lonicera hypoglauca 粉背忍冬
Lonicera japonica 金银花
Lonicera kawakamii 台湾忍冬
Lonicera koehneana 陕西金银花
Lonicera kungeana 五台忍冬
Lonicera lanceolata 柳叶忍冬（披针叶忍冬）
Lonicera maackii 金银忍冬
Lonicera maximowiczii 紫枝忍冬
Lonicera microphylla 小叶忍冬
Lonicera nervosa 红脉忍冬
Lonicera pileata 蕊帽忍冬
Lonicera praeflorus 早花忍冬
Lonicera ruprechtiana 长白忍冬
Lonicera setifera 齿叶忍冬
Lonicera standishii 苦糖果
Lonicera stephanocarpa 冠果忍冬
Lonicera syringantha 红花忍冬
Lonicera tangutica 陇塞忍冬
Lonicera tragophylla 盘叶忍冬
Lophatherum gracile 淡竹叶
Loranthus parasiticus 桑寄生
Loropetalum 檵木属
Loropetalum chinense 檵木
Lunathyrium acrostichoides 峨眉蕨
Lycium ruthenicum 黑果枸杞
Lycopodium aunetinum 多穗石松
Lycopodium clavatum 石松
Lycopodium phlegrmaria 细穗石松
Lygodium japonicum 海金砂
Lymus nutans 垂穗披碱草
Lyonia ovalifolia 珍珠花（南烛）
Lyonia ovalifoiia var. *elliptica* 臭木（小果南烛）
Lyonia ovalifolia var. *lanceolata* 长叶南蚀
Lyonia rubrovenia 红脉南烛
Lyonia villosa 毛叶南烛（毛果珍珠花）
Lysidice rhodestegia 蚁花麻（仪花木）
Lysimachia barystachys 狼尾巴花
Lysimachia clethroides 珍珠菜

M

Maackia amurensis 山槐
Macaranga denticulata 中平树
Macaranga tanarius 血桐
Machilus 润楠属
Machilus oreophali 建润楠
Machilus bombycina 丝毛润浦
Machilus brateata 苞润楠
Machilus chinensis 中华润楠
Machilus decursinervis 基脉润楠
Machilus grisjii 黄润楠
Machilus ichangensis 宜昌润楠
Machilus kurzii 桢楠
Machilus kwantungensis 广东润楠
Machilus leptophylla 薄叶润楠
Machilus microcarpa 小果润楠
Machilus nakao 纳槁润楠
Machiius obovata 恒春楠木
Machilus obscurinervia 皱脉润楠
Machilus oreophali 建润楠
Machilus bombycina 丝毛润楠
Machilus brateata 苞润楠
Machilus chinensis 中华润楠
Machilus decursinervis 基脉润楠
Machilus grisjii 黄润楠

Machilus kurzii 桢楠
Machilus kwantungensis 广东润楠
Machilus leptophylla 薄叶润楠
Machilus microcarpa 小果润楠
Machilus nakao 那槁润楠
Machilus obovata 恒春楠木
Machilus obscurinervia 皱脉润楠
Machilus oreophila 建润楠
Machilus pauhoi 泡花润楠
Machilus pingii 润楠
Machilus rehderi 狭叶润楠
Machilus robusta 粗壮润楠
Machilus salicina 柳叶润楠
Machilus shweliensis 瑞丽润楠
Machilus thunbergii 红楠
Machiius tsoi 广东含笑
Machilus velutina 绒毛润楠
Machilus yunnanensis 滇润楠
Machilus yunnanensis var. *tibetana* 西藏润楠
Madhuca hainanensis 紫荆（子京）
Maesa japonica 杜茎山
Magnolia 玉兰属
Magnolia fistulosa 绢毛木兰
Magnolia lotungensis 乐东木兰
Mahduca pasquieri 滇木花生
Mahonia 十大功劳属
Mahonia bealei 阔叶十大功劳
Mahonia fortunei 十大功劳
Mahonia mairei 大黄莲
Maianthemum bifolium 二叶舞鹤草（舞鹤草）
Malaxis yunnanensis 云南沼兰
Mallotus hookerianus 虎氏野桐（谷姑茶）
Mallotus nepalensis 尼泊尔刺桐
Mallotus philippinensis 粗糠柴
Mallotus tenuifolius 野桐
Malus sieversii 新疆野苹果
Mangifera 杧果属
Manglietia 木莲属
Manglietia chingii 桂南木莲
Manglietia hainanensis 海南木莲（绿楠）
Manglietia insignis 红花木莲
Mappianthus iodioides 甜果藤
Marchantia 地钱属
Markhamia stipulata var. *kerrii* 西南猫尾树
Matteuccia struthiopteris 荚果蕨
Meconopsis horridula 多刺绿绒蒿
Meehania urticifolia 美汉花
Melampyrum roseum 山萝花
Melandrium apricum 桃色女娄菜
Melastoma normale 展毛野牡丹
Melastoma sanquineum 毛稔
Melia azedarach 楝
Melia dubia 南岭楝
Melilotus suaveolens 草木樨
Meliosma pinnata 羽叶泡花树
Melliodendron xylocarpum 鸦头梨
Melodinus suaveolens 山橙
Memecylon ligustrifolium 谷木
Memecylon scutellatum 小叶谷木
Merremia hungaiensis 山土瓜（鱼黄草）
Mesua ferrea 铁刀木
Metasequoia 水杉属
Metasequoia glyptostroboides 水杉
Meteorium helmiuthocladium 蔓藓（粗枝蔓藓）
Metzgeria conjugata 平叉苔
Michelia 含笑属
Michelia calcarea 石山含笑
Michelia floribunda 多花含笑
Michelia mediocris 吊兰苦梓（白含笑）
Michelia yunnanensis 云南含笑
Microchloa kunthii 小草
Microcos paniculata 布渣叶
Microlepia 鳞盖蕨属
Microsorium 星蕨属
Microsorium buergerianum 攀援星蕨
Milium effusum 粟草
Millettia dielsiana 香花崖豆藤
Millettia pachcarpa 厚果鸡血藤
Millettia reticulata 鸡血藤
Miscanthus brevipilus 短毛芒
Miscanthus floridulus 五节芒
Miscanthus japonicus 日本荻
Miscanthus sinensis 芒
Miscanthus szechuanensis 川芒
Mischacarpus fuscescens 柄果木
Mitella formosana 台湾帽蓢
Mitella nuda 唢呐草
Mitrephora thorelii 银钩花

Mitrephora wangii 王氏银钩花
Mnesitha mollicoma 毛俭草
Mnium cerdulatum 波叶提灯藓
Mnium cuspidatum 尖叶提灯藓
Mnium maximoviczii 侧枝提灯藓
Mnium undulatum 波叶提灯藓
Moneses rhombifolia 菱花独丽花
Mucuna 油麻藤属
Mucuna ferruginea 锈毛黧豆
Musa formosana 台蕉
Mussaenda decipiens 墨脱玉叶金花
Mycetia graciles 纤腺萼木
Mycetia hirta 毛腺萼木
Myosotis sylvatica 勿忘草
Myriactis longepedunculata 长序齿冠菊
Myrica nana 矮杨梅（滇杨梅）
Myrica rubra 杨梅
Myricaria elegans 秀丽水柏枝
Myricaria squamosa 三春柳
Myripnois dioica 蚂蚱腿子
Myristica 肉豆蔻属
Myristica cagayonensis 台湾肉豆蔻
Myristica simiarum 菲律宾肉豆蔻
Myristica yunnanensis 云南肉豆蔻
Myrisine africana 小铁仔
Myrtaceae 桃金娘科
N
Nandina 南天竹属
Nandina domestica 南天竹
Neckera pennata 波叶平藓（平藓）
Neckeropsis lepineana 截叶拟平藓
Neoalsomitra clavigera 西藏棒槌瓜
Neolitsea 新木姜子属
Neolitsea aurata 新木姜
Neolitsea aurata var. *glauca* 白毛新木姜子
Neolitsea confertifolia 簇叶新木姜
Neolitsea ellipsoides 椭圆新木姜
Neolitsea oblongifolia 长圆叶新木姜
Neolitsea phanerophlebia 显脉新木姜
Neolitsea polycarpa 多果新木姜
Neolitsea sutchuanensis 四川新木姜
Neonauclea reficulata 细脉新乌檀
Neonauclea sessilifolia 无柄新乌檀
Neottopteris nidus 鸟巢蕨
Nephelium chryseum 山韶子
Nephelium lappaseum var. *topengii* 海南韶子
Nephroma arcticum 极地叶衣
Nitraria sibirica 小果白刺
Nothopanax davidii 异叶梁王荼
Nothopanax delavayi 梁王荼
Notopterygiun incisum 羌活
Nouelia 栌菊木属
Nyssa 蓝果树属
Nyssa sinensis 蓝果树(紫树）
O
Olea yunnanensis 云南木犀榄
Oncophorus wahlenbergii 曲背藓
Onychium 金粉蕨属
Onychium japonicum 野鸡尾金粉蕨
Onychium lucidum 栗柄金粉蕨
Ophiopogon bodinieri 沿阶草
Ophiopogon japonicus 麦冬（沿阶草）
Oplismenus undulatifolius 珠米草
Opolopanax elatus 刺人参
Oreocnide frutescens 紫麻
Origanum vulgare 牛至
Orinus anomala 异形固沙草（鸡爪草）
Orinus kokonorica 青海固沙草
Orixa 常山属
Ormosia 红豆属
Ormosia balansis 长眉红豆
Ormosia semicastrata f. *litchiifolia* 荔枝叶红豆
Oroxylum indicum 千张纸
Orthilia obtusata 钝叶单侧花
Orthothecium strictum 细叶灰石藓
Oryzopsis tibetica 藏落芒草
Osmorhiza aristata 香根芹
Osmunda japonica 紫萁
Osmunda vachellii 华南紫萁
Ostryopsis davidiana 虎榛子
Otherodendron 台油木属
Oxalis acetosella 白花酢浆草
Oxalis griffithii 山酢浆草
Oxycocus microcarpa 毛蒿豆
Oxytropis 棘豆属
Oxytropis anertii 长白棘豆
Oxytropis myrimphylla 多叶棘豆

P

Padus grayana 灰叶稠李
Padus racemosa 稠李
Paederia scandens 鸡矢藤
Paeonia albiflora 芍药
Paeonia obovata 山芍药
Paeonia veitchii 赤芍药
Palamocladium 褶叶藓属
Panax ginseng 人参
Panax japonicus var. *major* 大叶三七
Pandanus forceps 密齿露兜
Pandanus furcatus 分叉露兜
Pandanus tectorius 露兜树
Pandanus tonkinansis 越北露兜
Papaver nudicaule 野罂粟
Parabarium 杜仲藤属
Parachampionella 台紫云菜属
Parakmeria 拟单性木兰属
Paramichelia baillonii 假含笑
Parapyrenaria 多瓣核果茶属
Parashorea chinensis 望天树
Parasborea chinensis var. *kwangsiensis* 擎天树
Parathelypteris glanduligera 金星蕨
Paratheiypteris nipponica 日本金星蕨
Paris polaphylla 重楼
Paris quadrifolia 轮叶王孙
Paris verticillata 北重楼
Parmelia physodes 梅花衣
Parthenocissus tricuspidata 爬山虎
Passiflora cochinchinensis 蛇王藤
Patrinia rupestris 岩败酱
Pairinia scabiosaefolia 黄花败酱
Paulownia 泡桐属
Pedicularis verticillata 轮叶马光蒿
Peltigera polydactyla 多指地卷
Pentaphylax euryoides 五列木
Perotis indica 茅根
Petrosimonia sibirica 叉毛蓬
Phaenosperma globosa 显子草
Phams tankervilliae 鹤顶兰
Phalaris arundinacea 虉草
Phecatopteron 耳蕨属
Phellodendron amurense 黄檗
Phellodendron wilsonii 台湾黄檗
Philadelphus delavayi 云南山梅花
Philadelphus incanus 山梅花
Philadelphus pekinensis 太平花
Philadelphus schrenkii 东北山梅花
Philadelphus tenuifolia 堇叶山梅花
Phleum alpinum 高山猫尾草
Phlomis maximoviczii 大叶糙苏
Phlomis megalantha 大花糙苏
Phlomis umbrosa 糙苏
Phoebe 楠木属
Phoebe formosana 台楠（台湾楠）
Phoebe henryi 尖尾楠（乌心楠）
Phoebe hunanensis 湘楠
Phoebe hungmaoensis 红毛山楠
Phoebe naumu 滇楠
Phoebe neurantha 白楠
Phoebe sheareri 紫楠
Phoebe zhennan 楠木（桢楠）
Phoenix hanceana 针葵
Pholidota chinensis 石仙桃
Pholidota sheareri 庐山石苇
Photiniu glabra 光叶石楠
Phryma leptostachya 透骨草
Phrynium capitaium 冬叶
Phyllanthus emblica 余甘子
Phyllochlamys taxoides 叶被木
Phyllodoce caerulea 松毛翠
Phyllostachys nidularia 花竹
Phyllostachys pubescens 毛竹
Phymatodes scolopendria 瘤蕨
Phymatopsis 假瘤蕨属
Phymatopsis crenato-pinnata 紫柄假瘤蕨
Phymatopsis ebenipes 黑鳞假瘤蕨
Phymatopsis veitchii 维氏假瘤蕨
Physocarpus amurensis 风箱果
Picea 云杉属
Picea asperata 云杉（粗枝云杉）
Picea aurantiaca 白皮云杉
Picea balfouriana 川西云杉
Picea brachytyla 麦吊云杉
Picea brachytyla var. *complanata* 油麦吊杉
Picea intercedens 带岭云杉
Picea jazoensis 鱼鳞云杉
Picea koraiensis 红皮云杉

Picea likiangensis 丽江云杉
Picea montigena 康定云杉
Picea linzhiensis 林芝云杉
Picea meyeri 白杆
Picea morrisonicola 台湾云杉
Picea neovitchii 大果青杆
Picea obovata 西伯利亚名杉
Picea purpurea 紫果云杉
Picea retroflexa 鳞皮云杉
Picea schrenkiana 雪岭云杉
Picea smithiana 长叶云杉（西藏云杉）
Picea wilsoni 青杆
Picrasma javanica 苦树
Picrasma qaassinides 苦木
Pieris formosa 美丽马醉木
Pieris polita 马醉木
Pilea alongensis 越南冰水花
Pilea fasciata 粗齿冷水花
Pilea japonica 冷水花
Pileoslegia viburnoides 冠盖藤
Pimpinella candolleana 杏叶茴香
Pimpinella niitakayamaensis 玉山茴香
Pinus armandii 华山松
Pinus armandii var. *mastersiana* 台湾果松
Pinus bungeana 白皮松
Pinus dabeshanensis 大别山五针松
Pinus densata 高山松
Pinus densiflora 赤松
Pinus fenzeliana 海南五针松
Pinus gerardiana 西藏白皮松
Pinus griffithii 乔松
Pinus henryi 巴山松
Pinus kesiya 卡西亚松
Pinus kesiya var. *langbianensis* 思茅松
Pinus koraiensis 红松
Pinus kwangtungensis 华南五针松
Pinus latteri 海南松（南亚松）
Pinus massoniana 马尾松
Pinus morrisonicola 台湾五针松
Pinus parviflora 日本五针松
Pinus pumila 偃松
Pinus roxbourghii 西藏长叶松（西藏五叶松）
Pinus sibirica 新疆五针松（西伯利亚红松）
Pinus sylvestriformis 长白松
Pinus sylvestris 欧洲赤松
Pinus sylvestris var. *mongolica* 樟子松
Pinus tabulaeformis 油松
Pinus taiwanensis 黄山松（台湾松）
Pinus takahasii 兴凯湖松
Pinus thunbergi 黑松
Pinus yunnanensis 云南松
Pinus yunnanensis var. *tenuifolia* 细叶云南松
Piper hancei 山蒟
Piptanthus concolor 黄花木
Pistacia chinensis 黄连木
Pistacia weinmannifolia 清香木
Ptillium crista-castrensis 毛梳藓
Pittosporopsis kerrii 假海桐
Pittosporum glabratum 狭叶海桐
Pittosporum tobira 海桐
Pittosporum trigonocarpum 棱果海桐
Pittosporum truncatum 菱叶海桐
Plagiochila vexans 矮齿羽苔
Plagiogyria 瘤足蕨属
Plagiogyria communis 滇川瘤足蕨
Plagiogyria decrescens 短叶瘤足蕨
Plagiogyria distinctissima 镰叶瘤足蕨
Plagiogyria formosana 台湾瘤足蕨
Plagiogyria glaucescens 灰背瘤足蕨
Plagiogyria japonica 华东瘤足蕨
Plagiomninon cuspidatum 走灯藓
Plagiothecium neckoroideum 扁平棉藓
Planchonella duclitan 恒春山榄（台湾山榄）
Platycarya 化香属
Platycarya longipes 圆果化香
Platycarya strobilacea 化香
Platycladus 侧柏属
Platycladus orientalis 侧柏
Platycodon 桔梗属
Platycodon grandiflorus 桔梗
Plectocomia microstachys 钩叶藤
Plectranthus inflexus 山薄荷
Pleioblastus 苦竹属
Pleioblastus actinotrichus 射毛苦竹
Pleioblastus amsrus 苦竹
Pleocnermia winttii 黄腺羽蕨
Pleuroziopsis ruthenica 树藓
Pleurozium schreberi 赤茎藓

Poa annua 早熟禾
Poa compressa 扁穗早熟禾
Poa ladens 毛稃早熟禾
Poa nemoralis 林地早熟禾
Poa orinosa 山地早熟禾
Poa polycolea 疏花早熟禾
Poa pratensis 草地早熟禾
Poa sphondylodes 硬质早熟禾
Poacynum hendersonii 大花罗布麻
Podocarpus 罗汉松属
Podocarpus imbricatus 鸡毛松
Podocarpus macrophyllus 罗汉松
Podocarpus nagi 竹柏
Pogonatherum crinitum 金丝草
Pogonatum alpinium 高山小金发藓
Pohlia cruda 山丝瓜藓
Polemonium coeruleum 花忍
Poligonatum subricrostomum 红帽金发藓
Polyalthia laui 海南暗罗
Polyalthia plagioneura 斜脉暗罗
Polygala sibirica 西伯利亚远志
Polygala tenuifolia 远志
Polygonatum humile 小玉竹
Polygonatum odoratum 玉竹
Polygonatum odoratum var. *pluriforum* 多花玉竹
Polygonatum oppositifolium 对叶黄精
Polygonatum roseum 鸡头参
Polygonatum sibiricum 黄精
Polygonum delicatulum 细水岛蓼
Polygonum paleaceum 回头草
Polygonum urophyllum 尾叶蓼
Polygonum verticillatrum 轮叶黄精
Polygonum viviparum 珠牙蓼
Polypodium nipponicum 水龙骨
Polystichum acutedenta 芒齿耳蕨
Polystichum bicolor 双色耳蕨
Polystichum commune 大金发藓
Polystichum hecatopterum 多翼耳蕨
Polystichum neolobatum 革叶耳蕨
Polystichum squarrosum 密鳞耳蕨
Polystichum strictum 金发藓
Pometia pinnata 台湾番龙眼
Pometia tomentosa 番龙眼
Poncirus 枳属
Populus alba 银白杨
Populus canescens 银灰杨
Populus cathayana 河谷青杨（香杨、青杨）
Populus davidiana 山杨
Populus euphratica 胡杨
Populus koreana 大青杨（香杨）
Populus laurifolia 苦杨
Populus pruinosa 灰胡杨
Populus suaveolens 甜杨
Populus talassica 密叶杨
Populus tomentosa 毛白杨
Populus tremula 欧洲山杨
Potaninia mongolica 绵刺
Potentilla acaulis 星毛委陵菜
Potentilla chinensis 委陵菜
Potentilla discolor 翻白菜
Potentilla fruticosa 金老梅
Potentilla fulgens 西南委陵菜
Potentilla gelida 冰霜委陵菜
Potentilla glabra 银露梅
Potentilla saundesiana 钉柱委陵菜
Potentilla tanecetifolia 叉菊委陵菜
Pothos chinensis 石蒲藤（石柑子）
Potinia 石楠
Potliaceae 丛藓科
Pouteria duclitan 兰屿桃榄
Pouteria grandifolia 龙果
Primula nivalis 雪报春
Primula palmata 掌叶报春花
Prinsepia uniflora 扁核木
Prismatomeris linearis 三角瓣花
Pronephrium gymnopteridifrons 新月蕨
Pronephrium simplex 单叶新月蕨
Pronephrium=Abacopteris 新月蕨属
Prunella asiatica 夏枯草
Prunus armeniaca 杏
Prunus armeniaca var. *ansu* 山杏
Prunus davidiana 山桃
Prunus humilis 欧李
Prunus mongolica 蒙古扁桃
Prunus serrulate 野樱桃
Prunus tatsienensis 康定樱桃
Prunus tomentosa 毛樱桃（绒毛樱桃）
Psammosilene tunicoides 金铁锁

Pseudobarbella angustifolia 狭叶假悬藓
Pseudocystopteris spinulosa 假冷蕨
Pseudodrynaria coronans 崖姜蕨
Pseudolarix 金钱松属
Pseudolarix kaempferi =*P. amabilis* 金钱松
Pseudosasa 假箬竹（茶杆竹）属
Pseudoscleropodium purum 大绢藓
Pseudostreblus indica 假鹊肾树
Pseudotaxus 白豆杉属
Pseudotaxus chienii 白豆杉
Pseudotsuga brevifolia 短叶黄杉
Pseudotsuga sinensis 黄杉
Psychotria 九节属
Psychotria rubra 九节
Psychotria serpens 九节藤
Psychotria siamica 逻罗九节木（毛九节）
Pteridium aqeilinum var. *latiusculum* 蕨菜
Pteris excelsa 溪边凤尾蕨
Pteris multifida 井边凤尾蕨
Pteris nervosa 凤尾蕨
Pteris vitata 蜈蚣草
Pterocarya insignis 华西枫杨
Pteroceltis latarinowii 青檀（翼朴）
Pterospermum acerifolium 槭叶翅子树
Pterospermum lanceaefolium 长叶翅子树（翅子树）
Pterospermum niveum 台湾翅子树
Pterostyrax psilophylla 白辛树
Ptiliagrostis concinna 致细柄茅
Ptilidium pulcherroimum 细毛叶苔
Ptilium crista-castrensis 毛梳藓
Puccinellia distans 碱茅
Pueraria lobata 野葛藤
Pueraria pseudoacacia 粉葛
Pulsatilla chinensis 白头翁
Pulsatilla dahurica 兴安白头翁
Pulsatilla patens 掌叶白头翁
Pygeum topelgii 臀形果
Pylaisia entodontea 绢毛金发藓
Pylaisiopsis speciosa 拟金灰藓
Pyracantha crenalata var. *kansuensis* 细圆齿火棘
Pyracantha fortuneana 火棘
Pyrenocarpa 多核果属
Pyrola incurnata 红花鹿蹄草
Pyrola minor 短柱鹿蹄草
Pyrola rotundifolia 圆叶鹿蹄草
Pyrola rotundifolia subsp. *chinensis* 鹿蹄草
Pyrrosia lingua 石韦
Pyrrosia sheareii 庐山石苇
Pyrulasia sinensis 油葫芦
Pyrus betulaefolia 杜梨

Q

Quercus 栎属
Quercus acrodonta 尖齿高山栎（岩栎）
Quercus acutissima 麻栎
Quercus aliana var. *acuteserrata* 锐齿槲栎
Quercus aliena 槲栎
Quercus aquifolioides 川滇高山栎
Quercus bambusaefolia=*Cyclobalanopsis bambusaefolia* 竹叶栎（竹叶青冈）
Quercus baronii 铁橿子（橿子栎）
Quercus blakei=*Cyclobalanopsis blakei* 栎子青冈
Quercus chenii 小叶栎
Quercus cocciferoides 铁橡栎
Quercus dentata 槲树
Quercus engleriana 巴东栎
Quercus flephyllus 长果栎
Quercus franchetii 锥连栎
Quercus gilliana 川西栎
Quercus glandulifera 短柄枹（枹栎）
Quercus glandulifera var. *brevipetiolata* 短柄枹栎（变种）
Quercus gomeziana 绒毛栎
Quercus griffithii 大叶栎
Quercus guyavaefolia 帽斗栎
Quercus liaotungensis 辽东栎
Quercus longispica 长穗高山栎
Quercus mongolica 蒙古栎
Quercus monimotricha 矮高山栎
Quercus oxyphylla 光叶栎
Quercus pannosa 黄背栎
Quercus phillyraeoides 乌冈栎
Quercus rehderiana 光叶高山栎
Quercus semicarpifolia 高山栎
Quercus senescens 灰背栎
Quercus serrata 枹树（枹栎）
Quercus spathulata 匙叶栎

Quercus spinosa 刺叶栎
Quercus tiaoloshanica 吊罗栎
Quercus variabilis 栓皮栎
Quercus vestita 旱毛栎
R
Rabdosia adenantha 腺花香茶菜
Rabdosia nervosa 具脉香茶菜
Radermachera hainanensis 海南菜豆树
Ramalina 树花属
Randia 茜草树属
Randia cochinchinensis 山黄皮
Ranucunlus japonicus 毛茛
Ranunculus gelidus 冷地毛茛
Ranunculus japonicus var. *monticola* 白山毛茛
Rapanea neriifolia 密花树
Raphiolopis 石斑木属
Reaumuria soongarica 琵琶柴
Rhacomitum angustifolium 狭叶砂藓
Rhammus argutus 锐齿鼠李
Rhamnus davuricus 大叶鼠李（鼠李）
Rhamnus diamantiacus 金刚鼠李
Rhamnus globosus 圆叶鼠李
Rhamnus leptophylla 薄叶鼠李
Rhamnus parvifolius 小叶鼠李（岩鼠李）
Rhamnus rosthornii 小冻绿树
Rhamnus ussuriensis 乌苏里鼠李
Rhamnus virgata 帚状鼠李
Rhamnus virgata var. *silvestris* 岩鼠李
Rhaphidophora hongkongensis 猴子尾
Rhaphiolepis lanceolata 细叶石斑木（海南车轮梅）
Rhapis robusta 龙州棕竹
Rhaponticum uniflorum 祁州漏芦
Rhedobryum giganteum 暖地大叶藓
Rhodiola yunnanensis 云南红景天
Rhodobryum giganteum 暖叶大叶藓
Rhodubryum roseum 大叶藓
Rhododendron admirabile 赞赏杜鹃
Rhododendron agglutinutum 凝毛杜鹃
Rhododendron arboreun 树形杜鹃（树状杜鹃、白毛杜鹃）
Rhododendron asterochnoum 星毛杜鹃
Rhododendron augustinii 毛肋杜鹃
Rhododendron aureum 牛皮杜鹃
Rhododendron bachii 腺萼马银花
Rhododendron barbatum 硬刺杜鹃
Rhododendron bracteatum 苞叶杜鹃
Rhododendron brevistylum 短柱杜鹃
Rhododendron calostrotum 美被杜鹃
Rhododendron campylocarpum 弯果杜鹃
Rhododendron capitatum 头花杜鹃
Rhododendron cavaleriei 多花杜鹃（羊角杜鹃）
Rhododendron cephaianthum 毛喉杜鹃
Rhododendron charitopes var. *tsangpoense* 藏布杜鹃
Rhododendron chartophyllum 纸叶杜鹃
Rhododendron chrysanthum 金花杜鹃
Rhododendron companulatum 钟花杜鹃
Rhododendron concinnum 秀雅杜鹃
Rhododendron dahuricum 兴安杜鹃
Rhododendron decorum 大白杜鹃
Rhododendron delavayi 马缨花
Rhododendron dichroanthum 两色杜鹃
Rhododendron edegarianum 紫花杜鹃
Rhododendron fastigiatum 密枝杜鹃
Rhododendron fictolacteutm 假乳黄杜鹃
Rhododendron fortunei 云锦杜鹃
Rhododendron ganniphum 雪山杜鹃
Rhododendron glanduliferum 具腺杜鹃
Rhododendron hainanense 海南杜鹃
Rhododendron hypoglaucum 粉白杜鹃
Rhododendron irroratum 露珠杜鹃
Rhododendron klossii 南亚杜鹃
Rhododendron leptothrium 薄叶马银花
Rhododendron litangense 理塘杜鹃
Rhododendron lutescens 黄花杜鹃
Rhododendron maculiferum 斑点杜鹃
Rhododendron mariesii 满山红
Rhododendron micranthum 照山白
Rhododendron mori 台湾高山杜鹃
Rhododendron moulmainensis 毛棉杜鹃
Rhododendron mucronulatum 大叶杜鹃
Rhododendron nitidum 光亮杜鹃
Rhododendron nivale subsp. *boreale* 北方雪层杜鹃
Rhododendron oreotrephes 山育杜鹃
Rhododendron ovatum 马银花
Rhododendron pachytrichum 绒毛杜鹃
Rhcdcdendron parvifolium 小叶杜鹃
Rhododendron pendulum 凸叶杜鹃
Rhododendron polifolium 毛叶杜鹃

Rhododredron polylepis 多鳞杜鹃
Rhododendron przewalskii 金背杜鹃（陇蜀杜鹃）
Rhododendron pumilum 矮小杜鹃
Rhododendron purdomii 太白杜鹃
Rhododendron racemosum 腋花杜鹃
Rhododendron redowskianum 云间杜鹃
Rhododendron refescens 红背杜鹃
Rhododendron rupicola 多色杜鹃（岩生杜鹃）
Rhododendron schilippenbachii 大字杜鹃
Rhododendron siderophyllun 锈叶杜鹃
Rhododendron simiarum 猴头杜鹃
Rhododendron simsii 映山红
Rhododendron sinogrande 山枇杷
Rhododendron spiciferum 碎米花杜鹃
Rhododendron spinuliferum 爆仗杜鹃
Rhododendron stamineum 长蕊杜鹃
Rhododendron stenaulum 尖叶石果杜鹃
Rhododendron sutchuenense 四川杜鹃
Rhododendron teysii 管花杜鹃
Rhododendron traillianum 川滇杜鹃
Rhododendron trichostomum 毛嘴杜鹃
Rhododendron vernicosum 亮叶杜鹃
Rhododendron violaceum 紫丁杜鹃
Rhododendron wardii 黄杯杜鹃
Rhododendron websterianum 毛蕊杜鹃
Rhododendron williamsianum 圆叶杜鹃
Rhododendron wilionii 皱皮杜鹃
Rhododendron yunnanense 云南杜鹃
Rhodoleia championii 红苞木
Rhodomyrtus tomentosa 桃金娘
Rhoiptelea 马尾树属
Rhus chinensis 盐肤木
Rhus potaninii 青肤杨
Rhytidiadelphus triquetrus 拟垂枝藓
Rhytidium rugosum 垂枝藓
Rhytidium squarrosus 粗叶拟垂枝藓
Ribes alpestre 大刺茶藨子
Ribes arcticum 极地茶藨子
Ribes burejense 刺梨
Ribes fasciculatom 簇花茶藨子
Ribes formosanum 台湾茶藨子
Ribes gracile 细枝（冰川）茶藨子
Ribes mandschuricum 东北茶藨子
Ribes maximowiczianum 尖叶茶藨子
Ribes procumbens 偃茶藨子
Richarell gracilis 理查木
Rinorea bengalensis 三角车
Rodgersia aesculifolia 鬼灯檠（索骨丹）
Roegneria brevipes 短柄鹅观草
Roegneria kamoji 鹅观草
Roegneria nutans 垂穗鹅观草
Rosa acicularis 刺玫果（刺蔷薇）
Rosa albertii 阿尔塔蔷薇（腺齿蔷薇）
Rosa davurica 山刺玫（黄刺梅）
Rosa hugonis 黄蔷薇
Rosa koreana 长白蔷薇
Rosa longicuspis 常绿蔷薇
Rosa macrophylla 大叶蔷薇
Rosa maires 滇北蔷薇
Rosa malrei 毛叶蔷薇
Rosa masei var. *plurijaga* 红果蔷薇
Rosa morrisonensis 玉山蔷薇
Rosa moyesii 红花蔷薇（麦氏蔷薇）
Rosa multibracteata 多苞蔷薇
Rosa multiflora 多花蔷薇（野蔷薇）
Rosa multiflora var. *formosana* 台湾野蔷薇
Rosa omeiensis 峨眉蔷薇
Rosa pricei 台中蔷薇
Rosa sericea 绢毛蔷薇
Rosa spinosissima 密刺蔷薇（多刺蔷薇）
Rosa sweginozowii 扁刺蔷薇
Rosa taiwanensis 台湾蔷薇
Rosa xanthina 黄刺玫
Rosa xanthina f. *spontanea* 单瓣黄刺玫
Roscoea chamaeleon 象牙参
Rubia cordifolia 茜草(蔓草）
Rubia yunnanensis 滇茜草
Rubus amabilis 秀丽莓
Rubus arcticus 北悬钩子
Rubus calyeinoides 萼悬钩子
Rubus coreanus 覆盆子
Rubus delavayii 鸡爪刺
Rubus floscullosus 弓茎悬勾子
Rubus fockeanus 凉山悬钩子
Rubus lambertianus 光叶高梁泡
Rubus saxatilis 天山悬钩子
Rumbhrw 汝蕨属

S

Sabia japonica 清风藤
Sabia limoniacea 柠檬叶
Sabina 圆柏属
Sabina centrasiatica 昆仑方枝柏
Sabina convallium 密枝圆柏
Sabina convallium var. *microsperma* 小子密枝圆柏
Sabina peudo-sabina 阿尔泰方枝柏
Sabina pingii var. *wilsonii* 垂枝香柏
Sabina recurva 曲枝圆柏
Sabina davurica 兴安圆柏
Sabina jarkendensis 叶尔羌叉子圆柏
Sabina komarovii 塔枝圆柏
Sabina pingii var. *wilsonti* 香柏
Sabina przewalskii 祁连圆柏
Sabina recurva 曲枝柏
Sabina recurva var. *coxii* 小果垂枝柏
Sabina saltuaria 方枝圆柏
Sabina semiglbosa=*Sabina vulgaris* 叉子围柏（沙地柏）
Sabina squamata 高山柏
Sabina spuamata var. *fargesii* 山柏
Sabina tibetica 大果圆柏
Sabina turkestanica=*S. pseudosabina* 新疆方枝柏（天山方枝柏）
Sabina vulgaris var. *erectopatens* 松潘叉子圆柏
Sabina vulgaris var. *arkandensis* 昆仑多子柏
Sabina wallichiana 滇藏方枝
Saccharum arundinaceum 斑茅
Saccharum spontaneum 甜根草
Sageretia paucicostata 少脉雀梅藤
Sageretia pycnophylla 对节木
Salacia polysperma 沙拉藤
Salacia theifalia 茶叶沙拉木
Salix aepressa 山柳
Salix alba 白柳
Salix amygdalina 三蕊柳
Salix atopantha 奇花柳
Salix caprea 黄花柳
Salix cathayna 中华柳
Salix cupuralis 杯腺柳
Salix dalungensis 节枝柳
Salix gilesshanica 吉拉柳
Salix glauca 灰绿柳
Salix gordejevii 黄柳
Salix hastata var. *himalayensis* 喜马拉雅戟柳
Salix hsinganica 兴安柳
Salix kusanoi 草野柳
Salix microstachya var. *bordensis* 小红柳
Salix morii 森柳（台东柳）
Salix myrtilloides 越橘柳
Salix oritrepha 山居柳
Salix raddeara 大黄柳
Salix rehderiara var.*glabra* 光叶柳
Salix rorida 粉枝柳
Salix sikkimensis 锡金柳
Salix songarica 准噶尔柳
Salix sphaeronymphoides 光果巴郎柳
Salix tagawana 高和柳
Salix taiwanalpina 台湾高山柳
Salix takaagoalpina 高砂柳
Salix viminalis 蒿柳
Salix wilhelmsiana 线叶柳
Salix xerophylla 崖柳
Salsola collina 猪毛菜
Salvia deserta 新疆鼠尾草
Salvia przewalskii 甘西鼠尾草
Salvia yunnanensis 滇丹参
Sambucus buergeriana 毛接骨木
Sambucus williamsii 接骨木
Sanguisorba officinalis 地榆
Sanguisorba sitchensis 大白花地榆
Sanicula chinensis 变豆菜
Sanicula rubriflora 鸡爪芹
Santaloides 红叶藤属
Sapindaceae 无患子科
Sapindopsis oligophylla 赛木患
Sapium baccatum 浆果乌桕子
Sapium rotundifolum 圆叶乌桕
Saposhnikova divaricatum 防风
Sapotaceae 山榄科
Saraca chinensis 无忧花（中国无忧花）
Sarcosperma laurinum 亮叶肉实树
Sargentodoxa 大血藤属
Sargentodoxa cuneata 大血藤
Sasa 赤竹属
Sasamorpha 华箬竹属
Sasamorpha sinica 华箬竹
Sassafras randaiensis 峦大檫

Sassafras tsumu 檫木
Saurauia gigantifolia 伞罗夷
Saussurea amurensis 齿叶风毛菊
Saussurea graminae 禾叶风毛菊
Saussurea licentiana 川陕风毛菊
Saussurea mongolica 华北风毛菊
Saussurea mutabilis 易变泥胡菜
Saussurea mutabilis var. *diplochaeta* 易变泥胡菜
Saussurea salicifolia 柳叶风毛菊
Saussurea subotrigillosa 深山青木香
Saxifraga nutans 垂头虎耳草
Saxifraga spinulosa 刺虎耳草
Scabiosa comosa 窄叶蓝盆花（蒙古山萝卜）
Scabiosa fischer 山萝卜
Schefflera delavayi 穗序鹅掌柴
Schefflera diversifoliolata 异叶鹅掌柴
Schefflera octophylla 鹅掌柴（鸭脚木）
Schima 木荷属
Schima argentea 银木荷
Schima bambusifolia 竹叶木荷
Schima noronhae 滇木荷
Schima superba 木荷
Schima superba var. *kankoensis* 港口木荷
Schima wallichii 红木荷
Schisandra incarnata=Schisandra chinensis 北五味子
Schisandra rubriflora 红花五味子
Schisandra sphenanthera 华中五味子
Schizachyrium delavayi 云南裂稃草
Schizachyrium obliquiberbe 斜虚裂稃草
Schizachyrium sanguineum 红裂稃草
Schizophragma 钻地风属
Schizostachyum diffusum 台藤竹
Schizostachyum pseudolima 篾篣竹
Schoepfia jasminodora 青皮木
Sciadopitys 金松属（古）
Scleria ciliaris 黑珠莎
Scolopia chinensis 刺冬
Scorzonera glabra 鸦葱
Scutellaria hypericifolia 川黄岑
Scutellaria baicalensis 黄岑
Scutellaria scordifolia 头巾黄岑
Sedum aizoon 土三七
Sedum amplibracteatum 苞叶景大
Sedum selskianum 灰毛费菜
Selaginella tamariscina 卷柏
Semecarpus gigantifolia 大叶肉托果
Semecarpus reticulata 缅漆
Semiarundinaria 业平竹属
Semiarundinaria nuspicula 林仔竹
Semiliquidamba 半枫荷属
Senecio 千里光属
Sequoia 红杉属（古）
Serissa foetida 六月雪
Setaria excurences 铁叶狗尾草
Setaria glauca 金狗尾草
Setaria viridis 狗尾草
Shibataea chinensis 矮竹
Shorea assamica 云南婆罗双
Shorea robusta 婆罗双
Shuteria pampaniniana 毛宿苞豆
Sibiraea angustata 窄叶鲜卑花（窄叶鲜卑木）
Sibiraea laevigata 鲜卑花
Silene jenissensis 麦瓶草
Silene repens 蔓麦瓶草
Sinarundinaria 箭竹属
Sinarundinaria basihirsuta 南岭箭竹
Sinarundinaria breoipaniculata 短穗箭竹
Sinarundinaria chungii 大箭竹
Sinarundinaria fangiana 冷箭竹
Sinarundinaria glabrifolia 光叶箭竹
Sinarundinaria nitida 华西箭竹（箭竹）
Sinarundinaria sparsifolia=Arundinaria sparsifolia 疏花箭竹
Sindora glabra 油楠
Sinobambusa 唐竹属
Sinobambusa tootsik 唐竹
Sinocalamus 慈竹属
Sinojackia xylocarpa 秤锤树
Sinopanax 华参属
Sinopanax formosana 华参
Sinowilsonia 山白树属
Sinowilsonia henryi 山白树
Sloanea sterculiacea 苹婆猴欢喜
Smilacina japonica 鹿药
Smilax china 菝葜
Smilax cyclophylla 圆叶菝葜
Smilax ferox 大菝葜

Smilax glaucophylla 西藏菝葜
Smilax herbacea var. *nipponica* 牛尾菜
Smilax hypoglauca 粉背菝葜
Smilax menispermoides 防己叶菝葜
Smilax microphylla 小叶菝葜
Smilax monispermoidea 防己菝葜
Smilax rigida 劲直菝葜
Smilax scobinicaulis 短梗菝葜（黑刺菝葜）
Smilax siderophylla 铁叶菝葜
Smilax stans 鞘柄菝葜
Smilax trachypoda 糙柄菝葜
Solanum indicum 刺天茄
Solanum nigrum 龙葵
Solidago virgaurea 毛果一枝黄花
Solidago virgaurea 一枝黄花
Sophora alopecuroides 苦豆子
Sophora devidii 狼牙刺
Sophora flavescens 苦参
Sorbaria sorbifolia 珍珠梅
Sorbaria arborea 高丛珍珠梅
Sorbaria arborea var. *glabrata* 光叶珍珠梅
Sorbaria arborea var. *subtomentosa* 毛叶高丛珍珠梅
Sorbaria kirilowii 华北珍珠梅
Sorbus hupenensis 湖北花楸
Sorbus amurensis 阿尔泰花楸
Sorbus amurensis var. *lanata* 毛阿穆尔花楸
Sorbus folgneri 石灰花楸
Sorbus keissleri 毛序花楸
Sorbus koehneana 陕甘花楸
Sorbus microphylla 小叶花楸
Sorbus pallescens 苍白花楸
Sorbus pohuashanensis 百花山花楸（花楸）
Sorbus prettii 西康花楸
Sorbus randaiensis 峦大花楸
Sorbus rehderiana 西南花楸
Sorbus rufopilosa 红毛花楸
Sorbus tianschanica 天山花楸
Spandias pinnata 槟榔青
Spatholobus 蜜花豆属
Sphaeropteris brunoniana 树蕨（白桫椤）
Sphagnum cuspidatum 狭叶泥炭藓
Sphagnum cymbifolium 泥炭藓
Sphagnum russowii 广舌泥炭藓
Sphagnum squarrosum 粗叶泥炭藓
Spinifex littoreus 鬣刺
Spiraea cenescens 楔叶绣线菊
Spiraea chamasedryfolia 石蚕叶绣线菊
Spiraea chinensis 中华绣线菊
Spiraea fritschiana 北方绣线菊（华北绣线菊）
Spiraea likiangensis 丽江绣线菊
Spiraea longigemma 长芽绣线菊
Spiraea media 欧亚绣线菊（石棒绣线菊、绣线菊）
Spiraea mongolica 蒙古绣线菊
Spiraea myrtilloides 细枝绣线菊
Spiraea pubescens 土庄绣线菊
Spiraea schneideriana 川滇绣线菊
Spiraea sericea 涓毛绣线菊
Spiraea trilobata 三桠绣线菊
Spiraea ussuriensis 乌苏里绣线菊
Spiraea veitchii 鄂西绣线菊
Spiraea velutina 绒毛绣线菊
Spiraea wilsonii 陕西绣线菊
Spodiopogon sibiricus 大油芒
Spodiopogon sagittifolius 箭叶大油芒
Stachys sylvatica 林地水苏
Stachyurus chinensis 中国旌节花
Staphylea holocarpa 膀胱果
Stauntoinia chinensis 野木瓜
Stellaria palustris 牧场繁缕
Stellera chamaejasme 狼毒
Stephania 千金藤属
Sterculia lanceolata 假苹婆
Sterculia euosma 粉苹婆
Sterculia hainanensis 海南苹婆
Stereospermum tetragonum 羽叶楸
Stewartia rostrata 大果紫茎
Stewartia sinensis 紫茎
Stipa baicalensis 贝加尔针茅
Stipa bungeana 长芒草
Stipa capillacea 丝颖针茅
Stipa grandis 大针茅
Stipa pubicalyx 大羽茅
Stipa purpurea 紫花针茅
Stracheya 藏豆属
Stranvaesia davidiana var. *undulata* 披叶红果树
Stranvaesia niitakayamaensis 玉山红果树
Strobilanthes aprica 山一笼鸡

Strobilanthes triflorus 三花马蓝

Strychnos 马钱属

Strychnos henryi 台湾马钱

Styrax 野茉莉属

Styrax confusa 白花龙

Styrax perkinsiae 瓦山安息香

Suaeda microphylla 小叶碱蓬

Suraca griffithiana 无忧花

Suregada glomeratum 饼树

Suzukia 台钱草属

Swertia obtusa 钝叶獐牙菜

Swertia perennis 獐牙菜

Symblocos punctato-marginata 腺边山矾

Sympegma regelii 合头草

Symphoricarpos 雪果属

Symplocos 山矾属

Symplocos adenopus 腺柄山矾

Symplocos botryantha 总状山矾

Symplocos caudata 山矾

Symplocos chinensis 华山矾

Symplocos ernestii 茶条果

Symplocos morrisonicola 玉山灰木

Symplocos paniculata 白檀

Symplocos phyllocalyx 叶萼山矾

Symplocos setchuanensis 川灰木（四川山矾）

Symplocos stellaris 老鼠矢

Symplocos sumuntia 山矾一种

Syneilesis aconitifolia 兔儿风

Synurus deltoides 山牛蒡

Syringa ablata 丁香（华北丁香）

Syringa pekinensis 山丁香

Syringa reticulata var. *mandshurica*=*S. amurensis* 暴马丁香

Syringa sweginzowii 四川丁香

Syringa villosa 红丁香

Syringa yunnanensis 云南丁香

Syzygium araiocladum 浅枝蒲桃

Syzygium championii 占氏蒲桃

Syzygium cumini 海南蒲桃（乌墨）

Syzygium formosana 台湾蒲桃

Syzygium jampos 蒲桃

Syzygium levinei 白车

Syzygium rehderianum 大红鳞蒲桃（红车蒲桃）

Syzygium yunnanensis 滇蒲桃

Syzygium rysoposum 皱萼蒲桃

T

Taiwania cryptomerioides 台湾杉

Tamarindus indica 酸豆

Tamarix hispida 刚毛柽柳

Tamarix hohenacketi 多花柽柳

Tamarix laxa 短穗柽柳（疏穗柽柳）

Tamarix ramasissima 多枝柽柳

Tapiscia 瘿椒树属

Taraxacum 蒲公英属

Taxodium distichum 落羽杉

Taxotrophis aqutfolioies 圆果刺桑

Taxus chinensis 红豆杉

Taxus cuspidata var. *latifolia* 紫杉

Taxus mairei 南方红豆杉

Tayloria subglabra 喜马拉雅小虎藓

Terminalia catappa 榄仁

Terminalia franchetii var. *memibrenifolia* 滇榄仁

Terminalia hainanensis 鸡占

Terminalia intricata 错枝榄仁

Terminalia myriocarpa 千果榄仁

Ternstroemia gymnanthera 厚皮香

Tetracentron sinense 水青树

Tetracera 锡叶藤属

Tetraena 四合木属

Tetrameles nudiflora 四数木

Tetrapanax papyriferus 通脱木

Tetrastigma 崖爬藤属

Tetrastigma hypoglaucum 狭叶崖爬藤

Tetrathyrium 四药门花属

Thalictrum petaloideum 瓣蕊唐松草

Thalictrum alpinum 高山唐松草

Thalictrum alpinum var. *elatum* 直梗高山唐松草

Thalictrum aquilegifolium 唐松草

Thalictrum aquilegifolium var. *sibiricum* 西伯利亚唐松草

Thalictrum baicaliensis 贝加尔唐松草

Thalictrum collinum 丘陵唐松草

Thalictrum foetidum 腺毛唐松草（香唐松草）

Thalictrum minus 小唐松草

Themeda gigantea var. *villosa* 菅草

Themeda triandra 黄背草

Themeda hookeri 小菅草

Themeda triandra var. *japonica* 黄背草

Thuidium assimile 光叶羽藓（绿羽藓）
Thuidium cymbifolium 大羽藓
Thuidium depicatulum 羽藓
Thuidium philibertii 毛尖羽藓（费氏羽藓）
Thuidium pycnothallum 黄羽藓
Thuidium rubiginosum 锈色羽藓
Thuja 崖柏属
Thuja kaoraiensis 朝鲜崖柏
Thuja sutchuenensis 崖柏
Thujopsis 罗汉柏属
Thymus mongolicus 百里香
Thysanospermum diffusum 流苏子
Tilia 椴属
Tilia amurensis 紫椴
Tilia intosa 多毛椴
Tilia mandshurica 糠椴
Tilia mongolica 蒙椴
Tilia oliveri 鄂椴
Tilia pancicostata 少脉椴
Tilia ussuriensis 乌苏里椴
Timonius arborescens 海茜树
Titanotrichum 台地黄属
Toddalia asiatica 飞龙掌血
Toona ciliata 红椿
Toona sinensis 香椿
Torilis japonica 破子草
Torreya 榧属
Torreya grandis 香榧
Tortella caespitosa 丝叶扭藓
Toxicodendron delavayii 小漆树
Toxicodendron succedaneuum 野漆
Toxicodendron vernicifluum 漆
Trachelospermum jasminoides 络石
Trachycarpus fortunei 棕榈
Trema orientalis 山黄麻
Tricalysia dubia 狗骨柴
Trichilia connaroides 老虎楝
Trichomane 瓶蕨
Tridax procumbens 羽芒菊
Trientalis 七瓣莲属
Trientalis europaea 七瓣莲
Trifolium lupinaster 三叶草
Trigonella arcuatata 弯果胡卢巴
Trigonostis peduncularis 附地菜
Triplostegia glandalifera 双参
Tripterospermum affine 双蝴蝶
Tripterygium regelii 红藤子
Trisetum clarkei 三毛草
Trisetum spicatum 穗三毛草
Tristania 红胶木属
Trochodendron 昆栏树属
Trochodendron aralioides 昆栏树
Tsuga chinensis var. *oblongis-quamata* 矩鳞铁杉
Tsuga forrestii 丽江铁杉
Tsuga chinensis var. *robusta* 大果铁杉
Tsuga hwangshanensis=*T. formosana* 南方铁杉（台湾铁杉）
Tsuga longibracteata 长苞铁杉
Tsuga yunnanensis=*T. domosa* 滇铁杉
Tsuga engeriana 铁杉
Tupidanthus calyptratus 多蕊木
Turpinia 山香圆属
Tutcheria 石笔木属

U

Ulmus 榆属
Ulmus parvifolia 榔榆
Ulmus alba 白榆
Ulmus davidiana 黑榆
Ulmus glaucesens 灰榆
Ulmus laciniata 裂叶榆
Ulmus macrocarpa 黄榆（大果榆）
Ulmus davidiana var. *japonica* 春榆
Ulmus pumila 榆
Ulmus uyamatsui 台湾榆
Uncaria formosana 台湾钩藤
Uncaria hissuta 毛钩藤
Uncaria rhynchophylla 钩藤
Usnea barbata 髯毛松萝
Usnea diffracta 破茎松萝
Usnea longissima 松萝
Uvaria 紫玉盘属

V

Vaccinium dendrocharis 树生越橘
Vaccinium fragile 乌鸦果
Vaccinium modestrum 大苞越橘
Vaccinium myrtillus 黑果越橘
Vaccinium sprengelii 米饭花
Vaccinium uliginosum 笃斯越橘

Vaccinium vitis-idaea 红果越橘（越橘）
Vaccinium bracteatum 乌饭树
Vatica astrotricha 青皮
Vatica fleuryana 版纳青梅
Ventilago 翼核果属
Veratrum nigrum 藜芦
Vernonia parishii 滇缅鸡菊花
Vernonia volkanerioefolia 大藤菊
Viburnum burejaeticum 暖木条荚蒾
Viburnum integrifolium 全绿荚蒾
Viburnum taitoense 台东荚蒾
Viburnum taiwaniana 台中荚蒾
Viburnum sargenti 鸡树荚蒾
Viburnum betulifolium 桦叶荚蒾
Viburnum cordifolium 心叶荚蒾
Viburnum cylindricum 水红木
Viburnum dilatatum 荚蒾
Viburnum foetidum var. *rectangulatum* 直角荚蒾
Viburnum ichongense 宜昌荚蒾
Viburnum kansuense 甘肃荚蒾
Viburnum koreanum 朝鲜荚蒾
Viburnum mongolicum 蒙古荚蒾
Viburnum oliganthum 少花荚蒾
Viburnum opulus 欧荚蒾
Viburnum pebescens 淡红荚蒾
Viburnum propinquum 绿核荚蒾
Viburnum rhylidophyllum 枇杷荚蒾
Viburnum schensianum 陕西荚蒾
Viburnum setigerum 汤饭子
Viburnum sympodiale 合轴荚蒾
Viburnum tomentosa 蝴蝶荚蒾
Viburnum utile 烟管荚蒾
Viburnum glomeratum 球花荚蒾
Vicia amoena 山野豌豆
Vicia baicalensis 贝加尔野豌豆
Vicia cracca 广布野豌豆
Vicia multicaulis 多茎野豌豆
Vicia pseudo-orobus 大叶野豌豆
Vicia sativa 草藤
Vicia tenuifolia 白花细叶野豌豆
Vicia unijuga 歪头菜
Viola acuminata 对腿堇菜
Viola biflora 二花堇（双花堇）
Viola collina 球果堇菜
Viola delavayi 黄花堇（灰叶堇）
Vitex negundo 黄荆
Vitex negundo var. *heterophylla* 荆条
Vitis amurensis 山葡萄
Vitis piasezkii var. *pagnuccii* 复叶葡萄
Vitis quinquangularis=V. pentagona 五角叶葡萄
Vitis thunbergii 野葡萄
Vitis vinifera 葡萄
Vittaria elongata 唇边书带蕨
Vittaria flexuosa 书带蕨
W
Walsura robusta 割舌树
Weigela 锦带花属
Weigela floreda 锦带花
Wendlandia formosana 台湾水锦树
Wendlandia paniculata 圆锥水锦树
Wendlandia seabra 糙叶水锦树
Wendlandia uvarifolia 红水锦树
Wikstroemia pampaninii 潘氏雁皮
Winchia calophylla 盆架树
Wisteria floribunda 多花紫藤
Wisteria sinensis 紫藤
Woodfordia fruticosa 虾子花
Woodsia ilvensis 岩蕨
Woodwardia japonica 狗背蕨
Wrightia 倒吊笔属
X
Xanthoceras sorbifolia var. *cinerea* 文冠果
Xanthophyllum hainanense 黄叶树
Xanthophyllum siamense 山龙眼
Y
Yushania niitakayamaensis 玉山竹
Yushania confusa 鄂西玉山竹
Z
Zanthoxylum nitidum 高山花椒
Zanthoxylum piasezkii 川陕花椒
Zelkova serrata 光叶榉
Zelkova sinica 榉树
Zenia insignis 翅荚木
Ziziphus jujuba 酸枣
Zygodon brevisetus 短齿变齿藓